PD Dr. Udo Gansloßer
Sarah Mertes

Umwelt –– und Innenwelt der Hunde

Sinne, Verarbeitung, Kognition

KOSMOS

☞ *Inhalt*

Kate Kitchenham mit ihren Hunden Boo und Knox.

GRUNDLAGEN VON VERHALTEN

— Vorwort von Kate Kitchenham

„Versuch es mal mit Clickertraining gegen Artgenossen-Aggression, das hat bei meiner Nachbarin super funktioniert!"
Wie oft bekommen wir auf Hunderunden ungefragt gut gemeinte Ratschläge „To Go", die wir pauschal auf alle Hunde dieser Welt übertragen sollen!
Aber mal genau hingeschaut: Was ist das eigentlich, ein „Hund"? Welcher Rasse oder Mischung gehört er an? Was hat er bisher in seinem Leben erlebt, welche Verhaltensketten haben sich als lohnenswert für ihn erwiesen und dadurch fest etabliert? Und was passiert beim so harmlos klingenden „Clickertraining" eigentlich im Gehirn unserer Hunde?
Kurz: Sollten wir nicht hin und wieder etablierte Trainingsmethoden kritisch hinterfragen? Und wie steht es eigentlich um die schillernden Persönlichkeiten unserer Hunde, die sich aus Familienerbe, Rasseeigenschaften, Lebenserfahrungen und einer

großen Portion Einzigartigkeit zusammensetzen? Und dann kommt zu dieser ohnehin schon komplexen Gemengelage auch noch die ganz besondere Dynamik einer eingespielten Hund-Mensch-Beziehung…

In diesem Wirrwarr an Komponenten, die bei der Interpretation von Hundeverhalten auf Hundetrainer:innen und Hundehalter:innen einprasseln, den Überblick zu behalten – das scheint in der Komplexität der Mensch-Hund-Beziehung und Trainingsansätze fast aussichtslos zu sein.

DER BLICK IN DEN HUNDESCHÄDEL

Was vielleicht helfen könnte, wäre ein Buch, das in die Tiefe geht. Ein Buch, das zum Ziel hat einen Überblick zu verschaffen, über mögliche Faktoren, die Hundeverhalten erklären. Ein Buch, das die physiologischen Einflüsse des Verhaltens und der Beziehung zwischen Mensch und Hund durchleuchtet und zueinander in Beziehung setzt. Das einen Blick ins Innere des Hundeschädels möglich macht und uns anschaulich verstehen lässt, was für Bilder bei der Verarbeitung von Geruchsinformationen im Kopf eines Hundes entstehen könnten. Wie die einzelnen Hunde-Gehirnbereiche vernetzt sind und bei der Lösungsfindung für Probleme und Abspeicherung von emotionalen Erlebnissen und prägenden Erfahrungen zusammenarbeiten. Wie sich aus diesen Lebenserfahrungen am Ende Verhaltensstrategien unserer Hunde entwickeln könnten. Und welche Rolle bei der individuellen Strategiewahl die Gene und unsere herausfordernde Umwelt spielen.

DER BLICK AUF DIE STRASSENHUNDE

Doch nicht nur der Neurophysiologie und -biologie sollte in so einem Buch Rechnung getragen werden, um das Verstehen von komplexem Hundeverhalten zu vertiefen. Auch Beobachtungsstudien an freilebenden Hunden dürfen nicht fehlen. Denn sie helfen dabei, ein besseres Verständnis für das Verhalten unserer Familienhunde zu erlangen. Hunde haben nämlich bis vor 100 Jahren mehrheitlich so gelebt, wie es die Straßenhunde der Welt bis heute tun. Sie dürfen meist jeden Tag frei entscheiden, wie sie ihren Alltag gestalten möchten, und können dem nachgehen, was ihnen wichtig ist. Untersuchungen mit diesen Hunden sind ein weiterer wichtiger Maßstab für das Erkennen der Bedürfnisse unserer modernen Familienhunde, die leider oft fehlinterpretiert, heroisiert oder negiert werden.

Die gute Nachricht lautet: Wer dieses Vorwort liest, hat so ein Buch in der Hand. Das Ziel des Autorenduos Sarah Mertes und Udo Gansloßer ist, die tieferen Grundlagen von Verhalten zu veranschaulichen. Das andere Ziel ist, aus diesem Verständnis heraus eine Verbesserung des Verständnisses und des Wohlbefindens unserer Hunde zu bewirken. Beide Ziele sind gesteckt und können erreicht werden – wenn möglichst viele Menschen, die mit Hunden leben oder professionell arbeiten, dieses Buch lesen.
Ich wünsche Euch/Ihnen ganz viele neue Erkenntnisse beim Durchstöbern dieser erhellenden, spannenden Kapitel!

Herzlichst,
Kate Kitchenham

ZU DIESEM BUCH

Immer wieder tauchen Fragen auf, was für unseren Hund eigentlich das beste Leben ist. Was sind die idealen Bedingungen, um ihm ein erfülltes und gesundes Leben zu ermöglichen? Dank der wachsenden Menge an wissenschaftlichen Daten und der kontinuierlichen Forschung zum Thema Hundeverhalten, sind wir heute nicht mehr völlig im Dunkeln. Unsere Arbeitsgruppe trägt täglich dazu bei, die Umwelt und Innenwelt unserer Hunde immer besser zu verstehen und einzuordnen. Mit diesem Buch möchten wir Ihnen einen Teil dieses Wissens zugänglich machen.

Wichtig zu betonen ist an dieser Stelle, dass wir uns bemüht haben, eine möglichst große Bandbreite an Themen abzubilden. Natürlich gibt es noch tiefere wissenschaftliche Einblicke, die an anderer Stelle behandelt werden können. Doch das Ziel ist nicht, eine detaillierte Spezialliteratur zu bieten, sondern vielmehr, Ihnen eine fundierte Übersicht über die Welt der Sinne Ihres Hundes und deren Einfluss auf seine Kognition, Kommunikation und das Zusammenspiel mit seiner Umwelt und Innenwelt zu ermöglichen.

JEDES LEBEWESEN LEBT IN SEINER WELT

Ein zentrales Konzept dieses Buches ist die Bezugnahme auf Jakob Johann Baron von Uexkülls Definition der „Umwelt" und „Innenwelt" von Lebewesen. **Uexküll prägte die Vorstellung, dass jedes Lebewesen in seiner eigenen Welt lebt, die durch seine Wahrnehmung der Umwelt und seine Interpretationen geprägt ist.** Diese Perspektive ist entscheidend, wenn wir versuchen, das Verhalten unserer Hunde besser zu verstehen. Denn es ist nicht nur die äußere Welt, die für den Hund von Bedeutung ist, sondern auch, wie er diese Welt wahrnimmt und in seine Innenwelt integriert.

Im Kontext der Sinnesökologie, Wahrnehmungspsychologie und sozialen Kognition des Hundes beleuchten wir, wie Hunde ihre Umwelt erleben und welche Rolle ihre sensorischen Fähigkeiten dabei spielen. Dabei berücksichtigen wir sowohl die neuesten neurobiologischen Erkenntnisse, als auch die langjährige Forschung zu Hundeverhalten und -wahrnehmung.

WELCHEN FOKUS SETZEN WIR?

Ein besonderer Fokus liegt auf der **Neurobiologie** des Hundes, einschließlich der neuesten Studien zur Funktionsweise des Hundehirns und seiner Großhirnrinde.

Wir gehen der Frage nach, wie die Neurogenetik, fMRI-Studien und andere moderne Forschungsmethoden unser Verständnis von Gesichtserkennung, Sprachverständnis und anderen kognitiven Prozessen bei Hunden erweitern. Diese wissenschaftlichen Durchbrüche helfen uns, den Hund nicht nur als „lebendiges Wesen" zu betrachten, sondern als ein komplexes System, dessen Verhalten und Reaktionen tief in seinen biologischen und neurochemischen Prozessen verwurzelt sind.

Ein weiteres zentrales Thema ist die **soziale Kognition** der Hunde. Warum verstehen Hunde menschliche Gesten, Mimik und Absichten so gut? Wie beeinflussen Alter, Geschlecht, Herkunft und Beziehung die „Theorie des Geistes" des Hundes?

Hier fließen aktuelle neurowissenschaftliche Erkenntnisse mit praktischen Beispielen aus der Ethologie zusammen, um ein besseres Verständnis für die sozialen Fähigkeiten des Hundes zu entwickeln.
Auch die **Sinneswahrnehmung** der Hunde wird tiefgehend behandelt. Wir betrachten nicht nur die klassischen Sinne wie Sehen, Hören und Riechen, sondern auch den Einfluss von Pheromonen und deren Verbindung zu den emotionalen Bereichen des Gehirns. Die **sensorische Psychologie** des Hundes wird ebenfalls thematisiert: Wie filtern Hunde Informationen aus ihrer Umgebung und wie prägen Vorerfahrungen und Lebensumstände ihre Wahrnehmung und Interaktion mit der Welt?
Besondere Aufmerksamkeit gilt zudem den **Rasseunterschieden in der Gehirnanatomie** von Hunden und deren Zusammenhang mit Persönlichkeitsmerkmalen. Diese Erkenntnisse erweitern unser Wissen darüber, wie Hunde auf ihre Umwelt reagieren und welche Unterschiede es in der sozialen Intelligenz je nach Rasse, Alter und Erziehung gibt.
Schließlich wollen wir durch **praktische Übungen und Anwendungsbeispiele** Ihnen die Möglichkeit geben, das Gelernte in den Alltag zu integrieren. Wie können Sie die Wahrnehmungsfähigkeiten Ihres Hundes testen und gezielt fördern? Wie können Sie seine soziale Intelligenz und seine Kommunikationsfähigkeiten verbessern? Dieses Buch ist nicht nur eine Sammlung von Forschungsergebnissen, sondern auch ein praktischer Leitfaden, um das Wohlbefinden und die Erziehung Ihrer Hunde zu verbessern. Wir hoffen, dass es dazu beiträgt, den Hund als komplexes fühlendes Wesen besser zu verstehen und eine tiefere Verbindung zu ihm aufzubauen.

Wir wünschen Ihnen viel Spaß und gute Erkenntnisse,
Udo Gansloßer und Sarah Mertes

Hunde nehmen die Welt anders wahr als wir Menschen.

DIE WELT, IN DER HUNDE LEBEN

WAHRNEHMUNG UND BEREICHERUNG

Hören wir den Begriff „Umwelt", denken wir in der Regel an die ökologischen Faktoren, von denen ein Lebewesen umgeben ist. Dieser, auf eher physikalischen oder zwischenartlichen Gegebenheiten beruhende Umweltbegriff unterscheidet sich jedoch stark von dem, den der deutsche Zoologe Jakob Johann Baron von Uexküll zu Beginn des letzten Jahrhunderts gefunden hat. Von Uexkülls Umweltlehre ist für unsere Betrachtungen der vielfältigen Einflüsse auf und in einem Hund wesentlich hilfreicher. Von Uexküll unterscheidet zunächst grundlegend zwischen Umwelt und Umgebung eines Tieres:

Die Umgebung ist die physische Realität, unabhängig von der Wahrnehmung eines Lebewesens. Sie ist weitgehend objektiv und nicht von diesen Lebewesen interpretiert. Dazu würden z. B. Klimafaktoren, Lebensraumstrukturen, durchaus aber auch ökologische Artgemeinschaften zählen.

Die Umwelt betrifft die subjektive Wahrnehmung eines Lebewesens. Sie wird sowohl von physiologischen Prozessen (Stoffwechselvorgänge, neuronale Aktivitäten, Reizverarbeitung), von hormonellen Veränderungen und Stimmungen (Anstieg der Stresshormone oder der Fortpflanzungshormone), von genetischen Unterschieden (Schmerz- oder Temperaturempfindlichkeit), aber auch von der kognitiven Ausstattung des Lebewesens beeinflusst. Die Fähigkeit zu lernen, sich zu erinnern, Schlüsse zu ziehen spielt eine entscheidende Rolle in der Umweltkonstruktion eines Tieres.

DYNAMISCHE LEBENSRÄUME

Eine wesentliche Schwäche des von Uexküllschen Konzepts wurde z. B. von Morten Tonnessen (2009) im Licht heutiger Forschung dargestellt: Während man zu Zeiten von Uexküll noch von einer weitgehend statischen Umwelt ausging (der Begriff „Gleichgewicht der Natur" war damals ein wesentlicher Bestandteil der zoologisch-biologischen Umweltforschung), haben nicht nur die Erlebnisse und Erkenntnisse des Klimawandels, sondern auch schon vorherige Untersuchungen deutlich gemacht, wie wechselhaft, dynamisch und keineswegs immer im stabilen Endzustand sich auch vom Menschen unbeeinflusste Lebensräume darstellen. Von Uexkülls Annahme, dass die Umwelt, einschließlich der Artzusammensetzung anderer Lebewesen dort, allgemein stabil wäre, ist daher nicht mehr weiter zu verfolgen.
Ein entscheidender Beitrag zur Philosophie wurde von Uexküll dadurch geleistet, dass er nicht nur dem Menschen, sondern auch anderen Lebewesen die Konstruktion einer Realität zuschrieb. Er betonte ausdrücklich, dass auch andere, nicht menschliche Lebewesen keine trägen oder passiven Objekte wären, sondern sich mit uns und anderen Faktoren ihrer Umgebung aktiv auseinandersetzen, und sowohl unsere als auch die Sinne anderer Lebewesen herausfordern können. Insofern hat von Uexküll also durchaus das **Konzept des empfindungsfähigen Lebewesens** in seinen Schriften vorweggenommen.

Eine gute Zusammenstellung der von Uexküllschen Ideen findet sich in einem Aufsatz des Jenaer Zoologen Heinz Penzlin (2009), anlässlich des hundertsten Erscheinungsjubiläums von Uexkülls Buch „Umwelt und Innenwelt der Tiere".

FUNKTIONSKREISE

Der Umwelt eines Tieres steht die Innenwelt gegenüber, und hier schafft von Uexküll den Begriff des Funktionskreises für das **Zusammenspiel von Umwelt, Wahrnehmung und Innenwelt eines Lebewesens.** Im Gegensatz zur heute üblichen Definition von Funktionskreisen: **Nach heutiger verhaltensbiologischer Begrifflichkeit ist ein Funktionskreis die Menge aller Verhaltensweisen, die einem bestimmten Zweck im Leben des Tieres dienen.** (Tembrock in Gansloßer, 2020)
Als Beispiel der Funktionskreis Fortpflanzungsverhalten, der alles von Beginn des Werbeverhaltens bis zum Ende der Jungtieraufzucht umfasst, oder der Funktionskreis Feindvermeidung, der von der Wachsamkeit über das Präsentieren des Stachelkleids beim Igel oder versprühen übelriechender Substanzen beim Stinktier bis zur Selbstverteidigungsattacke auf den Fressfeind reicht. Der von Uexküllsche Begriff des Funktionskreises ist auch weit mehr als der in ähnlicher Zeit in der Physiologie entstandene Begriff des Reflexbogens. Denn in der von Uexküllschen Betrachtung bestimmt die Innenwelt mit, wie der Organismus auf die Umwelt reagiert, und die Reaktion des Organismus auf die Umwelt verändert diese ihrerseits.

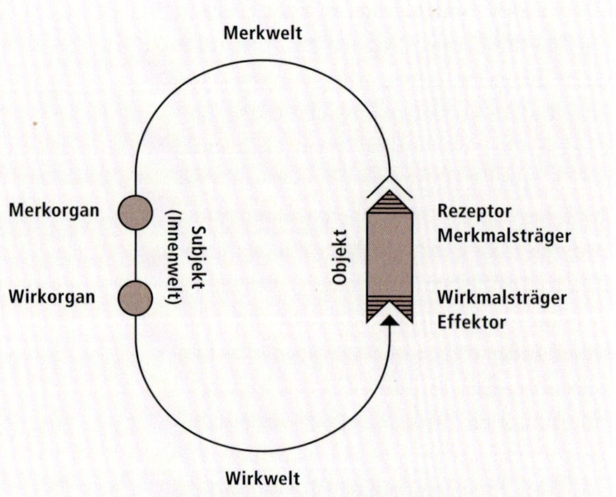

Schematische Darstellung eines „Funktionskreises" aus „Umwelt und Innenwelt der Tiere" (1921), mit der Uexküll das kybernetische Konzept eines „Regelkreises" mit „negativer Rückkopplung" bereits vorwegnahm (Penzlin, 2009).

MERK- UND WIRKWELT

Von Uexküll spricht zunächst von einer **Merkwelt**, das wäre die Umwelt des Tieres, die über Merkorgane (z. B. Sinnesorgane) wahrgenommen wird. In der Innenwelt des Tieres entsteht dann die **Wirkwelt**, die wiederum über einen Effektor zu einer Reaktion mit entsprechender Veränderung der Umwelt führt. Von Uexküll hat hier also durchaus den Begriff des Regelkreises, der später in der Biokybernetik weite Verbreitung findet und heute bei der Beurteilung von Hormonwirkungen zentral ist, vorweggenommen.
Wechselwirkung zwischen der Wahrnehmung, der inneren Verarbeitung, der Reaktion auf die wahrgenommenen Situationen und einer dadurch veränderbaren sozialen und nicht sozialen Umwelt, bestimmen den Alltag jedes höheren Lebewesens.

ROLLE DES BEOBACHTENDEN

Um zu verstehen, wie die Innenwelt eines Tieres möglicherweise auf die von ihm spezifisch wahrgenommene Umwelt reagieren könnte, bleibt uns als Menschen nur die Betrachtung des von außen hineinblickenden Beobachtenden. Während das Tier selbst die Situation in einer Perspektive des Ich-Erlebens erfährt, können wir als außenste-

Auch ein scheinbar untätiger Hund verarbeitet und gestaltet pausenlos seine Welt.

hende Beobachtende nur anhand des Bauplans (Begriff von Uexkülls), also z. B. der Sinnesorgane, der verarbeitenden Strukturen im Gehirn, der Duftdrüsen des Sozialpartners oder anderer anatomisch-physiologisch beschreibbarer Merkmale einen Blick auf die mögliche Umweltwahrnehmung und damit auf die mögliche Ich-Perspektive des Hundes wagen. Vollständig können wir aber diese Ich-Perspektive des Hundes nicht erkennen. Das Konzept der Umwelt, das mit der Innenwelt verbunden ist, ist sowohl in der Wahrnehmung, als auch in der darauffolgenden Handlung subjektiv, und ein stückweit müssen wir uns auf diese Subjektivität auch einlassen.

ONTOGENETISCHE NISCHE

Gerade das „Konzept der Ontogenetischen Nische" (Gansloßer, 2020) ist besonders gut geeignet, um diese Ideen nochmals speziell an unseren Hunden zu erklären: In einer ständigen Wiederholung von Wechselwirkungen zwischen dem Hundewelpen und seiner Umwelt wird dieser im Lauf der Zeit immer mehr Fragen an seine Umwelt stellen, je mehr Antworten er auf die vorhergehenden Fragen bekommen hat. **Jeder neue Reiz, jede neue Situation, mit der er sich beschäftigt, wird ihm Informationen über die Umwelt verschaffen.**

Die Verarbeitung dieser Informationen, durch Prägungsprozesse, Genaktivierungen oder andere Vorgänge im Gehirn und im Hormonsystem, versetzt ihn wiederum in eine Situation, in der er neue, vielleicht sogar noch präzisere Fragen an seine Umwelt stellen kann. Das bedeutet, dass er sich mit neuen Reizen und neuen Situationen, aber auch mit dem Verhalten seiner sozialen Umgebung auseinandersetzt, wiederum neue Antworten bekommt und im Laufe dieser über mehrere Wochen oder Monate hinziehenden Entwicklungsabläufe schließlich zu dem wird, der er im Alter von eineinhalb bis zwei Jahren dann irgendwann geworden ist. Morten Tonnessen (2009) und Andreas Roepstorff (2001) beschreiben diese Prozesse der Konstruktion von Nischen und Umwelten im Detail.

Menschen und nicht menschliche Lebewesen begleiten einander schon jeher – auch in der Kunst.

☞ **Aus der Forschung (von Julia Werner)**

VON DER ANTIKE BIS ZUR MODERNEN ETHIK

ANTIKE

Die Stellung nicht menschlicher Tiere hat sich im Verlauf der Geschichte je nach kultureller und religiöser Auffassung stark verändert. Traditionell galten nicht menschliche Tiere im Westen als minderwertig, insbesondere aufgrund des vermeintlichen Fehlens von Rationalität und Sprachfähigkeit, was die Ablehnung von Rechten für nicht menschliche Tiere zur Folge hatte (Linnemann, 2000).
In der Antike betrachteten Philosophen wie Platon und Pythagoras nicht menschliche Tiere jedoch als beseelte Wesen, mit moralischem Wert (Wibbecke, 2013). Pythagoras glaubte an die Seelenwanderung zwischen Mensch und nicht menschlichem Tier.
Aristoteles hingegen sah die Menschen aufgrund ihrer Fähigkeit zur Reflexion und Analyse den nicht menschlichen Tieren überlegen (Dierauer, 1999; Wils, 1999).

MITTELALTER

Im Mittelalter dominierten utilitaristische Ansichten (zweckorientierte Ethik). Trotz der verbreiteten Überzeugung, dass nicht menschliche Tiere Verstand, Personenstatus (Dinzelbacher, 2000) und eine Seele (Nitschke, 1999) besäßen, sahen einflussreiche Denker wie Augustinus und Thomas von Aquin nicht menschliche Tiere als vernunftlose Wesen. Augustinus sprach sich gegen Empathie mit nicht menschlichen Tieren aus und rechtfertigte ihre Nutzung durch den Menschen (Schütt, 1990).
Aquin prägte die Vorstellung, dass nicht menschliche Tiere primär dem menschlichen Wohl dienen sollten, was bis heute in der Tiergestützten Pädagogik spürbar ist (Wibbecke, 2013). Doch Strafprozesse zeigen auch, dass ihnen Entscheidungsfähigkeit zugetraut wird.

AUFKLÄRUNG

Mit der Aufklärung verfestigten sich diese Ansichten weiter. René Descartes argumentierte, dass nicht menschliche Tiere seelenlose Automaten seien, da sie keine Vernunft hätten und legte so einen Grundstein für die Legitimation einer nichtwürdigen Behandlung von nicht menschlichen Tieren (Descartes, 2001). Kant schloss nicht menschliche Tiere bewusst aus seiner Moraltheorie aus, da sie keine Vernunftfähigkeit besäßen. Dennoch sprach er sich gegen Gewalt an nicht menschlichen Tieren aus, wenn auch nur, um den moralischen Charakter der Menschen zu stärken (Kant, 1979).

ZEIT DER INDUSTRIALISIERUNG

Seit der Industrialisierung wird die Beziehung zwischen Mensch und nicht menschlichem Tier zunehmend durch wirtschaftliche Interessen geprägt. Nicht menschliche Tiere wurden vor allem als Nahrungslieferanten, Lastenträger und Arbeitsmittel betrachtet (Otterstedt und Olbrich, 2003). In der modernen Gesellschaft zeigt sich eine Ambivalenz: Während Heimtiere oft als Familienmitglieder angesehen werden, werden Nutztiere überwiegend als ökonomische Ressourcen betrachtet, ohne dass ihnen Rechte zugestanden werden (Petrus, 2015). Diese vom Menschen getroffene Unterscheidung erscheint willkürlich, wenn man die Intelligenz und emotionalen Fähigkeiten von Nutztieren berücksichtigt, die wissenschaftlich nachgewiesen sind (Hatkoff, 2009).

ANTHROPOZENTRISMUS

Carl Cohen, ein Vertreter des Anthropozentrismus, argumentiert, dass nicht menschliche Tiere keine Rechte haben, da sie nicht zur menschlichen moralischen Gemeinschaft gehören (Cohen, 2008). Diese Sichtweise betont die Andersartigkeit von Mensch und nicht menschlichem Tier und rechtfertigt die Vorrangstellung der eigenen Spezies, ein Ansatz, der als Speziesismus bezeichnet wird (Singer, 1994). Joy bemerkt, dass kulturelle Schemata darüber entscheiden, welche Tierarten Mitgefühl oder Rechte erhalten (in Blesch, 2020).

NICHT-ANTHROPOZENTRISMUS

Im Gegensatz dazu steht der Nicht-Anthropozentrismus, der empfindungsfähige Wesen als Teil der moralischen Gemeinschaft anerkennt. In der teleologischen Ethik dieser Strömung erfolgt die ethische Beurteilung einer Handlung anhand des verfolgten Zwecks bzw. erreichten Ziels. Peter Singer (1996) plädiert für eine Gleichstellung der Interessen von Mensch und Tier und beruft sich auf Bentham, der Leidensfähigkeit als zentrales moralisches Kriterium hervorhob: *„Die Frage ist nicht: Können sie denken? oder: Können sie sprechen?, sondern: Können sie leiden?"* Nach Benthams Utilitarismus sollten Handlungen abgelehnt werden, wenn das Leid der anderen Tiere den Nutzen für den Menschen überwiegt, da gleiches Leiden gleich viel wiegt, unabhängig davon, ob es sich um das Leid eines Menschen oder eines nicht menschlichen Tieres handelt (Wolf, 2008).

DEONTOLOGISCHE ETHIK

Auch in der deontologischen Ethik wird die moralische Verpflichtung betont, nicht menschliche Tiere respektvoll zu behandeln. Kant argumentierte, dass nicht menschliche Tiere um des Menschen Willen mit Achtung zu behandeln seien. Schopenhauer und Schweitzer erweiterten diesen Ansatz, indem sie die Leidensfähigkeit als zentrales Kriterium für moralisches Handeln ansahen und eine grundlegende Ehrfurcht vor dem Leben forderten (Ingensiep, 2018; Schweitzer, 2005).

Tom Regan formulierte die Theorie, dass bestimmte nicht menschliche Tiere (insbesondere Säugetiere und Vögel) „Subjekte eines Lebens" sind und somit den gleichen inhärenten Wert wie Menschen besitzen. Sie haben das Recht auf eine rücksichtsvolle Behandlung und dürfen nicht für die Zwecke anderer instrumentalisiert werden (Regan, 2008). Peter Wenz, Vertreter des synergistischen Ansatzes, versucht Tierrechte mit den heutigen industriellen Gegebenheiten zu vereinbaren. Er argumentiert, dass Menschen glücklicher seien, wenn sie nicht menschlichen Tieren mit Respekt begegnen (Wenz, 2007).

Ethik beschäftigt sich mit der Frage nach dem moralisch richtigen Verhalten, und in diesem Kontext befasst sich die Tierethik mit der Frage, wie wir uns gegenüber nicht menschlichen Tieren verhalten sollten.

Ein bedeutender Begriff der Tierethik ist die Leidensfähigkeit, die Mensch und nicht menschliches Tier gleichermaßen besitzen (Wolf, 2012). Diese steht in enger Verbindung mit der Diskussion um Schmerzempfindung und Bewusstsein (Blesch, 2020) und bildet die Grundlage zur Entwicklung von Interessen (Singer, 1994). Bezüglich ethischer Bedenken bei der Nutzung von nicht menschlichen Tieren betont Regan, dass nicht menschliche Tiere nicht nur als Mittel zur Förderung menschlicher Interessen behandelt werden sollten, ohne selbst davon zu profitieren (Blesch, 2020).

Interessen zeichnen sich nach Rollin dadurch aus, dass das betreffende Bedürfnis für das nicht menschliche Tier von Bedeutung ist. Dafür muss es sich in einem gewissen Sinn bewusst sein, dass die Behinderung der Bedürfniserfüllung ein zu vermeidender Zustand ist. Ihm muss folglich ein Bewusstsein oder mentales Leben zugeschrieben werden, wodurch es diesem etwas ausmacht, wenn bestimmte Bedürfnisse nicht erfüllt werden (Rollin, 2008). Regan und Singer argumentieren gegen die Unterordnung der Interessen der nicht menschlichen Tiere unter die des Menschen. Wenz

Gerade Schweine als sogenannte „Nutztiere" …

betont, dass der wahre Nutzen für Menschen nur erreicht werden kann, wenn nicht menschliche Tiere um ihrer selbst willen behandelt werden (Blesch, 2020). Im Bereich der Mensch-Tier-Beziehung wirft die derzeitige (Professionalisierungs-) Debatte zugleich Fragen nach dem Subjekt- oder Objektstatus von nicht menschlichen Tieren auf. Sie werden oft als Subjekte betrachtet, gleichzeitig aber auch als Objekte, denen natürliche und arttypische Verhaltensweisen zugestanden werden, um sie als Akteure verstehen zu können (Ameli, 2016). Nicht menschliche Tiere werden einerseits als Kollegen, die die Arbeit unterstützen, betrachtet, andererseits als Werkzeuge und Besitz. Die Frage der Instrumentalisierung bleibt aufgrund ungeklärter Arbeits- und Tätigkeitsbeschreibungen für nicht menschliche Tiere offen (Wilkeneit und Schulz, 2013).

ÜBER DIE AUTORIN

Julia Werner studierte seit 2019 an der Friedrich-Schiller-Universität Jena Lehramt für Gymnasien in den Fächern Biologie und Sozialkunde und erweiterte 2023 ihr Studium um das Drittfach Philosophie. Heute unterrichtet sie an einer Schule in Thüringen und bereitet ihre Hündin auf den Einsatz als Schulhund vor. Wenig überraschend, beschäftigte sie sich auch in ihrer Examensarbeit mit der Hundegestützten Pädagogik (Schulhunde im Klassenzimmer).

... weisen sehr hohe kognitive und soziale Fähigkeiten auf.

VERSTÄNDNIS HUNDLICHEN VERHALTENS

In Bezug auf die Umwelt und Erfahrungen von Hunden hat sich insbesondere Alexandra Horowitz mit diesen Fragen auseinandergesetzt (Horowitz, 2021; Horowitz und Hecht, 2014). Der Übergang von der uns Menschen normalerweise innewohnenden anthropozentrischen oder sogar anthropomorphen Betrachtungsweise auf die Betrachtung der hundlichen Umwelt gibt uns viele Möglichkeiten, Missverständnisse und Fehlinterpretationen zu vermeiden. Beispiele dafür wären etwa die verstärkte Ausrichtung der Hundezucht am Kindchenschema, vor allem bei kleinen Rassen das Fehlverständnis der hundlichen Mimik in Richtung auf ein angebliches menschliches Lachen, oder auch die noch ausführlicher zu besprechenden Themen Empathie, Spielverhalten und Sprachverständnis.

Diesem Hund sieht man an, dass er zweifellos gut gelaunt ist.

UNTERSCHIEDE ZWISCHEN GRAUWOLF UND HUND

Speziell im Zusammenhang mit dem Verständnis hundlichen Verhaltens gibt es drei Themenbereiche, in denen sich unsere Haushunde gegenüber ihren wilden Vorfahren, den Grauwölfen, unterscheiden (Udell et al., 2014):

1. Zum einen die unterschiedlichen Abläufe der Sozialisation, insbesondere die Entwicklungsgeschwindigkeit (Beginn und Endpunkt), sowie die Entwicklung der Sinnesorgane zwischen den beiden Formen.
2. Die unterschiedliche Reproduktionsbiologie, bei denen unsere Haushunde weniger saisonal und vor allem weniger an die monogame Paarbindung mit sexueller Präferenz orientiert sind.
3. Das unterschiedliche Nahrungssuch- und Nahrungsaufnahmeverhalten.

Aus diesen Unterschieden resultieren auch Anpassungen, mit denen Haushunde in unserer Gesellschaft wesentlich besser klarkommen, und sich auch mit uns Menschen ausgiebiger beschäftigen können.

KONSEQUENZ FÜR FORSCHUNGSPROJEKTE

Zugleich müssen aber auch Forschungsprojekte, wenn sie sich mit hundlicher Kognition und Verhaltenssteuerung beschäftigen, den hundlichen Blickwinkel stärker im Auge haben (Horowitz, 2021). Auch wenn Hunde offenbar, z. B. bei den Wahlversuchen zwischen unterschiedlich großen Futtermengen oder unter Hütchen versteckten Belohnungen, stark visuell und wenig geruchlich orientiert arbeiten, ein solcher Versuch wird nur dann glaubwürdig bleiben, wenn auch für die mögliche olfaktorische Orientierung Korrekturmaßnahmen eingebaut werden (siehe S. 303 ff.). Solche Überlegungen bei der Planung und Durchführung von Tests und Versuchsaufbauten gehen dementsprechend

Zwei Hunde, die aneinander Interesse zeigen.

weit über die Frage des hundlichen Wohlbefindens hinaus. Nicht nur die Frage, ob der Hund möglicherweise in solchen Testsituationen Stress, Belastungen oder gar Leiden erfährt, muss im Vorhinein bedacht werden. **Die Perspektive des Hundes, seine unterschiedliche Umwelt und seine unterschiedlichen Erfahrungen spielen eine wesentliche Rolle. Nicht nur, um den Hund als Partner in dieser Untersuchung ernstzunehmen, sondern auch, um sich vor menschlich beeinflussten Fehlannahmen zu schützen.** Der Schweizer Verhaltensbiologe Prof. Hans Kummer hat in einem Gespräch eine ganz wichtige Anforderung formuliert: *„Ein Versuch ist nur dann gut, wenn Versuchstier und Versuchsleiter:in gleichermaßen ein Interesse an der Lösung dieses Problems haben."*

KOGNITIVE FILTER

Ein Bereich hundlichen Verhaltens, in dem wir die Uexküllsche Betrachtung, also die gegenseitige Beeinflussung von Umwelt und Innenwelt, von Wahrnehmung und Bewertung durch ein Lebewesen besonders gut demonstrieren können, betrifft die sogenannten kognitiven Filter. Oliver Burman (2014) hat die Frage, ob Hunde eher eine optimistische oder pessimistische Lebenseinstellung haben, in einem Übersichtsartikel zusammengetragen. Er legt dar, dass bei Lebewesen allgemein kognitive Voreinstellungen (man könnte es auch Vorurteile nennen) auf mehreren Ebenen stattfinden können:

- Zunächst gibt es den **Aufmerksamkeitsfilter.** Sowohl bei Menschen als auch bei einigen anderen Tierarten ist belegt, dass Individuen mit einer gerade vorherrschenden negativen emotionalen Einstellung, bedrohliche oder sogar potenziell gefährliche Reize stärker wahrnehmen als solche, die eher angenehme Dinge bedeuten könnten. Diese sind in ihrer Wahrnehmung abgeschwächt.
- Im Anschluss daran kommt es oftmals auch zu einem **Gedächtnisvorurteil.** Auch hier werden häufig negative Erfahrungen im Gedächtnis stärker verankert und leichter wieder abgerufen, wohingegen man positive schneller vergisst.
- Und dann gibt es den **Bewertungsfilter** bzw. das **Bewertungsvorurteil:** Wenn jemand in einer negativen emotionalen Grundeinstellung lebt, oder gerade Unangenehmes erlebt hat, wird er neutrale, eigentlich nichtssagende Reize eher negativ bewerten.

VON OPTIMISTEN UND PESSIMISTEN

Die ersten Versuche in diesem Zusammenhang wurden mit vielerlei Labortieren, aber auch anderen Tierarten, sogar Honigbienen, vollzogen: Ein Reiz, sei es ein Ton oder eine Graustufe auf einem Blatt Papier, hat in der Vortrainingsphase immer etwas Negatives bedeutet, ein anderer etwas Positives. Danach präsentierte man einen Ton bzw. einen Grauton auf einem Papier, der genau zwischen den beiden lag. Optimisten betrachteten das als Signal für eine zu erwartende Belohnung, Pessimisten eher als Signal für eine nicht erfolgende Belohnung bzw. vielleicht sogar einen Negativreiz. Auch bei Hunden wurden solche Tests durchgeführt (Burman, 2014).

Test: Ein Hund lernte, dass eine Futterschüssel auf der einen Seite des Raums immer leer, auf der anderen Seite immer voll war. Sobald der Hund dieses Prinzip verstanden hatte, wurde eine Futterschüssel mittig bzw. in der Nähe der sonst positiv oder negativ belegten Schüssel aufgestellt.

Ergebnis: Optimistische Hunde laufen schneller bzw. bereitwilliger sogar zu einer Schüssel, die noch nahe an der sonst leeren, aber leicht zur Mitte hin verschobenen Position steht. Pessimistische Hunde werden bereits zögerlicher oder laufen gar nicht mehr los, wenn die Schüssel nahe der Mitte, aber noch auf der positiven Seite steht.

Mit diesen Tests hat die Arbeitsgruppe von Michael Mendl, aus der auch Oliver Burman stammt, herausgefunden, dass optimistische Hunde weniger Trennungsprobleme und insgesamt weniger Angstprobleme im Alltag haben, und umgekehrt Hunde mit Trennungsproblemen oder allgemeinen Angstproblemen im Alltag eher pessimistische Grundeinstellungen zeigen.

In Budapest zeigte Anna Pogany et al. (2017), dass übergewichtige und fettleibige Hunde ebenfalls eine stärkere pessimistische Grund-

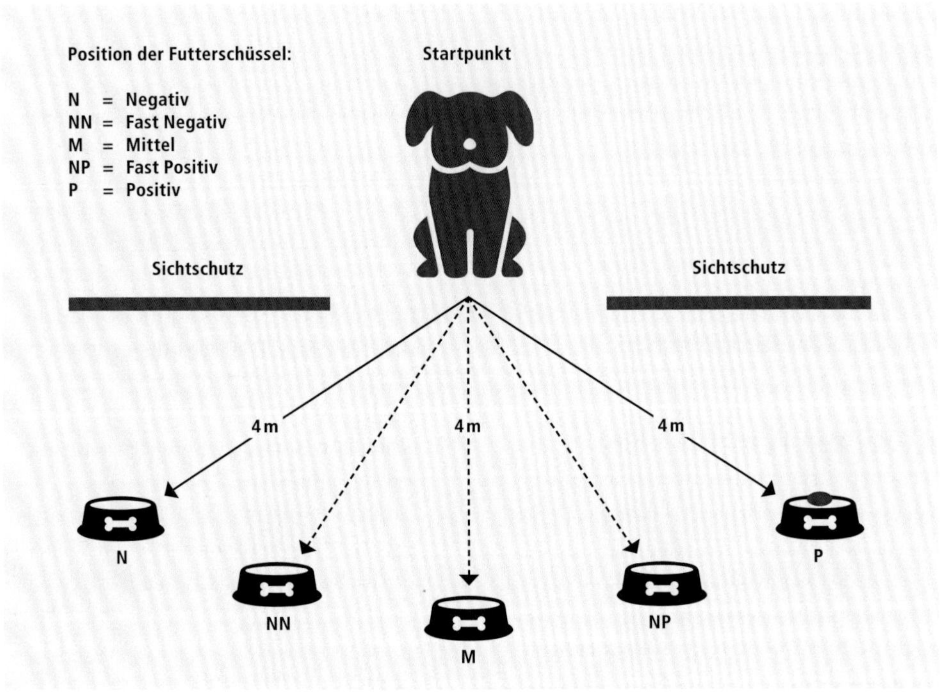

Versuchsschema der Pessimismus-Studie nach Wilson et al. (2022).

einstellung hatten (in Ganslοßer und Kitchenham, 2019).
Clara Wilson et al. (2022) konnte dagegen belegen, und auch hier lässt von Uexküll grüßen, dass eine wiederholte Testung bei Hunden die kognitiven, insbesondere die Bewertungsvorurteile verändern kann. Da in den eigentlichen Testsituationen, um geruchliche Hinweise auszuschließen, alle Näpfe leer geblieben waren, verlangsamte sich von einem Test zum anderen mit einem aus der positiv, also gefüllten Ecke zur neutralen Mitte hin verschobenen Napf zunehmend die Reaktionsgeschwindigkeit, und die Hunde liefen auch ggf. langsamer zu diesem Napf. Offenkundig hatten sie im Laufe der Zeit realisiert, dass in diesen Näpfen ohnehin nichts zu finden war.

Langfristig negative Umweltsituationen führen bei vielen Tierarten zu einem negativen kognitiven Filter, also einer eher pessimistischen Lebenssicht.

KONZEPT: VERHALTENS-BEREICHERUNG

Das ursprünglich aus der Zoo- und Labortierhaltung stammende Konzept der Verhaltensbereicherung hat in den vergangenen Jahrzehnten zunehmend die Aufmerksamkeit zunächst von Menschen, die sich mit Hunden in Tierheimen und vergleichbaren Situationen beschäftigen, ausgelöst. Im Zootierbereich beschäftigen sich immer wieder Arbeiten mit dem Gedanken der Anreicherung von Reizen, von Lebensräumen und sozialen Verhaltenssituationen (McPhee & Mellen, 2001; Shepherdson, 2010). Sie zeigten, dass sowohl Umweltbereicherung (z. B. eine erhöhte Plattform, von der die Tierheimhunde leichter aus dem Zwinger schauen konnten), Spielzeuge (seien es Bälle, Zerrinstrumente oder mit Futter gefüllte Gegenstände), aber auch Sozialkontakt sowohl mit Menschen als auch mit anderen Hunden, zu einer deutlichen Verbesserung der Verhaltenssituation führten. Hunde, denen solche Möglichkeiten über mehrere Tage oder Wochen hinweg geboten wurden, waren ruhiger, lagen oder saßen mehr, bellten und winselten weniger, und waren auch insgesamt in ihrem Verhalten vielfältiger. Sozialkontakte mit Menschen und mit anderen Hunden reduzierten ebenso die Auftretenshäufigkeit unerwünschter Verhaltensweisen, z. B. Hochspringen oder auch das Auftreten von Stereotypien.
Diese Untersuchungen wurden immer wieder, sei es über Futterverteilung und futterbezogene Aktivitäten (Heys et al., 2022), Geruchsverteilungen (Amaya et al., 2020), akustische Reizanreicherung, sei es über Musik, aber auch vorgespielte Spielbellsequenzen anderer Hunde (Amaya et al., 2020) wiederholt und vertieft. Von besonderem Interesse sind dabei Untersuchungen, die neben den Verhaltensregistrierungen auch physiologische Messwerte genommen haben. Hierzu zählen Erfassungen der Veränderungen im Spiegel des Stresshormons Cortisol (Jann in Ganslοßer, 2023), Bestimmungen der Pulsfrequenz bzw. deren Variabilität (Amaya et al., 2020) die Genaktivierung verschiedener, mit Plastizität in der Entwicklung des Nervensystems befasster Gene nach einem längeren Kurs in konzentrierter Nasenarbeit (Guelfi, 2019). Die genannten Arbeiten zeigen, dass eine Reihe von physiologischen Messwerten sich ins Positive verändern, was für ein gesteigertes Wohlbefinden der betreffenden Individuen spricht. In modernen Betrachtungen und Diskussionen geht es nicht mehr ausschließlich um die Abwesenheit von Stress, Belastung oder negativen Emotionen. Selbst verschaffte Erfolgserlebnisse und eine daraus entstehende Zufriedenheit oder andere positive Emotionen, werden als ebenso wichtiger Bestandteil einer tierschutzkonformen und verantwortungsvollen Tierhaltung herausgearbeitet (siehe S. 22 f.).

☞ **Aus der Forschung (von Dr. Udo Gansloßer)**

DIE FÜNF FREIHEITEN UND ANDERE TIERSCHUTZKONZEPTE

Gerade im Zusammenhang mit Tieren, denen sogenannte höhere geistige Leistungen zugeschrieben werden, entsteht sehr schnell und notwendigerweise auch eine Verbindung zu Fragen einer tier- und verhaltensgerechten Haltung. Vorab sei gesagt, dass der Begriff „Artgerecht" im deutschen Tierschutzgesetz nicht vorkommt, lediglich die Fütterung eines Tieres soll „seiner Art gemäß" erfolgen. Das ist gerade im Zusammenhang mit unseren Hunden übrigens auch gar nicht weiter erstaunlich: die rein zoologisch-systematische Frage, ob der Hund als *Canis familiaris* eine eigene Art, oder als *Canis lupus forma familiaris* eine Haustiervariante des Wolfs ist, würde z. B. für den Umgang mit der Fütterung, dem Verhaltensprogramm, den Streifgebietsnutzungen etc. erhebliche Unterschiede bedeuten (siehe Gansloßer und Kitchenham, 2019). Aus der Sicht der Tierschutzjuristin hat Barbara Felde (2019, a,b) die Unbestimmtheit der Begriffe „Artgerecht" und „Verhaltensgerecht" ausführlich behandelt.

GRUNDBEDINGUNGEN EINER TIERHALTUNG

Im Zusammenhang mit den erkennbaren Unzulänglichkeiten landwirtschaftlicher Nutztierhaltung hat sich in den 1970er-Jahren zunächst in Großbritannien (das Mutterland des modernen Tierschutzes!) eine Kommission darangesetzt, Grundbedingungen für eine Tierhaltung nach biologischen Gesichtspunkten zu formulieren. Heraus kam dabei das Konzept der fünf Freiheiten. Die fünf Freiheiten, die als Leitfaden zur Bewertung des Wohlbefindens von nicht menschlichen Tieren formuliert werden, sind:

2. Freiheit von Hunger, Durst und Fehlernährung
3. Freiheit von Unbehagen durch unzureichende Haltungsbedingungen (das betrifft selbstverständlich vorwiegend die Stallhaltungen von Nutztieren, kann aber durchaus auch auf Kumpantiere übertragen werden)
4. Freiheit von Schmerz, Verletzung und Krankheit
5. Freiheit von Angst und Leiden
6. Freiheit zum Ausleben normalen Verhaltens

Im Rahmen neuerer Tierschutzforschungen, insbesondere auch aus den Bereichen der Verhaltensbiologie, wurde ein moderneres und auf positive Zustände ausgerichtetes Modell entwickelt. Dieses moderne Modell tierlichen Wohlbefindens fragt:

1. Ist das Tier gesund?
2. Hat das Tier, was es möchte?

Nicht immer, und das betrifft auch uns Zweibeiner, sind diese beiden Fragen ohne weiteres in Einklang zu bringen. Ein Mensch, der sich überwiegend von Schweinebraten und Sahnetorte ernährt, hat vielleicht das, was er möchte, wird aber auf die Dauer nicht gesund sein. Und ein Mensch, der ausschließlich biologisch ausgewogen zusammengestellte Rohkost- und Körnerdiät hat, lebt wahrscheinlich gesund, hat aber vielleicht nicht das, was er möchte.
Im Zusammenhang mit den von uns gehaltenen Tieren in unserer Obhut und Verantwortung liegt es an uns, die Ausgewogenheit herzustellen, die zumindest

Freiheit von Angst und zum Ausleben arttypischen Verhaltens.

der erwachsene Mensch hoffentlich aufgrund seiner eigenen kognitiven Leistungen am Kühlschrank selbstständig treffen kann.

POSITIVE EMOTIONALITÄT

Die ziemlich einseitige Fixierung auf die Vermeidung negativer Zustände in der Tierschutzforschung bis zum Ende des letzten Jahrhunderts ist einerseits verständlich, sind diese Vermeidungen doch das absolute Minimum dessen, was wir den uns anvertrauten Tieren bieten müssen. Trotzdem, in neueren Untersuchungen wird auch die positive Emotionalität, also das Erreichen von Zufriedenheit, sozusagen auch etwas Lebensfreude in der Grundanforderung an eine tier- und verhaltensgerechte Haltung immer stärker betont.

Kontrolle über sein Leben auszuüben, wie es auch eine Grundanforderung der Tierschutzethologie ist, bedeutet nicht notwendigerweise, dass man tun und lassen darf, was man gern möchte. Es bedeutet lediglich, dass man „Wenn-Dann-Beziehungen" herstellen kann, in dem die Umwelt soweit wie möglich planbar, vorhersagbar und durch das eigene Tun auch steuerbar ist. Diese Steuerbarkeit und Planbarkeit der Umwelt wiederum, ist durch das Lösen von gut gemachten Denksportaufgaben möglich.

»Auch Tiere sollten durch selbstverschaffte Erfolgserlebnisse in den Zustand der Zufriedenheit, bisweilen auch in freudige Erregung gelangen.«

Auch temperamentvolles Spielen gehört zur 5. Freiheit.

QUALITÄTEN DER SOZIALITÄT

Gerade bei Hunden und anderen sehr stark sozial- kognitiv orientierten Tierarten muss eine verantwortungsvolle Haltung auch weit über die reine Lebensraumbereicherung, z. B. Futtersuchaktivitäten, Möglichkeiten zum arttypischen Komfortverhalten wie Scheuerbäume, Kratzbäume oder die bereits genannten Aussichtsplattformen zur buchstäblichen Verbesserung der Übersicht, hinausgehen. Soziale Mechanismen, das zeigt z. B. eine ursprünglich für Wildtiere zusammengetragene Übersichtsarbeit von Philippa Brakes (2019), sind mindestens ebenso wichtig. Und auch wenn unsere Hunde überwiegend mit uns zusammenleben, und das soziale Leben mit dem Menschen dadurch für gehaltene Familienhunde zumindest ein stückweit selbstverständlich geworden ist, sollten wir trotzdem einen Blick auf einige der dort, ursprünglich auf Edward Wilson zurückgehenden Qualitäten der Sozialität werfen. Neben Gruppengröße und einer geordneten Alterspyramide ist der Zusammenhalt innerhalb der Gruppe, die Kommunikation, die Durchlässigkeit der Bewegungen zwischen den Gruppen, die Differenzierung verschiedener sozialer Rollen, aber auch der Informationsfluss und die Zeit, die für soziales Leben und soziales Verhalten aufgewendet wird, von Bedeutung.

KONTAKT ZU ANDEREN HUNDEN

Da Hunde in ihrer natürlichen Sozialstruktur (siehe Untersuchungen an sogenannten Straßen- oder Streunerhunden, Kitchenham in Gansloßer 2023 und andere) immer wieder in wechselnden Zusammensetzungen ihrer Gruppe durch den Lebensraum streifen, und dabei durchaus auch Kontakte mit Gruppenfremden oder Nachbarn haben, spricht auch dies für einen regelmäßigen, allerdings geordnet-zivilisiert ablaufenden Sozialkontakt unserer gehaltenen Hunde mit vierbeinigen Artgenossen. Und auch wenn viele Studien, sogar die von Robert Hubrecht (1993) zeigen, dass die Beschäftigung mit dem Menschen in vielerlei Hinsicht auch die Verhaltensauffälligkeiten und die Häufigkeiten unerwünschten und unpassenden Verhaltens reduzieren, sind die vierbeinigen Kumpels trotzdem von Bedeutung. Gerade vergleichende Untersuchungen zum Spielverhalten von Hunden mit Hund vs. Hund mit Mensch deuten hier auf eine unterschiedliche Rolle und unterschiedliche Bedeutung der beiden Spezies im Leben und im Alltag eines gehaltenen Familienhundes hin (siehe Gansloßer und Käufer, 2022).

☞ **Aus der Forschung (von Christopher Wandschneider)**

DIE BESONDERE VERBINDUNG ZWISCHEN MENSCH UND HUND

Hunde sind für viele Menschen weit mehr als Haustiere. Sie begleiten uns durch den Alltag, schenken Trost und werden oft als Familienmitglieder betrachtet. Eine Umfrage (Wandschneider unveröff.) unter 118 Hundehalter:innen sowie 265 Personen, darunter auch Nicht-Hundehalter:innen, gibt Einblick in die Beziehung zwischen Mensch und Hund und beleuchtet, wie Hundehalter:innen ihre Vierbeiner wahrnehmen.
Der Großteil der Teilnehmenden war weiblich (81,5 %) und die Altersgruppe reichte von 16 bis 69 Jahren, mit einer ausgewogenen Verteilung über alle Altersstufen hinweg. Beruflich befanden sich etwa drei Viertel der Befragten in einem Angestelltenverhältnis, während 16,6 % selbstständig tätig waren. Nur 11,3 % der Teilnehmenden hatten bislang keine eigenen Erfahrungen als Hundehalter:innen gesammelt.

DER HUND ALS FREUND UND STIMMUNGSAUFHELLER

Die meisten Hundehalter:innen sehen ihren Hund als engen Vertrauten: Mehr als 80 % der Befragten sagten, ihr Hund sei wie ein Freund für sie. Ebenso glauben die meisten, dass ihr Hund sie versteht – etwa vier von fünf Teilnehmer:innen stimmten dieser Aussage zu. Außerdem wird Hunden oft nachgesagt, die Stimmung ihrer Menschen zu beeinflussen: Etwa 90 % der Hundehalter:innen gaben an, dass ihr Hund ihre Laune ändern kann, hoffentlich zum Positiven.
Hunde sind auch ein beliebtes Gesprächsthema. Rund 70 % der Befragten erklärten, dass sie regelmäßig mit anderen über ihren Hund sprechen. Diese gemeinsame Leidenschaft für Hunde verbindet viele Menschen und schafft Gesprächsanlässe, selbst unter Fremden.

WER HAT DAS SAGEN?

Im Alltag zwischen Mensch und Hund stellt sich häufig die Frage, wer die Entscheidungen trifft. Viele Hundehalter:innen – etwa die Hälfte der Befragten – stimmten voll zu, dass es ihrem Hund wichtig ist, in ihrer Nähe zu sein. Bei praktischen Fragen wie der Wahl der Spaziergangsroute liegt die Entscheidung jedoch meist beim Menschen. Auch beim Spielen ist es überwiegend der Mensch, der vorgibt, was gespielt wird und wann das Spiel beginnt oder endet. Die Entscheidung darüber, wann der Hund gefüttert wird, fiel eindeutig auf Seiten des Menschen. Interessant ist jedoch, dass etwa ein Drittel der Teilnehmenden angab, der Hund entscheide, wo er schlafen möchte.

Deutlich sichtbar ist hier die beidseitige positive Beziehung.

EMOTIONEN VON HUNDEN

Auch Nicht-Hundehalter:innen wurden befragt, insbesondere zu den emotionalen Zuständen von Hunden. Die Meinungen gingen dabei stark auseinander, ob Hunde sich schämen (Abb. 1) oder bewusst täuschen können, ob sie ein Schuldbewusstsein oder ein Gespür für Gerechtigkeit haben. Nichtsdestotrotz stimmen über 50 % der Befragten voll zu, dass Hunde fair behandelt werden wollen.

Deutlicher wurde es bei der Fähigkeit zu trauern: Über 240 Teilnehmende waren überzeugt, dass Hunde Trauer empfinden können (Abb. 2).

Außerdem sind etwa 60 % der Befragten der Ansicht (stimmen voll oder eher zu), dass ihr Hund den Menschen nicht verurteilt oder bewertet. Nur 16,6 % der Befragten stimmten dem eher oder gar nicht zu. Die Wahrnehmung, dass Hunde den Menschen nicht bewerten, weist auf eine Art von Beziehung hin, die durch Akzeptanz geprägt ist. Friedrich Nietzsche (1878) formuliert in „Menschliches, Allzumenschliches" treffend: *„Wir sind so gern in der freien Natur, weil diese keine Meinung über uns hat."* Dieses Zitat lässt sich gut auf die Beziehung zu Hunden übertragen, da viele Menschen ihre Tiere als unvoreingenommene Begleiter erleben – frei von Werturteilen oder Erwartungen.

UMGANG ANDERER MIT HUNDEN

Ein weiterer Punkt der Umfrage drehte sich um die Wahrnehmung des Umgangs anderer Hundehalter:innen mit ihren Hunden. Rund 165 (62,3 %) Befragte gaben an, nur teilweise mit dem Verhalten anderer Hundehalter:innen einverstanden zu sein (Abb. 3). Es scheint, dass die Ansichten darüber, was eine „gute" Hundehaltung ausmacht, recht unterschiedlich sind.

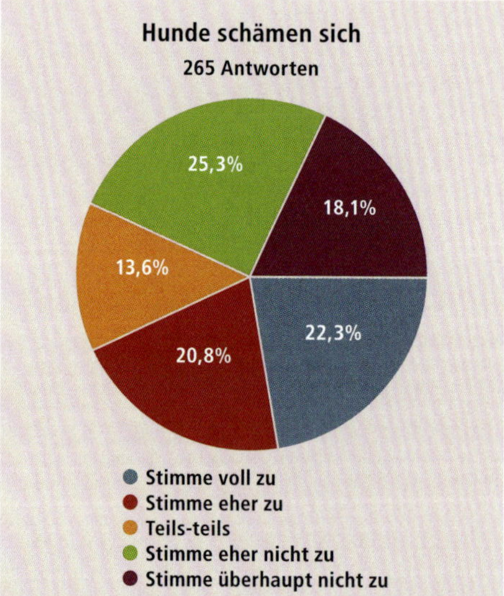

Beim Vermögen, sich zu schämen, sind sich Befragte insgesamt unsicher. Während 18,1 % der Aussage „Hunde schämen sich" gar nicht zustimmen, ist knapp über ein Fünftel der Meinung, dass Hunde sich schämen. Ähnlich verhielt es sich zu den Fragen nach Schuld, Gerechtigkeit und dem (bewussten) Täuschungsvermögen.

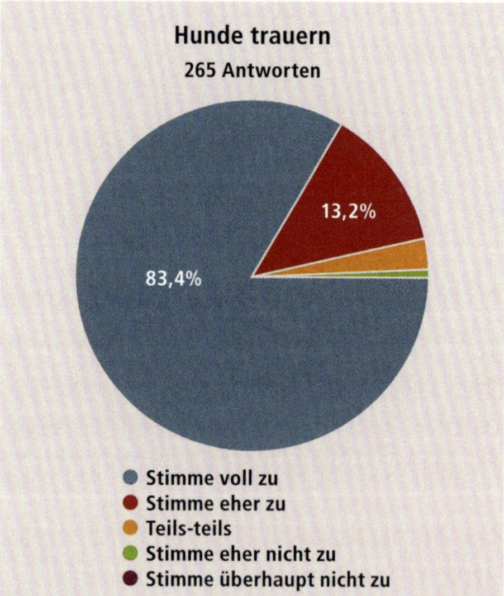

Bei der Trauer sind sich die Befragten ziemlich einig. Insgesamt 96,6 % stimmen der Aussage voll und eher zu. Gerade das Thema „Schlechtes Gewissen" bei Hunden war ja auch Gegenstand der Forschung von Alexandra Horowitz (2009). Die Forschungsergebnisse widersprechen der Einschätzung in unserer Studie (siehe Diagramm links) deutlich.

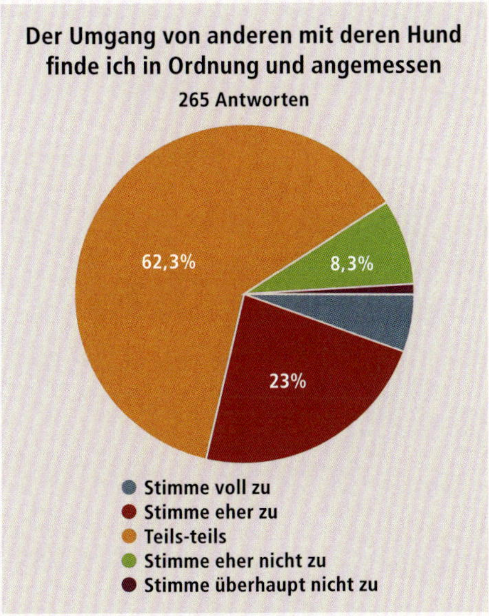

Zwei Drittel der Menschen finden nur teils den Umgang anderer mit deren Hund in Ordnung. 23 % stimmen dem eher zu. Die Aussagen „stimme voll oder gar nicht zu" sind nur gering vertreten.

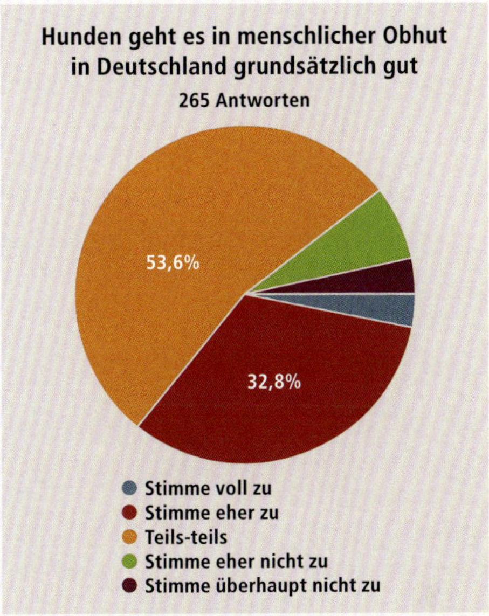

Die Mehrheit der Befragten (53,6 %) geben an, dass es Hunden in Deutschland nur teils-teils gut geht. Doch auch etwa ein Drittel stimmt der Aussage eher zu.

DER EINFLUSS DER RASSE AUF DEN HUNDETYP

Ein weiteres Ergebnis der Umfrage zeigt, dass etwa die Hälfte der Teilnehmenden voll oder eher zustimmt, dass der Charakter eines Hundes eng mit seiner Rasse verbunden ist. Rund ein Drittel hingegen sieht dies differenzierter und stimmt der Aussage nur teilweise zu. Diese Wahrnehmung gewinnt vor allem an Bedeutung, wenn es um die Wahl einer Hunderasse geht, die den individuellen Erwartungen und Lebensumständen gerecht werden soll.

DAS WOHL DER HUNDE IN DEUTSCHLAND

Abschließend wurde gefragt, wie es Hunden in menschlicher Obhut in Deutschland insgesamt geht. Etwa die Hälfte der Befragten schätzte, dass es den Hunden hierzulande nur „teils-teils" gut geht (Abb. 4). Diese Antwort zeigt, dass das Thema Hundewohlbefinden nach wie vor Raum für Diskussion bietet.

Schlussbetrachtung: Obwohl die Umfrage auf einer relativ kleinen Stichprobe basiert und ihre Ergebnisse mit Vorsicht interpretiert werden sollten, bietet sie Einblicke in die Beziehung zwischen Mensch und Hund. Sie verdeutlicht, wo klare Trends und Meinungen vorherrschen, aber auch, in welchen Bereichen Unentschlossenheit besteht – etwa bei der Frage, welche Eigenschaften Hunden zugeschrieben oder wie Entscheidungen im Alltag getroffen werden. Die Ergebnisse zeigen, dass Hunde nicht nur als treue Begleiter, sondern oft auch als Freunde wahrgenommen werden, die Trost spenden, Gespräche anregen und den Alltag prägen.

ÜBER DEN AUTOR

Christopher Wandschneider hat Biologie und Philosophie in Göttingen und Oldenburg studiert. Thema seiner Abschlussarbeit war das Täuschungsverhalten sowie Unfairness bei Hunden. Sein Masterstudium absolviert er an der Universität Bremen.

Tricks machen Spaß und ihre Erarbeitung ist auch Forderung und Förderung.

Sobald sie jedoch vom Hund beherrscht werden, fällt der Bereicherungsaspekt weg.

TRICKTRAINING ALS BEREICHERUNG

Ein letzter Blick noch auf den Einsatz von Tricktraining und andere Dressur- oder Ausbildungsaktivitäten auf das Verhaltensprofil der Hunde. Vicky Melfi (2013) hat die Frage, ob Training für Zootiere eine Bereicherung des Alltagslebens wäre, ausführlich zusammengefasst. Ihre Argumente zeigen, was auch das von Trevor Poole (siehe Gansloßer et al., 2020) bereits aufgestellte SCAN-Prinzip umreißt: Selbst verschaffte Erfolgserlebnisse, die einen physiologischen und emotionalen Zustand der Zufriedenheit erreichen, sind das eine. Bereichernd aber sind solche Aktivitäten überwiegend während der Lernphase. Wenn das Tier einen beigebrachten Trick perfekt beherrscht und auf Kommando jederzeit wiederholen will oder kann, ist der bereichernde Effekt deshalb nur noch gering, weil das Tier dadurch nichts Neues über sich oder seine Umwelt oder auch seinen Sozialpartner Mensch mehr gelernt hat. Insofern sind Trickdog, DogDance und ähnliche Aktivitäten immer ein stückweit geistiges Wettrüsten zwischen Hund und Mensch: Je besser der Hund die vorherigen mühsam antrainierten Beschäftigungen beherrscht, desto mehr Gedanken muss sich der Mensch wiederum machen, um in die nächste Schleife des Erkenntnisgewinns für den Hund eintreten zu können, indem ihm wieder neue Tricks beigebracht werden. Zusätzlich ist gerade im Zusammenhang mit der häufig im Trickdogbereich genutzten Clickerbelohnung (siehe S. 298) von großer Bedeutung, dass bei solchen Aktivitäten das passive Zufriedenheits-, also das sogenannte Mögenssystem, und nicht überwiegend das aktive Such- und Sucht-, also das Wollen- und Strebensystem, aktiviert wird.

☞ **Aus der Forschung (von Dr. Heike Krause)**

GENIE VS. INTELLIGENZ ODER GENIE = INTELLIGENZ?

In der historischen Hundeliteratur findet man interessanterweise den Begriff „Intelligenz" nicht. Dagegen taucht seit der zweiten Hälfte des 18. Jahrhunderts der Begriff „Genie" auf, wenn es um die „Geisteskräfte" des Hundes geht. Damit gemeint ist einerseits die *„angeborene Art eines Lebewesens in Ansehung seines Geistes"*, andererseits *„die natürliche Geschicklichkeit, gewisse Dinge leichter und besser zu vollbringen, als andern möglich ist; welche Geschicklichkeit die Folge eines bestimmten Verhältnisses aller Erkenntnisvermögen oder eines hohen Grades aller Geisteskräfte ist."* (Krünitz 1779) Als einer der ersten Naturwissenschaftler befasste sich 1778 Johann Christian Daniel Schreber (1739-1810), Mediziner, Biologe (unter anderem studierte er an der Universität Uppsala bei Carl von Linné und promovierte auch hier), Theologe und seit 1770 Professor der Medizin an der Universität Erlangen, in seiner Abhandlung über den Hund mit „Genie": *„Diejenige Fähigkeit, welche man bei den Tieren Genie nennen kann, besitzt der Hund in vorzüglicher Vollkommenheit und ist daher vor andern gelehrig. Er kann allerlei Gewohnheiten annehmen, die man ihm beizubringen sich die Mühe geben will; z.E. seine Notdurft außer dem Hause zu verrichten, sich zu dem Ende die Türen selbst zu öffnen; von einem Unbekannten keine Speise anzunehmen u.s.f. Er ist aufgelegt allerlei Künste zu lernen"*. Die Lernfähigkeit des Hundes sei fast unbegrenzt, egal ob es für ganz unterschiedliche Arbeitsaufgaben sei oder einfach nur ‚zum Spaß'. Eine Grundlage für des Hunds Genie sei der „vortreffliche" Geruchsinn (Schreber 1778).

Nur drei Jahre später erschien „Ausführliche Geschichte der Hunde [...]" (1781) vom Mediziner und Arzt Johann Georg Friedrich Franz (1737-1789) unter dem Pseudonym Kynophilus Actaeon, eine der ersten Publikationen, die sich ausschließlich mit Hunden befasst. Ein ausführliches Kapitel behandelt die „Psychologie des Hundes". Darin heißt es: *„Genie, Instinkt, Gedächtnis, Erinnerungs- und andere Grundkräfte können dem Hunde gar nicht abgesprochen werden, und er besitzt dabei ein solches Feuer der Empfindung, dass er die Rolle eines Ästhetikers ganz gewiss vortrefflich spielen kann. [...] Unter Genie versteht man diejenige Grundkraft der Seele oder diejenige Fähigkeit, eine Sache leicht zu begreifen und zu fassen und bei der Vergleichung zweier Dinge die Ähnlichkeiten leicht zu entdecken und dann einen guten Gebrauch davon zu machen.*

Bereits in der historischen Literatur werden die Fähigkeiten von Hunden, gerade auch der Geruchsinn, angepriesen.

Schon sehr früh wurde die „Gelehrigkeit" von Hunden erwähnt.

Wenn ein vernünftiges Wesen mit diesen Eigenschaften versehen ist, so pflegt man zu sagen: es habe viel, es habe einen großen Verstand, es besitze Witz, es habe Kopf, es sei scharfsinnig. Da aber dieses von Tieren nicht gesagt werden kann, da ihnen der Vorzug, welchen wir Verstand nennen, mangelt, so gilt nur das Erstere von ihnen, wenn wir ihnen Genie beilegen. Wir wollen demnach mit dem Ausdruck, der Hund hat Genie, nichts anders anzeigen, als er hat die Fähigkeit, eine Sache leicht zu begreifen und zu erlernen. Dass aber eine solche Anlage wirklich vorhanden sei, sieht man aus den Abrichtungen zur Jagd und zu allerhand Kunststücken, die sie auf eine bewundernswürdige Art zu machen wissen, welches doch nicht möglich wäre, wenn nicht die Grundanlagen dazu angetroffen würden, die sich nach und nach durch Unterricht und Kultur entwickeln und zu Fertigkeiten werden." (Kynophilus 1781)

DER BEGRIFF INTELLIGENZ

Den Begriff „Intelligenz" bei Hunden gebraucht der österreichische Zoologe Leopold Josef Fitzinger (1802–1884) in seiner Publikation von 1876 „Der Hund und seine Racen. Naturgeschichte des zahmen Hundes, seiner Formen, Racen und Kreuzungen." In Sachen Intelligenz stehe der Hund auf einer *„der höchsten Stufen"*, ebenbürtig mit Elefanten und *„menschenähnlichen Affen"*. *„Diese ihn so sehr auszeichnende Eigenschaft ist ihm zwar schon angeboren, doch wurde dieselbe durch sein inniges Verhältnis zum Menschen im Laufe der Zeiten offenbar noch weiter ausgebildet. […] Es kann wohl durchaus keinem Zweifel unterliegen, dass die Verstandeskräfte des Hundes in Folge seiner Erziehung und durch den steten Umgang mit dem Menschen bedeutend geschärft werden können; denn nur dadurch lassen sich so manche seiner Eigenschaften und Handlungen erklären, die uns sonst fast völlig unbegreiflich erscheinen müssten."* Er könne die Bedeutung von unterschiedlichen Worten „auffassen". *„Der Hund lernt die Sprache seines Herrn und der Personen, die ihn stets umgeben, […]. Er weiß nicht nur wann, sondern der Hauptsache nach auch was man von ihm spricht. Durch diesen steten Umgang gewöhnt er sich auch allmählich an die im Hause seines Herrn eingeführte Ordnung und nimmt zum Teil sogar die Sitten und Gewohnheiten desselben an. Hierdurch gelangt er auch zu einer Unterscheidung und Erkennung der Zeit und gewinnt in dieser Beziehung nach und nach eine fast an's Unglaubliche grenzende Vollkommenheit. […] Was den Hund unter allen Säuge-*

Auch eine formale Kooperation mit dem Menschen bereitet vielen Hunden Freude.

Wobei „Gehorsam" zunächst einmal nichts mit Intelligenz oder Erziehung zu tun hat.

tieren am meisten auszeichnet, ist die Anhänglichkeit und Treue, die er seinem Herrn gegenüber bewahrt," und daraus resultiere nicht nur die Eigenschaft der Wachsamkeit, sondern auch die *„Gelehrigkeit und Abrichtungsfähigkeit. Gelehrigkeit ist eine Eigenschaft, die allen Formen des zahmen Hundes ohne Ausnahme zukommt und nicht etwa denselben erst anerzogen wird, sondern ihnen schon angeboren ist. Jedenfalls gelangt diese natürliche Anlage aber durch den steten Umgang mit dem Menschen zu einer höheren Ausbildung und vorzüglich durch die Erziehung, die derselbe dem Hunde angedeihen lässt."* Doch gäbe es rassebedingt große Unterschiede in der „Gelehrigkeit". Und ein weiterer wichtiger Faktor: *„Je mehr man sich mit dem Hunde abgibt, desto mehr bildet sich auch seine Gelehrigkeit aus."* (Fitzinger 1876)

ÜBER DIE AUTORIN

Dr. rer.soc. Heike Krause studierte zunächst Biologie an der Universität Erlangen, danach an der Universität München Dt. und vergleichende Volkskunde, Kunstgeschichte und Mediävistik (Abschluss Magister Artium), Promotion an der Universität Tübingen. Heute betreut sie das Stadtarchiv Gaildorf, das Gemeindearchiv Mainhardt und ein diakonisches Mutterhausarchiv in Schwäbisch Hall. Seit 1975 lebt sie mit Hunden zusammen und hat seit 1995 mit diversen swhv-Hundevereinen zu tun, zunächst als Mitglied und später als Trainerin (VDH-Trainerscheine für Basisausbildung und Agility). 2014 erschien ihr Buch „Hunds Tage – Kleine Kulturgeschichte eines Vierbeiners". Im Moment forscht sie zum Thema „Geschichte der Hundeerziehung" von der Antike, Mittelalter bis ca. 1950er-Jahre.

WAS IST WISSENSCHAFT UND WIE GEHT SIE VOR?

Gerade in einem Buch über Wahrnehmung und andere „innere Werte“ eines anderen Lebewesens müssen wir uns vorab darüber informieren, wie wissenschaftliche Erkenntnisse zu diesem Thema überhaupt gewonnen werden können. Schließlich müssen wir uns hier sehr oft darauf verlassen, aus Beobachtungen auf innere Zustände zu schließen, und Erklärungen dafür zu finden.

Wer sich ausführlicher informieren möchte, was Wissenschaftstheorie darstellt, dem seien einige zusammenfassende Darstellungen empfohlen: Ernst Mayr, einer der wichtigsten Evolutionsbiologen des 20. Jahrhunderts, hat im Jahr 2000 sein Buch „Das ist Biologie“ veröffentlicht, in dem er die wissenschaftstheoretischen und forschungsmethodischen Grundlagen der Biowissenschaften ausführlich dargelegt hat. Weitere interessante Beiträge liefert der Erlanger Wissenschaftstheoretiker und Philosoph Rudolf Kötter (2012, 2017), und wer es noch tiefergehend haben möchte, dem seien Schriften des ungarischen Wissenschaftstheoretikers Imre Lakatos (z. B. 1970) empfohlen. Nicht alle der genannten Autoren sehen die hier zusammenfassend dargestellten Befunde völlig gleich, aber die gewissen Unterschiede z. B. in der Theoriebildung zwischen Lakatos, dem von ihm häufig zitierten Karl Popper, oder zwischen Ernst Mayr und den genannten Philosophen können wir hier erst einmal ignorieren.

Ernst Mayr (2000) definiert zunächst einmal: *„Ziel der Wissenschaft ist es, unser Verständnis der Natur zu fördern“* und ergänzt *„durch das Lösen wissenschaftlicher Probleme.“* Einige, so sagt er, sind noch weitergegangen und haben gesagt: *„Die Ziele der Wissenschaft sind zu verstehen, vorherzusagen und zu meistern oder zu beherrschen.“* Weiter führt er aus, welche Kriterien zur Bestimmung von Wissenschaft von John Moore dargelegt wurden:

1. Eine Wissenschaft muss sich auf Daten gründen, die im Feld oder im Labor durch Beobachtung oder Versuch gewonnen wurden, ohne sich auf übernatürliche Faktoren zu berufen.
2. Um Fragen zu beantworten, müssen Daten gesammelt werden, und um Vermutungen zu bestätigen oder zu widerlegen, müssen Beobachtungen vorgenommen werden.
3. Es sind objektive Methoden anzuwenden, um jede mögliche Voreingenommenheit zu minimieren.
4. Hypothesen müssen mit den Beobachtungen übereinstimmen und mit dem allgemeinen begrifflichen Rahmen vereinbar sein.
5. Jede Hypothese muss überprüft werden, konkurrierende Hypothesen, wenn möglich, müssen entwickelt werden.
6. Verallgemeinerungen müssen universell gültig sein, einzigartige Ergebnisse erklärbar sein, ohne sich auf übernatürliche Faktoren zu berufen.
7. Um mögliche Fehler auszuschließen, ist eine Tatsache erst dann anzuerkennen, wenn andere sie wiederholt bestätigt haben.
8. Wissenschaft ist gekennzeichnet durch das stetige Verbessern wissenschaftlicher Theorien.

„Wissenschaft vom Hund" ist keineswegs stets mit Tierleid verbunden.

GEISTIGE LEISTUNGEN

Im Zusammenhang mit den Erklärungsversuchen ist bereits seit vielen Jahrhunderten in der Wissenschaftstheorie eine als Ockhams Rasiermesser bezeichnete Methode allgemein gefordert, nämlich, dass eine Erklärung mit möglichst wenigen, vor allem nicht mit unbelegbaren Hilfsannahmen auskommen muss. Im Bereich der Verhaltenswissenschaften hat der amerikanische Psychologe Lloyd Morgan dies dargelegt. Er fordert, dass keine höheren geistigen Leistungen eines Tieres angenommen werden sollten, wenn das beobachtbare Verhalten auch mit einfachen Mechanismen zu erklären wäre. Weniger bekannt ist dagegen, dass Lloyd Morgan in einer späteren Arbeit durchaus auch höhere geistige Leistungen bei nicht menschlichen Tieren zugelassen hat, wenn sie z. B. durch andere Vorstudien bereits belegt wurden.

Auch die Gründerväter der kontinentaleuropäischen Verhaltensbiologie, Konrad Lorenz und Niko Tinbergen, haben höhere geistige Leistungen bei Tieren grundsätzlich zugelassen. Sie waren nur der Meinung, dass man mit den damals ihnen zur Verfügung stehenden Methoden der wissenschaftlichen Forschung diese nicht untersuchen könne. Gerade im Kapitel über Neurobiologie, Sprachverständnis und andere innere Vorgänge werden wir z. B. die Magnetresonanzuntersuchungen ausführlich kennenlernen, die Lorenz und Tinbergen noch nicht zur Verfügung standen.

DER AMERIKANISCHE BEHAVIORISMUS

Dass also der amerikanische Behaviorismus so weit in die Verhaltenswissenschaften hineinregiert hat, lag schlichtweg an einer ganz klaren, wissenschaftlichen Zielsetzung: **Man versuchte, Gesetze der Verhaltenssteuerung zu finden, die den Naturgesetzen anderer Wissenschaften (meist wird hier die Physik herangezogen) vergleichbar wären.** Das heißt aber auch, dass Naturgesetze unabhängig von Raum und Zeit überall gültig sein müssen. Und deshalb wurden die sterilen Laborversuche durchgeführt, die für den Behaviorismus charakteristisch sind, und deren langer Schatten leider auch heute noch in vielen Denkrichtungen die Interpretation des Hundeverhaltens, gerade bei Praktiker:innen, beherrscht. Der in unserem Buch eher vollzogene, sogenannte kognitionsbiologische Ansatz dagegen geht über die genannten Vereinfachungen weit hinaus.

BESTÄTIGUNG, KEIN BEWEIS!

Ein allgemein wissenschaftstheoretisches Prinzip ist auch, dass man wissenschaftlich eben nichts beweisen möchte. Man kann nur ableiten, und auch eine bestätigte Hypothese ist zunächst nur als Bestätigung und nicht als Beweis (letzteren kann eigentlich

Der Hund rückte in den letzten Jahren immer mehr in den Fokus der Wissenschaft.

nur die Mathematik liefern) anzusehen. Lakatos hat in seinen englischen Artikeln hier von *„infer vs. prove"*, also von ableiten oder schlussfolgern versus beweisen gesprochen. Ein weiteres wissenschaftstheoretisches Grundprinzip ist auch, dass man die Nicht-Existenz von irgendetwas nicht beweisen könnte. Man kann lediglich eine Annahme bestätigen oder nicht bestätigen, aber die Nicht-Existenz von irgendetwas ist per se im naturwissenschaftlichen oder auch biowissenschaftlichen Sinn nicht möglich. Gerade auf Popper und Lakatos zurückgehende wissenschaftstheoretische Einlassungen fordern, dass wissenschaftliche Überlegungen vor allem durch ihre Falsifizierbarkeit, also durch die theoretische oder auch praktisch mögliche Widerlegung, gekennzeichnet wären. Nur eine Überlegung, die zumindest auch angibt, unter welchen Umständen sie widerlegt werden kann, kann als wissenschaftliche Erklärung gelten.

BIOLOGIE BERUHT AUF WAHRSCHEINLICHKEITEN

Hier nun, und das zeigt vor allem Ernst Mayr, ist die Biologie etwas anders gestrickt als die klassische Physik: **Die Biologie ist eine sogenannte probabilistische Wissenschaft, das heißt, sie beruht auf Wahrscheinlichkeiten.** Das hat etwas damit zu tun, dass, wie wir seit Darwin wissen, Populationen, also Bestände von Arten oder anderen Fortpflanzungsgemeinschaften, mit einer Variabilität ausgestattet sind. Die Prozesse der Genetik, mit denen erbliche Eigenschaften weitergegeben werden, erfordern die Variabilität geradezu zwangsläufig. Und die Variabilität innerhalb einer Population wird auch eher zu Einzelfällen führen, die sich nicht im Sinne der allgemeinformulierten Theorie verhalten müssen, oder am Rande der durch die Theorie geforderten Reaktionsbereiche liegen.

BESTANDTEILE EINER ERKLÄRUNG

Wollen wir nun mit Hilfe wissenschaftlichen Vorgehens Erklärungen für beobachtete Phänomene finden, dann muss eine solche Erklärung verschiedene Bestandteile haben. Wir müssen zunächst versuchen zu beschreiben, was wir erklären wollen, dann wie die Erklärung aussehen soll, warum (im Sinne von Wechselwirkungen und Dynamiken der betreffenden Vorgänge) wir eine solche Erklärung finden, und letzten Endes auch wo und wann, also welche Begrenzungen unsere Erklärungen haben.
Im Bereich der Lebenswissenschaften können wir auf ein weiteres, allgemeineres System von Erklärungsansätzen zurückgreifen: Niko Tinbergen hat 1963 in einem Aufsatz über Ziele und Methoden der Ethologie dargelegt, dass eine verhaltensbiologische (das können wir aber durchaus auch auf andere Lebenswissenschaften übertragen) Erklärung vier Fragen beantworten muss:

1. Woher kommt das betreffende Merkmal, also wie ist sein evolutionsgeschichtlicher Zusammenhang mit den Vorfahren?
2. Wozu dient das Merkmal, also welche Vorteile bringt es seinem Träger im Bereich der Fortpflanzungsfähigkeit?
3. Wie funktioniert das Ganze, also im Sinne der physiologischen und ähnlichen Mechanismen?
4. Wodurch entsteht es, also welche Zusammenhänge mit Jugendentwicklung oder anderen früheren lebensgeschichtlichen Stadien hat es?

Diese sowohl individual- als auch stammesgeschichtlich historische Komponente ist ein wesentlicher Bestandteil der Lebenswissenschaften, und muss mit eigenen, dafür geeigneten Methoden erforscht werden. Das heißt nicht, dass die physikalischen Grundsätze nicht gelten, aber Biologie geht weiter.

VORGEHENSWEISE EINER WISSENSCHAFTLICHEN ERKLÄRUNG

Die Vorgehensweise einer wissenschaftlichen Erklärung lässt sich folgendermaßen zusammenfassen:

1. Man beobachtet ein Phänomen und zur möglichen Erklärung dieses Phänomens stellt man dann zunächst eine oder mehrere Hypothesen auf.
2. Hypothesen müssen testbar sein. Die Tests der Hypothesen können durch Beobachtungen, sogenannte Realsimulationen (also Versuche, in denen die Umweltbedingungen einigermaßen denen des realen Lebens angenähert bleiben) oder streng wissenschaftliche Experimente geprüft werden.
3. Hat man eine Reihe von Hypothesen erfolgreich getestet, kommt man schließlich zu einer Theorie, die Rudolph Kötter (2012, 2017) für die Biologie folgendermaßen beschreibt: *„Demnach ist eine naturwissenschaftliche Theorie ein widerspruchsfreies System von wissenschaftlich begründeten Aussagen (Hypothesen), die sich auf einen bestimmten Gegenstandsbereich beziehen. Alle Aussagen einer Theorie beziehungsweise ihre logischen Schlussfolgerungen müssen unmittelbar empirisch überprüft werden können, wobei die Überprüfung durch Experiment beziehungsweise durch kontrollierte und reproduzierbare Beobachtung erfolgt.“*

Im Zusammenhang mit dieser zugegebenermaßen etwas vereinfachten Erklärung des Theoriebegriff, müssen wir aber bereits ganz vorne ansetzen: Beobachtungen finden ja niemals unabhängig vom Beobachtenden statt. Deshalb hat Konrad Lorenz sein erkenntnistheoretisches Buch auch „Die Rückseite des Spiegels“ genannt, weil durch unsere Lernprozesse, unsere Sozialisation, aber letztlich auch durch die Art, wie unser Gehirn mit Umweltinformationen umgeht, unsere Beobachtungen niemals ungefiltert und objektiv sind.

Auch die Frage, ob lediglich Hypothesen, oder auch Theorien falsifizierbar sein müssen, wird unter den Beteiligten kontrovers diskutiert. Eines aber ist auf jeden Fall sicher: Eine Theorie kann nicht ohne weiteres nur durch das Aufzählen von Gegenbeispielen bereits falsifiziert, also verworfen werden. Gerade die Darstellungen von Lakatos und in Folge auch anderer Wissenschaftstheoretiker gehen davon aus, dass der sogenannte harte Kern einer Theorie zunächst nicht falsifiziert werden kann. Er wird von einem Schutzgürtel von Hilfshypothesen geschützt, die dann auch vorgeben, wie man sich mit den Auswirkungen der Theorie beschäftigen sollte, und welche Irrwege man dabei vermeiden muss.
Eine neue, bessere Theorie entsteht nur dann, wenn eine solche neue Theorie alle bisher bekannten Phänomene ebenso gut erklärt wie die vorherige, die neuen, bisherigen Widersprüche auch erklären kann, und wenn sie vor allem auch Vorhersagen für die Zukunft ermöglicht.
Diese Vorhersagen, bzw. die Art, wie sie formuliert werden, sollte idealerweise auch eher logisch und weniger historisch bzw. chronologisch begründet werden, wie Ernst Mayr darlegt. Das bedeutet, dass die Vorhersagen eben wiederum auch unabhängig von Raum und Zeit sein sollten.
In diesem Zusammenhang lässt also die Aussage „das ist ja nur eine Theorie“ auch ein grundlegendes Unverständnis wissenschaftstheoretischen Vorgehens erkennen. Eine Theorie ist nämlich nicht eine mehr oder weniger wahllos in die Welt gesetzte Vermutung ohne Realitätsbezug, sondern, wie wir gesehen haben, ein Versuch, die bekannten Fakten (auch und gerade der Wirklichkeit wegen) möglichst in sich widerspruchsfrei zu erklären.
Nebenbei gesagt, die Aussage, nichts sei so gut anwendbar wie eine gut abgestützte Theorie, ist auch durchaus gerade im Bereich der angewandten Wissenschaften und unseres, auf die praktische Anwendung im Mensch-Hund-Zusammenleben ausgerichteten Buchs wichtig.
Und ein leicht ironischer Schlusssatz noch dazu: Ja, Watson, Occam und andere fordern möglichst einfache Erklärungen. Aber, in gewisser Weise könnten wir das wissenschaftliche Vorgehen auch mit der berühmten Methode des englischen Romandetektivs Sherlock Holmes umschreiben: Wenn alle einfachen, naheliegenden Erklärungen zuverlässig ausgeschlossen worden sind, muss eine unwahrscheinliche, auf den ersten Blick unglaubliche Erklärung dazu herangezogen werden. Aber eben erst dann!
In jedem Fall aber streben wissenschaftliche Erklärungen nicht nach absoluten Wahrheiten. Sie sind immer nur auf dem Stand der derzeitigen Erkenntnis machbar, und können bzw. sollen jederzeit durch neue, andere Beobachtungen, Versuchsergebnisse oder sonstige Erkenntnisse angepasst werden.

»Wissenschaftliche Theorien sind Momentaufnahmen unserer derzeitigen Kenntnis und keine in Stein gemeißelten absoluten Wahrheiten.«

NEUROGENETIK UND GEHIRNBAU

VERÄNDERUNGEN IM GEHIRN VOM WOLF ZUM HUND

Eine Vielzahl neuerer Arbeiten hat sich, teilweise durch Vergleich genetischer Information von Wölfen, Dingos oder Kojoten mit Haushunden, teilweise auch am immer wieder untersuchten Modell des Silberfuchses, mit den Veränderungen in der Gehirnstruktur und der dahinterliegenden genetischen Ausstattung beschäftigt. Viele dieser Arbeiten zeigen, dass die wesentlichsten Unterschiede in der Genetik des Gehirns und des Nervensystems gar nicht auf veränderten Strukturen oder auf unterschiedlichen dortigen Eiweißzusammensetzungen beruhen, sondern im Bereich der sogenannten Regulatorgene zu finden sind. **Einschalten oder Ausschalten von Geninformation, Beschleunigen oder Bremsen der Entwicklungsabschnitte, die Verstärkung oder Abschwächung der Effekte (vergleichbar einem Dimmer, den man vor eine Lampe schaltet), das sind die wichtigsten Änderungen, wie wir im Laufe der Zeit immer wieder feststellen werden.**

HAUSTIERWERDUNG UND VERÄNDERUNGEN

Eine Arbeit von Erin Hecht et al. (2023) listet auf, was im Gehirn während der Haustierwerdung alles passieren kann (siehe Abb.). Die folgenden Erscheinungen sind immer wieder feststellbar: eine Verkleinerung der Gesamthirngröße, eine abgeschwächte Sinnesempfindlichkeit, Veränderungen im Lernsystem, insbesondere durch die Wirkung des Glutamats als Lern- und Erregungsverstärker, veränderte Entwicklungszeiträume, Veränderungen in der Kampf- und Fluchtachse, also der aktiven Stressachse, eine Abschwächung männlicher sekundärer Geschlechtsmerkmale (z. B. weniger Größenunterschied zwischen den Geschlechtern), Veränderungen im System des Oxytocins und des Vasopressins, also dem Bindungssystem, eine Veränderung in der Neuralleiste, einer frühen Embryonalanlage und dann das gesamte System, das aufeinander abgestimmt ist.

Gehirnänderungen bei der Haustierwerdung (nach Hecht et al., 2023). Von oben links nach unten rechts: reduzierte Gehirngröße, abgeschwächte Sinnesempfindlichkeit, Lernen und Glutamat, veränderte Entwicklungszeitschienen, Kampf- und Fluchtsystem geändert, Abschwächung männlicher sekundärer Geschlechtsmerkmale, neuroendokrine Systeme, Neuralleistenänderung, daraus resultierend das „Domestikationssyndrom".

Die zweite Abbildung zeigt, dass auch im Bereich des Stoffwechsels und der Ernährung eine ganze Reihe von Veränderungen stattgefunden haben. Gerade auf dem Weg vom Wolf zum Haushund sind hier die immer wieder aufgeführten Befunde über die verbesserte Stärkeverdauung von besonderer Bedeutung (siehe Ganslоßer und Kitchenham 2019, Ganslоßer et al., 2021). Auch bei zahmen Füchsen gegenüber den wilden oder auf Aggression selektierten Zuchtlinien hat z. B. die graue Substanz, also die Zellkörper und die damit verbundene Rechnerkapazität zugenommen. Erin Hecht et al. (2023) erwähnen neben der Hochregulation der Glutamatreaktionen, die z. B. auch verbesserte Lern- und Gedächtnisabspeicherung ermöglicht, eine veränderte Genexpression, also veränderte Genablesung und Informationsumsetzung in der Hirnanhangsdrüse und im Boden des Zwischenhirns, dem Hypothalamus. Auch nachfolgende, hinter diesen Schaltergenen angeordnete Informationsabschnitte sind auf dem Weg zum Haushund verändert worden.

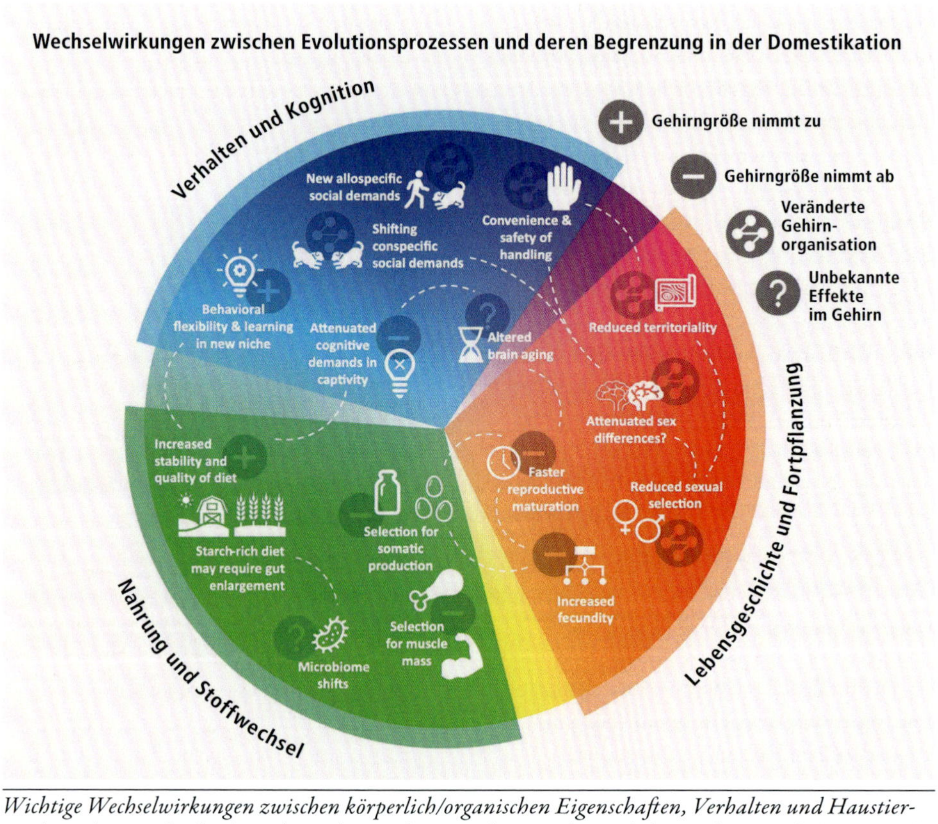

Wichtige Wechselwirkungen zwischen körperlich/organischen Eigenschaften, Verhalten und Haustierwerdung des Hundes (nach Hecht et al., 2023). Beispiele: Zwischenartlich geändertes Verhalten Mensch/Hund (bei 12 Uhr) hat Auswirkungen auf Verhalten. Veränderte/abgeschwächte Geschlechtsunterschiede (bei 3 Uhr) beeinflussen erleichterten Umgang mit des Menschen mit dem Hund (bei 1 Uhr) und verändertes innerartliches Sozialverhalten (bei 11 Uhr). Stärkereiche Ernährung (bei 8 Uhr) beeinflusst Mikrobiom (bei 7 Uhr).

GENEXPRESSION

Eine Reihe von Arbeiten hat sich, neben der eigentlichen genetischen Änderung, mit epigenetischen Veränderungen, also dem Anbringen von Zusatzinformation rund um die eigentliche Information der DNS, beschäftigt. Yan Lee et al. beschäftigen sich ebenfalls besonders mit der Genexpression, also dem Ablesen und gewissermaßen Ausdrucken der Erbinformation (Lee et al., 2013, 2014). Die Arbeiten vergleichen z. B. chinesische Dorf- und Urtyphunde mit Wölfen und mit Deutschen Schäferhunden als Vertreter einer modernen Rasse. Im Bereich des Zwischenhirns, dem Hypothalamus, werden z. B. Genabschnitte verändert, die sich mit dem Stoffwechsel der Botenstoffe Serotonin und Dopamin beschäftigen. Neben den dadurch veränderten emotionalen Regulationen, ist z. B. auch der Tagesrhythmus betroffen, das Lokomotionsverhalten ist verstärkt, im vorderen Stirnhirn sind die Serotoninbindungsstellen und deren Regulation betroffen. Hierauf bezogene Unterschiede zwischen chinesischen Dorfhunden und Deutschen Schäferhunden sind kaum auffindbar. Demgegenüber sind die Unterschiede bezüglich des Wolfs oder auch des nahe verwandten Kojoten durchaus auffallend. Die Plastizität der Ausbildung von synaptischen Verbindungen, insbesondere die damit verbundene Erregbarkeit, verändert sich. Fünf Genabschnitte, die sich auf die Stressachse des Kampf- und Fluchtsystems beziehen, und auch diese wiederum verbunden mit dem Glutamat als erregungsverstärkendem Rezeptortyp, werden des Weiteren erwähnt. **Verstärkte Lernfähigkeit und Kommunikation ist nicht nur durch die Veränderungen im Glutamatstoffwechsel, sondern auch durch andere, als sogenannte sekundäre Botenstoffe bezeichnete Substanzen von Bedeutung.**

ANPASSUNG DURCH LERNEN

Erin Hechts Übersicht erwähnt, dass häufig bei domestizierten Formen mehr Unreife, und damit auch weiterhin im Lebensverlauf plastisch verformbare Neuronen zu finden sind. Das heißt, die Verjugendlichung hält auch auf der Ebene der Gehirnzellen Einzug. Ein weiteres, von Erin Hecht erwähntes System ist das, das mit Erwartungen, Erfahrungen und gewissermaßen vorausschauenden Überlegungen zu tun hat. Epigenetische Veränderungen, die z. B. mit den Schaltergenen für Verhaltenssteuerung zu tun haben, wurden speziell beim Vergleich von Hund und Wolf immer wieder gefunden. Gerade hier können Erfahrungen, z. B. die im Laufe der Lebensgeschichte durch veränderte Anpassungen positiv oder negativ erfolgen, auch über mehrere Generationen hinweg tradiert werden, bevor durch Mutation und Selektion die Veränderungen im eigentlichen Erbgut stattfinden. Dies kann wesentlich schneller vonstatten gehen, als die doch eher auf den Zufallsprozessen der Mutation und nachfolgenden genetischen Auslese stattfindenden Erbgutveränderungen selbst. Gerade die von Yan Lee et al. (2014) beschriebenen Veränderungen in der synaptischen Plastizität, also in der Ausbildung und Effektivität der Zell-Zell-Kontakte im Nervensystem, können durch schnelles und erfahrungsabhängiges Lernen die Anpassung der Protohunde an das Leben bei und mit den Menschen stark beschleunigen. Bereits an dieser Stelle sehen wir also wieder, dass Hunde keineswegs, wie oft leicht kulturpessimistisch dargestellt, degenerierte Couchpotato-Wölfe sind, sondern durchaus Anpassungen an ihre neue ökologische Nische erhalten haben und diese zum Teil auch durch Lernprozesse selbstständig mitgestaltet haben könnten. **Konsequenz:** Was mit Epigenetik und Schaltergenen zu tun hat, ist leichter erzieherisch beeinflussbar.

REGULATORGENE

Ein internationales Autor:innen-Team um Meta Sahlén hat nochmals genauer auf die Veränderungen der Regulatorgene im Erbgut zwischen Wolf und Hund geschaut (Sahlén et al., 2021). Eine große Zahl der Unterschiede im Körperbau zwischen Wölfen und Hunden, und auch im Zusammenhang mit dem Verhalten, ist offensichtlich mit diesen Regulatorgenen zu erklären. Vor allem die Promotoren, also die Einschaltgene, haben sehr viel mehr Varianz im Bereich des Hundes, als im Bereich des Wolfes. Verstärkende Gene sind hier insbesondere für die Signalwege des Oxytocins, für den Kohlenhydratstoffwechsel, Merkmale im Gesicht und im Körperbau, aber z. B. auch ein verstärktes Krebsrisiko beobachtbar. Auch hier wird wieder das allgemeine Domestikationssyndrom durch gegenseitige Wechselwirkungen verstärkt. Regulatorische Mutationen während der Domestikation des Haushundes und die Bedeutung der sogenannten nicht kodierenden Abschnitte (also solche, die nicht unmittelbar auf eine Eiweißstruktur einwirken), werden also auch bei dieser Arbeit bestätigt.

Bei der Zuteilung von Beute ist soziale Regulation sehr wichtig.

MODELL DER SILBERFÜCHSE

Immer wieder werden als Modell für die Haushundwerdung die bekannten, mittlerweile seit fast 70 Jahre andauernden Zuchtversuche mit Silberfüchsen, ursprünglich in der Sowjetunion begonnen, herangezogen (in Gansloßer und Kitchenham, 2019). Auch hier hat sich Erin Hecht die auf Zahmheit und die auf eher Aggressionsbereitschaft selektierten Zuchtlinien vorgenommen, und mit der Standardlinie, die nicht speziell auf Verhalten selektiert wurde, verglichen (Hecht et al., 2021). Sowohl im vorderen Stirnhirn (dem präfrontalen Kortex) und im Boden des Zwischenhirns (dem Hypothalamus) finden sich bei zahmen Füchsen vergleichbare Veränderungen wie beim Übergang vom Wolf zum Hund. Erstaunlich ist jedoch, dass auch aggressiv gezüchtete Füchse vergleichbare Änderungen haben. In beiden Fällen, sowohl bei der Zucht auf Zahmheit wie auf Aggressionsbereitschaft, findet sich mehr graue Substanz, also eine höhere Zahl von Nervenzellen als bei den Kontrollen. Auch eine Studie von Peter Saetre et al. (2004) zeigte, dass sich der Hypothalamus bei Wolf und Kojote sehr stark ähnelt, beim Haushund jedoch anders ist. Weitere Untersuchungen, die von Erin Hecht mit ausgewertet wurden, zeigen z. B., dass der vordere Teil des Balkens (der die linke und die rechte Gehirnhälfte verbindet) als einziger in der Domestikation verändert wurde, die Kommunikation zwischen den beiden Gehirnhälften ist also hier offensichtlich verbessert.

Verhaltensunterschiede

Die Verhaltensunterschiede zwischen zahmen und aggressiven Füchsen finden sich insbesondere auf dem Chromosom 12, vergleichbar denen vom Wolf zum Hund. Insgesamt 103 Veränderungen des Genoms der drei

Für das Modell der Haustierwerdung wurden die bekannten Silberfüchse herangezogen und auch noch heute wird weiter daran geforscht.

Fuchslinien konnte Erin Hecht mit ihrem Team finden, 46 davon sind auch bei der Domestikation des Haushundes zu finden, z. B. im präfrontalen Kortex, dem basalen Vorderhirn, dem Hypothalamus und dem vorderen Teil der Hirnanhangsdrüse. Bei den Zahmen ist insbesondere eine Verstärkung in Regionen für Hören, Sehen und auch für die Verknüpfung mehrerer Sinneseingänge erkennbar, bei den Aggressiven eher die Körperfühlsphäre und ein Teil der motorischen Regionen sowie wiederum im Hörbereich. In vielen Regionen des Kortex, aber auch im Mandelkern, im Hippocampus und im Kleinhirn sind beide Zuchtlinien gegenüber der Basis der Kontrolllinie verstärkt. Mehrere Netzwerke im Gehirn sind durch die Verhaltensselektion offensichtlich verändert worden, die Veränderungen betreffen die Belohnungssysteme sowohl im positiven wie im negativen Zusammenhang.

VERGLEICH DES RIECHSYSTEMS

Dass die Veränderungen im Gehirn und der dazugehörigen Genetik zwischen Wolf und Hund nicht nur Faktoren der Erregungskontrolle, der Stressachse oder des Sozialverhaltens betreffen, hat eine Arbeitsgruppe um Irene Ortiz-Leal (2022) durch einen Vergleich des Riechsystems bzw. Riechkolbens (siehe S. 46 ff.) zwischen Hund, Wolf und Rotfuchs festgestellt. Hier zeigt sich, dass von den beiden nicht domestizierten Arten zum Haushund eine deutliche Veränderung stattfand. Bei den nicht domestizierten Arten fanden sich mehr und stärker geschichtete Zellen im Riechkolben. Auch Schaltzellen, die die Verknüpfung zwischen den verschiedenen Fasern der Riechschleimhaut herstellen, sind bei den Wildarten vergrößert und verstärkt. Ihre Zell-Zell-Verbindungen, die Dendriten, sind stärker verzweigt. Bemerkenswert ist auch, dass nach dieser Untersuchung die sogenannten scentbreeds, also die „Nasenhunde“, sich in der Feinanatomie des Riechkolbens nicht von anderen Hunderassen unterscheiden. Irene Ortiz-Leal et al. schreiben deutlich, dass diese Nasenhunde nur durch den Namen, nicht aber durch die Anatomie von anderen Hunderassen abgehoben wären (mehr zu dieser Arbeit, siehe S. 153 f.).

Erhöhtes Neugierverhalten …

SCHÄDELMERKMALE

Viele Veränderungen des Hundegehirns sind durch Änderungen in der Schädelform und Schädelgröße vorgegeben bzw. korrelieren damit. Madleen Geiger et al. (2017) zeigen, dass die Hundeschädel schon bei der Geburt mit eigenen, neuen, nicht auf Wolf oder andere Vorfahren zurückzuführenden Merkmalen ausgezeichnet sind. In späteren Wachstumsabschnitten kommt es dann häufig zu einer sogenannten Pädomorphose, also zur Beibehaltung jugendlicher Merkmale, und zwar keineswegs nur bei den Rassen, die mit einem besonderen Kindchenschema ausgestattet sind. Alle Hunde zeigen in ihrer Untersuchung im Entwicklungsverlauf Schädelmerkmale, die mit entsprechend jüngeren Entwicklungsabschnitten von Wölfen gleichzusetzen wären.

ERREGUNGSLAGE UND HORMONAKTIVITÄT

Ein paar Verdeutlichungen der Zusammenhänge mit der Regulation von Erregungszuständen und Hormonaktivitäten zeigen Untersuchungen der Wiener Arbeitsgruppe (Jean-Joseph et al., 2020,2022).

… und geringe Scheu vor neuen Situationen und Objekten …

… gehören auch zu den Verhaltensänderungen vom Wolf zum Hund.

Hier wurde die Erregungslage von Hunden und Wölfen, die beide handaufgezogen und unter vergleichbaren Bedingungen gehalten wurden, anhand von Schlaf-Wach-Rhythmen, der Pulsrate, der Variabilität der Pulsrate und anderen physiologischen Messwerten verglichen. Auch die Zeitbudgets von Wölfen und Hunden, also wie viel Zeit sie pro Tag mit welcher Aktivität verbringen, wurden betrachtet. Wölfe schliefen, bewegten sich und riefen mehr als Hunde. Hunde dagegen fraßen, saßen und beschäftigten sich mehr mit Objekten. Die Anwesenheit von Menschen in der Umgebung der Gehege beeinflusste die Aktivitäten beider, wobei Hunde eine stärkere Aktivitätssteigerung zeigten als Wölfe. Die Tageszeit und die Jahreszeit hatten den gleichen Effekt auf beide Formen von Kaniden. Wenn ruhende Hunde und Wölfe in Gegenwart von bekannten Menschen waren, war die Pulsrate und die Pulsratenvariabilität bei den Haushunden geringer. Waren Hunde und Wölfe aktiv, dann beeinflussten bekannte Menschen ihre Herz-Kreislauf-Aktivität nicht unterschiedlich.
Christina Hansen Wheat et al. (2019) betrachteten nochmals, wie sich im Laufe der Individualentwicklung Furchtreaktionen, Neophobie und andere Erregungszustände bei Hunden und Wölfen veränderten. Sie stellten ein neues Objekt in die Nähe und bestimmten dann die Blickdauer zum neuen Objekt, die Latenzzeit bis zur Annäherung auf weniger als einen Meter und die Beschäftigung direkt am Objekt. Im Zeitraum zwischen der 6. und der 26. Lebenswoche, insbesondere aber ab der 18. Lebenswoche, ließ die Neophobie und die Furchtreaktion der Hunde gegenüber dem neuen Objekt deutlich nach. Bei Wölfen dagegen war diese Sensibilität für neue und unbekannte Objekte im ganzen Leben weiter erhalten. Etwas im Gegensatz zu früheren Überlegungen ließ sich aus diesen Studien zeigen: **Der Unterschied zwischen Hunden und Wölfen tritt nicht von Anfang an, sondern erst im Laufe der Individualentwicklung hervor.**

ALTER DER GENETISCHEN VERÄNDERUNGEN

Wie alt die genetischen Veränderungen auf dem Weg vom Wolf über den Protohund bis zum heutigen Haushund sind, zeigte eine Vergleichsuntersuchung des Erbguts zwischen sogenannten Dorfhunden und dem Erbgut der Wölfe (Pendelton et al., 2018). Das Erbgut von 43 sogenannten Dorfhunden aus verschiedenen Kontinenten und von 10 Wölfen zeigt, dass die meisten genetischen Veränderungen bereits vor der beginnenden Aufspaltung in die heutigen, modernen Hunderassen zu beobachten sind. Auch hier wurde die überwiegende Bedeutung von regulatorischen Genen und die Bedeutung der Neuralleiste als zentrale Organanlage für viele Domestikationserscheinungen bestätigt. **Gerade die Entwicklung des zentralen Nervensystems und die neurologischen Funktionen waren die hauptsächlichen Orte, an denen die Genveränderungen ansetzten.** Die frühe Selektion beim Übergang vom Wolf über Protohund zum modernen Hund sind daher wohl überwiegend im Bereich der Verhaltenssteuerung und des Verhaltensvergleichs zu sehen. Auch das wird, wie wir später noch sehen, eine mögliche Erklärung dafür sein, dass genetische Unterschiede zwischen modernen Hunderassen nicht so stark sind, wie man vielleicht erwarten würde.

☞ **AUS DER FORSCHUNG (von Prof. Dr. Kurt Kotrschal)**

WARUM WOLF UND HUND UNTERSCHIEDLICH ERREGBAR SIND

Der Grad an Erregbarkeit beeinflusst, wie engagiert und interessiert Hunde mit Menschen zusammenarbeiten. Ein gewisser Grad an Erregung ist mit kooperativem Engagement verbunden. „Nervös" übersteigert, kann sie aber Aufmerksamkeit, Konzentration, Denken und Impulskontrolle beeinträchtigen – nicht nur bei Hunden.

WIE SITUATIONSABHÄNGIG IST ERREGBARKEIT?

Einerseits bewährte sich das Konzept von Konrad Lorenz und Niko Tinbergen, wonach jede Verhaltensweise („Erbkoordination", zum Ethogramm Wolf/Hund s. Zimen, 1961) über ihr eigenes Antriebssystem verfügt. So kann im Extremfall ein flüchtender Hase oder Silvesterknallerei einen Hund übererregt zitternd die Kontrolle über sich selbst verlieren lassen, während derselbe Hund aber stets ruhig und besonnen auf unbekannte Artgenossen oder Menschen reagiert. Physiologisch ausgedrückt, ist der übererregte Hund seinem „Sympathicus" ausgeliefert, während der „Parasympathicus" nichts mehr zu melden hat. Diese beiden Systeme des Autonomen Nervensystems sind Gegenspieler, welche ständig um die Balance zwischen Erregung und Beruhigung ringen. Natürlich gibt es auch Hunde, oft aus hochgezüchteten Arbeitslinien, die – relativ situationsunabhängig – eine „geringe Reizschwelle" zeigen, also aufgrund ihrer Sympathicusdominanz besonders leicht erregbar sind.

SELEKTION AUF VERTRÄGLICHKEIT MIT MENSCHEN

Erregbarkeit ist auch ein zentrales Thema der Hundwerdung aus dem Wolf. Als Grundmechanismus jeglicher Domestikation gilt heute Selektion auf Zahmheit/Sanftheit, die quasi automatisch mit Leben und Vermehrung nahe an Menschen einhergeht. „Domestiziert" bedeutet übrigens nicht bloß „gezähmt", sondern eine bereits genetisch manifeste Anpassungen an ein Leben mit Menschen. Was schon Charles Darwin vermutete, wurde von Dimitri Beljajew durch sein Silberfuchsexperiment bestätigt. Eine solche Selektion auf Verträglichkeit mit Menschen geht mit einer Veränderung in der Genexpression jener Stammzellen der Neuralleiste einher (embryonales äußeres Keimblatt, aus dem erst das Neuralrohr, schließlich das Rückenmark entsteht), welche das sogenannte „Domestikationssyndrom" verursachen (Wilkins et al., 2014), also eine Kombination folgender Merkmale bei allen domestizierten Säugetieren: im Vergleich zur Wildform kürzere Schnauzen, kleinere Zähne, rundere und kleinere Schädel und Körper, Hängeohren, Ringelschwänze, veränderte Fellfärbung, bessere Futterverwertung, Hypersexualität und jugendlich bleibendes Wesen, vor allem aber ein sanftes Interesse an Menschen.

Nicht alle diese Merkmale müssen bei allen domestizierten Arten auftreten. Das generell kleinere Gehirn domestizierter Tiere hat übrigens weniger damit zu tun, dass Wildtiere in ihrer natürlichen Umgebung eben „mehr auf Draht" sein müssen, als ihre domestizieren Abkömmlinge in Obhut des Menschen, sondern eher mit einer evolutionären, wechselseitigen Hemmung von Gehirn- bzw. Darmentwicklung („expensive tissue Hypothese", siehe Lesch et al., 2022).

Erregung kann positive als auch negative Emotionen ausdrücken.

„Selektion auf Zahmheit" bedeutet nicht, dass Wildformen generell „aggressiver" sind. Wie das Beispiel Wolf-Hund zeigt, sind Hunde zwar interessierter, mit Menschen zu arbeiten, und fügsamer als sozialisierte Wölfe. Aber in manchen Situationen tendieren sie dazu, sich wesentlich aggressiver zu verhalten. Domestizierte Tiere sind also nicht generell sanfter. Aber man könnte davon ausgehen, dass sie es sich im Vergleich zur Wildformen leisten können, Erregungsniveau und Erregbarkeit (zwei unterschiedliche Paar Schuhe) zu senken, weil sie in menschlicher Obhut überleben und Vermehrung entspannter angehen können.

SOZIALE EFFIZIENZ

Ein hohes Erregungsniveau kostet Energie in Form von aus der Nahrung stammendem Blutzucker. Diese Energie wäre effizienter in Körpermasse und Nachkommen angelegt, anstatt in nervösem Verhalten zu verpuffen. Tatsächlich kann man innerartlich erstaunlich große individuelle Unterschiede in der „sozialen Effizienz" messen (also wieviel Energie für Sozialverhalten aufgewendet wird). So benötigen auf ihre Umwelt unterschiedlich reaktive Persönlichkeiten (dazu zählen auch Hunde und andere Tiere) unterschiedlich viel Energie für Verhalten, was bislang in der Wissenschaft aber wenig Beachtung fand (Kotrschal et al., 2010). Domestizierte Tiere sollten also im Einklang mit ihrem generell sanfteren Verhalten ihre Erregungszustände in Richtung Beruhigung (also Parasympathicus) verschieben und weniger Energie für Verhalten aufwenden als die Wildform.

Aber ist das wirklich so?

Sind etwa Hunde im Vergleich zu Wölfen tatsächlich generell ruhiger und weniger erregbar? Und unterscheiden sie sich, wie sie mit Erregung/Beruhigung auf bestimmte Situationen reagieren? Solche Erregungszustände kann man etwa über Stresshormone oder Herzschlagraten untersuchen und damit herausfinden, wie „cool" oder erregt Wölfe und Hunde auf bestimmte Herausforderungen reagieren und wie sich letztlich die Domestikation darauf auswirkte, wie sie „die Welt sehen" (Kotrschal, 2023).

ERREGUNGSZUSTÄNDE

Der Grundmechanismus der Domestikation ließe den Schluss zu, dass Hunde generell entspannter durchs Leben traben als Wölfe, und dass die Erregungszustände der Hunde von vertrauten Menschen stärker beeinflussbar sind als bei menschensozialisierten Wölfen.

Um dies herauszufinden, verglichen wir Herzschlagparameter gleichartig aufgezogener Wölfe und Hunde am Wolfsforschungszentrum Ernstbrunn, nun eine Core Facility der Veterinärmedizinischen Universität Wien. Als einzige Forschungseinrichtung der Welt, verfügt es über gleichartig aufgezogene und gehaltene Wölfe und Hunde. So können Verhalten und geistige Leistungen von Wölfen und Hunden „fair" verglichen werden, um tatsächlich auf domestikationsbedingte (also bereits genetisch fixierte) Unterschiede zu schließen (Zusammenfassung der Ergebnisse etwa in Range und Marshall-Pescini, 2022). Unsere Partnertiere waren darauf trainiert, einen Messgurt (Polar) um ihren Brustkorb zu tragen, samt zugehörigem Datenlogger am Halsband.

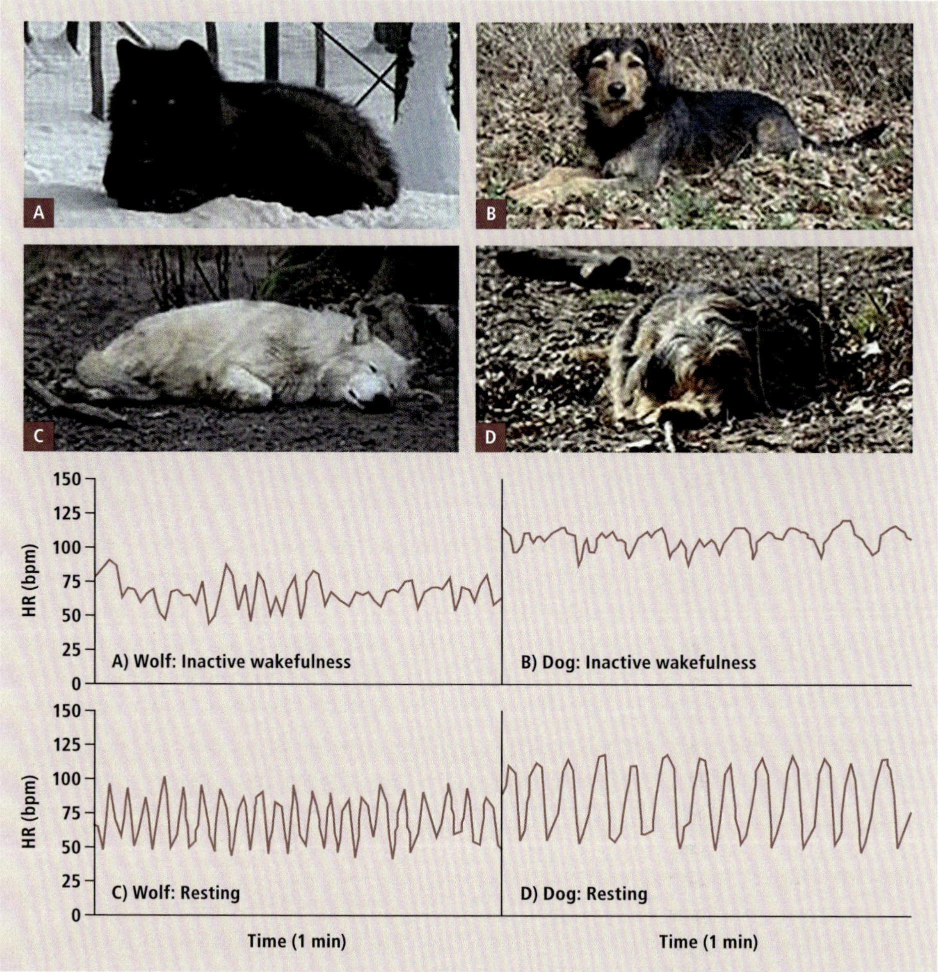

Herzschlagraten wurden per Polar-Brustgurten an ruhenden, aber wachen (Abb. A, B) und an mit geschlossenen Augen ruhenden (schlafenden, Abb. C, D) Wölfen (links) und Hunden (rechts) gemessen. Während die Herzschlagraten der ruhenden Tiere (A, B) von der Wahrnehmung der Umgebungsreize moduliert werden, ist dies bei den schlafenden Tieren nicht der Fall. Die Sinusmodulation der Herzfrequenz wird durch den Atemrhythmus verursacht. Abkürzungen: y-Achse: HR (bpm) = Herzschlagrate in beats per minute; x-Achse: Zeit (eine Minute). Aus: Kortekaas und Kotrschal, 2019.

Untersucht wurden durch die Dissertantinnen Kim Kortekaas (Niederlande) und Hillary Jean-Joseph (Frankreich) die Erregungsniveaus bei Tieren, die in einem ihnen vertrauten Gehege ruhten – alleine, in Gesellschaft von Artgenossen aus ihren Rudeln, oder im Beisein von ihnen nahestehenden Menschen. Ruheverhalten wurde auch aus pragmatischen Gründen untersucht, weil dabei weniger Fehlmessungen auftreten, als bei sich bewegenden Tieren. Vorausschickend ist festzustellen, dass viele experimentelle Vergleiche zwischen Wölfen und Hunden im Wesentlichen ein Mosaik an eher geringen Unterschieden erbrachte (Range und Marshall-Pescini, 2022); selbst in ihrem Verhalten über den Tag unterschieden sich unsere Wölfe und Hunde nur wenig (Jean-Joseph et al., 2022). In Summe erklären diese Ergebnisse aber dennoch, warum es wesentlich einfacher ist, mit Hunden, als mit sozialisierten Wölfen zusammenzuleben.

Unterschiede im Cortisolwert

Zunächst zeigte eine Studie der damaligen Post-Doc Angelica da Silva Vasconcellos (Brasilien), dass das Stoffwechsel- und Stresshormon Cortisol im Speichel in 1:1 PRT-Trainingssituationen (Positive Reinforcement Training – mittels auf Belohnung basierendem Training. Hunde wie Wölfe wurden auf eine Reihe von „Kommandos" trainiert, die man gemeinhin unzutreffend mit „Unterordnung" bezeichnet. Tatsächlich handelt es sich dabei um Kooperationstraining.) sowohl bei Hunden, als auch bei Wölfen im Verlauf der Trainingseinheit abfiel, was auf eine Entspannung der Tiere in netter/lohnender Interaktion mit ihnen vertrauten Menschen schließen lässt (Vasconcellos et al., 2016). Es ist eine wichtige Erkenntnis für Zootierhalter:innen, dass freundliche Kooperation mit Menschen auch bei sozialisierten Wildtieren offenbar stressmindernd wirkt. Wirklich überraschend war aber, dass die Hunde wesentlich höhere Cortisolwerte zeigten, als die Wölfe (der Spiegel dieses metabolischen Hormons im Blut entscheidet darüber, ob Energie in Form von Blutzucker für Verhalten zur Verfügung gestellt, oder aber in Form von Glykogen in der Leber abgespeichert wird). Eigentlich wäre angesichts der Domestikation via Selektion auf Zahmheit das Gegenteil zu erwarten gewesen. Das könnte auf eine energetisch effizientere hormonelle Steuerung des Verhaltens von Wildtieren im Vergleich zu ihren domestizierten Abkömmlingen schließen lassen.

SIND WÖLFE COOLER ALS HUNDE?

Die Ergebnisse von Kim und Hillary gingen in dieselbe Richtung. Die ruhenden Hunden zeigten ein wesentlich höheres Erregungsniveau als die Wölfe. Und die Anwesenheit eines vertrauten Menschen wirkte auf die Hunde entspannender, als auf die Wölfe, die sich eher von Rudelgefährten emotional unterstützen ließen (Kortekaas & Kotrschal, 2019, 2020; Jean-Joseph et al., 2022, 2025). In einem weiteren Versuch wurden einzelnen Wölfen oder Hunden Fleischstücke nahe einer rotierenden Scheibe angeboten, dabei ihr Verhalten beobachtet, sowie ihre Erregungszustände über die Herzschlagraten gemessen. Zuvor konnten wir zeigen, dass Wölfe wesentlich interessierter an für sie neuen Gegenständen waren als Hunde, sich aber auch vorsichtiger annäherten (Moretti et al., 2015). Daher nahmen wir an, dass sich Wölfe dem begehrten Futter neben dem ihnen „unheimlichen" Objekt vorsichtiger und erregter nähern würden als die Hunde. Wieder überraschten sie uns: Wir fanden weder im Verhalten, noch in den Herzschlagraten Unterschiede zwischen den Wölfen und Hunden. Aber beide wurden mit zunehmendem Alter „cooler", gingen umso schneller und weniger erregt an das Futter, je älter sie waren (Jean-Joseph et al., 2025).

»Die im Vergleich zu Wölfen höhere Erregbarkeit der modernen Hunde ist wohl als „Nebenerscheinung“ ihrer hohen Kooperationsbereitschaft mit Menschen zu sehen.«

Unsere Ergebnisse zeigten also eine generell größere Erregbarkeit bei Hunden als bei Wölfen. Das war zwar angesichts der Mainstream-Konzepte zur Domestikation so nicht zu erwarten, macht aber Sinn in Hinblick auf die Anpassung an ein Leben mit Menschen. Werden sie nicht gerade von Menschen verfolgt, leben Wölfe in ihren Rudeln in einer relativ sicheren und vorhersagbaren Umwelt; Gefahr droht allenfalls durch die Nachbarn oder durch ganz wenige Fressfeinde – durch die früher noch in Eurasien lebenden Großkatzen, heute vielleicht noch durch Bären, die allerdings der sozialen Verteidigung der Wölfe wenig entgegenzusetzen haben. **Eingebettet in ein Rudel, kann ein Wolf entspannt ruhen bzw. schlafen, irgendjemand hat immer Augen und Ohren auf Empfang gestellt. Hunden dagegen sind gute Beziehungen zu „ihren“ Menschen wichtiger für Wohlbefinden und Wohlergehen, als andere Hunde** (Kotrschal, 2016, 2022). Bevorzugt gehalten und vermehrt wurden über die Jahrtausende vor allem aufmerksame und zugetane Hunde, die „gefallen wollen“. Zudem ist für Hunde nicht immer absehbar, was Menschen so einfällt. All das sind Selektionsfaktoren für eine „Allzeit-bereit-Einstellung“ der Hunde, die sich in ihrer relativ hohen Erregbarkeit niederschlägt.

GILT DAS FÜR ALLE HUNDE?

Immerhin unterscheiden sich die heute lebenden Hundetypen und -rassen unter anderem darin, wie genetisch wolfsähnlich sie sind (Parker et al., 2017). Es ist anzunehmen, dass genetisch relativ wolfsähnliche Hunde wie etwa Spitzartige, Eurasier, ursprüngliche Schlittenhunde oder auch frühe Windhunde (z. B. Sloughis oder Afghanen) in ihren Erregungsmustern etwas wolfsähnlicher geblieben sind („cooler“, weniger gefallen wollen), als die Mehrzahl der „modernen“, hoch domestizierten Hunde. Wissenschaftliche Ergebnisse gibt es dazu noch keine.
Die selbst im Vergleich zu sozialisierten Wölfen stärkere Zuwendung zu Menschen liegt sozusagen in ihrer DNS. So sind Hunde heute hoch angepasste Assistenten und Spezialisten beim Jagen, Hüten, Retten, Wachen, Verteidigen und Finden. In ihrer Mehrzahl aber unterstützen Hunde heute als wichtige Sozialkumpane ihrer Menschen sozial und emotional; gerade in einer krisengeschüttelten Welt halten sie sozial vernetzt, körperlich gesund und mental resilient (Kotrschal, 2024). Daher wird die Bedeutung der Hunde besonders für die immer mehr in Städten lebenden Menschen in Zukunft eher noch zunehmen.

ÜBER DEN AUTOR

Kurt Kotrschal, Mag.rer.nat., Dr., 1953 in Linz/Österreich. Studium der Biologie in Salzburg, Forschungsaufenthalte in den USA. 1990–2018 Leiter der Konrad Lorenz Forschungsstelle für Ethologie in Grünau/Oberösterreich und Professor für Verhaltensbiologie Universität Wien, seitdem Ruhestand. Mitbegründer Wolfsforschungszentrum und Sprecher der AG Wildtiere. Mehr als 300 wissenschaftliche Beiträge. Österreichs Wissenschaftsbuch des Jahres 2013, Wissenschaftler des Jahres 2010; publizistisch tätig.

HIRNSTRUKTUR UND GENETIK DER HEUTIGEN HAUSHUNDE

Um genauere Zusammenhänge zwischen genetischen Veränderungen und Verhalten bei Hunden erkunden zu können, gibt es mehrere, derzeit auch mithilfe quantitativ genetischer Statistik durchgeführte Ansätze.

INFORMATIONEN AUS DATENBANKEN

Eine Möglichkeit ist es, die Daten aus großen Datenbanken über **Persönlichkeitsfragebögen** von Hunden mit den bekannten, auch auf Rasseniveau veröffentlichten Erbgutdatenbanken zusammenzubringen. Eine weitere Möglichkeit besteht darin, Hunde einem **standardisierten Verhaltenstest** zu unterziehen, und die Ergebnisse dieser Tests mit den genetischen Untersuchungen zur Deckung zu bringen. Letztlich besteht auch die Möglichkeit, über **veterinärmedizinische Datenbanken**, die speziell Verhaltenserkrankungen bei Hunden erfassen, mit dem Erbgut in Einklang zu kommen. Alle drei Methoden sind in den letzten Jahren erfolgreich mit einer großen Anzahl von Hunden durchgeführt worden. Die Zusammenführung von genetischen Daten mit den Ergebnissen eines Onlinefragebogens wurde z. B. in mehreren Arbeiten von Isain Zapata et al. (2016, 2020, 2022) veröffentlicht. Die Daten entstammen bezüglich des Verhaltens der von James Serpell angelegten Datenbank **C-BARQ**. Dies ist eine von der University of Pennsylvania, und dort speziell der Veterinärfakultät angelegte Onlinedatenbank. Jeder Mensch, der bereit ist, ca. 120 Fragen auf Englisch über seinen Hund zu beantworten, kann Persönlichkeitseigenschaften, Verhaltenscharakteristika etc. dieses Hundes dort eintragen. Die Mitwirkenden haben dabei den Vorteil, eine ausgewiesene Analyse der Persönlichkeit und des Verhaltens ihres Hundes, ggf. auch im Vergleich mit dem Durchschnitt seiner Rasse, kostenlos zu erhalten. Im Gegenzug werden die Daten des Hundes anonymisiert auch für eine ganze Reihe verschiedenster Verhaltensstudien herangezogen. Auch in unserem Team haben wir bereits C-BARQ-Daten verwendet (z. B. Hielscher et al., 2020, 2021).

Blickkontakt aufbauen und vor allem halten, ist wesentlicher Teil der Haustierwerdung.

ANALYSE ZU VERTRÄGLICHKEIT UND AGGRESSION

Isain Zapata (2016) hat zunächst versucht, die mit besonders ausgeprägter Furcht und Aggressionsverhaltensweisen verknüpften Genregionen zu identifizieren. Es wurde eine sogenannte genomweite Suche eingeleitet, also ein Abgleich der gesamten ca. 19 000 beschriebenen Gene im Erbgut des Hundes mit rassetypischen Eigenschaften. Bei der Vergleichsstudie fanden sich eine Reihe von Genvarianten, die mit Wachstumsfaktoren verbunden sind, gleichzeitig auch im Zusammenhang mit Trennungsangst, Berührungsempfindlichkeit, Aggression gegen die eigene Bezugsperson sowie rivalisierenden, also aggressiven Verhaltensweisen gegen andere Hunde. Zwei andere Erbabschnitte, die auf dem Chromosom 18 sitzen, und ein Erbabschnitt auf dem X-Chromosom, also dem Geschlechtschromosom, sind ebenfalls mit Berührungsempfindlichkeit, nicht sozialer Furcht und Furcht bzw. Aggression gegenüber unbekannten Hunden und Menschen korreliert. Ein weiterer Genabschnitt, mit dem etwas sperrigem Namen HS6ST2, ist mit Geselligkeit, also Verträglichkeit gegenüber anderen Hunden verknüpft.
Die Analyse lässt vermuten, dass Aggression gegen und Verträglichkeit mit Hunden nicht etwa zwei Endpunkte einer entgegengesetzt gegenüberliegenden Eigenschaftsachse sind, sondern zwei völlig verschiedene, genetisch getrennt vererbte Eigenschaften darstellen.
Dies würde sich auch mit ersten Ergebnissen einer Studie bei uns im Team decken, wonach sogenannte Raufer nicht etwa eine besonders geringe Geselligkeit mit anderen Hunden, sondern durchaus durchschnittliche Werte der Geselligkeit, dagegen aber hohe emotionale Instabilität aufweisen. Diese hohe emotionale Instabilität stellt, verbunden mit geringer Sozialisationserfahrung, die eigentliche Ursache ihres rabiaten Raufertums dar (Ostrowska und Schöneich, 2017; Schöneich, 2019).

Erblichkeit von Verhalten

Bei einer breiteren, nicht nur auf die beiden „Problemverhalten“ Furcht und Aggression bezogenen Vergleichsuntersuchung von Isain Zapata, wurden 17 verschiedene Verhaltenseigenschaften aus dem C-BARQ-Bestand, mit insgesamt 90 Genorten aus dem Erbgut von ca. 3 600 Hunden von weit mehr als 50 Rassen verglichen (Zapata et al., 2020). Das Ergebnis war, dass 14 von 17 der aus dem C-BARQ-Datensatz gewonnenen Verhaltenseigenschaften Erblichkeiten zwischen den Rassen von ca. 0,27 für „nicht soziale Furcht“ bis 0,71 für „Trainierbarkeit“ aufweisen. Das bedeutet, dass selbst bei der geringen Erblichkeit „nicht sozialer Furcht“ noch über ein Viertel der Variabilität durch genetische Eigenschaften erklärlich ist. Bei der „Trainierbarkeit“ (hier als Offenheit und Lernbereitschaft, und nicht als Geschwindigkeit von Sitz, Platz zu verstehen) sind ca. 70 von 100 % der Variabilität auf genetische Unterschiede zurückführbar.
Körpergröße und Lebensdauer spielen übrigens auch eine Rolle bei der Varianz zwischen den Rassen. 90 Genorte, verteilt auf vier Chromosomen und das X-Chromosom, wurden identifiziert. Viele davon beeinflussen die Hirnstrukturen im Rahmen eines größeren Netzwerks. Neurogenese, also Bildung des Nervensystems für das Auswachsen und die Richtungsfindung der Axone, aber auch für die Bildung der Gefäßversorgung des Gehirns, und wiederum eine ganze Reihe von Regulationsgenen, die

Gerade die verschiedenen Jobkategorien von Jagdhunden zeigen deutliche Unterschiede.

mit der Ablesung, Entwicklung und Weitergabe der Erbinformation innerhalb des Organismus zu tun haben, spielen eine ganz besonders wichtige Rolle.

Vergleich: Erbgut Mensch und Hund

Auch ein Versuch des Vergleichs mit dem Erbgut des Menschen und seiner Bedeutung ist bemerkenswert: Bezüge zu Aktivität und Umweltverhalten, aber auch zu Blutdruck, Lungenfunktion, Hautfarbe, Ängstlichkeit und die bereits erwähnten Unterschiede im Glutamatsystem, vor allem des Hypothalamus, wurden im Vergleich zwischen hundlichem und menschlichem Erbgut als verhaltensrelevant gefunden. Das limbische System, das Zwischenhirn, aber auch die Großhirnrinde sind die Zielorgane der jeweiligen Erbgutvarianten. Die statistische Aussagekraft (sogenannte Effektstärke) ist bei den hundlichen Studien sogar viel größer als beim Mensch. Auch Bezüge zur Pubertät und dem Körpergewicht (gemessen durch den BMI, dem sogenannten Body-Maß-Index, der Körpergröße und Körpergewicht zueinander in Beziehung setzt) wurden des Weiteren gefunden.

Körpergröße und Verhalten

Im Jahr 2022 erfolgte dann der dritte Analyseschnitt der Zapata-Studien. Hier wurden Hunde mit speziellen, veterinär-verhaltensmedizinisch gestellten Diagnosen einbezogen. Wiederum fanden sich deutliche Korrelationen zwischen Genvarianten, die für geringe Körpergröße zuständig sind, und Verhaltensauffälligkeiten. Steigende Körpergröße, die ja auch genetische Hintergründe hat, geht mit besserer Trainierbarkeit und allgemein geringerer Anfälligkeit für Problemverhalten einher. Gerade im Zusammenhang mit den in vielen Bundesländern immer noch üblichen Diskriminierungen großer Hunde durch Landeshundeverordnungen etc., ist dieser Befund als ganz besonders bemerkenswert zu vermelden. Der Vergleich mit ebenfalls bereits neurogenetisch und psychiatrisch analysierten Daten beim Menschen lässt vermuten, dass viele Eigenschaften der Neurochemie, die zu möglichen problematischen Verhaltenseigenschaften führen können, bereits im Erbgut unserer Säugetiervorfahren angelegt waren, und wahrscheinlich ein gemeinsames Erbe der zumindest höher entwickelten Säugetiere darstellen.

ERBLICHKEITSWERTE BEI LABRADOR RETRIEVERN

Bei einer weiteren auf C-BARQ-Daten mit genomischen Datenbanken beruhenden Studie wurden die Persönlichkeitseigenschaften und Verhaltenscharakteristika eines Datensatzes von Labrador Retrievern verglichen (Ilska et al., 2017). Die höchste Erblichkeit hat dabei das Apportierverhalten (0,38), die niedrigste die Aggression gegen den eigenen Menschen (0,03). Geräuschfurcht mit 0,3 liegt ebenfalls im oberen Bereich der Erblichkeitswerte. Insgesamt wurde für 6 genetisch fixierte Eigenschaften eine Erblichkeit von über 0,2 festgestellt.
Wie wichtig es ist, bei solchen Studien die Verhaltenseigenschaften genau zu beschreiben, auf denen die Berechnungen beruhen, zeigt ein Vergleich der Erblichkeitswerte des Komplexes Trainierbarkeit: Wird alles, was mit Apportierverhalten zu tun hat, aus der Punktwertung für Trainierbarkeit herausgelassen, so steigt insgesamt die Erblichkeit der restlichen Testsituationen. Aufgeregtheit mit einer Erblichkeit von 0,22 und aufmerksamkeitsheischendes Verhalten mit 0,14 bilden gemeinsam den Bereich Bindung (Attachment). Die Erblichkeit der Gesamtkategorie Bindung dagegen liegt nur bei 0,13. Betrachten wir die statistische Aussagekraft, also die Effektstärke, so ist diese bei zwei Genen für Apportieren und einem für die Geräuschfurcht besonders hoch.
Gehen wir in der Analyse noch tiefer, so finden wir einen Genort für das Tyrosinhydroxilasegen, das im Stoffwechsel von Adrenalin, Noradrenalin und Dopamin bedeutsam ist, nahe beim Genort für Aufgeregt. Ein Gen, das bei Hunden mit starkem bis übermäßigem Gebell verbunden ist, finden wir nahe bei einem, das beim Menschen mit Schizophrenie verbunden ist. Die Geräuschfurcht liegt nahe bei einem Gen, das für den Einstrom und die Verarbeitung von Calciumionen an den Zellmembranen bedeutsam ist. Dieses wiederum ist beim Menschen verbunden mit der Anfälligkeit für Autismus.

Apportierbereitschaft gehört zu den wenigen Verhaltenseigenschaften, die früh bei Welpen testbar sind.

INFORMATIONEN AUS VERHALTENSTESTS

Einen anderen Weg gehen Arbeitsgruppen, die sich mit der Anwendbarkeit von Verhaltenstests direkt beschäftigen. Wir werden im Zusammenhang mit der Gehirngröße, den Exekutivfunktionen etc. noch die Arbeiten von Daniel Horschler (Horschler et al., 2019, 2020) kennenlernen (siehe S. 84). Im Zusammenhang mit genetischen Korrelationen wurden diese Daten von Gitanjali Gnanadesikan (2020 a, 2020 b) betrachtet. Eine Vielzahl von Menschen vollführte mit ihren Hunden zuhause einen Standardsatz von Verhaltenstests. Insgesamt wurden elf Aufgaben von den Hunden bearbeitet und die Ergebnisse an die Forschungsgruppe berichtet. 2 044 Hunde aus 172 Rassen, alle über ein Jahr alt, wurden für die Studie herangezogen. Die elf Tests wurden in insgesamt 4 Kategorien aufgeteilt, dabei ergaben sich folgende Erblichkeiten:

— Impulskontrolle und Selbstbeherrschung 0,7
— Kommunikation mit dem Menschen 0,39
— Gedächtnisfähigkeit 0,17
— physikalisches Verständnis 0,21

Zu Beachten ist, dass physikalisches Verständnis nur mit einem Test abgefragt wurde: Eine Futterbelohnung lag unter einem Blatt Papier, daneben ein zweites Blatt Papier ohne darunterliegendem Futter. Ob der Hund nun aus der Wölbung des Papierbogens erkannte, dass sich das Futter unter diesem und nicht unter dem anderen befand (ein übrigens bei Primaten sehr häufiges und sehr leicht zu bewältigendes Testverfahren), war für viele Hunde doch sehr schwer zu lösen. Weder eine Korrektur für unterschiedliche, vorangehende Trainings- und Ausbildungsmethoden noch eine Korrektur für Körpergewicht veränderte die genannten Erblichkeitswerte in größerem Maße.

VERHALTENSRELEVANTE GENE

Die Folgestudie, die auch auf das Genmaterial spezieller Rücksicht nahm, konnte insgesamt 188 Gene als unterschiedlich und verhaltensrelevant betrachten. Hier wurden 1 654 Hunde aus 49 Rassen untersucht. Wiederum wurden die Hunde nach Rassen eingeteilt und mit den bekannten Datenbanken über rassetypisches Genom verglichen. Die meisten der Genunterschiede wurden tatsächlich in unterschiedlichen Gehirnabschnitten und im Nervengewebe des Gehirns verschieden abgelesen und ausgedruckt, und ein großer Teil der betroffenen Gene betraf auch das periphere Nervensystem bzw. dessen Entwicklung, sowie die Bereitstellung und Ausscheidung von Botenstoffen an den Synapsen, also den Nerv-Nerv-Verbindungsstellen. Für drei der vier Kategorien, nämlich die Impuls- und Selbstkontrolle, das Gedächtnis und das physikalische Verständnis wurde jeweils ein relevanter Genabschnitt auf drei verschiedenen Chromosomen gefunden. Für das Kommunikationsgeschehen mit dem Menschen gab es keine statistisch auffällige Assoziation. Betrachtet man das Gesamtgenom, so waren insgesamt 52 Gene für Selbstbeherrschung, 32 für Kommunikation, 27 für Gedächtnis und 39 für physikalisches Verständnis zuständig, nur drei davon betrafen zwei der jeweiligen Kategorien. Physikalisches Verständnis korreliert mit Genen für Geruchsrezeptoren und mit der Fähigkeit, Geruchsinformation stärker zu verarbeiten als optische Informationen. Diejenigen Gene, die mit der Gedächtnisfähigkeit korrelieren, haben überwiegend mit der Ablesung und der Weiterverarbeitung genetischen Materials zu tun, sind also überwiegend regulatorischer Funktion.

UNTERSUCHUNG VON GEHIRNSCANS

Wiederum einen anderen Ansatz verfolgt die Arbeitsgruppe von Erin Hecht. Sie nutzte für ihre Studien eine Reihe von Gehirnscanaufnahmen (von insgesamt 62 Hunden) aus der veterinär-neurologischen Klinik der Universität von Georgia, wobei alle diese Hunde im Gehirnscan absolut unauffällig und ohne Befund waren. Diese Gehirnscans verknüpfte sie mit den Daten von C-BARQ, also den rassetypischen Eigenschaften der jeweils getesteten Hunde. Erste und aufsehenerregende Ergebnisse wurden von Hecht et al. (2021), Sophie Barton et al. (2023) und im Rassevergleich schon von Hecht et al. (2019) veröffentlicht. Sophie Barton und Marc Kent sowie Erin Hecht verglichen die neuroanatomische Asymmetrie zwischen den beiden Gehirnhälften, die ja bei Menschen und anderen Primaten ein wesentlicher Hintergrund für Verhaltensentwicklungen und Verhaltenseigenschaften ist. Asymmetrien, inklusive auch unterschiedlicher Ausbildung der grauen Substanz, fanden sich in einer ganzen Reihe von Gehirnregionen, sowohl im Bereich der Großhirnrinde, aber auch im Hirnstamm, dem Kleinhirn und einer Reihe von Regionen unterhalb des Großhirns. Die Vermutung, bisweilen geäußert im Hinblick auf Asymmetrien menschlicher und menschenäfflicher Gehirne, dass durch eine allgemeine Größenzunahme auch die Asymmetrie im Gehirn zugenommen haben könnte, konnten Sophie Barton et al. zurückweisen. Die Asymmetrie im Hundegehirn ist kein Beiprodukt der allgemeinen Größenzunahme.

NETZWERKE IM HUNDEGEHIRN

Erin Hecht et al. konnten insgesamt sechs Netzwerke in Hundegehirn erkennen, die bei verschiedenen Rassen unterschiedlich stark ausgebildet sind. Diese Netzwerke betreffen:

1. Antriebs- und Belohnungssystem
2. Geruchs- und Geschmackssystem
3. Körperbewegung, Augenbewegung und räumliche Orientierung
4. Soziale Aktionen und Interaktionen

Kleine Hunde haben relativ gesehen größere Bedeutung der hinteren Gehirnteile.

5. Furcht, Stress und Angst (hauptsächlich die passive Stressachse vom Zwischenhirn zur Nebennierenrinde)
6. Geruch und Sehsystem

Bringt man die Verhaltenseigenschaften mit den betreffenden Netzwerken in Verbindung, so finden sich Reduktionen im Bereich der Neuhirnrinde und Ausdehnungen im Bereich von Gehirnstamm und Mittelhirn, vor allem assoziiert mit den Aggressions- und Furchteigenschaften. Dagegen ist der Faktor Trainierbarkeit mit einer Erweiterung der Neuhirnregionen und Reduktionen im Hirnstamm und Mittelhirn zu verbinden. Mit zunehmender Gesamtgehirngröße nimmt die Bedeutung der hinteren und sich embryonal früher entwickelten Regionen ab, und die Bedeutung der vorne gelegenen, embryonal später entwickelten Regionen nimmt zu. Dementsprechend sind großhirnigere Hunderassen mit einem stärkeren Neokortex und einem verringerten Volumen im Bereich Hirnstamm, Mittelhirn und tiefergelegene Hirnregionen charakterisiert.

Trotzdem sind auch sie zu sozialem und Bindungsverhalten fähig; vor allem, wenn sie noch längliche Schädel haben.

IMPULSIVITÄT BEI KLEINWÜCHSIGEN HUNDERASSEN

Die vielfach gefundenen Zusammenhänge zwischen unerwünschtem, eher impulsivem Verhalten bei kleinen Rassen und stabilerem, kontrollierterem und damit häufiger auch erwünschterem Verhalten bei großen Rassen könnten auf diese neurobiologischen Unterschiede zurückzuführen sein (Stone et al., 2016). Beachten wir Erin Hechts Zusammenhänge zwischen embryonaler Entwicklung, Gehirnregionen und den C-BARQ-Daten, so ergibt sich eine verblüffende Parallelität zu Befunden von Debora Goodwin et al. (1997): Bei kleinen Rassen, insbesondere solchen mit einem stark entwickeltem Kindchenschema, ist die gesamte Verhaltensentwicklung, ebenso wie die körperliche Entwicklung bereits sehr früh in der Welpenzeit durch eine Bremse bzw. erhebliche Verlangsamung charakterisiert. Nicht nur im Aussehen, auch im Verhalten ähneln diese kleinen, babymorphen Rassen sehr stark jungen Welpen größerer Rassen, die sich später im Laufe der Welpen- und Junghundzeit noch strecken und dadurch auch gestrecktere, weniger runde Köpfe und Schädel bekommen.

Wenn nun die spät entwickelten Gehirnabschnitte bei kleinen Hunderassen weniger gut entwickelt sind als bei großen, könnte sich damit ein Kreis in der Interpretation des oft impulsiven, wenig reflektierten und mit weniger Impulskontrolle ausgestatteten Verhaltens kleiner Rassen schließen. Sogar die erhöhte Anfälligkeit für Trennungsprobleme bei kleinen Hunden könnte mit dieser unterschiedlichen Entwicklungsgeschwindigkeit verschiedener Gehirnregionen zu tun haben: Als kleines Jungtier ist man eben noch viel mehr auf die Unterstützung der Eltern bzw. Babysitter angewiesen. Erst im Laufe der Zeit kann sich ein Urvertrauen in das Wiederkommen der älteren Betreuungspersonen entwickeln. Und noch etwas diskutiert Erin Hechts Team (2021): Klar sind kleine Hunde eventuell weniger gut erzogen und deshalb auch impulsiver, aggressiver oder furchtsamer in ihrem Verhalten. Aber, und das spielt besonders im Zusammenhang mit unserem Buch eine wichtige Rolle, sie nehmen Gefahren, Bedrohungen etc. ja auch unterschiedlich wahr. Sie empfinden andere Hunde, oder andere Lebewesen, schneller als bedrohlich, und reagieren dann mit Furcht, Ablehnung oder Aggression. Es könnte also sehr lange Zeit sehr wohl ein Selektionsfaktor gewesen sein, wenn man als kleiner Hund auch schneller und damit potenziell erfolgsorientierter reagiert. Schließlich zeigen spieltheoretische Untersuchungen, dass derjenige, der zuerst eskaliert und zuerst angreift, oftmals auch die Auseinandersetzung für sich entscheiden kann.

Bemerkenswert ist, dass Erin Hechts sechs Netzwerke z. B. keinerlei hirnanatomische Korrelation mit Jagdverhalten und Jagdbereitschaft im Speziellen aufweisen. Trainierbarkeit und Energiegeladenheit eines Hundes korreliert mit dem Netzwerk vier, also den sozialen Interaktionen und der Größe des präfrontalen Stirnhirns. Hier erinnern wir uns daran, dass bereits Leonard Radinski die Entwicklung des präfrontalen Stirnhirns mit der Rudeljagd in Verbindung gebracht hat. Sichtjäger, Vogelstöberhunde und Retriever, die ein hohes Energielevel aufweisen, korrelieren mit dem Netzwerk drei, also mit körperlicher Bewegung, Augenbewegung und räumlicher Orientierung.

GENUMSETZUNG

Werfen wir im Zusammenhang mit der Emotionalität nochmals einen vergleichenden Blick auf Studien zur Genumsetzung unserer bereits zitierten zahmen, aggressiven und nicht selektierten Silberfüchse, so zeigen Cheryl Rosenfeld et al., dass aggressiv- und zahmgezüchtete Füchse z. B. in der Genumsetzung des für Stressreaktionen wichtigen Steuerungshormons CRH (Corticotropin Releasing Hormon) keine Unterschiede aufweisen (Rosenfeld et al., 2019). Aggressive Füchse haben aber z. B. im Zwischenhirn weniger Serotoninbindungsstellen vom Typ 1A, dagegen aber mehr

KORRELATION DER NETZWERKE

Netzwerk 1, das überwiegend mit dem Belohnungssystems beschäftigt ist, korreliert mit Aggression gegen Hunde und mit Erregbarkeit. Auch hier eine praktische Nutzanwendung: Die von uns beschriebenen und gefundenen, leider von vielen anderen Denkrichtungen im Hundetraining missachteten Lustraufer und Lustbeißer, die ohne negative Emotionalität Spaß daran haben, andere Hunde zu verdreschen, könnten hier ihre Basis haben.

Netzwerk 2, das mit Geruch- und Geschmacksempfindung verbunden ist, korreliert auch mit Aggression und Furcht.

Netzwerk 3, das mit Körperbewegung, Augenbewegung und räumlicher Orientierung zu tun hat, korreliert mit Trennungsproblemen und mit Berührungsempfindlichkeit. Eine verstärkte Aufmerksamkeit und Achtsamkeit gegenüber der Umgebung könnte also hier der gemeinsame Hintergrund sein.

Netzwerk 4, eben die sozialen Aktionen und Interaktionen, korrelieren mit Furcht vor und Aggression gegen Fremde.

Netzwerk 5 Furcht, Stress und Angst

Netzwerk 6, das mit der gemeinsamen Verarbeitung von Geruchs- und Sehreizen beschäftigt ist, korreliert mit Aggression gegen Hunde.

Serotonin- und Noradrenalinbindungsstellen im vorderen Bereich des Zwischenhirns. Von den 10 wichtigen Genabschnitten, die bei zahmen oder aggressiven Füchsen hochreguliert waren, betraf nur einer, der mit Zellkontakten und Zell-Zell-Wechselwirkungen verbunden ist, die zahmen Füchse. Demgegenüber sind neun dieser Genabschnitte bei aggressiven Füchsen hochreguliert, und die betreffenden Genabschnitte sind im Körper und im Gehirn an unteren unterschiedlichen Stellen aktiv. Einige davon betreffen sogar den Kohlenhydratstoffwechsel. Das ist von besonderer Bedeutung: einerseits angesichts von Studien an Laborratten, wo zwischen Zuchtlinien mit höherer und solcher mit geringerer Aggression höhere Glukosewerte im Blut der aggressiven Ratten gefunden wurden, andererseits im Zusammenhang mit den Studien von Hollie Miller et al. über den Einfluss von Glukoseversorgung im Hundegehirn auf Selbstbeherrschung, Risikobereitschaft und Problemlösefähigkeit (z. B. Miller und Bender, 2012).

ERBLICHKEIT VON SOZIALVERHALTEN

Wenden wir uns wieder höheren Gehirnabschnitten zu, so finden wir eine Untersuchung an der Universität Linköping in Schweden (Persson et al., 2015), mit Angaben über die Erblichkeit von Sozialverhalten zwischen Hund und Mensch in einer konkreten Testsituation: 498 Laborbeagles (hier wurde auf die standardisierte Aufzucht wertgelegt) wurden vor eine unlösbare Aufgabe gestellt. Gemessen wurden eine Reihe von Verhaltenswerten, z. B. die Körperposition, die Kontaktaufnahme zum Menschen, die Zeit, mit der an der unlösbaren Aufgabe gearbeitet wurde, etc. Augen- und Körperkontakt zum Menschen hatten keinen signifikanten, also statistisch nachweisbaren Erblichkeitseffekt. Nur die Interaktion mit der Testapparatur (Erblichkeit = 0,32) und die soziale Interaktion mit dem Menschen allgemein (Erblichkeit = 0,23) wiesen erkennbare Erblichkeiten mit Werten über 0,2 auf. Auch das bestätigt wieder unsere bereits wiederholt besprochene Beobachtung, dass man nur mit einer sehr feinen, möglichst auf einzelne Verhaltensweisen bezogenen Analytik eine mögliche Erblichkeit herausfinden kann.

VERHALTENSERFAHRUNGEN

Wie stark auch vorangehende Verhaltenserfahrungen ganz konkret die Umsetzung von Erbgut, insbesondere von Faktoren in Verbindung mit Neuroplastizität und Gehirnentwicklung beeinflussen, haben Gabriella Guelfi et al. der Universität Lucia in Italien gefunden. Deutsche Schäferhunde, die im Laufe eines Drogenspürhundetrainings mehrfach gemessen wurden, entwickelten im Laufe des Trainings bzw. der abschließenden Testsituation eine höhere Konzentration einer Reihe von Nervenwachstumsfaktoren, unter anderem den Faktor BDNF, den wir im Zusammenhang mit Spielverhalten, aber auch der Vermeidung von Trennungsstress noch kennenlernen werden.
Auch der wiederholt angesprochene Faktor IGF1, den wir schon als Wachstumsfaktor und im Zusammenhang mit Impulsivität, Selbstbeherrschung etc. bei größeren vs. kleineren Hunden kennenlernten, ist im Rahmen dieser Studie getestet worden. Die emotionale Stabilisierung, die viele Hundetrainer:innen bei Fährten oder anderer Nasenarbeit immer wieder beschreiben, könnte also durchaus sogar mit der Hochregulation solcher persönlichkeitsstabilisierender Nervenwachstumsfaktoren zu tun haben. So etwas hilft also auch physiologisch instabile Hunde zu stabilisieren.

BOTENSTOFFE IM GEHIRN

Während die bisher referierten Studien, die sich auf der Ebene der Gehirnentwicklung und deren Steuerung bewegen, ganz offensichtlich in den letzten wenigen Jahren sehr aufsehenerregende Fortschritte erzielt haben, sind Untersuchungen über genetische Zusammenhänge mit einzelnen Botenstoffen des Gehirnstoffwechsels bereits seit mehreren Jahrzehnten bekannt. Zusammenfassungen dieser Befunde finden sich z. B. bei Irene Sommerfeld-Stur (2016), Kristin Strauß in Gansloßer (2023) oder Gansloßer und Kitchenham (2012, 2014).
Einige der „üblichen Verdächtigen" für diese Zusammenhänge sollten trotzdem hier noch kurz angesprochen werden.

TYROSINHYDROXYLASE

So wirkt z. B. in der Bildung der Katecholamine (Dopamin, daraus wird Noradrenalin, daraus wird Adrenalin) ein wichtiges Enzym, also ein chemisches Werkzeug zur Herstellung, namens Tyrosinhydroxylase. Diese Tyrosinhydroxylase wurde in einer ganzen Reihe von Untersuchungen mit Verhaltensunterschieden in Beziehung gesetzt. So zeigte sich bei einem Vergleich verschiedener mittelgroßer (Golden und Labrador Retriever) und kleiner (Malteser, Minischnauzer) Hunderassen in einer japanischen Arbeitsgruppe, dass die beiden kleinen Rassen eine andere Variante des Tyrosinhydroxylasegens aufweisen. Ein Zusammenhang mit dem angeborenen Größenwahn der kleinen Hunde könnte hier durchaus vermutet werden. Eine Studie in der Budapester Arbeitsgruppe fand, dass bei Belgischen Schäferhunden andere Varianten des Tyrosinhydroxylasegens zu finden waren, wenn diese Hunde eine erhöhte Anfälligkeit für ADHS-artige Störungen aufweisen, im Gegensatz zu solchen Angehörigen der gleichen Rasse, die für diese Verhaltensauffälligkeit nicht bevorzugt disponiert sind.

DOPAMIN

Auch das Dopamin, das ja in der gleichen Produktionskette steht, ist durch verschiedene Transportergene im Zusammenhang mit der Verhaltensstrategie beschrieben worden. So zeigte sich bei Deutschen Schäferhunden, und das ist interessant, weil es einen anderen Weg als bei den Malinois zu geben scheint, dass ein Dopaminrezeptor namens D4 für die besondere Anfälligkeit bezüglich ADHS-artiger Störungen verantwortlich ist. Eine japanische Studie fand, dass für bestimmte Varianten eines Dopaminrezeptorgens sich höhere Frequenzen bei Hunden mit höherer Aggressionsbereitschaft fanden. Variationen eines Dopaminrezeptorgens und des Gens für Tyrosinhydroxilase waren beim Schäferhund und beim Husky assoziiert mit Aktivität, Impulsivität und Aufmerksamkeit.
Gerade im Vergleich mit Befunden an antisozial-impulsaggresssiven Menschen und Labortiermodellen sind Befunde einer US- und einer japanischen Arbeitsgruppe aufregend (Sacco et al., 2017; Hashizume et al., 2005; Arata et al., 2008): Ein wichtiges Enzym im Abbau und Umbau von Dopamin und Serotonin in Gehirn und Körper ist das Monoaminooxidase-Gen A. Dieses MAO-A-Gen liegt auf dem X-Chromosom, hat aber nichts mit Sexualhormonen zu tun. Eine veränderte Genvariante führt zu schwer kontrollierbarer Impulsaggression und ist z. B. vermutlich der Grund für Retrieverwut.
Dieses Gen ist nun nach den genannten Befunden einerseits auf dem Weg vom Wolf zum Haushund, aber auch innerhalb der Hunderassegruppen verändert worden, was z. B. bei Haushunden zu unterschiedlicher, aber teilweise verbesserter Impulsivitätskontrolle führen könnte.
Aber nicht nur der Abbau, auch der Transport der Monoamine ist durch Transportergene zwischen verschiedenen Rassegruppen unterschiedlich.

GLUTAMAT

Auch Glutamat, ein wichtiger Botenstoff in der Erregungsentstehung im Gehirn allgemein, wurde bereits mit agressionsbereiteren Genvarianten von Shiba Inu, Cocker Spaniels und anderen identifiziert. Gerade Veränderungen im Glutamatstoffwechsel sind ja auch in vielen Bereichen des Lernverhaltens und anderer Verhaltenssteuerungen von Bedeutung.

HOMOVANILLINSÄURE

Wiederum ein anderer Mechanismus, der ebenfalls zur Entstehung von besonders aggressiven Hunden führen kann, wurde bereits 1996 von einer Arbeitsgruppe rund um Ilana Reisner gefunden. Sie untersuchten bei Hunden, die aufgrund ihrer Aggression eingeschläfert werden sollten, die Konzentration der Homovanillinsäure (HVA), einer Substanz, die beim Abbau von Dopamin gebildet wird, in der Gehirn- und Rückenmarksflüssigkeit. In der Gruppe der aggressiven Hunde war die Homovanillinsäurekonzentration niedriger als in der Kontrollgruppe. Dies deckt sich mit den Erkenntnissen aus der Forschung an Menschen, Primaten und Labornagetieren, wonach ebenfalls die Konzentration der Homovanillinsäure in der Gehirn-Rückenmarksflüssigkeit mit aggressivem Verhalten assoziiert ist.

SEROTONIN

Letztlich spielt, und auch das wurde in mehreren Studien unter anderem bei Ilana Reisner bereits gefunden, die Konzentration des Serotonins im Gehirn bzw. in der Gehirn- und Rückenmarksflüssigkeit eine wichtige Rolle. Aggressionsbereite oder übermäßig aggressiv auftretende Hunde hatten sowohl im Gehirn, als auch in der Gehirn- und Rückenmarksflüssigkeit, niedrigere Konzentrationen von Serotonin bzw. von Serotoninbindungsstellen, insbesondere im Bereich des frontalen Stirnhirns, das wir ja immer wieder mit der Verhaltenskontrolle in Verbindung bringen.

GENVARIANTEN IM OXYTOCIN-BINDUNGSSYSTEM

Aber nicht nur im Bereich der Aggressions- und Erregungssteuerung finden sich bemerkenswerte Korrelationen mit Genvarianten: Mia Persson et al. (2016) beschreiben Genvarianten im Bereich des Oxytocinbindungssystems, die mit zwischenartlicher Kommunikation zwischen Hund und Mensch verbunden sind. Diese Genvarianten treten jedoch auch im Zusammenhang mit verschiedenen sozialen, genetisch disponierten Störungen im menschlichen Hirnstoffwechsel auf. Und letztlich muss auch nochmal auf den Befund hingewiesen werden, dass die Genvarianten des Oxytocinbindungssystems, die beim Menschen das sogenannte hypersoziale, besonders vertrauensselige und auch besonders aufdringliche Williams-Syndrom bewirken, beim Übergang von Wolf über Protohund zu Haushund auch ins Erbgut unserer Hunde gelangt sind. Auch dass Oxytocinrezeptorvarianten für die bessere oder weniger schnelle Auffassungsgabe im Zusammenhang mit der Kommunikation Hund-Mensch und umgekehrt eine Bedeutung haben, wurde z. B. durch Untersuchungen von Ana Kis et al. aus der Budapester Arbeitsgruppe verdeutlicht.

Aggressionsbereitschaft hat u. a. mit Serotonin zu tun.

RASSEUNTERSCHIEDE

Die behandelten Untersuchungen über den Zusammenhang zwischen Gehirnbau bzw. Neurogenetik und Verhalten bei Hunden, haben meist auch differenzierter auf Unterschiede zwischen Rassen bzw. Rassegruppen geachtet. Dementsprechend finden wir dort neue Erkenntnisse.

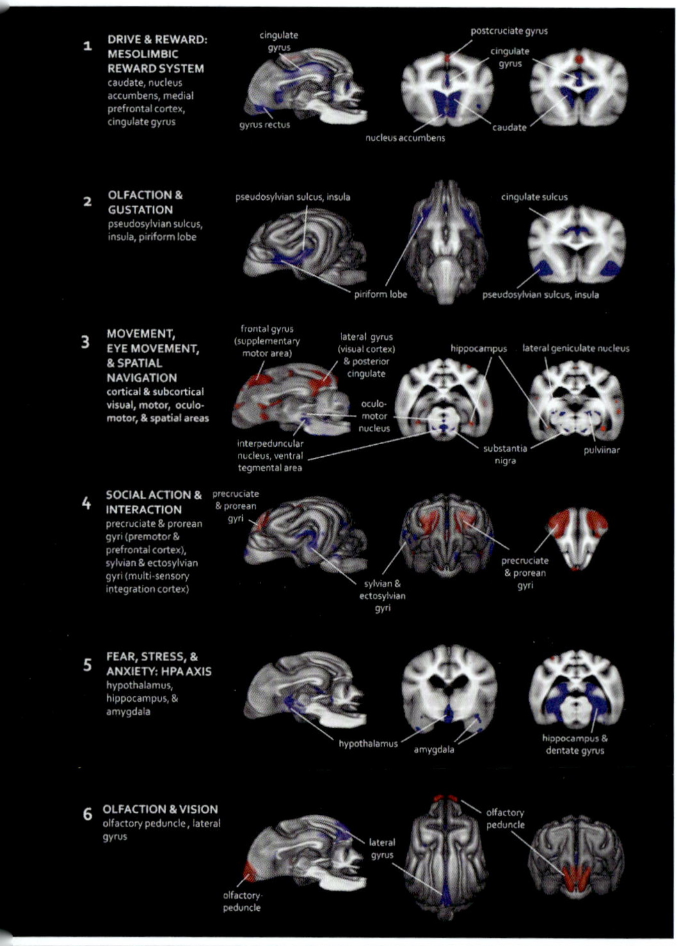

Gehirnabbildungen der 6 Netzwerke nach Erin Hecht (siehe S. 58); links: Seitenansicht linke Seite, Mitte und rechts: Querschnitte in Hirnmitte und hinterer Region.

UNTERSCHIEDE IN JOBKATEGORIEN

Die von Erin Hecht und ihrem Team im Zusammenhang mit den MRI-Untersuchungen der 62 Hunde aus den amerikanischen Veterinärkliniken bereits behandelten 6 Netzwerke, die mit unterschiedlichen Aufgaben betraut sind, unterscheiden sich auch in den verschiedenen, z. B. vom amerikanischen Dachverband AKC aufgestellten Kategorien. Hecht et al. (2019) beschreiben die Unterschiede in den Netzwerken, die mit verschiedenen „Jobkategorien" im Einklang stehen. Die beiliegenden Abbildungen zeigen uns, dass z. B. nicht nur das Netzwerk 2 (Geruch und Geschmack), sondern auch das Netzwerk 5 (die Stressachse) bei Nasenarbeitshunden besonders stark entwickelt ist. Das Netzwerk 3 (Bewegung und räumliche Orientierung), aber auch das Netzwerk 4 (soziale Aktion und Interaktion) und das Netzwerk 6 (Geruch und Sichtverarbeitung) ist bei Vogelstöberhunden und Retrievern besonders stark entwickelt. Polizei-, Militär- und vergleichbare Diensthundrassen haben ein stark entwickeltes Netzwerk 2, Netzwerk 4 und Netzwerk 6. Besonders stark entwickelt sind Netzwerk 4 und Netzwerk 6 auch bei Hunden, die für Schädlingskontrolle eingesetzt wurden, also z. B. die kleineren Terrierrassen. Rassen, die speziell als Kumpanhunde für den Menschen gezüchtet wurden, haben eine Verstärkung von Netzwerk 1 (Belohnungssysteme), Netzwerk 3, Netzwerk 4 und Netzwerk 5. Diese Zusammenhänge zeigen, dass an verschiedenen Stellen im Gehirn underwartete Auswirkungen entstehen können.

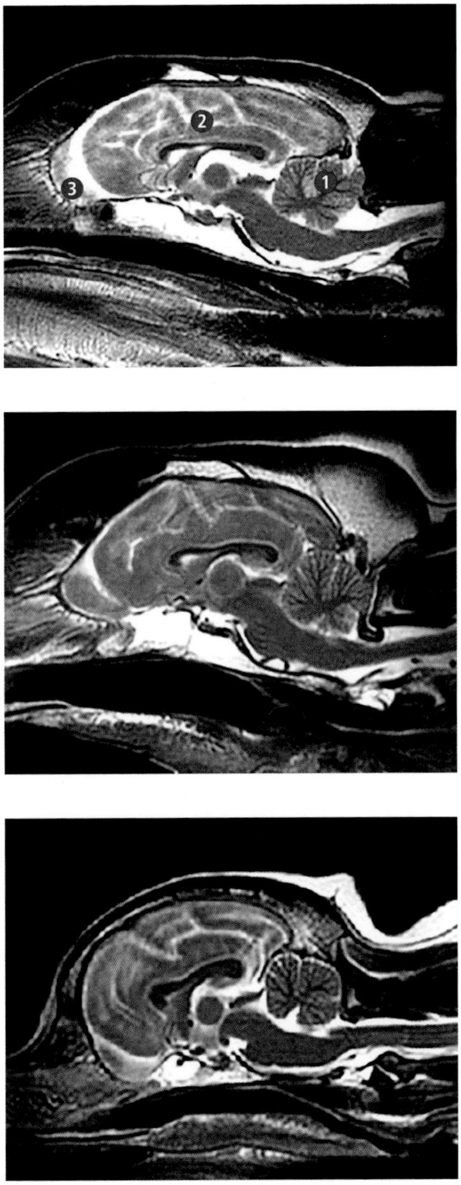

1 Kleinhirn, 2 Großhirnrinde, 3 Riechkolben
Gehirnscan-Längsschnitte nach Erin Hecht zur Verdeutlichung unterschiedlicher Gehirnformen bei verschiedenen Rassen (oben Greyhound, Mitte Bassett und unten Lhasa Apso).

GEHIRNGRÖSSE

Ebenso bemerkenswert bei Erin Hechts Rassenvergleich ist, dass auch hier wieder das Verhältnis zwischen Hirngewicht bzw. Hirnvolumen und Körpergewicht sehr schwach ausgebildet ist. Viel deutlicher dagegen ist, wie viel von der Schädelkapsel tatsächlich auch vom Gehirn ausgefüllt wird. Die Rasseunterschiede korrelieren sehr viel stärker mit der inneren als mit der äußeren Morphologie, z. B. mit der Form und Größe der Hirnkapsel im Inneren, im Gegensatz zur Form und Größe des Schädels von außen. So zeigt sich z. B., dass das Gehirn eines Dackels die Hirnhöhlung nahezu vollständig ausfüllt, während ein Golden Retriever sehr viel „Luft", also nicht neuronales Gewebe und Gehirnflüssigkeit, zwischen der Oberfläche des Gehirns und der Innenwand des Hirnschädels aufweist.
Gerade im Bezug auf die Hirngröße ist die Arbeit von Daniel Horschler und seiner Gruppe (Horschler et al., 2019) aufschlussreich, die ebenfalls über die Zusammenhänge zwischen absoluter Gehirngröße und den Verhaltenseigenschaften berichten (siehe S. 84). Horschlers Untersuchungen zeigen, dass nur bestimmte Bestandteile des Gedächtniskomplexes (z. B. ob ein Hund sich stärker daran erinnert, wo das Futter versteckt wurde, wenn der Mensch in die falsche Richtung zeigt) mit einigen der Jobkategorien korrelieren. Im Bereich der optischen Leistungsfähigkeit sind die Rasseunterschiede in Horschlers Untersuchung nicht auffallend, und auch die Trainingsgeschichte hat wenig Einfluss auf die Leistung in seinen Tests.

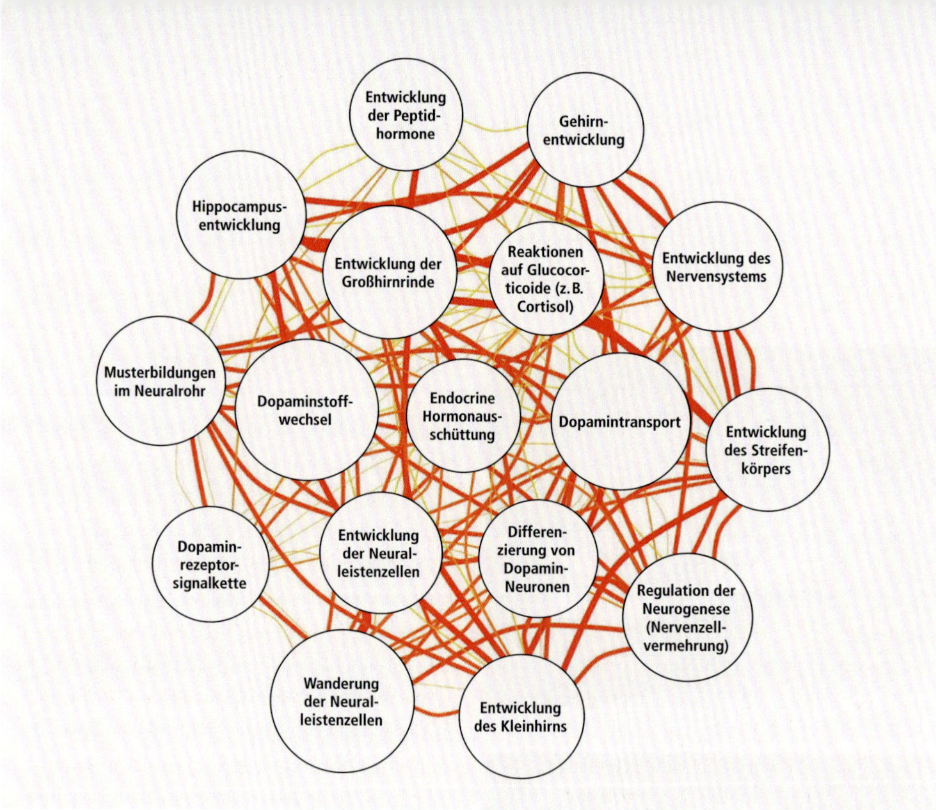

Neurobiologische und entwicklungsgenetische Wechselwirkungen beim Übergang Wolf – Hund (aus Gansloßer et al., 2021, dort auch Details).

PERSÖNLICHKEITS-EIGENSCHAFTEN

Ähnlich wie Erin Hechts Untersuchungen zur Gehirnmorphologie, haben auch die Arbeiten von Evan McLean et al. (2019) mit den C-BARQ-Kategorien gearbeitet. Über 14 000 Hunde aus über 100 Rassen wurden in die Analyse der Persönlichkeitseigenschaften einbezogen, dazu fast 6 000 Hundegenombestimmungen, aus denen rassetypische Durchschnitte errechnet wurden. Die Erblichkeiten der 4 aus C-BARQ herausgenommenen Eigenschaften zeigt, dass die Varianz innerhalb der Rassen ca. 5-mal so groß ist wie zwischen den Rassen. Der Durchschnitt der Erblichkeit zwischen den Rassen betrug 0,51. Wie bereits erwähnt, hatten die höchsten Erblichkeitswerte die Trainierbarkeit, die Aggression gegen Fremde, Jagdbereitschaft sowie Bindungs- und Aufmerksamkeitsverhalten.

Alle 14 C-BARQ-Kategorien waren stark durch positive Selektion verändert, und keine einzige davon war in ihrer genetischen Änderung nur durch Gendrift, also durch die zufälligen Veränderungen einer kleinen Zuchtpopulation, erklärlich.
Betrachtet man die einzelnen Gene in ihrer Funktion, so ist z. B. ein Gen namens GRM8 mit Aggression gegen fremde Menschen assoziiert. Dabei handelt es sich um ein Gen, das einen Glutamatrezeptor bestimmt. PDE7B, das auch bei der Unterscheidung zwischen zahmen und aggressionsbereiten Füchsen auffiel, hat eine Bedeutung für den Dopaminschaltweg. Auch in der Untersuchung von Evan McLeans Team assoziiert PDE7B mit Aggression. Hier fallen Vergleichbarkeiten mit dem Erbgut des Menschen auf, wobei nicht nur die Aggressionsbereitschaft, sondern auch Gene, die mit Aktivität und psychischer Energiegeladenheit zu tun haben, außerhalb

des Gehirns mit dem Ruhestoffwechsel korrelieren.
Auch Evan McLeans Daten zeigen deutlich, dass veränderte Gene überwiegend mit der Entwicklung des Nervensystems, dem Auswachsen und der Leitungseigenschaft von Nervenfasern und Nervenverzweigungen, sowie dem Transport und der Freisetzung von Botenstoffen korrelieren, wenn sie sich zwischen Rassen in den Verhaltenskategorien unterscheiden. Die Entwicklung des Hippocampus, der Großhirnrinde und des Striatum (Streifenkörpers, ein wesentlicher Teil des emotionalen Systems) sind besonders betroffen. Die beigefügte Abbildung sowie die Netzwerkabbildung zeigen nochmals deutlich die Zusammenhänge.

UNTERSCHIEDLICHE GENVARIANTEN

Noch exaktere Analysen, drei Jahre später, wurden von Emily Dutrow et al. (2022), wiederum unter Beteiligung von James Serpell und seiner C-BARQ Datenbank, mit genetischen Korrelationen durchgeführt. Über 4 000 Hundegenombestimmungen und über 46 000 C-BARQ Einträge bilden die Grundlage dieser Untersuchung, auch Dorfhunde und einige nicht domestizierte Wildkaniden, z. B. Wölfe und andere angehörige der Gattung *Canis*, wurden einbezogen. Zehn verschiedene Kategorien, wiederum auf den Einteilungen des AKC wurden herausgearbeitet, wobei auch hier

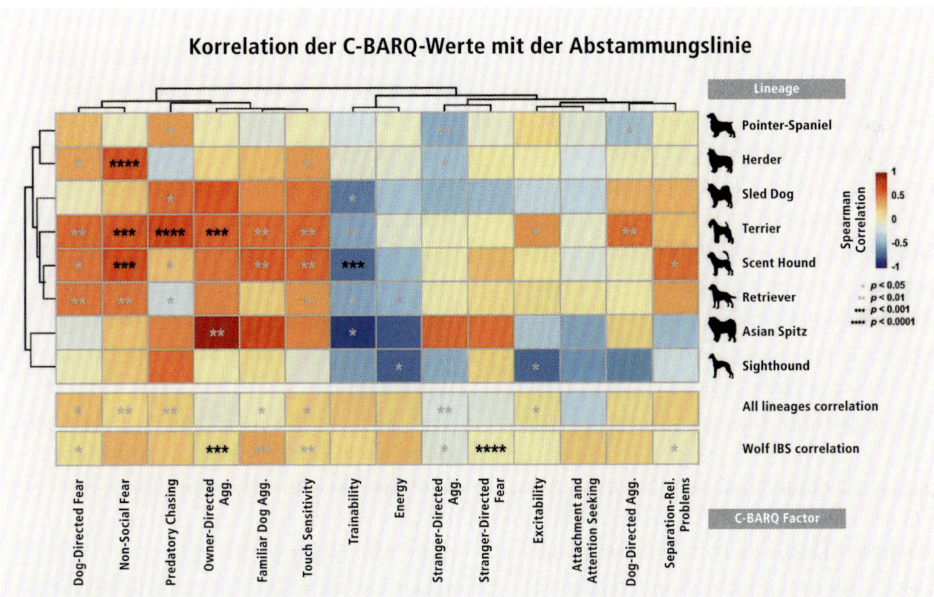

Zusammenfassung der Veränderungen der C-BARQ-Kategorien (siehe S. 64) mit den großen Berufskategorien nach Dutrow et al. (2022). Rote Felder korrelieren am Stärksten (z. B. Aggression gegen den Halter bei Asiatischen Spitzen, Jagdverhalten bei Terriern), dunkelblaue Felder am Schwächsten (z. B. Trainierbarkeit bei Spitzen, Erregbarkeit bei Sichtjägern).

wieder die Unterschiede im Erbgut dieser zehn Kategorien überwiegend in sogenannten nicht kodierenden, also stattdessen mit Genregulation verknüpften Erbabschnitten gefunden wurden. Meist handelt es sich um Regulation der Entwicklung von Gehirn und Nervensystem, zum Teil um Genabschnitte, die einander in ihrer Wirkung gegenseitig verstärken. Wie bereits erwähnt, sind Hütehunde insbesondere charakterisiert durch Veränderungen in der Struktur, der Auswachsrichtung und der Leitungsgeschwindigkeit der Nervenfasern und deren innerem Zellskelett.

Trägt man auf einer Achse eines Achsenkreuzes Energiegeladenheit und Erregbarkeit gegen Furcht, und auf der senkrecht dazustehenden Aggressionsbereitschaft gegen Trainierbarkeit auf, so sind Terrier z. B. im linken unteren Feld, das heißt hoch erregbar, und hoch aggressiv. Wohingegen die Kumpanhunde z. B. der Kleinhunderassen eher auf der rechten Seite sind, also furchtsam und höher trainierbar. Die meisten Genvarianten finden sich in allen Kategorien. Die Vielfalt der Aufspaltung war also offensichtlich bereits entstanden, bevor die heutigen Rassen gebildet wurden. Allele, also Genvarianten, die bei Hütehunden, Terriern, asiatischen Spitzrassen und Pointer-Setter-Rassen zu finden sind, waren auch schon beim Wolf häufig zu finden. Nasenhunde, Sichtjäger und Retriever dagegen weisen sehr viele Genabschnitte auf, die eher hundetypisch oder sogar hundespezifisch sind. Nur 76 von 16 250 Genvarianten sind wirklich kodierend, beeinflussen also die Struktur der gebildeten Eiweiße. So sind z. B. Nasenhunde und Hütehunde mit verschiedenen kognitiven Eigenschaften ausgestattet, die mit erlernten Furchtreaktionen zu tun haben, und mit einem Assoziationslernen im Bereich der Sinnesorgane. Terrier, und Angehörige der Pointer-Setter-Retriever-Kategorie weisen Gene verstärkt auf, die auch beim Menschen mit Risikobereitschaft verknüpft sind.

KOOPERATIONS- UND AUSBILDUNGSBEREITSCHAFT

Scheinbar etwas widersprüchlich zu den bisher behandelten Untersuchungen über Rasseunterschiede war eine Arbeit, die 2022 von einem Autor:innen-Team rund um Kathleen Morrill (Morrill et al., 2022) veröffentlicht wurde. In der oftmals vereinfachten Darstellung der populären und semipopulären Literatur wird aus dieser Arbeit herausgelesen, dass Rasseunterschiede angeblich keinen großen genetischen Hintergrund hätten. Hier wurde eine etwas andere Befragung der Hundehalter:innen herangezogen, und dabei von fast 18 500 Befragten eine Einstufung ihrer Hunde bezüglich einer Reihe von Verhaltenseigenschaften vorgenommen. Dazu kamen Analysen des Erbguts von 2 155 Hunden. Die meisten Verhaltenseigenschaften sind dabei zu mehr als 25 % erblich, allerdings erklärt die Rasse insgesamt nur knapp 10 % der Variation. Der Rasseeinfluss auf Verhaltenseigenschaften beträgt nur etwa ein Fünftel dessen, was der Rasseeinfluss auf Körperbau, äußere Merkmale etc. bewirken kann. Verhalten innerhalb der Rassen ist tatsächlich sehr stark variabel, und rassespezifische Eigenschaften, also solche, die nur eine Rasse aufweist, konnten nicht gefunden werden. **Trotzdem ist bei der genweiten Assoziationssuche, z. B. bezüglich des Sozialverhaltens zum Menschen, der Kommunikation und der Bereitschaft, sich vom Menschen auch beeinflussen und ausbilden zu lassen, aber auch im Verhalten mit Spielzeugen, eine deutliche genetische Komponente auffindbar.** Erregbarkeit und die Ausbildungs- und Kooperationsbereitschaft sind auch durch die Rassegeschichte wenigstens teilweise erklärlich. Betrachtet man die im Gehirn besonders stark umgesetzten Gene, so beziehen sich diese wiederum auf die Kooperations- und Erziehungsbereitschaft mit dem Menschen, sowie die Suche nach Nähe (die wir auch als Bindungsbereitschaft im McLean Datensatz gesehen haben), und ein Teil der Erregbarkeit und der Kommunikation mit dem Menschen (vergleiche Gnanadesikan's Arbeiten) sind ebenfalls durch Unterschiede in der Genumsetzung erklärbar. Hütehunde sind insgesamt stärker auf Spielzeug orientiert, z. B. kooperations- und trainierbereiter, die Schoßhunde sind unabhängiger, weniger gesellig mit Hunden, Sporthunde sind mehr an Spielzeug orientiert, Arbeitshunde mehr sozial gegenüber anderen Hunden eingestellt. Hunde mit Wachhundgeschichte korrelieren negativ mit Geselligkeit zum Menschen, nicht weiter erstaunlich.

Kleinhunde sind oft gegenüber anderen Hunden weniger gesellig.

STUDIE: CHARAKTEREIGENSCHAFTEN

Kathleen Morill hat eine große Zahl von Mischlingen, und Hunden ohne deutliche Rassezugehörigkeit in ihrem Verhalten analysiert. Auch hier sind wiederum nur 6 – 12 % der Variation durch genetische Effekte der Ausgangsrassen auf die Verhaltensdispositionen der Mischlinge bzw. unbestimmten Hunde erkennbar, während auch hierbei körperliche Merkmale von 8 – 32 % der Variation aus der Genetik erklärbar sind. Betrachtet man die Funktion der Genunterschiede genauer, so sind Genvarianten, die das Verhalten gegenüber Spielzeug beeinflussen, vorwiegend im Hippocampus und in den Basalganglien, z. B. des Streifenkörpers zu finden. Gene, die mit Vorsicht bzw. Abneigung gegen neue Situationen korrelieren, finden wir vorwiegend im Hypothalamus, also im Boden des Zwischenhirns.

Für Furcht, aber auch Aggressionsbereitschaft, ist die Rasse praktisch als Vorhersage ungeeignet.

Ohne Betrachtung des molekulargenetischen Hintergrundes, rein mit Erblichkeitsangaben z. B. aus Verhaltensüberprüfungen von Zuchtverbänden etc., hat ein Team rund um Lenka Hradecka für fünf Verhaltenseigenschaften (Umweltbezogenheit, Hüteverhalten, Jagdverhalten, Spiel und „psychologische Charakteristika") eine Sammelkategorie aus Temperament, Trainierbarkeit, Trennungs-

HERITABILITÄT

Kategorie	Heritabilität	Untere Grenze	Obere Grenze	z-Wert	p-Wert	Heritabilitäts-Koeffizient	Gesamtwert
Umwelt	0,154	0,141	0,166	23,831	0,000	119	197,258
Hüten	0,099	0,067	0,132	5,993	0,000	99	26,175
Jagen	0,154	0,141	0,166	23,831	0,000	247	521,741
Spielen	0,093	0,057	0,130	4,961	0,000	2	2,811
Charaktereigenschaft	0,123	0,114	0,132	26,762	0,000	1232	1890,613

Erblichkeitswerte verschiedener Verhaltenskomplexe bei Hunderassen im Durchschnitt (aus Hradecka et al., 2015). Erblichkeit bedeutet, wieviel Prozent der Variation eines Merkmals von Vorfahren her erklärbar ist.

UMWELT

Rassegruppe	Heritabilität	Untere Grenze	Obere Grenze	z-Wert	p-Wert	Gesamtwert
Dacksbracke	0,910	0,863	0,941	13,398	0,000	489
Labrador (diallele Kreuzung)	0,421	0,376	0,464	16,379	0,000	2856
Flat-Coated Retriever	0,370	0,174	0,538	3,575	0,000	1159
Deutscher Schäferhund	0,211	0,171	0,251	10,156	0,000	80947
Hovawart	0,075	0,036	0,113	3,815	0,000	52550
Labrador Retriever	0,434	0,357	0,505	9,979	0,000	6186
Rottweiler	0,129	0,056	0,197	3,609	0,000	36900
Unbekannt	0,228	0,143	0,309	5,184	0,000	6408
Gesamt	**0,141**	**0,129**	**0,153**	**22,020**	**0,000**	**187495**

Erblichkeitswerte verschiedener umweltbezogener Verhaltensweisen nach Hradecka et al., 2015.

JAGDVERHALTEN

Rassegruppe	Heritabilität	Untere Grenze	Obere Grenze	z-Wert	p-Wert	Gesamtwert
Belgischer Schäferhund	0,135	0,102	0,168	7,970	0,000	9726
Brandlbracke	0,245	0,131	0,352	4,146	0,000	282
Epagneul Breton	0,148	0,085	0,210	4,569	0,000	1055
Dachsbracke	0,207	0,075	0,332	3,058	0,000	215
Tiroler Dachsbracke	0,106	0,051	0,159	3,801	0,000	2824
Dackel	0,227	0,039	0,399	2,355	0,000	8778
Kreuzung etc.	0,080	-0,116	0,270	0,798	0,000	102
English Setter	0,193	0,119	0,265	5,044	0,000	672
Finnischer Laufhund	0,079	0,062	0,095	9,470	0,000	140826
Finnenspitz	0,091	0,061	0,122	5,811	0,000	37923
Flat-Coated Retriever	0,247	0,169	0,322	6,042	0,000	8113
Deutscher Schäferhund	0,155	0,132	0,178	13,025	0,000	172575
Deutsch Kurzhaar	0,258	0,190	0,323	7,244	0,000	2048
Deutsch Langhaar	0,174	0,130	0,218	7,566	0,000	1934
Golden Retriever	0,189	0,129	0,247	6,140	0,000	1300
Griffon	0,216	0,125	0,304	4,571	0,000	450
Hovawart	0,108	0,084	0,131	8,792	0,000	14993
Labrador Retriever	0,238	0,132	0,388	4,342	0,000	21394
Großer Münsterländer	0,379	0,119	0,590	2,800	0,000	516
Pudelpointer	0,163	0,094	0,230	4,596	0,000	864
Rottweiler	0,108	0,085	0,131	9,266	0,000	22945
Tiroler Bracke	0,372	0,150	0,559	3,188	0,000	155
Unbekannt	0,156	0,028	0,279	2,376	0,000	3204
Gesamt	**0,121**	**0,112**	**0,129**	**27,801**	**0,000**	**452894**

Erblichkeitswerte der Elemente des Jagdverhaltens nach Hradecka et al., 2015.

CHARAKTEREIGENSCHAFTEN

Rassegruppe	Heritabilität	Untere Grenze	Obere Grenze	z-Wert	p-Wert	Gesamtwert
Belgischer Schäferhund	0,130	0,016	0,242	2,223	0,026	9718
Brandlbracke	0,157	0,031	0,278	2,444	0,015	1056
Dachsbracke	0,312	0,072	0,518	2,526	0,012	321
Tiroler Dachsbracke	0,158	-0,005	0,312	1,900	0,057	1801
Dackel	0,101	-0,123	0,315	0,881	0,378	2926
English Cocker Spaniel	0,327	-0,028	0,609	1,811	0,070	51
English Setter	0,135	-0,104	0,360	1,107	0,268	448
Finnischer Laufhund	0,020	-0,121	0,160	0,277	0,781	15687
Flat-Coated Retriever	0,490	0,300	0,642	4,648	0,000	2318
Deutscher Schäferhund	0,117	0,100	0,133	13,466	0,000	618728
Deutsch Kurzhaar	0,204	0,095	0,307	3,634	0,000	1711
Deutsch Langhaar	0,194	0,084	0,299	3,427	0,001	1494
Golden Retriever	0,198	0,179	0,218	19,686	0,000	341895
Griffon	0,136	-0,138	0,390	0,971	0,331	150
Hovawart	0,068	-0,013	0,147	1,654	0,098	24387
Labrador Retriever	0,070	0,056	0,084	9,540	0,000	792407
Großer Münsterländer	0,235	-0,030	0,469	1,744	0,081	172
Pudelpointer	0,070	-0,179	0,310	0,548	0,584	288
Rottweiler	0,092	-0,073	0,253	1,093	0,274	15205
Steirische Rauhaarbracke	0,644	0,299	0,840	3,284	0,001	38
Unbekannt	0,146	0,040	0,249	2,697	0,007	9612
Gesamt	**0,153**	**0,111**	**0,195**	**7,014**	**0,000**	**1840413**

Erblichkeit von sogenannten Charaktereigenschaften (z. B. Nervosität, Energie, Ausgeglichenheit) nach Hradecka et al., 2015.

furcht, Furcht allgemein, Neugier und anderen Eigenschaften bestimmt (Hradecka et al., 2015). Die Erblichkeiten innerhalb der Rassen sind sehr gering, die Tabellen zeigen auch für individuelle Rassen einschlägige Werte.

VERGLEICH: ALLTAGSVERHALTEN

Eine schwedische Gruppe um Eken Asp (2015) untersuchte auch ohne molekulare, nur durch Verhaltensvergleiche das sog. Alltagsverhalten verschiedener Hunderassen, auch im Vergleich von Arbeits- gegenüber Nichtarbeitsrassen. Rasse, Rassegruppen, Alter und Job beeinflussen das Alltagsverhalten, und Arbeitsrassen waren z. B. im Durchschnitt ca. 10 % trainierbarer, hatten ca. 30 % mehr Interesse an Spiel mit Menschen und waren 10 – 60 % weniger furchtsam. Hunde, die gern mit Menschen spielten, waren auch trainierbarer, geselliger, weniger furchtsam und weniger aggressiv (siehe aber auch Zapatas Befunde über die Unabhängigkeit von Geselligkeit versus Aggressionsbereitschaft, S. 51 f.).
Vergleichbare Ergebnisse fand eine Untersuchung aus der Gruppe von Daniel Mills in Lincoln (Fadel et al., 2016): Dort wurde die Persönlichkeitseigenschaft der Impulsivität zwischen Arbeits- und Showlinien von Border Collie und Labrador Retriever verglichen. Die Showlinien beider Rassen unterschieden sich nicht, die Arbeitslinien sehr wohl.

KOGNITIVE EIGENSCHAFTEN

Lindsay Mehrkam und Clive Wynne (2014) haben ebenfalls Rasseunterschiede im Verhalten bzw. in Persönlichkeitseigenschaften von Hunden in einer groß angelegten Literaturvergleichsstudie analysiert. Hier wurden vorwiegend kognitive Eigenschaften der Hunderassen mit in die Analyse einbezogen. Temperament und Persönlichkeit wurden sehr viel häufiger als Zielrichtungen einschlägiger Studien herangezogen, wohingegen z. B. Aufmerksamkeit und Problemlösefähigkeiten nur selten als Hauptinhalt der einschlägigen Untersuchungen gelten können.

Kognition kann sehr wohl als Nebeneffekt einer Reihe von anderen Tests, sei es Impulsivität, Aggressionsbereitschaft etc., einen Einfluss haben.

Die Furcht vor einem möglichen Versuchsapparat, oder allgemein vor einer unbekannten Testsituation, kann sehr wohl Einflüsse auf kognitive Leistungen von Hunden haben. Auch ob ein Hund eher bereit ist, zu resignieren oder in der Resignation trotzdem aktiv bleibt, zeigen Mehrkamp und Wynne als wichtigen Einflussfaktor. Spaniels, so ihre Literaturübersicht, legen sich z. B. oftmals ab, wenn sie mit einer Versuchsapparatur nicht weiterkommen. Basenji's dagegen laufen hin und her und finden dadurch möglicherweise zufällig Problemlösungen. Letztlich sind wenige Rassen, überwiegend Labrador Retriever, Golden Retriever und Deutsche Schäferhunde, total überrepräsentiert in einschlägigen Kognitionsstudien, weil sie z. B. Eignungstests für bestimmte Dienst- oder Arbeitshundetätigkeiten absolvieren müssen. Viele andere Rassen dagegen tauchen in den einschlägigen Untersuchungen nahezu überhaupt nicht auf. Letztlich zeigen Mehrkamp und Wynne auch, dass oftmals die Futtermotivation (die ja sehr wohl rassetypisch unterschiedlich ist) einen wesentlichen Einfluss auf das Ergebnis von Kognitionsversuchen hat. Gerade im Bereich der Kommunikation mit dem Menschen, und das deckt sich mit den vorher referierten molekulargenetischen Befunden sehr gut, sind Rasseunterschiede sogar eher geringer als z. B. in der Lösung von Versuchsapparaturen und ähnlichen, eher umweltbezogenen Testsituationen.

KÖRPERBAU VS. VERHALTEN

Studien, die körperbauliche Unterschiede bei verschiedenen Hunderassen mit Verhaltenseigenschaften in Beziehung gesetzt haben, gibt es bereits seit längerer Zeit. Holly Stone et al., in Anwendung des schwedischen Hundeverhaltenstests SDMA, versucht ebenfalls, Zusammenhänge in dieser Testsituation mit verschiedenen körperbaulichen Merkmalen von Hunderassen zu verbinden. Björn Forkmann, einer der Co-Autoren der Studie, war und ist an der Durchführung und Weiterentwicklung des SDMA-Tests maßgeblich beteiligt. Die statistischen Zusammenhänge sind durchaus bemerkenswert, denn es geht keineswegs nur, wie in früheren Arbeiten, um große und kleine Hunde. Auch die Körperlänge und das Körpergewicht wurden mit einbezogen, ebenfalls der Schädelindex, also der Bezug zwischen Schädelbreite und Schädellänge.

- Kürzere Hunde reagieren häufiger defensiv-aggressiv, Hunde mit größerer Körperhöhe sind in der Begrüßung des Menschen extrovertierter, kooperativer und verspielter.
- Schwere Hunde (im Sinne von Normalgewicht) sind erkundungsbereiter und aufmerksamer bei der Konfrontation mit den Geistern im Wald. Leichtere Hunde sind vorsichtiger bei fremden Gegenständen und furchtsamer bei Schuss und metallischem Lärm (umfallende Büchsen).

SDMA-TEST

Der SDMA-Test aus Schweden ist eine langwierige Testsituation mit insgesamt zehn weitestgehend standardisierten Testabläufen, von der Begegnung mit Gespenstern im Wald bis zum Versuch des Testenden, den Hund mit einem Spielzeug zu motivieren.

Einen Teil der möglichen Erklärungen für diese Unterschiede haben die vorangegangenen Arbeiten, z. B. über die unterschiedliche Entwicklungsgeschwindigkeit verschiedener Gehirnabschnitte von Erin Hecht et al., bereits geliefert (siehe S. 39 ff.).

CRANIAL INDEX

Anders Pilegaard et al. (2017) beziehen insbesondere den Schädeltyp (Längen- zu Breitenverhältnis) und das Gehirnvolumen zueinander. Hauptansatzpunkt der Studie ist, Basisdaten für die Bewertung von neurologischen Abweichungen und pathologischen Verhältnissen im Magnetresonanzbild von Hundegehirnen zu finden. Gerade die Aufklärung von *Hydrocephalus* (sogenannter Wasserkopf), also Vergrößerung der Hohlräume im Gehirn (sogenannte Ventrikel), steht im Zentrum der Arbeit. In beiden Fällen wird nämlich die Hirnrinde dünner, die Hohlräume werden größer und auch bei kaninen Kognitionsstörungen (CCD = canine cognitive dysfunction, beispielsweise bei alzheimerartigen Demenzerscheinungen) sind die gleichen anatomischen Veränderungen zu sehen. Die MRI-Daten von 63 Hunden im Alter von weniger als 6 Jahren wurden verglichen, der Cranial Index (die Breiten- zu Längen-Verhältnisse) und die Volumenbestimmung durch das MRI wurden unter anderem in Bezug gesetzt. Es gab ein negatives Verhältnis zwischen dem Cranial Index und den Volumenverhältnissen zwischen Gehirnrindendicke und Ventrikelgröße. **Hunde mit einem hohen Cranial Index, also einem verbreiterten und verkürzten Schädel, hatten ein geringeres Verhältnis an Gehirnrindendicke zu Ventrikelvolumen.** Ebenfalls aus der Gruppe von Paul McGreevy in Sydney entstand eine Arbeit unter Federführung von Dana Georgewsky, die die Diversität im Schädelbau der Hunde zwischen Rassen, Rassengruppen und den genetischen Gruppierungen verglich (Georgewsky et al., 2014).

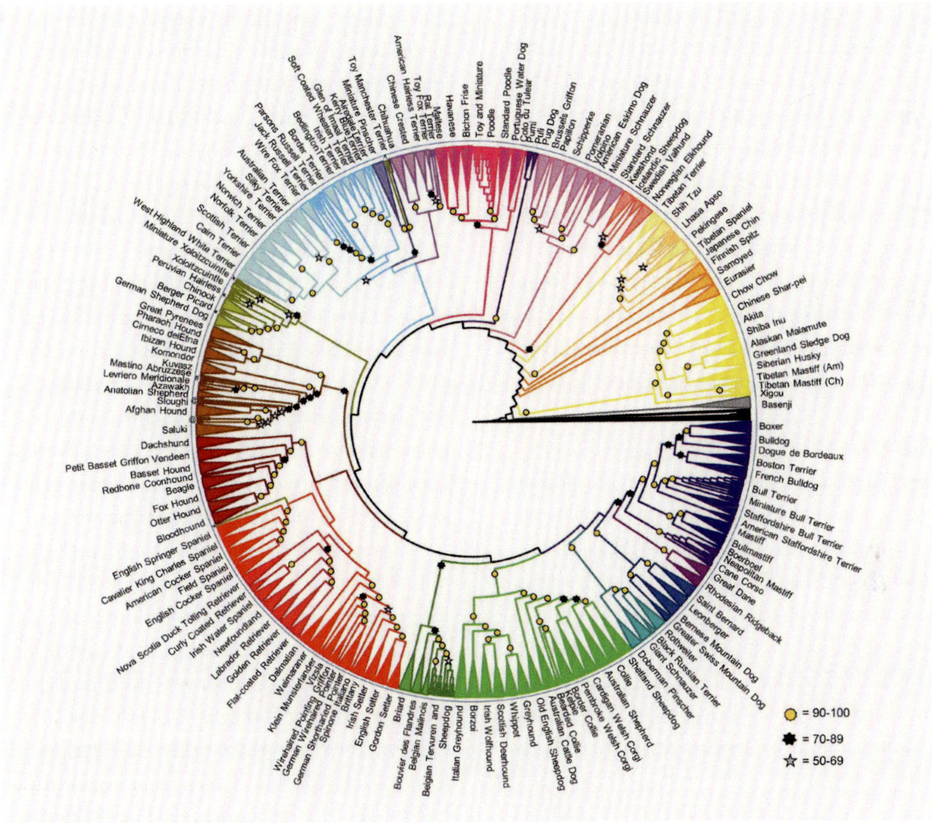

Molekulare Verwandtscchaft von ca. 160 Hunderassen nach Parker et al. (2017). Näheres siehe Gansloßer et al., 2021.

Die Veränderungen im Cranial Index korrelieren nur teilweise mit dem DNA-Stammbaum, aber auch nicht oder kaum mit den Rassengruppierungen des australischen oder des internationalen Dachverbands FCI. Die gängigen drei Schädelkategorien, nämlich die **Dolichocephalen** (langschnauzigen), die **Mesocephalen** (normalschädeligen) und die **Brachycephalen** (kurzschnauzigen) reichen nach Dana Georgewskys Studien nicht aus, um die Vielzahl verschiedener Schädelveränderungen in der Rassehundezucht aufzuzeigen.

Langschnauzige Rassen

Bemerkenswert ist z. B. auch, dass Nasen- und Sichtjägerhunderassen sich sehr stark ähneln, im Gegensatz zur allgemeinen Vermutung, dass doch Nasenhunde besonders lange und gut ausgebildete Schnauzen bräuchten, und Sichtjäger gegebenenfalls andere anatomische Verhältnisse im Sehapparat haben. Dass die Veränderungen in der Schädelgestalt in mehreren Linien des genetischen Hundestammbaums unabhängig voneinander entstanden, lässt sich zwar bei Betrachtung z. B. der Parker'schen Sonnenuhr immer wieder zeigen, ist aber trotzdem bemerkenswert, da es sich offensichtlich hier doch um ein von Menschen sehr häufig gewähltes Selektionskriterium handelt.
Die genetische Variation innerhalb der Cluster aus molekulargenetischer Gruppierung ist daher größer als z. B. innerhalb der FCI oder der australischen Dachverbandsgruppierungen. Am größten ist die Variabilität der

Schädelgestalt innerhalb der Gruppen der Schoß- und Gesellschaftshunde und der nicht Sport treibenden Hunderassen. Die Variation in der Schädelgestalt ist Folge einer ganzen Reihe von Entwicklungsgenen. Herausragend dabei ist jedoch ein als knochenmorphogenetisches Protein Nummer 3 bezeichneter Wachstumsfaktor, dessen unterschiedliche Konzentration und die Ausschüttung zu unterschiedlichen Zeiten der Embryonal- und Jugendentwicklung die Schädelgestalt erheblich beeinflusst.

Kurzschnauzige Rassen

Speziell mit Gehirnveränderungen, aber auch Verhaltenskorrelaten von kurz- und breitschnauzigen (brachycephalen) Rassen beschäftigen sich Molly Selva und ihr Team an zwei amerikanischen Universitäten und Dorottya Uyfalussy aus Budapest (Selva et al., 2020; Uyfalussy et al., 2023). Wie die Selektion auf einen kurzen Gesichtsschädel die Neuroanatomie beeinflusst, hat Molly Selva durch sogenannte digitale Gehirnausgüsse, also von außen durch bildgebende Verfahren hergestellte dreidimensionale Gehirnabbildungen bestimmt. Es handelte sich auch hier wieder um CT-Aufnahmen, die aus anderen Gründen für neurologische Untersuchungen in den Veterinärkliniken angefertigt wurden. Insgesamt 31 verschiedene anatomische Merkmale, die Furchen, Rinnen und andere neuroanatomische Landmarken charakterisieren, wurden erfasst. Die Neuroanatomie hat sich durch die Verkürzung, also in Korrelation mit dem Breiten- zu Längen-Index des Schädels, erheblich verändert. Viele Veränderungen sind auf die Anatomie des Riechsystems bzw. Riechhirns zurückzuführen, aber auch eine Verbreiterung des Gehirns, vor allem im vorderen Teil, und eine Veränderung der für Körpersensorik zuständigen Gehirnregionen wurde erkannt. Nur wenige dieser Veränderungen sind allometrisch, also durch Größenveränderungen des Gesamthundes zu erklären. Kurzschnauzige Hunde haben ein anderes, nämlich ungünstigeres Oberflächen- zu Volumenverhältnis, das heißt, sie haben insgesamt weniger Platz für Nervenzellen und graue Substanz (siehe dazu aber S. 77 f.).

Selva et al. (2020) betonen aber, dass es insgesamt relativ wenig deutliche Zusammenhänge zwischen den Veränderungen der Neuroanatomie und den Verhaltenseigenschaften der betreffenden Rassen gäbe. Als Erklärung bieten sie vor allem die neuronale Plastizität, also die Fähigkeit eines Gehirns, sich immer wieder nicht nur auf neue Aufgaben, sondern auch neue Verschaltungen und neue Zusammenhänge einzustellen. In diesem Zusammenhang ist erneut zu vermerken, dass brachyzephale, kurzschnauzige Rassen in vielen Entwicklungsprozessen auf einem früheren Jugendstadium stehenbleiben als die Normalschnauzigen und Langschnauzigen. Dieses frühe Entwicklungsstadium ist gegebenenfalls eine Voraussetzung

Hütehunde wie der Australian Shepherd sind auf die Kooperation mit Menschen selektiert.

für besonders gute neuronale Plastizität und Veränderbarkeit. Eine Fortsetzung dieser Studien ist wünschenswert.
Demgegenüber zeigen Uyfalussy et al. beim Vergleich von zwei kurzschnauzigen Rassen (Englische und Französische Bulldogge) mit einer normalschnauzigen Rasse (Mudi) deutliche Unterschiede in der Problemlösefähigkeit (Uyfalussy et al., 2023). Die Untersuchung bestand darin, ein Stück Wiener Würstchen in eine Box mit einem Deckel zu legen, der Hund sieht dabei zu, und darf dann die Box öffnen. Die Erfolgsquote, die Latenz (= Dauer, bis er sich der Apparatur nähert) und die Orientierung zum Menschen während des Tests wurden gemessen und verglichen. Die Mudis waren insgesamt erfolgreicher, gingen schneller an die Apparatur heran und suchten weniger Menschenkontakt als die beiden kurzschnauzigen Rassen. Eine mögliche Erklärung ist auch hier wieder die Infantilisierung, also die früher stattfindende Entwicklungsbremse bei den kurzschnauzigen Rassen. Dorottya Uyfalussy und ihr Team diskutieren jedoch auch andere anatomische Gründe, z. B. dass die kurzschnauzigen Rassen durch ihre kürzeren Beine weniger gut geeignet wären, die Box zu öffnen, oder dass sie durch den weiter nach vorne, in Richtung Schultergürtel, verlagerten Schwerpunkt größere Schwierigkeiten haben, mit ihren Pfoten andere Dinge als nur Stehen zu vollführen.
Trotzdem ist letztlich zu erkennen, dass gerade die Wahrnehmungssysteme, die Leitungssysteme innerhalb des Nervensystems und die Verschaltung der Sinneseindrücke und Sinnesorgane miteinander von großer Bedeutung für Rasseunterschiede und andere Verhaltenseigenschaften sind. Gerade die Studien der Teams von Hecht, Dutrow und McLean zeigen hier deutlich, dass Wahrnehmungsvorgänge und neuronale Verarbeitung oftmals wichtiger für die Rasseunterschiede in Verhaltenseigenschaften sind als z. B. Körperbau oder auch die rein genetisch-stammesgeschichtliche Verwandtschaft. All das müssen wir also im Blick behalten, wenn wir uns in den kommenden Kapiteln über die faszinierenden Sinnesleistungen, deren Verarbeitung, und die Wahrnehmungs- und Kognitionsvorgänge im Gehirn der Hunde allgemein unterhalten.
Eine Vermutung aber könnte auch für die Praxis abgeleitet werden: Wenn die Haushundwerdung und die Rasseaufspaltung mehr an regulatorischen, weniger an Strukturgenen stattgefunden hat, sollte es durch Sozialisation und Erziehung auch typgerecht möglich sein, unerwünschte und unpassende Eigenschaften besser zu bearbeiten, als wenn dies tatsächlich an Stukturunterschieden hinge. Lediglich die von Erin Hechts Untersuchungen gefundenen Verschiebungen der Bedeutung von Hirnhinter- versus Vorderregion bei kleinen und größeren Rassen könnte da eine Herausforderung sein. Aber auch hier sollten wir der Neuroplastizität eine Chance geben!

ZUSAMMENFASSUNG RASSE- UND VERHALTENSUNTERSCHIEDE

So unterschiedlich und bisweilen kompliziert und schwer verständlich die Detailbefunde in der Genetik und Neurochemie sein mögen, sie lehren uns doch Folgendes: mit verantworlich sind

1. das Zusammenwirken von Erblichkeiten verschiedenster, auch sehr spezieller Merkmale, mit epigenetischen, also lebenslangen Veränderungen an der Umsetzung des Erbguts für die Rasse- und sonstigen Unterschiede.
2. für die Verhaltensunterschiede vorwiegend Regulationsgene, also Gene, die die Konzentration von Botenstoffen und deren Rezeptoren, oder den Feinbau der Rezeptoren steuern.

Aus der Forschung (von Kristin Strauß)

FELLFARBE WEISS UND DAMIT VERBUNDENE GESUNDHEITLICHE RISIKEN

Durch den Domestikationsprozess sind unsere Haushunde nicht nur zahmer im Vergleich zu ihrer Wildform geworden, sondern auch optisch hat sich einiges bei ihnen verändert. Wie sich bereits im Rahmen der Silberfuchsstudie aus den 1950ern, unter der Leitung von Dmitri Beljajew, zeigte, waren die Füchse nach wenigen Generationen gezielter Zucht nicht nur zahmer geworden, sondern haben ähnliche phänotypische Merkmale entwickelt wie unsere Haushunde. Auch sie hatten Ringelruten, geschecktes Fell oder Hängeohren. Doch nicht alle optischen Veränderungen sind zum Vorteil unserer Hunde. So finden sich eine ganze Reihe problematischer Entwicklungen, die durch die Zucht weiter gefördert wurden und heute der Grund sind, warum es explizite Gesetze zum Schutz der Gesundheit der Hunde geben muss (Qualzucht). Eines dieser Merkmale ist die „Fellfarbe Weiß". Um zu verstehen, warum diese Farbe mit gesundheitlichen Risiken wie Taub- und/oder Blindheit einhergeht, müssen wir auf die Zellebene schauen.
Für die Färbung von Tieren sind verschiedene Genorte, die auch als Loki (Einzahl Lokus) bezeichnet werden, verantwortlich. Das Zusammenwirken dieser Loki bestimmt, wie ein Tier gefärbt ist. Daher ist „weiß" auch nicht gleich „weiß".

SCHECKUNGSLOKUS ODER MERLE-LOKUS

Im Rahmen der Entwicklung einer sensorineuralen Taubheit (eine durch die Schädigung des Innenohrs oder des Hörnervs bedingte Taubheit) oder Blindheit sind die Rassen betroffen, deren weiße Färbung auf dem Scheckungslokus oder dem Merle-Lokus beruht (Sommerfeld-Stur, 2016; Strain 2011, 2015). Betroffen können hiervon über 90 Rassen sein (Strain, 2011).
Auf zellulärer Ebene müssen wir zwei Zellarten betrachten: die Melanozyten und die Keratinozyten. Erstere beinhalten Melanosomen, die Melanin produzieren. Dieses Melanin wird an die Keratinozyten abgegeben, die dann Haare produzieren und das Melanin darin einlagern. Bei einer Weißfärbung, die auf dem **Scheckungslokus** beruht, werden die Melanozyten nicht gleichmäßig auf der Haut verteilt, sodass einige Stellen keine Melanozyten aufweisen. Diese Stellen sind dann weiß gefärbt. **Betroffen ist hierbei aber nicht nur die Fellfarbe, sondern auch die Hautzellen des Innenohrs oder der Netzhaut. Hier spielen die Melanozyten aber eine entscheidende Rolle bei der Reizweiterleitung. Fehlen diese, können die Informationen von Reizen nicht weitergeleitet werden.**
Beruht die Weißfärbung auf dem **Merle-Lokus,** so sind zwar Melanozyten vorhanden, diese sind aber instabil und sterben ab. Auch hier gilt: keine Reizweiterleitung ohne Melanozyten (Sommerfeld-Stur, 2016).

TAUB- UND/ODER BLINDHEIT

Das Fehlen der Melanozyten kann zu einer Innenohrtaubheit (*Cochleo-saccular* oder Typ Scheibe) führen, denn hierdurch degeneriert die *Stria vascularis* (Gefäßstreifen) in der Schnecke (*Cochlea*) des Innenohrs (Strain, 2015). Die *Stria vascularis* ist unter anderem für die Aufrechterhaltung eines elektrischen Potenzials zuständig, sodass im Corti-Organ mechanische Schwingungen (Schallwellen) in Nervensignale umgewandelt werden können. Kurzum: Ohne das elektrische Potenzial können Schallwellen nicht in

Nicht das Fleckmuster allgemein, aber beispielsweise die „Farbe" der Ohr- oder Augenregion können Sinnesleistungen beeinflussen.

elektrische Signale umgewandelt werden – der betroffene Hund ist also taub.

Komplexer wird die Ursachenforschung bei einer möglichen Blindheit durch die Fellfärbung. Bei einer Merle x Merle-Verpaarung (auch Doppel-Merle genannt, die gesetzlich verboten ist!) oder auch bei Merle-Trägern kommt es zu angeborenen Augenanomalien, die zur Blindheit führen können. Hierbei ist das Risiko für Anomalien der Augen bei Doppel-Merles höher als bei einfachen Merle-Trägern. Betroffen können hierbei der Augapfel (verkleinerte Größe oder völliges Fehlen), die Hornhaut (Mikrokornea), die Iris (Kolobom, Hypoplasie), die Größe, Form, Position oder Reaktion der Pupille (sternförmige oder verformte Pupille, Dyskorie, Korektopie), die Pupillenmembran (Persistenz), die Linse (Katarakt, Mikrophakie, Luxation), die Sklera (Kolobom, Staphylom), die Netzhaut (Ablösung, Dysplasie) oder der Sehnerv sein (Savel & Sombé, 2020).

Besonders im Hinblick auf die Fellfarbe und die damit verbundenen gesundheitlichen Risiken (besonders bei Merle-Trägern) oder die zum Erfüllen des Rassestandards billigend inkauf genommenen sensorischen Einschränkungen (bei Merle- und Scheckungslokus), bleibt für die Zukunft zu hoffen, dass mehr Verantwortungsgefühl und Aufklärung dazu beitragen, die Hundezucht generell wieder auf einen (für unsere Hunde) gesünderen Weg zu bringen.

ÜBER DIE AUTORIN

Kristin Strauß hat Biologie an der Justus-Liebig Universität in Gießen studiert und hiernach mit ihrer Promotion über die Persönlichkeitsentwicklung von Welpen- und Junghunden begonnen. Seit 2019 ist sie in der Mammalia AG als Referentin für Vorträge und Seminare rund um das Thema Hund tätig und hat sich 2022 als Hundetrainerin selbstständig gemacht.

GROSSER GEIST IN KLEINEM HIRN?

Das Märchen vom hundlichen Schrumpfgehirn, also von einer deutlich erkennbaren Reduktion der Gehirngröße gegenüber der Ausgangsart Wolf, zieht sich seit jeher durch die Betrachtung der hundlichen Fähigkeiten. Letztlich hat beispielsweise auch Konrad Lorenz, vergleichender Anatom, der er ursprünglich gewesen war, seine These von der teilweisen Goldschakal-Abstammung des Haushundes aufgegeben, nachdem er mit Befunden aus der Hirnanatomie konfrontiert wurde. Untersuchungen im Kieler Institut für Haustierkunde hatten nämlich gezeigt, dass die Gehirne von Haushunden deutlich größer waren als die von Goldschakalen.

ENZEPHALISATIONS-QUOTIENT (EQ)

Wichtig ist dabei jedoch, dass wir hier immer über vergleichbare Zahlen reden. Es ist wohl klar, dass ein Elefant ein größeres Gehirn braucht als eine Zwergziege. Die wichtige Maßeinheit dafür ist der sogenannte Enzephalisationsquotient, den z. B. Harry Jerison (1973) in seinem Buch ausführlich erläutert. Man berechnet einen Wert, bei dem man Hirngewicht und Körpergewicht der betreffenden Tierart validiert. Tut man das für alle bekannten Tierarten, am besten bleibt man dabei allerdings innerhalb einer Großgruppe wie etwa den Säugetieren, dann

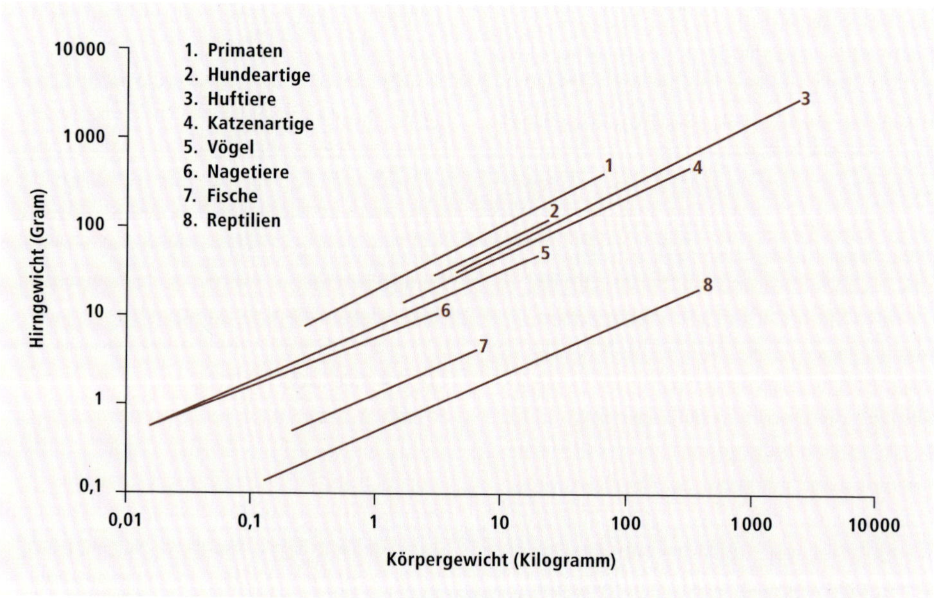

Auftragung der Hirngewichte gegen Körpergewichte von acht Gruppen der Wirbeltiere (nach Jerison, 1973). Hundeartige sind nach den Primaten (Halbaffen, Affen, Menschenaffen) mit dem relativ schwersten Gehirn ausgestattet.

ergibt sich hierbei eine Gerade. Diese Gerade, die angibt, bei welcher Körpergröße welche Hirngröße eines Säugetiers zu erwarten wären, ist sozusagen die Grundlinie. Jedes einzelne Tier bzw. jede Tierart, die man hinterher studiert, wird auf diese Linie gebracht bzw. der Wert der Encephalisationskoeffizienten wird mit dieser Geraden verglichen. Tierarten, bei denen der errechnete Wert oberhalb der Geraden liegt, gelten als im Gehirnbereich evolutiv höher entwickelt, Tierarten mit einem Wert unterhalb dieser Geraden würden als eher geistig minderbemittelt gelten. Im Laufe der vergleichenden Studien ergab sich, dass die Linie von Hirngewicht gegen Körpergewicht nicht in einer Eins-zu-Eins Steigung, also doppelt so viel Hirn bei doppelt so viel Körpergröße, sondern in einer etwas flacheren Linie ansteigt. Dies liegt daran, dass auch kleine Körper eine bestimmte Zahl an Hardwarekapazität, also an Rechnerleistung im Gehirn brauchen, weil Organfunktionen, Muskulatur und andere Körperfunktionen auch bei kleinen Körpern funktionieren müssen. Der errechnete Wert, also um wie viel das Hirngewicht einer konkret gemessenen Art über dieser errechneten Geraden (siehe Abb. S. 76) liegt, wird als das relative Hirngewicht bezeichnet.

GEHIRNGRÖSSE UND GEHIRNGEWICHT

Mit diesen Kenntnissen ausgestattet, betrachten wir nun die neuere Literatur über das Gehirn unserer Hunde und ihrer Verwandten. Die nicht nur für Hunde, sondern für viele andere Haustierarten ebenfalls interessante Frage der Veränderung von Hirngröße und Hirngewicht im Laufe der Haustierwerdung wurde von einem Züricher Autorenteam aus Paläontologie und Tiermedizin durch ausführliche Literaturanalyse betrachtet (Balcarcel et al., 2021). Die Autoren stellen zunächst fest, dass eine heute lebende Art in der Regel nicht der Vorfahr, sondern bestenfalls der nächste Verwandte der Vorfahren eines Haustiers ist. Auch Vergleiche zwischen Hund und heutigem Wolf sind unter dieser Prämisse immer nur als Modellvorstellungen und nicht als konkrete stammesgeschichtliche Ableitung zu betrachten.

DOMESTIZIERTES TIER VERSUS WILDTIER

Wichtig für die Vergleiche ist auch, auf welchem Stadium der Domestikation die genannten Untersuchungen stattfinden, mit welchen Methoden und auf welcher Datenbasis. Die Literaturübersicht des genannten Teams findet, dass beim Haushund das Hirngewicht tatsächlich fast 29 % geringer ist als bei einem vergleichbaren Wolf. Dies ist wesentlich höher als beispielsweise bei der Katze, die nur ca. 24 % Gehirnreduktion gegenüber einer vergleichbaren Wildkatze hat, oder gar dem Farmnerz, dessen Gehirnreduktion nicht einmal 20 % gegenüber der wildlebenden Ausgangsform beträgt. Nur das Frettchen mit 29,4 % erreicht noch höhere Werte. Die Arbeiten, die von Balcarcel et al. betrachtet wurden, erwähnen aber nur das Gesamtgehirngewicht. Die Veränderungen im Bereich einzelner Gehirnabschnitte werden nicht ausführlich errechnet. Gerade der Mandelkern, den wir im Zusammenhang mit der Emotionalität später noch kennenlernen werden, ist bekanntermaßen bei Haustieren oft wesentlich kleiner als bei ihren wilden Stammformen.

ZAHL AN NERVENZELLEN

Auf einer sozusagen tieferen anatomischen Ebene, nämlich im Zusammenhang mit der Zahl an Nervenzellen, wurde im Jahr 2017 von einem großen Team unter Debora Jardim-Messeder eine mehr feingewebliche Vergleichsuntersuchung gestartet. Hier zeigt sich, dass Hunde, und zwar ausdrücklich auch Haushunde, mehr Nervenzellen im Bereich der Großhirnrinde haben, auch wenn ihr Gehirn nicht so groß ist wie z. B. das von Wildkaniden. Wohingegen das Gesamtgehirngewicht und die Größenverhältnisse anderer Gehirnteile durchaus der genannten, seit Jerison bekannten Größenabhängigkeit folgt, ist die Neuronenzahl im Bereich der Großhirnrinde beim Haushund etwa so hoch wie beim wesentlich größeren Löwen (ca. 500 Millionen). Ein in der Arbeit untersuchter Golden Retriever hatte sogar 627 Millionen Nervenzellen in der Großhirnrinde. Den Negativrekord sozusagen hält ein Braunbär mit nur 251 Millionen. Neben dem Haushund, ist der Waschbär die zweite Art mit einer besonders hohen Zahl von Neuronen in der Großhirnrinde. Andere Gehirnabschnitte, z. B. das Kleinhirn, folgen dagegen (außer beim Waschbären) bei allen untersuchten Carnivorenarten der errechneten Größenabhängigkeit. Haushund und auch Hauskatze weichen bei dieser Betrachtung auf feingeweblicher Ebene nicht von der allgemeinen Carnivorengleichung ab. Bei Waschbär, Hund und Hauskatze ist das Verhältnis der Neuronen in der Großhirnrinde wesentlich höher (9–11 zu 1) als bei anderen Carnivorenarten (die Basiszahl ist etwa 2 zu 1, das heißt, etwa doppelt so viele Nervenzellen in der Großhirnrinde wie im Rest des Gehirns). **Nach Debora Jardim-Messeder et al. führt die Domestikation, wenn man neben dem Körpergewicht auch die Neuronenzahlen heranzieht, nicht zu einer Reduktion der entsprechenden Werte.**

Unklar ist auch bei ihrer Studie die Verteilung der Neuronen im Kortex, also die relative Bedeutung unterschiedlicher Gehirnabschnitte. Nervenzellen im Bereich der Großhirnrinde kosten energetisch ca. 10-mal so viel im Stoffwechsel wie Neuronen z. B. im Kleinhirn. Gerade das könnte der Grund für die Reduktion der Neuronenzahlen z. B. bei sehr großen Arten wie den Braunbären sein.

RIESENPYRAMIDENZELLEN

Ebenfalls auf feingeweblicher Stufe hat ein weiteres Team unter Bob Jacobs einen Vergleich angestellt (Jacobs et al., 2017). Ihnen ging es speziell um eine besondere Gruppe von Neuronen, die Riesenpyramidenzellen, die aus der Großhirnrinde direkt ins Rückenmark und in die Steuerung der Bewegungsmuskulatur münden. Die Riesenpyramidenzellen sind zwar bei den dort untersuchten Hundeartigen (neben dem Haushund wurde auch der afrikanische Wildhund untersucht) weniger als bei den Katzenartigen, aber deutlich mehr als bei den Primaten. Als Grund wird hauptsächlich angeführt, dass die motorische Kontrolle bei den genannten Raubtierarten mit einer höheren Zahl sogenannter schneller Muskelfasern vom Typ IIA/IIX einhergeht, und dass eine kurze Reaktionszeit, z. B. beim Beutefang, eine erhöhte Anforderung an die besonders leistungsfähigen Riesenpyramidenzellen stellt. Katzen als Lauerjäger, insbesondere Großkatzen, wären hier noch stärker gefordert als der Hetzjäger Hund.

NEOKORTEX-VERHÄLTNIS

Betrachten wir zunächst die Verhältnisse innerhalb der Ordnung der *Carnivora*, der Landraubtiere, mit spezieller Betonung auf der Familie der Hundeartigen. Eine von Robin Dunbar und seinem Team immer wieder in unterschiedlichen Veröffentlichungen vorgelegte Überlegung bezieht sich auf die wachsende Komplexität der Gehirnstrukturen im Zusammenhang mit der Entstehung sozialer Mechanismen und sozialer Strukturen bei Säugetieren (Dunbar und Bever, 1998; Dunbar und Shultz, 2007; Perrez-Barberia et al., 2007; David-Barrett und Dunbar, 2013). Betrachtet man das Verhältnis zwischen Gesamthirn und dem Großhirnvolumen, so ergibt sich eine Korrelation mit der Gruppengröße. Die Dunbar-Gruppe berechnet hierfür meist das sogenannte Neokortex-Verhältnis, sie dividieren

Bei den paargebundenen Paarhufern (z. B. Dikdiks) leisten die Väter keinen direkten Beitrag zur Jungtieraufzucht.

das Volumen des Großhirns durch das Volumen der restlichen Gehirnabschnitte. Die restlichen Gehirnabschnitte, so auch die Überlegung in der Dunbar-Gruppe, sind wahrscheinlich stärker größenabhängig wegen der Steuerung von Muskulatur und anderen Körperfunktionen. Es ergibt sich dabei eine Korrelation: **Je größer die Gruppe, in der die betreffende Tierart zu leben pflegt, desto größer ist das Neokortex-Verhältnis.** Hirnzunahme muss, gerade weil sie auch einen hohen Energiebedarf im Alltag bedeutet, Vorteile haben, sie muss nicht nur einfach durch eine größere Körpergröße möglich sein. Positiv korreliert in diesen Untersuchungen vor allem die Existenz von Paarbindungen, weniger die Existenz von gemeinsamer elterlicher Pflege durch Vater und Mutter. Das zeigen z. B. die paargebundenen Paarhufer (Kleinantilopen wie etwa Dikdiks) und auch die paarweise lebenden Fledermäuse, die beide keine väterlichen Beiträge zur Jungtieraufzucht haben. **Nur bei den Affen korreliert die Gehirngröße auch mit der Gruppengröße.** Hier ist wahrscheinlich die größere Anforderung an Kommunikation und andere komplexe Gruppenmechanismen als evolutive Ursache zu vermuten. Die Einflussfaktoren zwischen den verschiedenen Großtaxa, also z. B. innerhalb der Raubtiere, oder zwischen Raubtieren und Primaten und anderen Ordnungen der Säugetiere, sind wohl variabel, u.a. weil auch die Vorteile des Gruppenlebens in verschiedenen Familien oder Ordnungen des Tierreichs unterschiedlich sind. Die Sozialität ist hier keine Folge, sondern umgekehrt die notwendige Voraussetzung: **Mehr Gehirn ist die Folge von größeren Anforderungen an die Problemlösung.**

Innerhalb der Ordnung der Raubtiere haben „nicht sozial lebende" großhirnige Arten entweder geschlossene Lebensräume (Wald), sind unterirdische Gräber oder sie sind sozialer, als man bisher gedacht hat. Musterbeispiel dafür wäre etwa unser europäischer Dachs. Die soziale Komplexität bedarf auch einer höheren Rechnerleistung, wie David-Barrett und Dunbar (2013) in einem theoretisch-statistischen Modell deutlich zeigen konnten.

OBERFLÄCHENSTRUKTUR

Harry Jerison (1973) hat bereits vor 50 Jahren mithilfe von Hirnausgüssen und ähnlichen Methoden nicht nur die Größe des Gehirns, sondern auch die Oberflächenstruktur, insbesondere die als Fissuren bezeichneten Falten und Rinnen in der Großhirnrinde untersucht. Die Hunde liegen in dieser Untersuchung unterhalb der Primaten, aber oberhalb der anderen auch carnivoren Säugetiere, wenn man Hirngewicht gegen Körpergewicht aufträgt. In den Erdzeitaltern, in denen Hundeartige gefunden wurden, lässt sich nach Jerisons Vergleichsuntersuchungen eine zunehmende relative Gehirngröße feststellen, wobei insbesondere die stammesgeschichtlich jüngeren Gruppen auch eine stärkere Schwankungsbreite aufweisen. Harry Jerison gibt an, dass die Gehirne der Carnivoren jeweils sozusagen ein Erdzeitalter schneller sind als die Gehirne ihrer Beutetiere, nämlich der verschiedenen Huftiergruppen. Jedoch evolviert auch eine zunehmende Variabilität der Hirngröße zwischen den Arten. Die Diversität der Hirngröße zwischen den Arten steigt mit der durchschnittlichen Hirngröße der jeweiligen stammesgeschichtlichen Gruppe. Es gibt also überall sowohl kleinhirnige- als auch großhirnigere Arten. Gerade aus der Sicht des Paläontologen hat Leonard Radinsky (z. B. 1969) wiederum vorwiegend anhand von Latexausgüssen der Schädel von Fossilien und heute lebenden Arten die Abhängigkeit nochmals genauer betrachtet. Innerhalb der Hundeartigen wurde in den letzten 30 Millionen Jahren einerseits das Kleinhirn, das ja wie wir heute wissen nicht nur

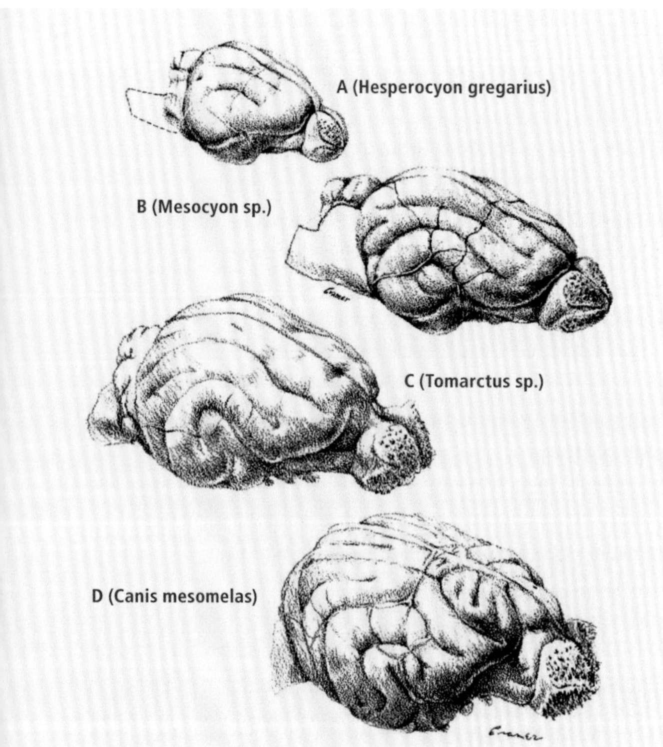

Gehirnkonstruktionen fossiler Kaniden und eines Schabrackenschakals nach Radinsky (1969).

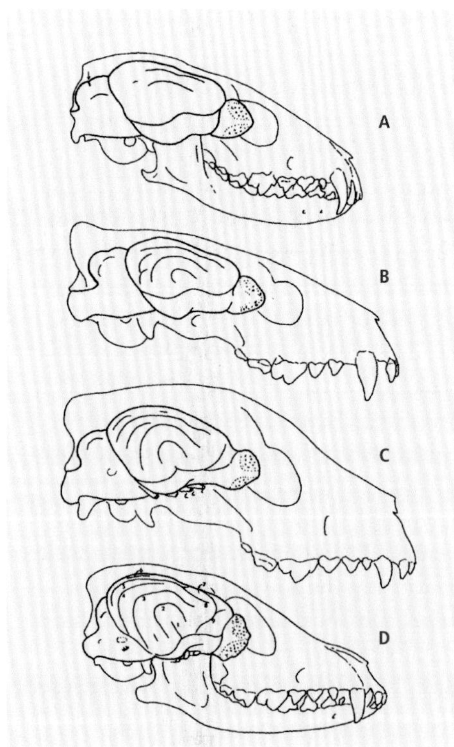

Die Gehirne der linken Reihe eingepasst in die Schädelumrisse (aus Radinsky, 1969).

mit der Steuerung von Bewegungskoordination und Orientierung im Raum, sondern auch durchaus mit sogenannten höheren geistigen Leistungen verknüpft ist, zugenommen. Auch die Zahl der Furchen und Rinnen im Gehirn wurde deutlich mehr, und zudem sind die Furchen und Rinnen geschwungener, wohingegen sie bei den frühesten Vorfahren noch geradlinig verliefen. All das bedeutet eine sehr viel stärkere Oberflächenvergrößerung und damit mehr Platz für Nervenzellen. Bei den modernen Arten der Gattung *Canis*, also in der unmittelbaren Verwandtschaft unseres Haushundes, hat sich das Großhirn insbesondere nach frontal, also in der vordersten Region der Großhirnhälften ausgedehnt. Die Furchen wurden tiefer und geschwungener, und bei den Hundeartigen ist neben dem Frontalhirn (siehe S. 99) auch der visuelle Cortex, also die Sehrinde und ihre Umgebungen vergrößert. Bei den Katzenartigen dagegen ist der Hörbereich im Cortex stärker als bei den Hundeartigen entwickelt. Der Riechkolben, der mit der Verarbeitung geruchlicher Reize zu tun hat, ist bei den Hundeartigen größer, und der Eintritt der Riechfasern ins Gehirn ist großflächiger. Letzteres gilt vor allem für die kleineren Arten der Hundeverwandtschaft.

ÖKOLOGISCHE FAKTOREN

Neben der sozialen Organisation und den sozialen Strukturen ist jedoch auch die Lebensgeschichte in anderen Bereichen durchaus mit gehirnanatomischen Daten korreliert. John Gittleman (1986 a,b) untersuchte die Zusammenhänge zwischen der Hirngröße, der Körpergröße und einer ganzen Reihe von ökologischen Faktoren bei verschiedenen Angehörigen der Carnivora. Allesfressende und streng karnivore Arten haben in der Regel ein höheres relatives Hirngewicht als die insektenfressenden. Hier ist zum Teil sogar statt dem genannten Faktor ⅔ ein Faktor von ¾, also bei doppelt so großem Körpergewicht ein 1,75 x größeres Gehirn zu beobachten. Ökologische Daten wie etwa die Vegetationszone, in der die betreffende Art lebt, Tag- oder Nachtaktivität, die Zonierung, also ob Baum- oder Bodenbewohner, oder auch das Fortpflanzungs- und Paarungssystem haben hier keine Zusammenhänge ergeben. Lediglich die Frage, ob mehrere männliche Tiere in einer Gruppe leben oder nur ein einzelner, hat Korrelationen mit der Gehirngröße.

Ein leichter Trend ist auch mit der Größe des Streifgebietes zu erkennen: Wer in einem größeren Streifgebiet lebt, hat also den Trend zu einer etwas höheren Gehirngröße. In den meisten Fällen ist das Gehirngewicht der Hundeartigen relativ gesehen größer als das der Katzenartigen, aber das größte haben die Großbären. Gerade in diesem

Oben Schabrackenschakal (Canis mesomelas), unten Afrikanischer Wildhund (Lyacon pictus).

Zusammenhang müssen wir an die Neuronenzahluntersuchung der Gruppe von Debora Jardim-Messeder et al. (siehe S. 77 f.) erinnern. Berechnungen von John Gittleman zeigen, dass das Geburtsgewicht, das Gesamtgewicht eines Wurfs, und das Alter, in dem die Unabhängigkeit von der Mutter erreicht wird, mehr mit dem Gehirngewicht korreliert, andere lebensgeschichtliche Faktoren dagegen eher mit dem Körpergewicht. Es wurde jedoch keine Korrektur für eventuell unterschiedliche Stoffwechselraten der Mutter vorgenommen.

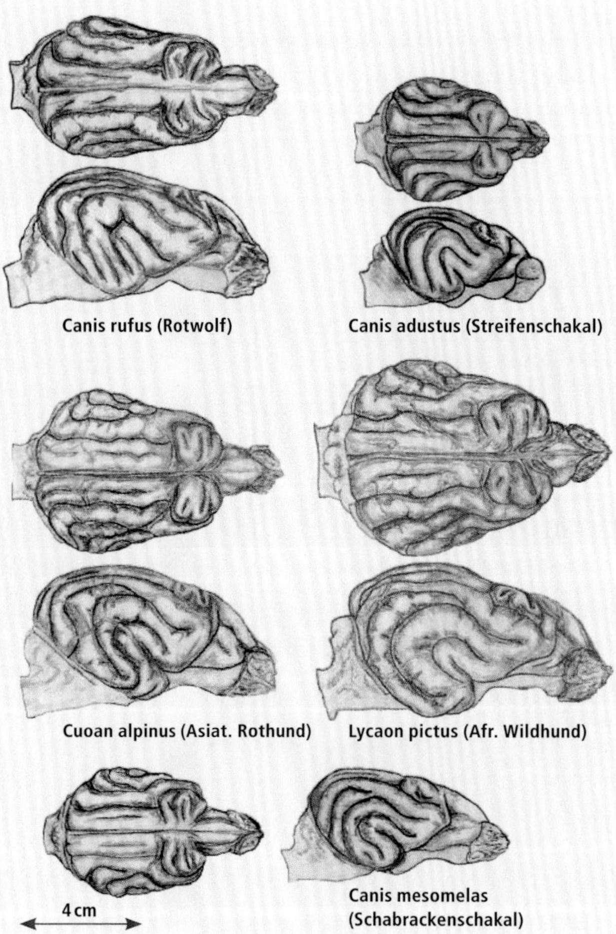

Gehirnansichten von oben und seitlich bei verschiedenen größeren Hundeartigen (nach Lyras und van der Geer, 2003).

GEHIRNGRÖSSE UND KÖRPERGEWICHT

Kommen wir zu Betrachtungen innerhalb der Hundeartigen, oder sogar innerhalb der Unterfamilie der *Caninae* (der ja alle heute lebenden Hundeartigen vom kleinsten Fuchs bis zur größten Wolfsunterart und damit auch unser Haushund angehören), so lassen sich noch weitere interessante Abhängigkeiten erkennen. John Finarelli (2008, zusammengefasst auch bei Marshall-Pescini und Kaminski, 2014) stellt fest, dass innerhalb der Hundeartigen, vor allem in der Unterfamilie der heute lebenden *Caninae*, ein Trend zur Erhöhung des Körpergewichts und des Hirnvolumens beobachtbar ist, und dass gerade bei den heute lebenden Arten, die er als „Kronenarten" („Crown clade taxa") bezeichnet, der EQ (Enzephalisationsquotient, siehe S. 76) am höchsten ist. Das Gehirn wird reorganisiert, es gibt mehr Faltung, der vorderste Teil des Gehirns nimmt stark zu, und das gilt auch für kleine Arten, die definitiv nicht im Rudel jagen. John Finarelli vermutet, dass ein komplexes Sozialsystem und eine kooperative Aufzucht der Jungtiere die besondere evolutive Notwendigkeit für diese Gehirnentwicklungen darstellt. Hier haben wir einen leichten Widerspruch zu den Ausführungen von Robin Dunbars Team, wonach nicht die gemeinsame Aufzucht, sondern die Monogamie der hauptsächliche evolutive Faktor in der Entstehung eines vergrößerten vorderen Stirnhirns wäre.

UNTERSCHIEDLICHE FURCHUNG DES GEHIRNS BEI KANIDEN

In ähnliche Richtung wie die Untersuchungen von John Finarelli, geht eine Studie von George Lyras und Alexandra van der Geer (2003). Auch hier wird die stammesgeschichtliche Entwicklung des Gehirns der *Caninae* anhand von Latexausgüssen bei 29 lebenden und einigen ausgestorbenen

Arten vorgenommen. Die Arbeit bezieht sich hauptsächlich auf den Verlauf und die Vergleichbarkeit der Furchen im Gehirn. Zunächst ergibt sich, dass große Arten mehr geschwungene Furchen und mehr verzweigte, also sekundäre Furchen aufweisen, was die Oberfläche wiederum weiter vergrößert. Es gibt verschiedene Typen von Furchenmustern und auch die Zunahme insbesondere des vorderen Stirnhirns ist bei verschiedenen Arten der *Caninae* etwas unterschiedlich.

Korrelation mit dem Sozialverhalten

Gerade bei den Arten der Gattung *Canis*, also der nächsten Verwandtschaft unseres Haushundes, ragen die Großhirnhälften seitlich sehr stark heraus, und die Zahl der Furchen ist dort unterschiedlich vermehrt (siehe Abbildung S. 82). Schakale haben nur eine, Kojote, Asiatischer Rothund und Afrikanischer Wildhund zwei, Äthiopischer Wolf, Rotwolf und Grauwolf drei dieser Furchen. Eine starke seitliche Ausdehnung der Furchen findet sich insbesondere bei den Asiatischen Rothunden, den Afrikanischen Wildhunden, aber auch beim Südamerikanischen Waldhund, also alles Arten, mit einem komplexen Sozialsystem. Beim Goldschakal und beim Streifenschakal aus Afrika ist diese Ausbildung innerhalb der Gattung *Canis* etwas geringer. Auch hier sehen wir also zumindest deutliche Korrelationen mit dem Sozialverhalten.

Verzwergung im Laufe der Evolution

Welche Umwege der Evolutionsgeschichte bisweilen mitberücksichtigt werden sollten, wenn man über Hirngrößen auch bei Hundeartigen nachdenkt, zeigt beispielhaft eine Arbeit eines Teams rund um Samson Chengetanai am Beispiel des Afrikanischen Wildhundes (Chengetanai et al., 2020). Sein Gehirn ist 1,73-mal größer als die errechnete Größe eines gleichschweren Säugetiers, 1,5-mal größer als für einen Karnivor und immerhin noch 1,36-mal größer als für einen Kaniden errechnet. Ungeachtet dessen, dass der Afrikanische Wildhund ein sehr großes Streifgebiet nutzt und auch eine komplexe Sozialstruktur hat, vermuten die Autoren jedoch, dass ein sekundär verringertes Körpergewicht hiermit zusammenhänge. Die Vorfahren bzw. fossilen Arten der Gattung *Lycaon* waren nämlich deutlich größer als der heutige Vertreter. Und bei einer Verzwergung im Laufe der Stammesgeschichte bleibt in der Regel das Gehirn größer, da nicht alle Funktionen einfach wieder heruntergeschraubt werden können.

Oben Rotwolf (Canis rufus), unten Asiatischer Rothund (Cuoan alpinus).

Beispiele unter den heute lebenden uns bekannten Tieren sind etwa die Meerschweinchen, deren Vorfahren ebenfalls größer waren und die dementsprechend auch ein größeres Gehirn aufweisen, oder die kleinen südamerikanischen Krallenaffen.

RASSEGESCHICHTLICHE VERÄNDERUNGEN

Letztlich interessiert uns auch die Frage, wie sich Gehirngröße und Gehirnstruktur bei heute lebenden Haushunden, z. B. im Zusammenhang mit der Rassegeschichte und dem Arbeitstyp der Rassen in ihrer Vergangenheit ausgewirkt haben. Erin Hecht und ihr Team haben Hirnscans von 62 lebenden Hunden, die aus verschiedenen Gründen zur Diagnostik in der Tierklinik vorgestellt wurden, nicht nur bezüglich der absoluten und relativen Hirngröße, sondern auch der Hirnform verglichen (Hecht et al., 2019). Zudem gelang es ihnen mithilfe der modernen bildgebenden MRI-Technik, auch gewissermaßen ins Gehirn hineinzuschauen und die inneren Gehirnregionen in ihrer Größe zueinander in Beziehung zu setzen. Zunächst einmal fällt auf, dass die Steigung „Hirngewicht gegen Körpergewicht" in Erin Hechts Datensatz nur 0,231 beträgt, also viel niedriger ist, als die für Säugetiere allgemein errechneten Werte. Die Erklärung dafür liefert die Tatsache, dass in der Körpergröße der Haushunde eine geringere Variation vorliegt, als eigentlich vergleichend zoologisch zu erwarten wäre. Ganz offensichtlich aber ist eine größere Variation in der Hirngröße, je nach unterschiedlicher Aufgabenstellung der Rassen in ihrer Vergangenheit, eingetreten.

PARKER-STAMMBAUM

Ein Vergleich mit dem bekannten Stammbaum von Heidi Parker zeigt, dass es kaum eine stammesgeschichtliche Beeinflussung gibt (Parker et al., 2017; siehe Gansloßer und Kitchenham, 2019; Gansloßer et al., 2021). Es fehlt, wie der Fachausdruck lautet, das phylogenetische Signal. Das heißt, dass die Vergrößerungen und Veränderungen in der Gehirnstruktur nichts mit der systematischen Zuordnung der Hunderassen in die von Parker aufgestellten Rassegruppen zu tun hat. Die Unterteilung in Regionen des Gehirns korreliert zum Teil mit der früheren Arbeitsfunktion der Rassen, ist aber zumindest teilweise unabhängig von Hirngewicht, Körpergewicht und Schädelform. Insgesamt kann Erin Hecht sechs Netzwerke im Gehirn darstellen, deren Bedeutung wir im Kapitel über den Rassevergleich kennengelernt haben (siehe S. 56 ff.). Alle, mit Ausnahme des Netzwerks, das der Bearbeitung von Sinneseingängen dient, korrelieren signifikant mit der Hirngröße, aber eben kaum mit der stammesgeschichtlichen Entwicklung. Mehr von diesen Netzwerken korrelieren mit dem inneren Aufbau des Gehirns bzw. der Hirnhöhle im Schädel, als mit der äußeren Schädelform. Kleinere Hunde haben insgesamt ein runderes Gehirn als größere, auch bei Berücksichtigung ihrer Kurzschnauzigkeit als weiterem Einflussfaktor.

KURZSCHNAUZIGKEIT UND GEHIRNANATOMIE

Und schon sind wir bei einer weiteren spannenden Arbeit: Molly Selba und ihr Team untersuchten, wie selektive Zucht auf eine Kurzschnauzigkeit die Gehirnanatomie von Haushunden beeinflusst (Selba et al., 2020). So schien es keine signifikanten Unterschiede in der Hirnoberfläche oder im Gehirnvolumen bei auf Kurzschnauzigkeit gezüchteten Rassen zu geben. Aber im Verhältnis von Hirnoberfläche zu Hirnvolumen haben die Kurzschnauzigen einen deutlich niedrigeren Wert als die Normalschnauzigen. Auch im Riechsystem gibt es deutliche Volumenabnahmen (siehe S. 72).

SELBSTBEHERRSCHUNG UND KURZZEITGEDÄCHTNIS

Daniel Horschler und sein Team untersuchten, welche Zusammenhänge zwischen absoluter Hirngröße und Gehirnfunktion es bei den Hunderassen gibt, und zwar insbesondere im Bereich der sogenannten Exekutivfunktionen (Horschler et al., 2019; siehe auch S. 63). Sie fanden heraus, dass die absolute Hirngröße bei Hunden positiv korreliert mit Selbstbeherrschung und dem Kurzzeitgedächtnis. Die Selbstbeherrschung wird getestet, indem man den Hunden ein verbotenes Futter vorstellt und abwartet, wie lange sie brauchen, bis sie es vielleicht doch noch nehmen. Das Kurzzeitgedächtnis wurde in Zeitabständen von 60, 90, 120 und 150 Sekunden von der ursprünglichen Reizpräsentation getestet. Bei diesen Gedächtnisuntersuchungen ist die Steigerung mit der Hirngröße bei längeren Wartezeiten sogar steiler als bei kürzeren. Ebenso bemerkenswert ist, dass ein Verbot von Futter bei Rassen mit größerem Gehirn länger respektiert wird, als bei Rassen mit kleinerem Gehirn, jedoch gibt es einen weiteren Unterschied: je nachdem, ob der Mensch dabei zuschaut oder nicht. Schaut der Mensch nicht zu, ist die Steigung in Abhängigkeit von der Körpergröße noch steiler, das heißt, hier fällt es offenbar Hunden mit großem Gehirn gegenüber Rassen mit kleinerem Gehirn noch leichter, sich an dieses Verbot zu halten. Auch die Berücksichtigung unterschiedlicher Trainingsvorgeschichten lässt die Größenabhängigkeit beim Kurzzeitgedächtnis und bei der Selbstbeherrschung nicht schrumpfen. Auch kurz- und breitschnauzige Arten haben bei Korrektur für die Körpergröße keine geänderten Werte. Sie sind eher schlechter dran, als die mit normaler oder längerer Schnauze. Da wir an anderer Stelle noch sehen werden, dass breitschnauzige Arten in Bezug auf das räumliche Sehvermögen deutlich besser dran sind als Langschnauzige, lässt sich daraus ablesen, dass es nicht um die Sehfähigkeit, sondern wirklich um die Fähigkeit zur Selbstbeherrschung geht.

DOMÄNENSPEZIFISCHE INTELLIGENZ

In anderen Tests, die von Horschlers Team durchgeführt wurden, finden sich dagegen viele Hinweise auf die noch zu behandelnde domänenspezifische Intelligenz. So reagieren Hunde z. B. unterschiedlich, ob sie mit dem Arm oder mit dem ausgestreckten Bein eine Hinweisgabe bekommen, sie reagieren unterschiedlich, wenn ihr Gedächtnis nach einem Fingerzeig anstatt nach einer Geruchsprobe getestet wird. Beim bekannten Hütchenspiel, wenn Futter unter einem Napf versteckt wird, reagieren Hunde anders in Abhängigkeit von ihrer Hirngröße als beim Verstecken eines Futterstücks unter einem Stück Papier, das heißt, wenn sie die Wölbung des Papiers mit dem darunterliegenden Futter in Verbindung bringen müssen. Tests zur domänenspezifischen Intelligenz werden wir im Kapitel über kognitive Leistungen noch kennenlernen (siehe S. 284 ff.).

Insgesamt betrachtet, zeigen die vielen Arbeiten, die in den letzten Jahren verstärkt zu diesem Thema veröffentlicht wurden, vor allem eines: **Einen einfachen Zusammenhang zwischen Hirngröße und geistiger Leistungsfähigkeit gibt es nicht, genauso wenig einen einfachen Zusammenhang zwischen der Größe mancher Gehirnabschnitte, der Furchung an der Oberfläche des Gehirns oder den Kerngebieten im Inneren.** Auch der Einfluss der Haustierwerdung ist nicht ganz so einfach. Die Gehirnentwicklung ist nun einmal eines der dynamischsten Systeme, das die Evolution nicht nur bei Hunden, sondern bei höher entwickelten Säugetieren allgemein hervorgebracht hat. Einfache Wirkungsbeziehungen, einfache Wenn-Dann-Erklärungen sind daher diesem komplexen System meist nicht angemessen.

WARUM NEURO-BIOLOGIE WICHTIG IST

DAS HUNDEGEHIRN

Um zu verstehen, wie ein Lebewesen auf seine Umwelt und Umgebung reagiert, ist es wichtig, dass wir ein Verständnis für die physiologischen Mechanismen bekommen, die das Verhalten auslösen. Bevor ein Reiz aus der Umgebung zu einer körperlichen Reaktion oder einer Verhaltensänderung führt, hat er einen langen Weg vor sich. **Dabei haben nicht nur direkte Reize aus der Umwelt und Umgebung Einfluss auf das Verhalten, sondern auch hormonelle Veränderungen im Organismus selbst.** Aufgrund der sehr guten kognitiven Fähigkeiten von Hunden und den immer besser werdenden Technologien, können wir heute über spannende Einblicke in das Hundegehirn berichten. Fortschritte in bildgebenden Verfahren und in der Verhaltensforschung haben es ermöglicht, tiefer in die kognitiven und emotionalen Prozesse von Hunden einzudringen. Diese Entwicklungen zeigen, dass Haushunde weit mehr sind als nur konditionierte „Roboterhunde".
Studien im Bereich der kognitiven Ethologie und Neurowissenschaften haben gezeigt, dass Hunde nicht nur in der Lage sind, menschliche Emotionen zu erkennen und darauf zu reagieren, sondern auch selbst komplexe Gefühlszustände wie Freude, Angst, Erregung und Trauer empfinden können. Zum Beispiel haben Forschungen ergeben, dass Hunde durch die Verwendung von funktioneller Magnetresonanztomographie (fMRT) in der Lage sind, die emotionale Bedeutung von menschlichen Gesichtsausdrücken zu unterscheiden und entsprechend zu reagieren (siehe S. 89 f.). **Dies deutet darauf hin, dass Hunde eine Form von Empathie besitzen und emotionale Zustände auf eine Weise verarbeiten, die zuvor nicht vollständig verstanden wurde.**

»Haushunde sind hoch emotionale Lebewesen, die eine Vielzahl von Gefühlen erfahren können, genau wie Menschen.«

☞ **Aus der Forschung (von Sarah Mertes)**

FMRI-STUDIEN

„Was denkt er wohl gerade?" Diese Frage haben sich wohl schon viele Generationen von Hundehalter:innen gestellt. Und auch die Wissenschaft hat sich in den letzten fast drei Jahrzehnten immer intensiver mit der Frage beschäftigt, was genau in den Köpfen unserer vierbeinigen Begleiter vorgeht. Es ist sicher nicht einfach, die genauen Gedanken, Gefühle oder Verhaltensweisen eines Lebewesens nachzuvollziehen, das nicht in unserer Sprache mit uns kommunizieren kann. Daher hat die Wissenschaft in den letzten Jahrzehnten viele verschiedene Datensätze mit unterschiedlichen Methoden erfasst, um nach und nach die Puzzlestücke zusammenzufügen, die ein Licht auf die erlebte Welt unserer Hunde werfen.
Eine Methode, die aktuell viele neue Erkenntnisse rund um die Gehirnaktivitäten unserer Hunde hervorbringt, ist die funktionelle Magnetresonanztomographie, abgekürzt fMRT oder fMRI (für „functional magnetic resonance imaging"). Diese Technik erfasst Änderungen im Blutfluss des Gehirns, um die aktiven Regionen während verschiedener Zustände – wie Aufgabenausführung, Emotionserleben oder Reaktion auf Reize – in Echtzeit zu beleuchten.

WIE FUNKTIONIERT DIE FMRT?

Die fMRT funktioniert, indem sie zeigt, welche Bereiche des Gehirns gerade besonders aktiv sind, indem sie Bereiche mit erhöhtem Blutfluss sichtbar macht – ähnlich wie eine Wärmebildkamera, die zeigt, wo es warm ist. Während der fMRT-Untersuchung können Forscher:innen beobachten, wie das Gehirn des Hundes auf bestimmte Aufgaben oder Reize reagiert, und so verstehen, welche Gehirnteile bei welchen Tätigkeiten beteiligt sind. Eine der größten Herausforderungen hierbei ist, die Hunde ohne Narkose ruhig im Scanner zu halten, eine Aufgabe, die durch sehr kreative Trainingsmethoden erreicht wurde. Hunde, die für den Scanner trainiert wurden, können ohne Narkose und ohne starke Stressreaktion still im Scanner liegen und gleichzeitig die geforderten Tests durchlaufen. Die zwei bekanntesten Wissenschaftsteams, die sich mit den fMRI-Scans von Hunden beschäftigt haben, waren 2012 Gregory Berns mit seinem Team in Atlanta und 2014 Attila Andics und Team im Family Dog Project in Budapest (Gansloßer und Kitchenham, 2019).

RIECHEN, SEHEN ODER HÖREN?

Die erste Studie, die wir hier vorstellen möchten, untersuchte, wie Hunde auf verschiedene Arten von Sinneseindrücken reagieren und lernen (Prichard et al., 2018). Die Forscher:innen wollten herausfinden, ob Hunde bestimmte Arten von Reizen – wie Gerüche, Bilder oder Worte – schneller lernen und wie solche Erkenntnisse dazu beitragen könnten, das Hundetraining zu verbessern.
Für die Studie wurden 19 Hunde untersucht, die speziell darauf trainiert waren, während der Untersuchung ruhig im fMRI-Scanner zu liegen. Die Forscher:innen testeten drei Arten von Reizen:

- visuelle (Dinge, die die Hunde sehen können)
- olfaktorische (Gerüche)
- verbale (gesprochene Worte)

Jedes Mal, wenn ein Reiz präsentiert wurde, folgte entweder eine Belohnung (meist Futter) oder keine Belohnung, um zu sehen, wie die Hunde lernen, welche Reize mit einer Belohnung verbunden sind.

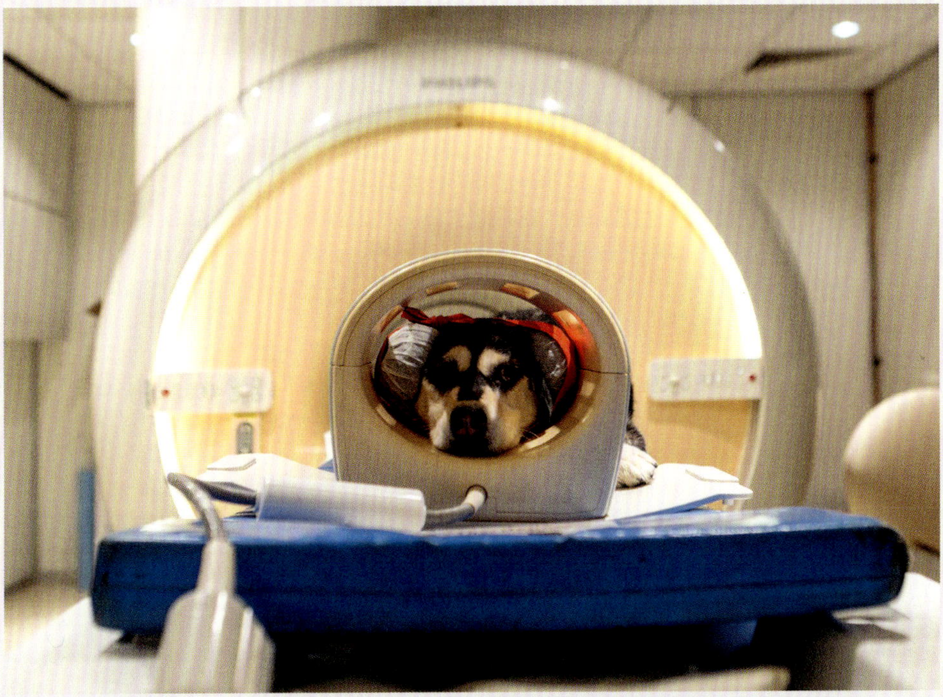

Mit der Magnetresonanztomographie kann man die Gehirnaktivitäten gezielt messen.

Ergebnisse der Studie

Die Ergebnisse zeigten, dass Hunde am besten auf visuelle und Geruchsreize reagierten und diese schneller lernten als verbale Signale. Das Gehirn der Hunde zeigte besondere Aktivität in zwei Hauptbereichen: dem Caudate-Kern und der Amygdala.
Der **Caudate-Kern** ist ein Bereich im Gehirn, der hilft, die Bedeutung von Belohnungen zu verarbeiten, während die **Amygdala,** auch Mandelkern genannt, dem Gehirn dabei hilft, solche Reize als wichtig zu erkennen, was dann die Lernprozesse unterstützt. Sie wirkt quasi als eine Art „Torwächter" für das Gehirn, indem sie sicherstellt, dass wichtige Informationen hervorgehoben und für weitere Verarbeitung im Gehirn bereitgestellt werden.
Die Forscher:innen kamen zu dem Schluss, dass Hunde möglicherweise effektiver trainiert werden könnten, wenn man sich mehr auf visuelle und Geruchsreize konzentriert, statt auf verbale Anweisungen.
Die Studie zeigt, wie wichtig es ist, Trainingsmethoden zu entwickeln, die den natürlichen Fähigkeiten und Vorlieben der Hunde entsprechen, um ihre Lernprozesse zu optimieren und ihre Einsatzmöglichkeiten zu maximieren. Dies könnte Trainingsprogramme für Hunde verbessern, insbesondere in Bereichen wie Rettungsdienste oder bei der Polizeiarbeit, wo schnelles und effektives Lernen wichtig ist.

STUDIE ZUR GESICHTS-ERKENNUNG

Auch das Forscherteam von Dilks nahm die Herausforderung an, sechs Hunde mittels funktioneller Magnetresonanztomographie (fMRT) ohne Sedierung zu untersuchen. Ziel war es herauszufinden, ob Hunde, ähnlich wie Menschen und andere Primaten, spezialisierte Gehirnregionen besitzen, die für die Gesichtserkennung zuständig sind (Dilks et al., 2015).

Bei Primaten, einschließlich Menschen, ist die Funktion der **fusiformen Gesichtsregion** (FFA) stark spezialisiert auf die Wahrnehmung von Gesichtern und wird besonders aktiv, wenn Individuen Gesichter betrachten oder verarbeiten.
Dabei spielt diese spezialisierte Hirnregion vor allem auch eine entscheidende Rolle in sozialen Interaktionen wie der Kommunikation. Zur Untersuchung der Gehirnreaktion auf Gesichter wurden die Hunde verschiedenen visuellen Reizen ausgesetzt, darunter dynamische Filme und statische Bilder sowohl von menschlichen als auch von Hundegesichtern, sowie von alltäglichen Objekten. Dabei fanden mehrere Durchläufe statt: drei Sitzungen mit dynamischen Stimuli und drei bis vier Sitzungen mit statischen Stimuli, abhängig von der Toleranz der Hunde gegenüber dem fMRT-Verfahren. Die dynamischen Stimuli bestanden aus kurzen Filmsequenzen, während die statischen Stimuli aus einzelnen Bildern zusammengesetzt waren, die nacheinander präsentiert wurden.

Ergebnisse der Studie

Bei der Analyse der fMRT-Daten zeigte sich eine signifikante Aktivierung in einer spezifischen Region des temporalen Kortex der Hunde, wenn diese mit Gesichtern konfrontiert wurden, im Vergleich zu alltäglichen Objekten. Diese Region, die in ihrer Funktion der fusiformen Gesichtsregion bei Menschen ähnelt, reagierte gleichermaßen auf menschliche und Hundegesichter. Dies deutet darauf hin, dass Hunde über eine spezialisierte Gehirnregion verfügen, die für die Verarbeitung von Gesichtsmerkmalen zuständig ist.
Diese Ergebnisse bestätigen nicht nur die Existenz einer gesichtsselektiven Region im Hundehirn, sondern liefern auch wichtige Einblicke in die kognitive Verarbeitung visueller Informationen bei Hunden. **Die Fähigkeit zur differenzierten Wahrnehmung von Gesichtern unterstreicht die sozialen Fähigkeiten von Hunden und könnte erklären, warum sie besonders sensibel auf menschliche soziale Signale reagieren.**

NATÜRLICHE VS. KÜNSTLICHE SPRACHE

Eine weitere Eigenschaft, die die sozialen Fähigkeiten unserer Hunde untermauern, können wir den Forschungsergebnissen von Cuaya et al. (2021) entnehmen. Die Studie nutzte funktionelle Magnetresonanztomografie (fMRT), um zu analysieren, wie Hunde natürliche Sprache von künstlich veränderten Sprachsignalen unterscheiden. Hierbei stellten die Forscher:innen fest, dass signifikante Aktivierungen in tieferen Gehirnarealen auftraten, die für die Verarbeitung von Hörinformationen zuständig sind, wenn Hunde natürliche im Vergleich zu künstlich veränderten Sprachsignalen hörten. Dies deutet darauf hin, dass Hunde eine angeborene Fähigkeit besitzen könnten, natürliche Sprachmuster von unnatürlichen zu unterscheiden. Interessanterweise zeigten die Untersuchungen auch, dass Hunde nicht nur auf die Natürlichkeit des Gesprochenen reagieren, sondern auch differenziert auf vertraute im Vergleich zu unvertrauten Stimmen antworten. Insbesondere bei älteren Hunden zeigten sich verstärkte Reaktionen auf vertraute Stimmen, was die Bedeutung der Erfahrung und des Langzeitgedächtnisses für die Sprachverarbeitung bei Hunden hervorhebt.
Darüber hinaus zeigte die Studie, dass spezifische Gehirnregionen für das Hören aktiviert wurden, wenn Hunde vertraute Sprache hörten. Diese Regionen waren besonders dann aktiv, was darauf hindeutet, dass sie eine entscheidende Rolle bei der Verarbeitung von sprachspezifischen geräuschvollen Wiederholungen spielen. **Die Aktivierung dieser Bereiche bei vertrauter Sprache zeigt, wie tiefgreifend Hunde auf soziale und emotionale Signale ihrer Umgebung reagieren können.**

AUFBAU EINZELNER HIRNAREALE

Um zu verstehen, wie genau das Hundegehirn Information verarbeitet und wie und wann daraus eine Verhaltensreaktion entsteht, werfen wir einen Blick in den Aufbau der einzelnen Hirnareale. Die Großhirnrinde, auch „graue Substanz" oder Cortex genannt, stellt den größten Teil des Gehirns dar und ist für eine Vielzahl kognitiver Funktionen verantwortlich. Sie ist in mehrere Lappen unterteilt, die unterschiedliche Aufgaben übernehmen, wie die Verarbeitung von sensorischen Informationen, die Steuerung von Bewegungen, Sprachverständnis, Problemlösung und Planung.
Ein Forschungsteam aus den USA zeigte in ihrer Studie 2023, dass es auch bei Hunden signifikante Asymmetrien in verschiedenen Bereichen des Hundegehirns gibt, die nicht mit der Größe des Gehirns korrelieren (Barton, Kent und Hecht, 2023). Aber was bedeutet das genau?

ASYMMETRIENE IM GEHIRNAUFBAU

Das Gehirn ist so aufgebaut, dass bestimmte Bereiche auf den ersten Blick zwar gleich aussehen, sich aber tatsächlich in ihrer Funktionalität und Struktur unterscheiden. Durch die Untersuchung solcher Asymmetrien kann die Wissenschaft besser verstehen, wie die Gehirne von Hunden arbeiten und wie ihre kognitiven und emotionalen Fähigkeiten strukturiert sind.
Asymmetrien im Gehirn sind ein faszinierendes Phänomen, das auf eine hochspezialisierte Anpassung und Entwicklung hinweist. Im menschlichen Gehirn sind z. B. die Bereiche für Sprache meist in der linken Hemisphäre lokalisiert, während die rechte Hemisphäre oft stärker in die Verarbeitung räumlicher und visueller Informationen involviert ist. Bei Hunden könnte eine Asymmetrie bedeuten, dass eine Hemisphäre besser für bestimmte Arten der Informationsverarbeitung wie Geruch oder soziale Signale ausgerüstet

Bei der ersten Erkundung von Gerüchen nutzen Hunde häufiger das rechte Nasenloch.

Hören Hunde bekannte Wörter, neigen sie den Kopf häufiger nach rechts.

sein könnte. Frühere Studien zeigten bereits, dass bei Hunden der Pfotengebrauch (Ocklenburg et. al., 2019), Nasengebrauch (Siniscalchi et. al., 2016) und das Schwanzwedeln (Gobbo und Semrov, 2021) auf eine Lateralisierung hindeuten.
Barton, Kent und Hecht konnten in ihrer Studie u. a. zeigen, dass es signifikante Unterschiede in den Gehirnstrukturen von Hunden gibt, die sich nicht einfach durch die Größe des Gehirns erklären lassen. Diese Asymmetrien in der grauen Substanz sind in bestimmten Gehirnregionen zu finden und stehen in Verbindung mit spezialisierten Verhaltensweisen, die bei verschiedenen Hunderassen durch Zucht hervorgehoben wurden. Solche Verhaltensspezialisierungen könnten z. B. Geruchsdetektion, Jagdverhalten oder soziale Interaktionsfähigkeiten umfassen. Diese Asymmetrien könnten tief in der Evolution verwurzelt sein. Die Studie legt nahe, dass die beobachteten, strukturellen Unterschiede entweder auf eine sehr alte evolutionäre Ursache zurückgehen oder sich unabhängig in Hunden und Primaten entwickelt haben. Dies könnte darauf hinweisen, dass Asymmetrien in der Gehirnstruktur ein gemeinsames Merkmal in der Entwicklung komplexer Gehirne und Verhaltensweisen über verschiedene Säugetierarten hinweg darstellen.

Weist das Kopfneigen auf Sprachverarbeitung hin?

Auch Colleen Buckley et al. (2024) widmeten sich der Erforschung der Hirnasymmetrien. Sie haben sich gefragt, ob das Kopfneigen von Hunden auf eine literarisierte Sprachverarbeitung hinweist. Hundehalter:innen beobachten immer wieder, wie ihr Hund den Kopf neigt, wenn sie ihn ansprechen oder eine Frage stellen wie *„Sollen wir Gassi gehen?"*. Genau hier setzt das Experiment der Forscher:innen an. Für die Studien wurden 103 Hunde unterschiedlicher Rassen und auch Mischlinge untersucht. Die Hundehalter:innen sollten ihren Hunden verschiedene Hinweise geben:

Hinweis 1: Diente als Ausgangswert, bei dem der Hund in Ruhe war und der Mensch keinen Blickkontakt herstellte.

Hinweis 2: Der Mensch stellte Blickkontakt zum Hund her, ohne zu sprechen oder Gesten zu verwenden.
Hinweis 3: Der Mensch hielt Blickkontakt zum Hund und wiederholte zweimal langsam einen unvertrauten Satz: *„Die alten Ägypter bauten riesige Pyramiden, um die Pharaonen zu ehren. Im Laufe der Jahre wurden Ruinen von vielen dieser Stätten ausgegraben, wobei Mumien, Kunst und Relikte zutage kamen."*
Hinweis 4: Der Mensch hielt Blickkontakt zum Hund und sprach in einem normalen bis fröhlichen Ton Wörter oder Sätze, die dem Hund bekannt waren.

Die Ergebnisse zeigten, dass insbesondere die vierte Bedingung, in der die Hunde mit ihnen vertrauten Worten angesprochen wurden, die meisten Kopfneigungen hervorrief. Spannend war auch, dass sich die Richtung der Kopfneigung der Hunde signifikant unterschied. Die Hunde neigten ihren Kopf eher nach rechts, was vermuten lässt, dass die Verarbeitung der Sprache, ähnlich wie beim Menschen, in der linken Gehirnhälfte stattfindet (siehe auch Sommese et al., 2022). Zudem neigten kastrierte männliche Hunde häufiger ihren Kopf als kastrierte weibliche Hunde. Die Forscher:innen vermuten, dass dies mit der stärkeren Lateralisierung bei männlichen Hunden zu tun hat. **Lateralisierung bezieht sich auf die Tendenz, bestimmte mentale Prozesse vorwiegend in einer der beiden Gehirnhälften zu verarbeiten.** Dieses Phänomen ist nicht nur bei Menschen, sondern auch bei vielen Tierarten zu beobachten und spielt eine entscheidende Rolle bei der Organisation und Spezialisierung von Gehirnfunktionen. Bei Menschen ist die linke Gehirnhälfte oft stärker an der Verarbeitung von Sprache beteiligt, während die rechte Gehirnhälfte stärker in die Verarbeitung von räumlichen und visuellen Informationen eingebunden ist.

BEOBACHTUNGSÜBUNG – KOPFNEIGEN BEI HUNDEN

Vorbereitung

— Auswahl des Ortes: Ruhiger Bereich im eigenen Zuhause, an dem sich der Hund wohlfühlt und nicht abgelenkt wird.
— Reize vorbereiten: Vorbereitung zweier Sätze – einen, der dem Hund bekannt ist (z. B. „Willst du Gassi gehen?") und einen, der dem Hund unbekannt ist (z. B. „Die alten Ägypter bauten Pyramiden.").

Durchführung

— Ruhebedingung: Der Hund soll entspannt sitzen oder liegen, ohne dass er direkt angesprochen wird. Beobachten, ob er spontan den Kopf neigt.
— Blickkontakt ohne Sprache: Sich vor den Hund stellen und Blickkontakt herstellen, ohne etwas zu sagen oder Gesten zu machen. Beobachten, ob der Hund den Kopf neigt.
— Unbekannter Satz: Blickkontakt mit dem Hund halten und langsam und deutlich den unbekannten Satz („Die alten Ägypter bauten Pyramiden") sagen. Beobachten, ob der Hund den Kopf neigt und in welche Richtung.
— Bekannter Satz: Erneut Blickkontakt halten und in einem fröhlichen Ton den bekannten Satz („Willst du Gassi gehen?") sagen. Beobachten, ob und wie der Hund den Kopf neigt und in welche Richtung.

Beobachtungsfragen

— Neigt der Hund den Kopf häufiger bei dem bekannten oder unbekannten Satz?
— In welche Richtung neigt der Hund den Kopf öfter (nach links oder nach rechts)?
— Zeigt der Hund unterschiedliche Reaktionen, wenn man in einem normalen oder fröhlichen Tonfall spricht?

Filmaufnahme: Die Beobachtungen können auch mit dem Smartphone aufgenommen werden, um sie später noch einmal anzusehen und genau zu analysieren.

HEMISPHÄRENDOMINANZ

Die Ergebnisse einer aktuellen Studie von Simon et al. (2024) zeigten, dass die Hunde bei der Betrachtung von Futter bevorzugt ihr rechtes Auge benutzten, was eine Aktivierung der linken Gehirnhälfte bedeutet. Diese Hemisphärendominanz steht im Einklang mit der Annäherungs-Rückzugs-Hypothese und der Valenzhypothese.

Die **Annäherungs-Rückzugs-Hypothese** besagt, dass positive Emotionen, die eine Hinwendung oder Annäherung an den Reiz motivieren, eher die linke Gehirnhälfte aktivieren, während die rechte Hemisphäre stärker bei negativen Emotionen und Rückzugsverhalten beteiligt ist.

Die **Valenzhypothese** wiederum geht davon aus, dass die linke Gehirnhälfte eher für die Verarbeitung positiver Reize zuständig ist, während die rechte Hälfte für negative Reize bevorzugt wird. Beim Spielzeug hingegen zeigte sich keine einheitliche Präferenz für eine bestimmte Blickrichtung in der Gesamtgruppe der Hunde, was möglicherweise darauf zurückzuführen ist, dass Hunde individuell unterschiedlich auf Spielzeug reagieren und es je nach Vorlieben als mehr oder weniger wertvoll betrachten.

Motorischer Indikator für Gehirnaktivität

Ein weiterer Bestandteil der Untersuchung war das Schwanzwedeln, das als motorischer Indikator für die Gehirnaktivität dient und Hinweise auf emotionale Reaktionen geben kann. Während die Studie keine einheitliche seitliche Vorliebe in der Richtung des Schwanzwedelns auf Populationsebene feststellen konnte, zeigte sich auf individueller Ebene eine Asymmetrie, bei der einzelne Hunde bevorzugt in eine bestimmte Richtung wedelten. Diese Ergebnisse deuten darauf hin, dass emotionale Asymmetrien im Gehirn durch mehrere, teilweise miteinander verknüpfte Faktoren beeinflusst werden, und dass die Reaktion von Hunden stark vom Kontext abhängt. Die Forschung von Simon et al. (2024) verdeutlicht die möglichen Einschränkungen bei der Interpretation von lateralen Verhaltensasymmetrien als eindeutigen Indikatoren für emotionale Zustände und hebt hervor, wie wichtig es ist, individuelle Unterschiede und kontextuelle Faktoren bei der Beurteilung des emotionalen Verhaltens von Hunden zu berücksichtigen.

SUBKORTIKALE HIRNREGIONEN

Unterhalb der Großhirnrinde, also unter der Oberfläche des Kortex, finden wir die subkortikalen Hirnregionen. Diese Bereiche spielen eine besondere Rolle bei der Verarbeitung von sensorischen Informationen, der Regulierung von Bewegungen und Emotionen, sowie beim Lernen und Gedächtnis. Diese tief im Gehirn gelegenen Strukturen umfassen wichtige Regionen wie die Amygdala, die für die emotionale Verarbeitung zuständig ist, und den Hippocampus, der eine Schlüsselrolle bei der Speicherung von Erinnerungen spielt und unser Lernzentrum darstellt.

Die subkortikalen Bereiche sind eng mit dem Großhirn vernetzt und ermöglichen so eine schnelle Kommunikation zwischen verschiedenen Gehirnregionen. Dies ist entscheidend für die Verarbeitung komplexer Informationen und die Ausführung koordinierter Verhaltensweisen. So tragen diese Regionen z. B. dazu bei, dass ein Hund auf seinen Namen hören, Signale verstehen und darauf reagieren kann, oder dass er lernt, bestimmte Verhaltensweisen zu zeigen oder zu vermeiden, basierend auf vorherigen Erfahrungen.

Der Schwanz von Hunden schwingt bei positiven Reizen stärker nach rechts, bei bedrohlichen nach links.

Die Amygdala speichert bereits in frühen Lebensphasen emotionale Erfahrungen.

Sie bewertet jeden Sinnesreiz emotional und legt so die neuronale Grundlage für Entscheidungen.

Zu den tieferliegenden subkortikalen Hirnregionen gehören:

Amygdala (Mandelkern): Die Amygdala spielt eine zentrale Rolle im Gehirn von Hunden, ähnlich wie bei Menschen, insbesondere wenn es um die Verarbeitung und Speicherung von Emotionen wie Angst und Freude geht. Schon seit längerem weiß man, dass auch die Verknüpfung von Stimuli und Belohnungen eine wichtige Grundlage für das Lernen darstellt. In den letzten Jahren hat die Forschung gezeigt, dass die Amygdala nicht nur an der Verarbeitung von Emotionen beteiligt ist, sondern auch eine Schlüsselrolle bei der Verknüpfung von sensorischen Informationen mit belohnenden oder aversiven Ergebnissen spielt (Prichard et al., 2018).

Die Amygdala, oft als Teil des „emotionalen Gehirns“ bezeichnet, ist eng mit anderen Gehirnregionen vernetzt, die an der Entscheidungsfindung, dem Gedächtnis und der Aufmerksamkeit beteiligt sind. Diese Vernetzung ermöglicht es Hunden, komplexe Entscheidungen zu treffen, basierend auf den emotionalen Gewichtungen, die sie früheren Erfahrungen zugeordnet haben. So können Hunde z. B. lernen, bestimmte Verhaltensweisen zu zeigen oder zu vermeiden, je nachdem, ob sie in der Vergangenheit mit positiven oder negativen Erfahrungen verbunden waren. Spannend dabei ist, dass die Erregbarkeit für negative Reize bei den Amygdalazellen empfindlicher ist, als die für positive Reize. Was aus evolutionsbiologischer Sicht allerdings einfach zu erklären ist. Aus evolutionärer Sicht ist die Fähigkeit, auf Bedrohungen oder negative Reize schnell zu reagieren, lebenswichtig. Sie ermöglicht es Tieren, Gefahren zu vermeiden und zu überleben. Positive Erfahrungen sind zwar ebenfalls wichtig, da sie z. B. die Suche nach Nahrung oder die Fortpflanzung fördern, aber die unmittelbare Reaktion auf eine Bedrohung kann über Leben und Tod entscheiden.

Nucleus caudatus: Der *Nucleus caudatus*, ein Teil der Basalganglien im Gehirn, ist entscheidend für die Planung und Ausführung von Bewegungen sowie für Lernprozesse und Aufmerksamkeit. Er befindet sich tief im Gehirn, nahe der Mitte, und hat eine lange, geschwungene Form, die ihm seinen Namen gibt (lat. „*caudatus*" für „geschwänzt"). Beim Hund spielt der *Nucleus caudatus*, ähnlich wie beim Menschen, eine wichtige Rolle in Bewegungsabläufen und kognitiven Funktionen, insbesondere im Zusammenhang mit Aufmerksamkeit und Lernprozessen. Aufgrund der hochentwickelten Geruchswahrnehmung von Hunden, könnte der *Nucleus caudatus* auch in der Verarbeitung olfaktorischer Reize und in der damit verbundenen Lernfähigkeit durch Geruch eine besondere Rolle spielen. Forschungen zeigen, dass Hunde komplexe Aufgaben lösen und sich an spezifische Düfte erinnern können, was auf eine ausgeprägte Verknüpfung zwischen dem olfaktorischen System und kognitiven Zentren, einschließlich des *Nucleus caudatus*, hinweist (Berns et al., 2015).

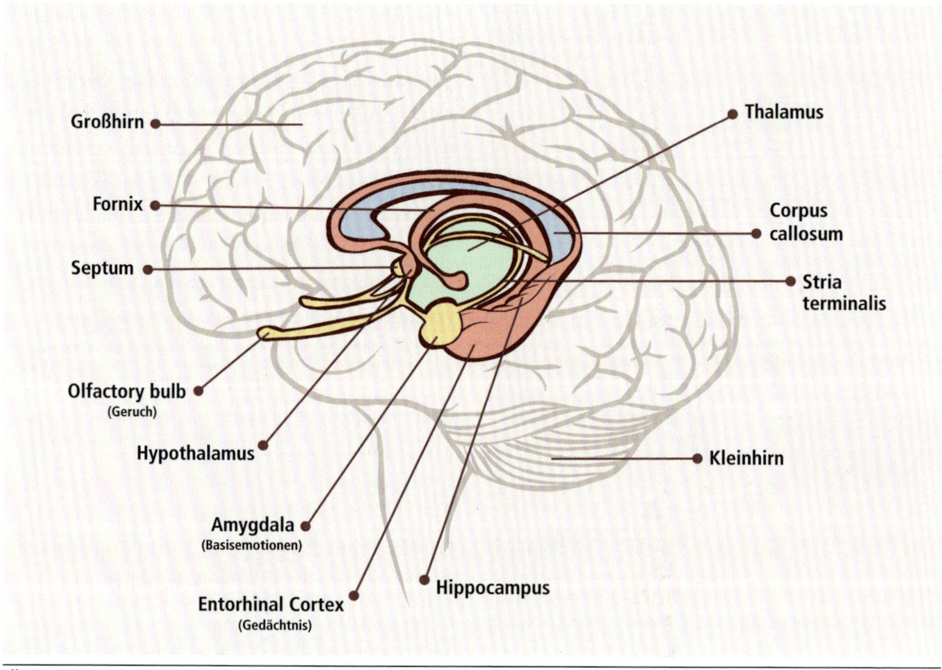

Übersicht über die wichtigsten subkortikalen Hirnregionen.

Rostrale und caudale Colliculi: Im Hundehirn spielen sie eine zentrale Rolle bei der Verarbeitung sensorischer Informationen. Sie sind wesentlich für visuelle und auditive Reflexe, sowie für die räumliche Orientierung verantwortlich. Diese Strukturen ermöglichen es Hunden, auf bewegte Objekte zu reagieren, Geräusche zu lokalisieren und sich in ihrer Umgebung zu orientieren.

Cerebellum (Kleinhirn): Das Cerebellum (Kleinhirn) beim Hund ist entscheidend für die Koordination von Bewegungen, die Aufrechterhaltung des Gleichgewichts und die Feinabstimmung motorischer Aktivitäten. Es unterstützt auch kognitive Funktionen wie Lernen und Aufmerksamkeit, insbesondere im Kontext motorischer Fähigkeiten. Durch seine Verbindungen zu anderen Gehirnregionen hilft das Cerebellum, die Bewegungspräzision zu verbessern und Bewegungen an die Umgebungsbedingungen anzupassen, was für die Anpassungsfähigkeit und das reaktive Verhalten von Hunden in ihrer Umwelt unerlässlich ist.

Hippocampus: Der Hippocampus beim Hund ist entscheidend für Lernprozesse und die Gedächtnisbildung, insbesondere für das Langzeitgedächtnis. Er ermöglicht es Hunden, neue Informationen zu speichern und zu einem späteren Zeitpunkt wieder abzurufen, was für das Lernen durch Erfahrung, räumliche Navigation und das Erkennen von Mustern und Zusammenhängen innerhalb ihrer Umgebung unerlässlich ist. Der Hippocampus unterstützt somit die Fähigkeit von Hunden, sich an wichtige Orte, Verhaltensweisen und soziale Beziehungen zu erinnern. Wichtige Hormone für die Gedächtniskonsolidierung, insbesondere im Hippocampus, umfassen Dopamin, Noradrenalin, Cortisol und verschiedene Wachstumshormone, die an Lernprozessen und der Speicherung von Informationen beteiligt sind (siehe S. 105).

Hypothalamus: Spielt eine zentrale Rolle in der Regulation von physiologischen Prozessen und Verhaltensweisen, einschließlich Hunger, Durst, Schlaf-Wach-Zyklen, Körpertemperatur, sexuellem Verhalten und emotionalen Reaktionen. Er ist auch entscheidend für die Verbindung des Nervensystems mit dem endokrinen System durch die Steuerung der Hypophyse, wodurch er die Freisetzung verschiedener Hormone beeinflusst, die eine Vielzahl von Körperfunktionen regulieren.

Laterale und mediale Geniculate: Beteiligt an der Verarbeitung visueller (laterales Geniculatum) und auditiver (mediales Geniculatum) Informationen.

Olfaktorische Bulben: Zentral für die Verarbeitung von Geruchsinformationen, wichtig für die Nahrungssuche, das Sozialverhalten und die Erkennung von Gefahren.

Auch im Spiel werden wichtige Hirnregionen aktiviert und Lernprozesse können beschleunigt werden.

☞ **Aus der Forschung (von Tierärztin Hannah Egner)**

NEUROANATOMIE

Das Gehirn bildet zusammen mit dem Rückenmark das zentrale Nervensystem (ZNS), die Steuerzentrale aller Körperfunktionen (König und Liebich, 2015; Stockhorst, 2018).

ZENTRALES NERVENSYSTEM

Im ZNS werden zunächst die **graue und weiße Substanz** unterschieden. Die graue Substanz beinhaltet die Nervenzellkörper, während die weiße Substanz aus den Fortsätzen der Nervenzellen, also den Nervenbahnen, besteht. Das weißliche Aussehen verdankt die weiße Substanz den sogenannten Markscheiden, die zum großen Teil aus Fetten bestehen und die Nervenfortsätze umhüllen. Diese Hülle dient der Isolation der Nervenfortsätze und der Beschleunigung der Erregungsleitung. Neben den Nervenzellen findet man im Nervensystem auch **Gliazellen**, die verschiedene Funktionen wie Nährstofftransport, Stützfunktionen, Bildung der Blut-Hirn-Schranke und bioelektrische Isolation übernehmen.

DAS GEHIRN

Das **Gehirn** liegt geschützt von den Schädelknochen in der Schädelhöhle. Zusätzlich wird das Gehirn von bindegewebigen Hirnhäuten umgeben. Im äußeren Bereich, direkt an der Innenfläche der Schädelknochen anliegend, befindet sich die harte Hirnhaut. Darunter liegt die erste Schicht der weichen Hirnhaut, die sogenannte Spinnenwebenhaut. Die spinnennetzartige Struktur verdankt die Spinnenwebenhaut feinen Kollagenfasern, die zur zweiten Schicht der weichen Hirnhaut ziehen. Diese liegt direkt dem Gehirn auf. Zwischen diesen beiden Schichten der weichen Hirnhaut wird eine Art Kammersystem gebildet, das eine klare Flüssigkeit, den Liquor, enthält. Dieser, mit Flüssigkeit gefüllte Hohlraum wird als Subarachnoidalraum bezeichnet und bietet zusätzlichen mechanischen Schutz für das Gehirn. Zudem dient er als eine Art Lymphflüssigkeit des ZNS.

Großhirn

Der erste Abschnitt ist das Großhirn. Es lässt sich von oben betrachtet in zwei Hälften (**Hemisphären**) unterteilen, die durch einen tiefen „Spalt" voneinander getrennt sind. Die Oberfläche der Hemisphären wird von den Hirnwindungen und Hirnfurchen strukturiert, die der Oberflächenvergrößerung dienen und somit mehr Raum für die funktionalen Prozesse im Großhirn schaffen. Die graue Substanz bildet in beiden Hemisphären im äußeren Bereich die **Großhirnrinde**, die sich in verschiedene Funktionsbereiche, die Rindenfelder, einteilen lässt. So unterscheidet man z. B. die Hörrinde, das motorische Rindenfeld oder das visuelle Rindenfeld. In Quer- und Längsschnitten der Hemisphären lassen sich weitere wichtige Strukturen im Inneren der Hemisphären erkennen. Zum einen wird die weiße Substanz unter der Großhirnrinde sichtbar. Besonders gut zu erkennen ist der **Hirnbalken**, der die Nervenfaserverbindung zwischen den Hemisphären darstellt. Er dient vor allem dem Informationsaustausch zwischen den Hemisphären. Zum anderen befinden sich, eingebettet in die weiße Substanz, Anteile von grauer Substanz, die als **Kerngebiete** bezeichnet werden. Dazu gehören der *Nucleus caudatus*, das Putamen, das Claustrum und der Mandelkörper (Amygdala). Während die Amygdala wichtig für die Entstehung von Emotionen und die

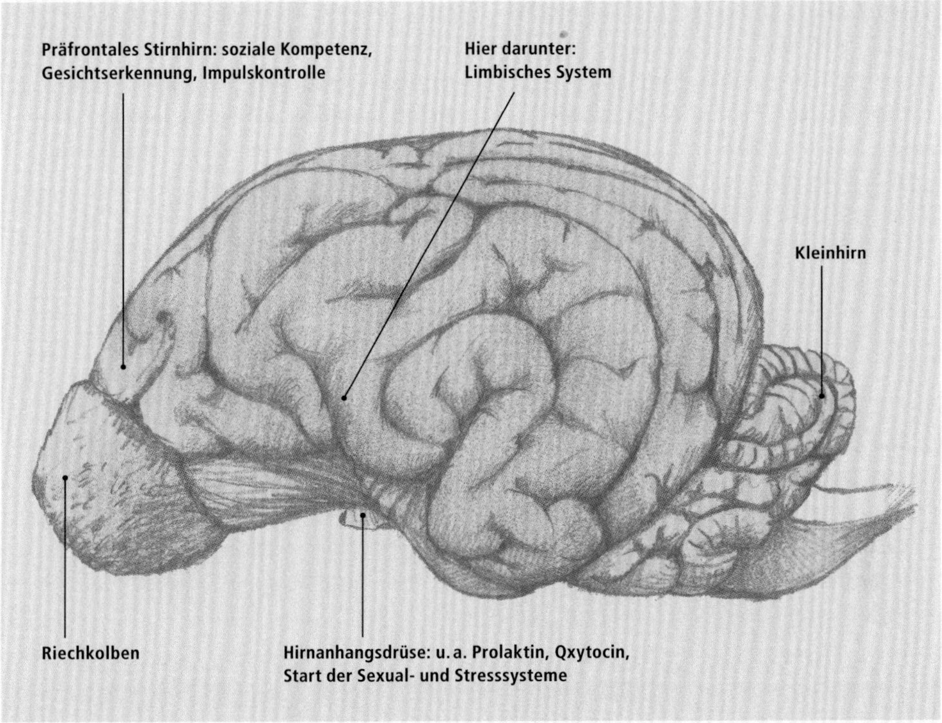

Blick auf ein Hundegehirn, linke Seite (aus Gansloßer, 2020).

Gedächtnisbildung wichtig ist, spielt das Putamen bei der willkürlichen Motorik eine Rolle.

Eine weitere wichtige Struktur ist der **Hippocampus**. Er formiert sich aus Rändern der Großhirnrinde im Bereich des Schläfenlappens, die sich beidseits in das Innere der Hemisphären einrollen. Als Teil des limbischen Systems spielt er bei Gedächtnis- und Lernvorgängen eine große Rolle (siehe S. 104, 171 ff., 316).

Zwischenhirn

Schneidet man das Gehirn längs entlang der Furche zwischen den Hemisphären auseinander, wird auch der zweite Abschnitt des Gehirns, das Zwischenhirn, sichtbar.

Es bildet zusammen mit dem Großhirn das Vorderhirn. Zum Zwischenhirn gehören der Thalamus, der Epithalamus, der Metathalamus und der Hypothalamus.

Der **Thalamus** ist der größte Teil des Zwischenhirns und besteht aus zahlreichen Kerngebieten. Hier werden alle aufsteigenden Bahnen (außer der Riechbahn) umgeschaltet und die Informationen zur Großhirnrinde weitergeleitet. Deshalb bezeichnet man den Thalamus auch als „Tor zum Bewusstsein".

Der **Epithalamus** befindet sich über dem Thalamus. Zum Epithalamus gehört unter anderem die Zirbeldrüse, die lichtabhängig das Hormon Melatonin freisetzt und maßgeblich an der Regulation des Schlaf-Wach-Rhythmus beteiligt ist. Daneben ist der Epithalamus die Schaltstelle der Riechbahn.

Der **Metathalamus** besteht aus den sogenannten Kniehöckern. Hier enden die Fasern der Sehnerven und der Hörbahn und werden mit der Sehrinde bzw. dem auditiven Rindenareal verschaltet. Auch gustatorische Informationen werden hier verarbeitet.

Der **Hypothalamus** ist die unterste Struktur des Zwischenhirns. Hier werden eine Vielzahl an Hormone gebildet, die Einfluss auf die Hormonproduktion der Adenohypophyse haben, aber auch Prohormone, die zur Neurohypophyse transportiert werden. Am Hypophysenstiel schließt sich als Ausstülpung des Hypothalamus die Neurohypophyse an, aus der das Antidiuretische Hormon und Oxytocin freigesetzt werden. Der größere Teil der **Hypophyse** wird als Adenohypophyse bezeichnet und ist ein endokrines Organ, das nicht zum Gehirn gehört. Hier werden abhängig von den Hormonen des Hypothalamus verschiedene Hormone wie z.B. das Thyroidea stimulierende Hormon (TSH), Prolaktin, das Follikelstimulierende Hormon (FSH), das Luteinisierende Hormon (LH) oder Somatotropin (STH) gebildet. Hypothalamus und Hypophyse bilden folglich übergeordnete Zentren vieler Hormonachsen. **Über die Hypothalamus-Hypophysen-Achsen werden zahlreiche hormonproduzierende Organe im Körper gesteuert.**

Mittelhirn

Der nächste Abschnitt wird als Mittelhirn bezeichnet und ist der vorderste Teil des Hirnstamms. Hier finden sich viele wichtige Kerngebiete, die u.a. für die Bewegungskoordination und die Verarbeitung von visuellen und akustischen Reizen von Bedeutung sind. Ein Bereich grauer Substanz im Mittelhirn ist das **Periaquäduktale Grau**, das vor allem bei der Schmerzwahrnehmung, der emotionalen Schmerzbewertung und Schmerzhemmung eine Rolle spielt.

Bewegungssteuerung ist wichtig beim Spiel – und braucht das Kleinhirn.

Das limbische System

Einige Strukturen im Großhirn, Zwischenhirn und Mittelhirn bilden zusammen das limbische System, das u. a. bei der Steuerung von Lern- und Gedächtnisvorgängen und der Entstehung von Emotionen von großer Bedeutung ist. Zum limbischen System gehören z. B. der Hippocampus, die Amygdala, die Fornix, der *Nucleus interpeduncularis* (Kerngebiet im Mittelhirn), der Hypothalamus und einige Kerngebiete des Thalamus.
In enger Verbindung mit dem limbischen System steht das mesolimbische System. Vom ventralen tegmentalen Areal im Mittelhirn ziehen Bahnen zu Strukturen des limbischen Systems und zum Kerngebiet *Nucleus accumbens* im Vorderhirn. Wichtiger Neurotransmitter des mesolimbischen Systems ist das Dopamin. Das mesolimbische System ist Teil des Belohnungssystems und ist wichtig für belohnungsabhängiges Lernen. Allerdings spielt es durch die positive Verstärkung von Verhalten auch bei psychischen Erkrankungen wie Suchterkrankungen eine Rolle.

Hinterhirn

Hinter dem Mittelhirn befindet sich das Hinterhirn, das das **Kleinhirn** und die **Brücke** einschließt. Die Brücke liegt direkt hinter dem Mittelhirn und beinhaltet die Kerne einiger Hirnnerven. Das Kleinhirn befindet sich über der Brücke und ist über die Kleinhirnstiele mit dem Mittelhirn, der Brücke und der *Medulla oblongata* verbunden. Wie das Großhirn besitzt auch das Kleinhirn zwei Hemisphären, die durch den mittig gelegenen Kleinhirnwurm getrennt werden. Auch im Kleinhirn liegt die graue Substanz als Kleinhirnrinde außen und die weiße Substanz als Kleinhirnmark im Inneren. Durch das baumartige Aussehen der weißen Substanz im Kleinhirn wird diese auch als Lebensbaum bezeichnet. Das Kleinhirn ist essenziell für Bewegungsabläufe und das Gleichgewicht. Neuere Forschungsergebnisse deuten darauf hin, dass es auch bei kognitiven und anderen höheren Funktionen wie der Verarbeitung von emotionalen Informationen eine Rolle spielt.

Nachhirn

Zwischen Brücke und Rückenmark befindet sich als Teil des Nachhirns, das sogenannte **verlängerte Mark**. Eine deutlich sichtbare Abgrenzung zwischen verlängertem Mark und Rückenmark existiert nicht. Da im verlängerten Mark viele Kerngebiete liegen, ist es jedoch erkennbar breiter als das Rückenmark. Hier liegen z. B. Kerne des Atem- und Kreislaufzentrums sowie wichtige Kerne für Schutzreflexe, z. B. für den Hustenreflex.

Ventrikel

Weitere wichtige Bestandteile des Gehirns sind vier mit Liquor gefüllten Hohlräume, die Ventrikel. Zwei Ventrikel befinden sich als paarige Seitenventrikel im Großhirn. Der spaltförmige dritte Ventrikel liegt im Zwischenhirn und der vierte Ventrikel unter dem Kleinhirn. Über den vierten Ventrikel stehen die Ventrikel im Gehirn mit dem Subarachnoidalraum in Verbindung.

RÜCKENMARK

Am Übergang vom Schädel zur Halswirbelsäule beginnt im Anschluss an das verlängerte Mark das Rückenmark. Auch das Rückenmark ist von bindegewebigen Hüllen umgeben und verläuft als Strang innerhalb der Wirbelsäule. Im Rückenmark liegt die graue Substanz schmetterlingsförmig innen und wird von der weißen Substanz umgeben. Es verbindet das Gehirn mit der Peripherie. Zudem werden hier spinale Reflexe, wie beispielsweise der Kniesehnenreflex, generiert.

PERIPHERES NERVENSYSTEM

Das periphere Nervensystem (PNS) verbindet das ZNS schließlich mit den Organen und Körpergeweben und besteht vor allem aus Hirn- (vom Gehirn ausgehend) und Spinalnerven (vom Rückenmark ausgehend).

Durch Berührungen werden Sinneszellen aktiviert.

VOM REIZ ZUR REAKTION

Wie wir bereits erfahren haben, verfügt das Gehirn des Hundes über viele verschiedene Arbeitsbereiche. Jeder dieser Bereiche besteht aus sogenannten Neuronen (Nervenzellen). Die Anzahl der Nervenzellen im Gehirn eines Hundes kann je nach Rasse und Größe variieren. Generell wird geschätzt, dass das Gehirn eines durchschnittlichen Hundes etwa 530 Millionen Neuronen enthält.

WIE FUNKTIONIERT EIN NEURON?

Damit wir verstehen, wie Informationen aus Umwelt und Innenwelt zu einem bestimmten Verhalten führen, müssen wir zunächst einen Blick auf die physiologischen Mechanismen werfen.

Die Sinneszellen des Hundes sind wie kleine Sensoren. Trifft ein Reiz, wie z. B. das Licht auf die Augen oder der Druck beim Streicheln, auf diese Sensoren, wird dieser in ein elektrisches Signal umgewandelt. Diese Umwandlung nennt man **Transduktion**. Damit der Reiz weiterverarbeitet werden kann, muss er stark genug sein, um eine bestimmte Schwelle in der Zelle zu überschreiten. Erreicht der Reiz diese Schwelle, verändert sich das elektrische Potential der Zelle, sie wird aktiviert und erzeugt ein elektrisches Signal, das sogenannte **Aktionspotential**. Manchmal sammeln die Sensoren auch mehrere Signale auf einmal, bevor sie ein Aktionspotential auslösen. Dieses Signal wandert dann entlang des langen „Kabels" der Nervenzelle, dem Axon, bis zur Verbindungsstelle zur nächsten Nervenzelle, die man Synapse nennt.

Kommt das Signal an der Synapse an, passiert etwas Entscheidendes für die Kommunikation zwischen den Nervenzellen. Das Aktionspotential öffnet spezielle Kanäle am Ende des Axons, durch die Calciumionen (Ca^2) in die Zelle strömen. Diese Calciumionen sind wie ein Schlüssel, der die Freisetzung von kleinen „Päckchen" namens Neurotransmitter auslöst. Diese Neurotransmitter schwimmen in der Zelle und wandern zur Membran, wo sie sich mit ihr verbinden und ihre „Inhalte" in den kleinen Spalt zwischen den Nervenzellen entlassen.
Sobald die Neurotransmitter im Spalt sind, können sie an spezielle Stellen auf der nächsten Nervenzelle andocken, wie Schlüssel, die in passende Schlösser passen. Diese Bindung beeinflusst, wie die nächste Nervenzelle reagiert. Je nachdem, welcher Neurotransmitter und Rezeptor beteiligt sind, kann die Zelle entweder aktiviert oder gehemmt werden.
Dank dieses Prozesses kann das Nervensystem präzise und komplexe Signale weiterleiten. Außerdem kann eine Nervenzelle Signale von vielen anderen Nervenzellen empfangen und verarbeiten. Diese Fähigkeit, viele Signale zusammenzufassen, ist wichtig, damit die Nervenzelle entscheiden kann, ob sie ein neues Signal erzeugt oder nicht. Ist die Summe der Signale stark genug, wird ein neues Aktionspotential ausgelöst; andernfalls bleibt die Zelle ruhig.
So kann der Hund auf verschiedene Reize reagieren, wie z. B. auf Streicheln, das ihm ein angenehmes Gefühl vermittelt, oder sich vor einem unangenehmen Druck zurückziehen.

NEUROTRANSMITTER

Trifft ein Neurotransmitter am postsynaptischen Neuron auf einen passenden spezifischen Rezeptor (Schloss für den passenden Schlüssel „Neurotransmitter"), wird das nun chemische Signal wieder in ein elektrisches Signal umgewandelt, um die Nachricht im Nervensystem weiterzuleiten. Dieser Prozess, bei dem das chemische Signal in ein elektrisches Signal zurückverwandelt wird, ist ein

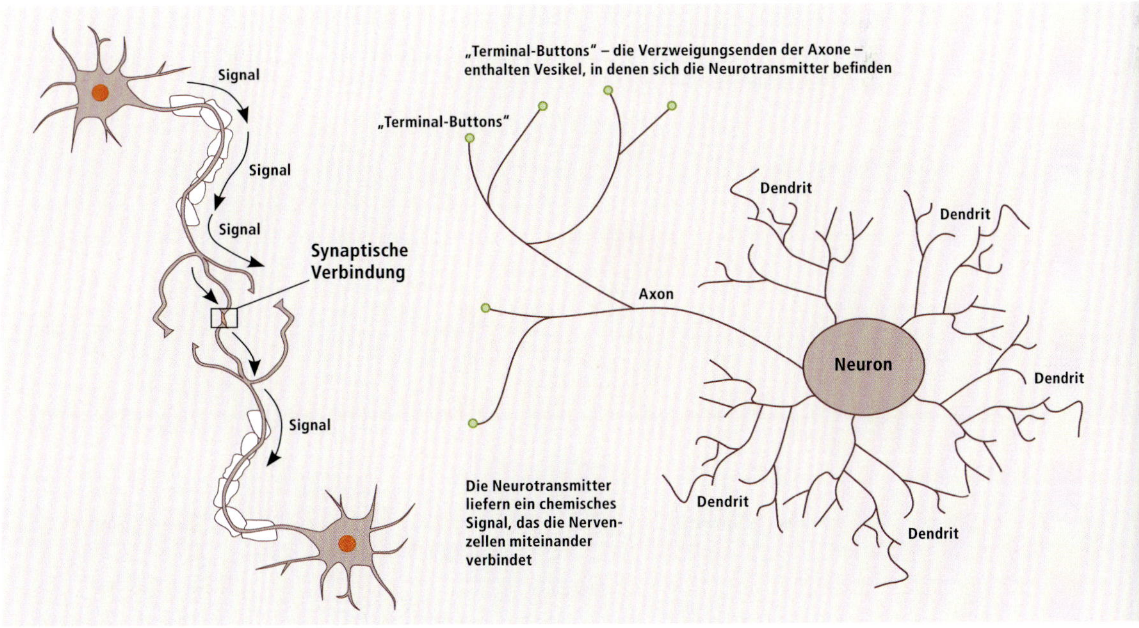

Links: Weg der Neurotransmitter, rechts: Weg der Neuronensignale (aus Gansloßer, 2023)

entscheidender Schritt in der neuronalen Kommunikation. Er erfolgt durch eine Veränderung der Ionenpermeabilität der postsynaptischen Membran, die zu einer Veränderung des Membranpotentials führt. Beispiele für Neurotransmitter sind: Acetylcholin, Adrenalin, Noradrenalin, Serotonin, Dopamin, Glutamat, Glycin, Histamin, GABA, Cortisol

Cholinerge Bahnen

Der Weg der Neurotransmitter verläuft über verschiedene Bahnen (Gansloßer, 2023). Die cholinergen Bahnen, die durch das Septum zum Cortex, Hippocampus und Thalamus verlaufen, spielen eine entscheidende Rolle bei kognitiven Funktionen, und der Gedächtnisbildung. Acetylcholin ist dabei nicht nur entscheidend für die Gedächtnisbildung und kognitive Funktionen, sondern spielt auch eine Rolle bei der Generierung des Theta-Rhythmus im Hippocampus. Der Theta-Rhythmus ist ein spezifisches Muster neuronaler Aktivität, das besonders während Aufmerksamkeit und explorativem Verhalten beobachtet wird und eng mit Lernprozessen und Gedächtniskonsolidierung verbunden ist. Acetylcholin fördert die Entstehung dieses Rhythmus, wodurch es die neuronale Plastizität und die Verarbeitung von Gedächtnisinhalten weiter unterstützt (Nuñez und Buño, 2021).

Noradrenerge Bahnen

Die noradrenergen Bahnen, die vom *Locus Coeruleus* im Mittelhirn ausgehen und sich über den Hirnstamm verzweigen, sind für eine Vielzahl von zentralen Funktionen wie Wachheit, Aufmerksamkeit, Lernen, Gedächtnis und die Reaktion auf Stress, Angst und Emotionen entscheidend.

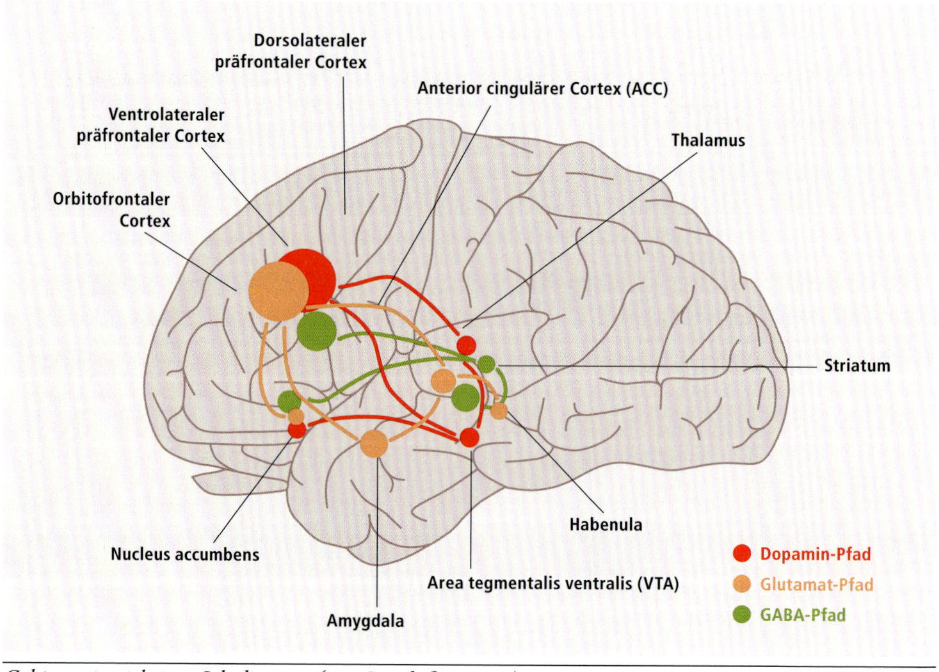

Gehirn mit wichtigen Schaltwegen (aus Gansloßer, 2023).

Auch im Hundehirn laufen viele verschiedene Prozesse ab und nehmen Einfluss auf Gedächtnis, Gefühle und vieles mehr.

Dopaminerge Bahnen

Ebenfalls vom Mittelhirn ausgehend verlaufen die dopaminergen Bahnen, die Einfluss auf die emotionalen Reaktionen haben.

Serotonerge Ursprungskerne

Die serotonerge Ursprungskerne liegen hauptsächlich im Mittelhirn. Von dort wirkt Serotonin auf verschiedene Prozesse, zusammen mit anderen Neurotransmittersystemen wie dem dopaminergen, cholinergen und GABAergen System. Besonders bei Gedächnisleistungen ist das Zusammenspiel des serotonergen und cholinergen Systems von großer Bedeutung (Jokisch et al., 2005).

HORMONE

Neben den Neurotransmittern sind auch Hormone an der Reaktion auf einen Reiz beteiligt, die über das Blut zu verschiedenen Körperteilen transportiert werden und so eine systemische Reaktion auslösen können. Während Neurotransmitter sehr schnell agieren (innerhalb von Millisekunden) und sich auf spezifische synaptische Verbindungen im Gehirn und Nervensystem konzentrieren, benötigen Hormone etwas länger (Minuten bis Tage), um ihre Wirkung zu entfalten, können jedoch längerfristige Anpassungen und Veränderungen im Organismus bewirken.
Ein klassisches Beispiel für die Interaktion zwischen Hormonen und Neurotransmittern bei der Reaktion auf Stress ist die Achse zwischen Hypothalamus, Hypophyse und Nebennierenrinde, bekannt als die HPA-Achse. Die dabei aktiven Hormone sorgen für eine Erhöhung der Glucocorticoidproduktion (Cortisol, Cortison, Corticosteron), was zu einer Stressreaktion im Körper führt.

NEUROTRANSMITTER, FUNKTIONSART, ENTSTEHUNGSORT UND AUSWIRKUNGEN (AUS GANSLOSSER, 2023)

NEUROTRANSMITTER / HORMON	FUNKTIONSART	ENTSTEHUNGSORT
Noradrenalin (Neurotransmitter)	Exzitatorisch (stimmulierend)	— Nebennierenmark — Noradrenerge Neuronen des vegetativen Nervensystems (Sympathikus) — Locus coeruleus — Wird über die Vorstufe Dopamin gebildet und kann in Adrenalin umgewandelt werden.
Adrenalin (Hormon, auch als Neurotransmitter nachweisbar)	Exzitatorisch	— Nebennierenmark — Umwandlung der Aminosäure Tyrosin oder Phenylalanin über Dopamin zu Noradrenalin. — Durch Vorstufe des Hormons Cortisol erfolgt die Umwandlung von Noradrenalin zu Adrenalin.
Cortisol (Hormon)	Exzitatorisch	— Nebennierenrinde
Glutamat (Aminosäure)	Exzitatorisch	— Kommt als L-Glutaminsäure in eiweißhaltigen Nahrungsmitteln vor — Präsynaptische Freisetzung im zentralen Nervensystem
Serotonin (Gewebshormon und Neurotransmitter)	Inhibitorisch	— Bildung durch Hydroxylierung und anschließend Decarboxylierung von 5-OH-Tryptophan in Dünndarm-schleimhaut, Thrombocyten, Granulocyten sowie im Gehirn (Raphe-Kerne des Hirnstamms) — Freisetzung nach einer Depolarisation der präsynaptischen Membran
GABA (Aminosäure)	Inhibitorisch	— Höchste Konzentration im zentralen Nervensystem — Wird in Nervenzellen wie Glutamat aus dem Axoplasma in Speichervesikel aufgenommen. — Weiterleitung über präsynaptische Membran
Dopamin (Neurotransmitter)	Kombiniert	— Postganglionäre sympathische Nervenendigungen — Nebennierenmark
Acetylcholin (Neurotransmitter und Hormon)	Kombiniert	— Ausschüttung in motorischer Endplatte — Wirkung im autonomen und zentralen Nervensystem

AUSWIRKUNGEN/ VERHALTEN

— Interaktive Steuerung der Stresskette
— Kontraktion (Engstellung) von Blutgefäßen, Steigerung des Blutdrucks sowie Senkung der Pulsfrequenz
— Steigerung von Aufmerksamkeit, Wachheit und Konzentration
— Wirkt zusammen mit Serotonin stimmungsaufhellend.

— Beteiligung an Stressreaktion
— Beschleunigung der Herzfrequenz, Erhöhung der Atmung, Anstieg des Blutflusses zu wichtigen Muskelgruppen

— Regulation des Wachstums
— Stoffwechselvorgänge
— Reaktion auf Stressreize (Wechselwirkung mit CRH und Adrenalin sowie Noradrenalin, Dopamin, Serotonin, GABA und Glutamat)

— Wichtigster unmittelbarer Gegenspieler von GABA
— Vermittlung von Sinneswahrnehmungen
— Ausführung von Bewegungen und Gehirnfunktionen wie Lernen und Gedächtnis.
— Appetitregulation – wirkt appetitsteigernd und supprimiert das Sättigungsempfinden

— Steigerung der Kontraktionskraft und Herzschlagfrequenz
— Regulation von Darm-, Bronchial- und Uterusmotorik
— Regulation von Schlaf-Wach-Rhythmus, Nahrungsaufnahme, Körpertemperatur
— Steuerung der Stimmungslage + Beteiligung an Abhängigkeits- und Belohnungsreaktionen

— Hemmung der Ausschüttung von anregenden Neurotransmittern und Geschlechtshormonen
— Verhindert Überstimulation von Neuronen
— Serotonin stimuliert GABA-Synthese stimuliert und erhöht GABA-Rezeptoraffinität

— Weiterleitung der Befehle des Nervensystems an die Muskulatur
— Steigerung der Wahrnehmungsfähigkeit
— Hemmung der Ausschüttung des Hormons Prolaktin Regulierung der Durchblutung von Bauchorganen
— Förderung von Stimmung und Glücksgefühlen und Feinkoordination der akuten Stressantwort (mit Serotonin und Noradrenalin und Adrenalin)

— Beeinflussung von Lernen und Gedächtnis
— Erleichterung der Informationsspeicherung im Hippocampus und Verbesserung der Aufmerksamkeit
— Sensibilisierung von Schmerzrezeptoren
— Modulation des Schlafrhythmus; als Hormon blutdrucksenkende Wirkung und Verlangsamung des Herzschlages

UMWELTWAHRNEHMUNG UND VERARBEITUNG

ENTWICKLUNGSBIOLOGISCHE REGELN UND PLASTIZITÄT

Ohne auf die immer wieder, leider auch in neueren Darstellungen vorgenommene Unterscheidung zwischen angeborenem und erworbenem Verhalten einzugehen (zu dieser Diskussion siehe z. B. Gansloßer, 2020), müssen wir uns gerade bei der Entwicklung kognitiver Leistungen unserer Hunde einiger Grundprinzipien moderner Entwicklungsbiologie vergewissern.

PLASTIZITÄT UND ROBUSTHEIT

Patrick Bateson von der Universität Cambridge hat zu diesem Thema eine ganze Reihe von wichtigen Erkenntnissen und Schlussfolgerungen veröffentlicht (Zusammenfassung in Bateson und Gluckman, 2011). Zum Beispiel werden die entwicklungsbiologischen Abläufe in der Individualgeschichte eines Lebewesens als ständiges Zusammenspiel zweier Prozesse dargestellt, nämlich der **Plastizität** und der **Robustheit**. Beide sind eng miteinander verbunden, geradezu verschränkt, und beeinflussen nicht nur die Entwicklung des betreffenden Lebewesens, sondern auch einander gegenseitig. Trotz dieser ständigen Verschränkung betonen Bateson und Gluckman, dass eine allzu ganzheitliche Position („alles hängt mit allem zusammen“) nicht den Gegebenheiten in der Entwicklungsbiologie entspricht.
Sie vergleichen die Entwicklung eines Lebewesens mit einem Schachspiel. Dessen Regeln sind streng festgelegt, können auch nicht verändert werden. Die Felder und die Positionen der Figuren auf dem Schachbrett sind eng begrenzt. Trotzdem schafft jede Figurenposition eine neue Abhängigkeit, die nur durch die Leistung des Spielers ausgeübt wird. Zwei Spieler, die mit unterschiedlicher Voraussicht ausgestattet sind, treten in Wettstreit miteinander, und die verschiedenen

Ein Schachspiel wird von Bateson und Gluckman (2011) als Symbol für Entwicklungsabläufe verwendet.

Sequenzen und Züge im Spiel können in einer enormen Bandbreite vorgenommen werden. Trotz der einfachen, geradlinigen Regeln kann also das Ergebnis des Spiels extrem komplex sein.

EINTEILUNG DER REGELN

Gerade über diese Regeln hat sich Ádám Miklósi (2015) in Bezug auf die Entwicklung unserer Hunde nochmals ausführlicher geäußert. Als allgemeinere Einteilung der Regeln kann man **richtungsgebende und beendende Regeln** finden. Bereits dieses Rahmenwerk erlaubt uns z. B. die Frage, ob bestimmte Verhaltensmuster mehr endogen, oder mehr von außen kontrolliert werden, und ob ihr weiteres Auftreten auch in späteren Verhaltensperioden noch von inneren (z. B. Reifung) oder äußeren (z. B. Verhalten der Mutter) Einflüssen abhängt. Eine genauere Einteilung, die dann auch mit Beispielen aus dem Hundeleben verständlich wird, wurde von Martin Caro und Patrick Bateson (1986) aufgestellt: **Kanalisierende Effekte** sind solche, die die Unterschiede zwischen verschiedenen Individuen eher klein halten, z. B. dass auch junge Wölfe in Isolation von ihren Artgenossen noch das typische soziale Verhalten zeigen. **Erleichternde Regeln** und Ereignisse dagegen beschleunigen das Auftreten bestimmter Verhaltensmuster. Beobachten Hundewelpen z. B. ihre Mutter bei der Arbeit, sind sie wesentlich schneller beim Erlernen gleicher Verhaltensmuster. In wiederum anderen Fällen müssen dauerhafte Umwelteinflüsse das Verhalten aufrechterhalten, wie z. B. durch die Lecktätigkeiten der Mutter in den ersten Entwicklungstagen. Umweltereignisse können letztlich auch das Tier zu einer bestimmten Entwicklung prädisponieren, wie z. B. durch den Kontakt mit Menschen in den ersten Lebenstagen und Wochen eine wesentlich höhere soziale Disposition bei Wölfen, aber auch bei vielen anderen Tierarten nachgewiesen ist.

KEINE ENTWICKLUNG IM GLEICHSCHRITT

Ebenso wichtig, gerade auch im Hinblick auf Diskussionen z. B. um den optimalen Abgabezeitpunkt eines Hundewelpen und den Übergang von der Zuchtstätte in die neue Familie, sind noch weitere, aus den entwicklungsbiologischen Regeln und Erkenntnissen ableitbare Befunde: ein Lebewesen entwickelt sich nämlich nicht im Gleichschritt. Verschiedene Organe, verschiedene Bestandteile des Nerven- oder Hormonsystems, aber auch unterschiedliche Bestandteile des Verhaltensrepertoires können bei manchen Individuen beschleunigt, bei anderen eher verlangsamt auftreten. Dies betrifft nicht nur Rasseunterschiede, selbst innerhalb des gleichen Wurfes können solche Unterschiede auftreten. Kathryn Lord aus der Arbeitsgruppe von Ray Coppinger hat diesen, als **Heterochromie** bezeichneten Prozess bei Hundewelpen verschiedener Rassen im Vergleich mit Wolfswelpen ausführlicher bearbeitet (Lord 2010, 2013). Die genaueren Unterschiede zur Disposition verschiedener Rassen, im Zusammenhang mit ihrer früheren Arbeitsgeschichte, haben wir bereits erwähnt (siehe S. 62 ff.). Bemerkenswert ist jedoch in diesem Zusammenhang, wie unterschiedlich diese Prozesse im Laufe der Welpen- und Junghundentwicklung ablaufen, und mit welcher Verschränkung von inneren und äußeren Faktoren sie gesteuert werden.

VORHERSAGE VON VERHALTEN

Verwandt mit der Frage nach dem optimalen Abgabealter ist auch die Frage nach der Sinnhaftigkeit sogenannter Welpentests. Auch hier hat Ádám Miklósi (2015) eine Reihe von Bemerkungen und Anmerkungen formuliert. Nicht nur, dass die Entwicklung und die Form der Verhaltensänderungen, die Geschwindigkeit und andere Faktoren im Laufe der Welpenentwicklung sich ändert.

Keiner spielt zweimal mit demselben Hund ... jeder Zug beeinflusst beide Beteiligten.

Die gemessenen Variablen, gerade bei den sogenannten Welpentests, können unter Umständen bei Erwachsenen und bei Welpen bzw. Junghunden ganz unterschiedlich definiert werden. Letztlich beeinflusst auch die Testung die weitere Entwicklung des Welpen, sodass der Vorhersagewert dadurch wiederum beeinträchtigt wird. Einflüsse wie etwa das Verhalten der Mutter, die Zuchtstätte und sonstige Umweltfaktoren kommen noch hinzu. Miklósi schließt daraus, dass, wenn überhaupt, Tests für unterschiedliche Eigenschaften, für unterschiedliche Eignungen in der weiteren Ausbildung und für allgemeine Persönlichkeiten in unterschiedlichen Altersabschnitten, und keineswegs alles am gleichen Tag, an der gleichen Stelle durchgeführt werden sollten. **Bestenfalls liefern solche Tests also Zustandsbeschreibungen und Momentaufnahmen, mit denen möglicherweise zukünftige Trainings- und Erziehungsprogramme individuell besser zugeschnitten werden.** Eine allgemeine Vorhersagbarkeit im Sinne von „Wenn-Dann-Beziehungen" dagegen wird in den allermeisten, auch von Miklósi oder auch von Jones und Gosling (2005) referierten Studien nicht bestätigt.

SENSIBLE BZW. KRITISCHE PHASE

Zu den Regeln der Individualentwicklung gehört auch das Konzept der sensiblen Phasen, vor allem im Zusammenhang mit Prägungsprozessen. Prägungen, in speziellen Entwicklungsabschnitten erleichterte und langzeitstabile Lernprozesse, sind in der verhaltensbiologischen Literatur häufig beschrieben worden. Im Zusammenhang mit Hunden betreffen sie überwiegend Nahrung, Artgenossen-Identität, sexuelle Prägung und die Umweltfaktoren (Näheres siehe Gansloßer, 2020).

Im Zusammenhang mit den unterschiedlichen Einschätzungen der Dynamik entwicklungsbiologischer Prozesse wird auch das Konzept der sensiblen Phasen immer wieder neu bewertet. Die traditionelle Bezeichnung „kritische Phase", wie sie in der ursprünglichen Prägungsliteratur u. a. genutzt wurde, wird weitgehend wegen des Eindrucks der Unumstößlichkeit und der Nichtnachholbarkeit heute eher abgelehnt. Letztlich ist wichtig, dass wir uns über die Dynamik und über die vielfältigen wechselnden Einflüsse im Klaren bleiben, dann können wir auch beide Begriffe, je nach individueller Vorliebe, nutzen.

ENTWICKLUNG VON GEHIRN UND SINNESORGANEN

Gerade die wechselseitigen Beeinflussungen zwischen Gehirnentwicklung, Entwicklung des Hormonsystems und Entwicklung der Sinnesorgane einerseits, und die ständigen Wechselwirkungen mit Umwelteinflüssen und Reizen, sind besonders gute Beispiele für die Regelkreise zwischen Umwelt und Innenwelt, und die verschiedenen Merk- und Wirkorgane in diesem Beeinflussungssystem (siehe S. 12). Selbstverständlich beginnen diese Beeinflussungen bereits vor der Geburt. Über die hormonellen Einflüsse, z. B. auf das Verhalten beim Urinabsetzen und Markieren, wurde bereits vor mehr als 50 Jahren bei der Entwicklungsstudie von Frank Beach (siehe Ganslosser und Kitchenham, 2012) ausführlich berichtet. Vorgeburtliche Einflüsse, z. B. Anflutung von Sexualhormonen im Gehirn, führen dazu, dass selbst bei der Geburt experimentell sofort kastrierte männliche Hundewelpen später ebenso das Bein heben wie intakte. Aus Studien an Mäusen und anderen Labortieren ist auch bekannt, dass das Streifgebietsverhalten, die Revierverteidigung und andere, das Sozialverhalten betreffende Faktoren durch diese vorgeburtlichen Anstiege bereits beeinflusst werden.

Seit den Untersuchungen von Peter Hepper wissen wir auch über die vorgeburtlichen Einflüsse auf die spätere Nahrungsbevorzugung (siehe S. 165). Bekommen Hundemütter aromatisierte Nahrung, übernehmen die Welpen diese Bevorzugung.

GEHIRNENTWICKLUNG IN ABSCHNITTEN

Auch wenn die wichtigsten Studien über die Gehirnentwicklung bei Hundewelpen von Michael Fox (1975) bereits ein gewisses Alter aufweisen, sind sie trotzdem immer noch richtungsweisend. Wie bei den meisten Tieren, ist auch beim Hund das Gehirn nach der Geburt noch nicht fertig. Die Entwicklung vollzieht sich in mehreren Abschnitten, mindestens bis zum Ende des dritten Lebensmonats. Anzunehmen ist, dass die Gehirnentwicklung auch danach noch in großen Schritten voranschreitet, die Untersuchungen von Michael Fox jedoch wurden aus praktischen Gründen im Bereich des dritten Lebensmonats beendet.

Bis zum Alter von ca. sechs Wochen ist noch eine **Zunahme der Neuronenzahl**, also der Nervenzellen, im Gehirn zu beobachten. Auch biochemisch ändert sich in dieser Zeit einiges, erst nach einem Alter von ca. sechs Wochen sind z. B. die **Konzentrationsverhältnisse verschiedener Stoffwechselprodukte,** wie etwa Aminosäuren, Traubenzucker und andere, mit denen des erwachsenen Hundehirns vergleichbar. Das Mischungsverhältnis von DNS, also der eigentlichen Erbsubstanz, und der RNS, also den für die Umsetzung der Erbinformation notwendigen Hilfsbotenstoffen, ähnelt dann auch dem des erwachsenden Hundes.

Auch die **Zahl der Nervenfasern** und der von Zelle zu Zelle geknüpften Verbindungen, die sogenannten **Dendriten**, nimmt in den ersten Lebenswochen noch dramatisch zu. Die Zahl der Dendriten ist vorwiegend im Bereich der dritten bis vierten Lebenswoche, die Zahl der Nervenfasern, die eher für die Fernkommunikation verantwortlich sind, auch noch in späteren Lebenswochen und Monaten zunehmend kompliziert und verschaltet.

Von besonderer Bedeutung für die Reizleitung und für große Plastizität sind die **Markscheiden**, auch als Myelinscheiden bezeichnet. Diese, keineswegs nur als Isoliersubstanz zu betrachtenden Umhüllungen der Nervenfasern, werden ebenfalls erst ab der ca. fünften Lebenswoche stark ausgebildet. Diese Myelinisierung zieht sich mindestens bis zur zehnten Woche, wahrscheinlich sogar noch darüber hinaus, fort. Die Myelinisierung beginnt in den vorderen Körperabschnitten und pflanzt sich dann langsam in den Schulter- und Rumpfbereich, bis zum Becken und den Hinterextremitäten, und schließlich auch zum Schwanz fort. Das ist wohl einer der Gründe dafür, dass die jungen Welpen zunächst überwiegend mithilfe der Vorderbeinchen krabbeln, die Hinterbeine werden erst in späteren Lebensaltern eingesetzt (Gansloßer und Krivy, 2014).

Ab der fünften bis sechsten Woche sind auch die Bildungen für **Hilfszellen**, die für die Versorgung im Gehirn bedeutend sind, sowie die Versorgung mit Baumaterial zu beobachten. Auch diese Vermehrung zieht sich mindestens bis zum Ende der zwölften Lebenswoche hin. Die Hilfszellen liegen nicht nur einfach im Hirngewebe herum, sie bilden selbst Auswüchse, um sozusagen ihre Kundschaft mit einem besseren Verteilungsnetz bedienen zu können. Aus Studien an Labortieren wissen wir, dass z. B. mangelnde soziale Fürsorge, länger andauernde soziale Isolation und andere Beeinträchtigungen des sozialen Umfelds bereits in den ersten Lebenstagen und Wochen zu einer nachhaltigen Störung der Myelinisierung im Gehirn führen.

Mit allen Sinnen die Umwelt erkunden und mit ihr in Wechselwirkung treten.

Bei Hundewelpen entwickeln sich die Vorderbeine deutlich früher als die Hinterbeine.

In vielen Untersuchungen an verschiedensten Tierarten zeigt sich auch, dass diese ersten, im wahrsten Sinne des Wortes prägenden Einflüsse auf die Gehirnentwicklung bereits mit dem ersten zaghaften Öffnen der Augenspalten für die Sehfähigkeit und der Öffnung des Gehörgangs für die Hörfähigkeit beginnen. Nur wenn diese Sinnesorgane die notwendige Anzahl und Vielfalt von Reizen aufnehmen und ans Gehirn leiten, werden Verschaltungen, Verknüpfungen und damit auch die Reaktionsfähigkeit und Rechnerkapazität des Gehirns verbessert.

Von ebenso großer Bedeutung ist, dass ca. um die fünfte Woche herum das **Hormonsystem** eine wesentliche Reifung erfährt. Gerade das Adrenalinsystem, das selbstverständlich auch schon bei jüngeren Welpen und sogar ungeborenen Hunden vorhanden ist, beginnt ab der fünften Woche verstärkt auf Außenreize zu reagieren. In dieser Zeit beobachtet man dementsprechend auch den Anstieg der Nervosität und die Reaktion auf Unbekanntes. Die Differenzierung des Adrenalinsystems ist auch für die unterschiedlichen Persönlichkeitstypen verantwortlich, deren Auswirkungen sich ebenfalls erstmalig ca. in der fünften bis sechsten Lebenswoche zeigt.

An der Basis des Großhirns liegt eine Schaltzentrale, die wegen ihres anatomischen Aufbaus als **Streifenkörper** bezeichnet wird. In dieser Region gibt es u.a. viele Nervenfasern, die vom Dopaminsystem gesteuert werden. Tiere, die in einer sehr langweiligen Standardumgebung ohne vielfältige Anreize aufwachsen müssen, haben lebenslange Defizite in dieser so wichtigen Region des Streifenkörpers. Die Dopamin abhängigen Fasern sind dann nur in sehr geringer Anzahl vorhanden, was u.a. auch eine erhöhte Neigung zu Stereotypien und Zwangsstörungen in späteren Lebensabschnitten bedeutet (siehe Gansloßer, 2023).

Auch die Entwicklung von **Hirnstromwellen** zeigt, dass bereits vor dem Öffnen der Augen wahrgenommene Lichtblitze nicht nur der Verbesserung der optischen, sondern auch der akustischen Verarbeitungssysteme im Gehirn dienen können. Elektrische Potenziale in verschiedenen Sinnessystemen, die mit der Reifung der Sinnesorgane zusammenhängen, können in unterschiedlichen Lebenswochen ausgelöst werden. Zwischen der zweiten und dritten Woche ändern sich auch die Tätigkeiten und die Formen der langsamen Hirnstromwellen des ruhigen Schlafens.

Nach der vierten Lebenswoche sind Längen- und Breitenverhältnisse des Gehirns weitgehend denen der erwachsenen Hunde ähnlich, bis zur sechsten Lebenswoche findet man, wie erwähnt, das größte **Hirnwachstum**. Danach ändert sich „nur" noch das Größenverhältnis der Großhirnhälften, und die einzelnen Anteile des Schläfen- oder Seitenlappens sowie Teile des Althirns, das mit der geruchlichen Orientierung zu tun hat.

Eine **Verdickung und Vergrößerung von Stirn- und Hinterhauptregion** und eine zunehmende **Komplexität der Hirnwindungen** werden ebenfalls erst in der nachgeburtlichen Welpenentwicklung ausgebildet. Während im Bereich des motorischen, also für die Steuerung von Bewegung verantwortlichen Teils der Großhirnrinde bereits zwischen der vierten und fünften Lebenswoche die wichtigsten Reifungsprozesse abgeschlossen sind, vergrößern sich manche Zellen noch bis zur zehnten Woche. Berichte und Studien an anderen Tiergruppen belegen eindeutig, dass gerade in dieser Zeit z. B. durch Spielverhalten und andere körperliche Bewegungen Rückmeldungen ans Gehirn und damit verstärkte Reifungs- und Wachstumsimpulse gesendet werden. Gleiches gilt, wie Studien an Labortieren, aber auch vergleichende Beobachtungen z. B. an menschlichen Kleinkindern zeigen, für die **Reifung des Kleinhirns**, und auch hier wieder vor allem der Kleinhirnrinde, die ja nichtvnur für höhere Bewegungskoordinationen verantwortlich ist (siehe S. 101).

Gerade im **vordersten Frontalhirn**, dem bekanntermaßen für Exekutivfunktionen und soziale Kompetenz besonders wichtigen Teil, wird die Myelinisierung und die sonstige Reifung erst in sehr viel späteren, zum Teil erst pubertären Entwicklungsabschnitten vollzogen.

Die vielfältigen Entwicklungseinflüsse, die wir auch selbst mitsteuern können, werden nur dann zur vollen Leistungsfähigkeit des Gehirns führen, wenn wir die schmale Gratwanderung zwischen der notwendigen Forderung und Förderung einerseits, und der Gefahr einer Überforderung andererseits immer richtig bewältigen.

„Immer" ist jedoch in diesem Zusammenhang ein eher relativer Begriff, denn die Plastizität der Gehirnentwicklung, das wissen wir aus Untersuchungen an vielen Säugetierarten einschließlich des Menschen, ist gerade in dieser Zeit sehr groß.

Je mehr Fragen ein Welpe an die Umwelt stellen kann, desto besser.

Wir müssen uns also nicht bemühen, immer ständig und jeden Tag die richtige Kombination und die richtige Dosierung der Umweltreize zu setzen. Das Gehirn der heranwachsenden Welpen und Junghunde ist durchaus in der Lage, zwischen mehreren Tagen, bisweilen auch zwischen mehreren Wochen sozusagen ausgleichend die Reizkombinationen und Reizintensitäten hin und her zu schaufeln, um zum Schluss dann doch eine möglichst optimale Ausbildung zu erfahren.
Das soll kein Freibrief für Nachlässigkeit sein, aber eben doch eine gewisse Beruhigung für allzu gewissenhafte und dadurch möglicherweise auch gestresste Welpen- und Junghundhalter:innen.

SCHMERZREIZE

Eine besondere, weil u. U. doch auch lebenslang nachhaltige Beeinträchtigung, an die wir leider viel zu selten denken, betreffen die Schmerzreize. Neuere Untersuchungen zeigen, dass gerade im Welpenalter mehr und stärkere Schmerzempfindungen möglich sind als später, möglicherweise auch, weil die noch verminderte Myelinisierung der peripheren Nervenfasern damit zu tun hat. Wenn die Ummantelung noch fehlt oder unvollständig ist, leiten die Nerven nicht nur langsamer, sondern übertragen aufgrund schlechterer gegenseitiger Abschirmung die Informationen auch vielfältig weiter. (Auch in Bereiche des Nervensystems, die gar nichts mit dem Ort der Schmerzentstehung zu tun haben.) Schmerzen werden dadurch an mehr Körperstellen empfunden als üblich, und auch heftiger. Es haben sich außerdem noch nicht genug hemmende Synapsen (siehe S. 103) ausgebildet, um z. B. den Ort der Verletzung gegen umgebende, gesunde Hautstellen in der Empfindungsfähigkeit abzugrenzen. Ein Fallbeispiel aus unserer Beratungspraxis zeigt dies: Ein Hundewelpe, der in den ersten zwei bis drei Lebenswochen eine entzündliche Hautveränderung im Nackenbereich hatte, war sein ganzes Leben lang später im gesamten vorderen Rumpfbereich von der Schulter bis zur Nasenspitze wesentlich berührungsempfindlicher als seine Wurfgeschwister, die von dieser Erkrankung verschont geblieben waren.

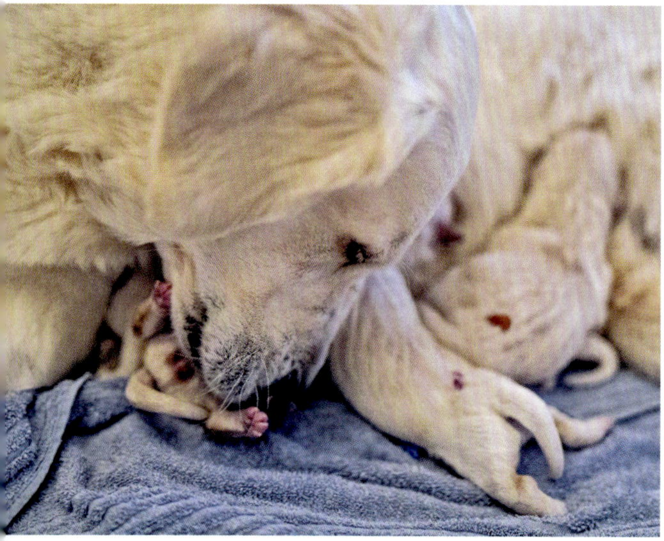

Mütterliches Pflegeverhalten hat Auswirkungen bis ins Erwachsenenalter.

ENTWICKLUNG DER SINNESREIZE

Betrachten wir nun die Entwicklung der Sinnesleistungen, so ist beeindruckend, was bereits vor der Geburt im Mutterleib an Wahrnehmungsfähigkeit vorhanden ist. Die Tabelle zeigt, dass Tasten, Temperaturempfindung, Schmerz, aber auch der Gleichgewichtssinn und zumindest das Vomeronasalorgan und das Geschmacksempfinden bereits im Mutterleib, in der Gebärmutter für die Welpen nutzbar sind. Auch einige Duftkomponenten sind bestimmt schon wenige Stunden nach der Geburt und nur Seh- und Hörreize deutlich nach wenigen Wochen erstmals wahrnehmbar.

ENTWICKLUNG DER SINNE (AUS RAUTH-WIDMANN, 2014)

SINN	BEGINN DER WAHRNEHMUNG	MAXIMALE EMPFINDLICHKEIT/ SCHÄRFE ERREICHT
Tasten über Druck-, Berührungs- bzw. Vibrationsrezeptoren der Haut (Tastsinn, taktile Wahrnehmung, Mechanorezeption)	im Uterus, also bereits vor der Geburt	wenige Tage nach der Geburt – außer zum Beispiel bei den Tastrezeptoren der Pfotenballen, bei denen eine maximale Wahrnehmungsfähigkeit wohl erst nach einigen Wochen erreicht wird
Temperaturregistrierung über Kalt- und Warmrezeptoren der Haut (Temperatursinn, Thermorezeption)	im Uterus	wenige Stunden nach der Geburt
Schmerzempfinden über Schmerzrezeptoren (Schmerzsinn, Nozizeption)	im Uterus	wenige Tage nach der Geburt
Erkennen der Lage im Raum mittels Gleichgewichtsorganen im Innenohr (Gleichgewichtssinn)	im Uterus	wenige Tage nach der Geburt-
Geruchswahrnehmung über das Mund-Riechorgan (Vomeronasalorgan = VNO resp. Jacobson'sches Organ) am Gaumen (Geruchs- oder olfaktorischer Sinn)	bereits im Uterus entwickelt, unmittelbar nach der Geburt sehr gut ausgeprägt	zum Zeitpunkt der Geschlechtsreife
Riechen über die Geruchssinneszellen der Regio olfactoria in der Nase (Geruchs- oder olfaktorischer Sinn)	einzelne Duftkomponenten leicht flüchtiger Duftstoffe werden bereits einige Stunden nach der Geburt wahrgenommen	kontinuierliche Zunahme der Leistungsfähigkeit, voll ausgereift ist das Riechepithel mit Vollendung des 4. bis 5. Lebensmonats – Verbesserung der Differenzierungsfähigkeit von Geruchsstoffen lebenslang möglich
Geschmacksempfinden über die Schmeckzellen der Zunge (Geschmackssinn, gustatorische Wahrnehmung)	mit ziemlicher Sicherheit bereits im Uterus	wenige Tage nach der Geburt
Sehen mittels der Photorezeptoren der Netzhaut (Gesichtssinn, optische Wahrnehmung)	mit etwa 14 Tagen	im Alter von etwa 3 Monaten
Hören über das Hörorgan (Corti-Organ) in der Schnecke des Innenohrs (Hörsinn, akustische Wahrnehmung)	über die Ohrkanäle mit etwa 17 Tagen – ob über Vibration und Knochenleitung schon beim Ungeborenen eine Art Hörerlebnis möglich ist, scheint aufgrund der Unreife der Hörzellen zweifelhaft	im Alter von etwa 3 Monaten

Bewegungen helfen bei Junghunden nicht nur zur Verbesserung der Körperbeherrschung.

Aber auch Sinnessysteme, die bereits vor der Geburt oder rund um den Zeitpunkt der Geburt herum angelegt sind, werden im Laufe der weiteren Welpen- und Junghundentwicklung noch perfektioniert. Die Tabelle zeigt beispielsweise, dass auch einige Regionen des Tastsinnes erst nach einigen Wochen die perfekte Wahrnehmungsfähigkeit ausgebildet haben, und dass auch nach dem Öffnen der Augenspalten bzw. der Gehörgänge keineswegs sofort die volle Leistungsfähigkeit der Seh- bzw. Hörzellen möglich ist. **In beiden Fällen, bei den sogenannten Distanzsinnesorganen, dauert es mindestens drei Monate, bis die Hunde genauso gut hören oder sehen können wie Erwachsene. Beim Vomeronasalorgan ist wohl sogar bis zum Zeitpunkt der Geschlechtsreife zu warten, bevor es seine vollkommende Empfindlichkeit und Schärfe erreicht hat. Ähnliches gilt für das Riechepithel, das ebenfalls erst mit ca. fünf Monaten seine volle Leistungsfähigkeit erreichen kann.** Gerade hier ist sogar die individuelle Beeinflussung noch von großer Bedeutung (siehe S. 164 ff.). Ausführlichere Darstellung über die individualgeschichtlichen Zusammenhänge in der Entwicklung von Gehirn und Sinnesorganen finden sich bei Brigitte Rauth-Widmann (2014), Bernd Schröder (2022), sowie in der allgemeinen Welpen- und Junghundentwicklungsübersicht von Gansloßer und Krivy (2014).

UNTERSCHIEDE IN DER ENTWICKLUNG VON WOLF UND HUND

Wie Kathryn Lord in ihrer Doktorarbeit zeigen konnte, sind Unterschiede in den Entwicklungsgeschwindigkeiten beispielsweise zwischen Wolfswelpen und Haushundwelpen, aber auch innerhalb der Haushunde zwischen verschiedenen Rassen oftmals mit verantwortlich für spätere Verhaltensprofile (Lord 2010, 2013; Lord et al., 2017). Die Entwicklungsgrafik zeigt, dass bei Wölfen die kritische Phase mit der motorischen Koordination und Beweglichkeit bereits in der zweiten Lebenswoche beginnt, und mit einem verstärkten neophoben Verhalten ab der sechsten Woche endet. Die akustische Orientierung ab der dritten und die visuelle ab der vierten Woche beginnen bei Wolfswelpen also erst deutlich nach dem Beginn der motorischen Erkundungsphase. Dadurch sind in den ersten Lebenswochen auch wesentlich weniger Einflüsse auf das Gehirn durch die noch nicht entwickelten Fernsinnesorgane möglich. Bei Haushunden dagegen beginnt diese Entwicklung der motorischen Koordination ab der vierten Woche, die akustische Orientierungsmöglichkeit ist dann bereits mindestens eine Woche vorhanden, und die visuelle beginnt gleichzeitig. Die Phase der Neophobie wiederum, die Vermeidung von neuen, unbekannten Situationen, beginnt bei Haushundwelpen erst in der achten Woche. Diese unterschiedlichen, gegenseitig verschobenen Einflussphasen, so erklärt Kathryn Lord, könnten sehr wohl auch für das insgesamt etwas erkundungsfreudigere und weniger neophobe Verhalten von Hunden auch später im Leben gegenüber Wölfen mit verantwortlich sein (siehe auch S. 46 ff.).

Wie Kathryn Lord ausführt, ist gerade der Zusammenhang zwischen Annäherung an unbekannte Situationen, Funktionsfähigkeit der zugehörigen Sinnesorgane und einer daraus in der neuronalen Verarbeitung entstehenden Generalisationsfähigkeit wohl einer der wichtigsten Unterschiede dabei. Daneben findet sie z. B. auch, dass die Handaufzucht bei Deutschen Schäferhunden, nicht aber bei Wölfen, einen Einfluss in der Reaktivität bewirkt. Letztlich verweist sie darauf, dass auch bei den immer wieder genannten Silberfuchszuchtversuchen jene Individuen, die auf Zahmheit bzw. Zähmbarkeit selektiert wurden, in Bezug auf den Beginn des Furchtsamkeitsverhaltens bis zu 20 Tagen nach den unselektierten Artgenossen verzögert waren.

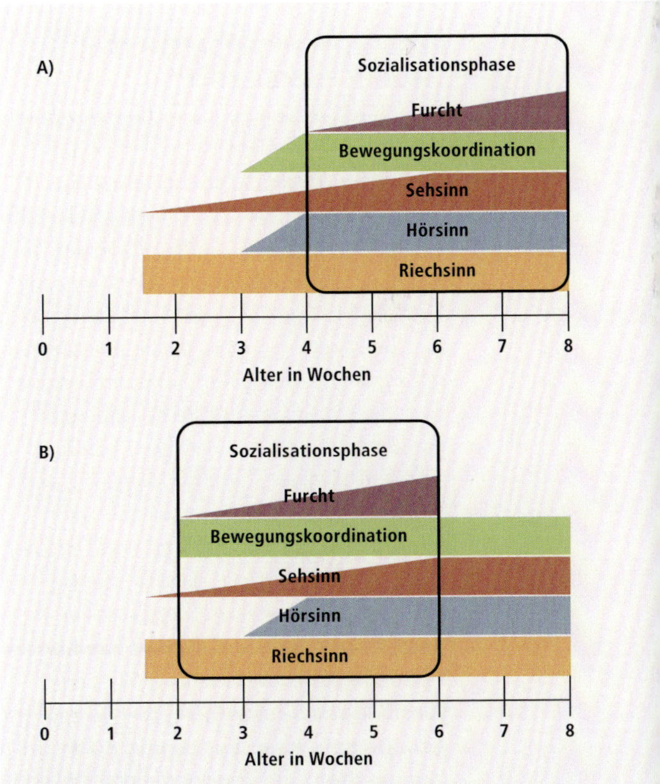

Unterschiedliche Entwicklung der körperlichen Leistungen und der Sinnesleistungen bei Haushunden (A) und Wölfen (B) nach Kathryn Lord (z. B. 2013).

☞ **Aus der Forschung (von Tierärztin Aletta Winkler)**

HOCHSENSIBILITÄT

In den letzten Jahren ist der Begriff „Hochsensibilität" immer mehr in den Vordergrund gerückt. Es gibt Überlegungen, dass Hochsensibilität eine Art Traumafolgestörung ist, oder der Begriff wird mit ADHS oder Autismus in Verbindung gebracht. Deswegen soll hier genauer darauf eingegangen werden, welche wissenschaftlichen Daten zu Hochsensibilität erhoben wurden. Da sie beim Hund noch ein sehr neues Forschungsgebiet ist, soll es zunächst um die Erkenntnisse aus der Humanpsychologie gehen, bevor es dann spezifisch um die Hochsensibilität beim Hund geht.

PERSÖNLICHKEITSMERKMAL „HOCHSENSIBILITÄT"

Elaine Aron, eine amerikanische Psychologin, begann 1996 die Hochsensibilität beim Menschen zu erforschen und prägte den Begriff „Sensory Processing Sensitivity" (SPS). Sie fand heraus, dass ca. 15–20 % der Menschen, unabhängig von Herkunft oder Geschlecht, eine besondere Verarbeitung von Sinnesreizen haben, die zu einer höheren Empfindsamkeit führt. Hierbei handelt es sich nicht um eine Krankheit oder um ein „Getue", sondern Hochsensibilität ist ein Persönlichkeitsmerkmal. Natürlich setzt sich die Persönlichkeit aus vielen Persönlichkeitsmerkmalen zusammen und Hochsensibilität ist nur eines davon, aber sie bleibt stabil über Zeit und verschiedene Kontexte hinweg bestehen. **Genau wie andere Persönlichkeitsmerkmale wird Hochsensibilität als Zusammenspiel aus einer genetischen Veranlagung und Erfahrungen gesehen.** SPS ist nicht mit der „Sensory Processing Sensitivity Disorder" (Sensorische Integrationsstörung) zu verwechseln, die ein pathologisches Syndrom darstellt.

Die Entwicklungspsychologin Anna Jean Ayres definierte die sensorische Integration als den *„neurologischen Prozess, der Sinneseindrücke aus dem eigenen Körper und aus der Umwelt organisiert und es uns ermöglicht, den Körper effektiv in der Umwelt einzusetzen"*. Bei der sensorischen Integrationsstörung können nur ein Sinn oder mehrere Sinne betroffen sein. Die Störung der Sinnesverarbeitung stellt im Gegensatz zur Hochsensibilität einen klaren funktionalen Einfluss auf das Leben des Betroffenen und einen damit verbundenen Leidensdruck dar. Die sensorische Verarbeitungsstörung ist im DC:0-5 der diagnostischen Klassifikation seelischer Gesundheit und Entwicklungsstörungen der Kindheit niedergeschrieben, aber nicht als psychische Störung in medizinischen Handbüchern wie dem ICD-10 oder dem DSM-5 anerkannt.

DAS DOES-MODELL

Dr. Elaine Aron entwickelte das DOES-Modell, bei dem die Akronyme die vier Hauptkriterien für Hochsensibilität beschreiben:

- D = depth of processing (Verarbeitungstiefe)
- O = overarousability (Übererregbarkeit)
- E = emotional reactivity and empathy (emotionale Reaktivität und Empathie)
- S = sensing the subtle (sensorische Sensitivität)

Depth of processing beschreibt die tiefe kognitive und emotionale Verarbeitung. So wollen hochsensible Personen (HSP) Sachverhalte verstehen und Zusammenhänge erkennen, brauchen dadurch aber vielleicht auch länger, um Entscheidungen zu treffen und nehmen in neuen Situationen häufig erst einmal die Beobachterrolle ein. Von

Hochsensibilität bedeutet, dass Sinnesreize sozusagen verstärkt wahrgenommen werden.

Smalltalk oder oberflächlichen Unterhaltungen sind sie schnell gelangweilt und widmen sich lieber tiefgründigeren Gesprächen.

Overarousability kann mit Übererregbarkeit übersetzt werden und deutet darauf hin, dass HSP durch ihr aktives sympathisches Nervensystem schneller von Reizen überwältigt werden.
HSP zeigen außerdem eine starke emotionale Reaktivität – **sensing the subtle**. Sie nehmen also sowohl positive Gefühle wie Freude, als auch unangenehme Gefühle wie Trauer sehr stark wahr. Auch Stimmungen und Emotionen aus ihrer Umwelt entgehen ihnen nicht, was sie zu sehr empathischen Menschen macht.
Als letzter Punkt bemerken HSP oft kleine Details, sind achtsam und sehr feinsinnig. So nehmen sie z. B. Gerüche oder Geräusche ganz intensiv wahr. Aber auch visuelle oder taktile Reize, die Temperatur oder Schmerzen können intensiver wahrgenommen werden. Die Psychologin und Forscherin Prof. Corina Greven vergleicht dies mit einem fehlenden Filter. Diese Merkmale der SPS sind Folge einer tieferen und komplexeren kognitiven Verarbeitung und hängen nicht mit einer tatsächlich höheren Schärfe der Sinnesorgane zusammen.

HSPS-TEST

Elaine Aron und ihr Mann entwickelten 1997 die sogenannte „Highly Sensitive Person Scale" (HSPS). Dieser Test umfasst 27 Fragen, um die sensorische Verarbeitungssensitivität zu messen, die sowohl ein hohes Maß an sensorischer Sensitivität als auch eine damit verbundene Erregbarkeit beinhaltet. In einer Reihe von sieben Studien, in denen verschiedene Stichproben und Messgrößen verwendet wurden, wurde die eindimensionale Variable „Verarbeitungssensitivität" identifiziert und ihre teilweise Unabhängigkeit von sozialer Introvertiertheit und Emotionalität nachgewiesen.
Smolewska, McCabe und Woody (2006) führten eine Faktorenanalyse der HSPS durch und stellten fest, dass dieser Test valide und zuverlässig für die SPS ist. Im Gegensatz zur Feststellung von Aron und Aron, dass die Skala eindimensional ist, zeigten Smolewska et al. jedoch, dass sie aus drei Komponenten besteht:

- Aesthetic Sensitivity (AES) -> Bewusstsein für Ästhetik
- Low sensory threshold (LST) -> niedrige sensorische Schwelle
- Ease of excitation (EOE) -> leichte Erregbarkeit

ZUSAMMENHANG VON HSPS UND BIG FIVE

Außerdem untersuchten Smolewska et al. die Zusammenhänge der HSPS und den Big Five-Persönlichkeitsmerkmalen (Costa und McCrae, 1992). Dabei konnte gezeigt werden, dass „ Aesthetic Sensitivity" (AES) am stärksten mit Offenheit für Erfahrungen assoziiert war, während „Low sensory threshold" (LST) und „Ease of excitation" (EOE) am stärksten mit Neurotizismus assoziiert waren. Neurotizismus beschreibt die emotionale Stabilität. Hohe Neurotizismuswerte gehen mit emotionsgeleitetem Verhalten, der Neigung zu Nervosität, Reizbarkeit und Unsicherheit einher. Die Ergebnisse weisen also auf eine partielle Überschneidung von Hochsensibilität und Neurotizismus hin. Dies korrespondiert mit der Annahme von Aron und Aron (1997), dass SPS ein eigenständiges Konstrukt darstellt und von Neurotizismus abzugrenzen ist. Gegenwärtige Forschungen zum Einfluss der elterlichen Umwelt auf HSP stützen diese Annahme. Untersuchungen bestätigen, dass HSP, die in einer positiven elterlichen Umwelt aufgewachsen sind, ähnliche Neurotizismuswerte haben wie normalsensible Personen. Bei hochsensiblen Personen, die in einem negativen elterlichen Umfeld aufwachsen, kann sich die SPS jedoch als Risikofaktor für psychische Störungen entwickeln (Aron, 2010).

GENE INNERHALB DES DOPAMINSYSTEMS

Eine Studie von Chen et al. (2011) ergab, dass Gene innerhalb des Dopaminsystems einen signifikanten Beitrag zur Variabilität des hochsensiblen Persönlichkeitsmerkmals leisten. Die Forschergruppe wies zehn Gen-Orte auf sieben Genen des Dopaminsystems nach, die mit Hochsensibilität in Verbindung stehen. Dabei wird die kurze Variante des Gens 5-HTTLPR als zentral angesehen. Dieses transkribiert für den Serotonin-Transporter (SERT), der neben dem Neurotransmitter Serotonin selbst auch Dopamin transportiert. **Dopamin spielt im Nervensystem eine wichtige Rolle bei der Verarbeitung von Sinnesreizen.** Es steuert z. B. die Erregungsweiterleitung durch die verstärkte Aktivierung nachgeschalteter Neuronen. Werden die Neuronen stärker stimuliert, so addiert sich der Reiz auf und dieser wird verstärkt wahrgenommen. Die 5-HTTLPR-Genvariante verringert also den

Auch manche Hunde nehmen eine Kontaktaufnahme von Artgenossen verstärkt wahr.

Serotoninspiegel im Gehirn und erhöht die Empfindlichkeit gegenüber der Umgebung. Es gibt sogar Hinweise, dass Träger:innen als Reaktion auf belastende Lebensereignisse eher zu Depressionen neigen. Diese Vulnerabilität tritt jedoch in der Regel nur in Verbindung mit negativen Ereignissen in der Kindheit auf (Aron, 2010).

Sensitive Wahrnehmungsfähigkeit

Im Gegensatz dazu entdeckte der Schweizer Entwicklungspsychologe Pluess eine sogenannte „vantage sensitivity" bei Hochsensiblen, die in einer unterstützenden Umgebung aufgewachsen sind. Der Begriff „vantage sensitivity" beschreibt den Profit von positiven Erfahrungen. Dabei wird die sensitive Wahrnehmungsfähigkeit als Vorteil erlebt und genutzt. Positive Reize werden vermehrt wahrgenommen, negative Reize treten stark in den Hintergrund. Daneben bringt das 5-HTTLPR-Gen auch enorme kognitive Vorteile mit sich. So ist es z. B. mit einer deutlich besseren Entscheidungsfähigkeit in kritischen Situationen verbunden. Neben einer besseren Leistung bei Wahrnehmungsaufgaben haben Träger:innen des 5-HTTLPR-Gens auch eine bessere Fähigkeit, aus Erfahrungen zu lernen.

In einer Studie von Acevedo et al. (2014) konnte mittels funktioneller Magnetresonanztomographie dargestellt werden, dass SPS mit einer erhöhten Aktivierung von bestimmten Gehirnregionen einhergeht. Diese Gehirnareale sind an Empathie, emotionaler Empfänglichkeit und reflektierendem Denken beteiligt. Ob Feinfühligkeit mehr Vorteilen oder Nachteilen bringt, hängt also auch von den äußeren Umständen ab.

In einer anderen interessanten Studie verglichen Acevedo et al. (2017) die Aktivierungsmuster der Hirnregionen von hochsensiblen Personen mit den Aktivierungsmustern von Personen mit Autismus-Spektrum-Störung, Schizophrenie und Posttraumatischer Belastungsstörung. Bei sozialen und emotionalen Stimuli und Wahrnehmungsaufgaben wurden bei hochsensiblen Personen Hirnregionen aktiviert, welche mit der Belohnungsverarbeitung, der physiologischen Homöostase und der Schmerzkontrolle, Empathie, dem Bewusstsein und dem reflektierenden Denken und der Selbstkontrolle assoziiert sind. Sie konnten also zeigen, dass sich Hochsensibilität neuronal tatsächlich von der Autismus-Spektrum-Störung, Schizophrenie und der Posttraumatischen Belastungsstörung unterscheidet.

GIBT ES HOCHSENSIBILITÄT AUCH BEIM HUND?

Mit der Frage, ob es Hochsensibilität auch beim Hund gibt, setzte sich die Tierärztin Dr. Maya Bräm auseinander und entwickelte einen Fragebogen, der Hochsensibilität beim Hund misst. Genau wie beim Fragebogen für Menschen kann man durch die Beantwortung einen Hochsensibilitäts-Score ermitteln.

Durch die Auswertung von 3 647 dieser Fragebögen konnte Bräm bestätigen, dass Hochsensibilität ein Persönlichkeitsmerkmal beim Hund ist, das über die Zeit und verschiedene Situationen stabil bleibt. Spannend ist auch zu sehen, dass hochsensible Hunde (HSD) auf positive Strafe (also auf das Hinzufügen von etwas Schlechtem) stark reagieren, und dass die HSD nur mäßig mit den Werten für Ängstlichkeit und Neurotizismus korreliert war. Dies deutet darauf hin, dass der HSD-Fragebogen eine gute Konstruktvalidität aufweist, und dass die Hochsensibilität bei Hunden zumindest teilweise unabhängig von den anderen einbezogenen Persönlichkeitsmekmalen Neurotizismus und Ängstlichkeit ist. Trotzdem wurde aber auch eine positive Korrelation von der Sensibilität und von Verhaltensproblemen festgestellt, was darauf hindeutet, dass die Hochsensibilität mit einer erhöhten Vulnerabilität (Verletzbarkeit) einhergeht.

Also folglich: Auf jeden Hundemuskel achten, ob er Streicheln positiv empfindet.

Darüber hinaus ist die Hochsensibiltät bei Hunden weitgehend unabhängig von demographischen und menschlichen Faktoren. Das bedeutet auch, dass der Hochsensibilitäts-Score der Hunde nicht vom Hochsensibilitäts-Score der Hundehalter:innen abhängig ist. Interessanterweise wurden aber mehr Verhaltensprobleme bei Hunden festgestellt, wenn die Persönlichkeiten von Hund und Bezugsperson sehr unterschiedlich waren, vor allem, wenn der Hund deutlich sensibler als die Bezugsperson war.

Einsatz von Bestrafung bei hochsensiblen Hunden

Bräm untersuchte auch, inwieweit der Einsatz von Bestrafung in der Erziehung eines hochsensiblen Hundes zu Verhaltensproblemen führt. In der Lernforschung spricht man von positiver und negativer Strafe. Dabei ist positiv und negativ jedoch nicht wertend zu sehen, sondern beschreibt das Hinzufügen von etwas Unangenehmen oder das Wegnehmen von etwas Angenehmem. Ein Beispiel für eine positive Strafe ist der Leinenruck (dem Hund wird etwas Unangenehmes zugefügt). Ein Beispiel für eine negative Strafe ist das Ignorieren (dem Hund wird etwas Angenehmes, nämlich Aufmerksamkeit, weggenommen). **Hierbei stellte sich heraus, dass positive Bestrafung mit mehr Verhaltensproblemen einhergeht. Dies ist jedoch unabhängig von der Sensibilität des Hundes! Im Gegensatz dazu, gibt es jedoch mehr Verhaltensprobleme beim Einsatz von negativer Strafe bei hochsensiblen Hunden. Dies ist bei normalsensiblen Hunden nicht der Fall.**
In Anlehnung an die bereits erwähnten Studien von Aron untersuchte Bräm, wie sich eine negative, nicht unterstützende Umwelt und eine positive, unterstützende Umwelt auf hochsensible Hunde auswirkt und es gab Hinweise darauf, dass genau wie beim Menschen eine höhere Anfälligkeit für hochsensible Hunde besteht, die in einem negativen Umfeld aufwachsen. Ob eine „vantage sensitivity" bei Hunden vorliegt, konnte jedoch nicht herausgefunden werden.

Im Umgang mit hochsensiblen Hunden ergeben sich folgende Ratschläge:

— Stop-and-watch-Verhalten zulassen, Hunden Zeit geben, um neue Umgebungen erst einmal zu erkunden.
— Positive, aber auch Negative Strafe möglichst vermeiden.
— Auf ausreichend Ruhe/Schlafphasen achten.
— Rückzugsorte schaffen und respektieren.
— Strukturierter Tagesablauf
— Bei Medikamenten reichen oft schon niedrigere Dosierungen.
— Sprechen häufig gut auf Körpertherapie an.
— Wenn möglich, sollte die zukünftige Bezugsperson einen ähnlichen Sensibilitätsscore wie der Hund haben.

VERHALTENSENTWICKLUNG UND KOGNITION

Die Entwicklung des Verhaltens heranwachsender Hunde- und Wolfswelpen wurde in sehr vielen Veröffentlichungen ausführlich beschrieben (z. B. Miklósi, 2015; Serpell et al., 2017; Strauß, 2023; Gansloßer und Krivy, 2014). Bemerkenswert ist, dass nicht nur zwischen Hund und Wolf, sondern sogar innerhalb der Familie der Hundeartigen allgemeine Entwicklungsprinzipien zu gelten scheinen, die dann wiederum durch unterschiedliche Prozesse überformt werden. Der allgemeine Ablauf der Entwicklung, wie er z. B. durch Schilderungen vieler Züchter:innen, aber auch durch Beobachtungen an sogenannten Straßen- und Streunerhunden wie auch an Wölfen belegt ist, besteht zunächst einmal darin, dass die ersten ca. drei Wochen in der Wurfhöhle verbracht werden. Der Zeitraum bis ungefähr zum hundertsten Lebenstag wird dann zunächst am Platz vor der Wurfhöhle, und anschließend am sogenannten Rendezvousplatz verbracht, wobei in dieser Zeit vor allem auch eine sehr starke Ortsbindung das sicherheitsgebende Element in der Entwicklung der Jungtiere ist (Miklósi, 2015). Jedoch sind bereits seit Beginn dieses Abschnitts, also etwa ab der vierten Lebenswoche, die Familie, die Verwandten und ggf. auch andere zur Gruppe gehörende Artgenossen an der Betreuung, Bespaßung und später auch Erziehung der Jungspunde beteiligt. Erst mit ca. 14 bis 15 Wochen beginnt dann der Zeitraum, in dem die Jungtiere auch ins Außenrevier gelangen, weil sie mit der Gruppe mitlaufen und anstatt der Ortsbindung, nach und nach eine individuelle, soziale Bindung aufbauen.

VERHALTENSENTWICKLUNG JUNGHUND

Bemerkenswert ist, in welcher Reihenfolge z. B. in der Junghundeentwicklung die verschiedenen Verhaltenselemente auftreten. Hierzu hat Kathryn Lord in ihrer Dissertation eine Reihe von interessanten Entwicklungsdaten dargelegt. Sie verglich die Entwicklung von Welpen von Wölfen, Border Collies und Deutschen Schäferhunden, und zwar am Beispiel des Auftretens der Elemente aus der Beutefangkette (siehe Coppinger und Feinstein, 2015). Die Sequenz der Nahrungsaufnahme unterscheidet sich verständlicherweise bei Neugeborenen und auch älteren Welpen sehr von der erwachsener Tiere. Zudem tritt Spielverhalten auf, das von Kathryn Lord als Beiprodukt der Verhaltensentwicklung (sogenannte Verhaltensmetamorphose, vergleichbar den körperlichen Umgestaltungen z. B. auf dem Weg von der Raupe zum Schmetterling) bezeichnet wird. Trotz dieser Einschätzung des Spielverhaltens als Beiprodukt der Verhaltensentwicklung betont Kathryn Lord jedoch, dass Spielen trotzdem auch Funktionen haben kann.

VERHALTENSKETTE BEUTEFANG

Bemerkenswert ist weiter, dass die Verhaltenskette des Beutefangs sozusagen von hinten herein in der Jungtierentwicklung auftritt: Zunächst wird das Zupacken und Beißen auftreten, danach das Hinterherlaufen und Verfolgen, dann erst das Fixieren und Anschleichen.
Je früher die Verhaltenselemente in der Jugendentwicklung auftreten, desto häufiger sind sie auch im Spiel zu beobachten. Hier gibt es ebenfalls Entwicklungsunterschiede: Wölfe beginnen bereits im Alter von zwei Wochen zu spielen, Hundewelpen allgemein im Alter von vier Wochen. Beim Deutschen Schäferhund tritt das Orientieren, Verfolgen und Zupacken früher auf als bei den Wölfen, beim Border Collie das Orientieren und Hinterherlaufen früher, das Beobachten und Anschleichen im gleichen Alter, wie es die Wölfe zeigen.

RASSEBEDINGTE UNTERSCHIEDE

Dass es auch Unterschiede zwischen Hunderassen in dieser Situation gibt, stellt z. B. der zusammenfassende Artikel von James Serpell, Deborah Duffy und Andrew Jagoe (2017) dar. In dieser Studie werden Beagle, Cocker Spaniel, Foxterrier, Sheltie und Basenji verglichen. Es zeigte sich, dass Foxterrier kaum jemals in einer Zweierkonfrontation um einen Knochen oder ein Spielzeug kämpften, andererseits aber so aggressiv waren, dass manche Würfe bereits mit sieben Wochen getrennt werden mussten. Dominanzbeziehungen waren offensichtlich bei diesen Welpen so früh ausgebildet, dass es zu keiner Zweierkonfrontation kam. Shelties kämpften und griffen einander bereits im Alter von fünf Wochen an, danach aber nicht mehr. Basenjis begannen früh zu streiten und setzten das auch bis zum Ende des ersten Lebensjahres fort. Auch die Untersuchungen von Marc Bekoff (1977) zeigen schon die unterschiedliche, heterochrone Entwicklung des Auftretens von Aggression, Spiel und Dominanzverhalten zwischen Kojoten, Wölfen und verschiedenen Haushunderassen.

AUFTRETEN VON VERHALTEN BEI HUNDERASSEN UND WOLF

Die unterschiedlichen Auswirkungen von Stoppregeln zeigte z. B. eine Untersuchung von Deborah Goodwin (1997) im Zusammenhang zwischen Gestaltänderungen und Verhaltensauswirkungen bei unterschiedlich wolfsähnlichen bzw. wolfsunähnlichen Rassen. Kurz zusammengefasst fand sie, dass, je unähnlicher die Hunderasse im Erscheinungsbild als Erwachsener vom Wolf war, desto früher stoppte die Welpenentwicklung auch bezüglich auftretender Verhaltenselemente. Deshalb waren z. B. Hunde von kleinen, stark mit Kindchenschema veränderten Rassen in vielen Elementen des Beschwichtigungsverhaltens oder der Deeskalation und des Konfliktmanagements sozusagen unbegabter, während die wolfsähnlicheren Rassen hier sehr viel differenzierter signalisieren konnten. Und das betraf, entgegen unserer vielleicht intuitiven Annahme, keineswegs primär die Mimik, die durch das Kindchenschema stark verändert war. Es betraf genauso die Körperpositionen, die man auch mit Knautschnase und hoher Stirn noch genauso gut hätte einnehmen können.
Auch Untersuchungen von Dorit Feddersen-Petersen (2010, siehe auch Miklósi, 2015) zeigen bei unterschiedlichen Rassen, hier allerdings bei vergleichbarer Körpergröße, einen deutlichen Unterschied im Erstauftreten verschiedenster Verhaltensweisen. Objekte schütteln und tragen z. B., trat bei Labrador Retrievern sehr viel später auf als bei Deutschen Schäferhunden, Wölfen oder auch Huskies. Flucht und Vermeidungsverhalten trat bei Großpudeln sehr viel später auf und bei Wölfen bereits im frühesten Altersabschnitt. Beißspiele zeigte der Deutsche Schäferhund mit Abstand am

frühesten von den fünf verglichenen Rassen, Kampfspiele ebenso. Auch Laufen war beim Deutschen Schäferhund deutlich früher zu beobachten, als bei den anderen Rassen, und auch früher als beim Wolf. Reaktion auf akustische Reize dagegen zeigte mit Abstand der Labrador Retriever am frühesten.

SENSOMOTORISCHE INTELLIGENZ

Wenn wir nun wieder auf unseren Uexküllschen Regelkreis, auf die gegenseitige Beeinflussung von Umwelt und Innenwelt, Wirkorgan und Merkorgan blicken, ist besonders interessant, was Sylvain Fiset et al. (2014) über die Entwicklung der sogenannten Sensomotorischen Intelligenz, also die Bewegungskoordination und das erfolgs- und zielorientierte Verhalten von Welpen, gefunden haben. Zielgerichtete Handlungen, z. B. Zupacken, Zerren gegenüber sowohl unbelebten Objekten als auch Artgenossen (vor allem Wurfgeschwister) treten bei Wölfen spätestens in der achten Lebenswoche ein. Sogenannte tertiäre Reaktionen, bei denen die Welpen durch Versuch und Irrtum, wiederholte Aktionen und vor allem konstante Variationen der Bewegungsabläufe weitere Informationen über sich und die Umwelt einholen, fanden die genannten Autoren vor dem Ende der elften Lebenswoche nicht. Vergleichsuntersuchungen anderer Autorengruppen, die diese Verhaltensweisen bereits sehr viel früher beschrieben, können durch die Tatsache erklärt werden, dass Sylvain Fiset und sein Team nur durch Verhaltensbeobachtungen ihre Daten gesammelt haben, während andere Autorengruppen bisweilen auch bereits durch Testsituationen Fragen an die Welpen gestellt haben, diese also gezielt in verschiedene Situationen brachten. Offensichtlich sind diese Testsituationen geeignet gewesen, der Entwicklung der Welpen gewissermaßen einen kleinen Kick zu verschaffen, sodass sie sich schneller weiterentwickeln konnten.

Gerade temperamentvolles soziales Spiel hat sehr viele positive Auswirkungen.

Ist der Mensch noch da? Um das zu „wissen", braucht dieser Hund Objektpermanenz.

OBJEKTPERMANENZ

Das gleiche Team untersuchte, ebenfalls im Vergleich zwischen der Verhaltensentwicklung von Haushunden und Wölfen, das Auftreten der sogenannten Objektpermanenz. Objektpermanenz ist gerade bei Beutegreifern eine notwendige kognitive Leistung. Verschwindet ein Beutetier auf der einen Seite in einem Busch, ohne auf der anderen Seite wieder aufzutauchen, muss es schließlich noch drinstecken. Mit komplexen Testaufgaben konnten die Autoren erkennen, dass bei beiden, bei Haushunden und Wölfen, die Objektpermanenz im Alter von spätestens elf Wochen deutlich und vollständig ausgeprägt war. Sie verstanden also bereits, was es bedeutet, wenn ein Objekt in einem verschlossenen Container versteckt wird, bzw. auch, was es bedeutet, wenn es hinterher wieder aus diesem Container herausgenommen und anderweitig umplatziert wird.

Zusammenfassende Tabellen über das Auftreten verschiedener kognitiver Leistungen, auch im Vergleich zwischen Wölfen und Haushunden, haben Friederike Range und Sarah Marschall-Pescini (2022) dargestellt. Umkehrlernen trat bei Wölfen bereits im Alter von 15 Tagen auf, bei Hunden deutlich später. Selbstbeherrschung und motorische Impulskontrolle, z. B. auf einem Tisch stehen zu bleiben, fanden sich bei Wölfen ebenfalls früher als bei Hunden, nämlich im Alter von sieben Wochen, Umwegaufgaben konnten Wölfe auch früher als Hunde lösen, und zwar im Alter von sechs Wochen bei einem U-förmigen, allerdings erst mit zehn Monaten bei einem V-förmigen Zaun (bei diesen Umwegaufgaben waren Wölfe später dran als Hunde). An einer Puzzlebox, also einer Intelligenzapparatur zu arbeiten, schafften Wölfe und Hunde gleichermaßen ab dem Alter von zwei Jahren. Belohnungsaufschub durch Selbstbeherrschung zu erzielen, erreichten Wölfe früher als Hunde, und zwar im Alter ab einem Jahr.

KOMMUNIKATION IN ALTERSABSCHNITTEN

Ebenso bemerkenswert ist die Kommunikationsfähigkeit in unterschiedlichen Altersabschnitten. Das Verfolgen der Blickrichtung eines in die Ferne blickenden Sozialpartners zeigen Wölfe im Alter von 14 Wochen, wenn es sich um einen Menschen handelt. Bei Artgenossen werden beide Arten, sowohl Wolf als auch Hund, erst im Erwachsenenstadium dazu befähigt. Auch wenn Menschen oder Artgenossen um eine Barriere herumschauen, können Wölfe sie im Alter von 16 Wochen verfolgen, Hunde offensichtlich nicht. Augenkontakt ist bereits ab neun Wochen bei Wölfen, etwas später auch bei Hunden möglich, Zeigegesten werden ab dem Alter von acht Wochen bei Wölfen, früher als bei Hunden, verstanden. Wie differenziert wir hier die unterschiedlichen Befunde betrachten müssen, zeigt der Unterschied zwischen dem sogenannten proximalen und dem distalen Zeigemuster: Kommt die Experimentatorin so nahe an den betreffenden Container, dass sie mit dem Finger nur wenige Zentimeter entfernt deutet, antworten Hunde sehr viel früher, und im gleichen Alter wie Wölfe. Steht sie dagegen weiter von den Containern entfernt, reagieren Wölfe bisweilen besser bzw. früher als Hunde. **Die Studien zeigen also, dass es keine allgemeinverbindlichen Aussagen über „die Verhaltensentwicklung" von Wölfen und Hunden gibt. Die Versuchsbedingungen, die untersuchten Rassen und auch andere Begleitumstände sind hier von großer Bedeutung.**

ABHÄNGIG VON AUFZUCHTBEDINGUNGEN

Auch unabhängig von den eigentlichen Versuchsbedingungen, sind z. B. die Aufzuchterfahrungen der getesteten Individuen offensichtlich sehr wichtig. Vergleicht man, wie z. B. Erika Mirko (2012) dies tat, die Entwicklung und die Verhaltensleistungen von Hunden der gleichen Rasse, die entweder mit vollem Familienanschluss oder im Garten bzw. Zwinger lebten, so waren die Unterschiede zwischen den beiden Aufzuchtsituationen statistisch erkennbar größer, als die zwischen den Rassen. Hunde, die nur im Garten lebten, zeigten sich z. B. wesentlich aggressiver als Hunde, die im Haus lebten, wobei für die Trainierbarkeit sogar ein umgekehrter Zusammenhang festgestellt werden konnte. Die beiden Rassen, in diesem Fall Deutsche Schäferhunde und Magyar Vizsla, zeigten keinen Unterschied, wenn man sie unter gleichen Aufzuchtbedingungen betrachtete (siehe auch Gansloßer, 2023). Baron von Uexküll wäre begeistert!

CHEMISCHE SINNE DES HUNDES

SINNESQUALITÄTEN UND DEREN AUSWIRKUNG

Gerade im Bereich der chemischen Sinne unserer Hunde wirken verschiedene Sinnesqualitäten und deren Auswertung in unterschiedlichen Gehirnabschnitten sehr gut zusammen. Denn eigentlich gibt es ja eine ganze Reihe unterschiedlicher Wege, über die chemische Information ins Gehirn und damit in die Verhaltenssteuerung eines Säugetiers einwirken kann. Man unterscheidet beispielsweise aufgrund der Wirkungszeit zwischen auslösenden und bahnenden Wirkungen in der chemischen Kommunikation.
Bahnende Wirkungen beeinflussen meist entweder die Physiologie des Organismus oder sogar die Ablesung und Umsetzung des Erbguts. Dadurch können z. B. auch langfristige bis lebenslange Auswirkungen entstehen.
Auslösende Wirkungen sind meist auf das Verhalten gerichtet und starten bestimmte Verhaltensabfolgen, etwa im Zusammenhang mit Balz- oder Paarungsverhalten, Nahrungssuche oder auch sozialen Zusammenhängen. Wir befassen uns hier nicht primär mit Kommunikationsprozessen (siehe dazu S. 140 ff. 180 ff.), sondern uns geht es um die Funktion der Sinnesorgane und deren Integration in kognitive Prozesse.

DUFTSIGNALE

Duftsignale, egal, über welchen Kanal sie letztlich wahrgenommen werden, sind ideal geeignet, um entweder langanhaltende Botschaften zu überbringen, oder sich sogar durch zeitabhängige Änderungen noch mit weiteren Informationsbestandteilen zu beladen. Langanhaltende, meist auch zähflüssige Sekrete liefern dauerhaft gültige Botschaften, z. B. Reviermarken. Kurz andauernde, flüchtige Duftstoffe liefern Informationen über Status, Fortpflanzungssituation und mehr (Brown und MacDonald, 1985; Mills et al., 2013; Gansloßer et al., 2020). Die zeitabhängigen Veränderungen in der chemischen Struktur der Signale, die besonders wichtig im Zusammenhang mit dem Sexualverhalten sind, können sich innerhalb von wenigen Tagen verändern, wenn z. B. die Duftmarke einer läufigen Hündin nach drei oder vier Tagen nicht mehr ihren aktuellen Zustand der wirklichen Paarungsbereitschaft signalisiert, sondern eher die Botschaft enthält, hier wäre mal eine läufige Hündin gewesen. Diese chemischen Signale verändern sich daher sehr schnell durch Veränderungen ihrer Zusammensetzung.

BETEILIGTE ORGANE

Zur Entdeckung der chemischen Signale haben Säugetiere eine Reihe von verschiedenen Organen:

— Eine direkte Anregung von Nerven, die nicht unmittelbar dem olfaktorischen System zugehören, betrifft insbesondere den fünften Gehirnnerv. Die Anregung dieses Nervs hat meist etwas mit entweder irritierenden oder sogar gefährlichen Bestandteilen der Umgebung zu tun, und kann auch im sozialen Zusammenhang mögliche unmittelbare Gefahren bedeuten.

— Auch eine direkte Aufnahme von Chemikalien über die Oberfläche von Blutgefäßen, in stark durchbluteten Schleimhäuten besonders leicht möglich, ist immer wieder in Betracht gezogen worden.

— Und dann gibt es die bekannteren chemischen Sinnesorgane, die wir im Folgenden noch ausführlicher behandeln werden, nämlich Geschmack, das Jacobsonsche Organ und den eigentlichen Geruchssinn.

WECHSELWIRKUNG UND KODIERUNG

Wechselwirkungen zwischen diesen Systemen sind jedoch sehr häufig. So finden sich Geschmacksknospen auch am Eingang des Jacobsonschen Organs. Neuere Untersuchungen zeigen bei verschiedenen Säugetierarten sogar Geschmacksrezeptoren in sehr vielen anderen Organsystemen vom Atmungstrakt bis zum Magen-Darm-Bereich (Näheres bei Beauchamp und Jiang, 2015; Choi et al., 2010; Schröder, 2022). Andererseits haben neuere Untersuchungen die chemische Zusammensetzung einer Reihe von Signalsubstanzen bei Säugetieren untersucht und dabei festgestellt, dass man bisweilen auch viel zu kompliziert gesucht und gedacht hat (Apps, 2013). Viele Säugetierduftstoffe bestehen nur aus einem einzigen Stoff und keineswegs aus einem komplizierten Gemisch, andere kodieren zumindest ihre wichtige Information nur durch die An- oder Abwesenheit eines einzigen Duftstoffes. Nur einer von den 31 von Peter Apps untersuchten und diskutierten Düften, kodiert mit dem Verhältnis zwischen zwei Duftkomponenten. Ein komplexes Duftbild, wie es so oft gesucht und dann mit kompliziertester Laboranalytik nicht gefunden wird, scheint also bei der sozialen Kommunikation von Säugetieren gar nicht so üblich zu sein. Dies scheint aber nicht unbedingt für die komplexen Gemische zu gelten, mit denen z. B. Suchhunde, oder andere in der Geruchserkennung verwendete Hunde, menschliche Individuen oder andere Tierarten suchen (siehe S. 166 ff., 176 ff.). Das Zusammenwirken z. B. von Geruchs- und Geschmackssinn kennen wir selbst, wenn wir bei Schnupfen auch die interessantesten Speisen eher langweilig finden. Gerüche und Pheromone verstärken gegenseitig die Erkennung von emotional bedeutsamen Informationen, oder können die emotionale Auswertung von chemischen Signalen gegenseitig beeinflussen. Aber auch außerhalb der chemischen Sinne werden z. B. Pheromone zusätzlich durch optische Art und Weise, z. B. Kratzmarken, erst für den potenziellen Empfänger angekündigt.

EMPFÄNGERPSYCHOLOGIE

Gerade im Bereich der chemischen Sinne werden die psychologischen Zusammenhänge zwischen der Bewertung eines Signals mit der Persönlichkeit und Erfahrung des Empfängers besonders deutlich. Candy Rowe (2013) hat das Thema der Empfängerpsychologie ausführlich in einer Übersichtsarbeit dargestellt. Die psychologischen und persönlichkeitsbezogenen Einflüsse auf die Wirkung eines Signals bestehen aus drei Bereichen:

— Fähigkeit zum Entdecken eines Signals
— Unterscheidungsfähigkeit zwischen verschiedenen Signaltypen
— Fähigkeit zur Gedächtnisspeicherung der Signale

In den meisten Arbeiten, die sich mit Kommunikationsprozessen bei Tieren beschäftigen, wird viel mehr über die Selektionsprozesse auf den Inhalt und nur wenig über die Effektivität der Übermittlung gesagt. Gerade für die Effektivität der Übermittlung und die erfolgreiche Abspeicherung im Gedächtnis des Empfängers sind Signale aus verschiedenen Komponenten nachweislich gemeinsam wesentlich erfolgreicher. Nicht nur optische Warnungen potenzieller Beutetiere, die ihre eigene Ungenießbarkeit darstellen, unterstützen in Kombination mit Gerüchen und Geräuschen die abschreckende Wirkung besser als eine reine Warnfärbung. Die Lern- und Gedächtnisleistungen können durch Lernprozesse auch zur Entstehung von extremen Signalen führen. Der Empfänger hat möglicherweise bereits einen Filter, der aus anderen Verhaltenszusammenhängen wirksam ist, und nimmt dadurch bestimmte Signaltypen besonders leicht wahr. Der Filtermechanismus wiederum kann auf der Leistungsfähigkeit der zugehörigen Sinnesorgane, aber auch als kognitiver Filter aus verhaltensbezogenen Erkennungsprozessen beruhen. Um die Unterscheidbarkeit dieser einander ähnlichen Reize besser zu erreichen, verschiebt sich oft die Wahrnehmungsfähigkeit beim Empfänger. Die Unterscheidbarkeit wird dann durch eine Überhöhung der wenigen vorhandenen Unterschiede gesteigert. Später können auch die Sender auf diese wenigen, aber deutlichen Unterschiede stärker Bezug nehmen. Es können also z. B. zwei Duftkomponenten eines sehr ähnlichen Duftgemisches unterschiedliche Bestandteile im Lauf der weiteren Entwicklung immer mehr in ihrer Konzentration verstärken, sodass nach und nach die Düfte immer extremer auseinanderdriften. Solche Selektionsprozesse, die durch Lern- und Filtermechanismen beim Empfänger beeinflusst sind, können die Signalqualität im Laufe der Zeit also wesentlich verändern, ohne dass eine inhaltliche Änderung der Botschaft als Voraussetzung dafür wäre. Durch Prägungsprozesse und andere Lernerfahrungen können solche Unterscheidungen auch innerhalb der Lebensgeschichte eines Individuums, oder durch epigenetische Weitergabe von Eltern auf Kinder erfolgen. Auch und gerade bei den chemischen Sinnen müssen wir also, um deren Leistungsfähigkeit zu verstehen, mehr als nur die Empfindlichkeit der Rezeptorzellen und ihrer ableitenden Nervenfasern berücksichtigen.

Kratzmarken können als optische Ausrufezeichen wirken, die auf chemische Signale hinweisen.

DER GESCHMACK

In der englischen Sprache ist es einfacher: Dort unterscheidet man **taste**, das sind die wirklich über die Geschmacksknospen der Zunge wahrgenommenen Informationen, von **flavour**, womit die Kombination aus Geruch und der Geschmacksreizung als gemeinsame Bewertung einer Nahrungsqualität gemeint ist.
Den Begriff „flavour" gibt es in keiner deutschen Übersetzung, sodass wir bei Geschmack eigentlich nie so genau wissen, was gemeint ist. Nur wer sich schlau ausdrückt, und von **gustatorischen Reizen** spricht, hat wirklich die Zunge mit ihren Geschmacksknospen im Blick. Und um diese geht es im Folgenden.

GESCHMACKS-REZEPTOREN

Wir alle haben irgendwann in der Schule von vier oder vielleicht auch fünf verschiedenen Geschmacksqualitäten gelernt: süß, sauer, bitter, salzig, und wer in den letzten ein bis zwei Jahrzehnten in die Schule ging, kennt vielleicht auch umami, den als Fleischsaft- oder Würzigkeitsrezeptor bezeichneten fünften Typ.

SÜSSREZEPTOREN

Aber so einfach ist das bei unseren Hunden und ihrer Verwandtschaft nicht: Selbst die Rezeptoren für süß oder für umami unterscheiden sich nämlich stark innerhalb der Ordnung der *Carnivora*. Bei Katzenartigen (sowohl unsere Hauskatze als auch andere Angehörige der Familie *Felidae*), aber auch einigen rein karnivoren Schleichkatzen, der Tüpfelhyäne und dem asiatischen Zwergotter ging die Funktion des traditionellen Süßrezeptors, der vorwiegend auf Zucker und zuckerähnliche chemische Substanzen anspricht, verloren (Beauchamp und Jiang, 2015; Jiang et al., 2012).
Nicht nur bei unserem Haushund und anderen allesfressenden Angehörigen der Ordnung *Carnivora*, sondern auch beim Rotwolf, einer nordamerikanischen, nahe verwandten Art, werden die traditionellen Süßrezeptoren gefunden. Bemerkenswert ist auch, dass diese Rezeptoren sich eher am hinteren Teil, nahe des Zungengrunds finden. Der Verlust des Süßschmeckens hat bei verschiedenen Angehörigen der Ordnung *Carnivora* auf unterschiedlichen evolutionären und genetischen Wegen stattgefunden, da nicht alle der ineffektiven oder funktionslosen Süßrezeptoren auf dem gleichen, biochemischen oder genetischen Prozess beruhen. Beauchamp und Jiang (2015) diskutieren auch, dass noch weitere Substanzen, z. B. Fettsäuren, Calcium oder Stärke die gustatorischen Qualitäten und Wahrnehmungen beeinflussen können.

WASSERREZEPTOREN

Auch Wasser ist für Hunde offensichtlich nicht einfach nur geschmacksneutral, es scheint, es gibt auch dafür einen eigenen Rezeptor (Lindemann, 1996). Die Wasserrezeptoren liegen vorwiegend an der Zungenspitze, zum Teil aber auch auf der Unterseite der Zunge. Das sind die Bereiche, die der Hund beim Trinken vorwiegend ins Wasser taucht, um dann das Wasser regelrecht in die Schnauze hineinzulöffeln. Wechselwirkungen mit Salz oder auch Zucker aktivieren die Wasserrezeptoren zusätzlich. Hier kann also durch starke Salz- oder auch Zuckeraufnahme bereits der Wasserhaushalt auf der Ebene der Zungenrezeptoren reguliert werden.

Auch Hunde haben viele Geschmacksknospen, die ihnen helfen, ein Würstchen von einer Karotte zu unterscheiden.

BEDEUTUNG FÜR DIE ERNÄHRUNG

Die unterschiedlichen Qualitäten der Süß-, Bitter- und wahrscheinlich auch anderer Rezeptoren sind im engen Zusammenhang mit der Ernährungsweise zu sehen. Sie haben aber auch Bedeutung für die derzeit immer wieder, und leider oft nicht sehr fachkompetent geführten Diskussionen über moderne Formen der Hunde- oder Katzenernährung. Wenn Hunde, im Gegensatz zu den rein fleischfressenden Arten wie Tüpfelhyäne, Katzen oder auch rein fleischfressenden Schleichkatzen, den omnivoren Typ von Süßrezeptor besitzen, und auch einen auf traditionelle Säuren, auch Fruchtsäuren ansprechenden Säurerezeptor, dann ist das ein Hinweis darauf, dass sie keineswegs reine Fleischfresser sind, sondern sich, wie ökologische Untersuchungen immer wieder zeigen, durchaus von pflanzlichen, z. B.

Früchten und ähnlichen Futtermitteln ernähren (siehe S. 137 f.). Wenn sie andererseits aber den für Fleischfresser typischen Umami-Rezeptor in höherer Konzentration besitzen, ist dies ein deutliches Zeichen dafür, dass sie keine Vegetarier oder gar Veganer sind.

Die Rezeptoren auf der Zunge unserer Hauskatze sind dagegen ein Argument dafür, dass die nicht fleischbasierte Katzenfütterung, wie sie in manchen Kreisen propagiert wird, absolut nicht verhaltensgerecht sein kann.

GESCHMACKSPAPILLEN

Auf der Zunge des Hundes finden sich, genau wie bei uns Menschen, viele kleine Erhebungen, die man als Geschmackspapillen bezeichnet (Genaueres bei Schröder, 2022). Ihre Form kann pilzförmig, blätterförmig oder von einem Wall umzogen sein, die Funktion ist jedoch offenkundig bei allen diesen Typen gleich. Die unterschiedlichen Formen haben mehr mit der Wirkung der Spüldrüsen, also der rundherum angeordneten kleinen Speicheldrüsen zu tun, die mit entscheidend sind, wie lange sich ein Geschmacksstoff auf der Zunge halten kann. Jede dieser Papillen enthält eine Reihe von Geschmacksknospen und in diesen wiederum finden sich 10 bis 50 Geschmackssinneszellen. Die Geschmackssinneszellen sind es, die mit Rezeptoren den Reiz erzeugen.

Hunde haben nur etwa ein Drittel der Anzahl an Geschmacksknospen wie ein Mensch. Die häufig geäußerte Einschätzung, dass sie dadurch weniger gut schmecken könnten, muss aber zumindest in einigen der Geschmacksqualitäten kritisch hinterfragt werden.

WIRKUNGSWEISE DER GESCHMACKSREZEPTOREN

Bemerkenswert ist auch, dass die fünf „klassischen" Rezeptortypen eine unterschiedliche Wirkungsweise haben: Sowohl der Rezeptor für salzig als auch der für sauer reagieren sehr viel schneller, weil sie über Ionenkanäle (siehe S. 102) funktionieren. Natriumionen, bzw. Protonen im Falle des Sauer-Rezeptors, können über Ionenkanäle direkt ins Zellinnere eindringen und lösen eine Depolarisierung, also einen Anstieg der positiven Ladungen im Zellinneren aus. Über den Botenstoff Serotonin wird die Meldung weitergeleitet. Süß, Umami und Bitterstoffe binden über Rezeptorproteine, also über eigene Empfängermoleküle an der Außenseite der Geschmackszellen. Im Zellinneren muss dann

Viele Schleichkatzenarten gehören im Gegensatz zu Hunden zu den rein fleischfressenden Arten.

eine komplizierte chemische Reaktionskaskade gestartet werden, und letztlich wird über den Botenstoff ATP die Reaktion weitergeleitet. Diese Kaskade, die den sogenannten zweiten Botenstoff (second messenger) auslöst, dauert verständlicherweise länger.

BEDEUTUNG IN DER NAHRUNGSBEWERTUNG

Die Bedeutung der verschiedenen Geschmacksrezeptoren in der Nahrungsbewertung und Nahrungswahl unserer Hunde spiegelt auch deutlich die verschiedenen ökologischen Funktionen wider (z. B. Bradshaw, 1991, 2006).

Salzig ist für einen Fleischfresser normalerweise keine wichtige Information, die Körperflüssigkeiten von Beutetieren enthalten dieses in ausreichender Konzentration (im Gegensatz z. B. zu Pflanzenfressern, bei denen der Salzgehalt der Nahrungspflanzen sehr stark von der Geologie des Untergrundes abhängig ist).

Süß hat bei Hunden und anderen, auch fruchtfressenden Arten, ebenso wie Sauer, etwas mit der Bewertung des Reifezustands der Nahrung zu tun.

Bitterrezeptoren sind von besonderer Bedeutung, um z. B. giftige Substanzen, aber auch bereits leicht oder stärker vergammeltes Futterfleisch zu erkennen. Dass Hauskatzen z. B. sehr empfindlich auf Bitterstoffe reagieren und deshalb schon leicht angegammeltes Fleisch nicht mehr fressen, Hunde dies dagegen sehr gerne tun, hat etwas mit der unterschiedlichen Konzentration von Bitterrezeptoren auf der Zunge zu tun. Dass Hunde z. B. verdorbenes und potenziell auch schwer verdauliches Fleisch immer noch sehr gernezu sich nehmen, ist ja geradezu sprichwörtlich.

Auch erfahrungsabhängiges Lernen (z. B. mit brechreizerzeugenden Nahrungszusätzen wie **Lithiumchlorid**), scheint bei Hunden sehr viel langsamer und weniger effektiv zu sein als bei Katzen. John Bradshaw (1991, 2006) referiert Befunde, die zeigen, dass z. B. eine Katze bereits bei einmaligem Kontakt mit Lithiumchlorid das damit versetzte Futter zuverlässig und dauerhaft meidet. Hunde dagegen sind mit diesem Nahrungszusatz kaum von einer bestimmten Futtersorte abzuschrecken. Nebenbei: Die Anwendung von Lithiumchlorid als Abschreckungszusatz wird in der Wildbiologie durchaus eingesetzt, um Gelege von bodenbrütenden Vögeln vor stöbernden Fressfeinden (Waschbären, Füchse etc.) zu beschützen. Die Hoffnung, einen Hund dadurch vom Jagen abbringen zu können, ist durch die genannten Befunde dagegen sehr schnell zerstört. Bemerkenswert ist, dass Kojoten durchaus durch Lithiumchlorid versetztes Schaffleisch davon abgehalten werden, hinterher lebende Schafe anzugreifen (Burns et al., 1984). Die konditionierte Abneigung scheint also selbst innerhalb der Gattung *Canis* unterschiedlich zu funktionieren (Conover, 1997).

Der Haushund, der Dingo, sowie der Rotfuchs und eine Reihe von Katzenartigen weisen den gleichen Typ von **Umamirezeptor** auf wie die Hauskatze (McGrane et al., 2023). Auch Hausmäuse und Laborratten besitzen diesen Untertyp von Umamirezeptor, ebenso eine Reihe anderer Nagetiere. Meerschweinchen dagegen besitzen einen anderen Typ, ebenso Kaninchen und eine Reihe von pflanzenfressenden Säugetieren. Auch hier also wieder ein deutlicher Hinweis darauf, dass unsere Hunde mit Fleischgeschmacksrezeptoren ausgestattet sind, und rein von der Sinneswahrnehmung her keine reinen Pflanzenfresser sind. Das zeigt auch wieder, wie unterschiedlich scheinbar die gleichen Wahrnehmungen sind.

WEITERE EINFLÜSSE AUF DEN GESCHMACK

Die Eindrücke der Geschmacksknospen auf der Zunge werden zusätzlich dadurch verkompliziert und differenziert, dass viele der dort sitzenden Sinneszellen nicht nur durch eine, sondern durch zwei oder mehrere Geschmacksrichtungen aktiviert werden können. Es gibt z. B. Zellen, die sowohl durch Salz als auch durch Säure aktiviert werden, und manche davon auch noch durch eine Bitterstofflösung.
Kombiniert damit werden dann noch Eindrücke der Wärme- und Kälterezeptoren, die ebenso einen Stoff analysieren (Schröder, 2022). Menthol z. B. erregt die Kälterezeptoren, der bekannte Chili-Scharf-Stoff Capsaicin erregt die Wärmerezeptoren und kann, wie wir vielleicht selbst schon erlebt haben, durchaus auch in einen Schmerzreiz münden.
Auch die Sämigkeit, also Dickflüssigkeit oder Dünnflüssigkeit der aufgenommenen Nahrung, ihre Rauigkeit und andere Eigenschaften werden durch die Tastrezeptoren auf der Zunge wahrgenommen und mit ins Gehirn geleitet. Schröder (2022) führt dazu einen sehr eindrucksvollen Vergleich an: *„Wenn die Zunge pro Grundgeschmack nur zehn Intensitätsstufen unterscheiden könnte, dann wäre die Gesamtzahl an unterscheidbaren Aktivierungsmustern ca. 100 000."* Und das berücksichtigt noch nicht, dass manche Geschmackszellen von zwei verschiedenen Stoffen aktiviert werden können.

STEUERUNG DER NAHRUNGSMENGE

Auch die Steuerung der Nahrungsmenge wird von unterschiedlichen Mechanismen beeinflusst. Bei Hunden beeinflusst die Nahrungsmenge, also der Volumenumfang der gefressenen Mahlzeit, die Sättigung und dadurch insgesamt auch die Kalorienaufnahme (Bradshaw, 1991). Wird also z. B. Hundefutter mit Zellulose vermischt, erfolgt die Nahrungsaufnahme langsamer und die Mahlzeit wird nur teilweise konsumiert. Gerade im Zusammenhang mit den gustatorischen und anderen Reizen auf der Zunge, aber auch kombiniert mit der Geruchswahrnehmung, treten dann entweder bevorzugte Aufnahme und starkes Interesse an, oder andererseits verstärkte Ablehnung von unbekannten Futterstoffen auf. Nicht nur Katzen, auch Hunde sind hier wählerisch, und das kann durchaus auch mit ihren vorherigen Erfahrungen zusammenhängen. Zudem wird gerade bei Hunden die Nahrungsaufnahme auch stark von der Tagesrhythmik beeinflusst (Bradshaw, 1991).

Komplizierte Regelkreise steuern Hunger und Sättigung auch individuell.

ÜBERPRÜFUNG DES GESCHMACKS BEIM SCHLINGEN?

Im Zusammenhang mit dem Nahrungsaufnahmeverhalten von Hunden wird immer wieder darauf hingewiesen, dass sie ihre Nahrung herunterschlingen würden. Im Gegensatz zu uns bzw. vielen anderen Allesfressern zerkauten sie die Nahrung nicht gründlich, wodurch auch die Geschmacksqualität nicht ausreichend über die Zunge überprüft werden könnte. Jedoch sitzen Geschmacksrezeptoren bei Hunden auch im Rachen und im hinteren Bereich des Munddaches. Dort wiederum werden Nahrungsbestandteile auch beim Schlingen in Kontakt mit der umgebenden Schleimhaut gebracht, was durchaus eine, wenn auch später erfolgende Überprüfung der Geschmacksqualität ermöglicht.

REIZWEITERLEITUNG VON DER ZUNGE INS GEHIRN

James Boudreau und sein Team (1985) haben sich ausführlich mit der Reizweiterleitung von der Zunge in die ursprünglich dafür zuständige Struktur des Zwischenhirns, als Kniekörper bezeichnet (*Corpus geniculatum*), beschäftigt. Ihre Untersuchungen verglichen Hunde, Katzen, Ziegen und Ratten. Sie bezogen sich auf die **Zahl der Geschmacksknospen**, die jeweils über einen verarbeitenden bzw. ableitenden Nerv zusammengeschaltet sind, auf die **Reizschwelle**, also die Minimalkonzentration der wahrgenommenen Substanzen, aber auch auf das **elektrische Verteilungsmuster**, also die Zahl der Aktionspotenziale bei erfolgreicher Stimulation der Geschmacksknospen. Hier fiel auf, dass insgesamt auf der Zunge der Katzen am wenigsten und bei der Ziege am meisten Geschmackspapillen auf jeweils einen ableitenden Nerv zusammengeschaltet waren. Das bedeutet, dass bei der Ziege das Geschmackserlebnis am verwaschensten, bei der Katze am präzisesten lokalisierbar ist. Die Zahl der im Ruhezustand, also ohne

Trotz Schlingen des Futters können auch Hunde Nahrungsunterschiede schmecken.

zusätzliche Erregung durch Geschmacksstoffe, bereits registrierten Aktionspotenziale war bei den Aminosäurerezeptoren der Katze und bei den Salzrezeptoren von Ratte und Ziege am höchsten. Bei den Säurerezeptoren des Hundes war die Rate der Spontanaktivität am geringsten. Bei allen Geschmacksqualitäten lag die Spontanaktivität des Hundes nur auf der Hälfte der Werte der Katze. James Boudreau und sein Team fanden, dass Hunde- und Katzenzungen wenig sensitiv für Salz wären, was mit der bereits erklärten nahrungsökologischen Notwendigkeit erklärbar wäre. Die Aminosäurerezeptoren finden sich vorwiegend an der Spitze der Zunge, und zwar bei Katzen

Die Zunge eines Hundes ist in verschiedene Aufgabengebiete aufgeteilt.

und Hunden in ähnlicher Weise. Hunde hatten nur etwa halb so viele Aminosäurerezeptoren wie Katzen, aber sie waren noch die zahlreichsten unter allen beim Hund gefundenen Typen.
Die Aminosäurerezeptoren der Hunde reagieren jedoch auf etwas andere Kategorien von Aminosäuren als bei Katzen, und reagieren außerdem noch auf einige Zuckermoleküle. Dass die Aminosäurerezeptoren der Hunde auf ein breiteres Spektrum an Substanzen ansprechen, bringen James Boudreau und sein Team auch mit dem zumindest teilweise noch pflanzenfresserischen Nahrungsspektrum der Hundeartigen (was ja nicht nur für den Haushund gilt) in Verbindung.

Beteiligung dreier Gehirnnerven

Wie komplex die Wahrnehmungen gustatorischer und anderer Reize auf der Hundezunge sind, zeigt auch die Tatsache, dass drei verschiedene Gehirnnerven, nämlich der **Gesichtsnerv**, der **Zungen-Rachen-Nerv** und der **Vagusnerv**, also einer der wichtigsten Bestandteile des parasympathischen Nervensystems, an der Reizweiterleitung von der Zunge in Kerngebiete des verlängerten Rückenmarks, von dort ins Geschmackszentrum des seitlichen Zwischenhirns (Thalamus) und von dort dann ins Geschmackszentrum in der Neuhirnrinde beteiligt sind (Schröder, 2022). Die Zusammenschaltung der drei Gehirnnerven erfolgt bereits in den Kerngebieten des verlängerten Rückenmarks. Auf der Zunge selbst besteht eine weitgehend räumliche Aufgabenteilung: der Zungen-Rachen-Nerv (*Nervus glossopharyngeus*) versorgt die mittlere Region der Zunge, die Fasern des *Nervus facialis*, des Gesichtsnervs, kümmern sich um die Zungenspitze und das vordere Drittel der Zunge, und der Vagusnerv ist überwiegend für den Bereich des Zungengrunds und der Rachen- und Schlund-Sensorik zuständig. Das Geschmacksbild, das von den Rezeptoren auf der Zunge des Hundes zum Gehirn weitergeleitet wird, mag also etwas langsamer sein und einige Zeit zum Aufbau und zum Zusammenmischen der Bestandteile benötigen. Aber es scheint in ähnlich präziser Art und Weise zu funktionieren, wie das Geruchsbild oder andere kombinierte Sinneseindrücke auch.

DAS JACOBSONSCHE ORGAN UND SEINE AUFGABEN

Im Zusammenhang mit dem Jacobsonschen Organ, das bisweilen auch als das Munddachorgan oder das Vomeronasalorgan (VON) bezeichnet wird, spricht man häufig von der Erkennung sogenannter Pheromone. Pheromone, ein Begriff von speziell chemischen Kommunikationssubstanzen, wurden zunächst von dem Biochemiker Karlson anhand der Sexuallockstoffe verschiedener Insektenarten beschrieben. Nach und nach erkannte man jedoch, dass Pheromone im Leben sehr vieler Tierarten, bis hin zu Säugetieren und sogar uns Menschen, eine wichtige Rolle spielen. Im Laufe der Zeit wurde der Pheromonbegriff zunehmend in seiner Bedeutung genauer definiert, denn letztlich ist nicht jede Substanz der chemischen Kommunikation auch ein Pheromon. Die strengste Definition für Pheromone fordert: **Ein Pheromon müsse aus einer einzigen, bestenfalls einer ganz kleinen Gruppe chemisch identifizierbarer Substanzen bestehen, und diese Substanz müsse eine genau definierte, im Verhalten erkennbare Reaktion beim Empfängerorganismus auslösen** (siehe Gansloßer et al., 2020; Mills et al., 2013; Mills und Braem, 2018). Das ist auch die Definition, die sich z. B. anhand der Sexuallockstoffe von Insekten ursprünglich herauskristallisiert hat. Mittlerweile zeigt sich jedoch, dass das Munddachorgan eine viel größere Zahl von Semiochemikalien, also der Kommunikation dienenden chemischen Substanzen empfangen und verarbeiten kann.

FUNKTIONEN VON PHEROMONEN

Pheromone bieten eine große Bandbreite an Funktionen (Symonds und Elgar, 2008). Beispielsweise können sie

- der sexuellen Anlockung gegenüber Paarungspartnern dienen
- beim Finden von Artgenossen für gemeinsame Ressourcennutzung helfen
- bei einer drohenden Gefahr warnen
- als soziales Erkennungsmerkmal für individuelle und Verwandtenerkennung dienen
- dem Markieren von Revieren dienen.
- Hinweise für die Nahrungssuche und Orientierung bieten
- bei Täuschungen eine Rolle spielen
- bei der Kommunikation über den individuellen Zustand und die Körperkondition helfen

Hier zeigt sich schon, dass viele dieser genannten Funktionen eher auf Semiochemikalien allgemein, und nur wenige davon auf Pheromone im Sinne der hier genannten strengen Definition zutreffen. Obwohl Pheromone ganz individuelle chemische Bestandteile haben können, beinhalten sie doch oft mehr als eine aktive Komponente. Die Zusammensetzung der Komponenten ist oft artspezifisch, dementsprechend gibt es eine enorme Vielzahl innerhalb der Zusammensetzungen, sogar zwischen eng verwandten Arten.

Wichtig ist auch, dass die Unterschiede in der Zusammensetzung bis zum Empfang des Signals reichen: Tiere können zwar eine Reihe von optischen oder akustischen Signalen „einfach so" wahrnehmen, aber sie sind entweder in der Lage, spezifische chemische Reize wahrzunehmen oder eben nicht. Falls davon ausgegangen werden kann, dass das Hinzufügen oder der Verlust von nur einer chemischen Komponente bereits zu grundlegenden Veränderungen des Signals führt, ist die mögliche Bandbreite der Vielfalt sehr groß.

ENTWICKLUNG DER ZUSAMMENSETZUNG VON PHEROMONEN

Es gibt auch mindestens zwei verschiedene, vom Zusammenhang jeweils abhängige Arten, wie sich die Zusammensetzung von Pheromonen entwickelt haben könnte: Entweder einen graduellen Prozess mit geringen Veränderungen der Bestandteile, wobei Signale, bei denen aufs höchste artspezifische Wirkung nötig ist, unter strenger sogenannter stabilisierender Selektion konstant gehalten werden, oder auf der Verschiebung der Bestandteile durch sprunghafte Änderungen. Ein sprunghafter Wechsel, der übrigens auch auf der Rezeptorseite liegen kann, würde dann sehr schnell die ganze Bedeutung verändern (siehe S. 133). Die Entwicklung der Pheromone und die Selektion auf die Rezeptoren ist dann wiederum ein komplexes Wechselspiel, das z. B. die Verhältnisse im Vomeronasalorgan unserer Hunde total anders gestaltet als bei den hauptsächlich für die Untersuchung verwendeten Labornagerarten, etwa Maus oder Ratte. Wir müssen uns also darauf konzentrieren, festzustellen, wozu gerade die Munddachorgane unserer Hunde, und nicht die von Labornagetieren als häufig studierten Modellorganismen, fähig sind. Die Entwicklung von Pheromonen und Semiochemikalien kann also auch eine Selektion auf die Empfängersubstanzen bzw. Rezeptormoleküle der Empfänger sein, und nicht nur auf die Signale des Senders.

INFORMATIONSVERMITTLUNG

Pheromone können durchaus wichtige Informationen vermitteln, die Aktivitäten regulieren weit über die klassischen Bereiche von Fortpflanzung, sozialer Kommunikation etc. hinaus. Gerade die Tendenz zu fliehen oder zu kämpfen oder sich zu entspannen kann durch Pheromone reguliert werden. Auch wenn bei Hunden vor allem die sozial beruhigenden Pheromone besonders gut untersucht sind, betonen Daniel Mills und sein Team immer wieder, dass z. B. Alarmpheromone, die von den Pfotenballen der Hunde ausgesondert werden dürften, z. B. auf die Reaktion eines Hundes in beanspruchenden Situationen, Tierarztpraxen etc. besonders bedeutsam sind (Mills et al., 2013; Mills und Brähm, 2018). Wenn ein Hund in der Tierarztpraxis im Behandlungsraum große Belastungen erfuhr, und ein zweiter die vom ersten ausgeschiedenen Alarmsignale wahrnimmt, kann er schon mit Angst oder defensivem Verhalten reagieren, bevor überhaupt etwas passiert. Neben den Pfotenballen, und den noch genauer zu besprechenden Quellen der Beruhigungspheromone, können wahrscheinlich auch die Drüsenregionen rund ums Ohr, im Analbeutel oder im Bereich der Genitalregion solche Duftstoffe aussenden. Die vom Jacobsonschen Organ und seinen Rezeptorzellen aufgenommenen Informationen werden im Gehirn vorwiegend in Regionen weitergeleitet, die man als limbisches System bezeichnet. Diese Regionen resultieren häufig positive und negative Empfindungen, lösen Gefühle aus und bilden damit insgesamt einen schnellen Reaktionsweg, der ohne großartiges Nachdenken mithilfe der Großhirnrinde die Verhaltensreaktionen zielgerichtet steuern kann. Gerade deswegen können auch Erkrankungen des Jacobsonschen Organs, z. B. Entzündungsprozesse in dessen Gängen, ihrerseits Verhaltensveränderungen hervorrufen. Ein Hund, der von Geburt an unter einem geschädigten bzw. nicht ausgebildeten Jacobsonschen Organ litt, zeigte Umweltängste, Aggression aus Furchtursache gegen fremde Menschen und insgesamt verändertes Verhalten (Muniz-de Miquel et al., 2023). Selbst bei Anwesenheit von läufigen Hündinnen zeigte er keinerlei sexuell motiviertes Verhalten.

AUFBAU DES JACOBSONSCHEN ORGANS

Stammesgeschichtlich betrachtet ist das Jacobsonsche Organ eine uralte Struktur, die bereits bei Amphibien und in einer ersten Perfektion bei verschiedenen Reptilien (Eidechsen, Schlangen) ausgebildet ist. Das bekannte Züngeln, mit dem Eidechsen oder auch Schlangen chemische Informationen aus der Umgebung aufnehmen, steht im Zusammenhang mit dem Jacobsonschen Organ. Die von der gespaltenen Zungenspitze aufgenommenen Duftstoffe werden im Jacobsonschen Organ im Munddach abgeladen und dort chemisch ausgewertet. Zur Entwicklung des Jacobsonschen Organs siehe beispielsweise Coli et al. (2016).

DAS JACOBSONSCHE ORGAN DES HUNDES

Das Jacobsonsche Organ des Hundes ist von einer Knorpelkapsel umschlossen, hat einen im Querschnitt halbmondförmigen Innenraum und liegt direkt an der Nasenscheidewand. Die ausgleichende Schleimhaut ist stark durchblutet und kleine dünne Nervenfasern, ohne Markhüllen, durchziehen sie. Tiefer in den seitlichen Regionen liegen aber auch Fasern mit Markscheiden. Die Drüsen in der Schleimhaut füllen das Jacobsonsche Organ normalerweise mit einer klaren Flüssigkeit. Die Rezeptorzellen sind mit einer Reihe von Mikrovilli, also Oberflächenvergrößerungen, ausgestattet und besitzen im Wesentlichen bei Säugetieren zwei Rezeptorproteinfamilien, die als VR1 und VR2 bezeichnet werden. Bei Hunden ist jedoch nur der VR1-Typ ausgebildet, einer der wesentlichen Unterschiede zu den Verhältnissen der bereits angesprochenen Modellorgane in Labornagernasen.
Die ableitenden Nerven des Vomeronasalorgans zum Gehirn sind getrennt von denen des sogenannten Hauptolfaktoriksystems, sie bilden den als akzessorischen Riechkolben (AOB) bezeichneten Teil. Sie durchziehen die knöcherne Trennwand zum Hirnschädel

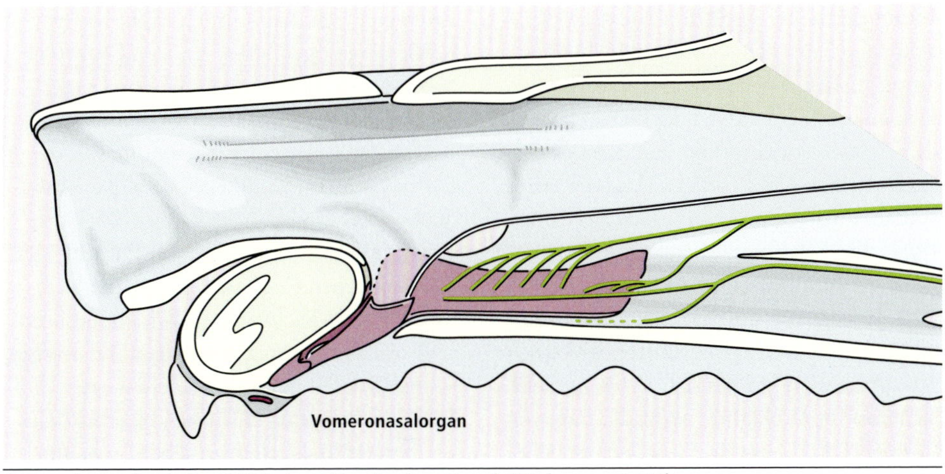

Längsschnitt durch das VNO eines Hundes (aus Rauth-Widmann, 2014).

an einer einzigen Öffnung und die Struktur des akzessorischen Riechkolbens ist auch in der feingeweblichen Untersuchung weniger komplex, und aus weniger verschiedenen Schichten und Zelltypen aufgebaut. Nakajima et al. (1998) färbten die Neuronen und die Rezeptorzellen des VNO von Hunden mit speziellen Immunfarbstoffen und konnten daher die Verhältnisse genauer darstellen. Ohne hier auf die Details eingehen zu wollen, betonen diese Autoren, dass die Verhältnisse im akzessorischen Riechsystem der Hunde weniger anatomisch und zellbiologisch komplex wären als bei anderen Arten. Sie vermuten, dass möglicherweise durch die Vergrößerung des Nasenraums (Hunde sind schließlich deutlich größer als Mäuse) die Notwendigkeit einer besonders komplexen feingeweblichen Struktur und einer besonders komplexen zellbiologischen Differenzierung weniger groß wäre.

FEINBAU DES VOMERONASAL-ORGANS

Irene Ortiz-Leal und ihr Team (2020, 2022) verglichen den Feinbau des Vomeronasalorgans der Hunde mit dem von Rotfüchsen und Katzen. Allerdings sind die von ihr gefundenen Differenzierungen, die das Vomeronasalorgan des Fuchses deutlich komplexer machen als das des Hundes, nicht so leicht zu interpretieren. Sie führt viele der Vereinfachungen beim Haushund auf die Domestikation zurück. Da sie jedoch keine Wölfe oder andere Angehörigen der Gattung *Canis* als Vergleich vorlegen können, kann die Interpretation nicht vorbehaltlos unterstützt werden. Füchse und Hunde bzw. Gattung *Vulpes* und Gattung *Canis* sind im Stammbaum der Hundeartigen durchaus weit voneinander entfernt, und haben letztlich auch andere Lebensweisen und andere ökologische Verhältnisse. Es könnte sich also sehr wohl auch um eine ökologisch und/oder stammesgeschichtlich begründete unterschiedliche Differenzierung handeln. Untersuchungen am VNO von Wölfen und anderen Angehörigen der Gattung *Canis*, die nicht domestiziert wurden, wären daher dringend erforderlich. Ein Gedanke von Irene Ortiz-Leal und ihrem Team ist jedoch von besonderer Bedeutung: Sie beschreibt, dass die Rezeptoren, also die Empfangsstellen im Vomeronasalorgan, eine sehr dynamische und wesentlich schnellere Evolution durchliefen als im olfaktorischen Hauptsystem. Das bedeutet, dass hier ganz offensichtlich die Selektion besonders intensiv war. Die Rezeptoren im Vomeronasalorgan sind wesentlich spezifischer, als dies im allgemeinen Riechsystem der Fall ist. Das gesamte Vomeronasalorgan des Hundes hat eine Abmessung von ca. 5 x 1,5 x 0,4 Millimeter (selbstverständlich abhängig von der Körpergröße des Hundes). Die stark durchblutete Oberfläche im Inneren führt u.a. auch zu einer Möglichkeit, als Pumpmechanismus die Duftstoffe schnell hinein und auch schnell wieder hinaus zu befördern. Dies ist wichtig, weil das Vomeronasalorgan als Blindsack endet.

DUFTAUFNAHME

Die Duftaufnahme erfolgt bei vielen Säugetieren mithilfe des als **Flehmen** bezeichneten Verhaltens, bei dem die Oberlippe nach oben gestülpt und schnell und lautstark Luft zwischen den Zähnen in die Mundhöhle eingesogen wird. Andere Tierarten, z. B. Katzen, benutzen in diesem Zusammenhang auch noch die Zungenunterseite, tupfen gewissermaßen Duftstoffe von der Unterlage ab und befördern sie in das Munddachorgan. Durch die genannte Wirkung des Pumpmechanismus an der Öffnung des Jacobsonschen Organs, können aber auch in umgekehrter Richtung die Schleimbestandteile mit den daran gebundenen Duftstoffen schnell wieder herausbefördert werden.
Bei Hunden ist das Flehmen bekanntlich nicht ganz so deutlich zu sehen, etwa im Vergleich zu Huftieren oder eben auch dem

Auch Pferdeartige flehmen.

genannten Verhalten der Katzen. Trotzdem können wir das Kieferklappern, Lippenkräuseln und die dabei gleichzeitig erfolgende Produktion des sehr zähflüssigen Speichels durchaus beobachten (Ortiz-Leal et al. 2020, 2022; Nakajima, 1998; Salazar et al., 1994, 2013; Barrios et al., 2014; Allouch und Alshanbari, 2023).

FORMYLPEPTIDREZEPTOREN (FPR)

Bevor wir uns abschließend noch mit der Bedeutung der Pheromonkommunikation bei Hunden beschäftigen, muss auf eine in den letzten Jahren deutlich herausgearbeitete weitere Bedeutung des Vomeronasalorgans hingewiesen werden. Neben den genannten VR 1- und (wenn auch nicht beim Hund) VR 2-Rezeptoren im Jacobsonschen Organ, gibt es noch eine weitere Rezeptorklasse, die als FPR (Formylpeptidrezeptoren) bezeichnet werden (Francia et al., 2014; Picard und Skow, 2021). Formylpeptide entstehen bei der Stoffwechseltätigkeit von Bakterien. Zum einen wird vermutet, dass dadurch der Individualgeruch eines Lebewesens erkannt werden kann, andererseits werden durch diese Formylpeptide wahrscheinlich auch Krankheitszustände, Entzündungen, Parasitenbelastungen usw. im Körper eines möglichen Sozial- oder auch Paarungspartners erkannt. Auf diesen Fähigkeiten beruhen möglicherweise nicht nur die bekannten Erscheinungen, dass Hunde oftmals einen herannahenden Rheuma- oder anderen Entzündungsschub ihres chronisch kranken Menschen bereits einige Tage vor dem Auftreten der ersten medizinischen Symptome erkennen. Die Ablehnung von potenziell erkrankten und dadurch als Paarungspartner:in eher unattraktiven Artgenossen wird selbst anekdotisch von Hundezüchter:innen immer wieder beschrieben: Ein Rüde und eine Hündin, die sich zum perfekten Zeitpunkt treffen, und genetisch perfekt zusammenpassen würden –, und dann lehnt einer von beiden den anderen ab.

Häufig zeigt sich einige Tage oder bis zu zwei Wochen später plötzlich beim Abgelehnten eine entzündliche Erkrankung, sei es im Magen-Darm-Bereich, in den Gelenken oder anderswo. Verhaltensökologische Interpretationen, dass man einen erkrankten Paarungspartner nicht unbedingt als Elter seiner zukünftigen Kinder haben möchte, schließen sich oftmals an die beschriebenen Phänomene in der Literatur an. Gerade in diesem Zusammenhang ist wichtig, dass die aus dem Vomeronasalorgan stammenden Nervenfasern ihre Information nicht nur, wie bereits erwähnt, direkt ins limbische System melden, sondern dort auch in Regionen, die mit dem Vasopressin (einem für die Steuerung sozialer Aggression wichtigen Botenstoff) als Überträgersubstanz arbeiten. Hier wird also das Vasopressin, das ja in anderem Zusammenhang als Eifersuchtshormon bezeichnet wird, auch an der Beteiligung solcher sozial motivierter Ablehnungen erkennbar.

PRODUKTION VON PHEROMONEN

Nachdem wir uns nun überwiegend mit der Empfängerseite, also mit den Sinneszellen und den verarbeitenden Strukturen beschäftigt haben, sollten wir uns auch mit der Senderseite, also mit den für die Produktion von Pheromonen und vergleichbaren Substanzen zuständigen Drüsen beschäftigen. Daniel Mills und sein Team zeigen in ihrer Zusammenstellung, dass sehr wohl eine große Zahl von Drüsenregionen am Körper unserer Hunde für die Produktion von Semiochemikalien zuständig sind (Mills et al., 2013; Mills und Brähm, 2018). Zunächst, weil ihr Sekret bereits synthetisch hergestellt und für therapeutische Zwecke vertrieben wird, nämlich die Produktion der sogenannten **Appeasine**, also der sozial beruhigenden Pheromone. Ausgangspunkt für die Produktion dieser Duftstoffe ist zunächst die Zitzenregion der Mutterhündin.

In der Tierarztpraxis wimmelt es oft von Alarmpheromonen!

Der betreffende Duftstoff ist damit ursprünglich für die neugeborenen Welpen buchstäblich der Hinweispfeil zur Milchbar. Solche Zitzensuchpheromone gibt es durchaus bei vielen Säugetieren. Robyn Hudson und ihr Team haben z. B. an den Zitzenregionen von säugenden Kaninchenmüttern eine vergleichbar wirkende Substanz identifiziert. Bemerkenswert ist jedoch, dass nach Erkenntnissen von Daniel Mills und seinem Team vergleichbare, chemisch zumindest sehr ähnliche Substanzen in den Drüsen rund um den Gehörgang von Hunden, und zwar unabhängig von deren Alter, produziert werden. Offenkundig ist die Produktion der Appeasine in der Gehörregion bei sozial starken, souveränen und/oder in Hundegruppen eher ranghohen Individuen nochmals intensiver. Daniel Mills vermutet daher, dass z. B. bei Gehörgangsentzündungen und anderen Erkrankungen rund um den äußeren Gehörgang und das äußere Ohr von Hunden häufig auftretende soziale Spannungen und soziale Umwälzungen in Hundegruppen auf die veränderte Produktion dieser Pheromone zurückzuführen sein könnten.

ALARMPHEROMONE

Über die Produktion von Alarmpheromonen, z. B. aus den Ballendrüsen, aber auch den Analdrüsen des Hundes, wurde ebenfalls bereits kurz berichtet (siehe S. 142). In diesem Zusammenhang empfiehlt das Team von Daniel Mills, dass nach Möglichkeit zumindest immer dann, wenn ein stark verängstigter Hund in der Tierarztpraxis behandelt wurde, der gesamte Weg, den dieser Hund vom Wartezimmer bis zum Behandlungsraum und ggf. auf den Behandlungstisch lief, mit Reinigungsmitteln gesäubert werden sollte. Dabei geht es nicht primär um die Desinfektion, sondern um das Entfernen der Alarmpheromone, damit der nachfolgende Hund wieder mit neutralen Gerüchen konfrontiert wird.

Bemerkenswert ist des weiteren, dass ganz offensichtlich nicht nur bei Erkrankungen, sondern auch bei **Antibiotikabehandlungen**, sich die Duftzusammensetzung in diesen Drüsen verändert. Wie wir gesehen haben, werden die FPR's, also die durch Bakterienaktivitäten produzierten Substanzen, auch über das Vomeronasalorgan wahrgenommen. Wenn sich durch Antibiotikabehandlung z. B. die Bakterienzusammensetzung nicht nur im Darm, sondern auch an anderen Körperstellen des Hundes verändert, werden dadurch auch z. B. die zur Individualerkennung genutzten Duftstoffe möglicherweise nicht mehr in gleicher Weise produziert.

BELÄSTIGUNG KASTRIERTER RÜDEN

Noch ein weiterer, ebenfalls über die Analdrüsen (sei es über den hauptolfaktorischen Trakt oder über das Vomeronasalorgan ist bisher noch offen) produzierten Effekt, haben Kathrin Wörner und einige andere Mitglieder unserer Gruppe (Wörner et al., 2017) berichtet: Die Duftstoffzusammensetzung eines Rüden ändert sich ganz offensichtlich mit der Kastration. Und zu bestimmten Zeiten des Jahres (vorzugsweise im April/Mai bzw. in den Monaten von November bis Januar) war besonders häufig auch von sexueller Belästigung kastrierter Rüden zu berichten. Erklärlich wird dies möglicherweise mithilfe von Untersuchungen an kastrierten Wölfen und Füchsen, die von einer Änderung der Zusammensetzung der einschlägigen Duftstoffe im Jahresverlauf berichten. Verabreichte man den beiden kastrierten Versuchsgruppen aber Testosteron, stieg der Pegel der Duftstoffe wieder auf den eines intakten Wolfsrüden an. Sollten vergleichbare Phänomene in den Analdrüsen von kastrierten Haushundrüden ebenfalls auftreten, könnte dies das Ergebnis der genannten Umfragestudie erklären. In jedem Fall empfiehlt es sich, bei nicht absolut unabdingbar sofort stattfindenden medizinisch bedingten Kastrationen von Hunderüden auf diese Abhängigkeit zu achten und möglichst nicht ca. 2 bis 3 Monate nach dem letzten Auftreten von besonders vielen läufigen Hündinnen in der Umgebung des Rüden kastrieren zu lassen (siehe Wörner et al., 2017).

PHEROMONEINSATZ BEI WILDTIEREN

Wie bereits erwähnt, werden im hundlichen Bereich derzeit nur Präparate synthetisch hergestellt und in Serienproduktion vertrieben, die auf der Appeasinbasis, also den Zitzensuchpheromonen und den Gehörgangspheromonen von Hunden beruhen. Bemerkenswert ist, dass in einigen Untersuchungen diese Präparate auch bei nicht domestizierten Kanidenarten erfolgreich eingesetzt wurden. So beschreibt Fehmke van den Berghe und ihr Team (2019) die Anwendung von **Appeasin-Pheromonlösungen** nach der Gruppentrennung bzw. wieder Zusammenführung von Afrikanischen Wildhunden in südafrikanischen Zuchtstationen. Die Pheromone wurden direkt auf die Haut der Tiere aufgetragen, und als Ergebnis wurde das Verhalten deutlich verändert. Dominanzverhalten im unmittelbaren Kontaktbereich und aktive Unterwerfung nach stressenden Ereignissen in der Gruppe waren deutlich reduziert. Bei Rüden veränderte sich der Hormonspiegel: es kam dann zu keinem Anstieg der Sexualhormonkonzentrationen. Demgegenüber war rangordnungsanzeigendes Verhalten auf Distanz nach der Pheromonanwendung verstärkt. Dies bedeutet im übertragenen Sinne also eine veränderte, nämlich reduzierte soziale Risikobereitschaft, und gewissermaßen eine höhere Bereitschaft zur Konfliktlösung ohne gefährliche, weil im Nahbereich stattfindende Verhaltensweisen.
In einer vergleichbaren Situation haben wir selbst in unserem Team Pheromonzerstäuber angewendet, als es in einem Wildpark darum ging, ein zerstrittenes und daraufhin geteiltes Wolfsrudel wieder zusammenzuführen. Im Zusammenspiel mit einigen anderen Maßnahmen, z. B. Nahrungsergänzungen, wurde durch die Anwendung von Pheromonzerstäubern an den Bäumen rund um die Futterstelle ebenfalls eine Entspannung und damit eine erneute Gruppenzusammenführung ermöglicht.

Der Einsatz von Pheromonen hat bereits gute Erfolge bei Afrikanischen Wildhunden gebracht.

PHEROMONEINSATZ BEI HAUSHUNDEN

Erfolgreich wurden durch Anwendung von Pheromonhalsbändern, Steckdosenzerstäubern und/oder Sprühdosen sowohl Hunde mit Gewitter- und Feuerwerksproblemen, Reisekrankheit bzw. Reisestress und Trennungssituationen erfolgreicher bewältigt (Mills et al., 2013; Mills und Brähm, 2018). In einer Untersuchung einer österreichischen Diensthundeschule ließ sich zeigen, dass Hunde mit Pheromonhalsband, wenn sie die Nacht im Zwinger verbringen mussten, weniger aktiv waren, weniger gebellt haben,

Auch bei der Zusammenführung von in Gehegen lebenden Wolfsrudeln konnte die Situation durch das Anbringen von Pheromonen an Bäumen und Futterstellen entspannt werden.

mehr geschlafen haben, und am nächsten Tag dementsprechend auch im Ausbildungsprogramm erfolgreicher waren als diejenigen, die als Kontrollgruppe ohne Pheromonhalsband die Nacht verbrachten (Schroll et al., 2005).

Sagi Denenberg und Gary Landsberg (2008) versahen die Hälfte der Welpen in einer Welpensozialisationsgruppe mit Pheromonhalsbändern, die andere Hälfte trug Placebohalsbänder, also eine Leerprobe. Weder Trainer:innen noch Hundehalter:innen wussten, ob ihr Hund zur Pheromon- oder zur Kontrollgruppe gehörte. Im Laufe der Zeit waren die mit Pheromonhalsbändern ausgestatteten Welpen nicht nur im Kurs selbst aufmerksamer und lernbereiter, auch im zeitlichen Abstand von zwölf Monaten waren noch deutlich erkennbare Unterschiede zu finden. Die mit Pheromonhalsbändern ausgestattet gewesenen Welpen waren in unbekannten Situationen ruhiger, konzentrierter und damit insgesamt erfolgsorientierter als die mit Placebohalsband. Bemerkenswert ist, dass die Halsbänder nur einmal nach vier Wochen, für den Lauf des Welpenkurses von zwei Monaten, ersetzt wurden. Das bedeutet, dass selbst ein halbes Jahr nach dem Ausklingen der Pheromonausbreitung noch Wirkungen nachweisbar sind.

Möglicherweise auf vergleichbaren Wegen, wenngleich noch nicht exakt physiologisch oder verhaltensbiologisch untersucht, wirken auch einige Duftstoffe in der Aromatherapie. Während Mills et al. (2013) hier insgesamt eher skeptisch sind, und die Wirkungsweise der pflanzlichen Präparate als Nebenwirkung ansehen, haben einschlägige Untersuchungen sowohl an Tierheimhunden als auch an Hunden in Privathaushalten (siehe Zusammenfassung bei Gansloßer und Krivy, 2024) durchaus messbare Erkenntnisse geliefert. Lavendel, Kamille oder Sandelholz werden hier häufig empfohlen und können z. B. bei Anwendung in Hundehäusern eines Tierheims zu einer deutlichen Reduktion von Aktivität (überwiegend herumlaufen, aber auch bellen) und zu einem Anstieg des ruhigen, entspannten Liegens oder sogar Schlafens führen.

DER EIGENTLICHE RIECHSINN

In Anbetracht dessen, dass der Riechsinn des Hundes geradezu sprichwörtlich ist, sind selbstverständlich auch eine ganze Reihe von anatomischen Untersuchungen an der Hundenase durchgeführt worden. Das Ganze beginnt erst einmal mit den äußeren Nasenöffnungen, die von dem Rhinarium, der nackten, lederartigen und zumindest primär feuchten Haut umgeben sind. Diese Region werden wir im Zusammenhang mit dem Wärmesinn noch besprechen (siehe S. 194 ff.).
Die neueste Zusammenstellung wurde von Anna Buzek und ihrem Team 2022 veröffentlicht, die Strömungsverhältnisse in der Hundenase in einer Arbeit von Brent Craven und seinem Team 2010 ausführlich dargestellt. Die nachfolgenden Ausführungen beruhen auf diesen Arbeiten.

AUFBAU DER NASENHÖHLE

Die Nasenhöhle des Hundes ist, im Vergleich beispielsweise zu derjenigen von uns, nicht nur wesentlich größer, sondern auch wesentlich stärker strukturiert. Nebenbei hat die Nasenhöhle eine sehr wichtige Funktion bei der Temperaturregulation (siehe auch S. 153). Eine als **Siebbeinplatte** bezeichnete, vielfach durchlöcherte Knochenplatte trennt den Nasenraum bei Säugetieren von der Hirnkapsel. Auf deren Außenseite liegt die Nasenschleimhaut, und die Löcher in der Siebbeinplatte lassen die Riechnerven durchtreten. Auf der Innenseite liegt der erste Teil des Gehirns, den wir später als Riechkolben noch genauer kennenlernen werden. Eine Untersuchung von Deborah Bird und ihrem Team (2021) fand übrigens bemerkenswerte Verhältnisse der Siebbeinplatte, bzw. deren Flächenausdehnung. Bei Wölfen und Kojoten ist, wenn man die Schädel- bzw. Körpergröße mitberücksichtigt, die Siebbeinplatte wesentlich größer. Man kann also schon allein deshalb davon ausgehen, dass auch mehr Riechnerven hier den Weg von der Nase ins Gehirn finden. Auf der anderen Seite fand das Team heraus, dass bei keiner Hunderasse, auch nicht bei den speziellen „Nasenhunden" („scenthounds"), die Siebbeinplatte eine ungewöhnliche Größenausdehnung hätte. Zumindest in diesem Teil der Anatomie sind die Nasenhunde nicht besser ausgestaltet als andere Rassen. Die Untersuchungen von Deborah Bird zeigen des weiteren, dass die Ausdehnung der Siebbeinplatte mit der Zahl der Geruchs-Rezeptor-Gene korreliert.

INNENRAUM DER NASENHÖHLE

Der Innenraum der Nasenhöhle wird von einer stark gefalteten und vielfach gewinkelten, kulissenartig ineinander geschachtelten Knochenstruktur ausgefüllt. Dies sind die **Nasenmuscheln**, die auch als *Turbinalia* oder *Conchae* bezeichnet werden. Diese Nasenmuscheln sind Abfaltungen von insgesamt drei Knochen in der Umgebung der Nasenhöhle: Nasenbein, Oberkieferbein (*Maxillare*) und das bereits genannte Siebbein. Während auf den Nasenmuscheln des Nasenbeins überwiegend die atmungsaktiven Teile, also die für Gasaustausch und Sauerstoffaufnahme zuständigen Schleimhautbereiche sitzen, finden wir auf den beiden anderen Abfaltungen auch und vor allem Duftstoffrezeptoren. Dies ist also die **Riechschleimhaut** im engeren Sinn. Gerade die vom Siebbein abgefalteten Nasenmuscheln sind bei Hunden übrigens wesentlich größer als bei den meisten anderen Säugetieren. Durch die Anordnung der Nasenmuscheln werden verschiedene Gänge und Strömungskanäle gebildet, die gerade durch die Strömungsuntersuchungen von Brent Craven eine nähere Betrachtung erfahren haben.

Versuch zum Atmungsvolumen

Brent Craven hat insgesamt sieben Hunde (von einem sieben Kilo leichten Zwergspitz bis zum 53 Kilo schweren Labrador Retriever) einer Versuchsapparatur unterzogen. Sie schnüffelten durch eine Maske und bekamen verschiedene, ihnen unbekannte Gerüche (sowohl Futter als auch neutrale) vorgeblasen. Die Durchflussmessung durch die Maske wurde hinterher mit einem Computermodell analysiert. Sowohl das Atemzugvolumen, also die eingesogene Luft, als auch der Luftfluss sind größenabhängig, und zwar stärker als bei anderen Tierarten. Das bedeutet, dass ein größerer Hund mehr Luft einsaugt und eine höhere Luftflussgeschwindigkeit erzeugt, als ein gleichgroßes Säugetier einer anderen Art. **Die Schnüffelfrequenz dagegen ist, im Gegensatz zur Atmungsfrequenz, größenunabhängig, und beträgt etwa vier bis sieben Herz.**

Der Nasenspiegel eines Hundes dient dem Wärmesinn und dem „Einfangen“ von Duftbestandteilen.

Das ist etwa 10-mal so viel wie beim Menschen. Um es zu verdeutlichen: Ein schnüffelnder Hund saugt also bis zu sieben Mal pro Sekunde Luft ein. Bemerkenswert ist, dass das Ausatmungsvolumen wesentlich geringer ist als das Einatmungsvolumen, sobald der Hund vom Atmen zum Schnüffeln übergeht. Der Sog vor dem Nasenloch ist auf einen Raum von ca. 1 cm rund um das Nasenloch begrenzt. Das ist bei den meisten Hunderassen deutlich weniger als der Abstand der beiden Nasenlöcher zueinander. Allein dadurch kann schon jedes Nasenloch getrennt vom anderen die Luft sammeln. Auch die Ableitung ist, wie wir noch sehen werden, von beiden Nasenlöchern unabhängig zum Riechkolben. Allein das ermöglicht Hunden das Stereoriechen.

Möpse sind in Versuchen zur Geruchsdifferenzierung teils besser als Schäferhunde.

Weitere Besonderheit

Durch die Aufteilung der Nasenhöhle in verschiedene Gänge, gibt es beim Hund noch eine weitere Verschärfung seiner Riechfähigkeit: Im Gegensatz zu uns Menschen kann der Hund auch beim Ausatmen Luft an der Riechschleimhaut vorbeiführen und dadurch den Riechvorgang über die gesamte Dauer eines Atemzyklus aufrechterhalten, während wir Menschen nur beim Einatmen auch gleichzeitig schnuppern können.

GETRENNTE VERSCHALTUNG IM GEHIRN

Die bereits genannten getrennten Nervenableitungen der beiden Nasenlöcher sind übrigens auch im Gehirn an verschiedenen Stellen über die Auswertungszentren verschaltet, sodass die Geruchszuordnung im Gehirn für beide Seiten getrennt erfolgen kann. Auch eine unterschiedliche seitentypische Verarbeitung von Gerüchen wurde in Studien belegt (Siniscalchi und Quaranta, 2014, siehe auch S. 56 zu Lateralisation allgemein). Den Hunden wurden entweder neutrale oder erregende Gerüche vorgelegt. Dann wurde beobachtet, mit welchem Nasenloch sie den betreffenden Geruchsträger untersuchen. Nicht aversive Reize, sei es Futter, Zitronenduft, die neutrale Duftprobe, aber auch Schleimhautabstriche aus der Scheide einer Hündin, wurden zunächst mit dem rechten Nasenloch untersucht, dann erfolgte sehr schnell der Wechsel zum linken Nasenloch. Adrenalin oder ein mit dem Achselschweiß des behandelnden Tierarztes getränkter Wattebausch wurden sehr lange mit dem rechten Nasenloch untersucht. Das passt zu anderen Lateralisationsbefunden, wonach die rechte Gehirnhälfte insbesondere für Stress- und andere aufregende Duftreaktionen zuständig ist.

Brachycephale Rassen

Kurzschnauzige, also brachycephale Rassen haben eine veränderte Anatomie sowohl im Bereich der Nasenhöhle als auch im Bereich des Riechkolbens (Buzek et al., 2022; Selva

et al., 2020; siehe auch S. 72 f.). Auch wenn ein Großteil der Probleme extrem kurzschnauzig- bzw. schnauzenlos gezüchteter Hunderassen im Bereich der Temperaturregulation und der Atmungsbeschränkungen liegt, sind die Verhältnisse im Zusammenhang mit der Riechfähigkeit ebenfalls bemerkenswert. Bei einem Vergleich der Geruchsdifferenzierung zwischen Möpsen, Deutschen Schäferhunden und Greyhounds fand man heraus, dass Möpse am besten und Greyhounds am schlechtesten abschnitten (Hall et al., 2015; siehe auch S. 163). **Die Möpse aber waren ganz offensichtlich aufgrund ihres Verhaltens, also z. B. ihrer Beharrlichkeit, ihrer vergleichsweise geringen Ablenkbarkeit und Ausdauer, und weniger durch die Anatomie ihres Riechsystems bevorzugt.**
In Anbetracht der bereits erwähnten Probleme beim Atmen und beim Temperaturausgleich sollte das jedoch keineswegs als Argument für die weitere unproblematische Betrachtung von Möpsen und vergleichbar kurzschnauzigen Hunden als Modehunde benutzt werden!

Wolf, Rotfuchs und Haushund

Irene Ortiz-Leal und ihr Team (2022) untersuchten die Größe des Riechkolbens, also des ersten für Geruchsschaltung und Verarbeitung zuständigen Gehirnteils, zwischen Wolf, Rotfuchs und Haushund. Sowohl im schlichten Aufbau, als auch in der relativen Größe (bezogen auf die Körpergröße), ist der Riechkolben beim Haushund deutlich kleiner als bei Wolf und Rotfuchs. Irene Ortiz-Leal und ihr Team interpretieren das als Auswirkung der Domestikation. Jedoch sind, wie bereits erwähnt, stammesgeschichtlich systematische oder ökologische Unterschiede zwischen den drei untersuchten Arten noch nicht als Erklärung ausgeschlossen. Auch hier ist der Hund nicht notwendigerweise „zivilisationsgeschädigt“.

Trotzdem hat die lange Schnauze bei Hunden viel mehr Vorteile. Das sollte bei der Zucht unbedingt beachtet werden!

AUFBAU DES RIECHKOLBENS

Der Riechkolben ist in feingeweblicher Untersuchung insgesamt aus sieben, von der Oberfläche bis in die Tiefe nacheinander angeordneten Schichten aufgebaut. Die wichtigste davon ist die an der Oberfläche liegende **Schicht der Axone** des Riechnervs, der nachfolgende Bereich wird als **Glomerulusschicht** bezeichnet. Dort verzweigen sich die Enden der Riechnerven sehr stark und werden von ebenfalls sehr stark verzweigten Nervenfortsetzen der nächsten Zellschicht getroffen. Jede Riechzelle und ihre ableitende Zelle bilden dabei ein mehr oder weniger rundes Knöpfchen, daher die Bezeichnung Glomerulus. Die erste Schicht der verarbeitenden Zellen sind dann die sogenannten **Mitralzellen**, wegen ihrer Form, die etwa an die Kopfbedeckung eines Bischofs erinnert.

Die nächste wichtige Schicht sind die **Körnerzellen**, die überwiegend eine hemmende Funktion und dadurch eine Auswirkung auf die Kontrastunterscheidung und Verschärfung des Geruchsinns haben. Und schließlich im Innersten die mit weißen, also von Markscheiden umschlossenen ableitenden Fasern.

Die Anatomie des Riechkolbens ist offensichtlich innerhalb der Kaniden, wiederum besonders stark beim Afrikanischen Wildhund, differenziert. Die Arbeit von Samson Chengetanai und seinem Team (2020) zeigt, dass die genannten Glomeruli im Riechkolben des Afrikanischen Wildhunds wesentlich stärker entwickelt sind, als bei anderen Kaniden. Im Bereich der Verarbeitung des Jacobschen Organs dagegen sind die Glomeruli ähnlich wie beim Haushund, und insgesamt ist dort die Struktur wesentlich undifferenzierter. Durch die verstärkte Ausbildung von Glomeruli kann bereits an der Peripherie eine Verarbeitung von chemischen Informationen miteinander verschaltet und dadurch auch kombiniert erfolgen.

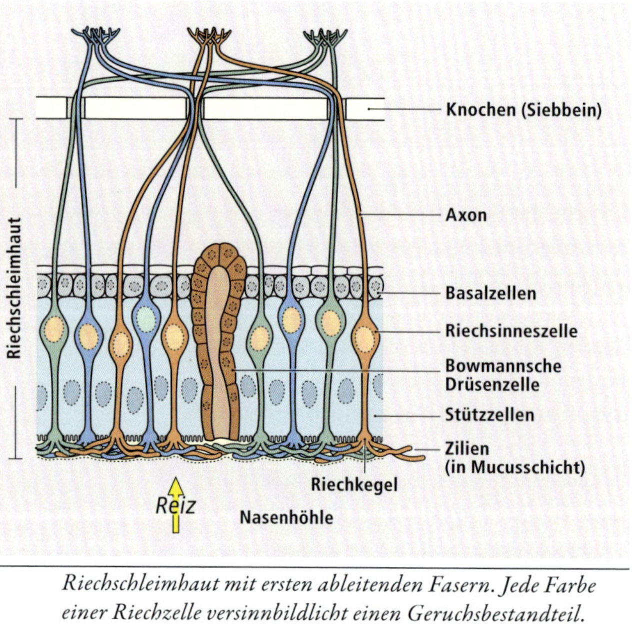

Riechschleimhaut mit ersten ableitenden Fasern. Jede Farbe einer Riechzelle versinnbildlicht einen Geruchsbestandteil.

WEITERLEITUNG INS GEHIRN

Kathleen Whitlock und Fernanda Palominoz (2022) haben den olfaktorischen Trakt, also die Zusammenfassung der Nervenfasern und den Riechkolben, bei verschiedenen Tierarten untersucht. Die meisten Fasern aus dem Riechkolben werden direkt ins limbische System, also in das mit Lernen, Gedächtnis und Emotionsentstehung befasste Gehirnzentrum geleitet. Interaktionen mit dem Hormonsystem und dem autonomen Nervensystem sind dadurch auch auf sehr kurzem Dienstweg möglich. Das Zwischenhirn wird z. B. durch die Nervenfasern des Riechsystems umgangen. Sogenanntes angeborenes Verhalten (was auch immer das ethologisch sei), emotionale Reaktionen, und dadurch vor allem auch sehr schnelle und unreflektierte Handlungen, werden auf diesem Weg ermöglicht. Mandelkerne und der Boden des Zwischenhirns (Hypothalamus) werden dagegen mit Kopien der genannten Informationen versorgt.

Bemerkenswert ist auch, dass Rezeptoren für GnRH, das Gonadotropinreleasinghormon, eigentlich ein Hormon in der Steuerungskette des Sexualverhaltens und der Sexualfunktionen, sich in diesem Bereich befinden. Die GnRH positiven Endstellen wurden bei Säugetieren auch an den Blutgefäßen der Riechschleimhaut gefunden. Sie führen dazu, dass man hier spezielle Wahrnehmungen vermuten kann. Die Arbeit von Whitlock und Palominoz vermutet auch, dass Wechselwirkungen mit dem Immunsystem, nicht zuletzt im Zusammenhang mit Geruchsgedächtnis und Geruchsprägung, eine Rolle spielen könnten.

Der Begriff des Geruchsbildes

Durch Präparation, feingewebliche Färbetechniken und andere spezielle anatomische Techniken, konnte ein Team um Erica Andrews (2022) zeigen, dass ein Teil der ableitenden Nerven aus dem Riechkolben des Hundes nicht nur in verschiedene Regionen des Gehirns geht, sondern speziell auch in den Hinterhauptslappen des Großhirns. Dort befindet sich das Sehzentrum. Eine direkte Verschaltung des Sehzentrums mit dem Riechkolben des Hundes ist wahrscheinlich die anatomische Grundlage für den häufig verwendeten, aber bisher nicht wissenschaftlich untersuchten Begriff des Geruchsbildes, der ja bei den Primärpraktiker:innen, insbesondere im Bereich der Nasenarbeit, häufig benutzt wird. Neben der direkten Leitung ins Sehzentrum des Hinterhauptslappens, führen andere Teile des ableitenden Nervs aus dem Riechkolben z. B. auch ins limbische System, einschließlich dem präfrontalen Stirnlappen, in den sogenannten kortikospinalen Trakt, also die Pyramidenbahn, die mit sogenanntem angeborenem oder auch „instinktivem" Verhalten verbunden wird, in den Bereich des *Lobus piriformis*, der mit Wahrnehmung beschäftigt ist, und in die Regionen mit Gedächtnisfunktion im Entorhinum. Bemerkenswert ist, dass in den Studien von Erica Andrews auch kurzschnauzige Hunde, oder Angehörige verschiedener Rassen, keine erkennbaren oder gar statistisch nachweisbaren Unterschiede aufzeigten, auch eine Links-Rechts-Unterscheidung wurde in ihren Studien nicht gefunden.

Auch bei kurzschnauzigen Hunden kann ein Geruchsbild entstehen.

RIECHLEISTUNG

Die außergewöhnliche Riechleistung unserer Hunde hat ein Team rund um Dianne Beidler Walker (2009) durch für die damalige Zeit vollkommen neuartige Versuchsaufbauten getestet. Einerseits waren die Testhunde weder hungrig, noch wurden sie in anderer Weise von lebenswichtigen Ressourcen wie z. B. Wasser ferngehalten. Und es waren auch keine Laborhunde. Desweiteren wurden die beiden Hunde auf eine Kombination aus Riechleistung und Apportieren trainiert. Sobald sie verstanden hatten, dass sie das Röhrchen mit der Duftprobe apportieren sollten, wurde die Konzentration der zu testenden Substanzen ständig erniedrigt. Dabei ergaben sich geradezu unglaubliche Riechschwellen: 1,14 bzw. 1,9 Teile pro Trillion, also eine Verdünnung auf $1{:}10^{-15}$, war die Riechschwelle für die beiden Hunde. Beidler Walker und ihr Team geben zwar zu, dass es sich dabei nur um zwei Testhunde handelte, nämlich einen Standardschnauzer und einen Rottweiler, andererseits aber zeigen diese Untersuchungen, welche Leistungen in unseren Hunden wirklich stecken. Der Hamburger Chemiker Prof. Wolfgang Schröder (siehe Gansloßer und Kitchenham, 2019) liefert hierfür ein sehr anschauliches Beispiel: Während seine damals, im Jahr 2015, beste Laboranalytik den Nachweis für ein aufgelöstes Stück Würfelzucker im Bereich der Hamburger Binnen- und Außenalster liefern kann, würde eine Hundenase diese Zuckermenge noch in der Verdünnung des gesamten Hamburger Hafenareals finden. Im Zeitalter der jederzeit im Internet oder sonstwo auffindbaren Straßen- und Stadtpläne kann jeder selbst nachvollziehen, was das bedeutet.

SARS-CoV-2 Spürhund Balin bei der Arbeit am Detection Dog Training System.

☞ **Aus der Forschung (von Prof. Dr. Holger Volk und Team)**

OLFAKTORISCHE EXZELLENZ

Balin, ein 7-jähriger Texas Heeler Rüde, ist seit zwei Jahren als medizinischer Spürhund in der Forschung im Fachbereich Neurologie der Tierärztlichen Hochschule Hannover (TiHo) tätig. Seine Aufgabe: das Aufspüren von SARS-CoV-2 („das Corona-Virus") mithilfe seiner Nase. Die Forschung mit trainierten Spürhunden zeigt, dass diese Tiere dank ihrer beeindruckenden Riechfähigkeiten in der Lage sind, bestimmte Krankheiten zu erkennen. Sie nehmen flüchtige organische Verbindungen (VOCs) wahr, die wie eine Art einzigartiger geruchlicher Fingerabdruck auf spezifische gesundheitliche Zustände hinweisen.

DIE SUPERKRAFT UNTER DER LUPE

Hunde haben die besseren Nasen, dank dahingehend genetischer, physiologischer und anatomischer Überlegenheit.
Balin atmet mit einem laminaren Luftstrom, der Gerüche effizienter zur Riechschleimhaut transportiert. Auch hat er über 1 000 olfaktorische Gene, von denen 80 % funktional sind, im Vergleich zu etwa 50 % bei Menschen. Seine Riechschleimhaut ist deutlich größer (126 cm^2 vs. 10 cm^2 beim Menschen) und enthält bis zu 300 Millionen Rezeptorneurone (Menschen: 5–20 Millionen). Zusätzlich haben Hunde das Vomeronasalorgan, das Pheromone wahrnehmen kann.

SARS-COV-2 AUF DER SPUR

In den vergangenen Jahren hat die Forschung zum Einsatz von Spürhunden im medizinischen Bereich, insbesondere während der COVID-19-Pandemie, erheblich an Bedeutung gewonnen.

Unsere Arbeitsgruppe führte eine Reihe von Studien durch, die das Potenzial von Hunden zur Erkennung von SARS-CoV-2 untersuchten. In einer Studie trainierten Jendrny et al. (2020) acht Hunde, SARS-CoV-2-positive Speichelproben zu erkennen. Das Training dauerte eine Woche. Die Hunde erreichten dabei eine Sensitivität von 83 % und eine Spezifität von 96 % (siehe auch Kasten).
In einer weiteren Studie zeigten die Kollegen (Jendrny et al., 2021), dass die Erkennung auch mit anderem Probenmaterial wie Urin, Speichel und Schweiß möglich ist, was auf eine durch COVID-19 verursachte systemische Veränderung des menschlichen Geruchsprofils hinweist.
Darauf aufbauend führten Ten Hagen et al. (2021) anschließend eine Studie mit 12 Hunden durch, die trainiert wurden, SARS-CoV-2 von anderen Viren zu unterscheiden. Die Hunde erzielten hierbei eine Sensitivität von 64 % und eine Spezifität von 93 %.
Im Jahr 2022 setzte die gleiche Forschungsgruppe die trainierten Hunde schließlich im Rahmen einer Machbarkeitsstudie bei Eingangskontrollen von vier Konzerten mit insgesamt 2800 Besuchern ein. Die Hunde erreichten dabei eine Sensitivität von 81,6 % und eine Spezifität von 99,9 %.
Auch bei Proben von Long-COVID-Patienten konnten die Hunde ihr Können bereits in einer Pilotstudie unter Beweis stellen. Twele et al. (2022) zeigten, dass die Hunde in der Lage sind, diese speziellen Proben zu erkennen. Dieses Forschungsfeld wird aktuell weiter ausgebaut und durch chemoanalytische Methoden ergänzt, um der bisher schwer diagnostizierbaren Krankheit und ihrer Entstehung auf die Spur zu kommen.

INTERNATIONALE STUDIEN

International erzielten zahlreiche Forschungsgruppen ähnliche Ergebnisse im Bereich der akuten SARS-CoV-2 Infektion. In verschiedenen Ländern wie Frankreich, Iran, Kolumbien, Libanon, Chile, Finnland und Belgien wurden Hunde für COVID-19-Screenings eingesetzt. Die Proben reichten von Schweiß, Speichel und Urin bis hin zu Nasen-Rachen-Abstrichen und getragener Kleidung. Die zusammengefassten Ergebnisse waren beeindruckend: Es wurden eine Sensitivität von mindestens 80 % und eine Spezifität von 95 % in einem Großteil der Studien erreicht (Meller et al., 2022, Front Med).
Damit lieferten die verschiedenen Spürhundegruppen wiederholt zuverlässigere Ergebnisse, als der in Deutschland während der Pandemie weit verbreitete Antigen-Schnelltest. Zudem erwiesen sie sich als ebenso verlässlich, wie das als Goldstandard geltende PCR-Test-Verfahren.

SENSITIVITÄT UND SPEZIFITÄT

Für die Beurteilung der Sicherheit und Zuverlässigkeit von Testverfahren werden zwei Begriffe aus der Diagnostik erklärt:

- Die Sensitivität ist die Wahrscheinlichkeit, mit der ein Testsystem eine erkrankte Person korrekt als solche erkennt.
- Die Spezifität ist die Wahrscheinlichkeit, mit der eine nicht erkrankte Person korrekt als gesunde identifiziert wird.

So liegt z. B. die Sensitivität eines Antigen-Schnelltests für SARS-CoV-2 bei 68,4 %, das heißt, 68,4 von 100 infizierten Personen werden korrekt als positiv erkannt. Die Spezifität dieser Tests beträgt 99,4 %, was bedeutet, dass 99,4 von 100 nicht infizierte Personen korrekt als negativ erkannt werden.

Dieser Umstand spiegelt sich auch im Vertrauen in die Fähigkeit der Spürhunde in der Bevölkerung wider. In einer Umfrage mit 1 419 Personen zu bevorzugten COVID-19-Testverfahren an Flughäfen gaben 270 Teilnehmer:innen an, einen Schweiß-Abstrich mit darauffolgender Detektion durch Spürhunde zu bevorzugen, während 1 017 das direkte Beschnüffeln durch Spürhunde bevorzugten. Nur 93 Personen hätten sich für einen PCR-Nasenabstrich und 19 Personen für einen Schnelltest entschieden.
Aufgrund dieser Erfolge nahm die Weltgesundheitsorganisation (WHO) die Hunde-Methode in ihren „R&D Blueprint" auf. Zusätzlich führte sie ein Fachgespräch durch, um mit Experten zu besprechen, wie trainierte Hunde weltweit für COVID-19-Screenings eingesetzt werden könnten. Ziel war es herauszufinden, wie diese Methode effektiv in verschiedenen Ländern angewendet werden kann, um Infektionen frühzeitig zu erkennen.

Der Möglichkeit zum sicheren Einsatz von Spürhunden, zur Erkennung bedeutender Pathogene, ist also nicht nur für die vergangene Pandemie relevant, sondern vor allem für die frühzeitige, fast zeitgleiche Erkennung und Durchbrechung von Infektionsketten künftig auftretender Erreger mit ähnlichem Infektionspotenzial.

TRAINING DER TIHO-NASEN

Zurzeit befinden sich vierzehn SARS-CoV-2 Spürhunde und vierzehn Morbus-Parkinson-Spürhunde an der TiHo im Training. Es sind privat gehaltene Hunde, die unter Anleitung einer Tierärztin und Hundetrainerin von ihren Bezugspersonen an einer speziellen Trainings-Maschine, dem Detection Dog Training System (DDTS, Kynoscience), ausgebildet werden.
Diese Maschine hat sieben Öffnungen, in welche die Hunde ihre Nasen stecken können, um den aus dem Inneren der Maschine heraustretenden Geruch wahrzunehmen.

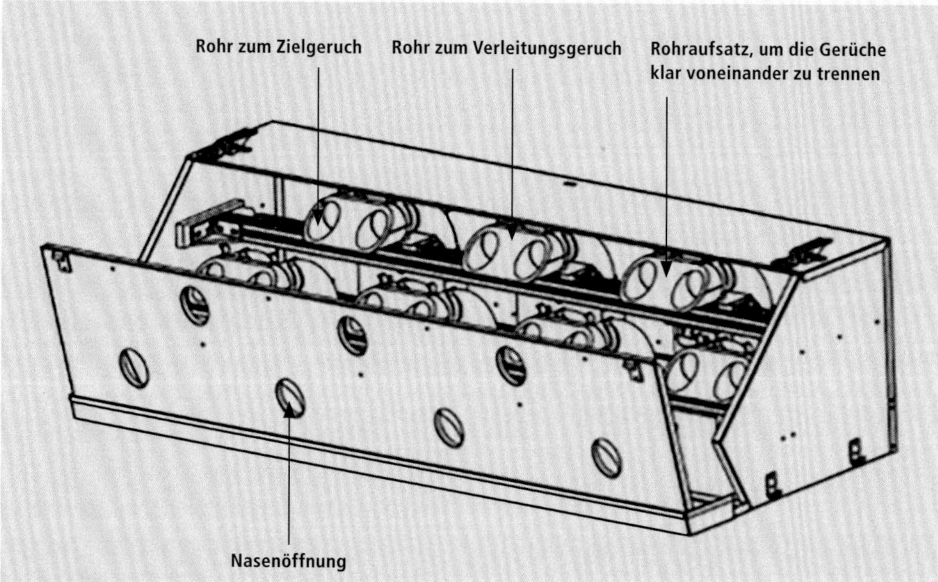

Das Detection Dog Training System (DDTS) von Kynoscience. Sichtbar sind die sieben Nasenöffnungen, dahinter die auf Schlitten beweglichen Gerüche. Jeweils ein Zielgeruch (links) und ein Verleitungsgeruch (rechts) auf einem Schlitten. Getrennt werden die zugehörigen Röhrensysteme mittels eines Rohraufsatzes.

Hinter jeder Öffnung befinden sich zwei verschiedene Optionen: ein Gefäß mit dem zu detektierenden Zielgeruch („positiv") und ein Gefäß mit einem Verleitungsgeruch („negativ"), die von einem Schlitten so vor die Öffnung geschoben werden, dass jeweils nur einer der beiden Gerüche dem Hund präsentiert wird. Sieben Öffnungen, hinter jeder Öffnung ein Schlitten mit zwei Geruchsgefäßen, also insgesamt vierzehn Gerüche in der Maschine, sieben Zielgerüche und sieben Verleitungsgerüche.
In welcher Anordnung diese Gerüche dem Hund präsentiert werden, wird von einem Algorithmus zufällig bestimmt. Auf einem Tablet können wir nachverfolgen, welche Gerüche dem Hund präsentiert werden. Zeigen die Hunde einen Zielgeruch lang genug an, erkennt dies die Maschine und die Hunde werden mit einem Ton als Sekundärverstärker bestätigt und automatisch mit Futter belohnt.

SICHERHEIT DER AUSGEBILDETEN HUNDE

Der Großteil der mit SARS-CoV-2-infizierten Haustiere (82,4 %) zeigte keinerlei Symptome, während bei den verbleibenden 17,6 % leichte Symptome wie vermehrtes Schlafbedürfnis oder Niesen beobachtet wurden. 43,8 % der getesteten Katzen und 11,9 % der Hunde bildeten neutralisierende Antikörper gegen das Virus (Hamer et al., 2021). Diese Antikörper blieben über einen Zeitraum von 2 bis 3 Monaten stabil oder nahmen sogar zu, ohne dass die Tiere Anzeichen einer Rückkehr zur Erkrankung zeigten. Es gibt bisher auch keine Hinweise einer Infektion des Menschen durch infizierte Katzen oder Hunde (Doliff und Martens, 2022, Animals). Das bedeutet, dass das Virus von Menschen auf andere Tiere übertragen werden kann, als „reverse zoonotic transmission" bezeichnet, Hunde jedoch meist symptomfrei bleiben und keine Schäden davontragen. Solche Informationen sind wichtig, um zu garantieren, dass die Spürhunde, die zur Erkennung von COVID-19 eingesetzt werden, sicher sind.

BLICK IN DIE ZUKUNFT

Die Arbeit von Spürhunden ist ein wertvoller Beitrag zur modernen Medizin. Die zukünftige Forschung könnte sich auf noch präzisere Methoden der Erkennung durch Hunde konzentrieren, etwa durch die Nutzung ihres Vomeronasalorgans oder durch die Analyse von Veränderungen der VOCs über die Zeit. Die zeitliche Analyse dieser Veränderungen hilft dabei zu verstehen, wie sich diese Geruchsprofile, z. B. durch biologische Prozesse oder äußere Einflüsse, verändern. Die Kombination von chemischen Analysemethoden und Balins natürlichen Fähigkeiten könnte die Diagnostik weiter revolutionieren und beschleunigen. Hunde sind bereits jetzt unverzichtbare Partner in der medizinischen Forschung und Diagnostik und ihre Bedeutung wird in den kommenden Jahren sicher weiter wachsen. Die COVID-19-Forschung dient uns als wegweisende Blaupause, um zukünftigen Infektionskrankheiten gezielt und entschlossen entgegenzutreten.

ÜBER DIE AUTOREN

Die Arbeitsgruppe von Prof. Holger A. Volk forscht in den Bereichen Neurologie und Verhalten von Kleintieren. Prof. Volk ist Direktor der Klinik für Kleintiere der Tierärztlichen Hochschule Hannover und Diplomate des European College of Veterinary Neurology. Er steht für evidenzbasierte, innovative Tiermedizin. Sebastian Meller und Friederike Twele, beide promovierte Neurowissenschaftler, leiten in der Arbeitsgruppe von Prof. Holger A. Volk als wissenschaftliche Mitarbeitende maßgeblich Projekte in der Epilepsie- und Kognitionsforschung. Karolina Zacharias promoviert in Neurowissenschaften und ist als zertifizierte Hundetrainerin verantwortlich für die Ausbildung der Spürhunde im „Schnüffelhundprojekt".

AUFBAU DER RIECHSCHLEIMHAUT

Die Riechschleimhaut der Hunde besteht zunächst als wichtigster Bestandteil aus den Riechzellen oder olfaktorischen Rezeptorzellen, zudem gibt es noch Hilfszellen und Basalzellen (siehe Abb. S. 154). Die **Riechzellen** ragen mit Fortsätzen in den Luftraum hinein, dort sitzen die Rezeptoren. Die Lebensspanne einer Riechzelle beträgt nur einige Wochen, und aus den vielfältig teilungsfähigen Basalzellen teilen sich dann entweder neue Riechzellen oder Hilfszellen. Dieser Prozeß wird Riechzellmauser genannt. Er ist z. B. auch der Grund dafür, dass wir, wenn wir unser Riechorgan zu tief in eine Flasche Abflussreiniger gehalten haben, nach einigen Wochen langsam doch unsere Riechfähigkeit wieder bekommen (zur Nachahmung trotzdem nicht empfohlen!). Die **Hilfszellen** umfassen und umwickelt die eigentlichen Riechzellen, stützen sie, und fressen die Bestandteile der abgestorbenen Riechzellen auf. Zusätzlich gibt es noch **Drüsenzellen**, als Bowmansche Drüsen bezeichnet, in der Schleimhaut, die Lösungssubstanzen, aber auch Schutzsubstanzen gegen potenziell gefährliche Chemikalien in der eingesaugten Luft liefern.

INTENSITÄT DER WAHRNEHMUNG

Jede Riechzelle bildet nur einen Typ von **Riechrezeptor** aus, und jede wahrgenommene Duftsubstanz wird, wenn es sich nicht um eine Reinsubstanz handelt, von Informationen aus mehreren aktivierten Riechzellen zusammengemischt. Je mehr Riechzellen des gleichen Typs aktiviert werden, desto stärker ist die Intensität des wahrgenommenen Dufts. Jedoch ist dies nicht mit einer einfachen linearen Abhängigkeit nach dem Motto „viel hilft viel“ zu erklären, sondern die maximale Meldeleistung ist nach oben physiologisch begrenzt. Zusätzlich wird auch noch die Dauer der Exposition des Dufts mit herangezogen, und eine Anpassung der Riechzellen könnte im Laufe der Zeit also ihre Leistung ebenfalls beeinflussen. Auch eine Reihe von Neurotransmittern sowie andere, im Blut zirkulierende Hormone (z. B. Leptin, ein in der Appetitsteuerung beteiligtes Hormon) modulieren und verändern die Empfindlichkeit der Riechzellen. Medikamente (z. B. das Cortisonpräparat Dexamethason und einige Antibiotika) und Infektionskrankheiten (z. B. Hunde-Parainfluenzavirus) reduzieren die Riechleistung (Hayes et al., 2018). Die elektrischen Impulse werden dann über die Axone durch die bereits besprochene Siebbeinplatte zu den Strukturen des Riechkolbens weitergeleitet (siehe S. 154 f.). Die dortige Verschaltung hilft z. B. bei der selektiven Verstärkung von gerade interessanten, aber auch bei der Herausfilterung und Zurückdrängung der Eindrücke von im Hintergrund vorhandenen uninteressanten Gerüchen.
Die Weiterleitung aus dem Riechkolben ins Gehirn erfolgt, im Gegensatz zu den Sehnerven, jeweils auf die gleiche Gehirnseite. Das rechte Nasenloch leitet seine Informationen also in die rechte Gehirnhälfte, das linke Nasenloch in die linke Gehirnhälfte. Dies ist auch die Basis der unterschiedlichen emotionalen Bewertung von Geruchsimpressionen aus dem linken bzw. rechten Nasenloch (Siniscalchi und Quaranta, 2014).

RIECHLEISTUNG UND ANATOMIE

Wie kompliziert die Zusammenhänge zwischen Riechleistung von Hunden und der Anatomie bzw. dem Feinbau der Riechschleimhaut sind, konnte beispielhaft an einer größeren Gruppe von 91 Drogenspürhunden und 57 Sprengstoffspürhunden durch ein polnisches Team rund um Mariusz Sacharczuk (2019) belegt werden. Aus diesen beiden Spezialspürhundegruppen wurden jeweils die zehn besten und die zehn schlechtesten Hunde nach Suchleistung, Suchzeit und Suchmodus herausgesucht, und deren

Rezeptorgenetik an der Riechschleimhaut genauer untersucht. Hunde besitzen mindestens 1 094 verschiedene Duftstoffrezeptoren in ihrer Nasenschleimhaut (Quignon et al., 2012) und von diesen 1 094 Rezeptortypen wurden in der Studie von Sacharczuk fünf verschiedene Typen untersucht. Zusätzlich untersuchte die Gruppe noch drei für die Dopaminrezeptorbildung und drei für die Serotoninrezeptorbildung zuständige Gene. Das Ergebnis der Studie war eindeutig: Die zehn besten Hunde unterschieden sich nicht nur in den Genvarianten der eigentlichen Riechrezeptoren, sondern auch in den Genvarianten für die mit der Weiterleitung im Belohnungssystem zuständigen Dopamin- und Serotoninempfänglichkeit (siehe auch S. 106 f.).

Bereits an dieser Stelle lässt sich also erkennen, welchen überragenden Einfluss die Genvariation im Bereich der Riechschleimhaut für die eigentliche Riechleistung der Hunde hat. Und hier darf auch nochmals an die bereits besprochenen Befunde von Guelfi et al. (2019) erinnert werden. In dieser Studie wurden Drogenspürhunde vor und nach der Absolvierung ihres Ausbildungskurses verglichen. Eine Reihe von den Aktivierungen für Botenstoffe im Hirnstoffwechsel, unter anderem für das Wachstumshormon IGF, den Nervenwachstumsfaktor und den im Zusammenhang mit Spielverhalten und Resilienz noch zu besprechenden Faktor BDNF, erhöhten sich deutlich nach dem Abschluss des Drogenspürhundekurses. Bemerkenswert war, dass die Studie von Guelfi et al. die Aktivierung der betreffenden Gene und die Umsetzung in die Bildung der Botenstoffe nicht im Gehirn selbst, sondern im Körperstoffwechsel anhand von Blutzellen nachgewiesen hat.

Erfolgreiche Riechleistung führt offensichtlich nicht nur im Gehirn, sondern auch im restlichen Stoffwechsel zu Veränderungen, die zu besserer Abwehrfähigkeit, Resilienz etc. führen könnte.

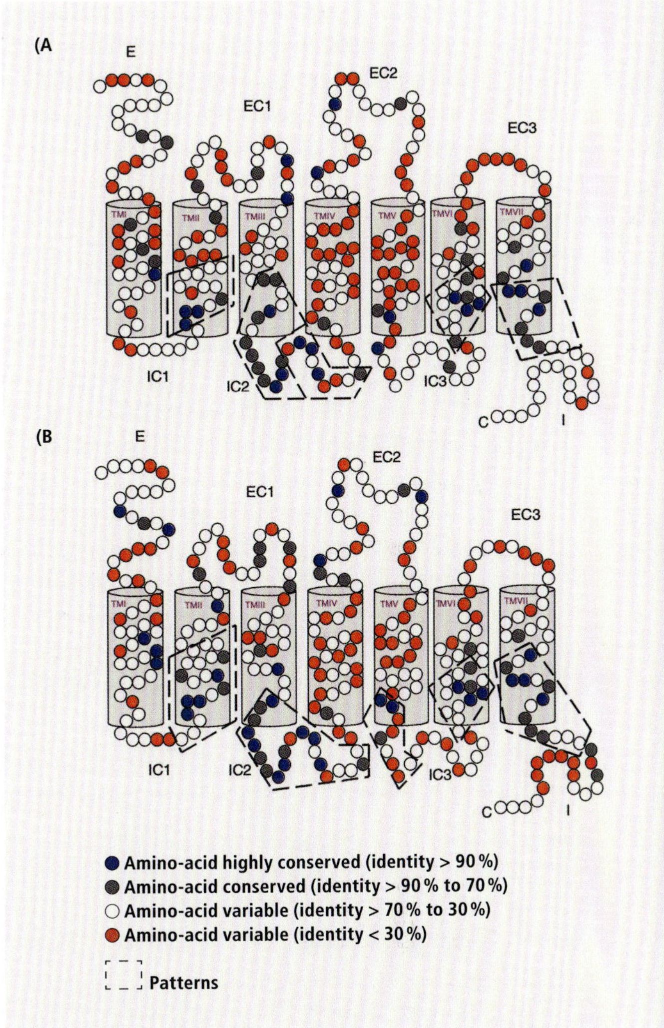

Schema der Duftrezeptormoleküle (Quignon et al., 2012). Blaue Kreise bedeuten sehr konservative, d. h. praktisch überall gleiche AS, rote sind am variabelsten zwischen verschiedenen Rezeptortypen, graue und weiße liegen dazwischen.

GENFREQUENZEN UND DEREN VARIABILITÄT

Bemerkenswert ist, wenn wir das Erbgut der Rezeptoren zwischen Hund, Maus und Ratte vergleichen, dass einige Familien von Rezeptorgenen bei Hunden vorkommen, die bei Ratten nicht auftreten, und dass manche Familien von Rezeptorgenen sowohl zwischen als auch innerhalb einer

Art bzw. Rasse eine höhere Variabilität aufweisen, andere dagegen wesentlich gleichartiger, mit weniger Variabilität innerhalb einer Rasse bzw. zwischen den Individuen (Quignon et al., 2005). Höchstwahrscheinlich handelt es sich hierbei um Duftstoffrezeptoren, die für alle Angehörigen der Art wichtig sind. Sie könnten also z. B. im Zusammenhang mit der innerartlichen Kommunikation oder anderen lebenswichtigen Funktionen bedeutsam sein.

Pascale Quignon und ihr Team, von der Universität Rennes in Frankreich, hat in einer Vielzahl von Studien die Gensequenzen und ihre Variabilität im olfaktorischen Rezeptorsystem von Hunden untersucht (Quignon et al., 2005; Tacher et al., 2005; Robin et al., 2009; Quignon et al., 2012). Die olfaktorischen Rezeptormoleküle sind langkettige Eiweißfäden, kompliziert gefaltet, sie ragen abwechselnd in das Äußere, also in den eingesogenen Luftstrom, und in das Innere der Zellen. An insgesamt sieben Stellen ragen diese langen Eiweißfäden aus der Riechzelle heraus, und auch dort unterscheiden sie sich vor allem in den ineinander gefalteten Aminosäurekettensequenzen.

Wie bereits erwähnt, konnten die Autorinnen mindestens 1 094 verschiedene Rezeptormolekültypen bei Hunden nachweisen. Der Mensch hat nur 600 bis 900 Gene für verschiedene Duftrezeptoren, Maus und Ratte haben ca. 1 200 bis 1 600.

Das ist aber nicht der einzige Unterschied. Während beim Hund nur etwa 20 % der fast 1 100 Gene sogenannte Pseudogene sind, haben Menschen fast 50 % Pseudogene in ihrer Riechschleimhautgenetik.

Die Genvariation innerhalb jedes dieser Gene ist zwischen den untersuchten Hunderassen unterschiedlich, eine Korrelation mit rassetypischen Riechunterschieden wurde an dieser Stelle aber noch nicht gefunden.

Neben der Variabilität in den Genen selbst, finden sich noch Variabilitäten in der Umsetzung (Genexpression), ähnlich wie wir es für die Neurogenetik bereits gefunden haben (siehe S. 41 f., 58, 65).

RIECHLEISTUNG UNTERSCHIEDLICHER RASSEN

Auch die Weiterleitung der Signale und die Verarbeitung im Gehirn spielen eine Rolle bei der unterschiedlichen Riechleistung. Die Arbeit von Tacher et al. (2005) verglich

PSEUDOGENE

Pseudogene sind solche, die aufgrund irgendeines Merkmals in der Struktur des Gens ihre eigene Ablesung verhindern, also quasi funktionslos sind. Das können vorzeitige Stoppsignale sein, oder sogenannte Nonsensgene, bei denen die Sequenz der Geninformation schlichtweg nicht abgelesen werden kann.

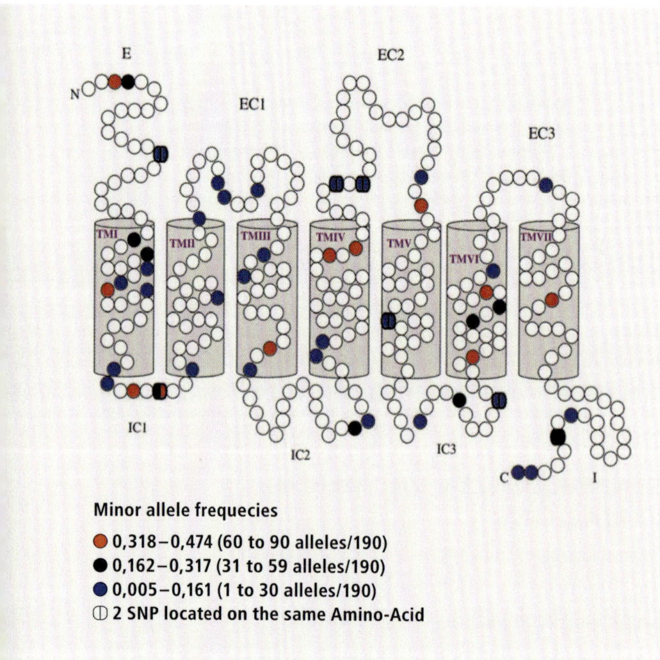

Hier sind nur diejenigen Aminosäuren farbig, die in sehr seltener Allelhäufigkeit, also bei wenigen genetischen Typen, auftreten (aus Quignon et al., 2012).

speziell 16 dieser Riechgene bei insgesamt 95 Hunden aus 20 Rassen, und fand eine Reihe von Polymorphismen, also Genvarianten innerhalb eines Rezeptorgens. Die Genvarianten betrafen einerseits die unterschiedliche Bindungsfähigkeit für Duftstoffe an der Zellaußenseite, andererseits auch die Reaktion und die Weiterleitung innerhalb der Zelle. Hier hatte z. B. der Boxer mehr Pseudogene als der Pudel, was möglicherweise auch mit seiner schlechteren Riechleistung zu tun hat.
Robin et al. (2009) untersuchten insgesamt 109 von diesen Riechrezeptorgenen bei 48 Hunden aus 6 Rassen, nicht alle Gene hatten dort die gleiche Variabilität. Der Labrador Retriever und der Deutsche Schäferhund hatten eine wesentlich höhere Variabilität, vor allem in der Bindungsfähigkeit für die Duftstoffe, als der Pekinese und der Greyhound. Auch innerhalb der Rassen war die Genausstattung sehr variabel, und auch Gene mit vorzeitiger Stoppfunktion fanden sich in unterschiedlichem Ausmaß innerhalb einer Rasse. Die geringe Variabilität, z. B. beim Greyhound, könnte einer der Gründe für die bereits besprochenen Befunde von Nathan Hall und seiner Gruppe sein (Hall et al., 2015; siehe S. 152 f.).
Alle rezeptorgenetischen Untersuchungen, vor allem aus der Gruppe von Pascale Quignon, zeigen, dass auch jetzt noch, in aktueller Zeit, eine starke Selektion auf genetische Vielfalt innerhalb der Rezeptorgene unserer Haushunde stattfindet. Die meisten der Genvarianten sind offensichtlich erst im Laufe der Rasselinienzucht entstanden. Einige davon betreffen aber auch mindestens zwei oder mehrere der untersuchten Rassen, was bedeutet, dass sie bereits vor der Aufspaltung in die Rassen entstanden sein müssen.

„Wolfsähnliche" Hunde haben eine höhere Variabilität der Riechrezeptoren, was aber offenbar nicht nur an der „Wolfsähnlichkeit" liegt.

Die Riechleistung jüngerer Hunde ist u. a. aus elektrophysiologischen Gründen besser.

RIECHLEISTUNG UND ALTER

Jung Hoon Choi und sein Team untersuchten altersbedingte Abhängigkeiten und Veränderungen in den Nervenzellen des Riechkolbens von Hunden (Choi et al., 2010). Es handelte sich hier im Wesentlichen um Eiweiße, die Calcium binden (Bedeutung, siehe S. 103). Mehrere dieser calciumbindenden Eiweiße waren bei mittelalten und vor allem älteren Hunden deutlich geringer ausgeprägt, und zwar in den Schaltzellen des Riechkolbens. Selbst bei mittelalten Hunden (6 – 8-jährige Deutsche Schäferhunde) waren diese calciumbindenden Eiweiße bereits verringert, was auf eine verringerte elektrische Reizbarkeit und damit auf eine absinkende Riechleistung hindeutet. Auch an den Nervenfasern des Trigeminusnervs (siehe S. 132) waren solche Veränderungen der Calciumbindungsfähigkeit nachweisbar. Aber auch die verlangsamte Zellteilung (Riechzellmauser) spielt im Alter eine Rolle, ebenso nimmt die Zahl der Mikrovilli pro Riechzelle im Alter ab.

EPIGENETISCHE EINFLÜSSE

Veränderungen in der Rezeptorumsetzung sind nicht nur auf genetische, sondern auch auf lebensgeschichtliche Zusammenhänge zurückführbar. Wie bereits erwähnt, trägt jede Riechzelle nur einen (von ca. 1 100) Rezeptortypen. Welche Gene für welchen Rezeptortyp also an einer speziellen Rezeptorzelle umgesetzt werden, wird in der frühen Individualgeschichte offenkundig nicht nur einmal entschieden, sondern auch epigenetisch an dieser Stammzelle markiert. Die durch Zellteilungsprozesse aus dieser Stammzelle abgeleiteten Riechzellen tragen also immer die Umsetzung nur eines einzigen Rezeptors. Auch die Markierung der von der Riechzelle ableitenden Nervenfasern an die richtigen Schaltinstanzen im Riechkolben ist epigenetisch beeinflusst, man stelle sich vor, wenn die Riechzelle für Rosenduft plötzlich an den Rezeptoren für Knoblauchduft landen würde.

Duftstoffprägung

In diesem Zusammenhang wird auch das Phänomen der Duftstoffprägung von Bedeutung. Im Zusammenhang mit Duftstoffprägung bei Hunden haben vorwiegend Untersuchungen von Peter Hepper aufregende Ergebnisse gefunden (Hepper, 1994; Wells und Hepper, 2006). Peter Hepper untersuchte, wie lange Hunde sowohl ihre Wurfgeschwister als auch ihre Mutter noch geruchlich erkennen, nachdem sie von ihnen getrennt sind. Die Erkennung einer Mutter durch die nunmehr erwachsenen Hunde, bzw. auch umgekehrt das Erkennen des nunmehr erwachsenen Nachwuchses durch die Mutter, war mindestens nach zwei Jahren immer noch möglich (danach wurde die Studie innerhalb einer Doktorarbeit beendet). Dazu reichte das Zusammensein der Mutter bereits für wenige Tage. Wurfgeschwister dagegen wurden nur erkannt, wenn man wenigstens vier bis fünf Wochen mit einem Geschwister (nicht dem Testtier) zusammenlebte. Hunde, die allein lebten, konnten ihre Geschwister nicht erkennen. Die Erkennung ist offensichtlich durch Prägungsprozesse und nicht durch angeborene Erkennung (wie z. B. bei manchen Nagetieren, siehe Gansloßer et al., 2020) verankert.

Nahrungsprägung

Die Nahrungsprägung bei Hunden ist dagegen bereits im vorgeburtlichen Stadium vorbereitet. Auch hier die Untersuchung von Hepper und Wells (2006): Während der Trächtigkeit und/oder während der Säugezeit wurde eine Hundemutter mit stark aromatischen Nahrungszusätzen (Senföl, Anisöl) gefüttert. Mütter, die während der Säugezeit andere Duftstoffe zugefüttert bekamen als während der Trächtigkeit, bewirkten, dass ihre Welpen bei der Umstellung auf eigenes festes Futter beide Nahrungstypen bevorzugt interessiert annahmen. Mütter, die die ganze Zeit mit dem gleichen Nahrungszusatz gefüttert wurden, resultierten dann in Welpen, die nur diesen einen Nahrungszusatz interessierter und bereitwilliger als Auswahlkriterium annahmen. Die praktische Nutzanwendung ist klar: **Gerade trächtige und säugende Mutterhündinnen, und ihre Welpen, sollten mit einer Vielzahl möglichst unterschiedlicher Nahrungsstoffe gefüttert werden, um eine breite und dadurch auch wenig mäkelige Nahrungsbevorzugung zu erzeugen.**

Was hier neurobiologisch passiert, haben z. B. Untersuchungen von Raimund Apfelbach und seiner Gruppe (Apfelbach, 1995), oder von Robyn Hudson (1993) gezeigt: Die Untersuchungen von Apfelbachs Gruppe wählten die Nahrungsprägung auf unterschiedliche Duftsubstanzen beim Frettchen, der domestizierten Form des Iltises, Robyn Hudsons Gruppe arbeitete am bereits erwähnten Zitzensuchsystem der neugeborenen Kaninchen. Beide konnten zeigen, dass eine Duftstoffbevorzugung sehr schnell auch mit Veränderungen in der feingeweblichen Zusammensetzung des Riechkolbens einherging. Wurden die Frettchen mit mehreren unterschiedlichen Futtersorten in ihrer sensiblen Phase gefüttert (das war im Wesentlichen der dritte Lebensmonat), so bildeten sich viele verschiedene Mitralzellen, die Glomeruli wurden verstärkt verzweigt, und die Tiere hatten später im Erwachsenenstadium wenig Hemmungen, völlig neues, unbekanntes Futter zu fressen. Wurden sie dagegen nur mit einer Nahrungsart gefüttert, so starben viele der im Riechkolben ursprünglich angelegten Zellen ab, und die ableitenden Fortsätze der Nervenzellen waren weniger verzweigt und mit weniger Synapsen auf ihre Nachfolgezellen verschaltet.

In jedem Fall geht ein Prägungsprozess (siehe Gansloßer et al., 2020) immer mit einer Reduktion des Gewichts und des Volumens, nicht etwa mit einer Zunahme von Gewicht und/oder Volumen des Riechkolbens einher. Programmierter Zelltod (Apoptose) und der aus dem Obstbau übernommene Begriff des Pruning (bedeutet eigentlich das Ausschneiden von Obstbaumzweigen im Winter, also die Reduktion der Verzweigung von Nervenendstellen) sind die Mechanismen, mit denen Prägungsprozesse zumindest im Duft, wahrscheinlich aber auch in anderen Bereichen, stattfinden. Auch hier wieder die praktische Nutzanwendung: **Wer mit mehr unterschiedlichen Duftstoffen konfrontiert wird, erhält mehr Verschaltungen und damit eine bessere Verarbeitungskapazität im Riechsystem.**

☞ **Aus der Forschung (von Dr. Leopold Slotta-Bachmayr)**

WENN HUNDE RIECHEN LERNEN

Seit mehr als 10 Jahren werden Artenspürhunde vermehrt in der biologischen Feldforschung bzw. im Monitoring gefährdeter Tier- und Pflanzenarten eingesetzt. Der große Vorteil der Hunde liegt u. a. darin, dass sie anhand des Geruchs einzelne, auch schwer zu bestimmende Arten eindeutig identifizieren können. Sie finden diese Arten auch, wenn sie für den Menschen nicht sichtbar sind, und erweitern damit ganz wesentlich den Einblick in deren Verbreitung und Ökologie.

ARBEIT ZUM SCHUTZ DER GEPARDEN IN KENIA

Action for Cheetahs in Kenia (ACK) ist eine gemeinnützige Organisation, die mithilfe von Hunden nach dem Kot von Geparden sucht. Anhand des gefundenen Kots kann durch genetische Analysen die Artzugehörigkeit bestätigt, aber auch das Geschlecht und die Herkunft der Tiere bestimmt werden. Damit kann ACK einen wesentlichen Beitrag zum Schutz der Geparden in ganz Afrika leisten. Wie schwierig die Suche nach Gepardenkot durch Menschen ist, sollen folgenden Zahlen verdeutlichen. Zwischen 2011 und 2013 hat ACK Kot im Lebensraum der Geparden gesammelt. Von den 287 aufgesammelten Stücken konnten durch die Analyse letztendlich nur 27 Stück den Geparden zugeordnet werden. Ein großer Aufwand, der nur bedingt den gewünschten Erfolg gebracht hat. Im Vergleich dazu haben die Hunde während zwei Monaten, entlang von 22 Transekten (insgesamt 236 km) 35 Stück Kot gefunden, d. h. sie finden etwa alle 6,8 km Kot (Mutoro et al., 2021).
Aufgrund der deutlich höheren Fundrate, setzt ACK nun vermehrt auf Spürhunde. Allerdings hat sich dazu die Frage gestellt, wie genau die Hunde sind.

Training der Hunde

In der ACK-Basis in Nairobi gibt es einen „Scent room", in dem die Hunde trainiert werden. Am Boden werden zwei Stellen markiert, an denen wir für die Hunde den Zielgeruch „Gepard" und einen Ablenkungsgeruch platzieren. Als Ablenkungen wählen wir leicht verfügbare Arten, mit unterschiedlicher Ähnlichkeit zum Geparden. So haben Ziegen mit dem Geparden nichts gemein, Hunde sind zumindest schon Fleischfresser, Hauskatzen gehören zumindest zur Katzenfamilie und der Leopard ist dem Geparden sehr ähnlich, außerdem kommt er im selben Lebensraum vor.
Für unseren Versuch sagt uns der Zufallszahlengenerator, an welcher Stelle wir Gepardenkot bzw. die Ablenkung positionieren und welche Art der Ablenkung wir präsentieren. Die Quellen für Ziel- und Ablenkungsgeruch werden außerdem so oft wie möglich geändert, damit sich die Hunde nicht auf individuelle Unterschiede der Proben einstellen.
Für ACK arbeiten zwei Hunde. Madi ist ein 2016 geborener Rottweiler/Border Collie Rüde und Persi eine Malinois Hündin, die 2019 geboren wurde. Madi ist ein erfahrener Gepardenhund, der schon mehrere hundert Stücke Gepardenkot im Freiland gefunden hat. Persi ist ein Trainee, die am Anfang ihrer Kariere steht und noch nie im Freiland gearbeitet hat.

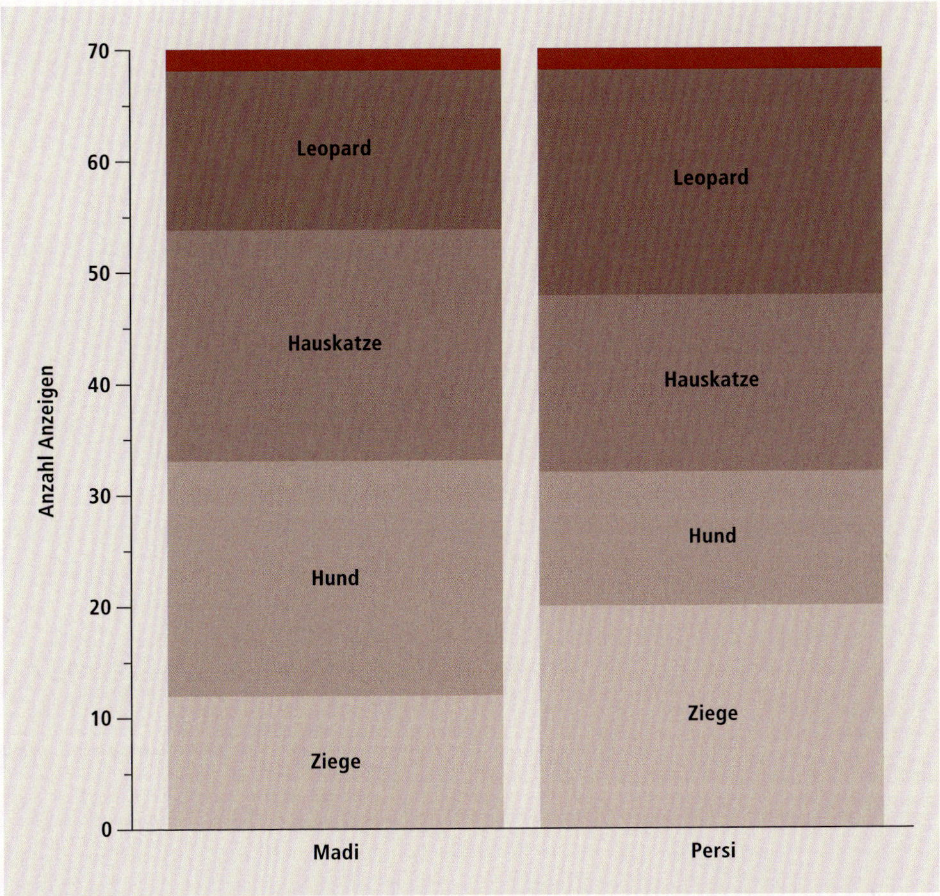

Abb. 1: Anzahl korrekter Anzeigen von Gepardenkot durch die beiden Spürhunde Madi und Persi in Anwesenheit unterschiedlicher Ablenkungsgerüche. Falschanzeigen sind rot gekennzeichnet.

Ablauf des Versuchs

Zur Suche schickt der Hundeführer, der keine Ahnung hat, wo sich der Gepardenkot befindet, den Hund in den Scent room und meldet die Position der Anzeige. Der Versuchsleiter steht mit dem Rücken zum Hund. Meldet der Hundeführer die Position der Anzeige, antwortet der Versuchsleiter mit korrekt oder falsch. Bei einer korrekten Anzeige wird der Hund sofort belohnt. Liegt der Hund falsch, wird er nochmals in die Suche geschickt. Für die spätere Auswertung wird die Suche des Hundes auf Video aufgezeichnet. Nach jeweils 50 Suchen haben die beiden Hunde jeweils 48-mal korrekt angezeigt. Nur in vier Fällen lagen die Hunde falsch. Damit liegt der Anteil der korrekten Anzeigen durch die Hunde bei 96 % (Abb. 1). Zum Vergleich: bei den Menschen waren es 10 %.

Sieht man sich das Verhalten der Hunde an, haben sie prinzipiell drei Möglichkeiten, wie sie zur Anzeige kommen:

6. Sie gehen direkt zum Gepardenkot und zeigen an.
7. Sie schnuppern zuerst am Ablenkungsgeruch, gehen dann zum Gepardengeruch und zeigen an.
8. Sie gehen noch einmal zurück, vergewissern sich und zeigen dann an.

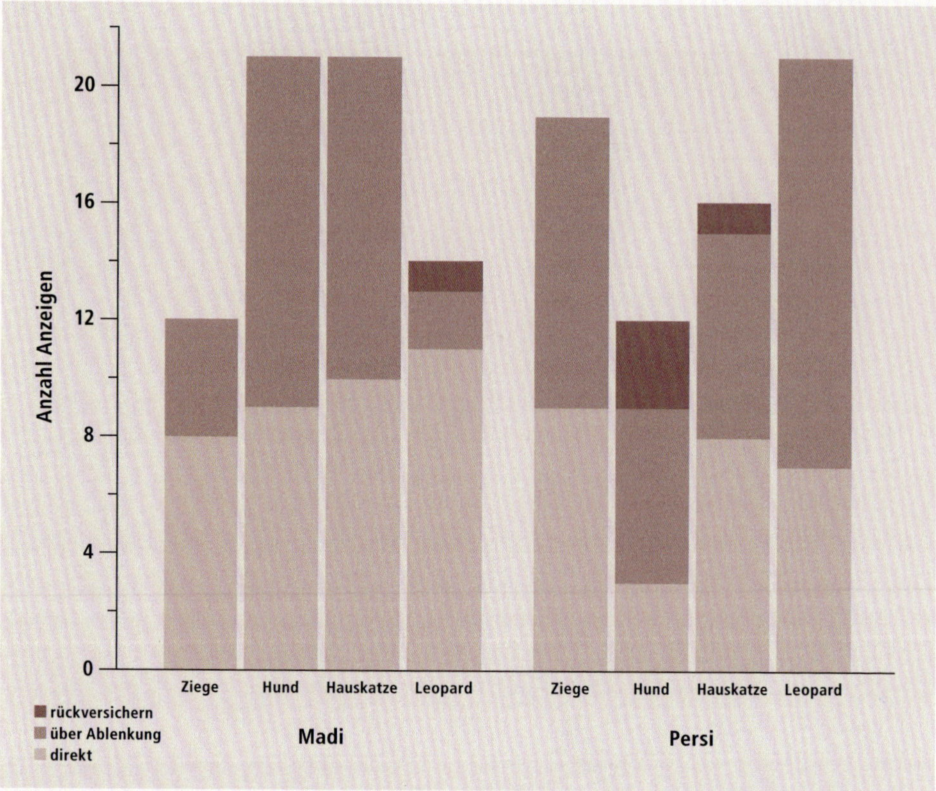

Abb. 2: Verhalten der Spürhunde Madi und Persi, wie sie zur Anzeige von Gepardenkot kommen.

Wie man aus Abbildung 2 erkennen kann, checkt der Rüde Madi beim Leoparden 2-mal zurück. In diesem Fall hat er dann falsch angezeigt. Die Hündin Persi überprüft bei Hund und Katze und hat auch beim Hund 2-mal angezeigt. Während das für unseren Versuch zwar interessant aber nicht relevant ist, hat dieses Verhalten für das Training eine große Bedeutung. Wenn wir sehen, dass der Hund nicht sofort und sicher anzeigt, sondern sich vergewissert, dann erkennen wir dadurch, dass er den Zielgeruch noch nicht sicher erlernt hat und müssen mehr Zeit in das Kennenlernen des Geruchs investieren.

Einfügen von Ablenkungen

In weiterer Folge hat uns interessiert, wie schnell die Hunde eine Ablenkung lernen. Wir haben dazu neben Gepardenkot, den Kot von Karakal präsentiert, der den selben Lebensraum nutzt. Der erfahrene Spürhund Madi hat sofort und konstant korrekt angezeigt. Die Trainee Persi hat dazu einige Zeit gebraucht. Bei den ersten Anzeigen hat sie sich rückversichert und mehrmals falsch angezeigt. Erst nach 20 Wiederholungen und insgesamt 14 korrekten Anzeigen hat sie den Gepardenkot korrekt und konstant identifiziert (Abb. 3). Dass Hunde Gerüche erlernen, geht nach diesem Versuch mithilfe nur weniger Wiederholungen. Das heißt aber auch, dass man beim Arbeiten im Freiland sehr vorsichtig sein muss. Denn wird der Hund nur ein paar Mal falsch bestätigt, erlernt er so einen falschen Zielgeruch und zeigt damit nicht mehr verlässlich und korrekt an.

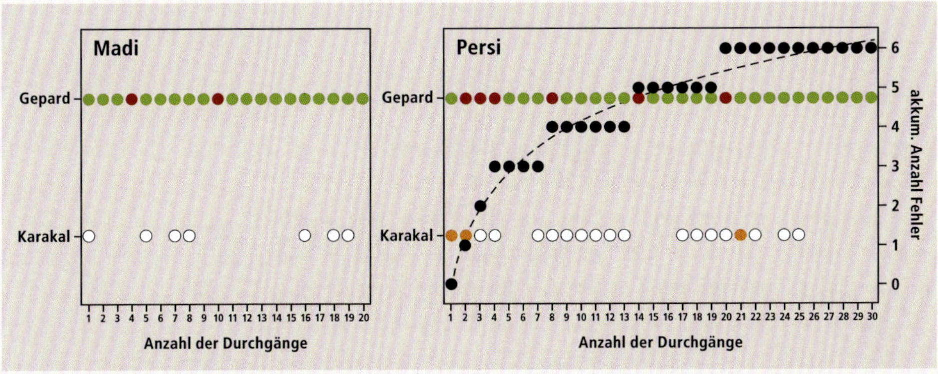

Abb. 3: Anzahl korrekter (grün) oder falscher (rot) Anzeigen von Gepardenkot in Anwesenheit von Karakalkot. Orange wurden Anzeigen gekennzeichnet, bei denen der Hund sich rückversichert hat. Kreise kennzeichnen Anzeigen, bei denen der Hund zuerst Karakal abgeschnuppert und dann Gepard angezeigt hat. Für Persi wurde die kumulative Anzahl korrekter Anzeigen (schwarz) aufgetragen.

IGNORIEREN VON GERÜCHEN

So schnell die Hunde neue Gerüche lernen, so schnell können sie auch lernen, Gerüche zu ignorieren. Wir haben dazu einen Versuch mit Kadaverspürhunden durchgeführt, die tote Vögel oder Fledermäuse anzeigen sollten. In den Bereichen, in denen die Kadaver ausgelegt waren, haben sich auch sehr viele tote Feldhasen befunden und wir wollten, dass die Hunde diese Tiere ignorieren. Also haben wir die Hunde an den Feldhasen nicht mehr belohnt.
Abbildung 4 zeigt, dass die Hunde tote Feldhasen in den ersten vier Suchen angezeigt haben. Nachdem sie hier wiederholte Male nicht belohnt wurden, haben sie die Feldhasen auch nicht mehr angezeigt. Wir konnten damit nicht nur innerhalb kurzer Zeit einen Geruch löschen, sondern auch einen Teilgeruch aus dem weiten Spektrum von Kadavergerüchen (viele verschiedene Arten von frischtot bis skelettiert) herausschneiden.
Die von uns durchgeführten Versuche zeigen nicht nur, zu welchen unglaublichen Leistungen die Hundenase fähig ist. Sie zeigen auch, wie schnell Hunde neue Gerüche lernen oder unerwünschte Gerüche ignorieren. Dieses schnelle Lernen ist nicht nur für das Training, sondern auch besonders für den Einsatz von Spürhunden von großer Bedeutung, wenn die Hunde sicher und korrekt anzeigen sollen.

ÜBER DEN AUTOR

Dr. Leopold Slotta-Bachmayr ist Biologe, der Rettungs-, Therapie- und Artenspürhunde ausbildet. Er hat mehrere wissenschaftliche Studien, u. a. zum Stress von Rettungshunden, zur Polizeidiensthundeausbildung in Österreich und zu den Möglichkeiten und Grenzen von Personenspürhunden durchgeführt.

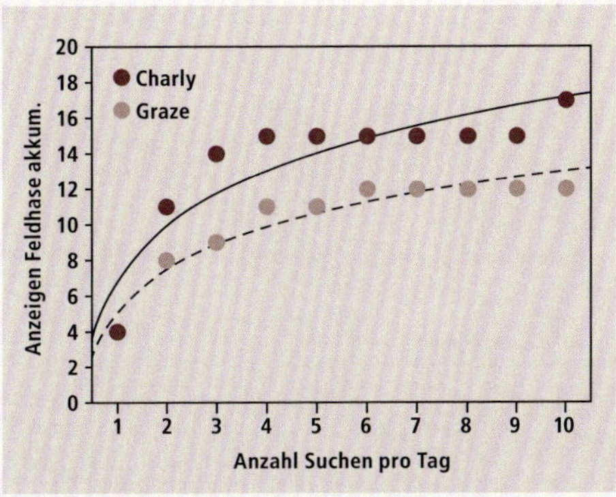

Abb. 4: Kumulative Anzeige der beiden Kadaverspürhunde Charly und Graze an Feldhasen.

WAHRNEHMUNG UND VERARBEITUNG VON GERUCHSREIZEN

Die Literatur über Geruchsleistungen, insbesondere im Zusammenhang mit speziellen, für uns Menschen ausgeübten Tätigkeiten der Hunde, nimmt in den letzten Jahren immer mehr zu. Einige neuere Untersuchungen finden sich in den Infoboxen oder in Gansloßer und Kitchenham (2019). Deshalb wollen wir uns im Folgenden mehr den wahrnehmungspsychologischen und verhaltensbiologischen Aspekten der Geruchsaufnahme und Verarbeitung widmen.

Repräsentation – ein Signal (hier Urinmarkierung) wird ohne Anwesenheit des Empfängers platziert.

REPRÄSENTATION UND SIGNIFIKATION

Simon Gadbois und Cathrin Reeve, von der kanadischen Dalhousie Universität, haben in mehreren Zusammenstellungen diese Aspekte behandelt (Gadbois und Reeve, 2014, 2016). Zunächst ist, und das ist eine Besonderheit der chemischen Kommunikation im Gegensatz zur Akustik oder zur optischen Kommunikation, eine Signalisierung auch in Abwesenheit des Senders möglich. In der Kommunikationswissenschaft wird hier einerseits von **Repräsentation** gesprochen, wenn ein Sender ein Signal platziert, ohne dass ein Empfänger anwesend ist, oder von **Signifikation**, wenn der Empfänger anwesend ist und das Signal verarbeitet, ohne dass der Sender anwesend sein muss. Repräsentation wäre z. B., wenn ein Hund eine Urinmarke setzt, ohne einen anderen Hund in der Nähe zu haben. Signifikation bedeutet, wenn jemand die Urinmarke findet und deren Information verarbeitet, ohne den Sender zu sehen. Weder bei der Signifikation, noch bei der Repräsentation muss Absicht, d. h., eine zielgerichtete Informationsverbreitung dahinterstecken. Deshalb unterscheiden Gadbois und Reeve auch den Begriff **Signal**, der nur im Zusammenhang mit „beabsichtigter, gezielter" Kommunikation gesendet wird, im Gegensatz zum „sign", das eben als **Zeichen** übersetzt werden könnte.

Signifikation – ein Signal (hier Urinmarkierung) wird ohne die Anwesenheit des Senders verarbeitet.

INHALT DER GERUCHS-INFORMATION

Eine weitere, ebenfalls wichtige Aufgliederung der Leistungen des Geruchssystems bezieht sich auf den Inhalt der wahrgenommenen Information. Zunächst einmal werden drei Bestandteile des **„Was"-Systems** zur Verarbeitung einer Geruchsinformation aktiviert, nämlich die **Detektion**, die **Diskrimination** und die **Identifikation**. Das bedeutet, der Hund findet zunächst eine Duftinformation, unterscheidet sie von anderen und identifiziert dann mithilfe von mehr explizierter Hintergrundinformation, so wie wir Menschen einen Begriff für etwas neu gefundenes als Name zuordnen würden. Die kognitive Seite dieser Fähigkeit zeigten Juliane Bräuer und Julia Belger (2018), derzeit in Jena, sehr eindrücklich: Wurde eine Geruchspur mit einem Spielzeug eines Hundes gezogen, und der Hund fand am Ende ein anderes seiner Spielzeuge, so waren die Hunde deutlich „verblüfft". Sie wussten also genau, WAS sie suchten. Wurde eine Spur z. B. ihrer Bezugsperson gezogen und sie fanden am Ende ein anderes Familienmitglied, war das „Erstaunen" ebenfalls groß!

Diese drei nacheinander folgenden Schritte des „Was"-Prozesses finden sich im Pyriformbestandteil des olfaktorischen Systems, der auch als primärer olfaktorischer Kortex bezeichnet wird. Die Informationen kommen direkt vom *Bulbus olfaktorius* in diesen Teil des Riechhirns.

Als nächstes finden wir den sogenannten entorhinalen Kortex, der mit Hippocampus, Frontalhirn und dem seitlichen Frontalhirn verbunden ist. Dort werden Gedächtnisprozesse, insbesondere auch Ortsgedächtnis, abgelegt und wir sind dementsprechend beim **„Wo"-System**. Suchen, verfolgen, Spuren aufnehmen sind die Bestandteile dieses Systems.

Letztlich gib es dann noch das **„Wie viel"-System**, das die Menge der aufgenommenen Duftstoffe und die Konzentration feststellt. Hier ist wahrscheinlich sowohl der Riechkolben als auch die Großhirnrinde beteiligt. Insbesondere beim „Wo"-System sind auch Quervernetzungen und gegenseitige Beeinflussungen vom motorischen System, von der Bewegungssteuerung und anderen, mit der Aktivität der Skelettmuskulatur verbundenen Teilen des Gehirns von Bedeutung. Gerade dabei besteht aber auch Suchtgefahr.

☞ **Aus der Forschung (von Henriette Mank)**

WISSEN HUNDE, WAS SIE RIECHEN?

„Der Hund liest Zeitung" – so wird es umgangssprachlich bezeichnet, wenn der Hund auf dem Spaziergang an jeder Straßenecke stehen bleibt und jeden Stein, jeden Grashalm bis ins kleinste Detail beschnüffelt. Hunde sind für ihren erstaunlichen Geruchssinn bekannt. Aber wissen sie, was sie da riechen? Können sie anhand ihres Geruchssinns eine Vorstellung von Form und/oder Größe eines Objektes entwickeln?
Die Forschungsgruppe HundeStudien unter der Leitung von Dr. habil. Juliane Bräuer am Max-Planck-Institut für Geoanthropologie untersucht das Verhalten von Hunden, den Domestikationsprozess, ihre metakognitive Wahrnehmung und die Beziehung zwischen Menschen und Hund. Die Forschung beschränkt sich auf die Verhaltensbeobachtung durch experimentelle Aufgabenstellungen und ist vollkommen nicht-invasiv.

VERÄNDERUNGEN IM GERUCHSBILD

Ein wichtiges Ziel unserer Forschung ist es, die erstaunlichen Fähigkeiten des Geruchssinns von Hunden und ihre kognitiven Fähigkeiten zu verstehen. Dies hat auch rechtliche Implikationen. Stellen wir uns folgendes Szenario vor: Ein Täter verlässt den Tatort und flüchtet. Die Polizei oder Rettungskräfte setzen einen Hund ein, um die Spur des Täters zu verfolgen und ihn eventuell zu stellen. Es stellt sich die Frage, ob die Identifizierung durch den Hund als Beweismittel vor Gericht ausreichend ist. Genau deshalb ist es entscheidend, zu verstehen, was Hunde wirklich riechen und ob sie eine mentale Repräsentation von dem haben, was sie verfolgen.
In einem Versuch von Hepper und Wells (2005) wurde untersucht, wie viele Schritte ein Mensch gehen muss, damit der Hund seine Richtung genau bestimmen kann. Sie nutzten dafür einen T-förmigen Testaufbau, bei dem der Mensch von A nach B laufen sollte (am „Dach" des Ts). Am Fuß des Ts ließ man nach einer Stunde den Hund die Geruchsspur verfolgen. Erstaunlicherweise kam dabei heraus, dass ein Mensch lediglich fünf Schritte machen muss, damit ein Hund seine Bewegungsrichtung erkennen kann. Es wird angenommen, dass Hunde

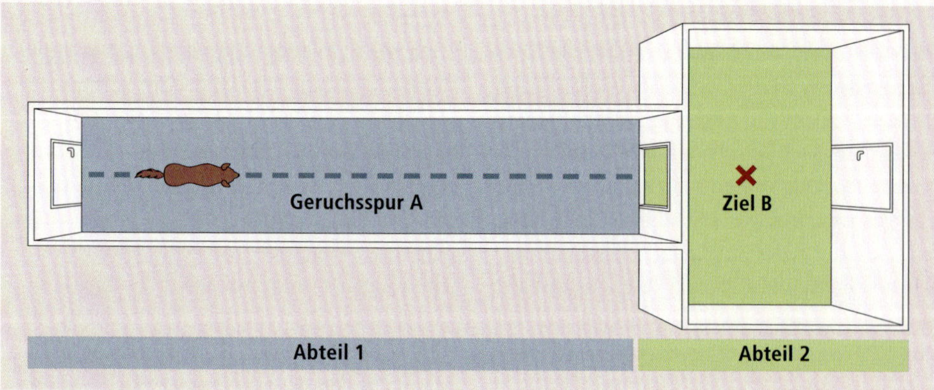

Der Hund beim Verfolgen von Spur A, jedoch mit dem ausgetauschten Spielzeug am Ende der Spur.

die Richtung dadurch wahrnehmen, indem sie die Veränderung in der Konzentration der Geruchspartikel verfolgen. Das heißt, sie stellen fest, ob die Konzentration zu- oder abnimmt. Diese Ergebnisse zeigen, wie sensibel Hunde auf menschliche Bewegungen und Veränderungen im Geruchsbild reagieren. Bereits kurze Strecken reichen aus, um dem Hund genügend Informationen zu liefern und die Bewegungsrichtung es Menschen präzise zu bestimmen.

MENTALE VORSTELLUNG DES GERUCHS

Um die Frage zu beantworten, ob Hunde eine mentale Vorstellung von dem haben, was sie riechen, haben wir bei den Hunde-Studien eine spezielle Testung durchgeführt. Außerdem wurde analysiert, ob Hunde mit unterschiedlichem Trainingsstand – Haushunde und trainierte Polizeihunde – in der Lage sind, Objekte allein durch den Geruch zu unterscheiden und Erwartungen darüber zu entwickeln, welches Objekt sie finden werden. Dafür legten wir eine Spur mit einem der Lieblingsspielzeuge des Hundes durch einen Raum, wobei das Spielzeug in einem von vier Verstecken platziert wurde. Der Hund sollte es finden und seiner Bezugsperson bringen. Manchmal tauschten wir jedoch das Spielzeug im Versteck gegen ein ebenso beliebtes Spielzeug aus (Überraschungskondition). Trainierte Hunde waren zunächst schneller bei der Suche, aber auch Haushunde verbesserten sich mit der Zeit. Es stellte sich heraus, dass die Hunde, wenn sie das „falsche" Spielzeug fanden, zögerten und weitersuchten, anstatt es sofort zu apportieren. Sie schnüffelten weiter im Raum – ein Hinweis darauf, dass sie „überrascht" waren.

Ein ähnliches Szenario wurde mit den Lieblingsmenschen der Hunde durchgeführt: Wir tauschten die Person am Ende der Spur aus, was zu größerer Aufregung und intensivem Schnüffeln führte, wenn der andere

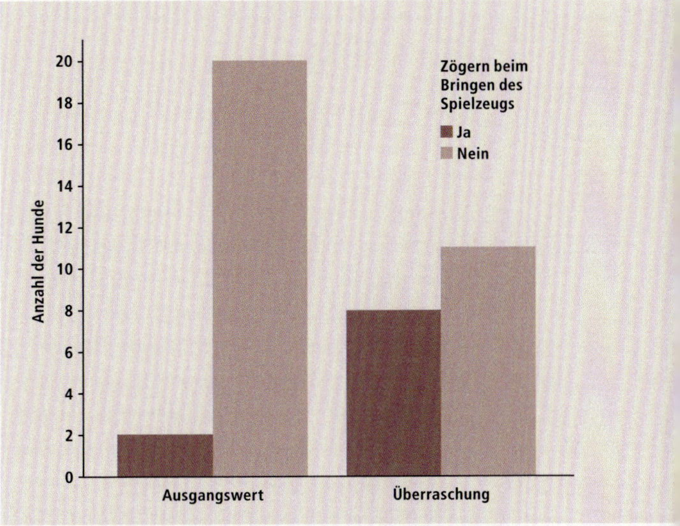

Anzahl der Hunde, die in der Kontrollgruppe und in der Überraschungsgruppe gezögert oder nicht gezögert haben.

Lieblingsmensch anwesend war. **Dies deutet darauf hin, dass Hunde tatsächlich eine genaue Vorstellung von dem haben, was sie riechen, und genau dieses Objekt am Ende der Spur erwarten.** Die Ergebnisse zeigen auch, dass individuelle Unterschiede in der Suchleistung bestehen, und dass Umgebungsfaktoren wie die Temperatur die Leistung der Hunde beeinflussen. Diese Studie liefert neue Einblicke in die Verbindung zwischen dem Geruchssinn und der kognitiven Leistung von Hunden.

ÜBER DIE AUTORIN

Henriette Mank studiert Biologie, mit dem Schwerpunkt Neuro- und Verhaltensbiologie, an der Universität Leipzig. Seit 2023 ist sie Teil des Forschungsteams der Hunde-Studien am Max-Planck-Institut für Geoanthropologie unter der Leitung von Dr. habil. Juliane Bräuer. Dort widmet sie sich im Rahmen ihrer Masterarbeit der spannenden Frage, ob Hunde bewusst wahrnehmen, was sie riechen. Parallel zu ihrem Studium absolviert sie eine Ausbildung zur zertifizierten Hundetrainerin bei der ATN.

SELBSTBELOHNUNGS-SYSTEM

Im Kapitel über die emotionalen Systeme des Hundes werden wir noch ausführlich über die beiden Untergruppen des Selbstbelohnungssystems, nämlich das **Such- und Suchtsystem** und das **Zufriedenheitssystem**, erfahren (S. 337). Im Zusammenhang mit der Suche und Verarbeitung geruchlicher Information sind beide Bestandteile von Bedeutung, wobei das Dopamin als Hauptbotenstoff des Such- und Suchtsystem auch im Bereich des Riechkolbens, des piriformen Kortex und der Region um die Glomeruli des Riechkolbens selbst herum als Botenstoff aktiv ist. Schnüffeln, aber wahrscheinlich auch Lecken und sogar der Einsatz der Tasthaare aktivieren ebenfalls über Dopamin als Transmitter.

Hayes et al. zeigen weitere Auswirkungen des motivationalen Systems auf die Riechleistung, z. B. wenn zu wenig oder mit wenig attraktiver Belohnung belohnt wurde, wenn unattraktive Gegenstände gesucht, oder die erfolgreiche Findung mit unattraktiven Verhaltensanzeigen gemeldet werden sollte. Demgegenüber ist nach dem Erreichen der Endhandlung, also des letzten Teils einer Verhaltenskette, das Mögen-System („Liking" System) aktiviert, das sich hauptsächlich im Mandelkern, im Hippocampus und anderen Teilen des Gehirns befindet. Dort fühlt man sich gut und die Botenstoffe dabei sind überwiegend Endorphine.

ARBEITSGEDÄCHTNIS UND SEINE BEGRENZUNG

Neben diesen eher motivational-kognitiven Aspekten, haben Simon Gadbois und Cathrin Reeve aber noch ein sehr praktisches Problem identifiziert: erfolgreiche Diskriminierung und Anzeige eines Zielduftes sind nicht nur von der Riechschwelle, also von der Detektion und Diskrimination des Hundes selbst abhängig. Das Gedächtnis spielt ebenso eine Rolle, und gerade bei dem in der Geruchsdetektion oft angewendeten „Line-Ups", also dem nacheinander erforderlichen Abschnüffeln mehrerer Geruchsproben, bringt das spätestens bei der fünften oder sechsten Geruchsprobe das Gedächtnis in erhebliche Schwierigkeiten. Das Arbeitsgedächtnis kann nämlich nur für einen bestimmten Zeitraum Informationen behalten, insbesondere, wenn sie von neuen Informationen überlagert werden. Ebenso sind Querverbindungen zwischen den Duftproben und die Beeinflussung des Systems durch die bereits vorher abgeschnüffelte Probe nicht auszuschließen. Deshalb empfehlen Gadbois und Reeve, dass bei Geruchsunterscheidung jede Probe für sich allein vorgelegt und mit einer klaren Ja- oder Nein-Antwort des Hundes angezeigt werden sollte.

EXEKUTIVFUNKTION IMPULS-KONTROLLE

Das Arbeitsgedächtnis gehört zu den im Kapitel über Hirnanatomie und Hirngröße bereits besprochenen Exekutivfunktionen (siehe S. 55). Einen wichtigen Bestandteil der Exekutivfunktionen untersuchte Katriina Tiira und ihr Team von der Universität Helsinki ausführlicher im Zusammenhang mit der Leistungsfähigkeit von Sprengstoffspürhunden. Sie testete zunächst die Impulskontrolle mit der Zylinderaufgabe: Ein Plexiglaszylinder, in dem in der Mitte deutlich erkennbar eine Futterbelohnung liegt, wird quer vor den Hund gelegt. Hunde mit besserer Impulskontrolle sind in der Lage, sich von der Seite mit der Pfote zu nähern und das Futter zu angeln, anstatt direkt auf das unerreichbare Futterstück zu stoßen. Hunde mit schlechter Impulskontrolle gehen direkt darauf zu. Dieser Test für Impulskontrolle wird nicht nur bei Hunden, sondern auch bei Halbaffen, Affen, Menschenaffen, Kleinkindern und anderen Lebewesen regelmäßig eingesetzt. Aufregend ist nun, was Katriina Tiira und ihr Team

Futter aus der Tube als Belohnung hilft, das „Mögensystem" zu aktivieren.

herausfanden: Sprengstoffspürhunde, die in dieser Zylinderaufgabe mehr Selbstbeherrschung und mehr Impulskontrolle hatten, waren erfolgreicher bei der Suche und gaben auch nicht so schnell auf. **Das bedeutet, dass gerade die Impulskontrolle und andere Exekutivfunktionen als Selektionskriterium für einen erfolgreichen Arbeitshund im Nasenbereich viel stärker mitberücksichtigt werden sollten.**

KONZENTRATION DER DUFTSTOFFE

Auch für das „Wie viel"-System gibt es bereits ausführliche, sogar mit fMRI-Methodik durchgeführte Studien (siehe Infobox fMRI, S. 88). Hao Jia et al. (2014) untersuchten die Reaktion von Hunden auf unterschiedliche Konzentrationen. Die Studie umfasste zwei Gruppen von Labrador Retrievern: eine Gruppe wacher Hunde, die für das Stillliegen im fMRI trainiert wurden, und eine Gruppe leicht sedierter Hunde. Beiden Gruppen wurden Duftstoffe unterschiedlicher Konzentrationen präsentiert und das fMRI-Gerät zeichnete die Gehirnaktivität auf. Bei beiden Gruppen waren der *Bulbus olfaktorius* und die *Lobis piriformi* als Reaktion auf die Duftstoffe aktiviert. Bei den wachen Hunden war zusätzlich im frontalen Kortex eine Aktivierung zu beobachten. Und die Intensität und räumliche Ausdehnung der Gehirnaktivierung nahm bei höherer Duftkonzentration zu. Dies bestätigt die bereits von Simon Gadbois und Cathrin Reeve berichtete Zuordnung des „Wie viel"-Systems im frontalen Stirnhirn. Eine Folgestudie testete reine Geruchsstoffe, Geruchsstoffe mit Zink-Nanopartikeln gemischt und Geruchsstoffe mit Gold-Nanopartikeln gemischt (Jia et al., 2015). Die Ergebnisse zeigten eine verstärkte Aktivierung im Olfaktorischen und in den höher angeordneten Gehirnregionen durch die Versetzung mit Zink-Nanopartikeln im Vergleich zu reinen Geruchsstoffen oder Geruchsstoffen mit Gold-Nanopartikeln. Insbesondere im olfaktorischen Bulbus und im Hippocampus waren die mit Zink vermischten Geruchsstoffe deutlich wirksamer. Möglicherweise könnte also durch den Zusatz von Zink-Nanopartikeln während des Trainings von Sprengstoffspürhunden oder anderen, bei denen es auf die Entdeckung niedrigster Konzentrationen ankommt, die Entdeckungsleistungen auch im Realeinsatz ohne Zink dann verbessert werden, wenn die Nase gewissermaßen auf diese niedrigeren Konzentrationen erst einmal physiologisch konditioniert wurde.

Aus der Forschung (von Jennifer Tschipang)

INDIVIDUELLE PRÄFERENZ ODER TRAINING?

Einige Spürhunde wie z. B. Fährtenspürhunde, Geruchsdifferenzierungshunde und Mantrailer können ihre Suche erst dann beginnen, wenn ihnen ein sogenannter Referenzgeruch präsentiert wird, ein Geruch(-sgegenstand), der vergleichbar zum Zielgeruch sein soll. Beim Zielgeruch handelt es sich um den Geruch, den die Hunde suchen und gegebenenfalls anzeigen sollen. An dem Kriterium der Vergleichbarkeit zwischen Referenz- und Zielgeruch setzt die Studie an.

WIE VERGLEICHBAR MUSS DER REFERENZGERUCH SEIN?

Nehmen wir an, es soll eine mit Teebeuteln gefüllte Schachtel Kamillentee vom Hund gesucht werden. Um diese zu finden, denkt der Mensch an Kamille als Vergleichsgeruch. Dies scheint naheliegend, da sich noch weitere Beutel von Kamillentee darin befinden und für uns der austretende Geruch von Kamille wahrnehmbarer und damit spezifischer erscheint, als den Hund an einer Pappe anriechen zu lassen, nur weil daraus

Dieser Hund zeigt einen Bleistift an, der aus verschiedenen Geruchskomponenten besteht (Graphit, Ton, Holz, etc.).

die Verpackung besteht. Dies veranschaulicht bereits, dass der Zielgeruch eine Zusammensetzung aus mehreren Gerüchen darstellt. Die Kamillenteepackung besteht aus Pappe, den Farbstoffen des Aufdrucks, den Kleberückständen des Preisschildes, aus Baumwolle wegen der Kordel an den Teebeuteln, den Filterpapieren und dem Kamillentee selbst. Nun ist die Frage: Reicht das Vorzeigen einer Kamillenblüte, um die Kamillenteepackung aufzufinden, oder bedarf es mindestens eines Teebeutels aus der Verpackung selbst, um möglichst viele Spektren des Zielgeruchs abzubilden, nämlich die ähnliche Zusammensetzung der Kamille, Filterpapier, Baumwollkordel und Pappschild mit Farbaufdruck. Wie vergleichbar muss also der Referenzgeruch sein? Die Trainingserfahrungen des Spürhundes spielen hier mit Sicherheit eine Rolle, denkbar auch die Fähigkeiten des Hundes, wie weit er abstrahieren kann bzw. mitdenkt und für seinen Menschen zum Erfolg kommen möchte.

SUCHE NACH MENSCHEN

Bei der Suche nach Menschen kommen weitere Schwierigkeiten hinzu. Das Duftbild ist sehr komplex. So riechen wir z. B. nach der Summe bestehend aus Alter, Geschlecht, Gemüts- und Gesundheitszustand. Da reden wir noch gar nicht von zusätzlichen Gerüchen wie unserer Kleidungsbestandteile und Gerüchen unserer letzten Mahlzeit. Eine weitere Schwierigkeit ist, dass es uns nicht noch einmal als Referenzgeruch gibt. So werden Gegenstände genommen, die mit uns im Kontakt standen, unser Geruch auf anderen Gegenständen, anderen Materialien, die wir selbst gerade tragen. Bestandteile des Referenzgeruchs unterscheiden sich also vom Zielgeruch. All das schafft der Hund. **Er differenziert unseren körpereigenen Geruch vom Referenzgegenstand und ordnet ihn unserer Spur zu.**

Bildliche Veranschaulichung: Wir stellen uns hierfür Gerüche als Farben vor. Wir riechen z. B. nach einer Farbpalette bestehend aus den Farben Lila, Pink, Rot, Orange und Gelb. Der Referenzgeruch besteht aus der Farbpalette Grün, Blau, Pink, Ocker und Weiß. Wir riechen also nach Pink. Der Hund hat gelernt, die anderen Gerüche zu vernachlässigen und sucht die pinkfarbene Spur. Jeder von uns riecht jedoch nach einer anderen Nuance von Pink. Der eine heller, der andere dunkler, einer hat zusätzlich gelbe Punkte, der andere grüne Streifen.

Kontaminierter Geruchsartikel

Wir existieren geruchlich (vermutlich) genau nur einmal, denn Versuchsreihen zufolge riechen selbst eineiige Zwillinge verschieden (Pinc et al., 2011), somit können wir den Hund nicht an einem anderen Menschen anriechen lassen. Zudem leben die wenigsten Menschen ausschließlich allein und nur mit Gegenständen, die von keinem weiteren Menschen berührt worden sind. So muss unser Spürhund also nicht nur „Pink" aus dem Gegenstand mit Grün, Blau, Pink, Ocker und Weiß herausarbeiten, sondern auch noch, welches Pink gesucht wird. **Dies nennt man einen kontaminierten Geruchsartikel – ein Referenzgeruch, der von mindestens zwei Menschen Geruch enthält.** An der Problematik des kontaminierten Geruchsartikels im Einsatz setzt die FOI-Studie an. Ein Einsatz steht und fällt mit der Qualität des zur Suche gewonnenen Geruchsartikels. Es wird angestrebt, einen möglichst eindeutigen Referenzgeruch zu sichern.

Einsatz 1

Die vermisste Person hat keine persönlichen Gegenstände. Es ist bekannt, dass die Hygieneartikel im Bad von beiden, im Zimmer wohnenden Personen verwechselt werden. Getragene Kleidung gibt es nicht, diese wird umgehend zur Wäschekammer gebracht. Das Bett wurde vom Personal nach der letzten Nacht (und somit nach Verschwinden der Person) erneuert. Das Einsatzteam nimmt eine Geruchsprobe vom Kopfteil des Bettes ab. Die Idee dahinter: Die Person liegt im Bett und gerät mit dem Kopf ans Kopfende. Man erhofft sich ein „mehr an Geruch" von der vermissten Person am Geruchsartikel, als von anderen Personen, die das Bett im Nachgang kontaminiert haben. Wir nennen es hier zur Vereinfachung den „intensiven" Geruch. Der Mantrailer geht davon aus, dass der Hund automatisch den Geruch verfolgt, der in irgendeiner Form, nach unserer Vorstellung, „mehr" vorhanden sein sollte. Denn ganz geklärt ist nicht, was für den Hund den unverkennbaren Geruch eines Individuums ausmacht, der sich von allen anderen unterscheidet.

Einsatz 2

Die zu suchende Person ist mit einem Auto einer anderen Person weggefahren. Das Auto wurde gefunden. Der Zugang zu persönlichen Gegenständen der zu suchenden Person ist nicht möglich. Die einzige Möglichkeit, die vom Einsatzteam gesehen wird, ist das Anriechen am Griff, Lenkrad oder dem Sitz. Die Idee dahinter: Der Geruch des Gesuchten ist für den Hund präsenter, da er das Auto zuletzt berührt hat. Es wird also davon ausgegangen, obwohl der Geruch weniger vorhanden ist, da es nicht das Auto des Gesuchten ist, dass der Hund erfolgreich sucht, weil am Referenzgeruch der Geruch der zu suchenden Person „frischer" ist. Dies widerspricht dem Szenario vom Pflegeheimeinsatz zuvor.

Die Frage, die sich jetzt stellt, ist: Können beide Einsätze erfolgreich sein?
Ein ausschlaggebender Punkt ist vermutlich, ob am Ort des Suchbeginns für den Hund sowohl von der zu suchenden Person, als auch von der Person, die den Geruchsartikel kontaminiert hat, eine wegführende Spur vorhanden ist. Wenn die kontaminierenden Personen nie vor Ort waren oder am Suchansatz beim Hund stehen und somit der Hund diese Personen für die Suche ausschließen kann, kann der Hund durchaus motiviert sein, die weitere Spur auszuarbeiten. Ein weiterer Faktor, der hierfür durchaus eine Rolle spielen könnte, ist, wie groß die Bereitschaft, mit dem Hundeführer zu kooperieren, vorliegt. Darüber hinaus muss der Hund die Motivation haben, sich dem Konflikt zu stellen, um zum Ziel zu kommen. Diese Faktoren kann man durchaus mit Beziehungsaufbau und Training beeinflussen. Dennoch bleiben Fragen offen:

- Wie ist der aktuelle Stand bei den Spürhunden?
- Können sie anhand des Einsatzszenarios unterscheiden, oder kann der Spürhund nur eines von beidem?
- Entscheidet der Hund willkürlich oder hat er eine Präferenz?
- Gibt es aufgrund von Ausbildung, Rasse, Erfahrung oder individueller Veranlagung unterschiede darin, ob ein Hund lieber einen „frischen" oder „intensiven" Geruch am kontaminierten Geruchsartikel ausarbeiten möchte?

Ziel der FOI-Studie ist es zu untersuchen, ob der Spürhund den frisch hinzugekommenen Geruch eines Referenzgegenstandes oder den länger darauf eingewirkten („intensiven") Geruch aufnimmt, um ihn auszuarbeiten.

Hierfür werden mehrere Studiendurchläufe im Bereich der Personensuche und der Geruchsdifferenzierung durchgeführt. Um die Ergebnisse auswerten zu können, werden Fragebögen seitens der versteckten Personen und über die Suchteams ausgefüllt. Es werden biografische Daten erfasst, aber auch zum Trainingsstand und zu den Beziehungsstrukturen zwischen Hund und Bezugsperson. Die Daten helfen dabei zu erkennen, ob es eine Frage des Trainings oder der Beziehungsstruktur sein kann, oder aber, ob der Hund willkürlich entscheidet oder es eine angeborene Präferenz geben könnte, wie bei der Tendenz Rechts- oder Linkspfötler zu sein.

Die Studie steht hierbei am Anfang und um ein einheitliches Studiendesign zu garantieren, werden Fragen offen bleiben wie zum Beispiel: Ab wann ist ein Geruchsartikel für den Hund kontaminiert (muss man diesen berühren oder nur in der Nähe stehen) und wie lange bleibt ein Geruchsartikel für den Hund ein kontaminierter Geruchsartikel (verliert der weniger lang eingewirkte Geruch seine Wirkung)? Oder auch: Ab wann werden die beiden Gerüche gleichwertig an einem Geruchsartikel und was macht der Hund dann?

STUDIENAUFBAU

Die bisherigen Ergebnisse beziehen sich auf 68 Suchdurchläufe, die sich auf 16 Hunde aufteilen. Die Hunde haben drei Möglichkeiten, an der Kreuzung zu laufen. In zwei Richtungen wartet je eine versteckte Person nach ca. 100 m. Dies ist einmal die Person, von der der Geruch am „intensivsten" vorliegt (A) und einmal die Person, welche mit ihrem Geruch „frisch" kontaminiert hat (B). In der dritten Richtung ist keine Person versteckt (C). Welche Richtung zu welchem Fund oder auch Nichtfund führt, ist dem Hundeführer während der Suche nicht bekannt. Dieser sucht im sogenannten Doppelblindverfahren mithilfe des kontaminierten Geruchsartikels. Die bisherigen Ergebnisse deuten darauf hin, dass es Zufall wäre, wofür sich der Hund entscheidet. So kamen die Hunde zu 38,6 % bei Person A an, von welcher der Geruch länger eingewirkt hat, und 33,3 % bei Person B, die den Geruchsartikel frisch und kurz kontaminiert hat. Aber auch für Richtung C (keine Person) haben sich 28,1 % entschieden. Aufgrund anderer Versuche, wie von Leif Woidke untersucht und recherchiert, ist bekannt, dass der Erfolg des richtigen Ankommens zwischen ca. 65 bis 85 % liegen kann (Woidke et al., 2018). Es wird sich in der Summe (Ankommen bei A oder B) zwar in diesem Bereich bewegt, aber aufgrund der ähnlichen Verteilung entstehen weitere Fragen. Denn vier Hunde haben sich immer für Weg A oder C entschieden und drei weitere Hunde haben gleichsam gewechselt zwischen A und B. Bei allen anderen Hunde war kein Muster für A, B oder C zu erkennen. Die Frage, die sich für uns daraus weiterhin ergibt, ist: Kann ein Hund die beiden pinken Farben der Personen am Referenzgeruch unterscheiden oder entsteht für den Hund eine neu gemischte pinke Farbe? Die ersten Versuche lassen vermuten, dass in Abhängigkeit der Erfahrung des Hundes, er durchaus nicht zwei pinke Personenfarben am Geruchsgegenstand wahrnehmen könnte, sondern nur eine neue und somit nach dem getrennten Laufen der Personen vor einem Konflikt steht, den Geruch aus der Umgebung aufzunehmen, auszudifferenzieren und zu verfolgen. Betrachtet man nämlich nur die erfahreneren Hunde, so verschieben sich die Quoten für A auf 50 %, für B bleibt es bei 33,3 % und Richtung C sinkt auf 16,6 %. Hieraus lässt sich jedoch noch keine klare Auswertung ableiten, da es sich nur vier Hunde handelt.

ÜBER DIE AUTORIN

Jennifer Tschipang hat Sozialwissenschaften mit dem Schwerpunkt Mensch-Tier-Beziehung studiert und ist im Hundewesen als Sachverständige, Ausbilderin, Prüferin und Hundeführerin tätig. Seit 2013 gehört sie einer Rettungshundestaffel an und ist seit 2016 selbstständig tätig als Ausbilderin für Therapiebegleit- und Spürhunde-Teams. Darüberhinaus führt sie ihre sechs Hunde in verschiedenen Sparten des Spürhundewesens und als Therapiebegleithunde.

EINSATZ DER FMRI-TECHNIK

In ganz anderer, aber ebenfalls sehr aufschlussreicher Art und Weise hat Gregory Berns mit seinem Team von der Emory Universität in Atlanta die fMRI-Technik eingesetzt. Er ließ Hunde, ebenfalls in völlig unsediertem und auch nicht fixiertem Zustand, im MRI-Apparat verschiedene Düfte beschnuppern: den eigenen Geruch, den Geruch eines fremden oder bekannten Hundes, den Geruch eines fremden oder bekannten Menschen. Der Duft des bekannten Menschen war nicht der desjenigen, der während des Versuchs anwesend war, es ging also rein um das Geruchsgedächtnis. Im Bereich des *Bulbus olfaktorius* waren die Aktivierungen durch alle Düfte annährend gleich stark, wohingegen im *Nucleus caudatus*, der ja zum emotionalen System gehört, der Duft des bekannten Menschen mit Abstand die stärkste Aktivierung erzeugte. **Die Hunde konnten also nicht nur die Düfte voneinander unterscheiden. Der Duft des bekannten Menschen hatte auch eindeutig eine positive Assoziation in der Erinnerung hervorgerufen.**

VERSUCHE ZUR SELBSTERKENNUNG

Noch weitergehend, wenn auch ohne MRI-Untersuchungen, testete Alexandra Horowitz (2017) die Frage, ob Hunde ihren eigenen Duft von dem anderer Hunde unterscheiden können, und welche Veränderungen dabei zu beobachten sind. Zuerst wurde ein vergleichbarer Versuch bereits von Marc Bekoff (2014) berichtet: Marc Bekoff, der in schneereichen Gebieten Colorados lebt, sammelte eines Tages den vom Urin seines Hundes gelb gefärbten Schnee beim Spaziergang ein, und positionierte ihn an einer völlig andern Stelle, an der er mit seinem Hund noch nie gewesen war. Er konnte damit zeigen, dass sein Hund den mit eigenem Urin gefärbten Schnee wesentlich weniger lang untersuchte als den von anderen Hunden. Alexandra Horowitz führte diesen Versuch weiter. Im Gegensatz zu Marc Bekoff präsentierte sie allerdings die Duftproben im Labor in einem Behälter, und den Hunden wurde der eigene Urin, der Urin eines anderen Hundes und der mit einem Duftstoff zusätzlich versehene, also veränderte Eigenurin vorgesetzt. Die Hunde untersuchten deutlich erkennbar den eigenen Urin am wenigsten, den fremden Urin am längsten. Aber sie unterschieden auch in der Dauer des Beschnupperns zwischen dem unveränderten und dem veränderten Urin. Alexandra Horowitz schloss aus, dass es sich dabei um eine Art Ekelreaktion handeln könnte, denn dann hätte der Hund sich sehr viel schneller von dem unbekannten bzw. veränderten Duft abwenden müssen. Gatti et al. (2020) haben über ähnliche Befunde geruchlicher Selbsterkennung bei Wölfen berichtet.

SPIEGELVERSUCHE

Damit wurde eine gewisse Form von Selbsterkennen nachgewiesen, vergleichbar den schon seit längerer Zeit im optischen System üblichen Spiegelversuchen. Menschenaffen, ein Elefant, Delphine und einige andere Tierarten können offenkundig vor dem Spiegel sich selbst erkennen und sich nicht für einen Artgenossen halten. Der bekannteste Versuch dabei war, einem Schimpansen einen roten Fleck mit Lippenstift aufs Gesicht zu malen und der Affe versuchte dann vor dem Spiegel, diesen Fleck mit dem Finger in seinem eigenen Gesicht zu entfernen, nicht etwa am Spiegelbild. Diese Versuche, so Horowitz, waren bei Hunden in vergleichbarer Weise bisher erfolglos (wenngleich Hunde durchaus über Spiegel Information über ihre Umwelt sammeln können). Mit dem Geruchstest dagegen funktioniert es, die Selbsterkenntnis an sich ist also da.

Die Länge des Beschnupperns von Duftmarken kann etwas über die Selbsteinschätzung aussagen.

AUSWERTUNG VON DUFTMARKEN

Für die Bedeutung des Geruchssinns bei der Auswertung von Duftmarken hat auch Anneke Lisberg berichtet (Lisberg und Snowden, 2009, 2011). Sie untersuchte einerseits die Reaktion von Hunden auf Duftmarken von Artgenossen in einem Freilaufgebiet, andererseits setzte sie den Hunden auch gezielt Urinproben anderer Artgenossen auf einem Wattebausch, an einen Stock gebunden, vor.

Ergebnis von Über- bzw. Danebenmarkieren: Zunächst war deutlich erkennbar, ob die Hunde die vorgesetzte Duftprobe direkt übermarkierten, oder ob sie ihre eigene Urinmarke daneben setzten. Direktes Übermarkieren fand nur statt, wenn ein sexuell intakter Hund (Rüde oder Hündin) die Duftmarke eines entgegengesetzt geschlechtlichen, ebenfalls sexuell intakten Artgenossen vorfand. Alle anderen Duftmarken dagegen wurden danebenmarkiert, gewissermaßen mit einem Kommentar versehen, ohne sie direkt auszulöschen.

Reaktion der Hunde auf die Duftmarken: Hunde, die sich in ihrem gesamten Auftreten eher sicher, souverän, z. B. auch mit erhobenem Schwanz präsentieren, interessierten sich nur sehr wenig für die Duftmarken von fremden Artgenossen. Unsichere, wenig souverän auftretende Hunde, z. B. mit hängendem oder eingeklemmtem Schwanz dagegen, schnupperten sehr viel länger an den Duftmarken. Im Gegensatz zur immer noch weit verbreiteten Meinung hat also nicht so sehr das Markieren, sondern viel mehr das Beschnuppern von fremden Duftmarken von Selbsteinschätzung und „dominantem Verhalten“ zu tun.

FUNKTION VON REVIERMARKEN

Auch wenn die exakten Belege zu dieser Überlegung bei Hunden und Hundeartigen noch nicht so ausgeprägt sind wie bei anderen revierbildenden Tierarten, eine wesentliche Voraussetzung für die vermutete Funktion von Reviermarken haben die Untersuchungen von Berns, Horowitz, Bekoff und anderen jedoch gezeigt: **Eine Duftmarke im eigenen Revier ist nicht nur zur Kommunikation mit Artgenossen befähigt. Sie hilft einem auch selbst, indem man erkennt: „Ich befinde mich in bekanntem Gebiet, ich bin auf dem eigenen Grund und Boden."**
Im Gegensatz zur weit verbreiteten Meinung, sind Duftmarken, insbesondere bei revierbildenden Tieren, keine „Zutritt verboten"-Schilder. Kaum ein revierbildendes Tier, auch Kaniden nicht, betrachtet eine Duftmarke unter diesem Blickwinkel. Stattdessen gibt es ein ganz anderes Prinzip, das von dem britischen Verhaltensökologen Morris Gosling zuerst formuliert und an einer Reihe von Nagetieren auch bestätigt wurde, die **Konkurrenten-Duftvergleichshypothese** (siehe Gansloßer und Kitchenham, 2012; Gansloßer et al., 2020). Findet man in einem Gebiet immer wieder die Duftmarke des gleichen Artgenossen, dann ist das höchstwahrscheinlich der Revierinhaber. Begegnet man diesem Tier zum ersten Mal persönlich, so weiß man, dass der Betreffende wahrscheinlich zur Verteidigung des Landstücks auch bereit wäre, zu eskalieren. So kann man selbst mit Deeskalation oder Rückzug einer ernsthaften Auseinandersetzung aus dem Weg gehen. Er hat nun einmal seinen Revierbesitz an dieser Stelle, der ihm dann auch eine Verteidigungsleistung Wert sein dürfte.
Gerade im Zusammenhang mit Markierverhalten, sei es mit Urin oder Kot, zeigen vergleichende Studien (z. B. MacDonald, 1985), dass es sehr schwierig und gefährlich ist, selbst innerhalb der Gattung *Canis*, von einer Art auf die andere zu schließen. Sowohl die Urinpositionen als auch die Bedeutung der Duftmarken zwischen Wölfen, Kojoten, Haushunden oder gar Angehörigen anderer Gattungen innerhalb der Kaniden-Familie können irreführend sein.

ABSETZEN VON URIN

Studien zum Markierverhalten von freilebenden, also wenig von Menschen beeinflussten Haushunden sind leider sehr selten. Eine Reihe von Beobachtungen zur Häufigkeit und zur situativen Verteilung des Markierverhaltens hat die Marburger Biologiestudentin Valeska Stöhr im Rahmen ihrer Diplomarbeit an den sogenannten Pizzahunden des Toskanaprojekts durchgeführt (Bloch und Bloch, 2008; Gansloßer und Kitchenham, 2012). Sie konnte zeigen, dass in der zeitlichen Umgebung des Markierverhaltens überwiegend neutrale Verhaltensweisen zu beobachten waren, ein erkennbarer Zusammenhang mit Aggression war nicht gegeben. Dem Markieren folgte einfach nur Laufen, bei Rüden ggf. Scharren. Es zeigte sich aber, dass die drei Rüden, die am häufigsten scharrten, nicht etwa die ranghöchsten waren. Während der Läufigkeit einer oder mehrerer Hündinnen in der Gruppe markierten fast alle Rüden in der Position mit erhobenem Hinterbein. Bei drei Rüden erhöhte sich die Häufigkeit des Markierens während der Hitze einer Hündin, aber auch das waren wiederum nicht die ranghöchsten. Der Chef der Gruppe und der jüngste Rüde lagen im Mittelfeld. Auch Elemente des Droh- und Imponierverhaltens vor dem Markieren traten bei dieser Gruppe kaum auf. Die Häufigkeit des Übermarkierens war (allerdings von einem Danebenmarkieren nicht unterscheidbar) während der Läufigkeit einer Hündin nicht unbedingt erhöht. Und wenn es stattfand, dann häufiger über den Urin anderer Rüden. Bereits 1977 hat der britische Verhaltensforscher Robin Dunbar das Markierverhalten von Haushunden untersucht. Rüden markieren allgemein mehr, wenn fremde Rüden in Sicht sind, und markieren auch vermehrt an deren Urin. Der Urin von läufigen Hündinnen, der mit Rüden-Urin vermischt wurde, war für nachfolgende Hunde uninteressanter als der reine Urin einer läufigen Hündin. Martyna Woszczylo und ihr Team (2020) untersuchten nochmals ausführlicher die Reaktion von Rüden auf Urin östrischer oder nicht-östrischer Hündinnen und stellten fest, dass die Kommunikation auch über den Fortpflanzungszustand der Hündin offensichtlich mehr im Nahbereich und nicht über größere Distanz erfolgt. Die Informationsaufnahme erfolgt also eher durch direktes Beschnuppern der Artgenossin und nicht über einen längeren Abstand, z. B. von einer Duftmarke.

ABSETZEN VON KOT

Auch wenn, wie erwähnt, es große Artunterschiede im Markierverhalten und auch der Verteilung von Duftmarken gibt, einige bemerkenswerte Parallelen lassen sich doch aufzeigen. So ist z. B. die Verteilung von Kot, der über das Sekret der Analdrüsen ja auch eine Markierfunktion haben kann, ganz offensichtlich gezielter und nicht so breit gestreut wie das Verteilen der Duftmarken. Kotabsatz ist eben doch ein energieaufwendigeres Verfahren und der Kotvorrat eines Hundes ist im Gegensatz zum Urinvorrat begrenzt. Kotmarken werden, wie z. B. Untersuchungen an Iberischen Wölfen gezeigt haben (Barja et al., 2004, 2005), im Revier so verteilt: In der Nähe der Wurfhöhle waren die Kotmarken eher zufällig an flachen und unauffälligen Stellen verteilt, ohne erkennbare Bevorzugung einer Region. Im Außenrevier dagegen fanden sich die Kotmarken überwiegend an erhöhten Stellen und mehr in der Nähe von Straßenkreuzungen und am Straßenrand.

Vergleichbare Beobachtungen werden durchaus auch bei Haushunden geschildert, was die Verteilung des Kots im Innen- versus Außenrevier beim Spaziergang betrifft.

WÄLZEN

Eine besondere Form des geruchlichen Verhaltens stellt das Wälzen in stark riechenden oder unbekannten Substanzen dar, übrigens keineswegs nur natürlicher Herkunft, Motoröle oder Parfüm lösten ebenfalls starke Reaktionen aus, Kot von pflanzenfressenden Tieren viel weniger als Marken von Fleischfressern, insbesondere Düfte ökologisch dominanter Arten (Puma, Bär) waren sehr

Wälzen ist offenbar nicht nur Komfortverhalten.

attraktiv. Gerade kleinere Kanidenarten, z. B. Füchse, scheinen sich hier geruchlich eindrucksvoller zu machen (Allen et al., 2017). Hier handelt es sich offenbar um eine recht starre Reiz-Reaktions-Kette, was man früher in der Lorenzschen Terminologie als Instinktverhalten oder in der englischen Literatur „fixed action pattern" (starres Bewegungsmuster) nannte (Ryon et al., 1986; Goodman, 1978; Allen et al., 2017).

Untersuchungen zeigen, dass Spielzeug nicht primär über Duft ausgewählt wird.

MENGENSCHÄTZUNG

Alexandra Horowitz und ihr Team haben einen bemerkenswerten Versuch zur Leistungsfähigkeit des „Wie viel"-Systems in der Riechfähigkeit der Hunde durchgeführt (Horowitz et al., 2013). Während Hunde durchaus in der Lage sind, optisch kleinere von größeren Mengen zu unterscheiden (siehe S. 304), gelang dies im Geruchsversuch nicht: Zwei verdeckte Näpfe, die unterschiedliche Mengen von Futter enthielten, wurden den Hunden zur Wahl gestellt. Zwar gingen 61 % der 69 getesteten Hunde zu dem Napf mit der größeren Futtermenge, dies reicht aber nicht aus, um eine statistisch abgesicherte Aussage zu treffen. Ebenso wie im optischen Versuch, ließen sich die Hunde übrigens auch durch einen begeisterten Menschen irreleiten, das bedeutet, dass sie noch mehr zu dem Napf mit der kleineren Futtermenge gingen, wenn dort ein Mensch stand. Bei dem Versuch handelte es sich um Familienhunde, ohne spezielle Ausbildung zur Nasenarbeit.

NUTZUNG DES GERUCHSSINNS

Dass die Ausbildung zur Nasenarbeit nur bedingt die Leistungsfähigkeit der Hunde verbessert, zeigt ein Versuch von Tadeusz Jezirski und seinem Team, vorwiegend an einigen polnischen Universitäten: Die Hunde lernten zwar die Testapparatur mit den nebeneinander aufgereihten Gläschen erfolgreich zu lösen, es gab jedoch keine statistisch nachweisbaren Verbesserungen, z. B. in der Geschwindigkeit innerhalb der Trainingszeit oder auch später bei der Arbeit.
Auch in anderen Tests zeigte sich bisweilen eine bemerkenswert geringe Nutzung des Geruchssinns: Zita Polgar, aus der Gruppe von Àdám Miklósi, testete Hunde im Abstand von null (also unmittelbare Berührung), einem Meter und drei Metern von einer Duftquelle, wobei es sich entweder um eine verdeckte Futterstelle oder um die unter einem Tuch verborgene Bezugsperson

des Hundes handelte (Polgar et al., 2015). Die Bezugsperson wurde im Abstand von einem Meter und bei der unmittelbaren Berührung sofort erkannt. Im Abstand von drei Metern tendierten die Hunde eher zu einer erfahrungsbasierten Strategie: Sie gingen wieder zu der Position, an der sie im vorangehenden Testdurchlauf ihren Menschen erfolgreich gefunden hatten.
Bei Futter dagegen war die sofortige richtige Wahl nur bei unmittelbarer Berührung erkennbar: Beim Abstand von einem Meter nahmen sie die bereits genannte Bleibestrategie, d. h., sie wählten den Ort, an dem sie beim letzten Mal erfolgreich waren. Beim Abstand von drei Metern war keine Wahl mehr erkennbar, die Entscheidung fiel vollkommen zufällig. Erst bei häufigerer Wiederholung der Testläufe schalteten die Hunde offensichtlich den Geruchssinn gezielt ein, und das erinnert an die bereits von Simon Gadbois und Cathrin Reeve (2014) getätigte Unterscheidung zwischen Riechen und Schnüffeln, wobei das Schnüffeln nur in besonders olfaktorisch herausfordernden Situationen zugeschaltet wird (siehe S. 191).

Es machte keinen Unterschied, ob das Spielzeug beduftet war oder nicht. Vielmehr spielt die Beschaffenheit eine Rolle.

OPTISCHE ENTSCHEIDUNGEN

Viele der Entscheidungen von Zita Polgars Versuchshunden wurden auch optisch getroffen: Wenn z. B. die Bezugspersonen unter der Decke versteckt saßen, liefen die Hunde stattdessen zur am anderen Ende des Raumes befindlichen Tür, offenbar in der Annahme, ein plötzlich verschwundener Mensch müsse ja wohl durch diese Tür hinausgegangen sein. Dabei liefen sie direkt an ihrem versteckten Menschen vorbei, ohne ihn zu finden.
Auch bei einem Wahlversuch von Hunden im Tierheim wurden z. B. als bevorzugtes Spielzeug Plüschhunde gewählt, auch wenn sie nicht mit einer speziellen Beduftung versehen wurden (Howard, 2023). Waren die Spielzeuge mit verschiedenen Duftstoffen versehen, gab es keine statistisch nachweisbaren Unterschiede in der Dauer des Spielens. Ein bevorzugtes oder ein wenig bevorzugtes Spielzeug wurden zwar länger bespielt, wenn sie zusätzlich beduftet waren, für die erste Entscheidung, womit man sich beschäftigt, war aber ganz offensichtlich der Geruchssinn nicht der entscheidende.
Diese und viele andere Befunde zeigen also einmal mehr, dass es nicht nur auf die Riechleistung oder die Empfindlichkeit der Duftrezeptoren auf der Riechschleimhaut ankommt. Motivation, Interesse, Offenheit für neue Erfahrungen, also die typischen Persönlichkeitseigenschaften von Hunden, spielen offensichtlich eine ebenso große Rolle.

EINFLUSS VON UMWELTFAKTOREN

Auch Umweltfaktoren, wie z. B. Judy Jinn und ihr Team (2020) zeigen konnten, sind entscheidend. Temperatur und Luftfeuchtigkeit beeinflussen nicht nur den Erfolg der Suchleistung, sondern auch die Suchstrategie. Je wärmer und trockener es ist, desto weiter von der gelegten Spur entfernt suchten die Hunde, und sie suchten dann auch entfernt von der Spur mehr mit tiefer Nase und in langsamerer Bewegung (siehe S. 188 ff.).

ANFORDERUNGEN AN STUDIEN ÜBER DIE GERUCHSLEISTUNG

Alexandra Horowitz und Becca Franks (2020) stellten aus den vergangenen 10 Jahren (2008 – 2018) eine Literaturübersicht zusammen, in wie vielen der für Kognition und ähnliche höhere Verhaltensleistungen von Hunden durchgeführten Tests auch die geruchlichen Komponenten mit einbezogen wurden. 481 Arbeiten wurden ausgewertet, und nur vergleichsweise wenige davon haben bei den Versuchsbedingungen auch die Geruchsleistung mit berücksichtigt oder für unterschiedliche Geruchsinformationen korrigiert und standardisiert. Ein gedenk der zitierten, erstaunlich selten eingesetzten Geruchsdifferenzierungsfähigkeiten wären diese Ergebnisse möglicherweise nicht dramatisch anders ausgefallen als mit Berücksichtigung der olfaktorischen Orientierung. Trotzdem fordern die Autorinnen zurecht, dass möglichst viele Korrektur- und Standardisierungsverfahren für solche Tests eingehalten werden, und schlagen auch ein mehrstufiges Programm zur Verbesserung dieser Problematik vor. Gerade die im Kapitel Emotion und Stimmungsübertragung noch zu besprechenden Untersuchungen über die Fähigkeit von Hunden, auch unsere menschliche Stimmung z. B. im Zusammenhang mit positiven und negativen Emotionen zu erkennen, muss die soziale Umgebung der Testsituationen wesentlich stärker kontrolliert werden. Auch die Ausstattung des Labors, die Böden, die Wandbeläge und andere physikalische Faktoren der Umgebung sind von Bedeutung, da diese eben unterschiedliche Geruchsbindungsfähigkeiten aufweisen können (wodurch sie dann im Uexküllschen Sinne eigentlich schon wieder zu Umweltfaktoren werden).
Ein Autorinnenteam um Dorothea Johnen hat 2017 eine Reihe wichtiger Anforderungen an die Standardisierung und damit Glaubwürdigkeit von Studien zur Nasenleistung von Hunden formuliert (siehe Ganslоßer und Kitchenham, 2019).

POSITIVE RÜCKWIRKUNGEN

Und dass es auch positive Rückwirkungen der Geruchsarbeit auf die Persönlichkeit und auf die emotionalen und kognitiven Filtermechanismen bei Hunden gibt, haben ja Charlotte

»Selbst der so hoch gelobte Riechsinn arbeitet nicht für sich allein, sondern eingebunden in die gesamte Persönlichkeit und die Gesamtstrategien des Hundes.«

Duranton und Alexandra Horowitz (2019) gezeigt: Familienhunde (also ohne Spezialausbildung), die nach einem ersten Test auf optimistische bzw. pessimistische Grundeinstellung dann einige Zeit mit ihren Menschen Nasenaufgaben gelöst haben, verbesserten sich in Richtung auf eine optimistischere Grundhaltung, wohingegen Hunde, die stattdessen Gehorsamstraining und Obediencearbeit geleistet haben, keine Veränderung ihrer kognitiven Grundeinstellung bei der wiederholten Testung zeigten. Es gibt also noch viel zu erforschen, und viele der genannten Ergebnisse sollten auch, wie z. B. J.E. Hayes aus einer australischen Gruppe zeigt, viel stärker in die Ausbildung und in die Bewertung der Riechleistungen bei Arbeitshunden einbezogen werden (Hayes et al., 2018). Abschließend zu diesem, der Bedeutung chemischer Sinne folgend zugegebenermaßen sehr langen Kapitel lässt sich ableiten, dass auch im Zusammenhang mit den chemischen Sinnen der Hunde die Verarbeitungsleistungen im Gehirn, die Querverschaltungen wie anderen Hirnregionen, die Beeinflussung der Persönlichkeitstypen, soziale Situation und vieles mehr nicht außer Acht gelassen werden dürfen.

Schnüffelteppiche sind hervorragende Beschäftigungsobjekte.

☞ **Aus der Forschung (von Prof. Dr. Nik Klever)**

RIECHLEISTUNG UNTER EINFLUSS VON WIND

Es ist allgemein bekannt, dass der physiologische Aufbau der Hundenase der menschlichen Nase um Längen voraus ist. In vielen Bereichen, in denen es um die Identifikation von Gerüchen geht, werden deshalb schon seit langem Hunde zur Unterstützung dafür eingesetzt. Beispielhaft sind hier die Polizeihunde in der Drogensuche, Sprengstoffsuche oder Mikroelektroniksuche, Jagdhunde für die Nachsuche von Wild, im medizinischen Bereich Hunde zur Diabetes-, Epilepsie- oder Krebserkennung, Naturschutzhunde für die Suche nach schützenswerten oder invasiven Arten oder Rettungsdiensthunde für die Vermisstensuche genannt. Bei vielen dieser Aufgaben, insbesondere bei den Jagdhunden oder beim Mantrailing spielen die lokalen Umgebungseinflüsse für die Verteilung der zu identifizierenden Gerüche eine Rolle. Damit wird auch der Einfluss der lokalen Windverhältnisse bedeutsam. Die hier beschriebenen Untersuchungen über den Einfluss meteorologischer Parameter beziehen sich auf das Mantrailing, die Aussagen über Wind können aber auch auf die anderen Bereiche angewendet werden.

MANTRAILING UND WIND

Die Fragestellung, wie weit flüchtige organische Verbindungen (Volatile Organic Components – VOCs), Aerosole und Hautplättchen (Korneocyten) aufgrund der Windverhältnisse an einer Kreuzung in die einzelnen Richtungen vertragen werden, war der Ausgangspunkt für die Untersuchungen zum Windeinfluss und der Frage, ob ein Windeinfluss quantitativ erfasst werden kann. Ein erster Ansatz, die offenen Wetterdaten des Deutschen Wetterdienstes (DWD) für eine quantitative Aussage des Windeinflusses zu verwenden, hat sich als nicht praktikabel erwiesen. Grund hierfür ist, dass der Vergleich der statistisch aufbereiteten und berechneten Werte von Windrichtung und Windgeschwindigkeit oftmals deutliche Unterschiede zu den lokal gemessenen Daten ergibt (Klever, 2022, 2023). Dies liegt zum einen an der Messhöhe, da die DWD-Daten 10 m über Grund gemessen werden, während die lokal gemessenen Daten der Windmessgeräte (Thiel GmbH, 2021) zwischen 120 cm und 180 cm aufgenommen werden. Zweitens, dass die Messorte des DWD in der Regel nicht an den lokalen Messorten liegen, sondern entsprechend ihrer Entfernung zum lokalen Messort statistisch berechnet werden. Der Einfluss des Windes auf das Mantrailing wurde mit den GPS-Aufnahmen der Wegstrecken (Trails) sowohl der Versteckpersonen als auch der Hundeführer verglichen. Die Genauigkeit der GPS-Aufnahmen war infolge unterschiedlicher Sensoren nicht gleichbleibend präzise, trotzdem dürfte der Fehler noch innerhalb der maximalen Fehlergenauigkeit des für die Öffentlichkeit zugänglichen GPS-Daten-Dienstes (SPS – Standard Positioning Service) sein (GPS, 2020).

MIKROMETEOROLOGIE, SCHWACHWIND UND CONSTANCY

Die bisherigen Ergebnisse der Messungen sind gemäß der meteorologischen Skalen in den Bereich der mikrometeorologischen Submeso-Effekte einzuordnen (Thomas, 2022). Insgesamt sind bisher an 66 Messtagen 250 Messzeitreihen an unterschiedlichen Orten in Mittelgebirgsregionen, urbanen Gebieten und alpinen Regionen durchgeführt worden. Alle Orte sind willkürlich und eher aus Trainingsüberlegungen denn aus meteorologischer Sicht ausgewählt worden. Bei knapp 85 % der Messreihen liegt der Median der Windgeschwindigkeit unter 1,5 m/s und wird damit dem Schwachwindbereich zugeordnet. Schwachwind-Phänomene wie mäandrierende Winde sind der Gegenstand aktueller mikrometeorologischer Forschung, da während Schwachwind-Phasen die Ausbreitung von Umweltschadstoffen und Spurengasen nicht dem allgemein vorherrschenden Denken erfolgt und selbst modernste, auf dem aktuellen Stand der Wissenschaft basierende Modelle dafür scheitern (Thomas, 2022; Mahrt und Thomas, 2016; Freundorfer et al., 2019). Das Phänomen des Mäanderns in atmosphärischen Windströmungen wird als niederfrequente horizontale Windrichtungsänderung oder -oszillation definiert, die von mehreren zehn Grad bis zur vollständigen Windrichtungsumkehr reichen kann (Thomas, 2022). Die Veränderungen der Windrichtung über einen gewissen Zeitraum wird mit dem Quotienten aus der vektoriellen und der skalaren Windgeschwindigkeit beschrieben und als Constancy bezeichnet. Die Constancy stellt damit eine im Wesentlichen gleiche, bzw. konstante Windrichtung dar, wenn der Wert bei 1 liegt. Auf der anderen Seite wird ein andauernder, oszillierender Windrichtungswechsel von 180° dargestellt, wenn der Wert der Constancy bei 0 liegt. Eine mäandrierende Windbewegung wurde dabei von Freundorfer bei Zeiträumen in der Größenordnung von 10 bis 50 Minuten für Constancy-Werte von $C \leq 0.8$ festgestellt (Freundorfer, 2017).

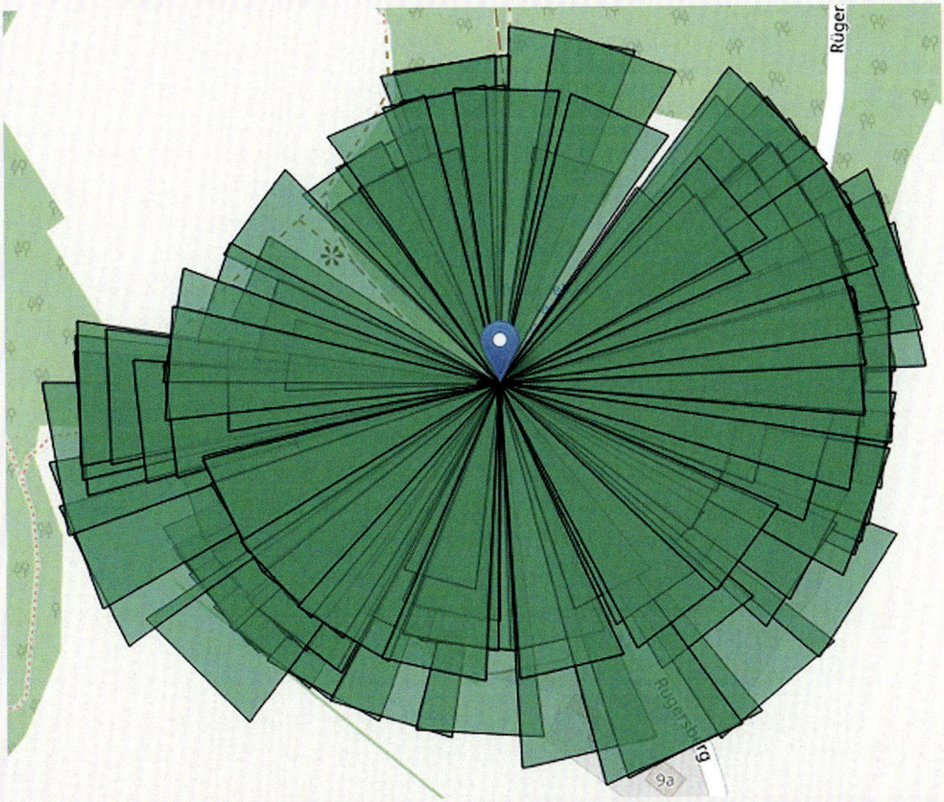

100 % mäandrierender Wind aus allen Himmelsrichtungen über 3 ½ Std., mit einem Mittelwert der Constancy von 0,36.

FAZIT ZUM MANTRAILING

Eine Abhängigkeit zwischen der Messdauer und der Anzahl der Messungen mit Schwachwind konnte nicht festgestellt werden. Deswegen wurde der Prozentanteil der Constancy über die gesamte Messdauer als Vergleichswert für alle Messzeitreihen verwendet. Bei 28% der Messreihen ist der Prozentanteil der Constancy bei 0 %, d. h. es findet keine Mäandrierung statt und die Windrichtung ist überwiegend einer Richtung zuzuordnen. Bei 36 % der Messreihen ist der Prozentanteil unter 20 %, sodass bis zu 20 % des Messzeitraums aus mäandrierenden Winden besteht. Bei den restlichen 36 % der Messreihen liegt der Prozentanteil zwischen 20 % und 100 % mit entsprechend längeren Zeiträumen mäandrierender Winde. Dieses Ergebnis zeigt deutlich, dass bei über 70 % aller aufgenommenen Winddaten mäandrierende Winde vorkommen.

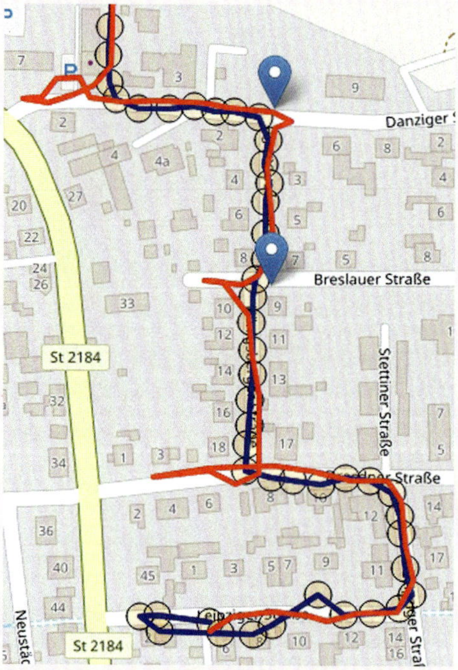

Von dem Weg der Versteckperson (blaue Linie) an den Straßenkreuzungen ca. 30 bis 60 m in Windrichtung abweichender Trail des Hundes.

Dagegen sind oberhalb des Schwachwindbereichs, d. h. ab der leichten Brise (1,6 – 3,3 m/s) bzw. noch deutlicher oberhalb der schwachen Brise (3,4 – 5,4 m/s) überwiegend keine mäandrierenden Winde mehr festzustellen. Allerdings tauchen leichte Brisen nur bei 14 % der Messreihen bzw. schwache Brisen sogar nur bei 4 Messreihen auf. Die Auswertungen zeigen eindeutig, dass Windeffekte sowohl in ihrem zeitlichen Verlauf als auch der räumlichen Ausdehnung äußerst unterschiedlich auftreten und weder vorhergesagt, noch durch singuläre Momentaufnahmen beschrieben werden können. Derzeit beruht die mikrometeorologische Forschung auf diesem Sektor eher auf einer phänomenologischen Beschreibung und der Auswertung von Messungen dieser Effekte. Der Windeinfluss beim Mantrailing ist also völlig unberechenbar und es treten häufig weder räumliche noch zeitliche Gemeinsamkeiten während eines Trails auf. Die oftmals bei Ausbildungen von Mantrailing-Hunden vorherrschenden Aussagen über den Wind mittels Seifenblasen sind daher nicht aussagekräftig – Seifenblasen sind eine Momentaufnahme der Windverhältnisse, die sich im nächsten Moment schon wieder um 180° gedreht haben können – geschweige denn, dass diese eine Aussage über den gesamten Trail bezogen werden kann. Abweichungen des Trails der Hunde von dem Weg der Versteckpersonen können nur dann relativ sicher mit den Windverhältnissen in Zusammenhang gebracht werden, wenn die Windgeschwindigkeit oberhalb der Schwachwindgrenze gemessen wird.

Bedeutung für Ausbildung und Prüfungen

Die starke Variabilität des meteorologischen Einflusses im mikroskaligen Bereich sollte daher ein Grund für ein Umdenken in der Ausbildung und Prüfung für Mantrailer im Einsatz sein. Aufgrund dieser meist vorherr-

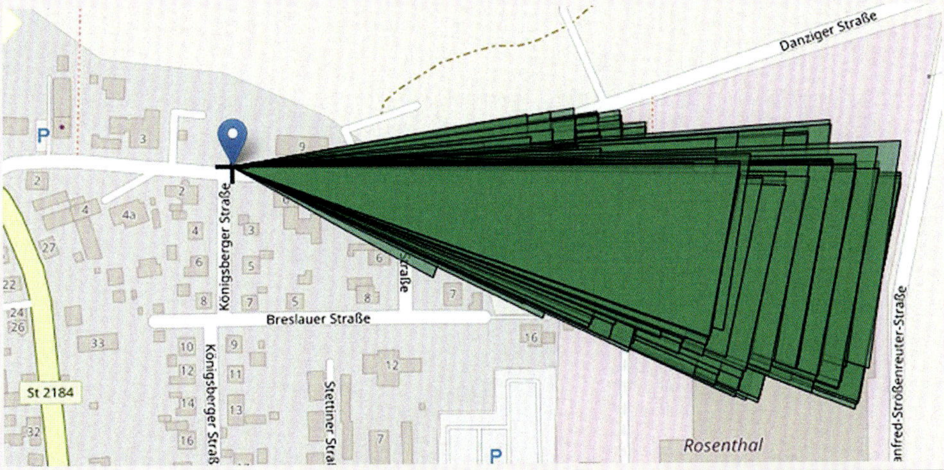

Konstante Windrichtung, mit einer mittleren Windgeschwindigkeit von 1,7 m/s (leichte Brise) über 5 ½ Std., aus ungefähr Ostrichtung am nördlichen Messpunkt.

schenden Windeinflüsse können Mantrailing-Ausbilder und -Prüfer generell keinerlei Aussagen über die Windeffekte auf Trails machen und auch nicht treffen dürfen. Entscheidender beim Mantrailing ist die Erfahrung und Sensibilität eines jeden einzelnen Hundes und seines Hundeführers als Team. Daher müssen sowohl während der Ausbildung als auch Prüfung eines Mantrailing-Teams diese sehr individuellen Eigenschaften stärker ins Kalkül gezogen werden. Die Veränderungen der Didaktik in der wissenschaftlichen Lehre geben hier Beispiele. Im Wissenschaftsbereich ist mit dem Bologna-Prozess die Ausbildung und Prüfung der Kompetenz in den Fokus gerückt. Dies sollte daher auch für die Ausbildung und Prüfung im Bereich des Mantrailing stärker gewichtet werden. Eine Fokussierung auf eine individuelle Ausbildung und Prüfung vergleichbar mit Bachelor- oder Masterarbeiten könnte hier als Vorbild verwendet werden. Geruchshunde sind Lebewesen, deren Leistung durch Faktoren wie Motivation, Konzentration, Ermüdung, Hunger, Durst und äußerliche Ablenkungen negativ beeinflusst werden kann (Hackner und Pleil, 2017; Fischer-Tenhagen, 2019). Mit den eben beschriebenen meteorologischen Einflüssen bekommt diese bereits mehrfach festgestellte Aussage ein noch stärkeres Gewicht, Ausbildung und Prüfung im Mantrailing nur in einer mehrtägigen, auf unterschiedlichsten meteorologischen und individuellen Situationen bestehende Ausbildung mit einer gleichzeitig in diese Ausbildung integrierten Prüfung durchzuführen. Dies könnte zu einer verbesserten Beurteilung und damit insgesamt zu einer Qualitätssteigerung im Mantrailing führen.

ÜBER DEN AUTOR

Prof. Dr. Nik Klever studierte Mathematik und Geophysik an der Freien Universität Berlin sowie an der Ludwig-Maximilians-Universität München und diplomierte und promovierte über numerische Simulationen für geo- und schneephysikalische Modellierungen. Seit 2001 ist er Professor für Neue Medien und Internet-Technologien an der Technischen Hochschule Augsburg. 2015 wurde auf seine Initiative die TH Augsburg zur Partnerhochschule der Feuerwehren und Hilfsorganisationen. Er ist seit über 50 Jahren Mitglied der Bayerischen Bergwacht und seit über 20 Jahren Suchhundeführer.

FÜHLEN, SPÜREN UND ANDERE SINNESEINDRÜCKE

VERTEILTE SINNESWAHRNEHMUNG

Neben den sogenannten großen Sinnesorganen, wie etwa Auge, Ohr oder Nase, besitzen Hunde, genau wie andere Säugetiere auch, eine Reihe von verteilten Sinneswahrnehmungen, die teilweise sogar die gesamte Körperoberfläche oder einzelne Organe großflächig erfassen.

TIEFENEMPFINDSAMKEIT

Die sogenannte Tiefensensibilität, die einem Hund z. B. Informationen über die Lage seiner derzeitigen Gliedmaßenstellung, die dabei ausgeübte Muskelgrundspannung oder die Bewegungsrichtung vermittelt, wird in Form von kleinen Messfühlerchen in der Muskulatur, in den Sehnen, aber auch in den Kapseln und Bändern rund um die Gelenke aufgenommen. Man spricht von **Muskelspindeln, Sehnenspindeln** und den **Gelenkrezeptoren.** Letztere sind im Typ ähnlich wie die später noch zu besprechenden Tastsinnesorgänchen.

Mit diesen, in der gesamten Arbeitsmuskulatur und den zugehörigen Bindegewebsanteilen verteilten kleinen Orgänchen ist es einem Tier möglich, Bewegungen feinst zu steuern und Rückmeldungen über Regelkreise nicht nur ans Rückenmark, sondern vor allem auch ans Kleinhirn zu melden.

Druck und Zug, Bewegungsgeschwindigkeit und Ausmaß der Bewegung, Haltung und Position der Gliedmaßen und anderer Körperteile im Raum, all das wird durch Zug oder Belastung auf die genannten Orgänchen wahrgenommen und gemeldet.

Bemerkenswerte Befunde sind in diesem Zusammenhang nicht nur über das Wechselspiel zwischen dreidimensionaler Muskelbewegung und Gehirnentwicklung allgemein, sondern insbesondere über die Bedeutung von körperbetontem Spielen in der Entwicklung dieser Tiefensensorik veröffentlicht worden. Byers und Walker (1995) stellten fest, dass bei verschiedenen Versuchstieren das Spielen nicht nur zu einem Anstieg in der Kleinhirnentwicklung führt, sondern auch zur Verbesserung der Tiefensensorik, weil dann mehr und leistungsfähigere Muskelspindeln und andere Propriozeptoren (wie diese Sinnesorgänchen auch genannt werden) ausgebildet sind. Fallbeispiele bestätigen dies (siehe Gansloßer und Krivy, 2019, Fall „Leo“). Hunde, die in den ersten Lebensmonaten nicht toben und spielen konnten, stolpern buchstäblich über die eigenen Pfoten und sind ausgesprochen ungeschickt und tollpatschig, sogar bei ganz normalen Alltagsbewegungen. Studien an verschiedenen Labortieren, aber auch Beobachtungsstudien an menschlichen Kleinkindern bestätigen, dass u. a. die Feinfühligkeit der Regelkreise mithilfe der Muskel-, Sehnen- und Gelenksensorik hier gelitten hat bzw. nicht ausreichend entwickelt wurde. Also wieder ein Plädoyer dafür, Welpen bezüglich Bewegung nicht in Watte zu packen.

Der Nasenspiegel eines Hundes – ein Multifunktionswerkzeug.

WÄRMESINN

Während die Wahrnehmung von Kälte- und Wärmereizen auf der Haut eines Säugetieres normalerweise durch Aktivierung von Schmerzrezeptoren bei starken Abweichungen von der „Wunschtemperatur" aktiviert wird, finden neue Untersuchungen, vorwiegend in der Arbeitsgruppe von Ronald Kröger an der schwedischen Universität Lund, zum Teil in Kooperation mit der fMRI-Studiengruppe der Universität Budapest, dass die sprichwörtliche kalte Hundenase offensichtlich ein Wärmedetektor ist (siehe Balint et al., 2020; Kröger et al., 2017; Kröger, 2015; Gläser und Kröger, 2017). Einerseits wurde mithilfe der Infrarotthermographie, einem Verfahren, das auch zur Aufsuche von Kältebrücken an Türöffnungen von Gebäuden verwendet wird, andrerseits aber auch durch die fMRI-Studien im Gehirnscan gezeigt, dass Hunde offensichtlich unterschiedliche Temperaturen entdecken können. Behältnisse mit kaltem bzw. warmem Wasser wurden vor sie gestellt, und nur bei einem wärmeren Objekt wurde ein Gebiet im somatosensorischen Kortex, also einem Teil der Großhirnrinde mit Zuständigkeit für die Körperwahrnehmung, aktiviert. Beim neutralen, das heißt mit Wasser in Umgebungstemperatur gefüllten Objekt dagegen, wurde diese Gehirnregion nicht aktiviert. Das warme Wasser in diesem Versuch betrug 31 Grad Celsius, also es war keineswegs extrem erhitzt.

Hundenasen sind im Temperaturbereich von 15 – 30 Grad Celsius deutlich kühler als die Umgebungstemperatur, wobei bei schlafenden oder gerade aufgewachten Hunden dieser Temperaturunterschied noch nicht erkennbar ist. Bei extrem kaltem Wetter (–21 bis –22 Grad Celsius) kann die Temperatur des Nasenspiegels des Hundes bis auf 0,4 Grad Celsius absinken. Erst ca. 10 – 15 Minuten nach dem Aufwachen wird die vorher warme Hundenase auf bis zu zwei Grad Celsius unter Raumtemperatur heruntergekühlt. Ronald Kröger zeigte auch, dass Hunde, die von einem interessanten Lebewesen (Menschen oder andere Tiere) wegen ungünstiger Windrichtung keine Witterung erhalten konnten, ihren Nasenspiegel durch seitliche Bewegungen (die nicht von Schnüffeln begleitet sind), ähnlich wie die pendelnden Kopfbewegungen einer Schlange, die das Wärmesinnesorgan aktiviert, einsetzen.
Möglicherweise sind diese Befunde auch eine Erklärung dafür, weshalb sich blinde Hunde durchaus noch in ihrer Umgebung bewegen und auch Lebewesen auf Distanz erkennen können.

FUNKTION DER WÄRME- BZW. KÄLTEREZEPTOREN

Die „normalen" Wärme- oder Kältesensoren funktionieren im Prinzip ähnlich wie die noch zu besprechenden Tastrezeptoren (siehe Schröder, 2022). Je nach Temperatur verändert sich die Form der an ihrer Oberfläche befindlichen Ionenkanäle, und die Einströmung geladener Teilchen ins Zellinnere löst dann die elektrische Erregung aus. Ebenfalls im Zusammenhang mit der Problematik von Wärme und Kälte stehen jedoch noch einige, außerhalb der Sinnesorgane, bemerkenswerte körperliche Anpassungen:
Sowohl die Kühlung des Hundegehirns als auch die Vermeidung von Verbrennungen und Erfrierungen an den Beinen wird über Gegenstromprinzipien gelöst. Das kalte, von den Pfoten zurückkommende Blut wird über ein Wundernetz in den Beinen vorgewärmt, bevor es zum Körperkern gelangt.
Es gibt aber noch ein zweites Anpassungssystem an das Laufen auf kaltem Untergrund: Die vielen Papillen auf der Unterseite der Sohlenballen dienen nicht nur der Reibungserhöhung und damit der Rutschfestigkeit (Huaibin Miao et al., 2017). Jede dieser Papillen ist wiederum von einem arteriellen und zwei venösen Blutgefäßnetzen in enger Verbindung erfüllt, und auch dort wird wieder Wärmeaustausch und Rückführung des warmen Blutes ins Körperinnere ermöglicht (Ninommiya et al., 2011).
Umgekehrt wird das möglicherweise zu warme Blut aus der Nase und dem Körper über ein Wundernetz vorgekühlt, bevor es das Gehirn erreicht.
Auch dieses, zur Kühlung des Gehirns dringend erforderliche Wundernetz ist bei kurzschnauzigen Hunden verständlicherweise geringer ausgeprägt, was dann auch wieder zu Überhitzungsproblemen führen kann (Fischer in Gansloßer, 2023).

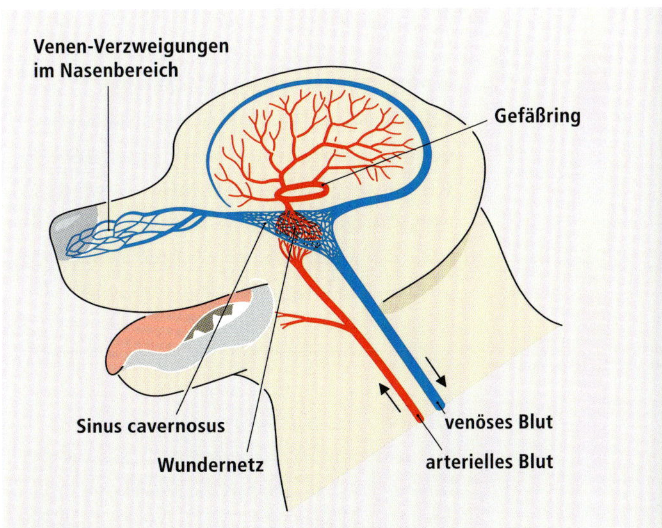

Die Kühlung des Hundegehirns wird ebenfalls über Gegenstromprinzipien gelöst (aus Rauth-Widmann, 2014).

SCHMERZEMPFINDEN

Die Auswirkungen einer akuten oder chronischen Schmerzwahrnehmung auf die Psyche, die geistigen Leistungsfähigkeiten und andere Verhaltensanpassungen des Hundes werden im Kapitel über gesundheitliche Probleme und deren Folgen ausführlich besprochen (siehe Seite 386). Hier interessiert uns vorwiegend die eigentliche Schmerzwahrnehmung, die an der Körperoberfläche und auch an einigen Organen in der Tiefe des Körpers stattfindet. Sogenannte **Nozizeptoren** befinden sich in fast allen Teilen des Körpers, in größter Dichte sind sie jedoch in der Haut zu finden. Einige innere Organe haben selbst keine Schmerzwahrnehmung, dazu gehört neben dem Gehirn auch der Darm oder der Knochen. Dass Verletzungen oder Entzündungen in diesen Bereichen trotzdem schmerzhaft sind, liegt an den umliegenden Geweben, also den Hirnhäuten, den Darmaufhängungen oder der Knochenhaut. Dort finden wir die entsprechenden Schmerzrezeptoren. Und auch Druckwahrnehmung, die bei Entzündungen ja mit der Veränderung des Gewebes einhergeht, führt zu dem unangenehmen Erlebnis.

DEFINITION VON SCHMERZ

Schmerz wird als unangenehme Wahrnehmung definiert, die mit einer Gewebsschädigung einhergeht oder als ob das Gewebe geschädigt wäre (siehe Gansloßer et al., 2023). Die meisten Schmerzrezeptoren melden ihre Empfindungen ans Gehirn eher langsam (siehe Schröder, 2022). Dies betrifft vor allem den dumpfen, wühlenden Schmerz, der z. B. bei Entzündungen oder auch bei Tumoren auftritt. Nur wenige Schmerzrezeptoren melden über schnelle Fasern, das sind vorwiegend solche, die als Akutschmerzrezeptoren für Verletzungen, Verbrennungen und andere plötzlich auftretende Gewebsschädigungen zuständig sind.

Neben den Schmerzrezeptoren selbst, sind auch die Verarbeitungsmechanismen im Gehirn von Bedeutung. Während bei **Akutschmerzrezeptoren** meistens nur das Zentrum des betreffenden, von diesem Rezeptor bedienten Feldes aktiviert wird, ist bei **chronischem Schmerz** das gesamte rezeptive Feld dieser Zell-Endverästelungen aktiviert. Deshalb können wir z. B. eine Schnittverletzung auch mit geschlossenen Augen sehr gut beschreiben, während wir bei einem entzündlichen Prozess meist nur sehr ungenau wissen, an welcher Stelle z. B. des Fingers die Entzündung und damit die Gewebsschädigung eigentlich sitzt.
Wie im Kapitel über Welpenentwicklung bereits besprochen (siehe S. 116), entwickelt sich gerade die Schmerzwahrnehmung bei Neugeborenen und wenige Wochen alten Welpen nur sehr langsam, und das auch mit unterschiedlicher Ausdehnungsrichtung über die Köperoberfläche.

SCHMERZGEDÄCHTNIS

Auch das sogenannte Schmerzgedächtnis, das in ähnlicher Weise wie andere Lernprozesse funktioniert, wird erst im Laufe der ersten Lebenswochen zunehmend präziser, weswegen auch ein neugeborener Welpe nachher über einen sehr viel größeren, druck- oder berührungsempfindlichen Bereich verfügt als ein älterer Hund mit gleicher Hautverletzung (siehe Fallbeispiel S. 116). Die Vorgänge bei der Etablierung des Schmerzgedächtnisses entsprechen durchaus denen, die wir über die allgemeinen zeitlichen Abläufe, sekundären Botenstoffe, elektrischen Verstärkungsmechanismen etc. bei der Lern- und Gedächtnisbildung kennenlernen werden (siehe S. 315 ff.). Deshalb wird auch in der modernen Unfallchirurgie des Menschen heute darauf geachtet, dass starke Schmerzmittel bereits möglichst schnell nach dem Eintreten der Verletzung gegeben werden, um diese Regelkreise des Schmerzgedächtnisses aufzubrechen oder zumindest deutlich abzuschwächen. **Wenn man abwartet, bis man es buchstäblich vor Schmerzen nicht mehr aushält, wird auch der genannte Gedächtnisprozess bereits gestartet, und das Schmerzgedächtnis ist dann oftmals sogar länger vorhanden als die medizinisch schon längst auskurierte Verletzung oder Entzündung.**

Fallbeispiel aus unserer Beratung

Zu uns in die Beratung kam eine Person mit ihrem Hund aus dem Tierschutz, bei dem das Halsband eingewachsen war und tierärztlich-chirurgisch entfernt werden musste. Dieser Hund hatte zeitlebens Probleme, wenn ihm das Geschirr bzw. Halsband angelegt werden sollte. Nur dann, wenn der Mensch sich mit dem Geschirr oder Halsband unmittelbar über ihn beugte, erfolgte eine nahezu reflexartige Abwehr, mithilfe einer gezielten Selbstverteidigungsattacke. Vorher freute sich der Hund auf den Spaziergang, und sobald das Halsband angelegt war, war auch wieder alles in Ordnung. Nur der Prozess des Anlegens war offensichtlich so mit dem Schmerzgedächtnis verknüpft, dass weiterhin eine sehr unangenehme Wahrnehmung beim Hund stattfand.
Solche, in der Verhaltensbiologie als konditionierte oder bedingte Reflexe bezeichnete Abwehrbewegungen sind oftmals der Hintergrund einer Berührungsempfindlichkeit, oder auch bei der Beobachtung, dass Hunde sich weder von Menschen noch von Artgenossen in die unmittelbare Individualdistanz hineinkontaktieren lassen möchten, auch schon vor der eigentlichen Berührung.

Körperhaltung und Mimik dieses Hundes lassen ein Schmerzproblem vermuten.

Es gibt zwei Typen von Fühlrezeptoren, die Druck- sowie die Berührungsrezeptoren.

BERÜHRUNGS- UND TASTSINNESORGANE

Unter dem Oberbegriff der Tastsinne werden eine Reihe von unterschiedlichen Sinnesqualitäten zusammengefasst, die auch von verschiedenen Sinnesorgänchen bedient werden. Im Wesentlichen gibt es auf der Hautoberfläche, und auch an anderen Stellen des Körpers, einerseits die **Druck- oder Intensitätssinne**, diese reagieren tatsächlich auf Druck. Je stärker der Druck wird, desto schneller wird die Impulsfrequenz, mit der die ableitenden Nervenfasern dann feuern. An der Hautoberfläche bzw. im Bereich der Lederhaut sind das vor allem die Merkelschen Körperchen, die diese Druckwahrnehmung starten. Aber auch freie, aufgefaserte Nervenenden sind als Druckrezeptoren in der Haut erkennbar. Diese finden sich z. B. an den Haarwurzeln. Über die spezielle, aus mehreren Sinnesorgänchen zusammengesetzten Tasthaare (Vibrissen) berichtet Dorothea Döring (siehe Aus der Forschung, S. 201 ff.). Der zweite Typ von Fühlrezeptoren sind die **Geschwindigkeits- oder Berührungsrezeptoren**. Sie reagieren tatsächlich nur dann, wenn sich der Berührungsreiz mit einer bestimmten Geschwindigkeit von A nach B bewegt. Je schneller die Reizung sich bewegt, umso höher ist die Impulsfrequenz. Im Zusammenhang mit diesen Berührungs- und Geschwindigkeitsdetektoren stehen wahrscheinlich auch die gleich noch ausführlicher zu besprechenden Auswirkungen von Wohlfühlmassagen und Streichelbewegungen auf die Physiologie, das Hormonsystem und damit das Wohlbefinden des Hundes. Neben den Merkelschen Zellen und den freien Nervenenden sind auch die

Ruffinikörperchen als langsam reagierende, daher vor allem auf andauernde Druckempfindungen ausgerichtete Fühlrezeptoren bekannt. Die **Meissnerschen Körperchen** dagegen reagieren auf sich schnell ändernde Druckreize, also auf Bewegungen entlang der Haut wie beim Streicheln oder Bürsten. **Vater-Pacini-Körperchen** (übrigens war deren Entdecker kein Priester, sondern es wurden gleichzeitig diese anatomischen Strukturen von einem Histologen namens Vater und einem anderen Namens Pacini entdeckt) können Vibrationen erfassen. Sie reagieren also nur, wenn sich die Geschwindigkeit der Reizänderung ständig verändert, und nicht auf gleichbleibende, über die Haut streichende Berührungen. Je stärker sich die Geschwindigkeit ändert, insbesondere beschleunigt, desto stärker die Reizfrequenz bzw. die Frequenz der weitergeleiteten Nervenimpulse. Alle diese Orgänchen melden zunächst zum Zwischenhirn, dem Thalamus, also den seitlichen Arealen des Vorzimmers zum Großhirn.

PHYSIOLOGISCHE AUSWIRKUNG

Auswirkungen auf die Physiologie wurden bereits im Jahr 2005 von der Arbeitsgruppe des australischen Verhaltensmediziners Paul Mc Greevy entdeckt. Er konnte anhand von Veränderungen der Pulsrate von Hunden, sogar in Abhängigkeit von der gekraulten bzw. gestreichelten Körperregion, nachweisen, dass sich eben das aktive Stresssystem, das die Herzfrequenz hauptsächlich beeinflusst, durch solche Streichelbewegungen in der Tat „herunterfahren“ lässt (Mc Greevy et al., 2005).

Eine Arbeit von Odendaal und Meintjes (2003) zeigte parallel dazu, dass sich auch das Cortisolsystem, und noch weitere sozial motivierte Hormonsysteme (Oxytocin, Prolactin), durch die Streichelbewegungen beeinflussen lassen.

Die dramatischsten Auswirkungen dieses Streichelns zeigte wahrscheinlich die Arbeitsgruppe des kanadischen Physiologen Michael Hennessy (siehe Gansloßer und Kitchenham, 2012): Wenn Hunde aus dem Tierheim nach der Blutabnahme durch den Tierarzt circa 20 Minuten gestreichelt wurden, dann erfolgte überhaupt keine Cortisolausschüttung, also überhaupt keine Reaktion des passiven Stresssystems auf diese durchaus belastende Behandlung. Wurde dagegen irgendetwas anderes mit ihnen gemacht, sei es Spazierengehen oder ein paar Unterordnungsübungen, oder wurden sie einfach wieder in den Zwinger zurückgebracht, dann stieg der Cortisolspiegel im Blut innerhalb der nächsten 20 Minuten deutlich an.

Ebenso bemerkenswert ist, dass die Streichel- und Massagetätigkeiten von Frauen zunächst wesentlich wirkungsvoller sind, als die von Männern (siehe Gansloßer und Kitchenham 2012, 2019). Allerdings sind auch Männer in der Lage, die andere Form des Streichelns und Massierens zu lernen und damit vergleichbare Wirkungen zu erzielen.

SCHÜTTELREFLEX

Eine ganz spezielle Form eines Fühlrezeptors wurde kürzlich zunächst an Mäusen entdeckt, wirkt jedoch offenbar auch z. B. bei Hunden (Zhang et al 2024, Dickerson et al 2012): Im Nackenbereich und entlang der Rückenlinie findet sich eine besondere Form von Rezeptoren, die auf Wasser- oder Öltröpfchen reagieren, und zwar schon in geringer Intensität. Sie melden dann über Nervenleitungen direkt an das Rückenmark bzw. dessen armversorgende Neuronen. Dort wird über erregende Fasern und Synapsen der Schüttelreflex ausgelöst.

Wer seinen Hund kennt, findet schnell die Wohlfühlmassagezonen.

Bei Mäusen wurde bereits nachgewiesen, dass es spezielle Streichelneuronen gibt (Rauth-Widmann, 2014). Ob solche auch bei anderen Säugetieren, und z. B. auch bei Hunden für diese spezielle Aufgabe ausgebildet sind, ist allerdings bisher nicht nachgewiesen.

In jedem Fall zeigt sich aber, dass das Zusammenwirken verschiedenster kleiner Körperchen (die man im Gegensatz zu Augen, Nase oder Ohren auch nur im feingeweblichen Schnittbild anatomisch erkennt) mit den emotionalen und anderen, auf Wohlbefinden und Empfindungsreaktionen ausgerichteten Zentren des Gehirns und des zentralen Nervensystems für Wohlfühleffekte ausgesprochen wichtig ist.

WOHLFÜHLREGIONEN SEINES HUNDES ERKENNEN

Gerade die Befunde von Michael Hennessy und seinem Team zeigen wieder einmal deutlich, welche fatale Auswirkungen die falsch gegebenen Empfehlungen, man müsse die Angst eines Hundes ignorieren, um sie nicht anzukonditionieren, auch heute noch im Alltag der Mensch-Hund-Beziehung haben können. Gerade diese Wohlfühlmassagen können Sie auch mit Ihrem Hund sehr gut einüben, wenn Sie ihn zunächst im häuslichen Umfeld lang und intensiv massieren, bis er vollkommen entspannt sitzt, steht oder liegt. Danach können Sie diese Übung noch mit einem Signalwort oder einem anderen, möglichst akustischen Kommando verknüpfen und zum echten Wohlfühlritual ausbauen. Beobachten Sie Ihren Hund einmal dabei und genau wie Paul McGreevys Team (2005) werden auch Sie erkennen, dass es unterschiedliche Regionen am Hund gibt, bei denen diese Streichel- und Massagebewegungen unterschiedlich wirksam sind. Sie können gewissermaßen eine Landkarte der besonderen Wohlfühlregionen auf der Körperoberfläche Ihres Hundes aufstellen, denn diese Wohlfühlregionen sind nicht bei allen Hunden, nicht einmal bei allen Angehörigen einer Rasse immer ganz genau deckungsgleich. Versuchen Sie es selbst, Ihr Hund wird es sicherlich genießen!

☞ **AUS DER FORSCHUNG (von Priv. Doz. Dr. Dorothea Döring)**

SPEZIALISIERTES TASTORGAN – DIE VIBRISSEN

Stellen Sie sich vor, Sie hätten keine Hände zum Greifen, Fühlen und Bearbeiten von Gegenständen und könnten Ihre Nahrung nicht mit den Händen vor die Augen und zum Mund führen. So geht es Ihrem Hund. Seine Schnauze dient ihm nicht nur zur Nahrungsaufnahme, sondern erfüllt die Aufgaben unserer Hände. Durch die anatomische Form seines Gesichts kann der Hund jedoch den Bereich unter seiner Schnauze nicht überblicken. Daher ist er darauf angewiesen, unter der Schnauze zu tasten. Dafür besitzt er – wie fast alle anderen Säugetiere auch – ein spezialisiertes Sinnesorgan: die Tasthaare, auch „Vibrissen" genannt. In unserer evolutiven Entwicklung haben wir Menschen dieses Gesichts-Tastorgan verloren. Wir brauchten es nicht mehr, da sich bei uns durch den aufrechten Gang die Vordergliedmaßen zu Händen entwickelt haben und wir auch keine lange Schnauze besitzen. Die Hunde haben dagegen trotz Domestikation und Rassezuchten ihr Vibrissensystem behalten. Dehnhardt et al. (2020) haben in ihrer Studie festgestellt, dass der Haushund – verglichen mit anderen Spezies wie Seehund und Ratte – verhältnismäßig viele mystaziale Vibrissen (siehe S. 202) besitzt.

SCHUTZFUNKTION

Die Vibrissen dienen nicht nur dem Tasten im Schnauzenbereich. Sie erfüllen auch eine Schutzfunktion. Der Mensch kann sich im Dunkeln mit den Händen vorantasten und beim Laufen durch Gebüsch mit den Händen Äste fernhalten, um sein Gesicht zu schützen. Ein Hund geht immer mit dem Gesicht, mit seiner Schnauze voran, auch durch Gestrüpp und auch im Dunkeln. Daher wirken die Vibrissen wie ein Abstandshalter bzw. wie „Antennen", die das Gesicht, insbesondere die Augen schützen. Die Berührung der Vibrissen über dem Auge und der mystazialen Vibrissen seitlich an der Schnauze bewirkt reflektorisches Zwinkern der Augen (Döring et al., 2019; Döring, 2022).

WEITERE FUNKTIONEN

Beobachtet man Hunde beim Verfolgen von Geruchsspuren, so befindet sich ihre Schnauze selbst bei schneller Fortbewegung dicht über der Bodenfläche. Es ist vorstellbar, dass die Tasthaare hierbei die Funktion erfüllen, einen geeigneten Abstand zum Boden einzuhalten und Unebenheiten festzustellen. Dadurch können mögliche Verletzungen von Nase und Lippen vermieden werden. Außerdem wird vermutet, dass die Vibrissen dem Hund helfen, die Richtung festzustellen, aus der ein Geruch kommt. Für einen geruchsorientierten Jäger wie den Wolf ist es von Vorteil, wenn er sein Beutetier orten kann, sobald er dessen Geruch in die Nase bekommt. Die Vibrissen können helfen, die Windrichtung wahrzunehmen. Dies wurde bei Versuchen an Ratten belegt: Die Tiere konnten die Richtung eines experimentell erzeugten Luftzugs sehr viel schlechter orten, wenn man ihre Vibrissen amputierte, als vorher mit intakten Tasthaaren (Yu et al., 2016).
Es wird auch vermutet, dass die Vibrissen eine Funktion im Rahmen der innerartlichen Kommunikation besitzen, da sie bei aggressivem Verhalten aufgestellt und bei submissivem Verhalten angelegt werden (Beaver, 1999).

ANATOMIE

Die Tasthaare (*pili tactiles*) finden sich bei allen Hunderassen in derselben Anordnung im Gesicht. Am auffälligsten sind die geordneten Reihen seitlich an der Schnauze, die sogenannten „mystazialen" Vibrissen. Der Hund besitzt aber noch weitere Tasthaare an Ober- (*pili tactiles labiales superiores*) und Unterlippe (*pili tactiles labiales inferiores*), am Kin (*pili tactiles mentales)*, an den Wangen (*pili tactiles buccales*), am oberen Augenlid (*Pili tactiles supraorbitales*) und am Jochbogen (*pili tactiles zygomatici*) (Reese et al., 2020).

Tasthaare sind nicht nur sehr viel dicker als Körperhaare, sondern unterscheiden sich vor allem im Aufbau ihrer Follikel. Denn diese enthalten bei Tasthaaren große blutgefüllte Kammern (Sinus genannt), die bei anderen Haarfollikeln fehlen. Tasthaare werden daher auch **„Sinushaare"** genannt. Das Tasthaar ist von einem großen, „kavernösen" Blutsinus umgeben, weiter zur Hautoberfläche hin schließt sich der „Ringsinus" an. Diese Blutkammern übertragen Bewegungen des Tasthaares an Nervenzellen, sodass auch feinste Berührungen wahrgenommen werden können (Budras, 2004). Die Follikel der Tasthaare sind sehr stark sensibel innerviert, und es gibt eine Vielzahl von Mechanorezeptoren (z. B. Merkel-Zellen, Ramírez et al., 2014, 2016). Ueda hat bereits 1941 die Tasthaare und -follikel des Haushundes untersucht und vermessen, und das histologische Schnittbild des Follikels publiziert. In unserer Zusammenarbeit mit den Spezialisten für Anatomie und Pathologie der Ludwig-Maximilians-Universität München erfolgten histologische und ultrastrukturelle Untersuchungen der Follikel-Sinus-Komplexe von Hunden, einschließlich der Darstellung der dichten Innervation. Zudem konnten wir feststellen, dass es sich auch bei den kleinen Haaren an der Oberlippe unter der Hundenase um Vibrissen mit ihrem typischen Follikelaufbau handelt. In der Abbildung ist die sogenannte „intrinsische" querge-

Die langen Tasthaare sind wahrscheinlich auch bei der Nasenarbeit wichtig.

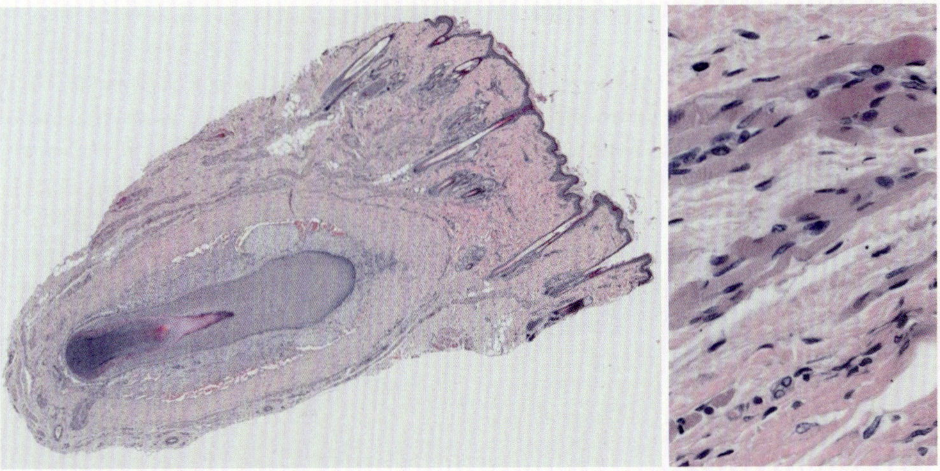

Der Tasthaarfollikel ist um ein Vielfaches größer als ein Körperhaarfollikel und hat einen spezifischen Aufbau. Der Follikel ist hier längs, aber etwas schräg und nicht ganz mittig geschnitten, daher sind Tasthaar und Mündung zur Hautoberfläche nicht sichtbar.

streifte Muskulatur zu sehen, die den Follikel umgibt (siehe auch Muchlinski et al., 2013). Während Körperhaare mit glatter Muskulatur (*musculus arrector pili*) unwillkürlich bewegt werden (Jennings und Premanandan, 2017), was unter anderem der Thermoregulation dient, sind Tasthaarfollikel mit quergestreifter Muskulatur („Skelettmuskulatur") umgeben und lassen sich willkürlich bewegen. Der Hund spreizt seine mystazialen Vibrissen nach vorne, um Gegenstände zu erkunden. Vibrissen erfüllen somit aus anatomischer Sicht völlig andere Funktionen als Körperhaare.

UNTERSCHIEDE ZU KÖRPERHAAREN

Tasthaare stellen aufgrund ihrer anatomischen Follikelstruktur ein spezialisiertes und hochsensibles Tastorgan dar, mit dessen Hilfe Hunde mit willkürlichen Bewegungen Gegenstände erkunden können. Es handelt sich sozusagen um „Säugetierfühler". Tasthaare erfüllen keine Funktion der Thermoregulation, daher hätte ein Tasthaarausfall im Frühjahr keinen Sinn. Vom saisonalen Fellwechsel sind Tasthaare somit nicht betroffen. Sie erneuern sich außerdem – anders als Körperhaare – unter Funktionserhalt: Ibrahim und Wright (1975) haben bei Untersuchungen an Mäusen und Ratten festgestellt, dass ein Tasthaar erst ausfällt, wenn im selben Follikel ein weiteres bereits mindestens die halbe Länge erreicht hat. Fällt ein Tasthaar aus, ist also bereits Ersatz vorhanden. Werden Tasthaare ausgerissen, wächst schnell ein neues aus demselben Follikel nach. Dieses Phänomen weist auf die Bedeutung von Tasthaaren hin.

Interessant ist auch, dass die embryonale Entwicklung anders verläuft als beim Körperhaar. Beim Hundeembryo erscheinen Tasthaarfollikel bereits an den Tagen 30–32 (gezählt nach dem Deckakt), die Tasthaare selbst sind ab Tag 38 sichtbar, wohingegen die Haarfollikel am Körper erst am Tag 43 sichtbar werden, Körperhaare am Tag 45 erscheinen und den Fötus erst am Tag 53 bedecken (Evans und Sack, 1973). Tasthaare bilden sich in der Embryonalentwicklung also sehr viel früher und unabhängig von der Fellbildung. Auch diese Tatsache unterstreicht die Bedeutung der Tasthaare als eigenständiges sensorisches Organ.

PROBLEM DES ABSCHNEIDENS DER VIBRISSEN

In vielen Ländern ist es üblich, Hunden beim Hundefrisör oder auch zur Vorbereitung für Hundeausstellungen die Gesichter glatt zu scheren und dabei die Vibrissen abzuschneiden. Dies wurde auch bis vor wenigen Jahren in den deutschsprachigen Ländern praktiziert, insbesondere bei Pudeln. McGill sprach sich bereits 1980 und 1982 dagegen aus. Die Befürworter der Schnauzenschur berufen sich häufig darauf, dass diese für Ausstellungsschuren nach FCI-Rassestandard beim Pudel vorgeschrieben sei. Auf dem Titelbild des FCI-Rassestandards Nr. 172 ist tatsächlich ein Pudel mit einer kahlgeschorenen Schnauze abgebildet. Die FCI sagt jedoch ausdrücklich bei der Löwenschur (FCI-Standard Nr. 172): *„Ein Schnurrbart ist für alle Exemplare vorgeschrieben."* Dies gilt auch für die Moderne Schur. Bei der Englischen Schur wird toleriert, wenn es keinen „Schnurrbart" gibt, das Abscheren der mystazialen Vibrissen wird aber auch hier nicht gefordert.

In früheren Rassebüchern (z. B. Korn und Treutmann, 1977) und auf älteren Fotos ist sichtbar, dass ein „Schnurrbart" zur traditionellen Frisur des Pudels gehört.

Als Argument zur Rechtfertigung der Schnauzenschur wird häufig angeführt, dass die Vibrissen durch die Schnauzenbewollung keine Funktion mehr erfüllen würden und daher Pudel keine Vibrissen bräuchten. Pudel reagieren jedoch auf die Berührung ihrer Vibrissen wie andere Hunde auch (Zwinkern usw.). Und selbst wenn die Vibrissen des Pudels durch die Bewollung der Schnauze tatsächlich behindert werden, rechtfertigt dies nicht ihre Schur. Wenn Haare die Funktion eines Sinnesorganes einschränken, ist dies schließlich kein Grund, das Sinnesorgan untauglich zu machen. Ebenso ist es mit Haaren, die vor den Augen den Sehsinn einschränken und daher gekürzt oder hochgebunden werden müssen. Niemand käme auf die Idee, den Sehsinn untauglich zu machen, weil der Hund aufgrund von Haaren „sowieso nichts sieht". Stattdessen sollten Bemühungen unternommen werden, die Funktion der Vibrissen soweit wie möglich wiederherzustellen. Auch in der Zucht sollte zukünftig auf die Ausprägung eines intakten Vibrissensystems geachtet werden.

Um das ständig nachwachsende Fell im Gesicht des Pudels auf eine funktionale Länge zu kürzen, ist das Kahlscheren nicht notwendig. Stattdessen sollte ein „Bart" stehen gelassen werden. Es kann versucht

Bei diesem Hund sieht man die Tasthaare zwischen den Barthaaren – bitte auf gar keinen Fall scheren!

werden, unter Schonung der Vibrissen das Fell im Gesichtsbereich vorsichtig nur soweit zu kürzen, dass es weder den Sehsinn noch die Maulspalte behindert. **Die Vibrisse selbst ist zwar nicht innerviert, durch das Entfernen der Vibrisse beim Abrasieren wird das Sinnesorgan jedoch vorübergehend untauglich gemacht. Diese Tatsache ist anatomisch bedingt und unstrittig. Dem Hund entsteht durch das Entfernen der Vibrissen vorübergehend ein nicht unerheblicher Körperschaden, da dieses hochspezialisierte Gesichts-Tastsinnesorgan ausfällt.**

RECHTLICHE BEWERTUNG

Nach § 6 des Deutschen Tierschutzgesetzes (2022) ist das vollständige oder teilweise Amputieren von Körperteilen oder das vollständige oder teilweise Entnehmen oder Zerstören von Organen oder Geweben eines Wirbeltieres verboten. Dieses Verbot bezieht sich laut Kommentar zum Tierschutzgesetz von Hirt et al. (2016) auch auf nachwachsende Körperteile, wenn bis zum Nachwachsen biologische und ethologische Funktionen nicht unwesentlich beeinträchtigt sind. Nach unserer Einschätzung stellt das Abschneiden oder Scheren der Vibrissen ohne tierärztliche Indikation eine solche Amputation dar, weil damit ein sensorisches Organ vorübergehend untauglich gemacht wird. Außerdem entsteht dem Hund dadurch ein Schaden nach § 1, der ohne vernünftigen Grund nicht zugefügt werden darf. Laut § 10 der Tierschutz-Hundeverordnung (2021) ist es zudem verboten, Hunde auszustellen, bei denen Körperteile amputiert worden sind. Das Abschneiden der Vibrissen wird von deutschen Amtstierärzt:innen nicht mehr als zulässig angesehen, so dass Hunde mit kahlgeschorenen Schnauzen bei den Einlasskontrollen mittlerweile meist abgewiesen werden.
In der Schweiz ist das Abschneiden der Vibrissen zwar nur explizit beim Pferd verboten, Artikel 4 des Schweizer Tierschutzgesetzes (2005) verbietet jedoch, einem Tier „ungerechtfertigt" Schäden zuzufügen. Gemäß Artikel 3 der Tierschutzverordnung (2008) sind Tiere so zu halten und mit ihnen ist so umzugehen, *„dass ihre Körperfunktionen und ihr Verhalten nicht gestört werden (…)"*. Und gemäß Artikel 16 sind *„Handlungen am Tier im Hinblick auf Ausstellungen"* verboten, wenn dadurch dem Tier Schäden zugefügt werden. Somit ist auch in der Schweiz nach Ansicht der Autoren das Abschneiden der Tasthaare beim Haushund verboten, weil es zu einem Verlust einer Körperfunktion führt und als Schaden zu werten ist.
Nach Österreichischem Tierschutzgesetz (2024) ist *„das Entfernen oder Kürzen der Vibrissen"* mittlerweile ausdrücklich gemäß § 7 (1) Nr. 7 verboten. Es gibt in Österreich ein Gerichtsurteil des Landesverwaltungsgerichts Steiermark (LVwG 30.9-60/2021-37 vom 16.03.2022), das konkret besagt, dass ein Abrasieren der Tasthaare beim Pudel in Österreich tierschutzwidrig ist.
Es steht außer Frage, dass es sich beim Vibrissensystem des Hundes um ein funktionstüchtiges sensorisches Organ handelt, das vielfältige Funktionen erfüllt. Ein Kahlscheren der Schnauze, ohne tierärztliche Indikation, ist nicht zulässig.

ÜBER DIE AUTORIN

Priv.Doz.in Dr. med. vet. Dorothea Döring ist seit 1999 am Lehrstuhl für Tierschutz, Verhaltenskunde, Tierhygiene und Tierhaltung der Tierärztlichen Fakultät der LMU München in Forschung und Lehre auf den Gebieten Ethologie, Tierschutz und in der Verhaltenstherapie tätig. Ein besonderer Forschungsschwerpunkt liegt beim Verhalten von Hunden und Tierschutzaspekten ihrer Haltung. Frau Döring ist Privatdozentin und Fachtierärztin für Verhaltenskunde und für Tierschutz und trägt die Zusatzbezeichnung Verhaltenstherapie.

VISUELLE WAHRNEHMUNG

ANATOMIE DES AUGES

Denken wir an die Sinnesleistung von Hunden, dann kommt uns als erstes ihr exzellenter Geruchssinn in den Sinn. Doch tatsächlich spielt auch ihre visuelle Wahrnehmung eine wesentliche Rolle in ihrem Leben.

Hunde haben im Vergleich zu Menschen eine geringere Sehschärfe und sind dichromatisch. Das bedeutet, sie können hauptsächlich Blau- und Gelbtöne unterscheiden, haben jedoch Schwierigkeiten, Rot- und Grüntöne zu erkennen (Barber et al., 2020). Diese Farbwahrnehmung ähnelt der von Menschen mit Rot-Grün-Farbsehschwäche. Ein roter Ball, der auf einer grünen Wiese liegt, ist daher für Ihren Hund nur schwer zu erkennen. Ist der Ball hingegen Blau oder Lila, wird der Hund kein Problem haben, ihn mit den Augen zu finden. Diese Unterschiede in der Farbwahrnehmung sind auf die Struktur der Augen zurückzuführen.

Aber fangen wir erstmal von vorne an. Das Auge von Hunden ist ähnlich aufgebaut wie das des Menschen und umfasst verschiedene Bestandteile, die alle eine wichtige Rolle bei der Sehfunktion spielen.

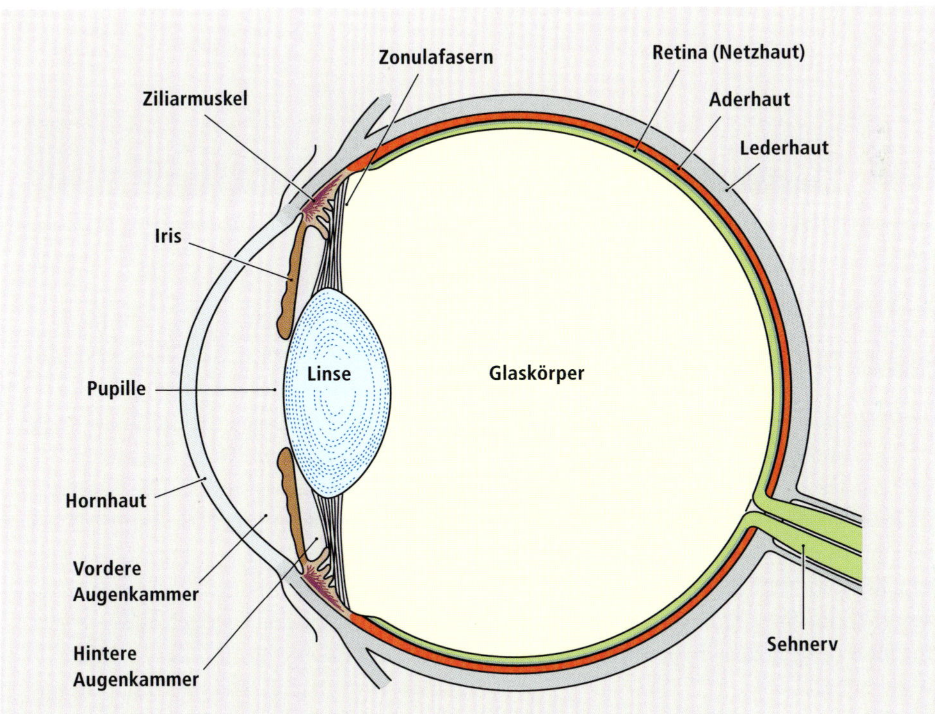

Längsschnitt durch den Augapfel (aus Rauth-Widmann, 2014)

Dank mehr Stäbchenzellen auf der Netzhaut sehen Hunde in schwachem Licht deutlich besser als Menschen

AUFBAU UND REIZENTSTEHUNG

Der **Augapfel** sitzt in der Augenhöhle des Schädels und ist äußerlich nur zu einem geringen Teil sichtbar. Die äußere Schicht des Auges, die Lederhaut oder Sklera, besteht aus festem, weißem Gewebe. Diese Schicht erhält die Form des Augapfels und bietet Schutz. Sie umgibt den gesamten Augapfel, ausgenommen die Hornhaut im vorderen Bereich.

Die **Hornhaut** ist die klare, äußere Schicht des Auges, die das Licht hereinlässt und gleichzeitig die Linse schützt. Hinter der Hornhaut befindet sich die **Regenbogenhaut**, auch **Iris** genannt. Die Iris ist der farbige Teil des Auges, der durch die Regulation der Pupillenöffnung die Menge des einfallenden Lichts steuert. Die **Pupille**, die zentrale Öffnung der Iris, kann sich bei hellem Licht verengen und bei schwachem Licht erweitern, um die Lichtmenge zu optimieren, die ins Auge gelangt.

Nach der Pupille passiert das Licht die **Linse**, eine klare, flexible Struktur, die das Licht auf die Netzhaut (Retina) fokussiert. Die Linse kann ihre Form ändern, um

Objekte in verschiedenen Entfernungen scharf zu sehen, ein Prozess, der als Akkommodation bezeichnet wird.
Die **Netzhaut** ist die innere, lichtempfindliche Schicht des Auges, die das Licht in elektrische Signale umwandelt. Hier beginnt die eigentliche Reizentstehung. Denn ein wichtiger Unterschied zwischen Hunde- und Menschenauge liegt in der Anpassung an verschiedene Lichtverhältnisse. Im Vergleich zu Menschen haben Hunde auf der Netzhaut eine höhere Anzahl von Stäbchenzellen in der Netzhaut, was ihnen eine bessere Nachtsicht verleiht.

— **Stäbchen:** Diese sind für das Sehen bei schwachem Licht verantwortlich und ermöglichen das Sehen in Graustufen. Sie sind zahlreicher als Zapfen und besonders lichtempfindlich.
— **Zapfen:** Diese sind für das Farbsehen zuständig und erfordern helleres Licht, um optimal zu funktionieren.

Diese Anpassung wird durch das *Tapetum lucidum* (leuchtender Teppich) unterstützt, eine reflektierende Schicht hinter der Netzhaut, die das einfallende Licht verstärkt (Yamaue et al., 2015). Das Tapetum ist gut für die Nachtsicht geeignet, kann aber die visuelle Auflösung bei Tageslicht durch gestreutes Licht beeinträchtigen. Es ist auch der Grund, warum Hundeaugen im Dunkeln scheinbar funkeln. Trotz dieser Anpassung an dämmernde Lichtverhältnisse sehen Hunde bei zunehmender Dunkelheit schlechter.
Trifft das Licht schließlich auf die **Fotorezeptoren**, lösen diese eine chemische Reaktion aus, die das Licht in elektrische Signale umwandelt. Diese Signale werden durch die Netzhaut verarbeitet und über Bipolarzellen an Ganglienzellen weitergeleitet. Die Axone der Ganglienzellen bilden den **Sehnerv**, der die Signale zum Gehirn transportiert, wo sie als Bilder erkannt werden.

BEOBACHTUNGSÜBUNG – SEHEN BEI DÄMMERUNG

Vorbereitung

— Ort auswählen: Wählen Sie einen sicheren Bereich im Freien, z. B. einen Garten oder einen Park, an dem Sie mit Ihrem Hund in der Dämmerung spielen können.
— Spielzeug: Nehmen Sie das Lieblingsspielzeug Ihres Hundes mit.
— Stoppuhr: Nehmen Sie eine Stoppuhr oder die Uhr ihres Handys.
— Zeitpunkt: Wählen Sie eine Zeit kurz nach Sonnenuntergang, in der es noch genug Licht gibt, so dass Sie sehen können, aber die Lichtverhältnisse bereits schwächer werden.

Durchführung

— Verstecken: Gehen Sie in den ausgewählten Bereich und verstecken Sie das Spielzeug an einem relativ einfachen Ort, den Ihr Hund normalerweise leicht finden würde.
— Hund beobachten: Lassen Sie Ihren Hund los und beobachten Sie, wie er das versteckte Objekt sucht und findet. Stoppen Sie dabei die Zeit.
— Schwierigkeit erhöhen: Wiederholen Sie das Versteckspiel und wählen Sie dabei schrittweise schwierigere Verstecke oder verstecken Sie das Objekt an weniger offensichtlichen Orten.
— Vergleich: Führen Sie die gleiche Übung am nächsten Tag bei Tageslicht durch und beobachten Sie, ob und wie sich das Verhalten Ihres Hundes unterscheidet.

Beobachtungsfragen

— Wie lange braucht Ihr Hund, um das versteckte Objekt in der Dämmerung zu finden, im Vergleich zu Tageslicht?
— Zeigt Ihr Hund Verhaltensänderungen, wie etwa vermehrtes Schnüffeln oder eine andere Herangehensweise, wenn es dunkler/heller wird?
— Scheint Ihr Hund Schwierigkeiten zu haben, das Objekt in der Dämmerung/bei Tageslicht zu sehen, oder verlässt er sich mehr auf andere Sinne wie den Geruchssinn?

GESICHTSFELD DES HUNDES

Ein weiterer wichtiger Aspekt der visuellen Wahrnehmung von Hunden ist ihr Gesichtsfeld. Hunde haben ein breiteres Gesichtsfeld als Menschen, was bedeutet, dass sie einen größeren Bereich ihrer Umgebung sehen können, ohne den Kopf zu bewegen. Im Durchschnitt beträgt das Gesichtsfeld von Hunden etwa 240 Grad, während es bei Menschen etwa 200 Grad umfasst (Miller und Murphy, 1995). Diese breite Sicht hilft Hunden nicht nur dabei, potenzielle Gefahren und Beute besser zu erkennen, sondern spielt auch eine wichtige Rolle bei sozialen Interaktionen mit anderen Hunden und Menschen. Jedoch gibt es auch hier rassebedingte Unterschiede zwischen Hunden mit flachen Nasen und kurzem Schädel (brachycephalen Hunderassen) und Hunden mit eher langen Schnauzen (dolichocephalen Hunderassen), die wir im weiteren Verlauf noch genauer unter die Lupe nehmen werden. Der Bereich des binokularen Sehens, also der Bereich, in dem sich die Sichtfelder beider Augen überlappen und eine Tiefenwahrnehmung ermöglichen, ist bei Hunden kleiner als bei Menschen. Dies bedeutet, dass ihre Fähigkeit, Entfernungen genau abzuschätzen, eingeschränkter ist (Miller und Murphy, 1995).

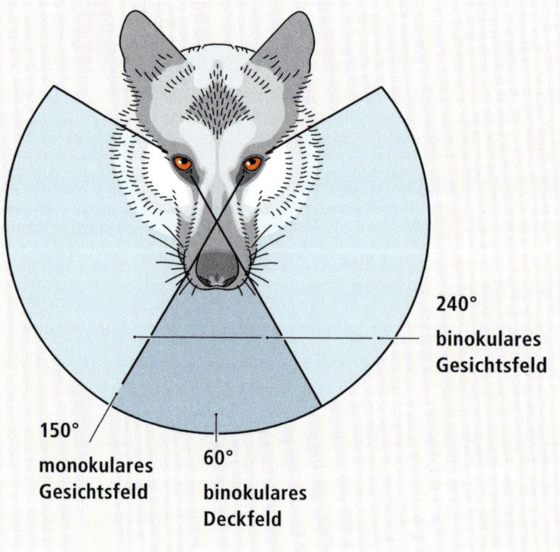

Je nach Schädelform verändert sich die Größe des Gesichtsfelds.

SEHSCHÄRFE

Obwohl Hunde bei Dämmerung und schwachem Licht eine überlegene Sehfähigkeit im Vergleich zu Menschen haben, sind sie beim Scharfsehen im Nachteil. Die Sehschärfe von Hunden ist deutlich geringer als die des Menschen, im Durchschnitt etwa 20/75. Das bedeutet, dass Hunde ein Objekt aus 20 Fuß (6,096 m) Entfernung erkennen können, das ein Mensch mit normaler Sehschärfe aus 75 Fuß (22,86 m) Entfernung sehen würde. Hunde haben auch eine begrenzte Fähigkeit zur Akkommodation, was bedeutet, dass sie Objekte, die näher als 30 – 50 cm an ihren Augen sind, nicht klar sehen können (Miller und Murphy, 1995). Im Bereich der Bewegungserkennung zeigen Hunde jedoch eine hohe Empfindlichkeit. Ihre dominanten Fotorezeptoren, die Stäbchen, sind besonders gut für die Erkennung von Bewegung und Formen geeignet. Studien haben gezeigt, dass Hunde bewegte Objekte aus größeren Entfernungen wahrnehmen können, als stationäre Objekte. Diese Fähigkeit ist für ihre Rolle als Jäger und Arbeitshunde von entscheidender Bedeutung (Miller und Murphy, 1995).

VISUELLE AUFLÖSUNG

Weitere Studien haben zudem gezeigt, dass Hunde eine höhere visuelle Auflösung besitzen als bisher angenommen. In hellen Lichtverhältnissen können Hunde feine Muster mit Linien erkennen, wobei sie zwischen 5,5 und 19,5 Linien pro Grad unterscheiden können. Eine Linie pro Grad bedeutet, dass sie in einem Winkelgrad des Sichtfeldes mehrere Linien erkennen, was zeigt, wie detailliert sie sehen können. Bei schwachem Licht reduziert sich diese Fähigkeit auf 1,8 bis

3,5 Linien pro Grad. Diese Werte sind höher als die bisher berichteten und deuten darauf hin, dass Hunde eine bessere Sehschärfe haben könnten, als bislang angenommen (Lind et al., 2017). Es wurden auch signifikante Unterschiede zwischen den Rassen und einzelnen Hunden festgestellt. Zum Beispiel erreichte ein Mops eine höhere Sehschärfe (19,5 Linien pro Grad) als die meisten Whippets (6,7 – 15,8 Linien pro Grad), was auf unterschiedliche genetische und körperliche Faktoren zurückgeführt werden könnte. Kurzköpfige Rassen wie der Mops haben eine zentralere Anordnung von Sehzellen, die eine höhere Sehschärfe in einem kleinen Teil des Sichtfeldes ermöglicht, während langköpfige Rassen wie der Whippet eine horizontale Streifenstruktur haben, die für das Erkennen von Bewegungen entlang des Horizonts optimiert ist (Lind et al., 2017). Diese Unterschiede in der Sehschärfe zwischen Rassen beobachtete bereits das Forscherteam von Mc Greevy et al. (2004 und 2013). Sie konnten zeigen, dass die Verteilung der retinalen Ganglienzellen bei Hunden stark von der Nasenlänge und der Schädelform abhängt. In der Studie 2004 wurden insgesamt 41 Tierheimhunde (verschiedenster Rassen) nach ihrem Tod untersucht. Die Forscher:innen maßen die Länge und Breite der Schädel, berechneten den Cephalic Index (CI), der das Verhältnis von Schädelbreite zu -länge darstellt – breite Schädelformen wurden in brachycephal und länger Schädel in dolichocephal klassifiziert. Anschließend wurden die Augen der Hunde entnommen und die Netzhaut präpariert. Das Forscherteam untersuchte die Verteilung der Ganglienzellen, die für das Sehen entscheidend sind. Dabei waren zwei Bereiche der Netzhaut besonders wichtig: die Area centralis, eine Region mit hoher Zellenkonzentration, die für das zentrale Sehen verantwortlich ist, und den visuellen Streifen (Visual streak), eine horizontale Linie von Ganglienzellen, die für das periphere Sehen sorgt.

Das Forscherteam fand heraus, dass Hunde mit einem hohen Cephalic Index, wie Mops oder Bulldogge, eine sehr stark ausgeprägte Area centralis hatten. Das bedeutet, dass sie eine größere Anzahl von Ganglienzellen in ihrem zentralen Sichtfeld haben, was ihnen ermöglicht, besser zu sehen, was direkt vor ihnen ist z. B. auch Zeigegesten. Allerdings hatten diese Hunde eine schwächere visuelle Streifenanordnung, was darauf hindeutet, dass ihre periphere Sicht weniger stark entwickelt ist und somit Dinge, die am Rande des Sichtfeldes sind, wenig gut wahrgenommen werden. Auf der anderen Seite hatten Hunde mit einem niedrigen Cephalic Index, wie Windhunde oder Huskys, eine weniger ausgeprägte Area centralis, dafür aber einen viel stärkeren visuellen Streifen. Das bedeutet, dass diese Hunde über eine breitere periphere Sicht verfügen, was ihnen hilft, besser zu sehen, was seitlich von ihnen passiert. Das Forscherteam konnte mit diesen Ergebnissen zeigen, dass die Schädelform, die durch gezielte Züchtung entstanden ist, nicht nur das äußere Erscheinungsbild der Hunde verändert, sondern auch ihre Sehfähigkeiten beeinflusst.

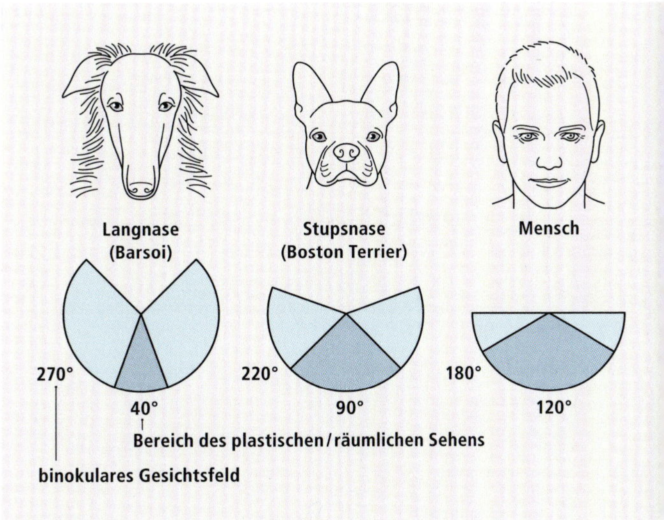

Verschieden ausgeprägte Sehleistungen (aus Rauth-Widmann, 2014)

Aus der Forschung (von Dr. Annika Bremhorst)

UNTERSUCHUNG VON GESICHTSAUSDRÜCKEN BEI HUNDEN

Hunde zeigen eine beeindruckende Vielfalt an Gesichtsausdrücken, die weit mehr als bloße Muskelbewegungen sind – sie dienen mitunter als zentrale Kommunikationsmittel und können helfen, auf innere Zustände wie Emotionen und Schmerzen, Absichten und Stimmungen bei Hunden zu schließen (Descovich et al., 2017; Waller et al., 2017; Mota-Rojas et al., 2021; Burrows et al., 2021). Mimische Kommunikation ist nicht nur wichtig für das Zusammenleben von Hunden untereinander, indem sie vielseitige Interaktionen – vom spielerischen Miteinander bis hin zu ernsten Konfrontationen erleichtern kann. Sie ist auch in der Mensch-Hund-Beziehung von großer Wichtigkeit, und wir Menschen sind besonders im Kontext von emotionaler Kommunikation auf Gesichtsausdrücke von Hunden fokussiert (Correia-Caeiro et al., 2020).

MIMIKERKENNUNG DURCH DOGFACS

Um die eindrucksvolle Mimik von Hunden präzise und systematisch erfassen zu können, entwickelte ein Wissenschaftlerteam um Prof. Bridget Waller und Dr. Juliane Kaminski das **Dog Facial Action Coding System** (DogFACS / Waller et al., 2013). DogFACS kann uns helfen, detaillierte Einblicke in die emotionale und kommunikative Welt der Hunde zu erhalten, und eröffnet neue Perspektiven für das Verständnis ihrer einzigartigen mimischen Ausdrucksweise.

DEFINITION VON DOGFACS

DogFACS ist eine speziell auf Hunde zugeschnittene Anpassung des ursprünglichen Facial Action Coding Systems (FACS; Ekman and Friesen, 1978), das für die Analyse menschlicher Gesichtsausdrücke entwickelt wurde. Es erfasst mimische Bewegungen von Hunden, indem es die Gesichtsausdrücke in einzelne Bewegungen (Action Units, AUs) aufschlüsselt. Jede AU steht für die Kontraktion eines bestimmten Gesichtsmuskels und erzeugt eine spezifische, beobachtbare Veränderung im Gesicht des Hundes. Zum Beispiel wird durch die Aktivierung des *Levator Anguli Occuli Medialis* (LAOM), ein Muskel im Augenbereich des Hundes, der Inner brow raiser (DogFACS AU101) ausgelöst (Waller et al., 2013). Der Inner brow raiser verursacht den typischen „Hundeblick" (siehe S. 216). Ergänzt wird das System durch Action Descriptors (ADs), die eher umfassendere Ausdrucksformen beschreiben oder wenn die exakte Muskelaktivität, die diese Bewegung erzeugt, unklar ist. Beispiele für Ads sind der DogFACS AD130 Nose lick – Über-die-Nase-Schlecken, oder AD126 Panting – Hecheln (Waller et al., 2013). Im Unterschied zu ganzheitlichen Ansätzen, die Gesichtsausdrücke in Kategorien wie „fröhlich", „traurig" oder „Stressgesicht" zusammenfassen, erlaubt DogFACS eine objektive und detaillierte Analyse jeder Muskelbewegung (Caeiro et al., 2017). Dadurch werden subjektive Interpretationen minimiert und präzise, vergleichbare Ergebnisse ermöglicht.

ENTWICKLUNG VON DOGFACS

DogFACS wurde unter der Leitung von Prof. Bridget Waller und Dr. Juliane Kaminski entwickelt und 2013 erstmalig veröffentlicht (Waller et al., 2013). Die Grundlage für die Entwicklung des Systems waren Video-

Bei beiden Beteiligten kann der Gesichtsausdruck durch Benennung der Muskeln kodiert werden.

analysen von einer Gruppe von Hunden unterschiedlicher Rassen, sowie eingehende anatomische Untersuchungen. Da die Gesichtsmuskulatur von Hunden in einigen Punkten von der des Menschen abweicht, stellte die Anpassung von FACS an Hunden eine Herausforderung dar. Das Wissenschaftlerteam führte detaillierte anatomische Studien an Hunden durch, bei denen sowohl präparierte Hundegesichter als auch Videoaufnahmen analysiert wurden. Basierend auf diesen Daten entwickelten die Forscherinnen ein umfassendes Handbuch, das jede DogFACS AU und AD bei Hunden beschreibt und durch Fotos sowie Illustrationen veranschaulicht. Dieses Handbuch ist über die offizielle AnimalFACS-Website (www.animalfacs.com) erhältlich, jedoch ist für die Anwendung in wissenschaftlichen Studien eine spezielle Zertifizierung erforderlich, um als DogFACS-Coder zu gelten.

ANWENDUNG VON DOGFACS IN DER FORSCHUNG

DogFACS kann mittlerweile als der Goldstandard in der Analyse von Gesichtsausdrücken bei Hunden betrachtet werden und bietet eine standardisierte Methode zur Beobachtung und Messung, die die Vergleichbarkeit auch zwischen Studien deutlich verbessert. So wurde DogFACS bereits in verschiedenen Studien genutzt, um wertvolle Erkenntnisse über das mimische Ausdrucksverhalten von Hunden in unterschiedlichen Kontexten zu gewinnen, von denen ich einige im Folgenden beschreibe.

Mimik im Zusammenhang mit Emotionen

Caeiro et al. (2017) waren die ersten, die DogFACS nutzten, um die emotionalen Gesichtsausdrücke von Hunden in verschiedenen emotionalen Kontexten zu untersuchen und mit menschlicher Mimik zu vergleichen. Sie untersuchten dabei Freude, positive Erwartung, Angst und Frustration und fanden heraus, dass sich die Gesichtsausdrücke von Hunden und Menschen in diesen emotionalen Zuständen deutlich unterscheiden. Zudem fanden sie heraus, dass Hunde spezifische Gesichtsausdrücke für Freude, positive Erwartung und Angst zeigten, jedoch konnten sie keine eindeutigen Gesichtsausdrücke für Frustration identifizieren.

Untersuchung an Labrador Retrievern

Bremhorst et al. (2019, 2022) erweiterten diese Forschung durch Studien in einem sehr kontrollierten Versuchskontext und mit dem Fokus auf einer Hunderasse, Labrador Retrievern. Sie untersuchten dabei die Mimik der Hunde, wenn diese eine beliebte Belohnung erwarteten – die sie teilweise bekamen und teilweise nicht, wobei letzteres erwartungsgemäß Frustration auslöst. Tatsächlich konnten sie mit diesem Ansatz mehrere Gesichtsausdrücke identifizieren, die Hunde bei Frustration zeigen, wie „Ohren anlegen", „Ohren-nach-unten-Ziehen" und „Über-die-Nase-Lecken". Zudem bestätigte diese Studie die Beobachtung von Caeiro et al. (2017), dass Hunde im Zustand positiver Erwartung häufiger die „DogFACS Ears Adductor"-Bewegung (Ohren-nach-oben-Ziehen) zeigen und diese somit potenziell als Indikator zur Erkennung dieser Emotion geeignet sein könnte.

Jagd- und Hütehunde im Vergleich

In einer Folgestudie wurde diese Forschung fortgeführt – Pedretti et al. (2022) untersuchten dabei verschiedene Hundetypen (Hunde vom Jagdhunde- und Hütehundetyp), um zu verstehen, wie sich die Mimik verschiedener Hundetypen unterscheidet und welche Rolle die Anwesenheit eines menschlichen Beobachters spielt. Sie stellten fest, dass es Unterschiede in der Mimik zwischen Jagd- und Hütehundetypen in Situationen der positiven Erwartung und Frustration gab. Jagdhunde zeigten häufiger die DogFACS „Ohren nach unten" Bewegung und Schwanzwedeln, während Hütehunde häufiger das „Ohren anlegen" zeigten. Diese Unterschiede könnten auf die unterschiedliche Morphologie, aber auch auf züchterische Unterschiede zurückzuführen sein.

Zudem beobachteten sie, dass bestimmte Gesichtsausdrücke wie „Über-die-Nase-Lecken", „Ohren anlegen", und „Blinzeln" in frustrierenden sozialen Situationen, in denen ein Mensch anwesend war, häufiger vorkamen als in frustrierenden Situationen ohne menschliche Beobachtung. Dies legt nahe, dass diese Ausdrucksformen eine kommunikative Funktion übernehmen könnten, insbesondere in Anwesenheit eines Publikums. Das Forscherteam beobachtete außerdem, dass Hunde in Anwesenheit eines Publikums häufiger die „Ohren nach vorne"-Bewegung zeigten, was erhöhte Aufmerksamkeit signalisieren kann. In frustrierenden Situationen hingegen traten häufiger auch Verhaltensweisen wie „Wegschauen" und „Umgebung schnüffeln" auf, die zudem mit erhöhten Cortisolwerten korrelierten und auf Stress hinweisen können.

Die bisherigen Studien zur emotionalen Mimik von Hunden, unter Verwendung von DogFACS zeigen, dass Hunde in unterschiedlichen emotionalen Zuständen spezifische Gesichtsausdrücke verwenden.

„Ohren nach vorne" ist ein Zeichen für erhöhte Aufmerksamkeit in der Kommunikation zwischen Mensch und Hund.

Einfluss sozialer Kontexte

Bremhorst et al. und Pedretti et al. erweiterten diese Erkenntnisse durch detaillierte Analysen, die Unterschiede in der Mimik je nach Hundetyp und den Einfluss sozialer Kontexte auf die Ausdrucksformen untersuchten. Insbesondere scheint die Anwesenheit eines menschlichen Beobachters die Mimik der Hunde zu verändern, was auf eine mögliche kommunikative Funktion hindeutet. Bremhorst et al. (2022) stellten jedoch fest, dass einzelne mimische Bewegungen, wie z. B. eine spezifische Ohrenbewegung, kein verlässlicher Indikator sind, um eine Emotion präzise zu interpretieren. Sie empfehlen, mehrere Gesichtsausdrücke gemeinsam mit der Körperhaltung und dem situativen Kontext zu betrachten, um eine differenziertere und verlässlichere Einschätzung des emotionalen Zustands eines Hundes zu ermöglichen. Zukünftige Forschung könnte sich darauf konzentrieren, diese Erkenntnisse weiter zu validieren, die genaue Bedeutung der verschiedenen Ausdrucksformen zu entschlüsseln und die mögliche Kommunikation zwischen Hund und Mensch besser zu verstehen. Ebenso könnten Studien, die eine größere Vielfalt an Hunderassen und -typen berücksichtigen, dazu beitragen, einen umfassenderen Überblick über die Variabilität der mimischen Ausdrucksformen und deren potenzielle evolutionäre Ursprünge zu gewinnen.

Mimik in der Kommunikation

Interaktion mit Menschen: DogFACS hat zudem interessante Einblicke in das mimische Ausdrucksverhalten von Hunden bei Mensch-Hund-Interaktionen ermöglicht. Kaminski et al. (2017) stellten fest, dass Hunde Gesichtsausdrücke häufiger zeigen, wenn sie von einem Menschen direkt angesehen werden, im Vergleich zu Situationen, in denen der Mensch ihnen den Rücken zudreht. Dies deutet darauf hin, dass Hunde ihre Gesichtsausdrücke möglicherweise gezielt zur Kommunikation mit Menschen einsetzen können.

Interaktion mit Artgenossen: Gesichtsausdrücke spielen auch in der Kommunikation unter Hunden eine wichtige Rolle, wobei die Forschung hier noch in den Anfängen steckt. Pedretti et al. (2024) nutzen DogFACS, um zu untersuchten, wie sich die Mimik von Hunden verändert, wenn sie mit Artgenossen im Vergleich zu Menschen interagieren. Ihre Ergebnisse zeigen, dass Hunde in der Anwesenheit anderer Hunde häufiger Verhaltensweisen wie „Ohren anlegen" und andere Ausdrucksformen zeigen, die auf Unsicherheit schließen lassen. Dies deutet aber auch darauf hin, dass Hunde nicht nur mit Menschen, sondern auch untereinander durch ihre Mimik kommunizieren. Weitere Forschung ist jedoch notwendig, um die spezifischen Funktionen und Bedeutungen dieser Ausdrucksformen im sozialen Kontext zwischen Hund und Mensch und Hund und Hund besser zu verstehen und herauszufinden, wie Hunde ihre Mimik gezielt für die soziale Kommunikation nutzen.

Hunde zeigen Gesichtsausdrücke häufiger, wenn sie von einem Menschen direkt angesehen werden, im Vergleich zu Situationen, in denen der Mensch ihnen den Rücken zudreht.

Einfluss der Domestikation auf die Mimik

Die Domestikation hat die Gesichtszüge von Hunden grundlegend verändert und eine beeindruckende Vielfalt an Kopfformen, Ohrenstrukturen und Gesichtsmerkmalen hervorgebracht, die sie mitunter deutlich von ihren wilden Vorfahren, den Wölfen, unterscheiden. Besonders auffällig sind die anatomischen Unterschiede im Bereich der Augenmuskulatur, die die Mimik der Hunde einzigartig geprägt haben. Eine vergleichende anatomische Untersuchung zeigte, dass die Gesichtsmuskeln von Hund und Wolf größtenteils übereinstimmen – mit einer entscheidenden Ausnahme in der Augenpartie: Der *Levator Anguli Oculi Medialis* (LAOM), der das Heben der inneren Augenbraue ermöglicht, ist bei Hunden stark ausgeprägt, bei Wölfen jedoch kaum entwickelt oder nicht vorhanden (Kaminski et al., 2019). Dieser Unterschied in der Muskulatur erlaubt die Bewegung, die bei DogFACS als **„Inner Brow Raiser"** (AU101) bekannt ist und den typischen **„Puppy Dog Eyes"-Ausdruck** hervorruft. Neben der anatomischen Unterschiede wurden auch Unterschiede im Verhalten in Bezug auf den „Inner Brow Raiser" bei Hunden und Wölfen beobachtet: Wurden sie von einem Menschen beobachtet, zeigten Hunde diese Bewegung häufiger und deutlicher als Wölfe (Kaminski et al., 2019). Dies legt nahe, dass Veränderungen im Zuge der Domestikation – der Hautierwerdung – auch die Mimik von Hunden betreffen (Kaminski et al., 2019). Menschen scheinen nämlich eine gewisse Vorliebe für diesen Gesichtsausdruck zu haben: In der ersten mit DogFACS veröffentlichten Studie stellten Waller et al. (2013) fest, dass Hunde, die den „Puppy Dog Eyes"-Ausdruck häufiger zeigten, schneller aus Tierheimen adoptiert wurden. Diese Beobachtung könnte darauf hindeuten, dass der „Inner Brow Raiser" als Anpassung im Zuge der Selektion von Hunden durch den Menschen gefördert wurde (Waller et al., 2013). Dass Hunde diese Bewegung zudem häufiger zeigen, wenn sie von einem Menschen angesehen werden, lies das Forscherteam darauf schließen, dass Hunde den Hundeblick gar zur (bewussten) Kommunikation mit dem Menschen nutzen könnten und er eine wichtige Rolle in der Hund-Mensch-Beziehung spielen könnte (Kaminski et al., 2017).
Es gibt jedoch auch alternative Ansichten zur Funktion dieser Bewegung. Bremhorst et al. (2021) fanden heraus, dass der „Inner Brow Raiser" in den meisten Fällen in Verbindung mit Augenbewegungen auftritt. Dies legt nahe, dass diese Bewegung zumindest in bestimmten Kontexten zufällig auftritt und nicht ausschließlich der gezielten Kommunikation dient. Diese Annahme wird auch durch Beobachtungen von Pedretti et al. (2022) gestützt, die keine signifikanten Unterschiede für den „Inner Brow Raiser" zwischen kommunikativen und nicht-kommunikativen emotionalen Situationen fanden, was die mögliche kommunikative Funktion dieser Augenbewegung weiter in Frage stellt. Trotz der mitunter kontroversen Beobachtungen, bleibt der „Puppy Dog Eyes"-Ausdruck ein bemerkenswertes Beispiel dafür, wie tief die Domestikation die mimische Ausdrucksfähigkeit und Kommunikationsstrategien von Hunden beeinflusst haben kann.

Einfluss verschiedener Faktoren auf die Mimik

Die körperliche Struktur (Morphologie) eines Hundes kann die Mimik und ihre Wahrnehmung beeinflussen. Hunde mit Schlappohren scheinen z. B. weniger Flexibilität in den Ohrenbewegungen zu haben als Hunde mit Stehohren (Waller et al., 2013). Die vorhandenen Studien liefern jedoch unterschiedliche Ergebnisse hinsichtlich des Einflusses der Morphologie auf emotionale Gesichtsausdrücke. Caeiro et al. (2017) stellten fest,

Der „Inner Brow Raiser" gilt als typisch domestiziertes Ausdrucksmerkmal.

Schlappohren schränken die Flexibilität der Ohrenbewegungen ein und beeinflussen damit die mimische Ausdrucksstärke.

dass Kopf- und Ohrenform und Backenlänge keinen wesentlichen Einfluss auf die Mimik von Hunden in emotionalen Situationen haben. Im Gegensatz dazu berichteten Pedretti et al. (2022) jedoch von signifikanten Unterschieden zwischen Jagd- und Hütehundetypen in Situationen der positiven Erwartung und Frustration. Eine Studie von Sexton et al. (2023) stellte mittels Einsatz von DogFACS fest, dass auch die Färbung des Fells im Hundegesicht einen Einfluss auf das mimische Ausdrucksverhalten von Hunden haben kann: Je einfarbiger das Gesicht, desto mehr mimische Bewegungen zeigten die Hunde, und ihre Halter:innen konnten deren Ausdrucksstärke besser einschätzen als bei Hunden mit komplexeren Fellmustern. Zusammengefasst deuten diese Studien darauf hin, dass bestimmte morphologische Merkmale spezifische Gesichtsausdrücke beeinflussen könnten. Die grundlegende Fähigkeit, mimisches Ausdrucksverhalten zu zeigen, scheint unabhängig dieser Faktoren erhalten zu bleiben, auch wenn sich bestimmte Ausdrucksformen in ihrer Ausprägung unterscheiden können.

ÜBER DIE AUTORIN

Dr. Annika Bremhorst ist Hundeforscherin und Wissenschaftlerin, tätig an mehreren internationalen Universitäten. Darüber hinaus gründete und leitet sie Dogs and Science (www.dogsandscience.com), eine Plattform, die Wissen aus der Hundeforschung für alle zugänglich und verständlich macht und dessen praktische Anwendung fördert. Ihr Ziel ist es, das wissenschaftliche Verständnis von Hunden zu erweitern und die Erkenntnisse aus der Hundeforschung zu verbreiten, um das Wohlbefinden von Hunden und Menschen zu verbessern. Zusätzlich hat sie jahrelange Erfahrung als zertifizierte Hundetrainerin und Hundeverhaltensberaterin und besitzt das österreichische Gütesiegel der tierschutzqualifizierten Hundetrainerin.

VISUELLE KOMMUNIKATION

Die visuelle Wahrnehmung von Hunden hat sowohl in der Kommunikation mit Artgenossen als auch mit dem Menschen eine wichtige Funktion. Das Wissenschaftlerteam rund um Marcello Siniscalchi (2018) von der Universität Bari haben dazu eine umfassende Literaturübersicht erstellt, in der sie die verschiedenen visuellen Kommunikationsformen von Hunden analysieren und deren Bedeutung für soziale Interaktionen untersuchen. In ihrer Studie haben sie eine Vielzahl von Forschungsarbeiten ausgewertet, um ein besseres Verständnis der visuellen Signale zu entwickeln, die Hunde in verschiedenen Kontexten einsetzen. Dabei haben sie sowohl gezielte Studien als auch Beobachtungen aus der Praxis berücksichtigt, um die visuelle Kommunikation von Hunden umfassend zu beschreiben und deren Relevanz für das Zusammenleben mit Menschen und anderen Hunden zu verdeutlichen. **Dabei zeigte sich, dass die Augenregion für Hunde von besonderer Bedeutung ist, wenn es um die Erkennung und Interpretation von Gesichtern geht.** Studien zeigen, dass Hunde ihre Aufmerksamkeit hauptsächlich auf die Augenregion richten, wenn sie Gesichter betrachten, sei es von Artgenossen oder von Menschen (Guo et al., 2009). Diese Fokussierung auf die Augen ermöglicht es Hunden, wichtige Informationen über die emotionalen Zustände anderer Individuen zu erfassen. **Hunde vermeiden in sozialen Interaktionen mit anderen Hunden direkten Augenkontakt, um Spannungen zu verringern. In der Kommunikation mit Menschen wird der Augenkontakt oft als ein Signal des Vertrauens oder der Hilfesuche gedeutet (Siniscalchi et al., 2018).**

BEOBACHTUNGSÜBUNG – VISUELLE KOMMUNIKATION

Durchführung

- Verstecken Sie das Lieblingsspielzeug Ihres Hundes unter einer durchsichtigen Schale oder einem Wäschekorb und beschweren Sie diesen so, dass Ihr Hund nicht an das Spielzeug gelangen kann.
- Geben Sie Ihrem Hund das Signal, das Spielzeug zu suchen.
- Beobachten Sie, wie er reagiert, wenn er das Spielzeug nicht direkt erreichen kann.

Viele Hunde werden in dieser Situation hilfesuchend zu ihrer Bezugsperson schauen, oft begleitet von einem Bellen oder anderen Signalen, die ihre Hilfesuche unterstreichen.
Diese Art der visuellen Kommunikation kennen Sie möglicherweise auch aus anderen Alltagssituationen: Wenn Ihr Hund z. B. in seinen leeren Futternapf schaut und anschließend den Blick auf Sie richtet, signalisiert er Ihnen, dass er Hunger hat. Ebenso könnte Ihr Hund sehnsüchtige Blicke zwischen Ihnen und der Tür hin- und herwerfen, wenn er dringend nach draußen muss, um sein Geschäft zu verrichten.

Perfekte Teamarbeit! Das Spielzeug wird in einer Röhre versteckt.

Der Hund versucht es zu bekommen.

Als das nicht klappt, schaut er zum Menschen.

Daraufhin holt dieser das Apportel aus der Röhre.

Jetzt kann das Spiel beginnen.

HILFESUCHENDE BLICKE

Eine aktuelle Untersuchung von Pongrácz und Lugosi (2024) zeigt, dass hilfesuchenden Blicke, die Hunde in schwierigen Situationen auf ihre Menschen richten, stark von der ursprünglichen Zuchtfunktion der Hunde beeinflusst sind. Die Studie untersuchte kooperative und unabhängige Hunderassen in einer Aufgabe, bei der die Hunde eine Belohnung aus einem unzugänglichen Behälter holen sollten. Es zeigte sich, dass kooperative Hunderassen, wie z. B. Border Collies oder Golden Retriever, signifikant häufiger den Menschen anblickten, um Unterstützung zu suchen, als unabhängige Rassen, wie z. B. Akita Inus oder Jack Russell Terrier. Diese Ergebnisse deuten darauf hin, dass Hunde, die für enge Zusammenarbeit mit Menschen gezüchtet wurden, stärker auf deren Hilfe angewiesen sind, wenn sie mit unlösbaren Aufgaben konfrontiert werden.

BLICKSUCHE BEREITS BEI WELPEN

Zudem zeigt eine weitere Untersuchung von Fugazza et al. (2018), dass bereits acht Wochen alte Welpen in der Lage sind, hilfesuchenden Blickkontakt herzustellen. In der Studie wurden Welpen mit einem neuen Reiz konfrontiert, wie z. B. einem lauten Geräusch oder einem Ventilator mit flatternden Bändern. Wenn Menschen, die mit den Welpen zusammen waren, positive Signale wie eine freundliche, fröhliche Stimme und lächelnde Gesichtsausdrücke zeigten, waren die Welpen eher bereit, den neuen Reiz zu erkunden. Die Welpen wechselten oft ihren Blick zwischen dem Reiz und der Person hin und her, was als „referentieller Blick" bezeichnet wird. Auch nach einer einstündigen Pause erinnerten sich die Welpen an die positiven Signale und zeigten weniger Scheu, wenn sie erneut mit dem Reiz konfrontiert wurden (Fugazza et al., 2018).

GESICHTSERKENNUNG

Auch die Forschungsgruppe aus dem Wiener Clever Dog Lab hat sich mit dem Themengebiet rund um die Interpretation und Gesichtserkennung von Menschen bei Hunden beschäftigt. In ihrer Studie wollten sie herausfinden, ob Hunde in der Lage sind, verschiedene menschliche Gesichtsausdrücke wie Freude oder Wut zu erkennen und zu unterscheiden. Das Ziel war es zu klären, ob Hunde nicht nur auf offensichtliche Merkmale wie das Zeigen von Zähnen reagieren, sondern tatsächlich die zugrunde liegenden Emotionen verstehen können (Müller et al., 2015).

TESTDURCHFÜHRUNG

Um dies zu untersuchen, trainierte das Forscherteam die Hunde darauf, zwischen fröhlichen und wütenden Gesichtern zu unterscheiden. Die Hunde sahen die Gesichter auf einem Touch-Bildschirm und mussten das richtige Bild durch Berühren mit der Nase auswählen. Dabei wurden die Bilder jedoch nicht vollständig gezeigt: einige Hunde sahen nur die obere Gesichtshälfte (Augen und Stirn), während andere nur die untere Hälfte (Mund und Kinn) zu sehen bekamen. Diese Aufteilung sollte sicherstellen, dass die Hunde nicht einfach nur auf offensichtliche Merkmale wie ein Lächeln oder Stirnrunzeln reagierten. Nach Abschluss der Trainingsphase wurden die Hunde mit neuen Gesichtern getestet, um herauszufinden, ob sie das Gelernte auf unbekannte Gesichter anwenden konnten. Diese neuen Gesichter zeigten entweder dieselbe Gesichtshälfte wie im Training oder die andere Hälfte, die sie zuvor nicht gesehen hatten. Darüber hinaus gab es Testbedingungen, bei denen den Hunden die linke Seite der Gesichter gezeigt wurde, die sie ebenfalls nicht im Training gesehen hatten. Das Forscherteam nutzte dabei insgesamt vier verschiedene Testbedingungen:

Hunde sind durch ihre enge Beziehung zum Menschen besonders sensibel für menschliche Gesten, Blickrichtungen und Körperhaltungen.

1. neue Gesichter mit derselben Gesichtshälfte wie im Training,
2. die andere Gesichtshälfte derselben Gesichter aus dem Training,
3. neue Gesichter mit der anderen Hälfte
4. und die linke Hälfte der im Training gezeigten Gesichter.

Dies sollte zeigen, ob die Hunde wirklich die emotionale Ausdruckskraft der Gesichter erkannt hatten, oder ob sie nur auf spezifische Merkmale reagierten.

ERGEBNISSE DER STUDIE

Die Ergebnisse der Studie zeigten, dass die Hunde tatsächlich in der Lage waren, die Emotionen in den Gesichtern zu erkennen, selbst wenn sie nur eine neue oder andere Hälfte des Gesichts sahen. Besonders auffällig war, dass die Hunde schneller lernten, wenn sie für das Erkennen eines fröhlichen Gesichts belohnt wurden, als wenn sie ein wütendes Gesicht erkennen mussten. Dies deutet darauf hin, dass Hunde wütende Gesichter als unangenehm empfinden und sich möglicherweise lieber davon fernhalten möchten. Diese Untersuchung zeigt sehr schön, dass Hunde sehr gut darin sind, menschliche Emotionen zu erkennen (siehe S. 344 ff.). Diese Fähigkeit könnte erklären, warum Hunde so gut auf die Stimmungen ihrer Zweibeiner reagieren und uns in verschiedenen emotionalen Situationen so gut verstehen.

MENSCHLICHE SIGNALE

Die enge Beziehung zwischen Hunden und Menschen hat dazu geführt, dass Hunde besonders empfindlich auf menschliche visuelle Signale reagieren. Sie sind in der Lage, menschliche Körperhaltungen, Blickrichtungen und Gesten zu erkennen und zu interpretieren (Kaminski et al., 2012). Hunde können z. B. den Unterschied zwischen einem direkten Blick, der als Bedrohung empfunden werden könnte, und einem sanften, freundlichen Augenkontakt unterscheiden. Besonders bemerkenswert ist ihre Fähigkeit, den kommunikativen Zweck bestimmter menschlicher Signale zu erkennen. So haben Hunde gelernt, dass Augenkontakt und bestimmte Gesten häufig bedeuten, dass der Mensch mit ihnen kommunizieren möchte (Miklósi et al., 2004).

REAKTION AUF MENSCHLICHE GESTEN

Eine weitere faszinierende Fähigkeit unserer Hunde ist es, auf menschliche Gesten zu reagieren und ihre Bedeutung zu interpretieren. Es wird allgemein angenommen, dass Hunde eine erhöhte Aufmerksamkeit gegenüber Menschen zeigen, was auch die Aufmerksamkeit für visuelle Hinweise wie Körpergesten umfasst. In der menschlichen Wahrnehmungsforschung wurde festgestellt, dass Menschen in der Lage sind, biologische Bewegung anhand von Punktlichtfiguren (PLFs) zu erkennen, die nur aus Bewegungsmustern bestehen (Johansson, 1973). **Punktlichtfiguren sind visuelle Darstellungen, bei denen Punkte oder kleine Lichtquellen verwendet werden, um Formen oder Muster zu erzeugen.**

Versuchsaufbau

Stellen Sie sich vor, Sie haben eine dunkle Umgebung und nur einige kleine, helle Punkte sind sichtbar. Diese Punkte können in bestimmten Mustern angeordnet werden, sodass Ihr Gehirn die Punkte zu einer erkennbaren Form verbindet. Johansson verwendete in seinem Versuch Lichtpunkte, die an den Gelenken einer Person befestigt wurden. Bewegte sich diese Person, sah man nur die Lichtpunkte. Dennoch konnten die Testpersonen erkennen, dass es sich um eine gehende oder laufende Person handelte. Das Forscherteam von Delanoeije et al. (2020) hat sich auf Grundlage dieser Forschungsmethode mit der Fragestellung befasst, ob Haushunde eine Präferenz beim Betrachten von menschenähnlichen Punktlichtfiguren (PLFs) gegenüber anderen Formen von Bewegung haben, und ob diese Präferenz durch die Orientierung der PLFs beeinflusst wird? Sie haben PLFs verwendet, um zu untersuchen, ob Hunde menschliche Bewegungen besser erkennen als andere Bewegungen. Dazu zeigten sie den Hunden gleichzeitig zwei verschiedene PLFs: eine menschenähnliche PLF und eine umgedrehte Version derselben PLF. Zudem kombinierten sie die PLFs mit menschlichen oder tierlichen Geräuschen, um zu sehen, ob dies einen Einfluss auf die Reaktion der Hunde hat.

Hunde sind Experten darin, menschliche Zeigegesten zu interpretieren.

Ergebnisse

Die Ergebnisse zeigten, dass Hunde für menschenähnliche PLFs eine erhöhte Aufmerksamkeit zeigten, besonders wenn diese frontal orientiert sind. Im Vergleich dazu zeigten die Hunde weniger Aufmerksamkeit zu den verdrehten PLFs, was vermuten lässt, dass frontal orientierte Menschen in sozialen Interaktionen für Hunde besonders wichtig sind. **Hunde sind es gewohnt, Menschen von vorne zu sehen, wenn sie mit ihnen interagieren.** Die geringere Aufmerksamkeit für seitlich orientierte PLFs könnte darauf hinweisen, dass seitlich orientierte Menschen für Hunde weniger relevant sind, oder dass es für Hunde schwieriger ist, diese als menschenähnliche Gesten zu erkennen. Seitliche Ansichten bieten möglicherweise weniger Hinweise, die Hunde mit menschlichen Bewegungen verbinden können.

PRAXISÜBUNG – ERKENNEN VON ZEIGEGESTEN

Ziel
Diese Übung soll prüfen, wie gut Ihr Hund auf verschiedene Handsignale je nach Blickwinkel reagiert. Die Übung basiert auf der Idee, dass Hunde unterschiedliche Reaktionen auf Gesten zeigen könnten, je nachdem, ob diese frontal oder seitlich präsentiert werden.

Vorbereitung
— Belohnungen: Kleine Leckerlis oder Spielzeuge zur Motivation des Hundes.
— Zeigegesten: Einfache, klare Handgesten
— Video/Handykamera: Stellen Sie die Kamera so auf, dass ihr Hund und sie gut sichtbar im Bild sind.
— Ruhige Umgebung: Ein Raum oder Bereich, in dem Sie sich und den Hund gut positionieren können.

Durchführung der Übung
Frontal-Zeigeübung: Stellen Sie sich vor den Hund, sodass der Hund Sie frontal sieht und Augenkontakt hat. Zeigen Sie einen Fingerzeig in eine bestimmte Richtung. Belohnen Sie den Hund, wenn er auf die Geste reagiert, z. B., indem er dem Finger folgt oder sich auf die Richtung konzentriert.

Seitliche Zeigeübung: Positionieren Sie sich seitlich (45 Grad Winkel) zum Hund, sodass der Hund Sie aus dem seitlichen Blickwinkel sieht und Augenkontakt hat. Zeigen Sie erneut den Fingerzeig zur Seite. Belohnen Sie den Hund, wenn er auf diese seitliche Geste reagiert oder der Geste folgt.

Vergleich der Reaktionen: Wiederholen Sie die Übungen mehrmals, um zu sehen, ob es Unterschiede in der Reaktion des Hundes gibt, je nachdem, ob Sie die Geste frontal oder seitlich zeigen. Beobachten Sie, ob der Hund mehr Interesse oder Aufmerksamkeit auf die Geste zeigt, wenn Sie ihm direkt gegenüberstehen, im Vergleich zu der seitlichen Ansicht. Dabei kann Ihnen die Videoaufnahme helfen.

Je klarer die Zeigegeste, desto leichter fällt es dem Hund, darauf zu reagieren.

Auch andere Körperteile können als Zeigegeste interpretiert werden, z. B. Füße.

HUNDEBLICKE

Auch unsere Hunde sind offenbar in der Lage, uns mit ihren Blicken zu beeinflussen. Eine interessante anatomische Entdeckung, die die enge Kommunikation zwischen Hunden und Menschen unterstützt, wurde von Kaminski et al. (2019) gemacht. Sie zeigt, dass Hunde über einen speziellen Muskel verfügen, der es ihnen ermöglicht, ihre Augenbrauen anzuheben – etwas, das bei Wölfen nicht in der gleichen Form anatomisch vorhanden ist. Dieser Muskel, der „*Musculus levator anguli oculi medialis*" genannt wird, ermöglicht es Hunden, ihre Augenpartie so zu verändern, dass sie wie ein „trauriger" oder „hilfesuchender" Blick wirkt, der besonders von Menschen als emotionales Signal wahrgenommen wird. Die Forschung zeigt, dass dieser Muskel bei Hunden stärker ausgeprägt ist als bei Wölfen, was als Ergebnis der Domestikation interpretiert wird. Hunde, die mit Menschen zusammenleben, werden im Laufe der Evolution so entwickelt, dass sie besser mit menschlichen Gefühlen und Reaktionen kommunizieren können. Dieses Anheben der Augenbrauen erweckt oft den Eindruck von Traurigkeit oder Bedürftigkeit und könnte erklären, warum Hunde so erfolgreich darin sind, menschliche Aufmerksamkeit und Fürsorge zu erlangen.

INTERMODALE WAHRNEHMUNG

Eine weitere faszinierende Frage, die Wissenschaftler:innen in diesem Zusammenhang interessiert, ist, ob Hunde in der Lage sind, auditive und visuelle Reize von Menschen und anderen Hunden zu erkennen und passend zuzuordnen. Diese Fähigkeit, verschiedene Sinnesmodalitäten wie Sehen und Hören zu kombinieren, ist ein wesentlicher Bestandteil der Kommunikation und Wahrnehmung. In der Studie von Gergely et al. (2019) wurde diese Fähigkeit von Hunden und 14 bis 16 Monate alten menschlichen Säuglingen untersucht. Dabei wurde speziell untersucht, wie diese beiden Gruppen auf Bilder und Geräusche von Artgenossen (Conspecifics) und Nicht-Artgenossen (Non-Conspecifics) reagieren.

EYE-TRACKING

Mithilfe einer nicht-invasiven Eye-Tracking-Technologie, die die Augenbewegungen der Probanden misst, wurde das Blickverhalten der Hunde und Säuglinge aufgezeichnet. Während des Versuchs wurden den Probanden gleichzeitig ein Bild eines Hundes und eines weiblichen Menschen gezeigt, während abwechselnd ein Hundebellen und menschliche Sprache abgespielt wurden. Das Eye-Tracking ermöglichte es festzustellen, wohin und wie lange die Probanden blickten, um ihre Präferenzen und Zuordnungsfähigkeiten zu analysieren.

AUDITIVE-VISUELLE ZUORDNUNG

Die Ergebnisse zeigten, dass sowohl Hunde als auch Säuglinge länger auf das Bild eines Hundes schauten, wenn ein Hundebellen abgespielt wurde. Dieses Verhalten wird als auditiv-visuelle Zuordnung bezeichnet, was bedeutet, dass die Probanden in der Lage waren, das Geräusch (den auditiven Reiz) mit dem passenden Bild (dem visuellen Reiz) zu verbinden. **Diese Fähigkeit zur intermodalen Wahrnehmung ist entscheidend für die Entwicklung von sozialen und kommunikativen Fähigkeiten, da sie es ermöglicht, verschiedene Arten von Informationen zu integrieren und sinnvoll zu interpretieren.**

Interessanterweise zeigten Säuglinge weniger klare Präferenzen für die Zuordnung von menschlicher Sprache zu menschlichen Gesichtern, während Hunde deutliche

Präferenzen sowohl für das Zuordnen von Hundegebell zu Hundebildern, als auch von menschlicher Sprache zu menschlichen Gesichtern zeigten. Dies deutet darauf hin, dass die Mechanismen der intermodalen Wahrnehmung bei Hunden und Säuglingen unterschiedlich sein könnten. Diese Unterschiede in der Wahrnehmung und Zuordnung sind möglicherweise auf verschiedene evolutionäre und domestikationsbedingte Prozesse zurückzuführen. Hunde sind durch die Domestikation an das Leben mit Menschen angepasst und haben möglicherweise Fähigkeiten entwickelt, die es ihnen ermöglichen, menschliche kommunikative Signale besser zu verstehen und zuzuordnen. Zusätzlich wird die Bedeutung des sogenannten „perceptual narrowing" (wahrnehmungsbezogene Einengung) diskutiert, ein Phänomen, bei dem Säuglinge im Laufe der Entwicklung spezialisierter in der Wahrnehmung von Reizen werden, die in ihrer Umgebung häufiger vorkommen. Dies könnte erklären, warum ältere Säuglinge besser in der Lage sind, menschliche Gesichter und Stimmen zuzuordnen, aber möglicherweise weniger aufmerksam auf nicht-menschliche Reize reagieren.

KÖNNEN HUNDE WEINEN?

Vielleicht ist es Ihnen schon einmal aufgefallen, dass die Augen Ihres Hundes feucht werden, wenn Sie nach einem langen Tag wieder nach Hause kommen. Man könnte denken, dass es sich dabei nur um eine zufällige Reaktion handelt. Doch eine spannende Studie von Murata und Team (2022) deutet darauf hin, dass diese Tränen mehr bedeuten könnten.
Um herauszufinden, was es mit dem Tränenfluss nach einem Wiedersehen mit der Bezugsperson auf sich hat, machte das Forscherteam einen Test, bei dem ein spezieller Papierstreifen unter das Augenlid des Hundes gelegt wurde, um zu messen, wie viel Flüssigkeit sich ansammelt. Diese Methode zeigte, dass Hunde deutlich mehr Tränen produzieren, wenn sie nach 5 bis 7 Stunden Trennung ihre Bezugsperson wiedersehen. Interessanterweise passierte dies nicht, wenn die Hunde eine ihnen bekannte, aber nicht die Bezugsperson trafen. **Das deutet darauf hin, dass die Tränenproduktion speziell mit der emotionalen Bindung zur Bezugsperson zusammenhängt.**

Beeinflusst Oxytocin die Tränenproduktion?

Ein weiterer wichtiger Punkt der Studie war die Untersuchung des Hormons Oxytocin, das oft als „Bindungshormon" bezeichnet wird, weil es eine wichtige Rolle bei sozialen Bindungen spielt.
Das Forscheteam gab den Hunden eine Oxytocinlösung direkt in die Augen und stellten fest, dass dies ebenfalls zu einer erhöhten Tränenproduktion führte.
Dies legt nahe, dass Oxytocin die Tränenproduktion bei Hunden beeinflusst, wenn sie emotional erregt sind, z. B. durch das Wiedersehen mit ihrer Bezugsperson.
Die Studie untersuchte auch, wie Menschen auf diese tränenden Hunde reagieren. Es stellte sich heraus, dass Menschen Hunde mit Tränen in den Augen als besonders liebenswert und fürsorglich wahrnahmen. Das könnte darauf hindeuten, dass die Tränen der Hunde eine Art Kommunikationsmittel sind, um das Fürsorgeverhalten ihrer menschlichen Bezugspersonen zu fördern, ähnlich wie es bei menschlichen Babys der Fall ist.

FARBERKENNUNG

Ein weiteres interessantes Phänomen in der visuellen Wahrnehmung von Hunden ist ihre Fähigkeit, Farben zu erkennen, obwohl ihre Farbwahrnehmung eingeschränkter ist als die des Menschen. Während Menschen ein breites Farbspektrum sehen, das auf drei verschiedenen Farbempfindungen (rot, grün, blau) basiert, verfügen Hunde über ein dichromatisches Sehsystem. Das bedeutet, dass sie nur zwei Arten von Farbrezeptoren (Zapfen) haben, die auf blaues und gelbgrünes Licht reagieren. Diese Tatsache führt dazu, dass Hunde Farben anders wahrnehmen: Sie können z. B. Rot- und Grüntöne nicht so unterscheiden wie Menschen, was dazu führt, dass Rot für Hunde eher wie ein schmutziges Gelb erscheint und Grün als eine Art Grau oder Braun wahrgenommen wird (Byosiere et al., 2018).

VISUELLE WAHRNEHMUNG VON FARBEN

Interessanterweise haben neuere Untersuchungen gezeigt, dass Farbunterschiede in der visuellen Wahrnehmung von Hunden eine bedeutendere Rolle spielen könnten, als bisher angenommen. Eine Studie von Kasparson et al. (2013) untersuchte dies mittels eines kontrollierten Versuchs mit acht unerfahrenen Hunden. In den Trainingsphasen wurden den Hunden zwei identische Futterboxen präsentiert, von denen eine durch Farbunterschiede hervorgehoben war und somit die positive Verstärkung darstellte. Die Hunde wurden darauf trainiert, die farblich markierte Box zu wählen, indem sie ein Stück rohes Fleisch als Belohnung erhielten. Nach erfolgreichem Training, bei dem die Hunde die positive Box in mehr als acht von zehn Versuchen korrekt auswählten, wurden Testphasen durchgeführt, in denen beide Boxen gleichfarbig waren, um zu prüfen, ob die Hunde weiterhin Farbinformationen bevorzugen oder auf Helligkeitsunterschiede zurückgreifen würden.
Die Ergebnisse zeigten, dass die meisten Hunde die Boxen weiterhin anhand der ursprünglichen Farbinformationen auswählten, obwohl die Helligkeitsunterschiede zwischen den Boxen signifikant waren. Besonders bemerkenswert war, dass die Farbpräferenz bei der Hälfte der getesteten Hunde ausschließlich auf der Farberkennung basierte, während zwei Hunde (Ji und

Farbakzente im Fell, z. B. über den Augenbrauen, können die Aufmerksamkeit anderer Hunde erregen.

Hunde nutzen auch visuelle Signale, um Informationen über andere herauszufinden.

Selbstverständlich kommunizieren Hunde auch untereinander visuell.

Co) weniger konsistente Ergebnisse zeigten. Bei Hund Ji bestätigte eine zusätzliche Testphase die statistisch signifikante Präferenz für Farbe, während Hund Co aufgrund individueller Unterschiede weniger zuverlässig abschnitt.

Diese Präferenz für Farbinformationen deutet darauf hin, dass Farbe eine fundamentale Eigenschaft visueller Objekte für Hunde darstellt, die ihnen hilft, diese effektiv zu erkennen und zu unterscheiden.

BEDEUTUNG IN DER KOMMUNIKATION

Diese Erkenntnisse werden durch andere Studien weiter unterstützt. Siniscalchi et al. (2018) stellten z. B. fest, dass Farbunterscheidungen auch in der Kommunikation von Hunden eine wichtige Rolle spielen könnten. In sozialen Interaktionen nutzen Hunde visuelle Signale, um Informationen über die Absichten und den emotionalen Zustand ihrer Artgenossen zu erhalten. Die visuelle Wahrnehmung von Gesichtsausdrücken und Körperhaltungen ist dabei zentral, und Farbmerkmale können diese Signale verstärken. Ein Beispiel hierfür sind Hunde mit auffälligen Farbakzenten im Gesicht, wie die kleinen braunen Flecken über den Augenbrauen von Rottweilern oder Dobermännern, die möglicherweise dazu beitragen, die Aufmerksamkeit auf die Augenregion zu lenken, was wiederum die Interpretation von Gesichtsausdrücken erleichtern könnte.

In sozialen Interaktionen mit anderen Hunden erfolgt die erste Einschätzung häufig über die Körpergröße und Körperhaltung des anderen Hundes, die Hinweise auf dessen Selbstbewusstsein oder Unterwürfigkeit geben können (Horowitz, 2009). Die visuelle Wahrnehmung von Gesichtsausdrücken und Körperhaltungen spielt daher eine zentrale Rolle im sozialen Verhalten von Hunden.

Aus der Forschung (von Dr. Udo Ganslоßer)

DOMINANZ UND DIE KOGNITIVE SEITE

Über das Thema „Dominanz" ist im Zusammenhang mit unseren Hunden, sei es zwischen den Vierbeinern oder auch fehlgeleiteter Weise zwischen Hund und Mensch, schon sehr viel geschrieben worden. Im Folgenden werden wir uns nicht mit den verhaltensbiologischen Aspekten von dominanzanzeigenden Verhalten oder ähnlichem beschäftigen (siehe hierzu u.a. Ganßloßer, 2020). Hier interessiert uns, dass gerade die Entstehung von Dominanzbeziehungen oder auch Rangordnungen eine kognitive Seite hat. **Hunde müssen, um eine Dominanzbeziehung einzugehen, oder gar eine Rangordnung (also die geordnete Anordnung mehrerer Dominanzbeziehungen untereinander bzw. nebeneinander), schließlich auch etwas über ihre relative Stärke, Kampfkraft oder andere persönliche Eigenschaften wissen.** Sie müssen wissen, wie sie sich damit zu anderen Artgenossen einsortieren.

WEISS EIN HUND, WIE GROSS ER IST?

Über die Frage des Größenverständnisses bei Hunden wurde z. B. von einem Team rund um Peter Pongracz aus Budapest geforscht (Pongracz et al., 2023). In einer Trennwand waren verschieden große Durchschlupfe und es wurde getestet, ob die Hunde den Durchschlupf durch diese Trennwand als Abkürzung zu einer dahinterstehenden Futterschüssel verwenden, oder lieber um die Trennwand herumlaufen. Kurz gesagt, zeigten die Untersuchungen, dass Hunde durch eine große Tür problemlos hindurchspazierten, bei einer kleinen stattdessen aber den Umweg nahmen. Mit solchen und ähnlichen Untersuchungen wird immer wieder gezeigt, ob Tiere in der Lage sind, ihre Körpergröße im Vergleich zu Umweltstrukturen einzuschätzen. Peter Pongracz und sein Team betonen, dass es sich dabei nicht um eine Versuch-und-Irrtum-Lösung handelt. Besonders bemerkenswert ist auch, dass kurzköpfige Hunde öfter den Durchschlupf, langschnauzige öfter den Umweg wählen – eventuell wegen der unterschiedlichen räumlichen Sehfähigkeit (siehe S. 211).

EINSCHÄTZUNG VON KNURR-LAUTEN

In anderer Art und Weise haben Untersuchungen gezeigt, dass Hunde nicht nur ihre Körpergröße, sondern auch die Tiefe ihrer Knurrlaute gegenüber anderen Artgenossen einschätzen können. Die Untersuchungen einer amerikanischen Arbeitsgruppe rund um Anna Taylor und David Reby projizierten dazu Schattenrisse unterschiedlich großer Hunde an die Wand, und ließen vom Tonband die Knurrlaute kleiner, mittelgroßer oder großer Hunde abspielen (Taylor et al., 2010, 2011). Hunde reagierten ganz unterschiedlich auf diese Vorstellung. Kleine Hunde waren eher bereit, auch bei größeren Angehörigen ihrer Art zurückzuknurren, mittelgroße und große reagierten in der Regel nur auf den Scherenschnitt ihrer eigenen Größenkategorie mit Antwortknurren. Die wichtigste Ausnahme, die wir im Kapitel Spielverhalten nochmals beleuchten werden, bezieht sich auf das Spielknurren, da antworteten nämlich Hunde jeglicher Größenkategorie auf Knurrlaute jeglicher anderer Größenkategorie. Ganz offensichtlich sind beim Spielen jegliche sozialen Konventionen eben ausgehebelt. Bei der akustischen Kommunikation sind nicht nur Größenabschätzungen der eigenen Körpergröße, sondern auch Abschätzungen der Kopfstärke einer aus der Ferne zu hörenden konkurrierenden Gruppe berichtet worden. Untersuchungen an Wölfen (Harrington, 2003) sowie an verwilderten Haushunden (MacDonald und Carr, 2017) zeigen, dass beide Arten aufgrund der Distanzkommunikation einer größeren Gruppe sich anders und ggf. auch mit stärkerer Meidereaktion verhalten, als wenn eine kleinere oder bestenfalls gleichkopfstarke Gruppe signalisiert.

ABSCHÄTZUNG DER KOPFSTÄRKE VON GRUPPEN

Andere Untersuchungen deuten darauf hin, dass Hunde nicht nur aufgrund der akustischen Signalisierung, sondern auch aufgrund der unmittelbar anwesenden Kopfstärke einer konkurrierenden Gruppe sich unterschiedlich verhalten (Bonanni, 2010). Treffen sich zwei Teams benachbarter Straßenhundgruppen z. B. am Müllplatz, reagieren die Angehörigen des heute gerade kopfstärkeren Teams ganz anders, wohingegen die Angehörigen des heute gerade kopfschwächeren Teams mit wesentlich mehr Eskalationsbereitschaft und Präsenz in den Auseinandersetzungen vorgehen. Es muss aber wieder betont werden, dass verwilderte Haushunde in der Regel in Konflikten mit Nachbargruppen ohnehin mehr Theaterdonner veranstalten und nicht so kampfbereit sind wie beispielsweise Wölfe (siehe Gansloßer und Kitchenham, 2019, 2024).

Mengensinn

Als Vorstufe des „echten" Zählens gilt gemeinhin ein sogenannter Mengensinn. Den konnten Rebecca West und Robert Young bereits 2002 bei Hunden nachweisen und Elena Lorenzi und ihr Team 2021 sowie Lauren Aulet et al. 2019 auch im Gehirn verorten. Er sitzt eindeutig in der Großhirnrinde, vorwiegend im zentralen hinteren und seitlichen Hinterhauptsbereich (Nieder, 2021) und der Test bei Hunden war genial einfach: Man zeigte Hunden zunächst hinter einer Scheibe eine kleine Anzahl Leckerchen und veränderte dann außer Sicht deren Zahl. Erhielten die Hunde dann wieder Sicht, und die Zahl stimmte nicht mit der Erwartung überein, dann schauten sie bedeutend länger hin.

Erinnerung an frühere Begegnungen

Die Etablierung individueller Dominanzbeziehungen ist in der Regel, wenn wir mit dem Prinzip der sparsamsten Erklärung arbeiten, noch durch Erinnerungen an frühere Begegnungen mit dem gleichen Individuum erklärlich. Gegen wen man bisher mehrfach verloren hat, den wird man eben eher meiden und dadurch dominanzstabilisierendes Verhalten zeigen.

Hunde können in ihrer Reaktion auf Artgenossen, je nach Größenunterschied, verschieden reagieren.

Beim Spiel sind Größenverhältnisse oft ausgeblendet.

ETABLIERUNG VON RANGORDNUNGEN

Kognitiv anspruchsvoller dagegen ist die Etablierung von Rangordnungen, also von oben nach unten mehr oder weniger linear durchkonstruierter Abhängigkeiten, die meist mit höheren geistigen Leistungen vollbracht werden (siehe Gansloßer et al., 2020). In diesem Zusammenhang gibt es in jüngster Zeit einige, zum Teil auch mit aufwendigen Modellrechnungen und Computersimulationen durchgeführte Untersuchungen. Elisabeth Hobson und ihr Team (2021) haben in einer Zusammenstellung über Berichte von 172 sozialen Gruppen, aus 85 Arten und 23 Ordnungen des Tierreichs, verschiedene Muster aufgestellt, wie Rangordnungen sich darstellen und auch aufrechterhalten werden. Das einfachste Muster, das sie auch in Literatur über Wolfsgruppen gefunden haben, ist die sogenannte **Abwärtsheuristik**. Das heißt, Aggression und ähnliches, dominanzanzeigendes Verhalten wird uniform gegen rangtiefere Gruppenmitglieder gezeigt. **Komplexere Muster** wären z. B. das System, solches auch gegen Rivalen mit benachbartem, nur leicht niedrigerem Rang zu zeigen, oder das **Bullying**, also Aggression gegen sehr viel rangtiefere Gruppenmitglieder. Elisabeth Hobson und ihr Team zeigen mithilfe der Computersimulationen und Modellrechnungen, dass die abwärtsheuristische Form der Rangordnung theoretisch auch einfach nur von Gewinner- und Verlierererfahrungen der einzelnen Gruppenmitglieder stabilisiert werden könnte.
Die von ihnen analysierten Arbeiten über Wolfsgruppen lassen dieses Muster zwar erkennen, anekdotische Berichte aus Haushundgruppen zeigen aber durchaus Muster, die mit den anderen beiden Rangordnungssystemen einhergehen. Und dazu bedarf es schon komplexerer kognitiver Leistungen, wie z. B. auch Elisabeth Tibbetts und ihr Team (2022) zeigen konnten. Eine von ihnen diskutierte Konvention, die eine Rangordnung ohne ständige neue akute Lernerfahrung, also stetige wiederholte Konflikte aufrechterhält, zeigen wieder Roberto Bonannis Straßenhundstudien: Die Rangordnungen bei ihnen sind nämlich oft altersabhängig, und in manchen Fällen behält ein Hund sogar seine Leithundfunktion, nachdem er die ranghöchste Position abgab.

Individualerkennung

Eine wichtige, zusätzliche Eigenschaft für alle Formen der Rangordnungsbildung ist jedoch ein weitgehendes System von Individualerkennungen. Dass Hunde dazu in der Lage sind, wiederum sogar aufgrund von reiner akustischer Kommunikation, zeigt eine andere Untersuchung von Peter Pongracz et al. (2009). Hier wurden Versuche nachgestellt, die z. B. bei grünen Meerkatzen schon veröffentlicht sind (Cheney und Seyfarth, 1992): Man spielt einem Tier die Warnrufe oder andere, prägnante akustische Signale eines individuell bekannten Artgenossen vor, ohne dass irgendeine bedrohliche Situation in der Umgebung zu erkennen wäre. Im Laufe einer Wiederholung dieses Tests, wird der Empfänger schließlich nicht mehr durch verstärkte Aufmerksamkeit reagieren. Dass es sich dabei aber nicht um eine einfache Gewöhnungs- oder gar Ermüdungsreaktion handelt, kann man ganz einfach testen: Man spielt nun die Warnrufe eines anderen Artgenossen vor. Hat nun der Empfänger plötzlich wieder die volle Aufmerksamkeit und volles Wachsamkeitsverhalten gezeigt, so wird einerseits die Individualerkennung demonstriert. Andererseits zeigt sich auch, dass offensichtlich kognitiv irgendwo die Glaubwürdigkeit dieses einen Artgenossen demontiert ist. Bisweilen gelingt es sogar, mit anderen Rufen des gleichen Artgenossen wieder die volle Aufmerksamkeit des Testtieres zu erzielen. Offenkundig hat man in jemanden, der unberechtigt „Haltet den Dieb!" ruft, trotzdem noch Vertrauen, wenn er „Hilfe, Feuer!" gerufen hat.

Weitere Komponenten in Bezug auf Erkennen

Letztlich gibt es noch eine weitere, ebenfalls in verschiedenen Testsituation beschriebene Komponente des Status „Erkennens" von Hunden. Anneke Lisberg und Charles Snowdon (2011) zeigen, dass Hunde eben vorwiegend an Duftmarken schnuppern, wenn diese von statussicheren und damit potenziell Ranghöheren, aber auch von einem gefährlicheren Artgenossen gesetzt wurden. Tests zum Beobachtungslernen von Gruppen gehaltenen Hunden in Budapest haben ja gezeigt, dass Hunde zwar von Menschen unabhängig ihre eigene hundliche Rangordnungsposition lernen, von vierbeinigen Demonstratoren jedoch bevorzugt dann, wenn sie selbst (also der beobachtende Hund) eher rangtief in ihrer Familiengruppe angesiedelt sind (siehe auch S. 320 ff.).
Auch wenn viele der Beobachtungen zum Rangordnungsverhalten von Kaniden noch nicht auf ihre kognitive Bedeutung untersucht wurden, sondern mehr in ihrer Auswirkung auf Fortpflanzungserfolg, Nahrungszugang oder andere, eher verhaltensökologische Aspekte, so sind doch die anekdotischen Erzählungen und Beschreibungen aus vielen Hundegruppen geeignet, hier auch einschlägige komplexere kognitive Muster bei Hunden zumindest zu vermuten und ggf. dann hoffentlich irgendwann auch in Versuchsanordnungen zu testen.

☞ **Aus der Forschung (von Emily Gorsuch)**

METHODEN ZUM BESCHREIBEN VON VERHALTEN

Ethogrammbasiertes Sequenzprotokoll vs. notationsbasierte Eshkol-Wachmann-Bewegungsnotation

Im Leben eines Individuums gibt es keinen Moment, in dem es sich nicht auf irgendeine Weise verhält (Lehner, 1996). Die Aufgabe der Verhaltensforschung ist es, alle diese Verhaltensweisen vollumfänglich zu untersuchen, um u.a. eine Basis für Entscheidungen im Natur- und Artenschutz sowie der Haltung von Tieren hervorzubringen (Gansloßer et al., 2020; Lehner, 1996). Zusätzlich soll ermöglicht werden, das gesamte Verhaltensspektrum mehrerer Arten zu verstehen. Durch die Erweiterung und Generalisierung der Untersuchungen auf andere Populationen der gleichen Art oder sogar auf andere Arten, ergeben sich übergeordnete Einblicke in die Mechanismen der Evolution von Verhaltensstrategien, die es ermöglichen, Theorien zu entwickeln, die zu einem umfassenden Verständnis des Wirkens biologischer Systeme beitragen (Naguib, 2006). Bei der Untersuchung ist es wichtig, alle Verhaltensweisen mit einzubeziehen, um Fehlinterpretationen zu vermeiden. Die dabei entstehende riesige Menge an Daten führt dazu, dass es einer einzelnen Person nicht möglich ist, das gesamte Verhalten des gesamten Lebens eines Individuums zu untersuchen (Lehner, 1996). Um die aufgenommenen Daten von mehreren Arbeitsgruppen zusammenzuführen, ist eine einheitliche Datenaufnahme und -auswertung die Voraussetzung (Engel, 2021). Im Folgenden werden, für einen ersten Einblick, zwei in der Verhaltensforschung verwendete Möglichkeiten der Verhaltensbeschreibung kurz vorgestellt.

ETHOGRAMMBASIERTE VERHALTENSBESCHREIBUNG

Definition Ethogramm: Die beobachteten Verhaltensweisen einer Tierart werden zunächst in einem Verhaltenskatalog als klar definierte und abgegrenzte Verhaltenseinheiten, die sogenannten Verhaltensweisen, auf möglichst eindeutige, neutrale und präzise Weise in Worten beschrieben (Gansloßer, 2021; Lehner, 1996; Naguib, 2006). Jede beschriebene Verhaltensweise wird durch ein Kürzel definiert, was in der späteren Beobachtung oder Videoanalyse das Notieren der gesehenen Verhaltensweise vereinfachen soll (Christopher, 2020; Gansloßer, 2021; Lehner, 1996). Sobald alle Verhaltensweisen einer Tierart in einem gesammelten Verhaltenskatalog beschrieben wurden, spricht man von einem Ethogramm (Gansloßer, 2021; Lehner, 1996).

Sequenzprotokoll

Definition: In einem Sequenzprotokoll wird notiert, welche beobachteten Verhaltensweisen durch ein oder mehrere Individuen ausgeführt werden. Neben dem Titel bzw. der Abkürzung der in einem Ethogramm bzw. Verhaltenskatalog definierten Verhaltensweise wird festgehalten, wann die Verhaltensweise beginnt, wer sie aussendet und an welches Individuum sie gerichtet ist, das heißt, wer sie empfängt. Dies wird für alle beobachteten Individuen in separaten Spalten festgehalten. Durch diese Art des Festhaltens der Abfolgen aufeinanderfolgender Verhaltensweisen lassen sich sowohl intra- als auch interindividuelle Verhaltensabfolgen untersuchen (Gansloßer, 2021; Lehner, 1996). Der Beginn und das Ende

VERHALTENSKATALOG

ABKÜRZUNG	TITEL	DEFINITION
aw-K	Ausweichen nur mit dem Kopf	Wolf bewegt seinen Kopf und weicht damit einem Interaktionspartner aus, der die ungehemmte Bewegung des Kopfes verhindert. Dabei wird der Kopf oft angehoben und nach rechts oder links bewegt. Oft läuft der Interaktionspartner sehr nah vor dem Wolf vorbei. Es kann zu Körperkontakt kommen.
EP-F	Ohren aufgestellt, nach vorne gedreht	Die Ohren sind aufgestellt und nach vorne gedreht. Das Ohrinnere zeigt nach vorne.
Ukd	Unter dem Kopf hindurchlaufen	Das Individuum läuft unter dem Kopf des Interaktionspartners durch. Dabei wird der Kopf des Interaktionspartners oft nach oben gedrückt oder der Interaktionspartner weicht mit dem Kopf aus. Es kommt zu Körperkontakt.

Ausschnitt aus einem Verhaltenskatalog von *Canis lupus* (Gorsuch, 2024)

SEQUENZPROTOKOLL

ZEIT [MM:SS]	INDIVIDUUM 1	SENDET AN	INDIVIDUUM 2	SENDET AN
00:01	VHW 1	Individuum 2	VHW 2	
00:03			VHW 3	Individuum 1
00:05	Ukd/EP-F	Individuum 2	VHW 4	
00:06			aw-K	Individuum 1
00:07	VHW 5	Individuum 2	VHW 6	Individuum 1

Fiktives Beispiel für einen Ausschnitt aus einem Sequenzprotokoll. VHW = Verhaltensweise.
Alle weiteren Abkürzungen in Tabelle 1.

der zu analysierenden Sequenz wird je nach Fragestellung festgelegt (Lehner, 1996). Auch welche Verhaltensweisen in den Verhaltenskatalog übernommen und damit in dem Sequenzprotokoll festgehalten werden, wird je nach Fragestellung bzw. Hypothese festgelegt (Lehner, 1996; Naguib, 2006).

Anwendung in der Forschung

Nach der Erstellung des Sequenzprotokolls kann z. B. eine Sequenzanalyse durchgeführt werden. Diese basiert auf der Annahme, dass gewisse Abfolgen von Verhaltensweisen während einer Interaktion nicht zufällig, sondern mit einer bestimmten Wahrscheinlichkeit auftreten (Gansloßer, 2021; Lehner, 1996; Naguib, 2006). Eine solche Analyse wurde z. B. in Arbeiten verwendet, in denen aggressive Interaktionen zwischen indischen Fischottern und Bindenwaranen (Bungum et al., 2022) oder soziale Körperpflege mehrerer Lemuren-Arten (Christopher, 2020) analysiert wurden. Auch bei der Untersuchung sozialer Interaktionen aquatischer Säugetiere kam diese Methode bereits zum Einsatz (Paulos et al., 2007; Weinpress et al., 2015).

NOTATIONSBASIERTE VERHALTENSBESCHREIBUNG

Definition: Notation wird als „System von Zeichen oder Symbolen einer Metasprache" definiert. Ein Beispiel ist die Notenschrift in der Musik (Brockhaus, 2008; Eshkol et al., 1970, 2024).

Eshkol-Wachmann-Bewegungsnotation (EWMN)

Definition: Das Ziel der EWMN ist, alle Bewegungen des (menschlichen) Körpers durch eine Verkettung von Symbolen eines begrenzten Alphabets zu beschreiben, zu analysieren und Bewegungszusammenhänge erkennbar zu machen. Dabei sollten die Symbole so gestaltet sein, dass sie präzise und einfach durch einen Blick verständlich machen, wie die Bewegung aussieht (Eshkol et al., 1970, 2024).

Im Allgemeinen werden bei der EWMN die Bewegungen des ganzen Körpers, die Bewegungen von Teilen des Körpers, die Bewegung im Raum, die Stärke der Bewegung und die Dauer dargestellt (Eshkol et al., 1970). Dabei wird der Grund für die Bewegung, ob z. B. das Ziel das Heben eines Armes, das Winken oder das Greifen eines Objekts war, nicht betrachtet. Eine Bewegung wird in der EWMN lediglich als die Veränderung der Beziehung der Körperteile zueinander definiert (Eshkol et al., 1958).

Am Ende soll im Bereich der Bewegungsforschung eine vergleichbare, einheitliche Beschreibung der Bewegung hervorgebracht werden, wie die Notation durch Noten in der Musik (Eshkol et al., 1970).

Vor dem Beginn der Analyse wird der untersuchte Körper in ein System von geraden Stangen (ab hier Körperteile genannt) eingeteilt (Eshkol et al., 1970; Yaniv et al.,

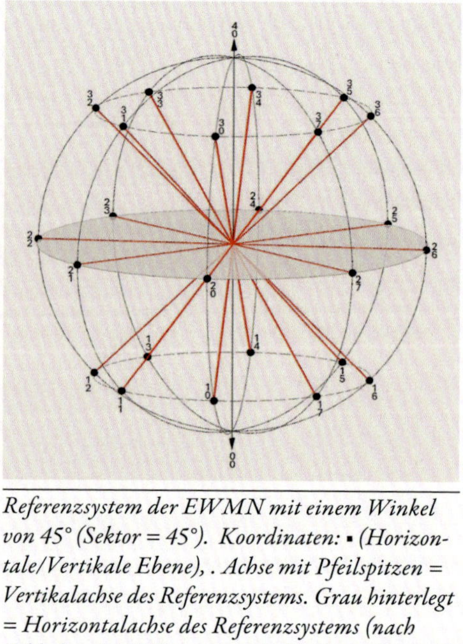

Referenzsystem der EWMN mit einem Winkel von 45° (Sektor = 45°). Koordinaten: ▪ (Horizontale/Vertikale Ebene), . Achse mit Pfeilspitzen = Vertikalachse des Referenzsystems. Grau hinterlegt = Horizontalachse des Referenzsystems (nach Eshkol et al., 1970; neu erstellt für Gorsuch, 2024).

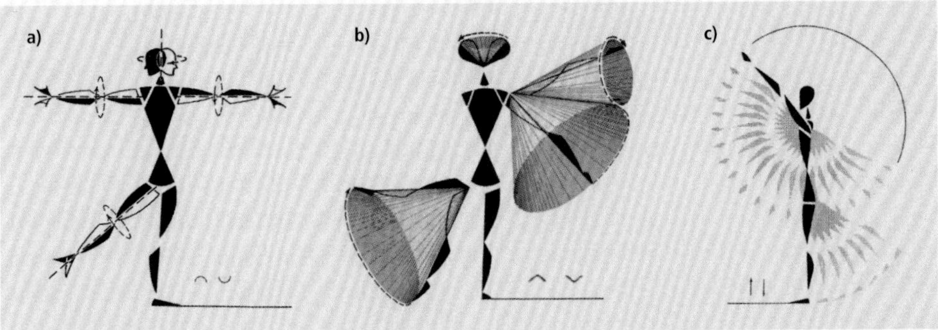

a) Rotationsbewegung. Alle Bewegungen, die hier mit Pfeilen dargestellt sind, sind positive Rotationsbewegungen. b) Kegelförmige Bewegung. Die Bewegung des Beins ist hier eine negative kegelförmige Bewegung und die des Kopfes eine positive. c) Bewegung in der vertikalen Ebene (aus Eshkol et al., 1958).

1987). Im Optimalfall ist diese Einteilung an die Anatomie des Tieres angelehnt (Golani, 1976). Damit können die Bewegungen in einem sphärischen Referenzsystem analysiert werden, dessen Zentrum jeweils das Gelenk zwischen zwei Körperteilen darstellt und immer mit diesem Gelenk mitbewegt wird (Eshkol et al., 1958; Eshkol et al., 1970; Golani, 1976; Yaniv et al., 1987). Um die Bewegung zu beschreiben und das Ausmaß der Bewegung zu messen, ist die Oberfläche der Sphäre mit Koordinaten belegt. Diese zeigen später die aktuellen Positionen der Körperteil-Enden und damit des gesamten Körperteils an (Eshkol et al., 1958; Eshkol et al., 1970; Golani, 1976).
Festgehalten werden die beobachteten Bewegungen über eine Notation in einem Protokoll. Dieses gleicht der Partitur eines Orchesters, wobei jedes Körperteil ein Instrument des Orchesters (hier des Körpers) darstellt (Eshkol et al., 1958). Die Spalten des Protokolls stellen jeweils ein Element der vorher gewählten Zeiteinheit dar, wie z. B. ein Bild des Videos (Eshkol et al., 1958; Eshkol et al., 1970; Yaniv et al., 1987). Ist das Protokoll vorbereitet, kann dieses nun mit Symbolen der Notation gefüllt werden, wie es auch in der Musik der Fall ist. Diese Symbole stellen die gesehene Bewegung dar.

In der EWMN gibt es **drei Grundformen der Bewegung**, die durch das Verhältnis der Achse der Körperteile und der Achse der Bewegung entstehen: eine rotierende Bewegung, eine Bewegung in der Ebene und eine kegelförmige Bewegung (Eshkol et al., 1958; Eshkol et al., 1970; Golani, 1976; Yaniv et al., 1987). Da die nacheinander notierte Angabe der Bewegungsarten allein nicht ausreicht, um eine eindeutige Bewegung zu beschreiben, wird für alle drei Bewegungsarten außerdem dargestellt, ob diese im Uhrzeigersinn oder gegen den Uhrzeigersinn stattgefunden haben und wie groß die Bewegungsmenge ist.
Zusätzlich zu den allgemeinen Bewegungsarten haben sich weitere Symbole etabliert, die bestimmte physische Phänomene beschreiben und damit die Notation vereinfachen sollen. Des Weiteren wird die Bewegung des gesamten Körpers im Raum in einem von den Referenzsystemen der Körperteile separaten sphärischen Referenzsystem analysiert, das sich parallel zu den Referenzsystemen der einzelnen Körperteile befindet (Eshkol et al., 1958; Eshkol et al., 1970). Über dieses Referenzsystem können u.a. die Ausrichtung der horizontalen Achse des gesamten Körpers im Verhältnis zum Betrachter/zur Betrachterin und die allgemeine Gewichtsverlagerung des gesamten

Körperschwerpunktes analysiert werden (Eshkol et al., 1958; Eshkol et al., 1970; Golani, 1976). Auch die Beziehungen zur Umwelt, wie z. B. zu anderen Individuen, können über die EWMN analysiert werden (Golani, 1976).

Anwendung in der Forschung

Einige Anwendungsbereiche dieser Methode in Bezug auf den Menschen sind z. B. klassisches Ballett, Gebärdensprache oder Physiotherapie (Eshkol et al., 1970; Golani, 1976). Golani und sein Team verwendeten die EWMN auch für die Analyse der Bewegung anderer Tiere, wie z. B. bei der Untersuchung des Verhaltens der Goldschakale (*Canis aureus*; Linnaeus, 1758), der Tasmanischen Teufel (*Sarcophilus harrisii*; Boitard, 1841), des Honigdachses *(Mellivora capensis*; Schreber, 1776), eines Igels (*Hemiechinus auritus*; S.G. Gmelin, 1770) oder einer Fruchtfliege (Golani, 1976; Golani et al., 1983; Gomez-Marin et al., 2015; Yaniv et al., 1987). Dabei war das Hauptthema dieser Studien jeweils der Prozess des Übergangs von der Mobilität zur Unbeweglichkeit und zurück, und außerdem das Thema der ritualisierten Kämpfe/Interaktionen, womit sie die EWMN erweiterten (Golani, 1976; Yaniv et al., 1987).

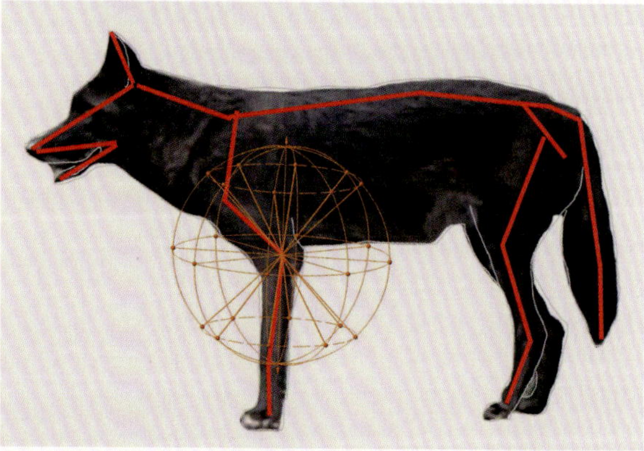

Einteilung der Körperteile eines Wolfes in der EWMN-Analyse. Rot = zu analysierende Körperteile. Orange = Position des Referenzsystems an dem Körperteil, Radius/Ulna.

FAZIT

Die Erkenntnisse der Verhaltensbiologie werden oft schnell in populärwissenschaftlichen Aussagen übernommen (Naguib, 2006). Deshalb ist das Festlegen einer einheitlichen und objektiven Methode eine wichtige Voraussetzung für das Füllen von Wissenslücken und das Vereinen einzelner Teilaspekte unabhängiger Studien (Faragó et al., 2013). Wichtig ist dabei u. a. den sogenannten „Beobachterfehler" möglichst klein zu halten, der durch Faktoren wie Unerfahrenheit und schlecht definierte Verhaltensbeschreibungen entsteht (Lehner, 1996; Naguib, 2006). Objektive Methoden reduzieren auch die Voreingenommenheit der Beobachtenden, die vor allem durch deren Erwartungen entsteht (Lehner, 1996; Naguib, 2006). Die Eingrenzung dieser und weiterer subjektiver Einflüsse soll eine hohe Zuverlässigkeit, Reproduzierbarkeit und Aussagekraft sicherstellen (Lehner, 1996; Naguib, 2006). Erst durch eine einheitliche, objektive Datenaufnahme und -auswertung können größere Stichproben ermöglicht werden, da mit derselben Methode aufgenommene Daten von mehreren Arbeitsgruppen in Datenbanken zusammengeführt werden können (Engel, 2021). Studien zeigen auch, dass erst durch eine tatsächlich objektive Beschreibung des Verhaltens eine auf viele Tierarten übertragbare Methode entsteht, mit der Gemeinsamkeiten im Verhalten unterschiedlicher Individuen oder sogar Arten gefunden werden können (Golani, 2019; Gomez-Marin et al., 2015; Yaniv et al., 1987).
Beide hier vorgestellten Methoden haben ihre jeweiligen Vor- und Nachteile und weisen jeweils noch einige Einschränkungen bezüglich der Generalisierbarkeit und Verwendbarkeit auf, welche mit einer oft auftretenden Subjektivität einhergehen. Hervorzuheben ist dabei die Subjektivität der Abgrenzung, Beschreibung und Auswahl der in der Analyse verwendeten

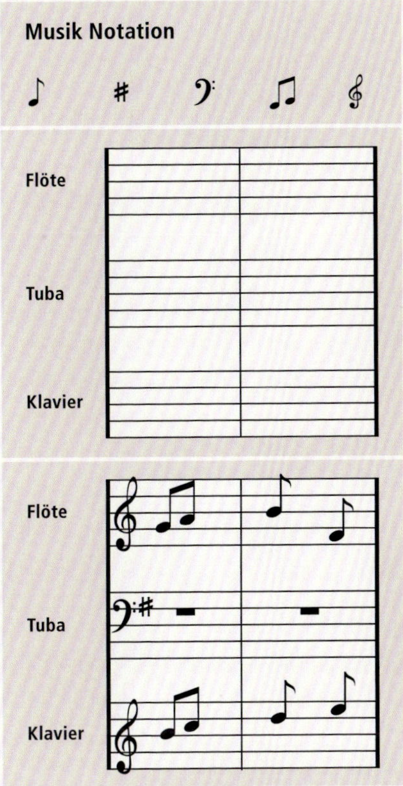

Bewegungsnotation (EWMN)

⌒ ◡ ∧ ∨ → ← (?)↑ (?)↓

Zeit ---➔	Anfangs-position	1	2	3	End-position
Rutenmitte (RM)					
Hinterer Rücken (HR)					
Ohr links (O-L)					

Zeit ---➔	Anfangs-position	1	2	3	End-position
Rutenmitte (RM)	0/0	(6)↑2	2→1		2/5
Hinterer Rücken (HR)	2/6				2/6
Ohr links (O-L)	3/2	∧1	∧1–	∨1–	3/2

Darstellung der EWMN im Vergleich zur Musiknotation anhand eines fiktiven Beispiels. ⌒ = Positive Rotationsbewegung (im Uhrzeigersinn). ◡ = Negative Rotationsbewegung (gegen den Uhrzeigersinn). ∧ = Positive kegelförmige Bewegung (im Uhrzeigersinn). ∨ = Negative kegelförmige Bewegung (gegen den Uhrzeigersinn). → = Positive Bewegung in der horizontalen Ebene (im Uhrzeigersinn). ← = Negative Bewegung in der horizontalen Ebene (gegen den Uhrzeigersinn). (?)↑ Positive Bewegung in der vertikalen Ebene (von 0/0 hoch). In der Klammer wird die Ebene angegeben. (?)↓ = Negative Bewegung in der vertikalen Ebene (von 4/0 runter). In der Klammer wird die Ebene angegeben. Nach dem Symbol erfolgt die Angabe der Bewegungsmenge. Das heißt, die Anzahl der durchlaufenen Sektoren einer Bewegung.

Verhaltensweisen, welche vor allem bei ethogrammbasierten Methoden stattfindet. Die EWMN hat einige Vorteile gegenüber den ethogrammbasierten Methoden. Doch zeigt sich auch hier durch fehlende Möglichkeiten zur Notation bestimmter Verhaltensweisen, dass auch diese noch Einschränkungen zur Beschreibung von Verhalten enthält (Gorsuch, 2024). Welche Methode verwendet, oder ob eine neue Methode entwickelt wird, sollte je nach Fragestellung und Studienaufbau genauestens überlegt werden.

ÜBER DIE AUTORIN

Emily Gorsuch hat an der Friedrich-Schiller-Universität in Jena ihren Biologie Bachelor abgeschlossen und im September 2024 ihre Masterarbeit mit dem Schwerpunkt der Methoden in der Verhaltensforschung im Studiengang ‚Evolution, Ecology and Systematics' sehr erfolgreich abgeschlossen. Durch diese Arbeit und die damit verbundenen Beobachtungen von Timberwölfen im Zoo erweiterte sie ihre bisherigen Kenntnisse über das Verhalten von Kaniden.

AKUSTIK – WAHRNEHMUNG UND KOMMUNIKATION

BAU UND FUNKTION DES HÖRORGANS

Die grundliegenden Aufteilungen in Außenohr, Mittelohr und Innenohr gelten selbstverständlich für den Hund und seine Verwandten genauso wie für uns. Jedoch gibt es eine Reihe von Abweichungen, die dann auch die Hörfähigkeit des Hundes etwas anders ausgestalten als bei uns.

ABLÄUFE IM OHR

Die schwierigste physikalische Aufgabe des Hörorgans eines landlebenden Tieres besteht darin, dass die Schwingungen in der Luft sich anders ausbreiten als in Flüssigkeiten. Beim Übergang zwischen dem Außen- bzw. Mittelohr einerseits und dem Innenohr andererseits muss also nicht nur die Trägersubstanz der Schwingungen, sondern auch eine unterschiedliche Schwingungsrichtung umgewandelt werden. Im **Außenohr** kommen die Schwingungen in der Luft an, und die Luft schwingt sozusagen, vereinfacht gesagt, vor und zurück, wenn ein Ton sie durchreist. Am **Trommelfell** wird diese Vor- und Zurückschwingung der Luft, die als Horizontalschwingung bezeichnet wird, dann aufgefangen, auf die **Gehörknöchelchen** übertragen, und diese vermitteln die Schwingung dann an den Beginn des **Innenohrs**, nämlich das ovale Fenster. Von dort aus schwingt die Flüssigkeit, die in der **Gehörschnecke** vorhanden ist, und überträgt die Schwingungen an irgendeiner Stelle auf das Cortische Organ. Dieses **Cortische Organ** wiederum trägt die eigentlichen Sinneszellen, diese funktionieren ähnlich, wie wir das auch noch mit den Zellen des Bewegungs- und Gleichgewichtssinnes lernen werden (siehe S. 265). Auch hier finden wir Sinneshärchen, die allerdings von einer darüberliegenden dünnen Haut, der Deckmembran, aktiviert werden. Gerät nun, weil das ovale Fenster vom Steigbügel eingebeult wurde (also eine Schwingung dort ankam), die Flüssigkeitssäule im mittleren, dem **Schneckengang** des Organs in Schwingung, wird die Deckmembran gegen die Basalmembran, auf der die Haarzellen sitzen, verschoben, und dadurch auch die Härchen an den Sinneszellen abgebogen.

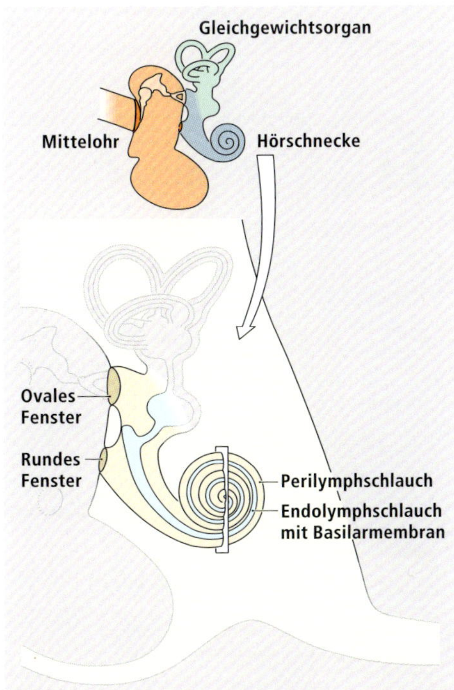

Blick auf das Innenohr mit der Gehörschnecke (aus Rauth-Widmann, 2014).

Dann entsteht wieder ein elektrisches Potential, das auf den Hörnerv übertragen und ins Gehirn weitergeleitet wird.
Die Haarzellen des Hundes können sehr rasch, in bis zu 0,04 Millisekunden und bereits auf geringste Veränderungen der Lageverhältnisse reagieren, dadurch sind Hunde auch für kleinste Schallreize empfindlich. Bei sehr leisen Geräuschen, etwa an unserer Hörschwelle, bewegt sich die Basalmembran um weniger als einen Nanometer, also weniger als ein Millionstel Millimeter (Rauth-Widmann, 2014). Neben den ableitenden Nervenfasern, die dann die wahrgenommene Schwingung in Form von elektrischen Impulsen dem Gehirn melden, gibt es auch absteigende, die vom Gehirn zu den Hörzellen wirken, und dort entweder erregungsdämpfende oder erregungssteigernde Auswirkungen haben. Dadurch ist das Gehörorgan des Hundes ständig rückgekoppelt auch mit den Hörzentren im Gehirn verbunden. Die Motivation, das wissen beispielsweise Hundehalter:innen, die vergeblich versuchen, ihren Hund auf der Jagd abzurufen, beeinflusst ganz deutlich auch das, was das Hörorgan eigentlich dem Gehirn wiederum meldet.
Eine weitere Steuerungsmöglichkeit der Wahrnehmung besteht darin, dass die drei übereinander gelagerten Schläuche nicht mit gleich zähflüssiger, sondern der obere und der untere mit einer dünnflüssigeren, und nur der mittlere mit einer zähflüssigeren Flüssigkeit gefüllt sind. Dadurch können die Schwingungen recht leicht vom ovalen Fenster auf das Innenohr übertragen werden, aber die eigentliche Hörentstehung ist durch die zähflüssigere Füllung des mittleren Kanals durchaus noch modifizierbar.
Es wird angenommen, dass der Hund ca. 20000 Hörsinneszellen pro Ohr hat, beim Menschen schätzt man etwa 10000 bis 15000 pro Ohr.

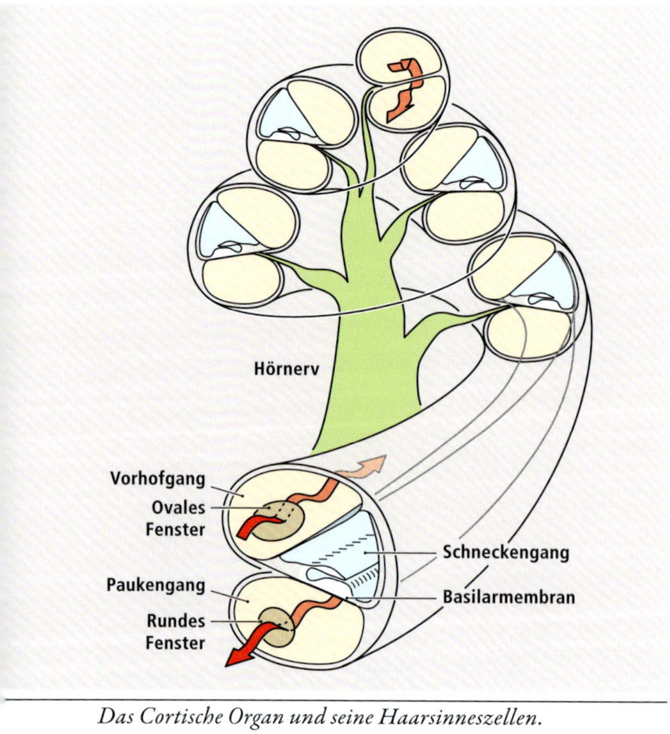

Das Cortische Organ und seine Haarsinneszellen.

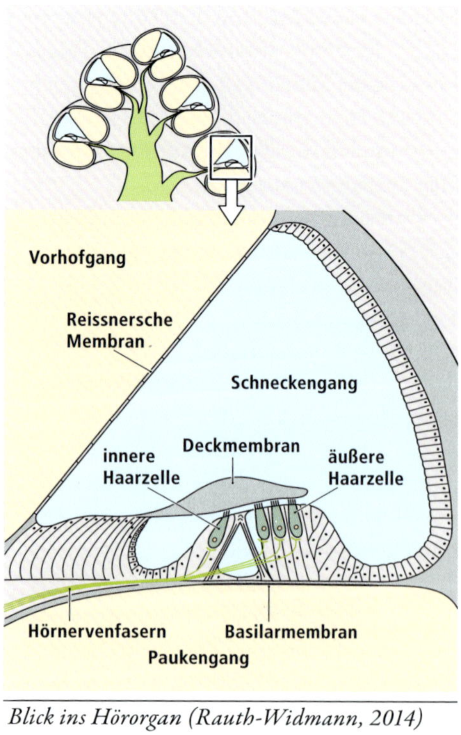

Blick ins Hörorgan (Rauth-Widmann, 2014)

INNERE UND ÄUSSERE HAARSINNESZELLEN

Noch genauer betrachtet, müssten wir je nach Lage der Haarsinneszellen zwischen den inneren und den äußeren unterscheiden. Die Inneren sind die eigentlichen Hörsinneszellen, die Äußeren reagieren auf Veränderungen der elektrischen Anströmung mit einer Änderung ihrer Beweglichkeit. Sie können dadurch eine mechanische Verstärkung des Gehörten erreichen. Und das wiederum ist der Mechanismus, über den das Gehirn mit dem bereits geschilderten Regelkreis die Hörfähigkeit beeinflusst.

ZAHL DER GEHÖRSCHNECKEN-WINDUNGEN

Ein weiterer, auf die verbesserte Hörfähigkeit des Hundes wirkender Unterschied zwischen unserer und der hundlichen Hörschnecke liegt in der Zahl der Windungen der Gehörschnecke. Während die Hörschnecke beim Menschen ca. 2 ½ bis 2 ¾ Windungen hat, hat unser Hund 3 bis 3 ½ davon. Dementsprechend können Hunde auch die ankommenden Frequenzen weiter aufspalten und deshalb differenzierter hören. Die Tonhöhen, die ein Hund wahrnehmen kann, liegen je nach der verwendeten Literatur zwischen 15 bis 45 000 oder sogar bis 65 000 Hertz, wohingegen wir Menschen nur 20 bis 30 000 Hertz hören können. Darauf beruht nicht nur die Wirkung der Hundepfeife. Auch viele Störgeräusche aus der Umgebung, seien sie im Ultraschall (also oberhalb unserer Hörfähigkeit) als auch im Infraschall (unterhalb unserer Hörfähigkeit), wirken sich also für Hunde ganz anders aus als für uns. Zudem ist die Hörfrequenz, in denen Hunde am liebsten und am angenehmsten hören, etwas höher (ca. 400 Hertz) gegenüber der unsrigen (mit ca. 300 Hertz). Hier ist also wieder die Merkwelt der Hunde deutlich anders als unsere (siehe S. 12).

SCHALL UND LAUTSTÄRKE

(aus Rauth-Widmann, 2014)

SCHALLEREIGNIS	dB(A)
Blätterrascheln in der Ferne	10
normales Atemgeräusch	20
Flüstern	30
leise Musik	40
normales Gespräch	50
laute Unterhaltung (1 m Abstand)	60
Rasenmäher (10 m Abstand)	65
Staubsauger (1 m Abstand)	70
moderates Hundegebell	70
Stadtverkehr	75
starker Straßenlärm (5 m Abstand)	80
Haartrockner	85
Dieselmotor (10 m Abstand)	90
Pfiffe mit den Fingern	95
Autohupe, Motorrad, Laubbläser, Kreissäge, Presslufthammer (1 m Abstand)	100
sehr laute Musik (1 m Abstand)	110
sehr lautes Hundegebell, Donner, Disco-Musik	120
Sirene (20 m Abstand), Düsenflugzeug	130
menschliche Schmerzschwelle	134
Gewehrschuss in Ohr-Nähe	140
startendes Düsenflugzeug (10 m Abstand)	150

Die periodischen Druckschwankungen, die auftreten, wenn Schallwellen an unser Ohr gelangen, nehmen wir als Schalldruck wahr. Der Bewertungsmaßstab ist der entfernungsabhängige Schall(druck)pegel in der logarithmischen Einheit Dezibel (dB). Zur Bestimmung des Schalldruckpegels wird ein Filter (A) vorgeschaltet, der die anatomisch-physiologischen Verhältnisse im menschlichen Ohr nachempfinden soll. Der in praxisgerechter Entfernung gemessene und bewertete Schalldruckpegel wird in dB(A) wiedergegeben. Eine Erhöhung des Schalldruckpegels um 10 dB wird subjektiv als Verdopplung der vorhergehenden Lautstärke wahrgenommen. Eine leise Unterhaltung mit 40 dB(A) ist also nicht viermal lauter als z. B. das normale Atemgeräusch mit 10 dB(A), sondern achtmal so laut. Ein gesundes menschliches Ohr kann bereits einen Schalldruck von 0 dB(A) wahrnehmen (= Hörschwelle). Eine Langzeiteinwirkung von mehr als 85 dB(A) schädigt die Flimmerhärchen der Haarzellen in der Cochlea (aus Rauth-Widmann, 2014).

Aus der Forschung (von Tierärztin Hannah Egner)

GEHÖR DES HUNDES: HÖRLEISTUNG

Hunde kommen taub auf die Welt. Die Entwicklung des Gehörs beginnt etwa 12 bis 14 Tage nach der Geburt mit der Öffnung des Gehörgangs und wird zwischen der 6. und 8. Lebenswoche vollendet (Breazile, 1978; Barber et al., 2020). Der angegebene Hörbereich des Hundes variiert in verschiedenen Veröffentlichungen und die Grenzwerte sind nicht vollends gesichert. Er liegt bei einem Schalldruckpegel von 60 dB etwa im Bereich zwischen 65 und 45 000 Hertz (Cox, 2002; Barber et al., 2020). Die Hörschwelle von 0 dB liegt beim Hund abhängig von der Größe ungefähr zwischen 1 bis 16 kHz (Heffner, 1983), der niedrigste wahrnehmbare Schalldruckpegel von -1 dB bei etwa 8 000 Hz (Beaver, 1999; Barber et al., 2020). In diesem Bereich der höchsten Empfindlichkeit des Gehörs können sehr leise Töne, Lautstärkeunterschiede sowie Einzeltöne und nah beieinanderliegende Frequenzen besonders gut wahrgenommen und unterschieden werden. Der Hörbereich des Menschen bei einem Schalldruckpegel 60 dB ist mit 16 bis 20 000 Hertz deutlich kleiner (Augustin et al., 2000). Die höchste Empfindlichkeit des menschlichen Gehörs liegt zwischen 2 000 und 5 000 Hz (Zenner, 2007). Die Hörschwelle von 0 dB liegt bei 1 000 Hz, der niedrigste wahrnehmbare Schalldruckpegel von -10 dB bei etwa 4 000 Hz (Barber et al., 2020).

Hunde können also im Vergleich zum Menschen vor allem hohe Töne im Ultraschallbereich sehr gut wahrnehmen, während sich das Hörvermögen bei niedrigen Frequenzen kaum unterscheidet.

Erstaunlicherweise sind nicht nur Stehohren gute Hilfsmittel. Aber ein Einfluss ist messbar.

ORTUNG VON GERÄUSCHEN

Außerdem können Hunde durch ihre beweglichen Ohrmuscheln Geräuschquellen wesentlich exakter orten als der Mensch. Mithilfe von 17 Muskeln können sie ihre Ohren unabhängig voneinander ausrichten (Nickel et al., 2003) und so Schallwellen aus einer bestimmten Richtung verstärken. Während es bei anderen Säugetieren einen Zusammenhang zwischen Körpergröße, Abstand der Ohren und des Hörbereichs zu geben scheint, ist dies bei Hunden nur bedingt der Fall (Heffner, 1983). Der Hörbereich, vor allem im Hochfrequenzbereich, unterscheidet sich bei Hunden unterschiedlicher Körpergröße nur geringfügig. Wie beim Menschen lässt auch beim Hund die Hörfähigkeit mit zunehmenden Alter nach. Dies betrifft vor allem die obere Hörgrenze, also das Wahrnehmen hoher Frequenzen.

VERGLEICH GEHÖR HUND UND MENSCH

Die Ausprägungen der Hörfunktionen und ihre Bedeutung für das Verhalten und den Alltag von Hunden (im Vergleich zu uns) hat eine ausführliche Zusammenstellung von Anjuli Barber und ihrem Team aus der Arbeitsgruppe von Daniel Mills (Universität Lincoln, Großbritannien) im Jahr 2020 veröffentlicht. In dieser Arbeit finden sich viele, auch detaillierte Gegenüberstellungen. Einige wichtige Unterschiede werden im Folgenden noch genauer zu besprechen sein.

Selbstverständlich ist allein durch die Größenverhältnisse, aber auch durch anatomische und äußere Unterschiede zwischen Hunderassen nochmals ein weiterer Faktor zu berücksichtigen, denn „den Hund" gibt es gerade in Bezug auf die Anatomie des Hörorgans viel weniger als „den Menschen". Anjuli Barber und ihr Team haben immer wieder erwähnt, dass viele Beobachtungen der Ohrform und der Ohrgröße noch nicht mit den einschlägigen physiologischen, also Funktionsmessungen gekoppelt sind, und deshalb vieles auch noch im Spekulativen liegt. Forschung in diesem Zusammenhang wäre also dringend erforderlich. So wurde z. B. erstaunlich wenig über die Auswirkungen der Form und der Größe des äußeren Ohres auf den Hörsinn der Hunde geforscht. Dass manche Wellenlängen von der Ohrmuschel leichter aufgefangen oder gesammelt und, weitergeleitet über den äußeren Gehörgang, dann am Mittelohr ankommen als andere, ist durchaus nachvollziehbar, wurde aber noch nicht in einem Versuch bestätigt. Auch die Auswirkungen der Domestikation wurden, wiederum etwa im Gegensatz zu dem optischen System, bisher kaum erforscht.

UNTERSCHIEDE OHRMUSCHEL

Beginnen wir mit der Ohrmuschel, so ist verständlicherweise ein Unterschied zwischen aufrechtstehenden, halbaufrechten und Hängeohren zu erwarten. Auch dabei gibt es noch Unterformen und es erstaunt sehr, dass wir über deren Auswirkungen auf die Hörfähigkeit kaum etwas wissen. Die Fähigkeit, die Ohrmuschel zu verstellen und in Richtung des ankommenden Geräusches zu drehen, soll die Hörfähigkeit angeblich um bis zu 28 Dezibel, besonders im höheren Frequenzbereich, verbessern. Anjuli Barber und ihr Team zitieren einschlägige Arbeiten, wonach gerade Hunde mit Stehohren sowohl hoch- als auch tieffrequente Töne besonders gut verstärken können.

UNTERSCHIEDE ÄUSSERER GEHÖRGANG

Betrachten wir den äußeren Gehörgang, so sind z. B. die dort bei manchen Rassen vorhandenen Haare sicher ein Faktor, der die ankommenden Schwingungen beeinflussen, modifizieren oder dämpfen kann. Im Allgemeinen sind die äußeren Gehörgänge von Hunden vergleichsweise länger, haben einen größeren Durchmesser, sind beweglicher und mehr in Kegelform auf das Trommelfell zugespitzt als bei uns. Auch das kann eine Verstärkung des ankommenden Tones und der ankommenden Schwingungen ermöglichen. Auch Hunde mit behaartem äußeren Gehörgang haben mehr Haare im äußeren als im inneren Teil, was wiederum die Schwingungen abdämpfen und diese Hunde etwas weniger hörfähig machen könnte. Anjuli Barbers Team vermutet, dass z. B. Hunde mit Hängeohren weniger empfindlich gegen Gewehrschüsse sind (viele Jagdhunderassen haben ja Hängeohren).

Auch die Beobachtung, dass Hunde bei sehr lauten Geräuschen die Ohren zurücklegen, könnte also nicht nur ein Stressausdruck, sondern auch eine Anpassung an bessere Geräuschdämpfung sein.

UNTERSCHIEDE INNENOHR

Im Innenohr ist der Hammer der Hunde relativ gesehen größer als bei uns, und dadurch wird auch die Hebelwirkung dieses ersten der drei Gehörknöchelchen verbessert. Beim Hund sind die Größenverhältnisse von Hammer zum Steigbügel 3:1, bei uns dagegen 1:3. Auch dadurch könnte die Geräuschempfindlichkeit von Hunden verbessert werden.

UNTERSCHIEDE GEHÖRSCHNECKE

In der Gehörschnecke sind vor allem die Dicken- und Breitenverhältnisse der Basalmembran von Bedeutung für die Ausbreitung und Weiterleitung der Flüssigkeitsschwingungen.

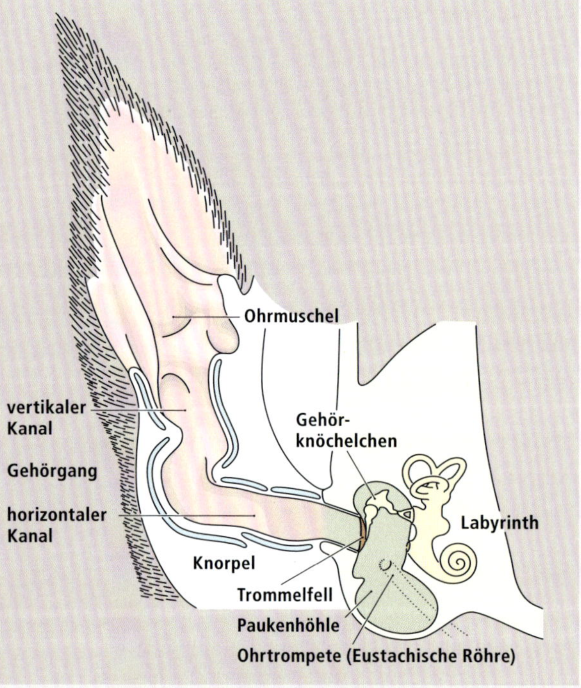

Querschnitt durch das Hörorgan (aus Rauth-Widmann, 2014).

WAHRNEHMUNG BESONDERS HOHER TÖNE

Hunde mit größeren Köpfen scheinen, so sind Messungen im Labor von Daniel Mills zu interpretieren, eine geringere maximale Hörfrequenz, also eine geringere Empfindlichkeit für sehr hohe Töne zu haben. Warum kleine Hunde insgesamt höhere Töne besser wahrnehmen können, liegt einerseits an der Anatomie ihres Schädels. Es gibt aber auch eine funktionelle Erklärung dafür, denn gerade Kleinhunde wurden ja sehr häufig als Mäuse- und Rattenbekämpfer eingesetzt, und diese Nagetiere kommunizieren sehr häufig im Ultraschall. Barber et al. diskutieren in diesem Zusammenhang z. B. die früher sehr unterschiedlichen Aufgaben von kleinen Terriern (Nagetierbekämpfung) gegenüber anderen kleinen Arbeitshunden wie Dackel, die sich eher mit größeren Beutetieren beschäftigen sollten.

Es gibt jedoch, wie Barber et al. zeigen, noch eine andere wichtige Komponente in diesem Zusammenhang der Wahrnehmung besonders hoher Töne. Die Verlassenheitsrufe und anderen Stresssignale von Jungtieren und Neugeborenen liegen ebenfalls im hohen Frequenzbereich. Beim Menschen wurde bereits nachgewiesen, dass Frauen kurz nach der Geburt und im Verlaufe des Östruszyklus unterschiedliche Hörfrequenzen in Abhängigkeit von ihrer Hormonlage besonders gut wahrnehmen. Obwohl bisher nicht bekannt ist, ob Ähnliches für Hunde gilt, sollte auch das im Zusammenhang mit den häufig empfohlenen Kastrationen von weiblichen Hunden nochmals kritisch betrachtet werden. Dass Hündinnen z. B. geräuschempfindlicher sind, und häufiger auch Geräuschängste entwickeln (siehe Aus der Forschung S. 339), könnte in dieses Schema passen. Hunde haben also sehr gute Voraussetzungen, um uns Menschen auch akustisch zu verstehen.

OHRPHYSIOLOGIE

TEIL DES OHRS	HÖRSTRUKTUR	MASSEINHEIT	ORGANISMUS	WERTE
Außenohr	Äußerer Gehörgang	Länge	Mensch	25–31 mm
			Hund	53 +/– 10 mm (30–70 mm Spannweite)
		Durchmesser	Mensch	6-9 mm
			Hund	21–79 mm
Mittelohr	Trommelfell	Fläche	Mensch	68–90 mm^2
			Hund (klein, 4,3 kg)	30 mm^2
			Hund (groß, 45,5 kg)	63 mm^2
	Paukenhöhle	Volumen	Mensch	5,2 +/– 3,1 ml (0,6–13,4 ml Spannweite)
			Mensch	6,5 cm^3 (2–22 cm^3 Spannweite)
			Hund	1,5 +/– 0,8 ml
			Hund	2,50 cm3
	Hammer		Mensch	7,72 mm
			Hund	10,00 mm
	Amboss		Mensch	6,07 mm
			Hund	4,00 mm
	Steigbügel		Mensch	3,21 mm
			Hund	2,00 mm
	Ohrtrompete	Länge	Mensch	42,90 mm
			Hund	15–20 mm
Innenohr	Äußere Haarzellen	Anzahl	Mensch	12 000–15 000
			Hund	10 500
	Innere Haarzellen	Anzahl	Mensch	3 500
			Hund	2 500

RICHTUNGSHÖREN & ABSTANDSSCHÄTZUNG

Richtungshören findet vor allem dann statt, wenn es Laufzeitunterschiede der Schwingungen zwischen dem linken und dem rechten Ohr gibt. Zusätzlich wird auch noch die Frequenzabschwächung als Maß dafür verwendet, denn während des Wanderns von einem zum anderen Ohr schwächt sich der Schall auch noch ab. Bei Hunden liegt der Unterschied, mit dem eine Schallerscheinung auf das linke und rechte Ohr auftritt, bei ca. 450 Mikrosekunden (beim Menschen ca. 900). Auch hier könnte die Fähigkeit kleiner Hunde, die insbesondere mit hohen Frequenzen arbeiten, anders sein als die von großen. Die Struktur des Ohrknorpels, der Falten und anderer Strukturen in der Ohrmuschel sind ebenfalls noch nicht ausführlich untersucht.

ABSTAND ZWISCHEN GERÄUSCHQUELLEN

Der Abstand zwischen zwei Geräuschquellen, den ein Mensch bzw. ein Hund als Minimalabstand rein durchs Gehör erkennen kann, scheint beim Menschen geringer zu sein als bei Hunden. Hier muss jedoch das Zusammenwirken verschiedener Sinnesorgane betrachtet werden. Anjuli Barber und ihr Team führen deshalb an, dass bei Hunden Geräusche hauptsächlich dazu verwendet werden, um den Kopf in diese Richtung zu lenken und dann mit den Augen die genauere Lokalisation vorzunehmen. Mit Ausnahme der wiederholt schon genannten kleinen Schädlingsbekämpfungshunde (siehe S. 244) könnten also Hunde durchaus von dieser etwas geringeren Lokalisierfähigkeit unbeeinträchtigt sein, solange das Auge exakt zeigt, wo das interessante Tier bzw. die Geräuschquelle sich genau aufhält.

TECHNISCHE ALLTAGSGERÄUSCHE

Die Infobox über Hörschwellen (siehe S. 242 ff.) zeigt, dass Hunde mit ihrem empfindlichen Gehör möglicherweise auch in unserem menschlichen, insbesondere technisch beeinflussten Alltag größere Probleme haben als wir. Zeitweiser oder auch langanhaltend bis dauerhafter Hörverlust, über Taubheit bis zum zeitweisen Verlust der Wahrnehmung bestimmter Frequenzspektren, Verschiebungen der Hörschwellen und andere Störungen können beim Auftreten sehr lauter und plötzlicher Geräusche ebenso auftreten, wie z. B. (genau wie bei uns) Schäden am Gehörgang oder am Trommelfell durch plötzliche Luftdruckschwankungen (Explosionen etc.). Veränderungen der Hörfähigkeit im Alter, siehe S. 242.

WEITERE BESONDERHEITEN

Ein Schreckreiz kann, wie Barber et al. (2020) diskutieren, z. B. nicht nur durch Gewöhnungsprozesse, sondern auch durch das Abrufen einer vorher bereits antrainierten Impulskontrollhemmung „verharmlost" werden. Aus welchem Grund auch immer, durch die unterschiedlichen **Lateralisationserscheinungen** im Gehirn (siehe S. 91 f.) ergibt sich die Erscheinung, dass Hunde, die eine Pfote bevorzugen, reaktiver auf Geräusche sind als solche, die keine eindeutige Pfotenbevorzugung haben. Auch Wechselwirkungen zwischen Geräusch- und Schmerzempfindlichkeit werden immer wieder beschrieben (siehe S. 386). Im Kapitel über Lateralisation wurde bereits ausführlicher berichtet, welche Auswirkungen das Kopfschiefhalten bei Hunden bei der Wahrnehmung und Verarbeitung von Geräuschreizen und Geräuschinformationen hat. Auch darauf sollte geachtet werden, wenn man seinen Hund beim Hören beobachtet. Offenkundig geht es beim Kopfschiefhalten weniger um die rein physikalische als vielmehr um die mentale Wahrnehmungsverarbeitung.

AKUSTISCHE KOMMUNIKATION

Gerade im lang anhaltenden Zusammenleben zwischen Hunden und Menschen haben sich sehr viele Veränderungen in der Lautkommunikation der Vorfahren unserer Haushunde ergeben, die vorwiegend als Anpassungen an das gemeinsame Leben mit dem Menschen und die Verständigung dabei zu werten sind. Wie stark diese Veränderungen auch offenbar durch individualgeschichtliche und andere, relativ moderne Entwicklungen gekennzeichnet sind, zeigt z. B. die Tatsache, dass sogenannte Straßenhunde, Streunerhunde und andere menschenferner lebende *Canis familiaris* wesentlich weniger Lautgebung zeigen als die Familienhunde bzw. die direkt mit dem Menschen zusammenarbeitenden Artgenossen (Siniscalchi et al., 2018).
Auch die Tatsache, dass unterschiedliche Hunderassen unterschiedlich lautgebefreudig sind, und gerade das typische Gebell bei ursprünglichen, dem Wolf genetisch ähnlicheren Rassen noch seltener auftritt, ist als Anpassung an die Kommunikation mit dem Menschen zu sehen. Die Details der unterschiedlichen akustischen Kommunikationsformen werden wir noch behandeln. Vorab sind jedoch einige allgemeine Zusammenhänge zwischen lautlicher Kommunikation, Motivation und anderen inneren Zuständen eines Tieres zu betrachten.

ALLGEMEINE ZUSAMMENHÄNGE

Eugene Morton (1977), die Arbeitsgruppe von Anna Taylor und David Reby (Taylor et al., 2009, 2010, 2011) und Patricia McConnell (1990) haben diese allgemeinen, aus Bioakustik, funktioneller Anatomie und innerer Motivation der lautgebenden Tiere stammenden Zusammenhänge dargelegt. Eugene Mortons Motivations-Struktur-Regel war eine allgemeine Betrachtung der Lautgebung bei Vögeln und Säugetieren. Anna Taylor und ihr Team betrachten vor allem auch die Zusammenhänge zwischen Körpergröße, Größe der für die Lautgebung wichtigen Körperteile und der Lautstruktur, während Patrica McConnell vorwiegend über die Rhythmik und die zeitliche Gestaltung der hundlichen Laute gearbeitet hat.

Auch Hunde können heulen, und das nicht nur bei Verlassenheit.

TIEFE EINES LAUTES

Die Tiefe, die ein Laut erreichen kann, ist abhängig vom Resonanzvolumen, letztlich also von der schwingenden Luftsäule, die diesen Ton weiterträgt. Deshalb ist eine Geige höher als ein Kontrabass. Die Körpergröße ist hier, wie auch Untersuchungen an Hunden gezeigt haben, durchaus ein wichtiger Faktor. Noch entscheidender sind aber, wie gerade Anna Taylor und David Rebi in einem „Quelle-Filter-Konzept“ („Source-Filter“) dargelegt haben, die Eigenschaften der Luftröhre. **Eine mit größerem Durchmesser versehene und eventuell auch längere Luftröhre schafft eine tiefere Tonlage, weil die schwingende Luftsäule ein bei der Lautgebung entsprechend größeres Volumen erreicht.** So kann also auch ein kleinerer Hund mit einer größeren Luftröhre einen tieferen Ton erzeugen. Gerade im Zusammenhang mit der Lautgebung in Konfliktsituationen (seien es aggressive Interaktionen, Werbeverhalten, Revierverteidigung), ist es für ein Tier durchaus evolutiv hilfreich, wenn es sich etwas größer macht als die reine Körpergröße angibt. Ob diese oder andere evolutive Faktoren mitgewirkt haben, dass manche mittelgroßen Hunde eine tiefere Stimme haben als andere, ist leider bisher nicht ausführlich erforscht.

AKUSTISCHE ALLOMETRIE

Die allgemeinen Zusammenhänge zwischen ehrlicher Signalisierung der Körpergröße, oder auch einem versuchten Täuschungsmanöver im Zusammenhang mit akustischer Kommunikation beschreiben Maxime Garcia und Andrea Ravignani (2020) mithilfe der sogenannten akustischen Allometrie. Allometrie bedeutet ja, ob ein doppelt so großes Tier auch ein doppelt so großes Organ hat, oder ob die Organgröße relativ zur Körpergröße eben größer oder kleiner ist. **Hat ein Hund einen tieferen Laut als die Körpergröße vorgibt, würde man von einer positiven akustischen Allometrie sprechen. Wirkt der Ton höher als die Körpergröße des Hundes vorgibt, hätten wir eine negative akustische Allometrie, weil dann die Tonfrequenz langsamer anwächst als die Körpergröße.**
Maxime Garcia und Andrea Ravignani argumentieren, dass die Lautgebung gerade im Zusammenhang mit ehrlicher und unehrlicher Signalisierung eine wichtige Rolle spielen kann. Gleichzeitig argumentieren sie, dass in diesem Zusammenhang akustisches Lernen eine wichtige Rolle spielt. Sobald man erkennt, dass das Gegenüber möglicherweise auch bei seiner Lautgebung trickst und täuscht, kommt es darauf an, durch Lernprozesse die Täuschung zu durchschauen. Wie immer bei der Frage nach ehrlicher oder unehrlicher Signalisierung, kommt es dann zu einem Wettrüsten zwischen Sender und Empfänger.

REINHEIT DES TONES

Weitere Zusammenhänge mit der Bioakustik beschreibt die bereits genannte Überlegung von Eugene Morton: Tiefere Töne dienen in der Regel eher der Distanzierung, höhere Töne eher der Aufforderung der Distanzverringerung. Gleichzeitig aber ist auch die Reinheit des Tones ein Ausdruck des inneren Zustandes: Wer sich mit seiner Motivation im Reinen ist, also nur von einer Motivation derzeit geleitet wird, der produziert auch reine Töne. Wohlklingendes, tiefes Bellen, wie wir es z. B. von einem Hund auf seinem eigenen Grundstück hören, ist ein solches Beispiel. Wer sich dagegen in einem Motivationskonflikt befindet, z. B. zwischen Angriff und Flucht, bei dem zeigen sich nicht nur im optisch sichtbaren Verhalten Übersprungsbewegungen, sondern auch seine Lautgebung wirkt schrill, verrauscht und ist unrein. Das schrille Alarmkläffen eines im Motivationskonflikt zwischen Angriff und Flucht befindlichen Hundes werden wir im Kapitel über Bellverhalten nochmals ausführlicher besprechen (siehe S. 254 ff.).

RHYTHMIK DER HUNDLICHEN LAUTGEBUNG

Patricia McConnell wiederum betrachtet insbesondere die Rhythmik der hundlichen Lautgebung und die Reaktion der Empfänger, an die diese Laute gerichtet sind. Die Frequenz, mit der ein Sender einen Laut aussendet, ist sehr stark von seiner inneren Erregung abhängig, das heißt, je erregter, desto mehr Laute pro Zeiteinheit werden ausgestoßen. Gleichzeitig ist aber auch hier der gewünschte Effekt beim Empfänger der Signale mitentscheidend, und vier kurze Töne sind z. B. zum Heranrufen eines Empfängers, also eines Sozialpartners, wesentlich besser geeignet, als ein längerer, konstanter Ton. Gleichzeitig wird auch die Bewegungsaktivität des Empfängers stärker gesteigert, wenn die kurzen, in kürzeren Zeitabständen wiederholten Laute geäußert werden, und die Grundfrequenz erhöht wird, also der Ton insgesamt über eine höhere Tonlage verfügt.

HERANRUFEN VON HUNDEN

Beim Heranrufen des Hundes möchten wir einerseits durch hohe, häufiger wiederholte Töne, dass unser Hund zu uns herankommt. Andererseits steigern wir aber mit diesen hohen Tönen auch seine Bewegungsaktivität, und damit möglicherweise auch seine Nervosität. Wiederum hängt es von der individuellen Gestaltung des Mensch-Hund-Teams, und letztlich auch von der Disposition des Hundes als Empfänger ab, wie sehr wir nun eher den einen oder den anderen Aspekt unserer Lautkommunikation bevorzugen müssen. Eine generelle Regel gibt es also auch hier nicht. Wenn aber mit regelrechtem Triumphgeheul Hunde zum Herankommen und zur Kontaktaufnahme zu ihrem Menschen motiviert werden, wie man das bisweilen in Welpenstunden und danach auch auf Hundewiesen hört, dann muss man sich eben nicht wundern, wenn diese Hunde zwar herankommen, aber dann auch ausgesprochen nervös bis überdreht reagieren.

Kommt er gerade, oder haut er ab? Das ist hier die Frage!

SPEKTRALER SCHWERPUNKT

Tamas Farago und sein Team aus dem Budapester Institut konnten nachweisen, dass Hunde und Menschen (wahrscheinlich wegen der Mortonschen Regel als allgemeingültiges Kriterium für Lautkommunikation) ihre Emotionen auch dann anhand der Lautgebung erkennen können, wenn sie einander nicht persönlich kennen oder gar eine individuelle Beziehung zueinander aufgebaut haben (Farago et al., 2014). Trotzdem gibt es Unterschiede, die mit der Empfängerpsychologie (siehe S. 132) zusammenhängen: **Wird der spektrale Schwerpunkt, also die Grundfrequenzen des Tones, abgesenkt, so wird dies vom Menschen als positiver, beim Hund dagegen als weniger intensiv, also weniger motiviert, eingestuft. Erhöht man den spektralen Schwerpunkt, also die Grundfrequenzen des Tones, so wird das vom Hund als intensiver eingestuft, vom Menschen eher als weniger positiv.** Auch längere tonale Hundelaute werden vom Menschen als weniger intensiv eingestuft, kürzere Rufe dagegen als positiver. Die emotionale Einschätzung und die Empfängerbewertung bei beiden Arten ist also trotzdem unterschiedlich, auch wenn sie durch lange gemeinsame Geschichte sehr viele gegenseitige Anpassungen erfahren haben.

STRUKTURELLE UNTERSCHIEDE IM GEHIRN

Auch im Gehirn sind zwischen Hund und Mensch durchaus unterschiedliche strukturelle Veränderungen beobachtbar, wie Dora Szabo und ihr Team, wiederum aus Budapest, an funktionellen Gehirnresonanzuntersuchungen (siehe Aus der Forschung S. 88) darlegen konnten (Szabo et al., 2023). Im Gegensatz zur menschlichen Gehirnanatomie entdeckte das genannte Team kein spezielles, für die Verarbeitung von Gehörreizen zuständiges Netzwerk. Stattdessen fanden sie zwei stark verbundene, seitlich spezialisierte Netzwerke, die in mehrere Regionen der Gehirnanatomie ausstrahlten, und intensive Verbindungen sowohl mit dem assoziativen als auch dem sensorimotorischen Teil der Großhirnrinde und der sogenannten Inselrinde hatten. Der **assoziative Teil** der Gehirnrinde ist derjenige, der für die Verknüpfung von Reizen und damit für die Verarbeitung von verschiedenen Eingängen und der daraus entstehende gemeinsame Bewertung zuständig ist. Der **sensorimotorische Teil** ist derjenige, der insbesondere mit der Körperfühlsphäre und der daraus entstehenden Muskel- und Bewegungsaktivität zu tun hat. Möglicherweise ist dies übrigens auch der Grund dafür, dass die Studien in der Arbeitsgruppe von Daniel Mills (siehe S. 337, 386) einen Zusammenhang zwischen Schmerzempfindlichkeit und übersteigerter Geräuschempfindlichkeit beim Hund gefunden haben.

Verarbeitung in unterschiedlichen Gehirnhälften

Marius Siniscalchi und sein Team fanden mehrere ausführliche Studien, dass die meisten arteigenen Lautgebungen des Hundes, genau wie bei anderen Wirbeltieren, vorwiegend in der linken Großhirnhälfte analysiert werden, und die rechte Gehirnhälfte z. B. für die Auswertung von Spielsignalen akustischer Art zuständig ist. Unangenehme Situationen, wie z. B. bei plötzlicher Störung oder bei Isolation von Sozialpartnern, wurden dagegen von beiden Gehirnhälften gleichermaßen bearbeitet. Sobald innerartliche Lautgebung intensive Emotionen beim Hund hervorruft, wird die Verarbeitung in die rechte Gehirnhälfte verschoben. Dies gilt ja auch für Signale aus anderen Kommunikationskanälen (siehe S. 91). Bereits 2005 haben Peter Pongracz und sein Team, wieder aus Budapest, gezeigt, dass auch Menschen die Rufe und die inneren Zustände eines bellenden Hundes miteinander in Verbindung bringen können,und dessen emotionale Grundtönung erkennen.

Gerade bei knurrenden Hunden muss immer das Gesamtausdrucksverhalten berücksichtigt werden.

KNURREN

Die Zuordnung eines Knurrlautes zur jeweiligen Motivation des betreffenden Hundes gelingt Artgenossen offensichtlich besser als Menschen. Anna Taylor und ihr Team zeigen, dass Menschen beim Knurren von Hunden eher auf allgemeine Zusammenhänge stoßen: Ein tieferer Knurrton wird als aggressiver empfunden, ein spielerischer Knurrton ist deutlich erkennbar kürzer als ein aggressiver, unterscheidet sich aber für den Menschen ansonsten nicht in den akustischen Eigenschaften. Tamas Farago und sein Team (2017) dagegen zeigen etwas sehr Bemerkenswertes im Verständnis von Hunden: Hunde können einen Knurrlaut, der bei der Futterverteidigung ausgestoßen wird, auch von einem ihnen völlig unbekannten Artgenossen richtig zuordnen.

VERSUCH: KNURREN BEI FUTTERVERTEIDIGUNG

Der Versuchsaufbau war sehr beeindruckend einfach: Ein Hund betritt mit seinem Menschen zusammen den Versuchsraum und findet eine Schüssel mit sehr schmackhaftem Futter (Fleischknochen). Dahinter steht ein Tisch mit einem verdeckten Lautsprecher darunter. Nähert sich der Hund dem Futterbrocken, ertönt aus dem versteckten Lautsprecher ein Ton eines bisher ihm nicht bekannten Artgenossen. Wird die Aufnahme von einem Hund vorgespielt, der gerade sein Futter verteidigt, weicht auch der unbekannte Artgenosse zurück. Die meisten Hunde gehen auch dann nicht mehr zum Futternapf, wenn das Knurren wieder beendet wird. Ist es dagegen ein Knurren in einer Selbstverteidigungssituation, oder gar ein spielerisches Knurren, lässt sich der Testhund den Fleischbrocken genüsslich schmecken.
Diese Versuchsreihe sagt aber nicht nur viel über das Verständnis innerartlicher Knurr-Kommunikation bei Hunden aus, sondern bestätigt auch die in anderen Studien belegte Tatsache, dass Futterverteidigung bei Hunden nichts mit Dominanz oder anderen individuellen Sozialbeziehungen zu tun hat, sondern im Sinne einer eher motiviationsabhängigen Kommunikation über Besitzrespektierung steht (Gansloßer, 2020).

VERSUCH: EINSCHÄTZUNG DER KÖRPERGRÖSSE

In einer anderen Untersuchungsreihe haben Tamas Farago und sein Team (2010) nachweisen können, dass Hunde tatsächlich die Körpergröße eines knurrenden, ihnen unbekannten Artgenossen einschätzen können.
Versuchsaufbau: Während aus einem Lautsprecher ein Knurrlaut eines unbekannten Hundes ertönte, wurde gleichzeitig ein Scherenschnitt eines kleinen, mittleren oder großen Hundes an die Wand projiziert. Hunde reagierten deutlich anders, z. B. mit erhöhter Aufmerksamkeit, wenn die Größe des Scherenschnittes und die Tiefe des Knurrlautes auf unterschiedliche Körpergrößen hindeuteten. Passten die beiden Informationen, die Tiefe des Knurrens und Größe des Scherenschnitt an der Wand, gut zueinander, war die Aufmerksamkeit der Hunde auch wesentlich kürzer. Sie haben sozusagen nichts an erstaunlichen Widersprüchen entdeckt.
Ebenso interessant war, auf welche Körpergrößen in diesem Test die Hunde mit eigenem Knurren reagiert haben: Kleine Hunde reagierten auch auf Größere, die ihnen durch physikalisch veränderte Laut-Charakteristika vorgegaukelt wurden. Mittlere und größere Hunde dagegen antworteten fast nur auf Hunde der gleichen Größenkategorie wie sie selbst. Ausnahme: spielerisches Knurren. Wie wir noch sehen werden, sind beim Spiel die sozialen Normen, Rangbeziehungen und andere Konventionen weitgehend aufgehoben (siehe S. 372). Man kann also beim spielerischen Knurren auch durchaus eine Tonhöhe haben, die mit der eigenen Körpergröße nichts zu tun hat, und trotzdem wird mit spielerischem Knurren geantwortet (sozusagen *„Guter Witz, hahaha, lass uns weiterspielen!“*).

Heulen ist mehr Stimmfühlung und hat nicht unbedingt mit Belastung im Stresssystem zu tun.

HEULEN

Heulen wird zur Distanzkommunikation bei mehreren, sozial lebenden Arten der Hundeartigen verwendet. Robert Robbins (2000) findet Literaturhinweise und eigene Beobachtungen dazu nicht nur beim Wolf, für den dieses Verhalten ja fast sprichwörtlich ist, sondern eben auch beim Haushund, beim Südamerikanischen Waldhund und beim Asiatischen Rothund. Zur Distanzkommunikation wird Bellen vom Haushund eingesetzt. Robbins (2000), Fred Harrington und Cheryl Asa (2003) und weitere Teams beschreiben die Funktionen des Heulens bei Wölfen und anderen Kanidenarten. So muss in der Funktion des Chorheulens und dem Einzelheulen unterschieden werden.

CHORHEULEN

Das **Chorheulen** dient der Distanzerhaltung, dass heißt, z. B. der Kommunikation zwischen benachbarten oder anderweitig

in ähnlichen Gebieten operierenden Wolfsgruppen. Die genauen akustischen Merkmale dieses Chorheulens sind offensichtlich dazu geeignet, auch die Kopfstärke der jeweils heulenden Gruppe anzugeben. Allerdings gibt es sogar Vermutungen, dass Wölfe in der Abstimmung der Grundfrequenzen eines solchen Chorheulens sogar eine größere Gruppe vorgaukeln können, indem sie z. B. mehr Resonanz, also mehr Schwingungen der ausgestoßenen Heultöne erzeugen und damit vorgaukeln, dass mehr Individuen an der Signalisierung beteiligt wären.
Die Funktionen des Heulens werden in mehreren Zusammenhängen gesehen: Einerseits in der Wiederzusammenführung, hier meistens, wenn ein einzelnes Tier den erneuten Anschluss an die Gruppe sucht, in der Aufrechterhaltung und Stabilisierung des sozialen Zusammenhalts, in der Distanzerhaltung zwischen den benachbarten Gruppen (Vermeidung plötzlich unerwarteten Zusammentreffens als Konfliktvermeidung) und im Zusammenhang mit der Paarungszeit.

Heulen bei der Wiederzusammenführung

Über die Eigenschaften des Einzelheulenes beim Wiederzusammenführen mit einem verlorenen Gruppenmitglied hat Francesco Mazzini und sein Team (2013) eine bemerkenswerte Studie vorgelegt: In einem amerikanischen Wolfspark, in dem es handaufgezogene Wölfe gibt, die auch zu Leinenspaziergängen aus dem Gehege geholt werden können, wurden einzelne Wölfe der Gruppe entnommen und dann das Heulen der Zurückgebliebenen, wie auch die Konzentration des Stresshormons Cortisol im Speichel bestimmt. Die wichtigsten Erkenntnisse dabei:

- Heulte ein einzelnes Tier in der zurückgebliebenen Gruppe, war dies in der Regel der individuell wichtigste Beziehungs- oder sogar Bindungspartner des Entnommenen.
- Heulte dagegen die ganze Gruppe, deutete das darauf hin, dass ein ranghohes Leittier aus der Gruppe entnommen und ausgeführt worden war.

Cortisolspiegel während des Heulens

Die andere, ebenfalls wichtige Erkenntnis war, dass der Cortisolanstieg im Speichel nicht mit der Häufigkeit oder Intensität des Heulens gekoppelt war. Wenn wir diesen Befund auf unsere Haushunde übertragen können, bedeutet das auch, dass das Verlassenheitsheulen eines zurückgebliebenen Hundes in der Wohnung nicht unbedingt immer eine hohe Stressbelastung bedeuten würde. Stattdessen wird das als **Verlassenheits- oder Stimmfühlungslaut** interpretiert, mit dem die verbliebene Gruppe gesucht und dann gezielt aufgesucht werden könnte.

Distanzaufrechterhaltung bzw. -vergrößerung

Im Zusammenhang mit der Aufrechterhaltung bzw. sogar Vergrößerung der Distanz zwischen benachbarten oder das gleiche Gebiet nutzenden Wolfsgruppen fanden Sabina Nowak und ihr Team (2007) im polnischen Biaowiesca-Nationalpark folgende Zusammenhänge: Größere Gruppen heulten länger, die Häufigkeit des Heulens war im August am höchsten, Heulen wurde aber auch vor Beginn einer gemeinsamen Jagd registriert. Rick McIntyre und sein Team (2017) fanden, dass im Yellowstone Nationalpark das Geheul der Wolfsgruppen am häufigsten in der Fortpflanzungszeit und in der Zeit davor auftrat, also im Proöstrus der Wolfsfähen. Sehr schnell nach dem Ende der Paarungszeit wurde das Chorheulen wesentlich seltener und es war eine Konzentrationsabhängigkeit mit dem Östrogen, dem Testosteron und auch dem LH-Hormon (luteinisierendes Hormon) messbar.

Zusammenhänge des Heulens

Stuart Watson, Simon Townsend und Friederike Range (2018) untersuchten, welche Eigenschaften die Heulstrophen sowohl in Bezug auf den Zusammenhang, als auch die Individualität des Senders hatten. 913 Heulstrophen von 9 Individuen aus 3 Gruppen wurden dazu verglichen. Spontanes Heulen passierte meist kurz nach dem Sonnenuntergang. Demgegenüber stellten sie Heulen, das durch die Abwesenheit eines Gruppenmitglieds situativ verursacht wurde. Sowohl die Identität als auch der Zusammenhang, in dem die Heulstrophen aufgenommen wurden, liesen sich eindeutig aus der Lautstruktur erkennen. Andere Faktoren (Altersklasse, Geschlecht oder Gruppe) konnten dagegen nicht als Identifikationsmerkmale im Geheul gefunden werden. Die individuellen Unterschiede wurden hauptsächlich mit der Frequenz, also mit der Tonhöhe assoziiert. Die Zusammenhänge mit den verschiedenen Ursachen für das Geheul waren dagegen nicht nur mit der Frequenz, sondern auch mit der Intensität und mit dem Energiegehalt, also der Schwingungsstärke des Geheuls, verknüpft.

Auch unsere Haushunde heulen in ähnlichen Zusammenhängen. Neben dem bereits genannten Verlassenheitsruf, der also nicht immer auf eine Trennungsangst oder Trennungsstörung hinweist (siehe Silbermann und Gansloßer, 2023), finden wir durchaus auch Heulen als Reaktion auf vorbeifahrende Rettungswagen, Feuerwehrzüge und andere. Auch Streuner- und Straßenhunde finden sich regelmäßig zum Chorheulen zusammen, wie z. B. in den Berichten bei Günther Bloch (2007) oder Kate Kitchenham (2020) erkennbar wird. Auch unsere Haushunde reagieren möglicherweise auf Signale, die eine Gruppengröße vortäuschen: Viele Hundehalter:innen beschreiben, dass ihr Hund zwar bei einem einzelnen, vorbeifahrenden Rettungswagen mitheult. Wenn aber die Feuerwehr mit dem ganzen Löschzug aus mehreren schwereren LKWs anrückt, verstummt der Hund irgendwann, und erst wenn der Löschzug in weiter Ferne ist, stimmt er wieder ein. Wenn das stimmt, würde es mit ähnlichen Zusammenhängen erklärbar sein, wie die von Fred Harrington und seinem Team beschriebenen Wolfseigenschaften (Harrington und Asa, 2003): Ist man selbst eindeutig in der Minderzahl, hält man gegenüber einer großen Gruppe lieber die Schnauze, denn das könnte sonst gefährlich werden. Kommen dagegen die Heulstrophen nur von einem Einzeltier, kann man gerne dagegenhalten. Allerdings sind diese Vermutungen eben beim Haushund noch nicht überprüft. Überhaupt stellen Fred Harrington und Cheryl Asa, aber auch Stuart Watson und sein Team und andere immer wieder fest, dass viele Zusammenhänge des Geheuls sogar bei Wölfen noch der weiteren Untersuchung bedürfen. Bei Haushunden finden wir nahezu ausschließlich anekdotische Einzelbeobachtungen, ohne dazu systematisch durchgeführte Studien.

BELLEN

Gebell wird oft als störend empfunden und das soll auch so sein. Die Diskussionen darüber, ob Bellen bei unseren Haushunden als Anpassung an die Kommunikation mit uns Menschen verstärkt entwickelt wurde, gehen seit geraumer Zeit hin und her. Bemerkenswert sind in diesem Zusammenhang die

Beim Heulen von Haushunden gibt es noch eine Menge zu erforschen.

Befunde, die sich mit den Ergebnissen des bekannten Farmfuchs-Zuchtversuchs beschäftigen. In diesem Zuchtversuch wurden seit über 60 Generationen Silberfüchse, ursprünglich in sowjetischen, später in russischen Pelztierfarmen, speziell auf Zähmbarkeit zum Menschen selektiert (siehe Gansloßer und Kitchenham, 2019, 2024). Als Nebenergebnis dieser Selektion, die sich ja nur auf die Bereitschaft zum Gestreicheltwerden und zur Handfütterung bezog, entwickelten sich auch Füchse mit einem verstärkten Bellverhalten. Im Gegensatz zu ihren unselektierten Vorgängern waren die auf Zähmbarkeit selektierten Füchse wesentlich stimmfreudiger, und sie bellten auch häufiger und in den gleichen Zusammenhängen wie Haushunde (Gogolewa et al., 2009; Yin, 2002). Da diese Füchse nicht auf akustische Kommunikation mit dem Menschen selektiert wurden, ist offensichtlich auch hier ein allgemeiner Nebeneffekt der Domestikation, wahrscheinlich die Umwandlungen im Bereich der embryonalen Neuralleiste, zu vermuten (siehe Gansloßer et al., 2022).

BELLVERHALTEN VON HAUSHUNDEN

Auch im Umgang mit unseren Haushunden haben wir eine ganze Reihe von Veränderungen des Bellverhaltens. Wie bereits erwähnt, finden Marcello Siniscalchi und sein Team (2018) eine Reihe von Studien, wonach verwilderte oder menschenfern lebende Haushunde seltener bellen, als die im Familienstand lebenden. Vergleichbare Befunde finden auch Studien anderer Autorengruppen, wohingegen Sophia Yin in ihrer Zusammenstellung (2002) durchaus auch Literaturstellen anführt, bei denen verwilderte Straßenhunde vor dem Aufbruch zum Müllplatz, also zur Nahrungssuche, vergleichbar mit Wölfen vor der Jagd, sich zusammenfinden und sich statt mit Heulen eben mit Chorbellen gegenseitig in Stimmung versetzen. Auch in Revierauseinandersetzungen mit benachbarten Hundegruppen wird Gebell von Hunden sehr häufig geäußert, wie Sophia Yin, aber auch Roberto Bonanni in seinen Feldstudien vor den Toren von Rom beschreibt (Bonanni und Cafazzo, 2014).

KOMMT BELLEN AUCH BEI WÖLFEN VOR?

Genauso differenziert muss die Frage betrachtet werden, ob Gebell bei Wölfen vorkommt. Die allgemeine Aussage „Wölfe heulen und Hunde bellen" stimmt nach Angaben vieler Freilandstudien zum Verhalten des Grauwolfs nur bedingt. Sophia Yin zitiert Studien, wonach Wölfe durchaus in vielen Zusammenhängen bellen, jiffen oder andere eher dem Haushund zugeschriebene Laute von sich geben. Ein charakteristischer Zusammenhang, den auch Kathryn Lord anführt, betrifft die Annäherung eines potenziellen Feindes, z. B. an die Höhle mit den Welpen (Lord et al., 2009). In diesem Zusammenhang hört man von den Babysittern oder anderen anwesenden erwachsenen Wölfen, Kojoten, Schakalen etc. Bellen in der vergleichbaren Art, wie wir es auch bei einem Hund im Garten bei Annäherung eines Fremden hören können. Diese Studien sind auch von besonderer Bedeutung für die Frage nach der Evolutionsgeschichte des häufigen Bellverhaltens der Haushunde. Kathryn Lord und ihr Team, aus der Gruppe von Ray Coppinger, beschreiben nämlich diesen Zusammenhang auch im Kontext der bereits genannten Mortonschen Regel: **Nähert sich der Feind dem Lagerplatz oder der Höhle mit den Welpen, hören wir ein eher schrilles, unschön klingendes, auf inneren Motivationskonflikt hindeutendes Gekläff. Entfernt sich der Feind dagegen wieder, wird das Bellen des Babysitters zunehmend wohlklingender, ruhiger, tiefer und deutet auf den abnehmenden inneren Konflikt hin.**

Auch Wölfe bellen in unterschiedlichen Situationen.

DIENSTLEISTUNG DER PROTOHUNDE

Ray Coppinger und sein Team vermuten, dass dieses Verhalten – Gekläff bei näherkommenden Feinden – möglicherweise die erste oder zumindest eine der ersten Dienstleistungen war, die die Protohunde damals unseren Vorfahren vor vielen Tausend Jahren geliefert haben. Sobald sich Feinde, zwei- oder vierbeinige, dem Lagerplatz näherten, wurden die dort herumstreichenden Protohunde eben auch in einen Motivationskonflikt versetzt. Sollten sie weglaufen, oder doch die menschliche Lagerstätte als zuverlässige Futterquelle verteidigen? Mit diesem schrillen Gekläff wiederum weckten die Hunde möglicherweise unsere Vorfahren, analog den berühmten Gänsen des Capitols im alten Rom, und konnten dadurch die Menschen zur effektiven Verteidigung ihrer Lagerstätte bewegen.

Hier handelt es sich um ein Verhalten, das bei Jägern, Vogelkundlern und anderen naturbegeisterten Menschen als „Hassen", in der internationalen verhaltensbiologischen Literatur als „Mobbing" bezeichnet wird. Diese, auf Gegenseitigkeit beruhende Warnaktivität wird ausgelöst, sobald irgendjemand den Feind entdeckt. Und das erinnert uns daran, wenn wir mit unserem Hund eine fremde Reihenhaussiedlung betreten, der erste Hund, der uns entdeckt, startet die Mobbingaktivität, und binnen kürzester Zeit kläfft es aus allen Vorgärten aller Parallelstraßen, ohne dass irgendjemand außer dem Ersten, der den Alarm ausgelöst hat, eigentlich weiß, warum. Durch solche Aktivitäten rufen sich übrigens, wie Freilandbeobachtungen z. B. in Italien beschrieben haben, auch die einzeln auf Nahrungssuche herumstreifenden Hunde einer sogenannten Straßen- oder Streunerhundgruppe zusammen, sobald einer von ihnen eine mögliche Gefahr im Dorf oder im Lebensraum entdeckt (Boitani, 2018; Mac Donald und Carr, 2018).

KLASSIFIKATION VON BELLLAUTEN

Aber auch andere bemerkenswerte Befunde zur Interpretation des Bellverhaltens wurden in den letzten Jahren zunehmend veröffentlicht. Ein Team unter Führung von Tamas Farago (2014) entdeckte, dass die meisten Menschen sehr wohl das Gebell – auch von fremden Hunden – das sie vom Tonband hörten, dem Zusammenhang zuordnen konnten, in dem der Hund dieses Bellen äußerte. Bereits 2005 beschrieben Peter Pongracz und sein Team vergleichbare Daten. Ob ein Hund auf einen sich nähernden Fremden, auf eine Bedrohung, auf Vereinsamung, auf das Zeigen seines Lieblingsspielzeuges oder auf die freudige Erwartung eines Spaziergangs mit Gebell reagiert, konnten die Menschen offensichtlich sogar dann entscheiden, wenn sie selbst keine konkreten Erfahrungen mit Hunden hatten. Auch hier ist offensichtlich die Mortonsche Regel als Erklärung in Betracht zu ziehen.

INDIVIDUALERKENNUNG

Dass Hunde selbst ähnliche, sogar noch weitergehende Klassifikationen vornehmen können, zeigten Peter Pongracz und sein Team (2009). Hunden wurden Belllaute bekannter Artgenossen aus verschiedenen Zusammenhängen so lange vorgespielt, bis sie darauf nicht mehr reagierten. Dann wurde ein Laut aus vergleichbarem Zusammenhang eines fremden Hundes, oder ein anderer Laut des gleichen, vorher desensibilisierten Artgenossen benutzt, und sofort erfolgte wieder eine deutlich verstärkte Reaktion. Die Gewöhnung bezog sich also ganz konkret nur auf einen Laut eines bestimmten Artgenossen, andere Laute dieses Artgenossen oder eben auch der gleiche Laut eines anderen Artgenossen dagegen wurden wieder beantwortet. Das zeigt, dass es sich hier nicht um einen einfachen Gewöhnungseffekt handelt, sondern um konkrete, auf das Individuum und die Situation bezogene Einschätzungen.

Vergleichbare Untersuchungen haben auch bei Primatenuntersuchungen im Freiland ähnliche Ergebnisse erzielt (siehe Gansloßer et al., 2020). Auch Sophia Yin und Brenda McCowan (2004) fanden vergleichbare Ergebnisse. Einerseits waren auch hier Hunde, und zwar über verschiedene Situationen hinweg, zur Individualerkennung fähig, wobei die beiden Autorinnen schreiben, dass diese etwas weniger treffsicher wäre als bei Primaten. Sie vermuten, dass die Gruppen von Hunden, auch und gerade von menschenferner lebenden Streunerhunden, einfach kleiner wären als die von Primaten, und deshalb die Individualerkennung nicht ganz so treffsicher sein müsste. Zum anderen vermuten sie, dass Hundegebell in wiederholten, bisweilen sogar fast stakkatoartigen Gruppierungen geäußert wird, wohingegen Primatenlaute oft eher einzeln stehen. Möglicherweise wird, so die beiden Autorinnen, in der Wiederholungs- und Rhythmusanordnung der Belllaute doch wieder eine Individualerkennung kodiert. Die durchschnittliche Frequenz, und die Minimalfrequenz, also die tiefsten Anteile des Gebells, werden hauptsächlich zur Individualerkennung benutzt, die Dauer und die Amplitude, also die Schwingungsbreite der Laute, eher für die Erkennung des Zusammenhangs. Die Wiederholungsrate, die Dauer des gesamten Bellgeschehens und die Verrauschtheit wiederum sind vorwiegend Anzeichen des jeweiligen inneren affektiven Zustandes des Senders.

SPIELBELLEN

Eine besondere Bedeutung hat offensichtlich auch für Hunde das Spielbellen. Wir haben bereits erfahren, dass spielerisches Knurren für Hunde eine wichtige Bedeutung bei der Erkennung des inneren Zustandes des Senders hat (siehe S. 252). Beim spielerischen Bellen zeigen Patricia Simonet und ihr Team (2005), dass vorgespieltes Spielbellen, sogar von fremden Hunden, mit einer größeren Ruhe und einer Reduzierung des eigenen Bellverhaltens beantwortet wird. Diese Untersuchung fand bemerkenswerterweise bei Tierheimhunden statt. Offensichtlich deutet spielerisches Bellen, sogar eines fremden Artgenossen, so stark auf das entspannte Feld und die damit verbundene gefahrlose Allgemeinsituation hin, dass man sich selbst auch eher zur Ruhe begibt, also nicht nur weniger bellt, sondern auch weniger herumläuft und sich entspannt ablegen kann.

Gerade unsichere Hunde zeigen vermehrt Alarmbellen.

Ein souveräner Mensch kann dem Hund Sicherheit geben.

Auch Aufgaben geben dem Hund mehr Selbstsicherheit.

EINFLUSS DES VERTRAUTEN MENSCHEN AUF DAS BELLEN

Das entspannte Umfeld wird offensichtlich auch vom vertrauten Menschen vermittelt. Marcello Siniscalchi und sein Team (2013) beschreiben, dass Hunde von wenig selbstsicheren Menschen in verschiedenen Testsituationen, u.a. auch im Bindungstest (Gansloßer und Kitchenham, 2024), mehr vokalisieren und insgesamt größere Unruhe zeigen. Ein selbstsichererer Mensch kann sogar in seiner Abwesenheit im Bindungstest seinem Hund eine überdauernde Ruhe vermitteln, die sich in weniger Vokalisation und geringerem Bellverhalten zeigt.
Gerade das rhythmische Alarmbellen, das unsichere Hunde oder Hunde in unsicheren Situationen äußern, kann auch im Laufe der Zeit zu einer Stereotypie werden. Hier zeigen die Untersuchungen aus dem Team von Michael Mendl (zusammengefasst von Oliver Burman, 2014), dass pessimistische Hunde in Trennungssituationen, aber auch in allgemein verunsichernden und potenziell angst- oder furchtauslösenden Zusammenhängen mehr, häufiger und auch eher stereotyp-rhythmisch wiederholt bellen. Die Grundpersönlichkeit des Hundes, bzw. seine kognitiven Vorurteile (siehe S. 19) sind hier offensichtlich auch ein beeinflussender Faktor.
Zum anderen zeigen Untersuchungen in der Tierklinik der Universität Edinburgh, dass Hunde mit Krankheiten in der frühen Welpenzeit, Unfällen, früher Trennung von der Mutter und anderen Problemen in der Verhaltensentwicklung zwischen der 8. und 14. Woche sehr viel später, etwa mit 6 bis 8 Monaten, bei Beginn der Pubertät viel häufiger eine Bellstörung entwickeln als andere (Serpell und Jagoe, 1995).
Es lohnt sich also, sich gerade bei störendem Hundegebell etwas genauer zu informieren, die Tonlage, den Rhythmus und den Zusammenhang des Bellens genauer zu analysieren, bevor man eventuell mit therapeutischen oder erzieherischen Maßnahmen antwortet.

SPRACHE UND SPRACHERKENNUNG

Eine der vielen, nicht biologisch begründbaren Modeerscheinungen im Umgang mit unseren Hunden aus den letzten Jahren nennt sich **„nonverbale Kommunikation"**. Selbstverständlich achten unsere Hunde auf Körperhaltungen, sie können anhand unseres Körpergeruchs unsere emotionale Gestimmtheit erkennen. Zudem sind sie in der Lage, durch andere Arten unserer Bewegungsabläufe ihre Schlussfolgerungen zu ziehen (siehe S. 222). Was jedoch die Konzeption des nonverbalen Umgangs mit dem Hund beinhaltet, wirft schlichtweg mehrere zehntausend Jahre gemeinsamer Geschichte über den Haufen. **Dass man mit dem Hund nicht sprechen und möglichst Kommandos und andere Anweisungen nicht in einer Wortsprache übermitteln soll, hat keinerlei biologische Grundlage.**

HUNDE VERARBEITEN WÖRTER IM GEHIRN

Im Gegenteil, gerade im Zusammenhang mit der Erkennung und Verarbeitung von Wortsignalen treffen wir auf eine der besten Uexküllschen Betrachtung entsprechenden Erscheinung: Die Wechselwirkung zwischen Umwelt und Innenwelt, die innere Verarbeitung von Signalen und die daraus folgende Veränderung des Verhaltens unserer Hunde ist nämlich gerade beim Umgang mit der Wortsprache des Menschen in den letzten Jahren durch modernste Forschungsmethoden (z. B. fMRI, siehe S. 88) belegt. Bereits in den Jahren ab 2015 hat sich zunächst die Budapester Arbeitsgruppe, anfänglich unter Führung von Attila Andics, mit diesen Phänomenen beschäftigt (siehe Gansloßer und Kitchenham, 2019). Dabei wurde z. B. belegt, dass Hunde sowohl die emotionale als auch die begriffliche Bedeutung von Worten in verschiedenen Abschnitten des Gehirns verarbeiten. Im seitlichen vorderen Schläfenlappen z. B. liegt eine Sprachregion, die zumindest an gleicher Stelle auch beim Menschen zu finden ist. Ob es sich dabei um eine stammesgeschichtliche Parallelentwicklung oder um die gleiche, bei beiden Arten spezialisierte Region handelt, ist bisher noch nicht geklärt. Aber immerhin sind die gleich lokalisierten Hörregionen bei Hunden und Menschen angeregt worden, wenn entweder emotionale oder rein nüchterne, mit „Roboterstimme" vermeldete Worte zu hören waren. Auch Hunde wie Menschen benutzen die linke Hälfte des

Hunde- und auch kindgerechte Sprache ruft im Gehirn stärkere Reaktionen hervor.

Großhirns dazu, die richtigen Wörter wahrzunehmen, bei bedeutungslosen Wörtern gab es z. B. gar keine Reaktion. Die Betonung (das Erregungsmuster) dagegen, wurde auf der rechten Gehirnhälfte entschlüsselt – eine fröhliche wurde dort z. B. von einer neutralen Betonung unterschieden. Gleichzeitig zeigten die Untersuchungen von Attila Andics und seinem Team, dass auch das **Belohnungszentrum** des Hundes angesprochen wurde, wenn lobende Worte in fröhlicher Betonung ausgesprochen werden. Die Arbeitsgruppe von Gregory Berns konnte dem Gehirn der Hunde im fMRI auch beim Erlernen neuer Wörter zusehen, und auch dort ähnliche Strukturen wie beim Menschen für die Zuständigkeit identifizieren (siehe Gansloßer und Kitchenham 2019).

HUNDGERECHTE SPRACHE

Wiederum andere Arbeitsgruppen, z. B. von Benjamin und Slocombe (2018), konnten erkennen, dass Hunde auf hundegerechte Sprache anders, und zwar mit erhöhter Aufmerksamkeit reagieren, gegenüber einer Sprache, die sich an erwachsene Menschen richtet. Auch hier wurden mittlerweile die hirnphysiologischen Daten dazu geliefert. Anna Gergely und ein großes Team aus Budapest, unter Leitung von Atilla Andics, zeigten, dass sowohl hundegerechte als auch kindgerechte Sprache in den einschlägigen Zentren des Gehirns stärkere elektrische, bzw. stoffwechselphysiologische Reaktionen hervorrufen, im Gegensatz zu einer auf erwachsene Menschen ausgerichteten Sprache (Gergely et al., 2023).

Bekannte vs. unbekannte Sprache

Laura Cuaya und einige Mitarbeitende aus dem Team von Attila Andics konnten noch eine weitere Besonderheit erkennen: Hunde können offensichtlich unterscheiden, ob die an sie gerichtete Sprache ihre bekannte oder eine Fremdsprache ist. Auch reagieren sie auf Kunstwörter, die durch eine computermäßig vermischte, zufällig kombinierte Auswahl von Silben geschaffen wurde, nicht in gleicher Weise im Gehirn, wie auf die ihnen bekannte natürliche Sprache (Cuaya et al., 2022). Es gibt verschiedene Reaktionsmuster im Gehirn für bekannte vs. unbekannte Sprache, und für bekannte vs. künstliche, bedeutungslose Silbenkombinationen. Offensichtlich ist die Erkennung der Natürlichkeit einer Sprache wiederum in anderen Gehirnregionen abgelegt als die Erkennung der Bedeutung. Marianna Boros, ebenfalls unter Leitung von Attila Andics, konnte noch weitergehen: Wurden Hunden Worte vorgesprochen und gleichzeitig der zugehörige Gegenstand gezeigt (z. B. man sagt „Ball" und zeigt einen Ball), so erfolgte eine abgeschwächte elektrische Antwort im Gehirn gegenüber einem nicht zusammenpassenden Paar, z. B. man sagt „Ball" und zeigt einen Knochen (Boros et al., 2024). Je besser die Hunde die Wörter kannten, desto größer war der elektrische Unterschied. Das geht auch sehr schnell, die Latenzzeit betrug 200 – 600 Millisekunden, Menschen benötigen dafür im Durchschnitt etwa 400. Anna Gabor und ihr Team fanden

Das Gehirn eines Hundes reagiert unterschiedlich, wenn es sich um eine menschliche Stimme vs. eine Roboterstimme handelt.

zusätzlich auch noch altersabhängige Effekte bei der Unterscheidung zwischen Wortbedeutung und emotionalem Inhalt (Gabor et al., 2020). Sie sprechen in diesem Zusammenhang auch von einer hierarchischen Organisation der Wortverarbeitung im Hundegehirn, mit Großhirn, emotionalem System und dem Bereich der Hörrinde, die alle zusammenarbeiten.

ZUORDNUNG UNBEKANNTER WÖRTER

Von den neurobiologischen Erkenntnissen wechseln wir nun nochmals auf die verhaltensbiologischen. Wie wir in der Infobox über hochbegabte Hunde noch sehen werden (siehe S. 290), können Hunde durchaus sowohl durch eigene Schlussfolgerungen als auch durch Beobachtungslernen des Menschen sehr genau auch neue, bisher unbekannte Wörter ihren Begriffen zuordnen. Die bekannten Untersuchungen zur schnellen Verknüpfung („fast mapping"), die sich anfangs um den Fernsehhund Rico gruppierten, zeigen das (siehe Gansloßer und Kitchenham, 2019). Noch weitergehende Untersuchungen zur Möglichkeit von Wortverarbeitung finden sich z. B. bei der bekannten Hündin Chaser, die sogar Grammatik von einfachen Drei-Wort-Sätzen beherrschte (siehe Gansloßer und Kitchenham, 2019). Ob es darum ging wie bei Rico, aus einem Haufen bekannter Plüschtiere auf Kommando das unbekannte anhand seines bisher unbekannten Namens zu finden, oder von zwei Menschen, die sich freudig erregt über einen Gegenstand unterhielten (siehe „Stiftversuch" Gansloßer & Krivy, 2020) „nebenbei"den Namen eines bisher unbekannten Gegenstandes zu lernen – Hunde „ticken" hier ähnlich wie unsere kleinen Kinder beim Lernen der Wortsprache. Auch hier wissen wir nicht, ob es evolutionär unabhängig dazu kam.

EMOTIONALE HINTERGRÜNDE

Auch die emotionale Bedeutung von Gesichtsausdrücken im Zusammenhang mit der Wortverarbeitung wurde von Anna Gergely (2023) bereits belegt, und Tamas Farago und ein umfangreiches Team, wiederum unter Leitung von Attila Andics, konnten im Vergleich von hundlichen, menschlichen und Schimpansenlauten erkennen, dass im Zweifelsfall die soziale Bedeutung des geäußerten Lautes über die emotionalen Inhalte dominierte (Farago et al., 2023). Hier ging es vorwiegend um Anwendungen der **Mortonschen Regel**, wonach entweder zurückweisende oder heranholende Laute vorgespielt wurden, und dies unabhängig von der Intensität der zugrundeliegenden Motivation wirkte.
Gerade die Erkennung emotionaler Hintergründe wurde in einem anderen Versuch aus der Gruppe von Marina Bentosela, Buenos Aires/Argentinien, getestet: Können Hunde erkennen, ob sich ihr Mensch in einer kritischen oder schwierigen Situation befindet, und ihm dann helfen? Man sperrte die Bezugspersonen in eine Art Telefonzelle, und die Kontrollgruppe wurde aufgefordert, ein Buch laut vorzulesen. Die Versuchsgruppe dagegen sollte mit allen Anzeichen von emotionaler Belastung und Stress den Hund um Hilfe bitten. Die Hunde öffneten tatsächlich die Box schneller, wenn ihr Mensch emotional belastet um Hilfe rief, als wenn er in vergleichbarer Lautfolge das Buch vorlas (Carballo et al., 2020). Zudem stieg die Pulsrate der Hunde beim um Hilfe rufenden Menschen deutlich gegenüber der Hunde, deren Bezugsperson das Buch vorgelesen hatte. Weder Gehorsam des Hundes gegenüber seinem Menschen, noch die Bemühung zur Wiederaufnahme von Sozialkontakt waren als Begründungsvariablen in diesem Versuch identifizierbar. Fanni Lehoczki und ihr Team, aus Attila Andics Gruppe, verglichen die Reaktion von im Familienstand gehaltenen Zwergschweinen und Familien-

Studien zeigen, dass Worte in der Kommunikation mit dem Hund eine große Rolle spielen.

hunden auf die emotionale Belegung von Lautäußerungen (Lehoczki et al., 2024). Sowohl Hunde als auch Schweine konnten zwischen negativen und leicht positiven menschlichen Lautäußerungen unterscheiden. Hunde reagierten mit wesentlich stärkerer Belastung und höherer Erregung, wenn die Menschen weinten, wohingegen Schweine stärker auf summende oder singende Menschen emotional reagierten.

WORTVERARBEITUNG BEI GEGENSTAND VS. AKTION

Noch eine letzte, ebenfalls wichtige Studie aus dem Bereich der verbalen Kommunikation zwischen Mensch und Hund: Daniela Ramos und Daniel Mills (2019) unterschieden, ob Hunde ein Kommando des Menschen in Bezug auf eine Handlung oder in Bezug auf einen Gegenstand hörten. Der Hund bekam also entweder das Wortkommando, einen bestimmten Gegenstand zu holen oder anzuzeigen, oder das Wortkommando, eine Aktion auszuführen. Die Untersuchungen bestätigten frühere Befunde aus Daniel Mills Gruppe, wonach Hunde Wortkommandos mehr mit Aktionen als mit Objekten assoziieren. Wird also auf das falsche Objekt gezeigt, z. B. *„Hol den Ball!“*, während gleichzeitig auf ein Kuscheltier gezeigt wird, so reagiert der Hund stärker auf die Zeigegeste. Wird dagegen das Kommando „Sitz“ mit dem Handzeichen für Platz verbunden, so reagiert der Hund mehr auf das Wortkommando, dass heißt, er setzt sich hin. **Es ist also keineswegs sinnvoll, die Worte aus unserer Kommunikation mit dem Hund herauszunehmen, und es ist genauso unsinnig, wenn Hundehalter:innen immer noch empfohlen wird, möglichst emotionslos mit dem Hund zu kommunizieren.** Beides missachtet die lange, gemeinsame Domestikationsgeschichte, und zwar nicht nur in Bezug auf Lernprozesse in der Individualgeschichte des jeweiligen Familienhundes, sondern auch bereits in der Neurobiologie, und dadurch höchstwahrscheinlich auch in der Neurogenetik verankerte stammesgeschichtliche Anpassungen.

DAS INNENOHR – MEHR ALS NUR HÖREN

Im inneren der Schädelwand, genauer gesagt in der sogenannten Ohrkapsel, befindet sich ein echtes Multifunktionsorgan. Es besteht aus einer Reihe von miteinander verbundenen, flüssigkeitsgefüllten Hohlräumen, die für das Erkennen von Bewegungsreizen, für die Lage im Raum, für Beschleunigungs- und Bremsvorgänge zuständig sind. Außerdem hängt an diesem, als Labyrinth bezeichneten Organ auch die Hörschnecke (siehe S. 239).

In der Embryonalentwicklung entsteht dieses, auch wenn es als Innenohr später in die Tiefe einsinkt, zunächst als bläschenförmige Einsenkung der Körperaußenwand. Mit der Zeit wird diese langsam in die Tiefe wandernde Bläschen durch eine knorpelige Kapsel umgeben, und später verschmilzt diese knorpelige Kapsel mit anderen, z. B. der für die Nasenregion, den knorpeligen Schädelseitenwänden und anderen Bestandteilen zum sogenannten Hirnschädel. In der menschlichen Anatomie bekam der Schädelteil, der das Innenohr einschließt, den Namen Felsenbein, wegen seiner rauen Oberflächenstruktur. Die Abbildung zeigt, wie die verschiedenen Bestandteile miteinander verbunden sind. Am auffälligsten ist das aus drei senkrecht zueinander stehenden Bogengängen bezeichnete eigentliche Labyrinth. Wir können uns die Orientierung dieser drei Bogengänge so vorstellen, als ob in einer Zimmerecke an jeder Wand und auf dem Boden ein Reifen läge.

An der Basis der drei Bogengänge finden sich scheinbare Erweiterungen, die als Ampullen bezeichnet werden. Scheinbar deshalb, weil sie im Schnittbild eher eine Verengung des Flüssigkeitskanals zeigen, wegen der dort hineinragenden Cupula. Durch diese Verengung wird automatisch die Flüssigkeit gezwungen, sich gegebenenfalls dort schneller zu bewegen. Wenn also in den Bogengängen durch eine Bewegung im dreidimensionalen Raum die Flüssigkeit hin und her schwappt, wird dieses Hin- und Herschwappen in den verengten Stellen des Bogenganges schneller gehen, so wie z. B. auch die Luft durch einen engen Türspalt schneller hindurchzieht, als wenn die Tür weit offen steht.

Gerade die **Gleichgewichtssinnesorgane** sind bei Hundewelpen bereits vor der Geburt, wahrscheinlich schon ab der Mitte der

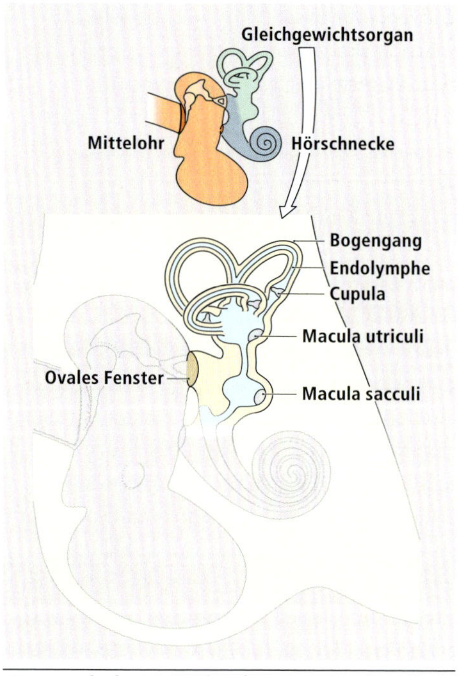

Organteile des Innenohrs (aus Rauth-Widmann, 2014)

Trächtigkeitsdauer, entwickelt und ihre volle Leistungsfähigkeit haben sie spätestens einige Tage nach der Geburt erreicht.
Die genaueren anatomischen und funktionellen Verhältnisse dieses Organs sind in einschlägigen Lehrbüchern der Tierphysiologie oder der Hundesinnesphysiologie (Eckert, 2002; Rauth-Widmann, 2014; Schröder, 2022; Starck, 1982) ausführlich beschrieben. Um die Lesbarkeit zu vereinfachen, werden im Folgenden die Teilbeschreibungen aus diesen vier Lehrbüchern jeweils nicht einzeln referenziert.

SINNESWAHR-NEHMUNG

Kernstück der Sinneswahrnehmung im Innenohr sind, genau wie beim Hörorgan, Sinneszellen, die mit Sinneshärchen besetzt sind. Diese als **Zilien** bezeichneten Sinneshärchen stehen in Büscheln an der Oberfläche der Sinneszelle. Jeweils eines dieser Zilien ist länger, die anderen sind kürzer. Und das längere Härchen ist in jeder Sinneszelle an einer anderen Stelle des Zilienbüschels zu finden. Durch Flüssigkeitsbewegung oder die Schwerkraft werden diese Zilien unterschiedlich abgebogen. Neigt sich das als Kinozil bezeichnete längere Härchen von den kürzeren, als **Stereozilien** bezeichneten weg, wird die Erregungsfrequenz, also die Häufigkeit pro Sekunde der dort entstehenden elektrischen Potenziale erhöht. Neigt sich dagegen das Kinozil auf die Stereozilien zu, wird die Erregungsfrequenz, also die Zahl der elektrischen Erregungen verringert.
Dadurch kann auf einfache Weise die Richtung festgestellt werden, in der sich die Flüssigkeit bewegt. Weil nun jede Sinneszelle ihr Kinozil an anderer Stelle relativ zu Stereozilien hat, werden an jeder Sinneszelle einige Stereozilien erregt, andere gehemmt, und in der Summe kann die genaue Richtung der Flüssigkeitsbewegung festgestellt werden. Die Meldungen der ableitenden Nervenfasern gehen dann zunächst in den Hirnstamm, wo sich die **Vestibulariskerne** befinden. Dort wird bereits die erste integrative Leistung der Sinneswahrnehmung getätigt. Die Vestibulariskerne erhalten aber nicht nur Informationen aus dem Gleichgewichtsorgan. Zusätzlich bekommen sie auch Eingänge aus den Augen, vom Rückenmark und vom Kleinhirn. Gleichzeitig melden die Vestibulariskerne ihre Wahrnehmungen ans Kleinhirn weiter, wo das übergeordnete Verschaltungszentrum sitzt. Dort werden dann z. B. auch die aus den Muskelspindeln (siehe S. 193) kommenden Informationen über Muskelspannung oder über die Lage der Muskulatur im dreidimensionalen Raum dazugeschaltet. **So kommt es zu einem komplexen Bild, das Bewegungen und Stellung von Körper und Körperteilen im Raum erkennt.**

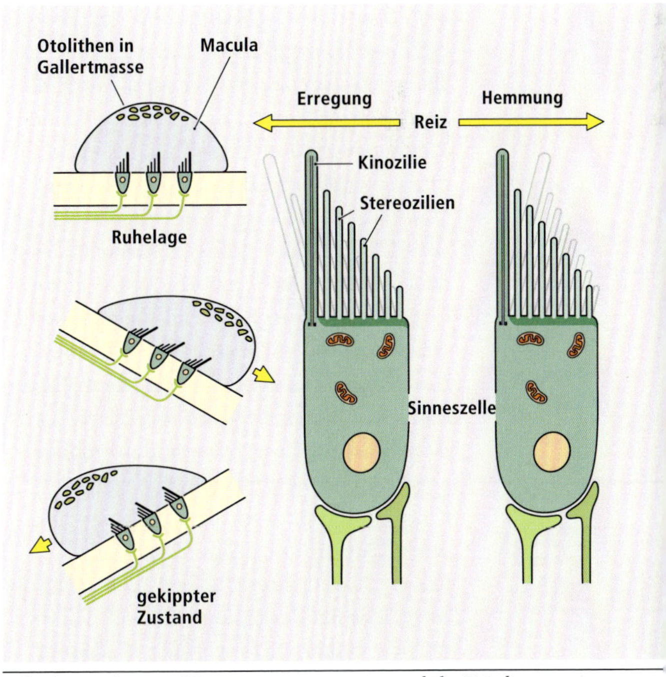

Gleichgewichts- und Bewegungsrezeptoren und ihr Feinbau (aus Rauth-Widmann, 2014)

PROBLEME MIT DEM GLEICHGEWICHTSORGAN

Genau wie beim Menschen kommt es dann zu Problemen, wenn z. B. der Sinneseingang von den Augen und aus den Muskelspindeln bzw. aus dem Gleichgewichtsorgan einander widersprechen. Das kann nach heftigen Drehbewegungen passieren, wenn die Flüssigkeit im Innenohr noch weiter hin und her schwappt, während die Augen bereits wieder Stillstand melden, oder bei Erkrankungen des Innenohrs oder der verarbeitenden Hirnabschnitte.

SCHWINDELFREIHEIT UND REISEKRANKHEIT

Genau wie beim Menschen sind auch nicht alle Hunde gleichermaßen schwindelfrei. Eine frühe Erfahrung des Bewegens im dreidimensionalen Raum, wenn also Welpen und Junghunde die Möglichkeit haben, Gegenstände zu überklettern, unter ihnen durchzuschlüpfen, auf ihnen zu balancieren etc., dient höchstwahrscheinlich einer Verbesserung der Wahrnehmungs- und Verarbeitungskapazität. Möglicherweise spielen aber auch noch andere Faktoren eine Rolle. In diesem Zusammenhang ist auch das Phänomen der Reisekrankheit bei Hunden differenziert zu betrachten (siehe Rauth-Widmann, 2014). Im Gegensatz zu vielfach geäußerten Einschätzungen, handelt es sich dabei nämlich nicht nur um Angst oder gar Furcht vor dem Autofahren. Vielmehr sind gerade hier die unterschiedlichen Sinneseindrücke von Augen, Gleichgewichtsorgan und den anderen, bereits geschilderten Bestandteilen dieses Systems das Problem. Deshalb sind viele Hunde auch ruhiger, wenn sie im Fußraum, bzw. in der geschlossenen Hundebox transportiert werden, anstatt dass sie durch die Fenster ständig die verschiedenen Bewegungsreize wahrnehmen müssen. **Unsere Erfahrungen in diesem Zusammenhang zeigen aber auch, dass im Laufe der Individualentwicklung einer solchen Reisekrankheit durchaus Lern- und Verknüpfungsprozesse anderer Art mitentscheidend sein können.** Deshalb ist es manchmal im Extremfall einer Reisekrankheit durchaus sinnvoll, sich ein anderes Auto anzuschaffen, oder zumindest bei längeren Urlaubsreisen auf einen Mietwagen zurückzugreifen, dessen andere Motorengeräusche und sonstige Sinneseindrücke beim Hund möglicherweise die genannten Probleme nicht als assoziatives Lernphänomen wieder hervorrufen. Bei reisekranken Hunden in der Schweiz und anderen Alpenländern haben wir auch häufig festgestellt, dass die Probleme beim Durchfahren längerer Tunnels aufhören, und erst beim Wiederhervorkommen in das helle Sonnenlicht mit dem dazugehörigen Umgebungspanorama nahezu schlagartig wieder auftreten. Gewöhnungsprozesse spielen also hier im positiven wie im negativen Sinn eine Rolle. Erfahrungsberichte zeigen auch, dass Welpen, wenn sie mit dem Auto auch zu angenehmen Erlebnissen gefahren werden (z. B. zur Welpenstunde oder zu Spaziergängen), eine geringere Anfälligkeit für Reisekrankheit haben als wenn sie nur zu unangenehmen Erlebnissen (Tierarztbesuch, Hundefrisör etc.) im Auto transportiert werden. Auch das zeigt die Verknüpfung der Lerninformationen mit den ursprünglich problematisch erscheinenden, einander widersprechenden Umweltreizen.

DIE CUPULA

Bei genauerer Betrachtung des Feinbaues zeigt sich, dass die Sinneshärchen in den flüssigkeitsgefüllten Hohlräumen jeweils von einer zähen, gallertigen Kapsel umschlossen sind. In den Ampullen des Bogengangssystems ragt diese Kapsel als Kuppel (Cupula) in den flüssigkeitsgefüllten Hohlraum hinein. Wie die Abbildung zeigt, ist an der dicksten Stelle der Ampulle eigentlich der dünnste Kanal, und dort hat die Flüssigkeit beim Hin und Herschwappen die größte Geschwindigkeit. Deshalb sind diese *Cupulae* auch sehr empfindlich bei der Wahrnehmung selbst geringfügiger Veränderungen der Bewegungsrichtung oder Beschleunigung.

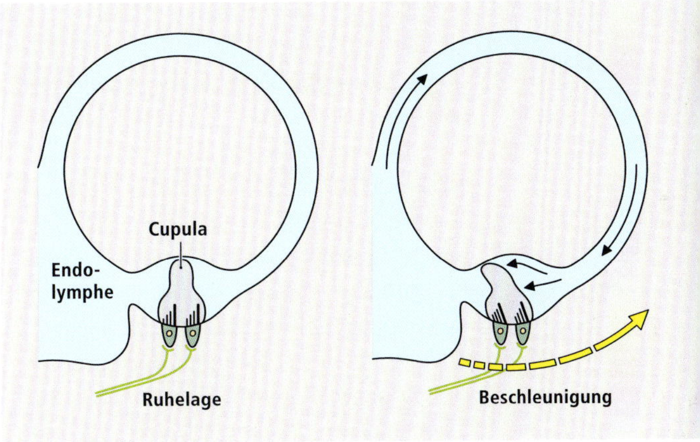

Schwappt die Flüssigkeit, wird die Cupula verbogen, Stereo- und Kinozilien gereizt (aus Rauth-Widmann, 2014).

SCHWERKRAFTWAHRNEHMUNG

Etwas anders, mehr in Richtung Schwerkraftwahrnehmung ausgerichtet, sind die beiden als *Maculae* bezeichneten Gallertfelder an der Basis von zwei anderen Aussackungen, *Sacculus* und *Utriculus* . Dort befindet sich in der Gallerte eine Kristallansammlung, die als Otolithen oder als Hörsand bezeichnet werden. Mit dem Hören hat das allerdings nichts zu tun, vielmehr wirkt die Schwerkraft auf diese kristallenen Teilchen. Die Schwerkraft, in Verbindung mit der zähflüssigen Gallerte, zieht dann je nach Lage des Kopfes im Raum die Sinneshärchen in unterschiedliche Richtungen, was wiederum einen elektrischen Reiz auslöst. Bei genauerer Betrachtung zeigt sich, dass der *Utriculus* als Organ des **Lagesinns** anzusprechen ist: Kopfstellreflexe, Augenreflexe und andere Bewegungen des Einrichtens im dreidimensionalen Raum werden von dort aus ausgelöst. Im *Sacculus* dagegen finden wir eher die Wahrnehmung von Beschleunigungen, insbesondere geradlinige Beschleunigungen, und keine statischen Wahrnehmungen der unbewegten Lage im Raum. Auch hier wird durch die Verarbeitung in den Vestibulariskernen, die Verschaltung mit Sinneseingängen von Augen, Muskelstellreflexen etc., ein komplexes Bild der Lage im Raum vermittelt.

Veränderte Leistungsfähigkeit bei kurzschnauzigen Rassen

Einige neuere Untersuchungen deuten darauf hin, dass gerade bei extrem kurzschnauzigen oder anderweitig in ihrer Schädelanatomie stark veränderten Hunderassen, auch veränderte Leistungsfähigkeiten in der Gleichgewichtsempfindung und Gleichgewichtserhaltung von Hunden auftreten können (Smith und Laitman, 2021). Die Bogengänge selbst stehen zwar noch recht unverändert. Bei Mitbetrachtung der Ampullen dagegen erscheint der Apparat verknautscht, und auch der *Utriculus* ist wahrscheinlich beeinträchtigt. Das kann durchaus zu Störungen der Bewegungswahrnehmung führen. Auch hier ist also die sogenannte Qualzuchtproblematik nicht auszuschließen.

FRÜHE GEWÖHNUNG

Um die Gleichgewichtssinne eines Hundes möglichst leistungsfähig und damit auch sein Alltagsleben belastungsarm zu gestalten, dürfte genau wie beim Menschen eine frühe Gewöhnung an möglichst unterschiedliche Lageinformationen, vor allem aber auch eine gute Kooperation der genannten Sinnesorgane hilfreich sein. Auch aus diesem Grund, nicht nur wegen der Reifung der optischen Sinnesorgane selbst, ist also die Bewegung im dreidimensionalen Raum z. B. in Welpenstunden und auch bei Spaziergängen mit Welpen und Junghunden von ganz besonderer Bedeutung.

☞ **Aus der Forschung (von Prof. Dr. Hynek Burda)**

MAGNETOREZEPTION BEI HUNDEN

Seit Jahrzehnten kursieren anekdotische Berichte über die beeindruckenden Navigationsfähigkeiten von Hunden, vielleicht am besten veranschaulicht durch „Botenhunde" im Ersten Weltkrieg, die als Kuriere eingesetzt wurden, um sensible Informationen über Schlachtfelder zu übermitteln (Richardson, 1921). Vor fast einem Jahrhundert wurden die ersten experimentellen Studien der Navigationsfähigkeiten von Hunden durchgeführt, die zeigten, dass die Tiere erfolgreich zu ihrem Ausgangspunkt zurückfanden, nachdem sie über vier Kilometer weit an unbekannte Orte verbracht worden waren.

NUTZUNG NEUER ROUTEN UND ABKÜRZUNGEN

Jahrzehnte später wurde eine umfassendere Untersuchung durchgeführt, bei der insgesamt 75 Hunde in geschlossenene Kisten, die die Nutzung visueller Hinweise während des Transports verhinderten, in verschiedene geografische Richtungen zwischen 2,5 und 7 km weit transportiert wurden. Insgesamt gelang es 26 Hunden wiederholt, nach Hause zurückzukehren, wobei sie bei der Rückkehr in der Regel neue Routen und/oder Abkürzungen benutzten, was die Verwendung von „Tracking" (d. h. die Rückverfolgung ihrer eigenen Spuren) als Strategie für das Heimkehrverhalten ausschließt. Eine detaillierte Beschreibung des Orientierungsverhaltens stand jedoch noch aus, und die Sinnesmechanismen, die das Heimfinden über große Entfernungen den freilaufenden Hunden ermöglichen, blieben nach wie vor rätselhaft (Nahm, 2015).

KOMPASS- UND KARTENSINN

Seit der Entdeckung (in 1965) der Magnetorezeption (Fähigkeit, das geomagnetische Feld wahrzunehmen) beim Rotkehlchen, wurde diese Sinnesfähigkeit bei einer Vielzahl von Organismen nachgewiesen. Es wurde gezeigt, dass die Magnetorezeption sowohl richtungsweisende Information (Kompasssinn) als auch positionsbezogene Information (Kartensinn) liefert. Ein magnetischer Kompasssinn, in Kombination mit einer Referenzkarte (kognitive Karte), wäre für die „echte Navigation" bei Langstreckenwanderern nützlich, aber auch für die lokale Orientierung, wenn das Steuern anhand von (optischen, akustischen oder geruchlichen) Landmarken nicht möglich ist (Wiltschko und Wiltschko, 1995, 2005). Ein magnetischer Kompasssinn allein (d. h. ohne Karte) könnte auch in verschiedenen Zusammenhängen sehr hilfreich sein: z. B. als Kurs-/Richtungsanzeiger, um den Kurs einer Bewegung beizubehalten oder eine Gruppenbewegung zu synchronisieren oder er kann zur Entfernungsschätzung verwendet werden (Burda et al., 2020).

Könnte der „neue" Sinn auch die Heimfindefähigkeiten der Hunde erklären? Und verfügen die Hunde überhaupt über die Magnetorezeption?

BEGINN DER STUDIEN

Vor dreißig Jahren begann gerade erst die Erforschung der Magnetorezeption bei Säugetieren. 1990 haben wir den ersten überzeugenden experimentellen Beweis für diesen Sinn bei afrikanischen Graumullen und Säugetieren im Allgemeinen veröffentlicht (Burda et al, 1990). Obwohl der Nestbau-Versuch (in einer Kreisarena bauen die Tiere ihr Nest bevorzugt in einer bestimmten Kompassrichtung) zu einem etablierten und erfolgreichen experimentellen Paradigma für den Nachweis und die Untersuchung der Magnetorezeption bei Nagetieren geworden ist, waren wir bestrebt, neue Modell-Säugetierarten und neue Verhaltensversuche zu finden und zu etablieren, um die Magnetorezeption bei Säugetieren zu untersuchen (Burda et al., 2020).

PROBLEM DER ERFORSCHUNG DES MAGNETSINNS

Die Haushunde stellen bestimmt vielversprechende Studienobjekte in diesem Forschungsbereich dar: Sie sind weltweit verbreitet und auch für die „Bürgerwissenschaft" (citizen science) verfügbar. Hunde sind für ihre kognitiven Fähigkeiten bekannt, sowie für die Fähigkeit, darauf trainiert zu werden, auf verschiedene Signale und Hinweise zu reagieren. **Das Problem mit dem Magnetsinn ist allerdings, dass er in der Hierarchie der Orientierungssinne weit unten steht** – wir selbst holen die Karte und unseren technischen Magnetnadelkompass nur als letztes Mittel heraus – wenn wir uns völlig verlaufen haben und keine uns bekannten Orientierungspunkte wahrnehmen können. Beachten wir auch, dass es Menschen gibt, die farbenblind sind, die nicht gut hören, amusikalisch sind, besser oder schlechter riechen usw. Daher müssen wir auch mit einer individuellen Beeinträchtigung des Magnetsinns oder sogar einer „Magnetblindheit" rechnen. Während man keine blinden oder tauben Hunde haben wollte, kümmerte sich bei der Domestikation und Selektion der Hunde niemand um den Magnetsinn. Eigentlich wirkte die gesamte künstliche Auslese eher gegen den Magnetsinn. Die meisten Hunderassen wurden so gezüchtet, dass sie sich nicht zu weit von ihren Menschen entfernen, von ihnen abhängig sind und eng mit ihnen zusammenarbeiten. Die meisten Hunde haben auch nicht die Möglichkeit, sich vom bekannten Ort selbst zu entfernen, Erfahrungen zu sammeln und das Heimfinden von weit entfernten, unbekannten Orten zu üben.

Forschungsschwerpunkt: Laufhund und Terrier

Eine bemerkenswerte Ausnahme bilden Jagdhunde, die unabhängig von ihren Menschen über größere Entfernungen hinweg arbeiten, ohne direkten Sicht- und Hörkontakt, wie Laufhunde (scent hounds) und Terrier. Auf solche Rassen haben wir uns in unserer Forschung konzentriert.
Sie können die Spuren von Wildtieren aufspüren und verfolgen und zu dem Ort zurückkehren, an dem die Verfolgung begann, oft über Entfernungen von Hunderten oder Tausenden von Metern und dies in unbekannten, stark variablen, dicht bewaldeten Lebensräumen.

Hunde, die z. B. auf der Jagd selbstständig arbeiten sollen, profitieren auch mehr vom Magnetsinn.

VERHALTEN DER MAGNETISCHEN AUSRICHTUNG

Mehrere Laborversuche und Beobachtungen im Freiland haben ein spontanes Verhalten der magnetischen Ausrichtung (magnetic alignment) aufgedeckt, bei dem Tiere ihre Körperachse, üblicherweise beim Ruhen, Fressen oder Trinken, relativ zu den GMF-Linien ausrichten (Begall et al., 2013; Burda et al., 2020). Obwohl die adaptive Bedeutung dieses subtilen, aber weit verbreiteten Verhaltens unklar und wahrscheinlich vielschichtig ist, gehen wir davon aus, dass die magnetische Ausrichtung einen globalen Referenzrahmen bietet, der dabei die Raumorientierung erleichtet. Beispielsweise kann die magnetische Ausrichtung dazu beitragen, ein Tier in eine bekannte Ausrichtung einer kognitiven Karte einzutragen, wodurch die Komplexität der Navigation verringert und die Anforderungen an das räumliche Gedächtnis reduziert werden. Das Lesen einer kognitiven Karte wäre analog zu den Strategien, die wir bei der Arbeit mit einer Papierkarte verwenden; wir drehen uns bzw. die Karte so, dass unsere Ausrichtung mit der physischen Karte und mit den Landmarken in der Gegend übereinstimmt, wobei wir auf die Karte so schauen, wie wir gewöhnt sind. Dies ist einfacher und intuitiver, als wenn wir die Karte mental drehen, um sie an unsere Orientierung auszurichten (Burda et al., 2020).

Markierungsverhalten

Wir haben festgestellt, dass Hunde es vorziehen, ihren Körper während der Markierung des Heimatgebiets entlang der magnetischen Nord-Süd-Achse auszurichten (Hart et al., 2013).

Dieser Effekt war nur unter stabilen magnetischen Bedingungen zu beobachten. Wir vermuten, dass die Ausrichtung an den magnetischen Feldlinien das Einprägen der Position des markierten Ortes in der kognitiven Karte erleichtert. Zum Markierungsverhalten gehört, den durch Urinieren oder Kot markierten Ort in den folgenden Tagen wiederholt zu besuchen, zu überprüfen und die geruchliche Marke zu erneuern. Um dies zu erreichen, muss ein Individuum zunächst die Standortmerkmale (Koordinaten oder Bezug zu Landmarken) in seiner kognitiven Karte speichern.

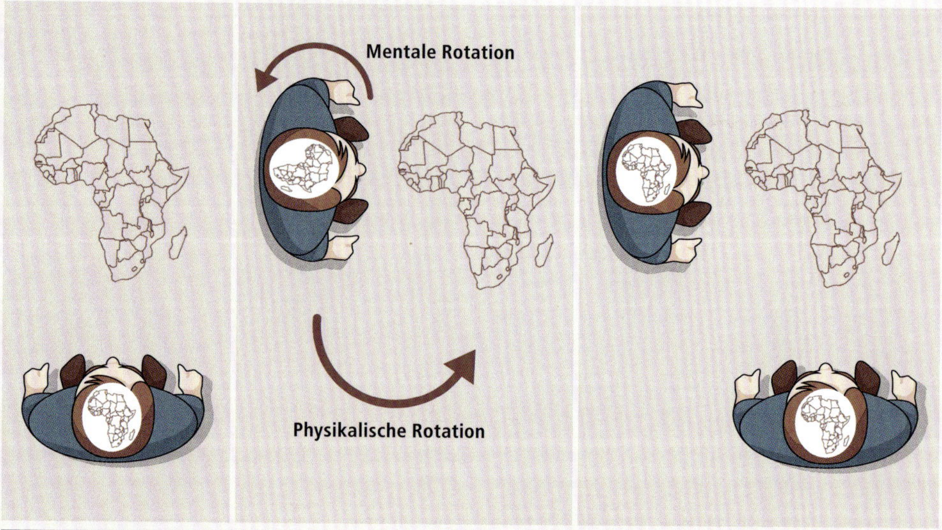

Sieht man ein Land von der Seite, ist es hilfreich, die Landkarte im Kopf um 90° zu drehen.

Die Körperausrichtung des Hundes beim Koten wurde als Kompassrichtung der Brustwirbelsäule gemessen.

Faktoren, die die Ausprägung der magnetischen Ausrichtung beeinflussen: zeitliche oder räumliche Variation des Erdmagnetfelds, individuelle magnetorezeptive Fähigkeiten, die Ausrichtung des Körpers auf Hinweise oder Signale, die zu einem bestimmten Zeitpunkt und in einer bestimmten Situation relevanter sind, und im Fall unserer Studie auch die Motivation, durch Urinieren oder Kotabsetzen zu markieren (Duftmarkierung) und den markierten Ort im räumlichen Gedächtnis zu speichern.

Diese Variablen können durch Geschlecht, Alter, Erfahrung, Persönlichkeit und vor allem durch die Rasse der untersuchten Hunde beeinflusst werden. Außerdem können sich die physische und mentale Rotation je nach Situation und den kognitiven Fähigkeiten des Individuums (die wiederum von Alter, Erfahrung und Genetik abhängen können) abwechseln.

Als wir die Auswirkungen der Lateralität („Rechts- oder Linkshändigkeit") auf die Auswahl eines von zwei in verschiedenen Himmelsrichtungen platzierten Näpfen untersucht hatten, stellten wir fest, dass Hunde (unabhängig von ihrer Seitenpräferenzen) die Nordoption wählen, wenn sie zwischen Näpfen wählen, die im Norden und Osten oder im Norden und Westen positioniert sind. Ein Phänomen, das als „Sog des Nordens" bezeichnet wird (Adámková et al., 2017, 2021).

Kann ein Hund zwischen zwei gleichen Futternäpfen wählen, tendiert er zum nördlichen.

Sitzt der Magnetsinn der Hunde in der Netzhaut?

Mithilfe von operanter Konditionierung trainierten wir die Hunde darauf, einen Stabmagneten, der in einem undurchsichtigen Glasgefäß eingeschlossen war, in einem Versuch mit drei Auswahlmöglichkeiten zu erkennen. 13 von 16 Hunden erkannten den Magneten signifikant über dem Zufallsniveau. Fünf von sechs Hunden erkannten den Magneten über dem Zufallsniveau, als sie das Experiment unter streng verblindeten Bedingungen wiederholten (Martini et al., 2018).

MAGNETIT- UND RADIALPAAR-MECHANISMUS

Zwei Mechanismen der Magnetorezeption werden bei Landsäugetieren allgemein als plausibel angesehen – der Magnetit- und der Radikalpaar-Mechanismus (Burda et al., 2020). Kryptochrome in der Netzhaut, Blaulicht absorbierende Flavoproteine, wurden mit der Magnetorezeption in Verbindung gebracht und es wird angenommen, dass sie an der biochemischen Reaktion beteiligt sind, die zur Bildung von Radikalpaaren führt, die auf magnetische Reize bei Vögeln reagieren. Wir haben nach dieser Art von Cryptochrom (CRY1) in blaulichtempfindlichen Zapfen bei 90 Säugetierarten aus 48 Familien in 16 Ordnungen gesucht. Es ist erstaunlich, dass diese Art von Cryptochrom (CRY1) bei den untersuchten Säugetieren nur bei wenigen Taxa nachgewiesen wurde, bei den Caniden jedoch durchgehend vorhanden war. Dieses Ergebnis wäre mit einer magnetorezeptiven Funktion von CRY1 bei Hunden und Füchsen vereinbar, für die wir bereits diesen Mechanismus der Magnetorezeption vorgeschlagen haben (Nießner et al., 2016).

UNTERSUCHUNGEN ZU „HEIMFINDEN"

Heimfinden (Homing), im weitesten Sinne definiert als die Fähigkeit, nach einer Verfrachtung zu einem bekannten Zielort (z. B. Brutstätten, Unterschlupf) zurückzukehren, wurde bei einer taxonomisch vielfältigen Reihe von Wirbeltieren nachgewiesen, die sich auf eine Vielzahl von Hinweisen verlassen, z. B. visuelle, olfaktorische, akustische, himmlische, magnetische und idiothetische. Bei Haustieren wurde die Fähigkeit von Hunden, Katzen und Pferden, zu ihrem Ausgangspunkt zurückzukehren, nur anekdotisch, wenn auch häufig dokumentiert. Mit einem neuen und einzigartigen Ansatz, der GPS- und Videoaufnahmen von Action-Cams kombiniert, analysierten wir in über 600 Versuchen die Komponenten der Heimkehr von 27 frei in Waldgebieten umherziehenden Jagdhunden. Bei der Rückkehr zur Bezugsperson folgten die Hunde entweder ihrer Hinlaufspur („Tracking"), oder sie benutzten eine neue Route („Scouting"). Die ankommende Fährte beim Erkunden begann meist mit einem kurzen (ca. 20 m) Lauf entlang der geomagnetischen Nord-Süd-Achse, unabhängig von der tatsächlichen Richtung nach Hause. Die Durchführung eines solchen „Kompasslaufs" erhöhte die Effizienz der Heimkehr erheblich. Wir haben vorgeschlagen, dass dieser Lauf dazu dient, die mentale Karte mit dem Magnetkompass in Einklang zu bringen und die Richtung des Tieres festzulegen (Benediktová et al., 2020).

Ein ultimativer Beleg, dass Hunde Erdmagnetfeld wahrnehmen und als Richtungsinformation verwenden können (und gleichzeitig ein Versuchsparadigma, das uns ermöglicht, den Mechanismus der Magnetorezeption genauer zu untersuchen), wäre, wenn der Hund konsistent auf den Befehl reagieren würde, sich in bestimmte Himmelsrichtungen zu drehen. Dies den Hunden anzutrainieren, ist zweifellos eine Herausforderung. Versuchen Sie, Ihrem Hund z. B. beizubringen, er solle sich auf ein Signal mit dem Rücken zur Sonne drehen. Versteht Ihr Hund das nicht, ist das noch kein Beweis, dass er die Sonne nicht sieht.

Heimfinden (Homing) wurde auch bei Hunden nachgewiesen.

ÜBER DEN AUTOR

Dr. rer. nat. Hynek Burda war von 1994 bis zu seiner Pensionierung im Jahr 2018 Professor für Zoologie an der Universität Duisburg-Essen. Er ist auch Professor für Zoologie an der Agraruniversität in Prag und Gastprofessor an der Südböhmischen Universität in Budweis, Tschechien. In seiner Forschung widmet er sich insbesondere der Sinnesökologie und Sinnesbiologie, Biologie subterraner Säugetiere sowie der Evolutionsbiologie, Verhaltensökologie und Morphologie der Wirbeltiere im Allgemeinen.

HUNDEMÜDE – WARUM SCHLAF SO WICHTIG IST

WIE ÄHNLICH SIND SICH MENSCH UND HUND IM SCHLAF?

Schlaf ist nicht nur entscheidend für die Erholung Ihres Hundes, sondern spielt auch eine zentrale Rolle bei Verhaltensänderungen und der Vorbeugung von Krankheiten. In diesem Zusammenhang ist es wichtig zu verstehen, wie ähnlich die Schlafmechanismen von Hunden und Menschen sind.

Verhaltens- und physiologisch betrachtet weist der Schlaf bei Hunden viele Parallelen zum menschlichen Schlaf auf (Bódizs et al., 2020). So schlafen Hunde überwiegend in der Nacht zwischen 21 – 6 Uhr, ähnlich wie wir Menschen. Allerdings wurde beim Hund, anders als beim Menschen, bisher kein zuverlässiger zirkadianer Rhythmus nachgewiesen. Beim Menschen hingegen folgt der Cortisolspiegel einem klaren 24-Stunden-Rhythmus: Der Cortisolspiegel ist morgens am höchsten, was uns hilft, wach und aktiv in den Tag zu starten. Im Laufe des Tages sinkt er kontinuierlich und erreicht seinen Tiefpunkt in den Abend- und Nachtstunden, was uns ermöglicht, uns zu entspannen und zu schlafen (Weitzman et al., 1971).

Interessanterweise konnte ein solcher zirkadianer Cortisol-Rhythmus beim Hund bisher nicht eindeutig festgestellt werden. Allerdings zeigen Studien, dass die Körpertemperatur von Hunden tagsüber steigt und nachts sinkt – ähnlich wie beim Menschen. Dies könnte auf eine Anpassung des Hundes an den menschlichen Tagesablauf hindeuten. Daher ist der Hund besonders in der Schlafwissenschaft ein interessantes Studienobjekt, um die Auswirkungen von Schlaf auf Verhalten und Gesundheit weiter zu erforschen.

SCHLAFPHASEN BEI HUNDEN

Warum ist Schlaf so wichtig? Wie läuft das Ganze ab? Und was passiert während des Schlafs?

Schlaf ist für Hunde nicht nur entscheidend für die körperliche Erholung, sondern auch für kognitive Prozesse wie Gedächtnisbildung und emotionale Regulierung.

Wie bei Menschen, durchlaufen Hunde verschiedene Schlafphasen, die in NREM (Non-Rapid Eye Movement) und REM (Rapid Eye Movement) unterteilt sind. Während des NREM-Schlafs verlangsamen sich die EEG-Wellen, die Muskelaktivität nimmt ab und die Atmung wird gleichmäßiger. Diese Phase spielt eine zentrale Rolle bei der körperlichen Regeneration und stärkt das Immunsystem (Kis et al., 2014).

Der REM-Schlaf ist durch schnelle Augenbewegungen und eine erhöhte EEG-Aktivität gekennzeichnet. In dieser Phase wird das Gehirn besonders aktiv, und es kommt häufig zu Träumen. REM-Schlaf ist entscheidend für die Konsolidierung von Gedächtnisinhalten, was auch bei Hunden beobachtet wurde. Studien zeigen, dass Hunde nach dem Schlaf besser auf Trainingsreize reagieren und neue Informationen verarbeiten können (Bódizs et al., 2020). Auch unsere Beobachtungen zeigen, dass Hunde im REM-Schlaf zucken, mit den Pfoten treten oder leise vokalisieren – sichtbare Hinweise darauf, dass das Gehirn Erlebtes aktiv nachverarbeitet.

KÜRZERE SCHLAFZYKLEN BEI HUNDEN

Während des Schlafes durchlaufen Hunde Zyklen von etwa 20 Minuten, die aus ca. 12 Minuten NREM-Schlaf und 6 Minuten REM-Schlaf bestehen. Dies unterscheidet sich deutlich vom Menschen, dessen Schlafzyklen etwa 90 Minuten dauern (Kis et al., 2017). Diese kürzere Schlafstruktur ermöglicht es Hunden, sich schneller zu erholen und flexibel auf wechselnde Schlafgewohnheiten zu reagieren. Verlorener Schlaf kann bei Hunden durch intensiven Tiefschlaf und einen späteren Anstieg des REM-Schlafs kompensiert werden (Tobler & Sigg, 1986). Bunford et al. (2018) beobachteten, dass Hunde nach einem aktiven Tag schneller einschliefen und mehr NREM- und REM-Schlafphasen zeigten. Ein aktiver Tag führte auch zu weniger Zeit in einem schläfrigen Zustand, den man als eine Art Übergang zwischen Wachsein und Schlaf betrachten kann.

EINFLÜSSE AUF DEN SCHLAF

Entscheidend für einen erholsamen Schlaf war zudem der **Schlafort** der Hunde. Hunde, die in ihrem vertrauten Zuhause schliefen, hatten eine kürzere Einschlafzeit im Vergleich zu Hunden, die in einer fremden Umgebung untergebracht waren.

Ähnliche Beobachtungen machte Reicher und sein Team (Reicher et al., 2020). Sie stellten fest, dass sich eine veränderte **Umgebung** stark auf die Schlafstruktur der Hunde auswirkte, insbesondere in der ersten Nacht. Dies entspricht dem sogenannten „First Night Effect", der auch bei Menschen beobachtet wird. In der ersten Nacht in einer neuen Umgebung zeigten die Hunde die geringste Schlafeffizienz, was bedeutet, dass sie weniger erholsam schliefen und mehr Zeit im leichten Schlaf verbrachten. Neben dem Ort können auch **Alter** und **Fütterung** Einfluss auf die Erholsamkeit des Schlafs bei Hunden haben. Ältere Hunde (ab etwa 7 Jahren) zeigen weniger Wachminuten und schlafen insgesamt länger als jüngere Hunde (Zhanghi et al., 2013). Zudem zeigen Iotchev et al. (2019), dass sich die Schlafspindeln im Laufe des Alterns verändern. Schlafspindeln sind kurze, rhythmische Aktivitäten im Gehirn, die als kleine Wellen im EEG sichtbar werden. Diese Spindeln sind wichtig für Lern- und Gedächtnisprozesse. Bei älteren Hunden wurde festgestellt, dass die Anzahl langsamer Spindeln (≤13 Hz) abnimmt, während die Anzahl schneller Spindeln (≥13 Hz) tendenziell zunimmt. Diese Veränderungen deuten darauf hin, dass sich die Art und Weise, wie Hunde schlafen, im Alter anpasst und nicht nur mehr Schlafzeit bedeutet, sondern auch unterschiedliche Aktivitäten im Gehirn während des Schlafs.

Außerdem zeigen die Studien, dass die Stärke der Schlafspindeln von **Geschlecht** und **Kastrationsstatus** abhängt. Intakte (nicht kastrierte) weibliche Hunde haben oft eine höhere Aktivität schneller Spindeln im Vergleich zu männlichen Hunden. Kastrierte Hündinnen hingegen weisen tendenziell niedrigere Werte auf, was darauf hindeutet, dass sie weniger von den positiven Effekten der Sexualhormone profitieren, die mit einer besseren Schlafqualität und kognitiven Funktion in Verbindung stehen. Diese geringere Schlafspindel-Aktivität könnte dazu führen, dass kastrierte Hündinnen im Vergleich zu intakten Hündinnen bei kognitiven Aufgaben und Gedächtnisleistungen benachteiligt sind.

Diese Informationen sind besonders wichtig, da sie mit den kognitiven Fähigkeiten und dem Gedächtnis der Hunde zusammenhängen. Eine geringere Anzahl an Schlafspindeln könnte darauf hinweisen, dass ein Hund Schwierigkeiten hat, zu lernen oder sich Dinge zu merken.

Eine gute Bindung zu seinem Hund, kann die Schlafqualität positiv beeinflussen.

Daher ist es wichtig, den Schlaf älterer Hunde genau zu beobachten, um mögliche kognitive Probleme frühzeitig zu erkennen und ihnen zu helfen, ihre Lebensqualität zu verbessern.

BINDUNG ZUM HUND

Auch die Bindung zu Ihrem Hund kann sich positiv auf die Schlafqualität auswirken. So zeigt Carreiro et al. (2022), dass die Bindung eines Hundes an seine Bezugsperson ebenfalls einen erheblichen Einfluss auf die Schlafqualität hat, insbesondere in stressigen Situationen wie einer neuen Umgebung. Hunde, die eine stärkere Bindung zu ihrer Bezugsperson hatten, zeigten in einer fremden Umgebung weniger Schlafstörungen und verbrachten mehr Zeit im erholsamen NREM-Schlaf. Dies verdeutlicht den beruhigenden Einfluss der Bezugsperson, die als „sicherer Hafen" fungiert und dabei hilft, die negativen Auswirkungen einer neuen Umgebung zu mildern. Hunde mit einer schwächeren Bindung hatten dagegen mehr Schwierigkeiten, in einer fremden Umgebung zur Ruhe zu kommen, was ihre Schlafqualität weiter beeinträchtigte.

SCHLAFMANGEL

Schlafmangel hat tiefgreifende Auswirkungen auf Hunde, sowohl auf ihre Verhaltensweisen als auch auf ihre Gesundheit. Carreiro et al. (2023) stellten fest, dass Schlafmangel bei Hunden zu einer verminderten Schlafeffizienz führt und die Wachphasen nach dem Einschlafen verlängert. Dies kann zu **Hyperaktivität** und **Impulsivität** führen, die mit einer schlechteren Schlafqualität einhergehen. Hunde mit hoher Aktivität und Impulsivität zeigten vermehrte Probleme mit der Schlafregulation und verbrachten mehr Zeit in weniger erholsamen Schlafphasen. Serotonin und Dopamin sind entscheidende Neurotransmitter, die das Verhalten von Hunden beeinflussen können. Ein dauerhaftes Ungleichgewicht dieser Neurotransmitter, z. B. durch Schlafmangel, kann zu Verhaltensstörungen führen, die denen des Aufmerksamkeitsdefizit-Hyperaktivitätssyndroms ähnlich sind. Auch eine Untersuchung von Hoppe et al. (2017) weist darauf hin, dass vermehrte Aktivität (intensive Spaziergänge) zu Anzeichen von Hyperaktivität bei Hunden führen können, wie hektisches Verhalten, Problemlöseschwierigkeiten (mehr zum Thema ADHS in Ganslößer, 2023). Werfen wir einen Blick auf das Verhalten von Straßenhunden, zeigt sich auch, dass Hunde, die ihre Zeit frei einteilen können, sich wenig bewegen und ca. die Hälfte des Tages ruhen und nur 12 % der Zeit kleinere Spaziergänge machten (Boitani et al., 2017).

GEDÄCHTNISBILDUNG UND SCHLAF

Eine besonders tiefe Erkenntnis kommt aus der Studie von Kis et al. (2017), die den Zusammenhang zwischen Schlaf und Gedächtnisbildung bei Hunden untersucht hat. Diese Studie zeigt eindrucksvoll, dass das Lernen neuer Kommandos nicht nur

Schlafende Hunde sollten nicht geweckt werden. Schlafmangel hat Auswirkungen auf Verhalten und Gesundheit!

eine kognitive Herausforderung für Hunde darstellt, sondern auch direkt ihre Schlafarchitektur beeinflusst. Nach dem Lernen wurde eine erhöhte Delta-Aktivität im NREM-Schlaf festgestellt, was auf einen tieferen und erholsameren Schlaf hindeutet. Dieser Anstieg der Delta-Wellen signalisiert, dass der Hund intensiv schläft, um das Gelernte zu verarbeiten. Gleichzeitig nahm die Alpha-Aktivität ab, was eine Vertiefung des Schlafs widerspiegelt. **Diese Veränderungen im Schlafmuster legen nahe, dass der Schlaf nach dem Lernen eine aktive Rolle bei der Festigung des Gelernten spielt.** Im REM-Schlaf wurde eine Zunahme der Theta-Aktivität beobachtet, die mit der Verarbeitung nicht-deklarativer Gedächtnisinhalte in Verbindung steht, wie etwa motorische Fähigkeiten oder emotionale Erlebnisse. Die Kombination aus erhöhter Delta-Aktivität im NREM-Schlaf und verstärkter Theta-Aktivität im REM-Schlaf unterstreicht die Wichtigkeit dieser Schlafphasen für die Gedächtniskonsolidierung bei Hunden. Besonders bemerkenswert ist, dass die Hunde, die nach dem Lernen geschlafen hatten, im Post-Sleep-Test signifikant besser abschnitten als diejenigen, die wach geblieben waren. **Dies zeigt deutlich, dass der Schlaf nicht nur für die körperliche Erholung wichtig ist, sondern auch für die kognitive Leistungsfähigkeit, insbesondere für das Gedächtnis.** Hunde, die nach dem Lernen wach geblieben waren, insbesondere diejenigen, die neue Aufgaben erlernten, zeigten eine geringere Gedächtnisleistung und eine schlechtere Konsolidierung des zuvor Gelernten (Kis et al., 2017).

SCHLAFQUALITÄT UND KOGNITIVE LEISTUNG BEI ÄLTEREN HUNDEN

Ähnliche Beobachtungen machte auch das Team von Mondino et al. (2023), das den Zusammenhang zwischen Schlafqualität und kognitiver Leistung bei älteren Hunden untersuchte. Die Studie zeigte, dass Hunde mit schlechterer Schlafqualität, insbesondere weniger NREM- und REM-Schlaf, auch eine verminderte kognitive Leistungsfähigkeit aufwiesen. Hunde, die unter altersbedingten kognitiven Beeinträchtigungen litten, zeigten nicht nur eine reduzierte Schlafdauer, sondern auch eine Fragmentierung des Schlafes, was auf eine geringere Schlafqualität hinweist. Dies führte zu einer schlechteren Gedächtnisleistung und einer geringeren Fähigkeit, Probleme zu lösen. Mondino et al. (2023) fanden heraus, dass Hunde mit höherem **Demenz-Score** und schlechterer Problemlösungsfähigkeit deutlich weniger Zeit in den tiefen NREM- und REM-Phasen verbrachten. Diese Phasen des Schlafs sind entscheidend für die Gedächtniskonsolidierung, und eine Verringerung der Schlafqualität wirkte sich negativ auf die kognitive Funktion aus. Die EEG-Analysen der Hunde zeigten, dass jene mit kognitiven Beeinträchtigungen flachere und weniger erholsame Schlafmuster aufwiesen. Diese Beobachtungen verdeutlichen, dass der Verlust an qualitativ hochwertigem Schlaf, insbesondere in den Tiefschlafphasen, mit kognitiven Defiziten einhergeht, ähnlich wie bei Menschen mit Demenz.

KÖNNEN HUNDE TRÄUMEN?

Vielleicht haben Sie bei Ihrem Hund schon einmal beobachtet, wie er im Schlaf mit den Pfötchen zuckt, seine Augen unter den geschlossenen Lidern hin und her bewegt, die Lefzen leicht hochzieht oder sogar mit der Rute wedelt. Hier befindet sich der Hund wahrscheinlich im REM-Schlaf, einer Phase, die durch schnelle Augenbewegungen und eine tiefe Muskelentspannung gekennzeichnet ist. Forscherteams gehen davon aus, dass Menschen in dieser Phase besonders lebhafte und oft emotionale Träume haben.

»Hunde haben ähnliche Schlafmuster wie wir Menschen. Deshalb wird vermutet, dass auch Hunde eine Art von Traumgeschehen erleben können.«

Viele Anzeichen sprechen dafür, dass auch Hunde in dieser Phase träumen könnten, da sie ähnliche physiologische Merkmale zeigen. Die Arbeit von Manger und Siegel (2020) zeigt, dass viele Säugetiere, die sowohl REM- als auch NREM-Schlafphasen haben, vermutlich eine Art von Traumgeschehen erleben könnten.

DEFINITION: TRAUM

Die Autoren diskutieren zwei Ansätze zur Definition des Begriffs „Traum":

— Die strikte Definition besagt, dass Träume nur während des REM-Schlafs auftreten und als besonders lebhafte, emotionale und oft visuelle Erlebnisse beschrieben werden.

— Die zweite, weiter gefasste Definition von „Traum" schließt auch mentale Bilder oder Gedanken ein, die im NREM-Schlaf entstehen. Diese Träume sind meist weniger intensiv und lebhaft, können aber dennoch als eine Art „Traum" betrachtet werden. Da Hunde ebenfalls NREM-Schlafphasen haben, könnten sie nach dieser Definition auch in dieser Phase träumen, wenn auch vielleicht in einfacheren und fragmentierteren Bildern.

TIERE OHNE REM-SCHLAF

Einige Tiere, insbesondere bestimmte Meeressäuger wie Delfine und Wale sowie einige Seelöwen, haben keinen REM-Schlaf oder nur eine stark veränderte Form davon. Diese Tiere schlafen oft „unihemisphärisch", das heißt, nur eine Gehirnhälfte schläft, während die andere wach bleibt. Dadurch fehlt die für den REM-Schlaf typische Muskelentspannung und die schnellen Augenbewegungen. Das führt dazu, dass diese Tiere vermutlich keine lebhaften REM-Träume erleben, wie es bei landlebenden Säugetieren wie Hunden vermutlich möglich ist.

BEISPIEL FÜR TRAUMERLEBEN

Ein Beispiel, das Manger und Siegel anführen, verdeutlicht das potenzielle Traumerleben bei Tieren mit REM-Schlaf: Bei einem Experiment an Katzen wurde eine bestimmte Gehirnregion verändert, sodass die übliche Muskelentspannung im REM-Schlaf aufgehoben wurde. Die Katzen zeigten dann Bewegungen im Schlaf, die das Jagen und Verfolgen unsichtbarer Beutetiere imitierten, was die Forscher als Hinweis auf ein mögliches Traumerleben interpretierten.
Da Hunde ähnliche Schlafmuster aufweisen und in der REM-Phase Bewegungen wie Zucken der Pfoten oder das Bewegen der Augen zeigen, ist es gut möglich, dass sie ebenfalls Traumerlebnisse haben – vielleicht träumen sie vom Spielen, Jagen oder anderen alltäglichen Aktivitäten.
Die Erkenntnisse aus der Studie von Manger und Siegel (2020) legen nahe, dass Säugetiere mit REM- und NREM-Schlaf, wie Hunde, die physiologischen Voraussetzungen für Träume haben könnten. Die Wahl der Definition von „Traum" beeinflusst jedoch, wie intensiv und lebhaft dieses Traumerleben bei unterschiedlichen Schlafphasen und Tierarten ausfallen könnte.

PRAXISÜBUNG – RUHE FINDEN

Diese Übung hilft Ihrem Hund, sich zu entspannen und seine innere Ruhe zu finden. Sie stärkt die Bindung zwischen Ihnen und Ihrem Hund und kann regelmäßige Ruhepausen fördern.

Vorbereitung

- Sicherstellen, dass Ihr Hund entspannt ist: Gehen Sie sicher, dass Ihr Hund sich vor der Übung lösen konnte und seine letzte Mahlzeit etwa 1–2 Stunden zurückliegt.
- Der richtige Ort: Wählen Sie eine ruhige Umgebung ohne Ablenkungen, in der Sie und Ihr Hund sich wohlfühlen.

Positionierung

- Setzen Sie sich bequem auf einen Stuhl und rufen Sie Ihren Hund zu sich.
- Bringen Sie Ihren Hund in die Sitzposition, sodass er zwischen Ihren Beinen sitzt. Für kleine Hunde ist es empfehlenswert, die Übung auf dem Boden durchzuführen, damit Sie ihn besser erreichen können.

Durchführung – sanfte Berührung

- Beginnen Sie, Ihren Hund langsam und sanft vom Brustbein bis zu den Pfoten zu streicheln. Üben Sie dabei einen leichten, angenehmen Druck aus, um Entspannung zu fördern.
- Achten Sie darauf, dass Ihre Berührungen gleichmäßig und ruhig sind. Zählen Sie für einen Durchgang im Kopf langsam bis 10, um ein gleichmäßiges Tempo zu halten.

Wiederholung

- Führen Sie das Streicheln für etwa fünf Minuten durch. Während dieser Zeit sollten Sie selbst ruhig und tief atmen, um eine entspannte Atmosphäre zu schaffen.
- Achten Sie auf Zeichen von Entspannung wie langsames Atmen, geschlossene Augen oder das Ablegen der Pfoten.

Entspannungssignal einführen

- Beginnt Ihr Hund sich zu entspannen, können Sie ein Entspannungssignal wie „Cool" oder „Down" einführen. Sagen Sie das Signalwort in einem ruhigen, sanften Ton, während Sie Ihren Hund streicheln.
- Wiederholen Sie das Signal regelmäßig während der Übung, damit Ihr Hund es langfristig mit Entspannung verbindet.

Tipps für den Erfolg

- Konsistenz: Führen Sie die Übung regelmäßig durch, damit Ihr Hund die Routine kennenlernt und sich schneller entspannen kann.
- Geduld: Jeder Hund reagiert unterschiedlich auf Berührungen. Falls Ihr Hund anfangs unruhig ist, führen Sie die Übung langsam ein und verkürzen Sie die Dauer bei Bedarf.
- Ruhe ausstrahlen: Ihre eigene Entspannung überträgt sich auf den Hund. Achten Sie darauf, dass Sie selbst ruhig und gelassen sind.

☞ **Aus der Forschung (von Dr. Udo Gansloßer)**

STRESS UND BELASTUNG

Welche Auswirkungen Belastung – die auch in Stress übergehen kann – auf Lernleistung, Verhaltensanpassung und mehr hat, werden wir noch ausführlich betrachten. Eine notwendige Voraussetzung zum Verständnis dieser Konzepte ist es jedoch, dass wir uns vorab über die physiologischen und ökologischen Hintergründe informieren.

WAS BEDEUTET STRESS?

Bereits beim Begriff Stress beginnt die Begriffsverwirrung. Nach einer, wenn auch nicht der einzigen gültigen Stressdefinition tritt, wie der britische Verhaltensmediziner Donald Broom (z. B. 2001) dargelegt hat, die mangelnde Anpassungsmöglichkeit in den Vordergrund. Stress ist nach Donald Broom dann gegeben, wenn ein Lebewesen mit seiner Anpassungsfähigkeit überfordert ist, und dadurch dann Störungen im Gesundheitlichen, im Fortpflanzungsbereich oder in ähnlichen Arealen seines Alltagslebens auftreten. Alles andere, was das Tier noch gut bewältigen kann, wird als Belastung bezeichnet, oder eben als Aufregung, Stimulation oder Herausforderung. Nach diesem Konzept gibt es keinen positiven Stress. Immer, wenn Stress vorliegt, treten negative Folgen auf.

In jüngerer Zeit dagegen wird, insbesondere in der zoologischen Stressforschung (bei Pflanzen, Mikroorganismen etc. wird diese Unterscheidung noch nicht so konsequent durchgeführt), noch unterschieden zwischen einer vorhersagbaren, anspruchsvollen, bisweilen auch harten Umwelt, und der unvorhersagbaren bzw. nicht bewältigbaren Belastung, die dann zur Stressantwort führt. Ersteres bezeichnen z. B. Carsten Schradin als „Harshness", also Härte oder vielleicht genauer Umwelthärte (Schradin et al., 2023). Die wichtigste Unterscheidung dabei ist im Bereich der Stoffwechselphysiologie: Harshness, also Umwelthärte, wird von Lebewesen in der Regel durch eine Reduktion des Basalstoffwechsels und nach Möglichkeit insgesamt durch eine Verringerung der im Organismus notwendigen Energieanforderungen beantwortet. Diese Reduktion des Energieverbrauchs kann durchaus auch langanhaltend sein, und führt z. B. dann auch nicht notwendigerweise zu einer Verringerung der Fortpflanzungsleistung. Lebewesen, die in Wüstengebieten leben (Schradin et al. beschreiben z. B. verschiedene, in Namibia lebende Kleinsäuger), reduzieren im Laufe der Zeit sogar die Ausschüttung des sogenannten passiven Stresshormons Cortisol, während der Ausstoß des aktiven Stresshormonsystems (Adrenalin-Noradrenalin) überhaupt nicht beeinflusst wird. Bei einer Stressanpassung dagegen werden zunächst beide, und im Laufe der Zeit je nach Persönlichkeitstyp zumindest eines der beiden Stresshormone auch längerfristig erhöht.

BELASTUNGSANTWORTEN

Barbara Taborski und ihr Team (2021) haben deutlich gemacht, dass die Belastungsantworten nach mehreren Kennwerten zu unterscheiden sind:

— die **Grundlinie,** also die Konzentration der betreffenden Botenstoffe in Abwesenheit von besonderen Belastungsfaktoren,
— der **Spitzenwert** nach dem Auftreten der Belastung und
— die nachfolgende **Abbaugeschwindigkeit.**

Diese drei Werte sind auch im erheblichen Maße von der Lebenssituation abhängig. Ein Hund lebt z. B. in einer Lebenssituation,

Der Stresshormonpegel ist in einer Belastungssituation schnell aufgebaut. In dieser Zeit wird mehr Energie z. B. in die Feindvermeidung gesteckt, als in andere Lebensbereiche wie z. B. Fortpflanzung.

in der im Alltag normalerweise wenig Belastungen auftreten. Taucht dann aber ein Feind auf, besteht die Möglichkeit, dass bei Wiederauftauchen in nachfolgenden Zeitabschnitten der Stresshormonpegel in der Belastungssituation sehr schnell aufgebaut wird. In dieser Zeit wird auch mehr Energie in Feindvermeidung und andere Reaktionen gesteckt. Tritt nach längerer Zeit kein neuer Feindreiz auf, baut sich die Stresshormonkonzentration wieder ab, und es wird wieder mehr Energie in andere Lebensbereiche, inklusive Fortpflanzung, gesteckt.
Sind dagegen die auftretenden Gefahren weder vorhersagbar, noch mit der vorherigen Aktivität (z. B. des Feindes) korreliert, dann werden die Stresshormonkonzentrationen zwar schneller abgebaut, steigen jedoch auch schneller wieder an. Eine höhere Grundspannung des Stresshormonsystems ist in diesen Fällen zu erwarten.
Lebt das Tier letztlich in einem vorhersagbaren und nur mit wenigen Gefahren ausgestatteten Lebensraum, dann ist die Basislinie der Stresshormone niedrig und die Abbaugeschwindigkeit nach dem Spitzenwert wiederum sehr schnell. Solche und ähnliche Unterschiede sind auch z. B. zwischen unterschiedlichen Hunderassen zu beobachten, wobei Wachhunde, Herdenschutzhunde und andere, die sich schnell an eine dann aber wiederkehrende Anwesenheit von Feinden gewöhnen müssen, hier definitiv anders funktionieren als z. B. Terrier (siehe S. 66).

ANPASSUNG AN UMWELTHÄRTE

Die Anpassung an Umwelthärte erfolgt in der Regel durch langfristige Anpassungsprozesse im Bereich der Stoffwechselphysiologie und des Energiehaushalts. Anpassungen an kurzfristige, eher dem Stressbereich zuneigende Belastungen dagegen sind überwiegend durch Verhaltensflexibilität, Lernen, soziale Mechanismen, etc. zu erwarten.
Gerade im Zusammenhang mit Hunden aus dem Tierschutz, speziell dem Auslandstierschutz, müssen wir uns also vorab informieren, aus welchen Lebensräumen bzw. vorherigen Lebensbedingungen unsere Kandidaten stammen, um ein möglichst gutes Betreuungsprogramm zu entwickeln. Leider stehen dem immer noch die Praktiken vieler sogenannter Tierschutzorganisationen im Weg, die sich hier hinter Datenschutzvorschriften verstecken und den neuen Familien keine Informationen über das Vorleben des betreffenden Hundes zukommen lassen wollen.
Genauere Informationen über die physiologischen, energetischen und ökologischen Stresskonzepte finden sich in den genannten Arbeiten, oder bei McEwen und Wingfield (2003) oder von Holst (1997).

KOGNITION – FÄHIGKEITEN VON HUNDEN

WIE HUNDE IHRE WELT VERSTEHEN

Hunde sind weit mehr als nur instinktgesteuerte Kreaturen. Ihre kognitiven Fähigkeiten umfassen eine Vielzahl komplexer Prozesse, die tiefe Einblicke in ihre mentale Welt ermöglichen. Alltägliche Beobachtungen und wissenschaftliche Studien zeigen, wie Hunde Entscheidungen treffen, lernen und ihre Umwelt wahrnehmen. Stellen Sie sich vor, Ihr Hund soll entscheiden, unter welchem von zwei Hütchen Futter versteckt ist, und beobachtet, auf welches Hütchen Sie zeigen. Ein Welpe beobachtet einen älteren Hund, der bellt und dadurch Aufmerksamkeit von seinem Menschen bekommt, und imitiert dieses Verhalten. Ein Hund sucht unter dem Sofa nach einem Spielzeug, obwohl es dort nicht sofort ersichtlich ist. Anhand dieser Beispiele können Sie sehen, dass Hunde komplexe kognitive Fähigkeiten besitzen.

KOGNITIONS-FORSCHUNG

In den letzten 25 Jahren hat die Forschung zur Kognition von Carnivoren erhebliche Fortschritte gemacht. Eine wegweisende Studie von Benson-Amram et al. (2022) beleuchtet die kognitiven Fähigkeiten von carnivoren Säugetieren und zeigt, dass Carnivoren beeindruckende kognitive Fähigkeiten besitzen. Carnivoren wie Hyänen, Löwen und Waschbären zeigen bemerkenswerte Fähigkeiten zur **Innovation und Problemlösung**, die in Versuchen mit Puzzle-Box-Paradigmen gezeigt wurden. Das sind Apparaturen, bei denen die Tiere verschiedene Hebel oder Werkzeuge nutzen müssen, um an eine Futter-Belohnung zu kommen. Diese Tiere sind in der Lage, neue Problemstellungen zu lösen und Werkzeuge zu verwenden, um z. B. an Futter zu gelangen.
Carnivore zeigen eine **hohe Verhaltensflexibilität**, indem sie ihr Verhalten an wechselnde Umweltbedingungen anpassen können. Dies wird durch Studien zur Umkehrlernfähigkeit (reversal learning) und zur inhibitorischen Kontrolle (Fähigkeit, impulsive (oder automatische) Reaktionen zu kontrollieren oder zu hemmen) gezeigt, bei denen Tiere wie Waschbären und Hyänen ihre Strategien an neue Situationen anpassen konnten. Andere Carnivoren wie Hyänen und Löwen verfügen über komplexe soziale Kognitionsfähigkeiten. Sie können soziale Interaktionen wie Kooperation beim Jagen und das Bilden von Allianzen verstehen und nutzen.

SOZIALE KOMPETENZ

Soziale Kompetenz spielt vor allem bei Hunden in der kognitiven Entwicklung und den sozialen Interaktionen eine zentrale Rolle. **Sie beschreibt die Fähigkeit, das eigene Verhalten flexibel an soziale Informationen und Kontexte anzupassen, um optimale Interaktionen zu ermöglichen** (Taborsky und Oliveira, 2012). Diese Kompetenz, die durch Verhaltensflexibilität unterstützt wird, ermöglicht es Hunden, nicht nur auf direkte soziale Reize zu reagieren, sondern auch aus Erfahrungen zu lernen und ihr Verhalten entsprechend anzupassen.

Hunde, die in einer vielfältigen sozialen Umgebung aufwachsen, entwickeln verschiedene Fähigkeiten, um Signale von Artgenossen und Menschen besser zu verstehen.

Studien zeigen, dass soziale Kompetenz durch die soziale Umgebung und Erfahrungen während der Entwicklung beeinflusst wird. Beispielsweise entwickeln Hunde, die in einer vielfältigen sozialen Umgebung aufwachsen, differenzierte Fähigkeiten, um Signale von Artgenossen und Menschen besser zu verstehen und darauf zu reagieren. Diese Fähigkeit, soziale Beziehungen effektiv zu navigieren, ist nicht nur entscheidend für den Erfolg in sozialen Gruppen, sondern erhöht auch die allgemeine Anpassungsfähigkeit eines Hundes. So können Hunde in komplexen sozialen Situationen nicht nur angemessen reagieren, sondern auch kooperative Verhaltensweisen wie das Teilen von Ressourcen oder das gegenseitige Unterstützen bei der Problemlösung zeigen.

KOOPERATION BEI WILD LEBENDEN KANIDEN

Eine weitere Studie von Berghänel et al. (2022) untersuchte die kognitiven Fähigkeiten und das kooperative Verhalten von wild lebenden Kaniden. In dieser umfassenden Studie analysierte das Forscherteam sowohl natürlich auftretendes Verhalten als auch Ergebnisse von Versuchen, hauptsächlich an Wölfen und Hunden. Sie wollten herausfinden, ob höhere kognitive Fähigkeiten notwendig sind, um komplexe soziale und jagdliche Strategien zu erklären, oder ob einfache, angeborene oder assoziativ gelernte Verhaltensweisen ausreichen. Sie fanden heraus, dass Wölfe eine hohe soziale Toleranz zeigen, indem sie z. B. bei der Jagd von Beute zusammenarbeiten und diese ohne Konflikte teilen. Die kooperative Zucht, bei der Individuen außerhalb des Zuchtpaares helfen, Nachwuchs aufzuziehen, ist bei Arten wie den Afrikanischen Wildhunden besonders ausgeprägt, da die Gruppe gemeinsam den Nachwuchs versorgt und schützt. Die Komplexität der Strategien, die bei der Jagd und Verteidigung gegen Raubtiere angewendet werden, ist ebenfalls bemerkenswert. Die Beobachtungen dieser Studie zeigen, dass Kaniden in vielen kognitiven Bereichen beeindruckende Fähigkeiten besitzen, darunter:

Soziale Toleranz und Kooperation: Wölfe zeigen eine hohe soziale Toleranz und kooperieren bei der Jagd und Verteidigung von Ressourcen. Zum Beispiel können Wölfe Beute gemeinsam erlegen und die Ressourcen teilen, was auf eine entwickelte selbstbestimmte Kontrolle hinweist, die es ihnen ermöglicht, impulsives Verhalten zu unterdrücken.

Numerische Kompetenz: Kaniden können Mengen unterscheiden und numerische Bewertungen vornehmen, um die Stärke von Gruppen zu beurteilen (siehe S. 229). Zum Beispiel können Streunerhunde die Anzahl der Mitglieder in ihrer eigenen Gruppe im Vergleich zu einer gegnerischen Gruppe einschätzen und darauf basierend Entscheidungen über Angriff oder Rückzug treffen.

Perspektivübernahme und Rollenverständnis: Wölfe und Hunde können die Perspektive und Intentionen anderer erkennen und entsprechend handeln. In kooperativen Aufgaben haben sie gezeigt, dass sie in der Lage sind, die Rolle und Absichten ihrer Partner zu berücksichtigen, was für eine erfolgreiche Zusammenarbeit notwendig ist.

Kooperative Jagdstrategien: Kaniden nutzen kooperative Jagdstrategien, die durch einfache Verhaltensregeln oder komplexe kognitive Prozesse unterstützt werden können. Wölfe zeigen z. B. die Fähigkeit, ihre Angriffe zu koordinieren und sich strategisch zu positionieren, um die Fluchtwege der Beute zu blockieren und sie gemeinsam zu überwältigen.

Auch Hunde können von Artgenossen lernen, wie man effektiv Futter sucht, Hindernisse überwindet oder potenzielle Gefahren erkennt. Wooster et al. (2023) zeigen, dass kulturelle Übertragungen – wie das Beobachten und Imitieren von Verhaltensweisen anderer – eine Schlüsselrolle dabei spielen, wie Tiere komplexe Verhaltensstrategien entwickeln. Bei Hunden manifestiert sich dies etwa in der Fähigkeit, durch Nachahmung Jagdtechniken zu lernen oder neue Problemlösungsansätze zu übernehmen. Diese Lernprozesse werden durch kognitive Mechanismen wie Gedächtnis, Entscheidungsfindung und Verhaltensflexibilität unterstützt.

HEIMFINDEN

Eine weitere interessante kognitive Fähigkeit unserer Hunde, die in den letzten Jahren immer mehr Aufmerksamkeit bekommt, ist ihre Fähigkeit zur Heimfindung (Homing). Studien zeigen, dass Hunde auf sehr komplexe Weise ihren Weg nach Hause finden können, sogar über große Entfernungen (Nahm, 2015, Adámková et al., 2021). Es gibt immer wieder Berichte von Hunden, die nach langer Zeit oder sogar nach einem Unfall in der Lage sind, mehrere Hundert Kilometer zu Fuß zurückzulegen, um zu ihren Menschen zu gelangen (Bekoff, 2024) Wissenschaftler:innen vermuten, dass Hunde dabei eine Kombination verschiedener Fähigkeiten nutzen, wie ihren besonders starken Geruchssinn, Geräusche, die sie mit ihrem Zuhause verbinden, und vielleicht auch die Wahrnehmung von Magnetfeldern (siehe S. 273), ähnlich wie es bei Vögeln oder anderen Tieren bekannt ist. Einige Forscherteams vermuten, dass die starke emotionale Bindung zwischen Hund und Mensch eine wichtige Rolle spielt – vielleicht motiviert die Liebe und das Vertrauen zur Bezugsperson den Hund, den Heimweg zu finden.

WIE INTELLIGENT SIND HUNDE WIRKLICH?

Die Intelligenz von Hunden scheint ähnlich wie die des Menschen hierarchisch aufgebaut zu sein. Das bedeutet, dass verschiedene kognitive Fähigkeiten in einer Struktur organisiert sind, ähnlich wie eine Pyramide, bei der einige Bereiche grundlegender und andere komplexer sind. So kann z. B. ein(e) Mathematiker:in hervorragend mit Zahlen umgehen, hat jedoch eventuell Probleme eine andere Sprache zu lernen. In Intelligenztests wird daher nicht nur analytisches Denken abgefragt, sondern auch räumliches Vorstellungsvermögen, Wortschatz und Problemlösefähigkeit.

DER G-FAKTOR

Der G-Faktor, oder allgemeine Intelligenzfaktor, ist ein Konzept aus der Psychologie. **Es geht auf die Idee zurück, dass es eine grundlegende, allgemeine kognitive Fähigkeit gibt, die allen intellektuellen Tätigkeiten zugrunde liegt.** Er ist nicht auf nur eine spezifische Fähigkeit beschränkt, sondern soll verschiedenen Bereiche der Intelligenz umfassen. Dieses Konzept wurde ursprünglich von dem britischen Psychologen Charles Spearman Anfang des 20. Jahrhunderts entwickelt. Spearman beobachtete durch verschiedene Tests, dass eine Person, die in einem Test, z. B. Lösen von mathematischen Aufgaben, gut war, mit einer hohen Wahrscheinlichkeit auch in anderen kognitiven Aufgaben gut abschnitt (Gottfredson, L. S., 1998). Der G-Faktor stellt somit einen Wert für die allgemeine Intelligenz dar.

INTELLIGENZTESTS FÜR HUNDE

Auf den Hund wurde diese Thematik bezogen, da die Intelligenz von Hunden oft mit der Intelligenz von Kleinkindern verglichen wurde. Das Wissenschaftlerteam rund um Zsófia Bognár (2023) wollte es genauer wissen und entwickelte 7 Tests, um die kognitive Leistung von 129 Familienhunden von 3 bis 15 Jahren zu bewerten und herauszufinden, ob es einen allgemeinen kognitiven Faktor (canine g) und separate kognitive Bereiche gibt. Das Modell mit der besten Passung zeigte sowohl zwei kognitive Bereiche (**Problemlösung** und **Lernen**) als auch einen übergeordneten allgemeinen kognitiven Faktor (canine g). Zusätzlich verfolgten sie diese Hunde noch über zweieinhalb Jahre lang, um altersbedingte Veränderungen zu beobachten. Zu den Tests gehörten:

1. Verfolgen von menschlichen Zeigegesten
2. Beharrlichkeit bei Objektmanipulation,
3. Clickertraining-Aufgabe
4. Erfolg in Problemlöseaufgaben (Futter aus einer Puzzelbox herausholen)
5. anhaltende Aufmerksamkeit auf sich bewegende Objekte/Mensch
6. assoziatives Lernen beim Training für Blickkontakt mit einem Menschen
7. Test für das räumliche Kurzzeitgedächtnis

Die Ergebnisse zeigten, dass die kognitiven Leistungen der Hunde durch einen übergeordneten kognitiven Faktor G erklärt werden können, der negativ mit dem Alter der Hunde korreliert war. Dies bedeutet, dass ältere Hunde im Durchschnitt niedrigere kognitive Fähigkeiten aufwiesen als jüngere Hunde. Wie auch bei Menschen zeigt sich bei unseren Familienhunden mit zunehmendem Alter ein natürlicher Rückgang verschiedener kognitiver Fähigkeiten. Dies kann z. B. eine verminderte Aufmerksamkeit, schlechte Trainierbarkeit oder auch eine reduzierte Reaktionsfähigkeit auf bekannte Kommandos bedeuten. Es konnte aber auch beobachtet werden, dass dieser kognitive Rückgang stark vom Gesundheitszustand der Hunde beeinflusst wurde. Hunde, die in guter gesundheitlicher Verfassung waren, zeigten keine verminderten oder schlechteren Ergebnisse im Laufe der Zeit. Zusätzlich war der g-Faktor positiv mit Faktoren wie dem Trainingsniveau, der

Die Kognition des Hundes ist abhängig von Alter, Umgebung und positiven wie negativen Erfahrungen.

Aktivitäts- und Erregbarkeitseigenschaft, erlebtem Trauma und einem normalen Körperzustand verbunden, aber negativ mit der Größe der Hunde und der emotionalen Einstellung der Halter:innen.
Langzeitanalysen über zwei Jahre hinweg differenzierten die Hunde in drei Hauptgruppen: **abnehmend** (Verschlechterung der kognitiven Fähigkeiten), **stabil** (gleichbleibend) und **verbessernd** (verbesserte kognitive Fähigkeiten).
Diese Studie zeigt deutlich, dass die kognitiven Fähigkeiten von Hunden nicht nur von ihrem Alter, sondern auch von ihrer Umgebung und ihren Erfahrungen positiv, aber auch negativ beeinflusst werden. Die Erkenntnisse betonen die Bedeutung einer geistig anregenden Umgebung und eines ausgewogenen Trainings für die kognitive Gesundheit von Hunden. Die Studien unterstreichen, dass Kognition bei Hunden weit mehr umfasst, als das bloße Erlernen von Kommandos. Sie beinhaltet die Fähigkeit der Hunde, komplexe Probleme zu lösen, ihre Umwelt zu interpretieren und aus Erfahrungen zu lernen. Diese kognitiven Prozesse sind entscheidend für das tägliche Leben eines Hundes und beeinflussen, wie sie mit ihrer Umgebung und ihren Menschen interagieren.

KOGNITION

Kognition (*cognitio* = Erkenntnis) ist ein Sammelbegriff für Prozesse und Strukturen, die sich auf die Aufnahme, Verarbeitung und Speicherung von Informationen beziehen. Es ist die Art, wie das Verhalten der Tiere durch Lernen, Gedächtnis und Denken beeinflusst und gesteuert wird (Shettleworth, 2000).

Aus der Forschung (von Julia Reich)

HOCHBEGABUNG

Hochbegabung ist ein komplexes und vielschichtiges Phänomen, das in der Bildungs- und Psychologieforschung intensiv untersucht wird. Sie wird zumeist als überdurchschnittliche intellektuelle Leistungsfähigkeit definiert, die sich in einem hohen Maß an Kreativität, Problemlösungsfähigkeiten und der Fähigkeit zur schnellen Auffassung und Verarbeitung von Informationen äußert. Laut der Definition des American Psychological Association (APA) bezieht sich Hochbegabung auf Individuen, die in einem oder mehreren Bereichen, wie etwa in verbalen, räumlich-abstrakten oder mathematischen Fähigkeiten, signifikant über dem Durchschnitt abschneiden.

HOCHBEGABUNG BEIM HUND

Hochbegabung bei Hunden ist ein verhältnismäßig neues Forschungsfeld, das sich mit den kognitiven Fähigkeiten und dem Lernverhalten von Hunden beschäftigt. Während der Begriff „Hochbegabung" traditionell auf Menschen angewendet wird, wird er vermehrt auch auf andere Tiere, dabei insbesondere auf Hunde, übertragen.

Hochbegabte Hunde führen komplexe Aufgaben schneller und effektiver aus, als der Durchschnitt ihrer Artgenossen.

Dabei zeigen sie ein äußerst kreatives Verhalten beim bewältigen neuer Herausforderungen.

DEFINITION

Hochbegabung bei Hunden kann als die Fähigkeit definiert werden, komplexe Aufgaben schneller und effektiver zu erlernen und auszuführen als der Durchschnitt ihrer Artgenossen. Das kann sich in verschiedenen Formen äußern, darunter überdurchschnittliche Problemlösungsfähigkeiten, eine hohe Lernfähigkeit und soziale Intelligenz.

1. Problemlösefähigkeit zeigt sich in eigenständigem kreativem Verhalten, neue Herausforderungen zu bewältigen. Das betrifft z. B. Rettungshunde, die in der Lage sein müssen, verschiedene Umgebungen zu analysieren und diese strategisch nach einer vermissten Person abzusuchen, um diese lokalisieren zu können.

2. Lernfähigkeit betrifft die Geschwindigkeit und Effizienz, in der ein Hund neue Signale oder Kommandos erlernen kann. Dabei ist auch die Ausbildung eines Wortschatzes ein zentraler Aspekt, der der Forschung ein spannendes Untersuchungsfeld eröffnet hat, mit den „Gifted Word Learner Dogs" (siehe S. 292).

3. Soziale Intelligenz zeigt sich als Fähigkeit, menschliche Emotionen und Gesten zu erkennen, zu interpretieren und auf diese angemessen reagieren zu können. Diese Eigenschaft nutzen wir vor allem im therapeutischen Kontext mit Therapiebegleithunden, die Menschen in Krankenhäusern, Pflegeeinrichtungen oder auch in der Psychotherapie emotionalen Beistand leisten oder auch bei Assistenzhunden, die speziell ausgebildet sind, z. B. für Menschen mit psychischen Krankheiten durch ihren Alltag zu begleiten, ihre Bedürfnisse zu erkennen und zu unterstützen.

INTELLIGENZ

Sprechen wir von Intelligenz sowohl bei Hunden als auch bei Menschen, dann spielt das Konzept des „g-Faktors" (allgemeine Intelligenz) eine zentrale Rolle. Der g-Faktor beschreibt die kognitiven Fähigkeiten eines Individuums. Bei Hunden könnte er als Maß dafür dienen, einschließlich Problemlösungsfähigkeiten, Lernfähigkeit und sozialer Intelligenz. Forschungen haben gezeigt, dass Hunde mit einer höheren Ausprägung des g-Faktors tendenziell schneller lernen und komplexere Aufgaben bewältigen können (Arden und Adams, 2016). Diese Hunde sind in der Lage, neue Informationen effizient zu verarbeiten und flexibel auf unterschiedliche Situationen zu reagieren.
Die Messung von Intelligenz, und damit die Identifizierung intelligenter und hochintelligenter Hunde, hat für die Forschung und für praktische Anwendungen Relevanz, etwa in der Auswahl und Ausbildung von Rettungs-, Assistenz- oder Therapiehunden.

GENETISCHE FAKTOREN

Genetische Faktoren können eine entscheidende Rolle bei der Entwicklung kognitiver Fähigkeiten bei Hunden spielen. Studien zeigen, dass bestimmte Rassen tendenziell höhere kognitive Fähigkeiten aufweisen als andere (Coren, 1994). Häufig aufgeführt werden Border Collie, Pudel oder Deutscher Schäferhund, die überdurchschnittliche Begabungen in Bereichen wie Problemlösungsfähigkeit oder Gehorsam zeigen. Diese Unterschiede zwischen den Hunderassen können einerseits auf einen vererbbaren Anteil von Intelligenz und andererseits auch auf Zuchtpraktiken zurückgeführt werden, die gezielt auf Intelligenz und Arbeitsfähigkeit abzielen sollen und somit eine positive Veranlagung für die Ausbildung spezifischer Fähigkeiten bieten können.

UMWELTFAKTOREN

Neben genetischen Einflüssen sind Umwelteinflüsse ein wesentlicher Faktor, der bei der Entwicklung von Hochbegabung bei Hunden nicht unterschätzt werden sollte. Eine stimulierende Umgebung, die reich an sozialen Interaktionen und geistigen Herausforderungen ist, kann die kognitiven Fähigkeiten eines Hundes fördern (Foraita et al., 2021). Soziale Interaktionen, regelmäßiges Training, sowie geistige Herausforderungen können die Entwicklung exekutiver Funktionen positiv beeinflussen und somit Fähigkeiten wie Impulskontrolle oder Problemlösefähigkeit verbessern. Eine frühe und angemessene Sozialisierung ist ebenso ein entscheidender Faktor in der Entwicklung kognitiver Fähigkeiten (Coren, 1994; Foraita et al., 2021).

GIFTED WORD LEARNER DOGS

Ein Verhalten, an dem Hochbegabung bei Hunden untersucht wird, ist die Fähigkeit, Wörter zu lernen und diese zu unterscheiden. Hunde, die das überdurchschnittlich gut beherrschen, werden als „Gifted Word Learner Dogs" (GWLD) bezeichnet. Diese Hunde sind in der Lage, eine große Anzahl von Wörtern zu lernen und sie in verschiedenen Kontexten korrekt anzuwenden. GWLD zeigen oft überdurchschnittliche kognitive Fähigkeiten, die es ihnen ermöglichen, Wörter nicht nur als akustische Signale zu erkennen, sondern auch deren Bedeutung zu verstehen und sogar eine mentale Repräsentation des Objektes mit dem Objektnamen zu verknüpfen (Dror et al., 2022).

Besonders bekannt wurde das Phänomen der GWLD erstmals durch den Hund Rico, der 1999 bei der Fernsehsendung „Wetten, dass …?" teilgenommen hat und unter Beweis stellte, über 77 Wörter dem entsprechenden Spielzeug zuordnen zu können und diese korrekt zu apportieren. Rico zeichnete sich nicht nur durch seinen außergewöhnlichen Wortschatz aus, sondern auch durch seine Fähigkeit zum „Fast Mapping". Dies äußerte sich darin, dass er, wenn er mit einem unbekannten Wort beauftragt wurde, in der Lage war, ein neues Objekt unter mehreren bereits bekannten zu identifizieren und es erfolgreich mit dem zuvor unbekannten Begriff zu verknüpfen. Studien zeigen, dass einige Hunde in der Lage sind, bis zu 1 000 oder mehr Wörter zu lernen und diese in einem angemessenen Kontext zu verwenden. Dies bewies der Hund Chaser, der von Dr. John Pilley trainiert wurde (Pilley und Reid, 2011). Doch auch Chasers Fähigkeiten gingen über seinen bemerkenswerten Wortschatz hinaus. Er hatte die Fähigkeit zur Kategorisierung von Objekten und neuen Wörtern. Die betraf z. B. physische Merkmale wie die Form, Größe oder Farbe von Gegenständen, aber auch deren Materialien oder dessen Funktion, wie z. B. Spielzeuge, die für draußen gedacht sind, oder Spielzeuge zum kuscheln (Pilley und Reid, 2011). Diese Erkenntnisse geben uns neue Ansätze und Einblicke in das Lernverhalten von Hunden, deren Fähigkeiten

»Früher Kontakt mit verschiedenen Reizen, Umwelteinflüssen und soziale Interaktionen können langfristige Auswirkungen auf die kognitiven Fähigkeiten eines Hundes haben.«

zum abstrakten und komplexen Denken, welche über einfache Wort-Objekt-Assoziationen hinausgehen. Die Fähigkeit, mehrere benannte Objekte korrekt differenzieren zu können, weisen nur wenige Hunde auf und die, die es aufweisen, lernten es meist nicht durch formales Training, sondern durch unbewusste Interaktionen mit ihrer menschlichen Bezugsperson (Fugazza et al., 2022).

Was macht diese Hunde so besonders?

GWLD haben eine außergewöhnliche Auffassungsgabe dafür, Objektnamen zu lernen und diese den entsprechenden Objekten zuzuordnen. Dabei können sie bis zu 12 neue Objektnamen in einer Woche lernen und besitzen damit eine vergleichbare Lerngeschwindigkeit eines Säuglings zu Beginn der Wortschatzbildung (Dror et al., 2021). Die gelernten Wörter sind für mindestens zwei Monate im Langzeitgedächtnis der Hunde gespeichert und abrufbar. Typische Familienhunde sind nicht in der Lage, ein solches Lernverhalten an den Tag zu legen (Fugazza et al., 2021). In einer Studie mit Border Collies wurde untersucht, ob hochbegabte Hunde herausstechende Persönlichkeitsmerkmale haben, die mit ihrer überdurchschnittlichen Leistungsfähigkeit in Verbindung stehen könnten. Dabei fanden sie heraus, dass GWLD Persönlichkeitsmerkmale wie Neugier und soziale Offenheit in einer höheren Ausprägung besitzen, als typische Familienhunde (Fugazza et al., 2022). Damit in Verbindung könnte ein erhöhtes interaktives Spielverhalten zwischen Mensch und Hund stehen, was das spielerische Lernen von Wörtern und deren Bedeutung fördern könnte. Die Hunde können außerdem nicht nur Objektnamen verschiedenen Objekten erfolgreich zuordnen und diese differenzieren, sondern bilden auch eine multisensorische mentale Repräsentation der Objekte. Das bedeutet, dass sie die Objekte nicht nur anhand der Sicht, sondern auch anhand anderer Sinnesmodalitäten wie der Form oder des Geruchs unterscheiden können. Erste Erkenntnisse dazu lieferten Dror et al. (2022), indem sie Hunde in einen komplett verdunkelten Raum schickten, um den bekannten Gegenstand zu identifizieren und zu bringen und die GWLD diese Aufgabe erfolgreich absolvieren konnten.
Zusammenfassend lässt sich sagen, dass Hochbegabung, sowohl bei Menschen als auch bei Hunden, ein faszinierendes und vielschichtiges Thema ist, dem sowohl genetische als auch umweltbedingte Faktoren zugrunde liegen. Die Erkenntnisse über hochbegabte Hunde, insbesondere die sogenannten „Gifted Word Learner Dogs" mit ihrer außergewöhnlichen Lernfähigkeit, eröffnen neue Perspektiven auf die kognitiven Fähigkeiten von Tieren und deren Lernverhalten. Die Forschung in diesem Bereich ist noch jung, bietet jedoch vielversprechende Ansätze, um das Potenzial von Hunden besser zu verstehen und zu fördern.

ÜBER DIE AUTORIN

Julia Reich ist seit Ende 2022 Hundetrainerin und hat die „Hundeschule Pfotenreich" gegründet. Ihre Ausbildung an der Akademie für Tiertherapeutische Berufe bildet die Grundlage für ihre praxisnahe Arbeit mit Hunden und ihren Menschen. Mit einem Bachelor in Psychologie und dem aktuellen Masterstudium, mit dem Schwerpunkt klinische Psychologie, verbindet sie ihr Wissen über menschliches Verhalten mit der Tätigkeit als Hundetrainerin. Aktuell forscht sie an einer Studie zur Stressbelastung von Hunden, die in Haushalten mit psychischen Erkrankungen leben oder als Assistenz-, Therapiebegleit- oder Besuchshunde fungieren. Ihr Ziel ist es, den Menschen das Verständnis für die Bedürfnisse von Hunden näherzubringen und sie im Umgang damit praktisch zu unterstützen.

STRATEGISCHES HANDELN

Für ihre komplexen Handlungen, z. B. einen anderen Hund durch Bellen in eine bestimmte Richtung abzulenken, um an dessen Spielzeug zu gelangen, bedarf es einer Verknüpfung von Eindrücken (Hund hat den Ball) und Bewertung (Hund gibt den Ball nicht freiwillig ab, es sei denn, er lässt ihn für etwas anderes aus den Augen). Diese „innere Repräsentanz" ist entscheidend für die Fähigkeit des Hundes, strategisch zu handeln, um seine Ziele zu erreichen. Dabei nutzt der Hund vergangene Erfahrungen, um die aktuelle Situation zu interpretieren und angemessene Handlungen abzuleiten. Besonders in sozialen Interaktionen mit dem Menschen ist der Hund, so zeigen viele Untersuchungen, sogar unseren nächsten Verwandten, den Menschenaffen, überlegen. Kaminski und Marshall-Pescini (2014) und Bräuer und Kaminski (2020) zeigen, dass Hunde besonders gut darin sind, menschliche **Zeigegesten** zu verstehen und zu interpretieren. Schimpansen hingegen, unsere nächsten Verwandten, sind vor allem gut darin, kausale physikalische Hinweise in ihr Handeln einzubeziehen, wie z. B. die Schwerkraft. Bei der Interpretation von menschlichen Zeigegesten scheitern sie jedoch häufig (Hare et al., 2004).

KOOPERATION MIT DEM MENSCHEN

Miklósi und sein Team (2004) stellten fest, dass Hunde regelmäßig zu ihren menschlichen Bezugspersonen zurückblicken, um Hinweise zu erhalten, was Wölfe nicht tun. Riedel et al. (2008) fanden heraus, dass Hunde bereits in jungen Jahren in der Lage sind, menschliche Zeigegesten zu verstehen, was darauf hindeutet, dass diese Fähigkeit tief in ihrer Entwicklung verankert ist.

Wobber und ihr Team (Wobber et al., 2009) untersuchten verschiedene Hunderassen und fanden heraus, dass Hunde, die für die Zusammenarbeit mit Menschen gezüchtet wurden, wie Deutsche Schäferhunde und Huskys, besser in der Lage waren, menschliche Hinweise zu verstehen, als solche, die nicht für diese Zwecke gezüchtet wurden, wie Basenjis und Zwergpudel. Dieser Leistungsunterschied bestand unabhängig davon, ob die Arbeitsrassen genetisch mehr oder weniger wolfsähnlich waren.

Das Forscherteam rund um Bognár et al. (2021) ging der Frage nach, welche Faktoren die Fähigkeit von Hunden beeinflussen, **Blickkontakt mit Menschen** herzustellen – ein wichtiger Aspekt der Mensch-Hund-Kommunikation. Die Studie zeigte, dass mehrere Elemente, darunter die Kopfform, die Zuchtfunktion, das Alter und die Verspieltheit des Hundes diese Fähigkeit beeinflussen. Insbesondere beobachteten sie, dass Hunde mit einem höheren Cranialindex (kurzköpfige Hunde) schneller Blickkontakt mit einem unbekannten Menschen aufnehmen. Diese Hunde verfügen über eine höhere visuelle Schärfe (siehe S. 210 ff.) im Zentrum ihres Gesichtsfeldes, was ihnen ermöglicht, sich besser auf zentrale visuelle Reize, wie das Gesicht eines Menschen, zu konzentrieren.

Bognár et al. (2021) zeigten zudem, dass visuell kooperative Rassen, die für die enge Zusammenarbeit mit Menschen gezüchtet wurden, wie Schäferhunde, schneller Blickkontakt herstellen als nicht-kooperative Rassen. **Diese Beobachtung unterstützt die Hypothese, dass die Zucht für bestimmte Aufgaben einen großen Einfluss auf die Kommunikationsfähigkeiten von Hunden hat.** Junge Hunde und solche, die ein verspieltes Verhalten gegenüber Fremden zeigen, nahmen ebenfalls schneller Blickkontakt auf, was auf eine erhöhte soziale Aufmerksamkeit und Bereitschaft zur Interaktion hinweist.

Hunde können menschliche Zeigegesten deutlich besser interpretieren als Wölfe. Dies ist vermutlich auf die Entwicklung an der Seite des Menschen zurückzuführen.

DOMESTIKATION UND ZUCHTGESCHICHTE

Diese Erkenntnisse unterstreichen die Bedeutung der Kopfform und der Zuchtgeschichte in der sozialen und kommunikativen Entwicklung von Hunden.

Gácsi et al. (2009) zeigten, dass handaufgezogene Wölfe zwar einige Fähigkeiten zur Interpretation menschlicher Gesten entwickeln, diese jedoch weniger ausgeprägt sind als bei Hunden. Salomon (2021) bestätigte, dass die Interaktion mit dem Menschen bei Wölfen deutlich schlechter war, im Vergleich zur Mensch-Hund-Interaktion. Das deutet darauf hin, dass die Domestizierung eine entscheidende Rolle in der Entwicklung dieser Fähigkeiten gespielt haben könnte.

Die Forschung von Hare et al. (2005) an domestizierten Füchsen unterstützt diese Vermutung. Sie fanden heraus, dass Füchse, die

über mehrere Generationen hinweg gezüchtet wurden, um menschenfreundlicher zu sein (siehe S. 42), ähnlich gut wie Hunde in der Lage waren, menschliche Zeigegesten zu verstehen. Diese Füchse zeigten weniger Angst und Aggression gegenüber Menschen, was auf eine genetische Selektion hinweist, die diese sozialen Fähigkeiten förderte.
Eine detaillierte Untersuchung von Wobber et al. (2009) über die Unterschiede zwischen Hunderassen zeigte, dass primitive Hunderassen wie der Neuguinea-Dingo ähnliche Fähigkeiten zur Interpretation menschlicher Gesten haben wie moderne Rassen, obwohl sie weniger Kontakt zu Menschen hatten.
Diese Ergebnisse legen nahe, dass die Fähigkeit, menschliche Hinweise zu verstehen, möglicherweise ein Nebenprodukt der allgemeinen Domestikation und nicht spezifischer Züchtung ist.

GESCHLECHTSSPEZIFISCHE UNTERSCHIEDE

Eine weitere Studie mit Hundewelpen zeigte, dass auch geschlechtsspezifische Unterschiede bei der frühen Entwicklung des Problemlöseverhaltens und der sozialen Orientierung erkennbar sind. Pinelli et al. (2023) beobachtete 77 Hundewelpen bei einer experimentellen Aufgabe, bei der die Tiere Leckerlis aus einem speziellen „Food Retrieval Task Instrument" (FRTI) bergen mussten. Dieses Gerät ist ein interaktives Spielzeug mit mehreren Elementen wie Schiebereglern und Klappen, das so gestaltet ist, dass Hunde durch Manipulation die versteckten Leckerlis freilegen können. Das Forscherteam untersuchte dabei, wie schnell und wie effizient die Welpen die Aufgaben lösten und welche Verhaltensweisen dabei auftraten.

Denkaufgaben sind für den Hund nur dann eine Herausforderung, wenn sie neu sind und er die Lösung nicht kennt.

»Kognition existiert in vielen Formen über eine enorme Vielfalt hinweg.«

Problemlösefähigkeit versus soziale Aktivität

Dabei wurde beobachtet, dass männliche Welpen die erste Aufgabe deutlich schneller lösten als weibliche. Dies deutet darauf hin, dass sie wahrscheinlich über eine **höhere Problemlösegeschwindigkeit** verfügen. Diese Fähigkeit wurde auf eine möglicherweise geringere „Neophobie" zurückgeführt, also die Angst vor neuen oder unbekannten Objekten oder Situationen.

Interessant war aber auch, dass weibliche Welpen eine stärkere **„soziale Orientierung"** zeigten. Damit ist gemeint, dass sie häufiger und schneller Blickkontakt zu Menschen aufnahmen oder deren Nähe suchten. Soziale Orientierung umfasst Verhaltensweisen wie das Schauen in die Augen von Menschen, Berühren oder Anspringen, um Aufmerksamkeit zu erlangen. Interessanterweise war diese verstärkte soziale Aktivität mit einer geringeren Problemlöseleistung verbunden. Es wird spekuliert, dass weibliche Welpen möglicherweise stärker auf soziale Unterstützung angewiesen sind und daher ihre Aufmerksamkeit von der Aufgabe ablenken lassen könnten. Die Ergebnisse von Pinelli et al. (2023) verdeutlichen, dass geschlechtsspezifische Unterschiede in Problemlösestrategien und sozialen Verhaltensweisen bereits in der frühen individuellen Entwicklung eines Lebewesens sichtbar werden. Diese Unterschiede könnten darauf hinweisen, dass adaptive Verhaltensweisen für spezifische Geschlechterrollen bereits in einem frühen Stadium geübt und entwickelt werden, was möglicherweise evolutionsbiologisch bedingt ist.

INTERPRETATION VISUELLER REIZE

Ergänzend dazu zeigte die Studie von Bogńar et al. (2018), dass die Fähigkeit von Hunden, visuelle Reize zu interpretieren, ebenfalls durch verschiedene Faktoren beeinflusst wird. So stellte das Forscherteam fest, dass kurzschädelige Hunde (brachyzephal) eine erhöhte Aufmerksamkeit gegenüber Gesichtern zeigten und Porträts sowohl von Menschen als auch von Hunden länger betrachteten als andere Hunde. Darüber hinaus schienen weibliche Hunde insgesamt länger auf Bilder zu schauen als männliche, was geschlechtsspezifische Unterschiede in der Verarbeitung von Gesichtern nahelegt – eine Parallele zu ähnlichen Beobachtungen beim Menschen.

Diese Fülle an Forschung weist darauf hin, dass bei Hunden im Laufe der Domestikation außergewöhnliche Fähigkeiten zur Interpretation menschlicher sozialer Hinweise entwickelt werden, die selbst unseren nächsten Verwandten, den Menschenaffen, überlegen sind. Dies könnte darauf zurückzuführen sein, dass Hunde über Generationen hinweg für ihre Fähigkeit, mit Menschen zu kommunizieren und zusammenzuarbeiten, selektiert wurden, was zu einer tief verwurzelten sozialen Intelligenz geführt hat. Anhand solcher Untersuchung verstehen Sie vielleicht bereits, dass die Kognition eines Tieres niemals allgemein betrachtet werden kann. Der Schimpanse, Wölfe oder der wilde Fuchs sind nicht „dümmer" als ein Hund, nur weil sie den Hinweis der ausgestreckten Hand bei einem Hütchenspiel nicht richtig interpretieren können.

Aus der Forschung (Interview mit Dr. Juliane Kaminski)

MACHT CLICKERN DUMM?

Juliane Kaminski gehört zu den weltweit führenden Kanidenforscher:innen. In den letzten zwanzig Jahren hat sie zuerst im Max Planck Institut Leipzig und jetzt an der Universität Portsmouth in England viele bedeutende Studien mitentwickelt und durchgeführt, z. B. zum Sprachverständnis von Hunden oder anderen kognitiven und sozialkommunikativen Fähigkeiten. Um spezielle Talente unserer Hunde besser ergründen zu können, werden Hunde in Versuchen oft mit Problemen konfrontiert, für die sie eigenständig Lösungen finden sollen. Im Laufe der Zeit ist Juliane und ihrem Team aufgefallen, dass offensichtlich geclickerten Hunden diese eigenständige Suche nach Lösungsfindung Probleme zu bereiten scheint. Wir bringen hier mit ihrem Einverständnis Auszüge aus einem Interview, das Kate Kitchenham für unser Buch „Beziehung-Erziehung-Bindung"(2024) geführt hat.

Juliane Kaminski:
Erst einmal ist es mir wichtig zu betonen, dass ich überhaupt keine pauschale Gegnerin des Clickertrainings bin. Es gibt Bereiche, da kann er sehr sinnvoll eingesetzt werden und ist ein gutes Werkzeug, um z. B. Angsthunde zu erreichen, an Traumata zu arbeiten oder Tiere im Rahmen eines Medical Trainings daran zu gewöhnen, sich für Tierarztbesuche überall anfassen zu lassen. Mit einem Clicker kann man auch wunderbar Tricks beibringen, ganze komplizierte Handlungsabläufe, z. B. für Dogdancing. Wenn das Hund und Mensch viel Spaß macht, ist hier überhaupt nichts gegen den Einsatz des Clickers einzuwenden! Was mich eher irritiert, ist das Maß, also wie und wann er überall eingesetzt wird. Also der Einsatz im normalen Alltag, mit ganz normalen Hunden.

DIE SOZIALE KOMPONENTE IST WICHTIG

Mir geht es um das extreme, sehr frühe und ständige Clickern von Hunden. Ein gut sozialisierter Welpe bringt alles mit, um uns verstehen lernen zu können. Tauben, Seelöwen oder auch Meerschweinchen und Katzen haben kein besonders großes Interesse daran, mit uns irgendwas zusammen machen zu wollen. Diese Tierarten können mithilfe der Konditionierung über Clicker dazu gebracht werden, komplexe Bewegungskombinationen oder Tricks zu zeigen. Aber Hunde haben durch ihre besonders lange Domestikationsgeschichte eine Sonderstellung, besonders was ihre Sozialisierungs- und Lernbereitschaft mit uns Menschen anbelangt. Besonders Welpen tragen meist eine hohe Motivation in sich, mit uns zusammen etwas lernen zu wollen. **Eine hohe, freudige Stimme in Kombination mit dem Namen des Hundes oder einem Lobwort sorgt dafür, dass das Belohnungssystem des Hundegehirns aktiviert wird, die Stimmung überspringt, er einen neuen Begriff lernt und sich mit uns freut.**
Das bedeutet, auf diese soziale Form der Interaktion sind Hunde genetisch ausgerichtet, sie sind angepasst an alle sozialen Ausdrucksformen, die wir Menschen zeigen können. Diese wunderbare angeborene Fähigkeit mit einem Clicker zu überschreiben, erscheint mir einfach skurril und unnötig. (...) Für die Mehrheit an Hunden und Menschen ist ja gerade diese soziale Komponente im Umgang mit Hund so wunderbar. Ich finde es einfach komisch, da einem Clicker mehr zu vertrauen als der eigenen Stimme, die automatisch intuitiver gezeigt wird.

GEFAHR DES HÄUFIGEN EINSATZES DES CLICKERS

Der Clicker wird schnell zu oft eingesetzt und dann wartet der Hund auf diese Bestätigung, bei allem was er tut. Dadurch kann der Clicker bewirken, dass sich der Hund vom Menschen entfernt – es besteht die Gefahr, dass er verlernt, uns und die Umgebung zu beobachten, zu lesen, Situationen zu analysieren und sich angepasst daran sozial flexibel zu verhalten. Er wartet irgendwann, für alles, was er tut, auf den Click und vertraut diesem Geräusch mehr als seiner Intuition. Diese Hunde zeigen dann unangebrachte Verhaltensweisen in einer Situation und warten immer wieder auf einen Click. In der Folge machen sie weniger eigenständige Lebenserfahrungen, sondern brauchen den Clicker, um zu lernen, was richtig und was falsch ist. **Dadurch besteht die Gefahr, dass der Hund seine sozialen Fähigkeiten nach und nach reduziert, die ihn zur Selbst- und Fremdeinschätzung von Situationen, Menschen, Artgenossen oder Problemen befähigen.** Diese Gefahr besteht – und führt in seinen extremsten Formen zur Automatisierung. Dann ist der Hund nicht mehr im sozialen Miteinander mit dem Menschen oder Artgenossen präsent, sondern wartet nur noch auf die automatisierte Antwort, um ein Verhalten zu zeigen. Ihm wurde durch den „neutralen" Clicker abtrainiert, auf unsere Emotionen oder unser Verhalten oder das von Artgenossen zu achten.

EINSCHRÄNKUNG DER FLEXIBLEN DENKLEISTUNG

Wir hatten das Gefühl, dass bei diesen Hunden die flexible Denkleistung eingeschränkt ist, ja. Das hat sich darin geäußert, dass sie unangebrachte Verhaltensweisen angeboten haben und auf das Clickerfeedback gewartet haben, statt auf ihre eigene Neugier und Erkundungsfreude, also ihre problemlösende Kreativität zu vertrauen.

Für den Hund kann das wahnsinnig einschränkend sein, weil er keine eigenen Entscheidungen mehr fällen kann. Es ist eine Wahrnehmung des Hundes als ein Wesen, das trainiert werden und immer funktionieren muss.

Der positive Verstärker, das Clickgeräusch, löst freudige Gefühle aus, da es mit einer Belohnung verknüpft wird. (...) Wenn Menschen ihren Hund permanent clickern, also in jeder Alltagshandlung dem Hund vermitteln möchten, was richtig oder falsch ist – dann ist der extrem eingesetzte Clicker für den Hund überall gültig. Er sagt dem Hund, wann er fressen, sich freuen oder laufen darf. Alles wird im allerschlimmsten Fall reguliert. Der Hund generalisiert dann: ohne Click läuft nix. Wie ein kleiner Roboter.

Ergänzung der Verfasser: Gerade die neurobiologischen Risiken hat Robert Mehl, ebenfalls in Gansloßer und Kitchenham 2024, sehr deutlich dargelegt.

Clickertraining kann im Hundesport eine Hilfe sein, sollte aber nie die soziale Interaktion mit dem Menschen ersetzen.

DOMÄNENSPEZIFISCHE INTELLIGENZ

Die Fähigkeit eines Lebewesens, sei es als Individuum oder als Vertreter seiner Art, in einem bestimmten Bereich seiner Umwelt intelligent zu handeln oder sich anzupassen, während es möglicherweise weniger stark in anderen Bereichen ist. Leider neigt der Mensch dazu, besonders viele „menschliche“ kognitive Eigenschaften auf seinen Hund zu projizieren, was zu Problemen in der Mensch-Hund-Beziehung führen kann.

VERMENSCHLICHUNG

Ein häufiges Beispiel für diese Vermenschlichung tritt bei vielen Ersthundehalter:innen in der Welpenzeit auf. Stellen wir uns vor, ein motivierter Ersthundhalter geht am frühen Morgen mit seinem kleinen Welpen zur Terrassentür. Auf dem Weg dorthin tritt er in eine Pfütze auf dem Wohnzimmerteppich. Der folgende kritische Blick auf den Welpen, der ja eigentlich schon wissen sollte, dass er draußen sein Geschäft machen soll, führt zu der Überzeugung, dass sich der Welpe für sein Verhalten schämt, wenn er den Menschen aus großen Kulleraugen ansieht. In Wirklichkeit reagiert der Welpe jedoch nicht auf die Pfütze, sondern auf die plötzliche Stimmungsveränderung des Menschen. Nach dem kritischen Blick und dem genervten Seufzer des Menschen reagiert der Welpe auf die negativen emotionalen Signale. Die Pfütze selbst spielt dabei eine untergeordnete Rolle. Diese Fehlinterpretation von Hundeverhalten ist weit verbreitet und kann die Beziehung zwischen Mensch und Hund erheblich belasten.

Falsche Erwartungen

Diese Problematik wird durch die Forschung von Horowitz und Hecht (2016) verdeutlicht, die zeigen, dass Hunde oft missverstanden werden, weil Menschen ihnen menschliche Emotionen und Absichten zuschreiben. Diese Anthropomorphisierung führt zu falschen Erwartungen und Frustrationen beim Menschen, was wiederum zu Verhaltensproblemen beim Hund führen kann.

Schuldgefühl, ein weiteres Missverständnis

Ein weiteres Beispiel für die Probleme der Vermenschlichung ist die Interpretation von Schuldgefühlen bei Hunden. Viele Hundehalter:innen sind der festen Überzeugung, dass ihr Hund sich schuldig fühlt, wenn er etwas Verbotenes getan hat und sich dann „schuldig“ verhält. Studien wie die von Horowitz (2009) zeigen jedoch, dass das Verhalten, das als Schuldgefühl interpretiert wird, tatsächlich eine Reaktion auf das Ausdrucksverhalten und den Tonfall des verärgerten Menschen ist. Der Hund versucht, die angespannte Situation zu deeskalieren,

Hunde schämen sich nicht, ihre Reaktion ist die Folge der Stimmungsveränderung des Menschen.

indem er sich unterwürfig verhält, was als „Schuld" missverstanden wird. Auch das antizipatorische Verhalten von Hunden trägt zu Missverständnissen bei (Krebs et al., 2022). Hunde entwickeln oft Verhaltensweisen, die spezifisch auf wiederkehrende Ereignisse ausgerichtet sind, wie etwa Fütterungszeiten oder Spaziergänge. Diese Verhaltensweisen werden jedoch häufig falsch interpretiert, da das Verhalten des Hundes als Ausdruck von Absicht oder Emotionen wahrgenommen wird, obwohl es sich meist um konditionierte Reaktionen handelt. Diese Missdeutungen verstärken nicht nur die Vermenschlichung, sondern können auch zu Kommunikationsproblemen zwischen Hund und Mensch führen.

Hunde sind keine kleinen Menschen!

Bensky, Gosling und Sinn (2013) haben festgestellt, dass Hunde über einzigartige soziale kognitive Fähigkeiten verfügen, wie etwa Reaktionen auf menschliche Signale, Perspektivenübernahme – also das Einnehmen der Sichtweise und Wahrnehmung einer anderen Person, Kommunikation zwischen Hund und Mensch und soziales Lernen, die sich jedoch teilweise von denen des Menschen unterscheiden. Die Annahme, dass Hunde wie kleine Menschen denken und fühlen, führt oft zu Missverständnissen und unangebrachten Trainingsmethoden. Dies kann dazu führen, dass Menschen von ihren Hunden Verhaltensweisen erwarten, die diese schlichtweg nicht verstehen oder ausführen können, weil sie nicht in ihrem kognitiven Repertoire liegen.
Die Forschung von Bradshaw (2011) unterstützt diese Beobachtungen. Er argumentiert, dass Hunde nicht in der Lage sind, komplexe moralische Urteile zu fällen oder ein echtes Schuldgefühl zu empfinden.
Ihre Reaktionen sind vielmehr durch die unmittelbare soziale Dynamik und die Interaktionen mit ihren Menschen geprägt. Dies bedeutet, dass Hunde hauptsächlich auf die aktuellen emotionalen Zustände ihrer Menschen reagieren, anstatt eine retrospektive Bewertung ihres eigenen Verhaltens vorzunehmen. Für Ihren Hund zählt die aktuelle Bewertung der Situation und eben NICHT die Bewertung der Vergangenheit.

Tierliche Emotionen

Ein weiterer wichtiger Aspekt ist das Verständnis von tierlichen Emotionen. Bekoff (2002) betont, dass Tiere, einschließlich Hunde, ihre eigenen, artspezifischen emotionalen Ausdrucksformen haben, die nicht direkt mit menschlichen Emotionen vergleichbar sind. Diese Missverständnisse können zu ernsthaften Problemen in der Mensch-Hund-Beziehung führen, wenn der Mensch z. B. denkt, dass sein Hund aus Trotz handelt. Stattdessen reagieren Hunde auf die unmittelbaren emotionalen und sozialen Signale ihrer Umgebung.

Hunde haben eigene emotionale Ausdrucksformen, die nicht direkt mit menschlichen Emotionen vergleichbar sind.

DAS PRINZIP DER SPARSAMKEIT

(Ockhams Rasiermesser)
Von mehreren Annahmen wird diejenige bevorzugt, die die wenigsten Zusatzannahmen benötigt, und dennoch mit den vorliegenden Fakten übereinstimmt.

Auch im Spiel mit dem Menschen kann es hin und wieder zu Missverständnissen zwischen Hund und Mensch kommen. Eine spannende Untersuchung von Mitchell, Reed und Alexander (2018) beleuchtete diese Dynamik und zeigte, dass Hunde Zeigegesten ihrer menschlichen Spielpartner nicht immer wie erwartet folgen.

ZEIGEGESTEN IM SPIEL

In der Studie wurde untersucht, wie Menschen im Spiel mit Hunden gestikulieren, welche Funktionen diese Gesten haben und wie die Hunde darauf reagieren. Die Ergebnisse waren überraschend: Obwohl Menschen häufig gestikulieren, um die Aufmerksamkeit der Hunde auf Objekte wie Bälle zu lenken, diese herbeizurufen oder bestimmte Handlungen zu initiieren, reagierten Hunde in nur 24,7 % der Fälle angemessen auf die sichtbaren Zeigegesten. Besonders erfolgreich waren Gesten, die auf den Boden vor dem Zeigenden wiesen (33,3 %), während Gesten, die auf Objekte wie Bälle hinwiesen, nur in 18,2 % der Fälle zu einer erwarteten Reaktion führten.

Aspekt des bewussten Widerstands

Ein weiterer spannender Aspekt der Studie war das Phänomen des bewussten Widerstands: Einige Hunde schienen die Zeigegesten zu verstehen, entschieden sich jedoch bewusst, nicht zu reagieren oder alternative Handlungen auszuführen, wie etwa das Ablegen eines Balls an einem anderen Ort als dem gezeigten. Dies deutet darauf hin, dass Hunde während des Spiels nicht nur auf Signale reagieren, sondern auch versuchen können, die Interaktion nach ihren eigenen Vorlieben zu gestalten. Hier sehen wir deutlich, wie bewusst Hunde auf die Zeigegesten reagieren oder eben nicht reagieren können.

Verständnis für Zahlen

Schließlich finden wir neben der Fähigkeit von Hunden, Zeigegesten zu deuten und darauf zu reagieren, noch weitere kognitive Leistungen, die uns Menschen ähneln. Nieder (2022) gibt einen umfassenden Überblick über das Zahlenverständnis bei verschiedenen Tierarten und die neuronalen Grundlagen dieses Phänomens. Dabei wird angemerkt, dass Hunde die Fähigkeit besitzen, numerische Quantitäten zu erkennen und zu unterscheiden. Das bedeutet einfacher gesagt, dass wenn Sie Ihrem Hund zwei Teller mit Futter anbieten, dieser in der Lage ist zu beurteilen, welcher Teller mehr Futter enthält (vorausgesetzt, die Mengen unterscheiden sich sichtbar), und entsprechend eine Wahl treffen kann. Nieder betont, dass Hunde diese numerische Unterscheidungsfähigkeit ohne spezielles Training besitzen, was auf eine grundlegende, intuitive Verarbeitung von numerischen Informationen hinweist. Frühere Studien an Straßenhunden (Bonanni, 2014) zeigten bereits, dass rivalisierende Hundegruppen in einer Straßenpopulation erkennen können, ob ihre Gruppe der anderen gegenüber zahlenmäßig über- oder unterlegen ist. **Das Verständnis für Zahlen und Größen ist scheinbar tief in der kognitiven Architektur von Hunden verankert und spielt eine entscheidende Rolle in ihrer Fähigkeit, in sozialen und umweltbezogenen Kontexten zu agieren.** Allerdings konnten Petrazzini und Wynne (2017) zeigen, dass es deutliche Unterschiede in den quantitativen Fähigkeiten zwischen Hunden und Wölfen gibt, die möglicherweise auf die Domestikation zurückzuführen sind. Während die Fähigkeit von Hunden, zwischen verschiedenen Mengen an Futterstücken zu unterscheiden, durch das nume-

Manchmal muss man sich durch einen Karton arbeiten, um an die Belohnung zu kommen.

rische Verhältnis der angebotenen Optionen beeinträchtigt wird (d. h., ihre Leistung nimmt bei schwierigerem numerischem Verhältnis ab, z. B. 15 Leckerlis im Vergleich zu 13 Leckerlis), zeigen Wölfe keine solcher Einschränkungen. Ähnliches konnten auch Utrata, Virányi und Range (2012) beobachten. In ihrer Untersuchung zur Mengendiskriminierung bei Wölfen wurde gezeigt, dass Wölfe systematisch die größere Menge von Futterstücken wählen konnten, selbst wenn alternative Hinweise wie die Oberfläche, das Volumen oder die Handhabungszeit kontrolliert wurden.

MOTIVATION UND ENTSCHEIDUNGSPROZESSE

Motivation spielt eine entscheidende Rolle in der Verhaltensforschung und im Training von Hunden (siehe auch S. 330). Sie bestimmt nicht nur, wie Hunde auf verschiedene Reize reagieren, sondern beeinflusst auch ihre Fähigkeit, neue Aufgaben zu lernen und Probleme zu lösen. Verschiedene Faktoren wie Belohnungstyp, soziale Hinweise und individuelle Unterschiede können die Motivation eines Hundes stark beeinflussen. Daher ist es wichtig zu verstehen, wie diese Elemente die Entscheidungsprozesse und das Verhalten von Hunden prägen.

QUALITÄT VON BELOHNUNGEN

Eine aktuelle Studie von Cuaya et al. (2023) zeigt, dass Hunde nicht nur auf die Anwesenheit von Belohnungen, sondern auch auf die Qualität dieser Belohnungen unterschiedlich reagieren. In dieser Studie wurde untersucht, wie Hunde verschiedene Geräusche mit Belohnungen unterschiedlicher Qualität assoziieren und wie diese Assoziationen sowohl ihr Verhalten als auch ihre Gehirnaktivität beeinflussen. Das Forscherteam führte zwei Tests durch:

Test 1: Die Hunde wurden darauf trainiert, zwei verschiedene Geräusche mit zwei Arten von Futter zu assoziieren: hochbelohnende Fleischleckerlis und weniger attraktive zuckerfreie Kekse. Die Hunde hörten ein Geräusch und mussten daraufhin ein in drei Lagen Papier eingewickeltes Paket öffnen, um die Belohnung im Inneren zu erhalten. Die Zeit, die sie zum Öffnen des Pakets benötigten, wurde gemessen.

Es wurde festgestellt, dass Hunde, die das Geräusch hörten, das mit den Fleischleckerlis assoziiert war, das Paket schneller öffneten als bei dem Geräusch, das mit den zuckerfreien Keksen verbunden war.

Test 2: Nun wurden diese Verhaltensunterschiede durch fMRT-Scans ergänzt. Die Gehirnaktivitäten der Hunde wurde gemessen, während sie die Geräusche der verschiedenen Belohnungen hörten, sowohl vor als auch nach dem Training.
Die fMRT-Scans zeigten, dass nach dem Training die neuronale Aktivität im Caudatuskern stärker war, wenn die Hunde das belohnende Geräusch hörten, das mit der wertvollen Belohnung verbunden war. Diese Unterschiede in der Gehirnaktivität korrelierten auch mit den Unterschieden in der Problemlösungszeit, was darauf hinweist, dass die Qualität der Belohnung eine wichtige Rolle bei der Motivation und Entscheidungsfindung der Hunde spielt.

PRAXISÜBUNG – UNTERSCHEIDUNG VON MENGEN

Material:
2 Teller, Futter oder Leckerlis

Anleitung:

- Legen Sie die Teller mit einem Abstand von 2 Metern auf den Boden.
- Platzieren Sie auf dem ersten Teller etwa 15 Futterstücke.
- Platzieren Sie auf dem zweiten Teller etwa 5 Futterstücke (sichtbar weniger als auf Teller eins).
- Führen Sie Ihren Hund mit einem Abstand von ca. 1,5 Meter mittig vor die Teller und geben Sie ihm (ohne Handzeichen oder Zeiggeste) die Freigabe zum Fressen.
- Welchen Teller wählt Ihr Hund zuerst?

Führen Sie diese Übung mehrmals durch und verändern Sie die Mengen auf dem Teller, um ein Verständnis dafür zu bekommen, welche Größenunterschiede Ihr Hund erkennen kann.

Die Ergebnisse unterstreichen, wie wichtig die Qualität der Belohnung für die Motivation und das Entscheidungsverhalten von Hunden ist. Sie zeigen auch, dass Hunde in der Lage sind, komplexe Assoziationen zu lernen, und diese bei der Lösung von Aufgaben anzuwenden.

MENGENEINSCHÄTZUNG

Die Forschungsgruppe rund um Camille Ward und Barbara B. Smuts (2007) hat sich ebenfalls mit der Fähigkeit, Mengen zu unterscheiden, bei Hunden beschäftigt und vor allem damit, ob Hunde sich auch noch an die Futtermenge erinnern können, wenn sie nicht mehr sichtbar ist. In ihrer Studie „Quantity-based judgments in the domestic dog (*Canis lupus familiaris*)" haben sie zwei Versuche durchgeführt, um diese Fähigkeit zu testen.

Versuch 1: 29 Hunde wurden darauf getestet, ob sie in der Lage sind, zwischen zwei gleichzeitig sichtbaren Futtermengen zu unterscheiden. Die Ergebnisse zeigten, dass die Hunde die größere Menge bevorzugten, insbesondere wenn der Unterschied zwischen den Mengen groß war. Schwierigkeiten traten auf, wenn die Mengen ähnlich waren.

Versuch 2: Der Schwierigkeitsgrad wurde erhöht, indem die Hunde unter drei verschiedenen Bedingungen getestet wurden.

Bedingung 1 (simultan sichtbar): Die Hunde konnten beide Futtermengen gleichzeitig sehen und mussten dann eine Wahl treffen.

Bedingung 2 (simultan verdeckt): Die Hunde sahen beide Futtermengen gleichzeitig, diese wurden jedoch verdeckt, bevor sie eine Wahl treffen konnten. Sie mussten sich an die zuvor gesehenen Mengen erinnern.

Bedingung 3 (sukzessiv verdeckt): Die Hunde sahen die Futtermengen nacheinander und jede Menge wurde verdeckt, bevor die nächste gezeigt wurde. Auch hier mussten sie sich an die Mengen erinnern und darauf basierend eine Wahl treffen.

Ergebnisse: Die Hunde waren auch dann in der Lage, die größere Menge zu wählen, wenn die Futtermengen nicht mehr sichtbar waren. Dies deutet darauf hin, dass Hunde mentale Repräsentationen von Mengen bilden können und diese Informationen nutzen, um Entscheidungen zu treffen.

Bedeutung von mentaler Repräsentation

Mentale Repräsentation bezeichnet die Fähigkeit eines Individuums, Informationen über ein Objekt oder eine Menge im Gedächtnis zu speichern und zu verarbeiten, auch wenn dieses Objekt oder diese Menge nicht mehr direkt sichtbar ist. In diesem Zusammenhang bedeutet es, dass die Hunde ein mentales Bild der Futtermengen behalten und diese Informationen abrufen können, um die größere Menge zu wählen, selbst nachdem die Schalen verdeckt wurden. Diese kognitive Fähigkeit erfordert, dass die Hunde nicht nur die Futterstücke zählen oder wahrnehmen, sondern auch diese Information im Gedächtnis behalten und auf Basis dieser gespeicherten Information Entscheidungen treffen können. Doch was passiert, wenn wir unsere Hunde in solchen Versuchen täuschen?

Täuschung von Hunden

Eine Studie von Barnard et al. (2019) untersuchte die Auswirkungen von Rassegruppen und Entwicklungsstufen auf die Bereitschaft von Hunden, irreführende Ratschläge zu befolgen. Wie auch in unserem Versuch, mussten die Hunde zwischen großen und kleinen Mengen an Futter wählen, wobei der Versuchsleitende eine Präferenz für die kleinere Menge anzeigte. Die Ergebnisse zeigten hier, dass besonders Hunde der Rassegruppen Jagd-/Hütehunde eher dem falschen Hinweis des Versuchsleitenden folgten und Mastiff-ähnliche Hunde eher eine eigene Entscheidung für die größere Futtermenge trafen. Alle Rassegruppen bevorzugten jedoch die größere Futtermenge, wenn sie frei wählen konnten. In einem zweiten Test untersuchten das Forscherteam, wie unterschiedlich Welpen und erwachsenen Hunde auf die Hinweise des Versuchsleitenden reagieren. Einmal wurde der Test mit gleicher Futtermenge je Teller durchgeführt und einmal mit unterschiedlicher Futtermenge. Vier Monate alte Welpen zeigten keine Präferenz für die größere Futtermenge und folgten den Hinweisen des Menschen, sowohl in der Testbedingung mit unterschiedlicher Futtermenge als auch in der Bedingung mit gleicher Futtermenge. Erwachsene Hunde folgten den Hinweisen des Menschen häufiger nur in der Bedingung mit gleicher Futtermenge.

PRAXISÜBUNG – TÄUSCHUNG

Material:
2 Teller, Futter o. Leckerlis

Anleitung:
- Verteilen Sie auf beide Teller sichtbar unterschiedlich viel Futter.
- Platzieren Sie Ihren Hund 1,5 Meter vor die Teller und geben Sie ihm ein Sitz- oder Platz-Kommando (oder lassen Sie ihn von einer zweiten Person festhalten).
- Zeigen Sie nun deutlich auf den Teller mit der geringeren Menge Futter (am besten geht auch noch Ihr Blick dorthin).
- Geben Sie, während Sie auf das Futter zeigen, Ihrem Hund die Freigabe zum Fressen.
- Folgt der Hund Ihrem Hinweis?

☞ **Aus der Forschung (von Christopher Wandschneider)**

TÄUSCHUNG – SIND HUNDE SCHWINDLER AUF VIER PFOTEN?

Hunde sind bekannt für ihre Loyalität und Verspieltheit. Aber was, wenn unsere vierbeinigen Freunde auch wahre Meister der Täuschung sind? Können sie tatsächlich Menschen bewusst in die Irre führen?

PHILOSOPHISCHER UND WISSENSCHAFTLICHER DISKURS

Täuschung hat seit jeher die Geister von Philosophen und Wissenschaftlern gleichermaßen erhitzt. René Descartes spekulierte über die Möglichkeit eines täuschenden Wesens, um die Zuverlässigkeit unserer Wahrnehmung zu hinterfragen (Svendsen, 2019). Immanuel Kant verurteilte Täuschung hingegen als moralisches Vergehen, da sie die Pflicht zur Wahrhaftigkeit verletze. Diese tiefgründigen Überlegungen bieten einen spannenden Rahmen für die Untersuchung von Täuschung bei Tieren (Balluch, 2005).

Philosophisch betrachtet, kann Täuschung als ein Prozess oder eine Handlung definiert werden, bei der absichtlich falsche oder irreführende Informationen bereitgestellt werden, um andere zu täuschen oder ihre Wahrnehmungen und Überzeugungen zu manipulieren. Dabei geht es typischerweise darum, eine falsche Vorstellung von der Realität zu erzeugen, um einen bestimmten Vorteil zu erlangen, sich zu schützen oder eigene Ziele zu erreichen. Voraussetzungen dafür sind Bewusstsein, Intentionalität, Kommunikation und ein empfängliches Gegenüber (Silins, 2005).

TÄUSCHUNG VS. LÜGE

Täuschung kann bewusst oder unbewusst, aktiv oder passiv erfolgen und geht weit über sprachliche Manipulation hinaus. Lügen hingegen sind spezifische, sprachliche Formen der Täuschung. Diese Unterscheidung ist entscheidend, da Hunde nicht über menschliche Sprache verfügen und ihre Täuschungshandlungen somit anders analysiert werden müssen (Lehner, 2015).

Anthropomorphismus: eine Gefahr

Wenn wir Hunden Täuschung zuschreiben, betreten wir das gefährliche Terrain des Anthropomorphismus – der Zuschreibung menschlicher Eigenschaften auf Tiere.
Der Begriff stammt aus dem Griechischen: *„anthropos"* (Mensch) und *„morphe"* (Form) (Svendsen, 2019). Der Philosoph Thomas Nagel warnte eindringlich davor, unsere menschliche Perspektive unkritisch auf andere Spezies zu übertragen (Nagel, 2016).

STUFENMODELL DER TÄUSCHUNG

In der Natur lassen sich verschiedene Ebenen der Täuschung identifizieren (Šekrst, 2021):

Erste Stufe: Morphologische Täuschung wie bei Schwebfliegen, die gefährliche Wespen imitieren.

Zweite Stufe: Angeborenes Täuschungsverhalten (innate behaviour) wie beim Kuckuck, der seine Eier in fremde Nester legt.

Dritte Stufe: Konditionierte Täuschung, bei der das Verhalten durch Lernen, Absicht und Flexibilität geprägt ist.

Vierte Stufe: Höhere kognitive Täuschung, die Planung, Kreativität, Reflexion und das Überwinden etablierter Muster erfordert.

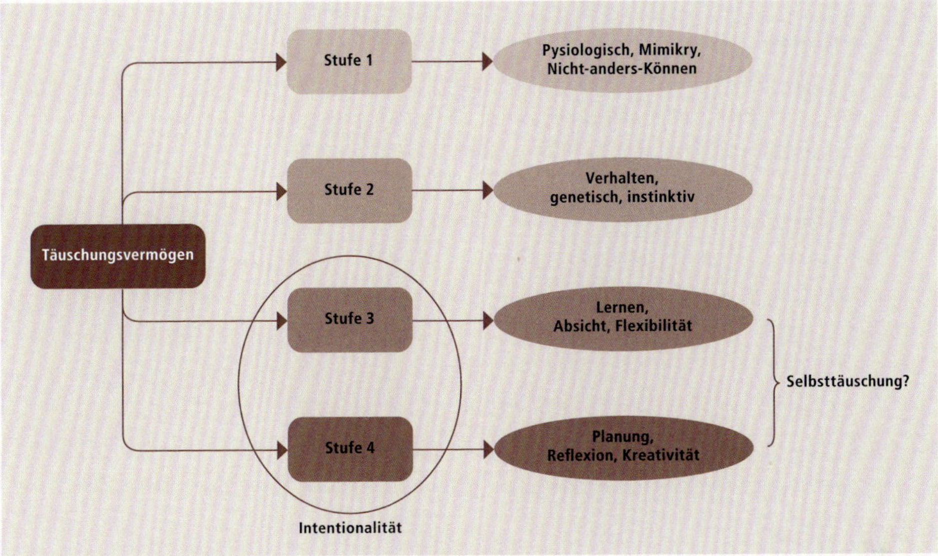

Stufenmodell der Täuschung nach Kristina Šekrst (2021)

VORAUSSETZUNGEN BEWUSSTER TÄUSCHUNG

Um bewusst zu täuschen, muss ein Wesen die Fähigkeit besitzen, mentale Zustände anderer zu erkennen, also eine **Theory of Mind** (ToM) haben (siehe S. 321). Dies bedeutet, dass sie verstehen, dass andere Wünsche, Absichten und Überzeugungen haben können, die von den eigenen abweichen (Sodian et al., 2012). Studien deuten darauf hin, dass Hunde eine rudimentäre Form der ToM besitzen, auch wenn diese nicht so ausgeprägt ist, wie beim Menschen (Horowitz, 2011). Die ToM wird mit bestimmten Gehirnarealen in Verbindung gebracht wie dem präfrontalen Kortex, der Temporoparietalen Verbindung und der Amygdala. Diese Regionen sind entscheidend für die Planung, das Verstehen von Absichten und die Verarbeitung von Emotionen (Berns, 2018).

DER FALSE-BELIEF-TEST

Der False-Belief-Test ist ein wissenschaftlicher Test, um zu sehen, ob ein Individuum versteht, dass andere falsche Überzeugungen haben können. Ein Klassiker ist der Sally-Anne-Test, bei dem Kinder (oder Hunde) beobachten, wie jemand ein Objekt versteckt, das dann von einer anderen Person, in Abwesenheit der Person, die es versteckte, umplatziert wird. Die Frage ist, ob das Kind (oder der Hund) versteht, dass die erste Person nicht weiß, wo das Objekt ist, wenn sie den Raum wieder betritt (Wimmer und Perner, 1983). Eine Studie von Lonardo et al. (2021) untersuchte, ob Hunde falsche Überzeugungen bei Menschen erkennen können. Im Experiment wurden Hunde mit zwei Eimern (A und B) konfrontiert. In der **True-Belief-Bedingung** (TB) wurde Futter von Eimer A nach B verschoben, während die Kommunikatorin und der Hund zusahen. Die Kommunikatorin forderte den Hund dann auf, zu Eimer A zu gehen.
In der **False-Belief-Bedingung** (FB) verließ die Kommunikatorin den Raum, bevor das Futter von A nach B verschoben wurde, und forderte bei ihrer Rückkehr den Hund ebenfalls auf, zu Eimer A zu gehen.

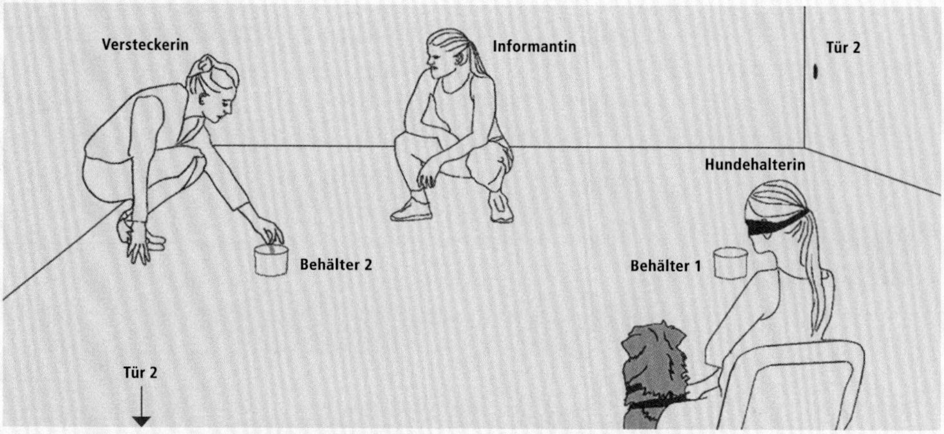

Versuchsaufbau des Falschglaubens-Tests. In der Abbildung ist die „true-belief" Bedingung dargestellt. Die Informantin beobachtet die Umlagerung des Futters. Der Hund sieht dabei zu (Huber, 2022).

In der Kontrollgruppe wurde das Futter in Anwesenheit aller von A nach B verschoben, und beide Versuchsleitenden verließen den Raum, bevor sie den Hund auf Eimer A hinwiesen. Die Ergebnisse zeigten, dass Hunde in der TB-Bedingung und der Kontrollgruppe nur zu 29 % dem leeren Eimer A folgten, aber in der FB-Bedingung 48 % der Hunde zu Eimer A gingen. Dies deutet darauf hin, dass Hunde verstehen, wenn Menschen eine falsche Überzeugung haben, was auf eine komplexe soziale Kognition hinweist.

BEWUSSTSEINSFORMEN

Die Fähigkeit zur Täuschung setzt ein gewisses Maß an Bewusstsein voraus. **Phänomenales Bewusstsein** bezieht sich auf das subjektive Erleben von Empfindungen, während **intentionales Bewusstsein** bedeutet, dass Hunde gezielt auf Objekte oder Situationen in ihrer Umwelt reagieren können. Sowohl phänomenales als auch intentionales Bewusstsein wird Hunden allgemein zugesprochen. Täuschung ist eine absichtliche Handlung, bei der der Täuschende beabsichtigt, andere Wesen durch die Bereitstellung falscher Informationen oder das Verbergen von relevanten Informationen zu täuschen. Dabei richtet sich seine Aufmerksamkeit darauf, ein anderes Wesen etwas glauben zu machen, was nicht der Fall ist (Hübl, 2015; Balluch, 2005). Nach dem Stufenmodell der Täuschung sind für Ebene 1 und 2 kein Bewusstsein notwendig, während Stufe 3 und 4 Bewusstsein voraussetzt.

TÄUSCHUNG ERFORDERT KOMMUNIKATION

Täuschung erfordert oft Kommunikation – Hunde nutzen Bellen, Winseln oder andere Mittel, um falsche Vorstellungen zu erzeugen. Ein berühmtes Beispiel stammt von Philosoph Daniel Dennett. Er beschreibt einen Hund, der durch Kratzen an der Tür sein Herrchen dazu brachte, seinen Sessel zu verlassen, um im nächsten Moment diesen zu besetzen. Hier wird deutlich, dass Hunde durchaus in der Lage sind, unsere Wahrnehmung zu manipulieren. Diese Handlung kann als konditioniertes Verhalten interpretiert werden, aber auch als bewusste Täuschung. Der Unterschied liege laut Dennett in der Kreativität: Konditioniertes Verhalten basiert auf Erfahrung, während kreative Täuschung neuartige und flexible Lösungen erfordert (Dennett post 2006, 1989).

Hunde als konditionierte Schwindler oder kreative Täuscher?

Der Versuch von Marianne Heberlein und ihrem Team an der Universität Zürich war einfach, aber genial. 27 Hunde wurden mit zwei verschiedenen Begleitpersonen konfrontiert: ihrem vertrauten Menschen, der stets kooperativ war, und einer fremden Person, die das Futter für sich behielt und daher vom Hund als „Konkurrent" betrachtet wurde. Die Hunde konnten diese Personen zu drei verschiedenen Kisten führen, die unterschiedlich gefüllt waren: eine Kiste mit ihrem Lieblingsessen (Wurst), eine mit weniger begehrtem Futter (Hundekeks) und eine leere Kiste. Die Ergebnisse waren beeindruckend: In Anwesenheit der kooperativen Person führten die Hunde sie fast immer zu der Kiste mit der Wurst. War jedoch der „Konkurrent" dabei, führten die Hunde ihn meist zur leeren Kiste. Diese List zeigt, wie geschickt Hunde ihr Verhalten je nach Situation und Person anpassen können, um ihre Ziele zu erreichen.

Marianne Heberlein und ihr Team schlussfolgerten, dass die Hunde taktische Täuschung einsetzen, um an ihr Futter zu gelangen. Diese Fähigkeit deutet darauf hin, dass Hunde ein gewisses Verständnis von strategischem Verhalten und Täuschung haben könnten (Heberlein et al., 2017).

Um herauszufinden, ob Hunde täuschendes Verhalten erkennen können, führte ein anderes Forscherteam um Petter et al. (2009) einen interessanten Test durch. Die Hunde mussten zwischen zwei Behältern wählen, von denen einer Futter enthielt und der andere leer war. Zwei Menschen agierten dabei: ein „kooperativer" und ein „täuschender" Mensch. Manchmal wiesen die Menschen verbal auf die Behälter hin, manchmal nur durch Zeigen. Die Hunde lernten schnell, sich häufiger dem kooperativen Menschen zu nähern. Dies legt nahe, dass Hunde in der Lage sind, täuschendes Verhalten von Menschen zu erkennen. Diese Fähigkeit entspricht jedoch nicht unbedingt der Fähigkeit, selbst zu täuschen – ähnlich wie beim Spracherwerb bei Kindern, die oft erst verstehen, bevor sie es selbst aktiv anwenden können.

FAZIT: SCHLAUE SCHWINDLER ODER EFFIZIENTE STRATEGEN?

Hunde befinden sich vermutlich auf der dritten Stufe im Stufenmodell der Täuschung: **Sie können durch erlerntes und konditioniertes Verhalten täuschen, jedoch nicht mit der Planung und Kreativität, die vorsätzliche Täuschung auf höherer kogntiver Ebene kennzeichnet.** Im Kontext der Zusammenarbeit zwischen Mensch und Hund wäre übermäßige Kreativität im Täuschen möglicherweise nicht förderlich gewesen. Für Aufgaben wie die Jagd oder das Bewachen von Eigentum, sind Verlässlichkeit und Ehrlichkeit wichtiger. Spielerisches Täuschverhalten, das häufig bei Hunden beobachtet wird, könnte eher als angeborenes Verhalten zur Vorbereitung auf Jagd- oder Sozialverhalten interpretiert werden, anstatt als bewusste Täuschung.

Hunde sind durchaus in der Lage, taktische Täuschung anzuwenden, um ihre Ziele zu erreichen. Ob diese Täuschung bewusst und vorsätzlich oder genetisch prädispositioniert und konditioniert geschieht, bleibt offen. Die enge Beziehung zwischen Hund und Mensch hat zweifellos die kognitiven Fähigkeiten der Hunde beeinflusst, doch echte Täuschung im Sinne einer Lüge könnte eher ein Merkmal des menschlichen Bewusstseins sein. **Hunde sind clevere Strategen, die uns immer wieder aufs Neue überraschen.**

ÜBER DEN AUTOR

Christopher Wandschneider hat Biologie und Philosophie in Göttingen und Oldenburg studiert. Thema seiner Abschlussarbeit war sowohl das Täuschungsverhalten als auch der Sinn für Unfairness bei Hunden. Für das Materstudium ist er aktuell an der Universität Bremen.

ENTSCHEIDUNGS-FINDUNG

Eine Frage, die immer noch schwer zu beantworten ist, ist die der Entscheidungsfindung. Warum ist das so? Entscheidungsprozesse sind unglaublich komplex, weil sie auf mehreren Ebenen ablaufen. **Eine Entscheidung ist nie nur eine einzelne Reaktion auf einen Reiz, sondern das Ergebnis eines fein abgestimmten Zusammenspiels von Wahrnehmung, Gedächtnis, Emotionen und sozialen Einflüssen.** Insbesondere in sozialen Kontexten wird die Entscheidungsfindung dynamisch und hängt oft von einer Vielzahl sich ständig verändernder Faktoren ab – wie der sozialen Hierarchie, den individuellen Beziehungen und dem allgemeinen sozialen Klima innerhalb einer Gruppe (Wallace et al., 2021).

ENTSCHEIDUNG JE NACH SITUATION

Diese Komplexität wird zusätzlich dadurch verstärkt, dass Entscheidungsprozesse oft unbewusst und blitzschnell ablaufen, während sie gleichzeitig von individuellen Erfahrungen und evolutionär bedingten Veranlagungen beeinflusst sind. So kann dasselbe Verhalten in einem sozialen Kontext als Vorteil gewertet werden, in einem anderen jedoch als Nachteil. Ein Hund könnte z. B. in einer Konfliktsituation mit einem Artgenossen in der Nähe seines Beziehungspartners eher offensiv nach vorne agieren, weil das Sicherheitsgefühl erhöht ist, während er alleine eher vorsichtig oder mit Flucht die Situation bewältigen würde. Diese Anpassungsfähigkeit erfordert ein feines Zusammenspiel von kognitiven und neuronalen Mechanismen. Zusätzlich wird das Verständnis der Entscheidungsfindung durch die enorme Variation zwischen Individuen und Arten erschwert. Jede Art und jedes Individuum entwickelt in gewisser Weise seine eigenen Strategien, um Entscheidungen zu treffen, die am besten in die jeweilige Umwelt passen.

CONTRAFREELOADING

In diesem Zusammenhang möchten wir auf das sogenannte Contrafreeloading zu sprechen kommen – ein Phänomen, das besonders interessante Einblicke in die Entscheidungsfindung bietet. Contrafreeloading beschreibt das Verhalten, bei dem Tiere sich freiwillig mehr anstrengen, um Futter oder eine andere Belohnung zu bekommen, selbst wenn dieselbe Belohnung ohne Aufwand verfügbar wäre. Beispielsweise wurde an Straßenhunden beobachtet, dass die Hunde häufiger Mülltonnen nach Nahrungsresten durchwühlten, obwohl Menschen ihnen Futter angeboten haben (Gansloßer, 2020). Dieses Verhalten widerspricht dem naheliegenden Gedanken, dass Tiere stets den Weg des geringsten Widerstands wählen würden. Stattdessen zeigt Contrafreeloading, dass viele Tiere offenbar einen inneren Antrieb haben, aktiv mit ihrer Umgebung zu interagieren und sich geistig zu fordern – ein Antrieb, der wohl evolutionsbedingt als nützlich für das Überleben gilt. **Durch die gezielte Wahl der „anspruchsvolleren" Option üben die Tiere möglicherweise Fähigkeiten, die in anderen, komplexeren Situationen entscheidend sind.** So wird etwa die Fähigkeit trainiert, Probleme zu lösen und Ressourcen zu finden, die nicht unmittelbar zugänglich sind.

Die Entscheidungsfindung bei Tieren dient nicht immer einem rein funktionalen Zweck.

Manchmal wählen Tiere bewusst die „anspruchsvollere" Option, um Fähigkeiten zu trainieren, ...

... die in anderen Situationen entscheidend, aber auch anderweitig bereichernd für das Tier sind.

Dieser Aspekt der Entscheidungsfindung verdeutlicht, wie Tiere nicht nur auf unmittelbare Belohnungen reagieren, sondern auch durch Neugier, Erkundungsdrang und Lernmotivation. Die Bereitschaft, zusätzlichen Aufwand zu betreiben, könnte dabei helfen, wichtige kognitive und soziale Fähigkeiten zu entwickeln und zu verfeinern, die später von Vorteil sind.
Dieses Verhalten zeigt zudem, wie soziale und kognitive Komponenten eng verwoben sind. Ein Tier, das in einer Gruppe lebt, könnte z. B. durch das Beobachten anderer lernen und seine eigenen Entscheidungen anpassen – ein Prozess, der das eigene Verständnis erweitert und im sozialen Kontext von Nutzen sein kann.

Solche Beobachtungen führen uns zu der Erkenntnis, dass die Entscheidungsfindung bei Tieren nicht nur rein funktionalen Zwecken dient, sondern auch das Resultat einer tief verankerten kognitiven Neigung ist, die sie auf vielfältige Weise bereichert und auf künftige, unvorhersehbare Situationen vorbereitet.

Übersprungsverhalten zeigt sich häufig durch ein völlig aus dem Zusammenhang gerissenes, unpassendes Verhalten, z. B. Schütteln, Hin- und Herwenden zur Reizquelle oder auch Niesen.

☞ **Aus der Forschung (von Dr. Udo Gansloßer)**

VORAUSSETZUNGEN FÜR ENTSCHEIDUNGEN

Die Entscheidung zwischen einander widerstrebenden, im Konflikt zueinander stehenden Handlungsbereitschaften und Motivationen ist ein wichtiges Forschungsgebiet der Verhaltensökologie und evolutionären Verhaltensbiologie (siehe Bell, 2024). Ob ein Lebewesen sich z. B. für Angriff oder Flucht entscheidet, für die Jungtierverteidigung oder die Flucht, oder für Nahrungsaufnahme in Anwesenheit eines potenziell attraktiven Sexualpartners – Entscheidungen treffen Tiere ständig und mit ab und zu auch dramatischen Folgen bei falscher Wahl.

ÄUSSERLICH SICHTBARES VERHALTEN

Im äußerlich sichtbaren Verhalten sehen wir hier oft das sogenannte Übersprungsverhalten, das heißt, ein völlig aus dem Zusammenhang gerissenes unpassendes Verhalten, sei es nun Übersprungskratzen, sich Schütteln oder ähnliche Verhaltensweisen aus einem ganz anderen Funktionskreis. Auch ein schnelles Hin- und Herwechseln zwischen zwei einander widerstrebenden Motivationen, z. B. ein Hin- und Herwenden zur Reizquelle und dann ganz schnell wieder von der Reizquelle weg, kann auftreten. Häufig sehen wir bei unseren Hunden auch ein Phänomen, das man als „zwei halbe Hunde" bezeichnen könnte: Die dem Gegner zugewandte Seite droht, die andere ist bereits fluchtbereit. Achten Sie einmal in einer für Ihren Hund unübersichtlichen Situation z. B. auf die Stellung der Hinterläufe. Wenn der vom Gegner weg gerichtete Hinterlauf schon seitlich ausgestellt und vielleicht sogar leicht eingeknickt ist, befindet sich Ihr Hund bereits in einer Position, aus der er sehr schnell einen Fluchtsprung starten und sich damit der Situation entziehen kann.
Spieltheoretische Überlegungen, also Anwendungen der biomathematischen Betrachtungen zeigen auch, dass nicht nur unser Akteur, sondern auch die potenziellen Empfänger solcher Signale meist nicht wissen, wie es weitergeht. Eines aber ist klar: **Je stärker sich die beiden halben Hunde voneinander unterscheiden, desto heftiger wird die Reaktion erfolgen, wenn sie denn erfolgt.**

WIE SIEHT ES IM INNERN AUS?

Auch wenn es im Alltag des Umgangs zwischen Ihnen und Ihrem Hund nicht immer so dramatisch zugeht, eine Reihe von Versuchsanordnungen lassen z. B. einem Hund die Entscheidung, entweder einen größeren Haufen Futter zu wählen, oder sich dem Teller anzuvertrauen, auf den sein Mensch gerade sehr deutlich und ausdrucksstark hinweist (siehe S. 305). Lassen Hunde sich dann in die Irre führen oder nicht? Untersuchungen von Christy Hoffmann und Malini Suchak (2017) stellen Zusammenhänge zwischen der „Vertrauensseligkeit" der Hunde und ihrem Verhalten gegenüber vierbeinigen Rivalen und Konkurrenten dar. Shanis Bernard und ihr Team (2019) zeigen Abhängigkeiten von den Rassegruppen und vom Alter der Junghunde. Wie aber sieht es im Inneren des Hundes bei solchen Fragestellungen aus? Alison Bell zeigt, dass solche Wahlversuche mit gegensätzlicher, einander widersprechender Information eine gute Möglichkeit sind, auch Persönlichkeiten bzw. deren Unterschiede herauszuarbeiten. Die Verhaltenssyndrome und die Plastizität im Verhalten haben viel miteinander zu tun. Testet man also die Hunde unter einander widersprechenden Ansprüchen, so ergibt sich als erstes die Frage: **Ist die Plastizität im Verhalten eine Extraeigenschaft, oder sprechen wir hier von Varianzmöglichkeiten innerhalb verschiedener Antriebssysteme?**

Das soziale Entscheidungsnetzwerk im Gehirn hat Anteile von sehr verschiedenen Netzwerken, viele gleiche Gene werden bei verschiedenen, einander konkurrierenden Anforderungen z. B. in entgegengesetzte Richtung aktiviert: manche hoch-, andere runterreguliert. Agieren nun verschiedene Gruppen von Neuronen, oder sind im gleichen Neuron verschiedene Moleküle zugange? Beispiele gibt es für beides. Auch die Fähigkeit zur Selbstbeherrschung (siehe S. 84) spielt hier mit hinein. Eine Unterdrückung von oben nach unten, z. B. die Ausfilterung ablenkender Reize, gehört ebenfalls dazu.

VORGÄNGE IM GEHIRN

fMRI-Untersuchungen bei Menschen in solchen Entscheidungssituationen zeigen, dass u. a. der mittlere präfrontale Großhirnrindenlappen, der obere und untere Scheitellappen und auch einige Regionen des prämotorischen, also zur Vorbereitung zu Muskelbewegungen zuständigen Bereichs der Großhirnrinde beteiligt sind (Wager, 2004). Mohsen Alavash und sein Team (2016) zeigen bei Menschen, dass dynamische Veränderungen stattfinden, das heißt, die zuständigen Entscheidungsnetzwerke auch ihre Aktivität innerhalb des Entscheidungsprozesses wechseln, sich auch dann stärker oder schwächer in den jeweiligen Zustand der Entscheidung einbringen können. Auch wenn solche detaillierten Untersuchungen des arbeitenden Hundegehirns bisher noch nicht vorliegen, betont z. B. Elliot Cohen in einem Internetbeitrag 2021, dass alle dafür notwendigen Abschnitte des Gehirns auch beim Hund vorhanden sind. Der untere mittlere Teil des präfrontalen Cortex, so betont Cohen, scheint eine wichtige Rolle in der Ausübung von Entscheidung und Abwägung zu haben. Hunde, bei denen dieses Gebiet beschädigt ist, erscheinen nach seinen Worten eher desorganisiert und ungehemmt, sie knurren z. B. einen eigentlich angenehmen Reiz an. Enge Verbindungen zum Mandelkern, der Amygdala, liegen beim Hund ebenso wie beim Menschen vor. Auf jeden Fall, auch das betont Elliot Cohen, haben Hunde die Möglichkeit, in ihrem Gehirn Bilder entstehen zu lassen und diese auch mit Gefühlen und Emotionen zu verknüpfen. Trotzdem dürfen wir nicht vergessen, dass die andersartige Ausrichtung der Sinnesorgane, z. B. die starke Betonung des Geruchssinns, bei diesen Entscheidungen vorab die notwendigen Informationen liefert, auf deren Basis das Gehirn dann überhaupt arbeiten kann.

DAS GEDÄCHTNIS: GRUNDLAGE FÜRS LERNEN

Ohne Gedächtnis ist Lernen nicht möglich. Doch was genau ist das Gedächtnis? **Es stellt die Grundlage des Lernens dar, indem es Informationen speichert, verknüpft und daraus neue Erkenntnisse ableitet** (Laroche, 2002). Das Gedächtnis verarbeitet Informationen in mehreren Schritten. Zunächst wird eine Information als Signal durch die Sinnesorgane aufgenommen. Erhält das Signal Aufmerksamkeit, gelangt es ins Kurzzeitgedächtnis oder den Arbeitsspeicher; andernfalls wird es verworfen. Ein Beispiel aus dem Alltag wäre das Merken einer Telefonnummer, die anschließend entweder vergessen oder als wichtig genug eingestuft und für eine Weiterverarbeitung ins Kurzzeitgedächtnis übertragen wird.

KURZZEITGEDÄCHTNIS

Das Kurzzeitgedächtnis fungiert als temporärer Speicher für unmittelbar benötigte Informationen. Ein Hund könnte sich kurzzeitig an den Ort eines versteckten Spielzeugs erinnern. Ohne Wiederholung oder Bedeutungserkennung (wenn keine Emotionen im Spiel sind) verblassen diese Informationen schnell. Studien zeigen, dass die Dauer des Kurzzeitgedächtnisses bei Hunden begrenzt ist und etwa bei 240 Sekunden, also etwa 4 Minuten liegt (Fiset et al., 2003). Informationen, die im Kurzzeitgedächtnis gespeichert sind, können aber auch gestört werden, z. B. wenn ältere Informationen das Erinnern neuer Informationen stören (**Proaktive Interferenz**), oder wenn neu erlernte Informationen das Erinnern älterer Informationen stören (**Retroaktive Interferenz**). Um die Informationen dauerhaft zu speichern, müssen sie vom Kurzzeitgedächtnis ins **Langzeitgedächtnis** übertragen werden. Dieser Prozess kann durch Wiederholung oder durch das Verknüpfen der Informationen mit bedeutungsvollen oder emotionalen Erlebnissen unterstützt werden.

EINFLUSS DES ALTERS

Wie altersbedingte Unterschiede das visuell-räumliche Kurzzeitgedächtnis von Hunden beeinflussen können, wurde in einer Studie von Piotti et al. (2017) untersucht. Hierbei entwickelte das Forscherteam einen Test, der ohne aufwendige Vorbereitung auskam und speziell darauf ausgelegt war, altersbedingte Unterschiede in der Gedächtnisleistung von Hunden zu messen. Der Testaufbau war einfach: Die Hunde beobachteten, wie ein Experimentator eine Belohnung in einen von fünf identischen Behältern legte. Nach einer kurzen Ablenkungsphase von 30 Sekunden wurden die Hunde zurück in den Raum gebracht, wo sie die Möglichkeit hatten, den Behälter mit der Belohnung auszuwählen. Das Forscherteam untersuchte dabei, ob der Hund den richtigen Behälter fand, und bewertete die Fehler der Hunde. Die Ergebnisse zeigten, dass jüngere Hunde häufiger die richtige Wahl trafen als ältere. Zudem nahm die Trefferquote bei beiden Gruppen mit zunehmender Anzahl der Testdurchläufe ab, was auf kognitive Ermüdung oder eine Form von Interferenz hinweisen könnte. Die Schwere der Fehler war hingegen unabhängig vom Alter.

Bedeutung für das Zusammenleben

Diese Erkenntnisse haben praktische Bedeutung für das Zusammenleben mit Hunden. Besonders ältere Hunde könnten Schwierigkeiten haben, sich an Orte oder Gegenstände zu erinnern, deshalb sollte auch ein häufiges Umstellen des Schlafplatzes hier vermieden werden. Hier können einfache Hilfsmittel wie klare räumliche Strukturen oder emotionale Verknüpfungen (z. B. durch Lob oder Belohnungen) die Gedächtnisleistung unterstützen. Diese Ergebnisse unterstreichen, wie wichtig es ist, altersbedingte Veränderungen zu berücksichtigen, um den Alltag von Hunden stressfreier zu gestalten.

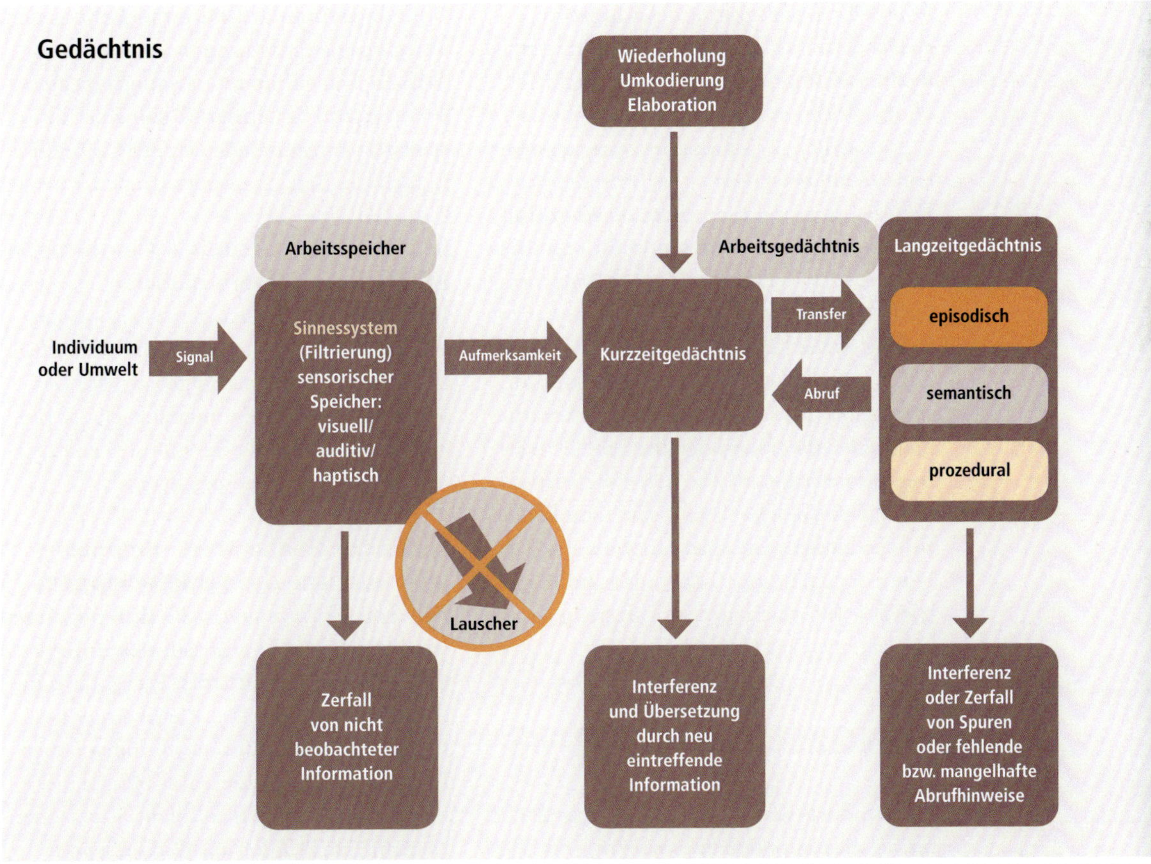

Die Informationsaufnahme und Verarbeitung, die in verschiedenen zeitlichen Stufen und auch in verschiedenen Gedächtnisformen abgelegt wird, ist ein komplexer Prozess, der auch durch Erfahrung beeinflusst wird.

Das Arbeitsgedächtnis dient der aktiven Verarbeitung und Manipulation von Informationen, z. B. beim Sprachverstehen von Kommandos.

ARBEITSGEDÄCHTNIS

Eine Weiterentwicklung des Kurzzeitgedächtnisses ist das Arbeitsgedächtnis, das mehrere Komponenten umfasst (Baddeley, 2000). Während das Kurzzeitgedächtnis hauptsächlich als temporärer Speicher dient, ermöglicht das Arbeitsgedächtnis die aktive Verarbeitung und Manipulation von Informationen. **Es ist entscheidend für kognitive Aufgaben wie Problemlösung, Entscheidungsfindung und Sprachverstehen.** Beispielsweise hilft es uns, beim Kopfrechnen Zahlen im Gedächtnis zu behalten und zu verarbeiten. Die zentrale Exekutive koordiniert dabei die phonologische Schleife (verbale Informationen) und den visuell-räumlichen Notizblock (visuelle und räumliche Informationen). Sie agiert auch als eine Art Filter, der dafür sorgt, dass nur handlungsrelevante Informationen ins Langzeitgedächtnis weitergeleitet werden.

LANGZEITGEDÄCHTNIS

Während das Kurzzeit- und Arbeitsgedächtnis für die temporäre Speicherung und Verarbeitung von Informationen zuständig sind, ist das Langzeitgedächtnis der Speicherort für Informationen, die über einen längeren Zeitraum hinweg erhalten bleiben sollen. **Das Langzeitgedächtnis ermöglicht es uns, vergangene Erfahrungen, erworbenes Wissen und Fähigkeiten dauerhaft zu bewahren und bei Bedarf abzurufen.** Es speichert Informationen langfristig und ist in mehrere Bereiche unterteilt.

Implizites Gedächtnis – Kleinhirn, Mandelkern, Streifenkörper

Unbewusste Erinnerungen wie Routinen und erlernte Verhaltensweisen. Ein Beispiel ist das automatische Treppensteigen. Das implizite Gedächtnis umfasst auch das prozedurale Gedächtnis, das motorische Fähigkeiten und Routinen speichert.

Explizites Gedächtnis – Hippocampus, Bereiche des Schläfenlappens

Bewusste Erinnerungen, die aktiv abgerufen werden müssen. Es teilt sich weiter in:
Episodisches Gedächtnis: Persönliche Erlebnisse und Ereignisse, die zu einem bestimmten Zeitpunkt stattgefunden haben. Früher wurde vermutet, dass Hunde nicht in der Lage sind, sich an solche Situationen zu erinnern. Studien aus Budapest von Fugazza und Miklósi (2014) zeigten jedoch, dass Hunde durch die Methode „Do as I Do"

komplexe Aufgaben nachahmen und sich auch Stunden nach der Beobachtung der Aufgabe an die nachgeahmte Verhaltensweise erinnern und sie ausführen können – selbst wenn sie zum Zeitpunkt der Vorführung keine Bedeutung hatte.

Semantisches Gedächtnis: Allgemeines Wissen und Fakten über die Welt, unabhängig von persönlichen Erfahrungen.

NEURONALE NETZWERKE

Wird eine Information durch die Sinnesorgane aufgenommen und im Kurzzeitgedächtnis gehalten, dann wird sie durch wiederholtes Abrufen und Verarbeitung im Arbeitsgedächtnis konsolidiert (gefestigt) und schließlich ins Langzeitgedächtnis übertragen und gespeichert. Neuronale Netzwerke spielen eine zentrale Rolle bei der Speicherung und Konsolidierung von Erinnerungen.

LANGZEITPOTENZIERUNG (LTP)

1973 führten Terje Lømo und Timothy Bliss einen Versuch durch, bei dem sie eine synaptische Verbindung im Hippocampus mit kleinen elektrischen Impulsen immer wieder reizten. Diese wiederholte Stimulation führte dazu, dass die Synapse stärker und effektiver wurde und sogar nur noch geringe Stromreizungen brauchte, um sie zu aktivieren. Diese Art der neuronalen Plastizität wird als Langzeitpotenzierung (LTP) bezeichnet (Laroche, 2002).

Eine zentrale Rolle bei der LTP spielt der Neurotransmitter Glutamat, der an exzitatorischen Synapsen (erregende Synapse) im Gehirn vorkommt. Glutamat bindet an verschiedene Rezeptoren auf der postsynaptischen Membran, von denen die wichtigsten die AMPA- und NMDA-Rezeptoren sind. AMPA-Rezeptoren sind für die schnelle synaptische Übertragung verantwortlich. Wenn Glutamat an AMPA-Rezeptoren bindet, öffnen sich Ionenkanäle und lassen Natriumionen in die postsynaptische Zelle strömen, was zu einer Depolarisation führt. Vereinfacht ausgedrückt, ist dies vergleichbar mit dem Einschalten eines Lichtschalters, der ein sofortiges Ergebnis liefert.

NMDA-Rezeptoren

Sie spielen eine kritische Rolle bei der LTP. Sie sind normalerweise blockiert durch Magnesiumionen, die erst bei ausreichender Depolarisation der postsynaptischen Membran entfernt werden. Wenn Glutamat an NMDA-Rezeptoren bindet und die Blockade aufgehoben ist, strömen Calziumionen in die Zelle. Dieser Calziumionenstrom löst eine Reihe biochemischer Prozesse aus, die zur Verstärkung der synaptischen Verbindung führen (Malenka und Bear, 2004). Denken Sie an diesen Vorgang wie an das Entsperren eines Tresors – erst wenn der richtige Schlüssel (Glutamat) an der richtigen Stelle (NMDA-Rezeptor) ankommt und die richtigen Bedingungen (Entfernung der Magnesiumblockade) erfüllt sind, öffnet sich der Tresor und gibt seine Schätze frei.

CREB-Protein

Ein weiteres wichtiges Molekül in diesem Prozess ist das cAMP-Response-Element-Binding Protein (CREB). **CREB ist ein Transkriptionsfaktor, der die Umsetzung von Genen reguliert, die für das Wachstum neuer Synapsen und die Verstärkung bestehender Verbindungen notwendig sind. Studien haben gezeigt, dass die Aktivierung von CREB die Gedächtnisbildung und -konsolidierung fördert.** Mäuse, die gentechnisch so verändert wurden, dass sie kein funktionsfähiges CREB produzieren können, zeigen erhebliche Defizite beim Lernen und Gedächtnis (Kandel, 2001).

LANGZEITDEPRESSION (LTD)

Für einen effizienteren Lernprozess wird nicht nur die Verstärkung von einzelnen synaptischen Verbindungen benötigt, sondern auch die Abschwächung und Beseitigung von weniger gebrauchten Verbindungen. Dies erfolgt durch einen Prozess, der als Langzeitdepression (LTD) bekannt ist. **Während LTP die Effizienz synaptischer Übertragung erhöht, bewirkt LTD eine Verringerung dieser Effizienz.** LTD tritt auf, wenn Synapsen wiederholt mit niedriger Frequenz stimuliert werden. Dies führt zu einer Abschwächung der synaptischen Verbindung, wodurch weniger Calziumionen durch NMDA-Rezeptoren in die postsynaptische Zelle einströmen. **Dieser Prozess ermöglicht es dem Gehirn, ungenutzte oder unwichtige synaptische Verbindungen zu eliminieren, wodurch die synaptische Landschaft für effizienteres Lernen und Gedächtnis optimiert wird** (Bear und Abraham, 1996).

LTD ist ebenfalls stark von Glutamat und NMDA-Rezeptoren abhängig, aber der genaue Mechanismus unterscheidet sich von dem der LTP. In LTD-Prozessen spielen auch metabotrope Glutamatrezeptoren (mGluRs) eine Rolle, die über längere Signalkaskaden wirken und die synaptische Plastizität langfristig modulieren. Metabotrope Glutamatrezeptoren sind eine Art von Rezeptoren im Gehirn, die auf das Neurotransmitter Glutamat reagieren. Im Gegensatz zu den AMPA- und NMDA-Rezeptoren, die für schnelle synaptische Übertragungen verantwortlich sind, arbeiten mGluRs über längere Zeiträume und beeinflussen die synaptische Plastizität auf langfristige Weise. Sie spielen bei der Regulierung der Informationsübertragung und Modulation der neuronalen Aktivität im Gehirn eine wichtige Rolle. Dieser selektive Prozess ist die neurobiologische Grundlage für Lernen.

INFORMATIONSFLUT IM GEHIRN

Das Gedächtnis hat Grenzen, oder zumindest seine Aufnahmefähigkeit. Vielleicht kennen Sie das selbst, wenn Sie nach einem langen Arbeitstag nach Hause kommen und es Ihnen immer schwerer fällt, einer Diskussion am Esstisch zu folgen. Oder wenn Sie früher nach der letzten Schulstunde kaum noch wussten, was man Ihnen in den letzten 30 Minuten erzählt hat. Genau hier wird die Bedeutung von Pausen und Erholung deutlich. Auch bei unseren Hunden zeigt sich, dass Pausen wichtig sind, damit (Lern-)Erfahrungen ins Langzeitgedächtnis gelangen. Forscherteams konnten zeigen, dass sich die Gedächtniskonsolidierung je nach Qualität der Pausen stark unterscheiden kann.

AUSWIRKUNG VON SCHLAF

So zeigten Hunde, die nach einer Lernaufgabe eine Pause mit Schlaf einlegten, signifikante Verbesserungen in ihrer Gedächtnisleistung im Vergleich zu Hunden hatten, die keine Gelegenheit zum Schlafen bekamen. Eine Studie von Kis et al. (2017) untersuchte die Auswirkungen von Schlaf auf die Gedächtniskonsolidierung bei Hunden und fand heraus, dass Schlaf nach einer Lernaufgabe die Leistung der Hunde deutlich verbesserte. Diese Ergebnisse deuten darauf hin, dass Schlaf eine entscheidende Rolle bei der Verarbeitung und Speicherung neuer Informationen spielt (siehe auch S. 277).

AUSWIRKUNG ANDERER TÄTIGKEITEN

Interessanterweise beobachtete das Forscherteam, dass nicht nur Schlaf, sondern auch andere Formen der Erholung sich unterschiedlich auf die Speicherung von Erfahrungen auswirken können. In einer weiteren Untersuchung wurde gezeigt, dass Hunde, die nach dem Lernen spazieren gingen, ebenfalls langfristige Gedächtnisverbesserungen

zeigten. Hier wird es jedoch einen Unterschied machen, ob dieser Spaziergang in einem bekannten und entspannten Umfeld (mit wenig neuen Reizen) stattfindet, oder an einem Samstagnachmittag in einer belebten Innenstadt. Moderate körperliche Aktivität, die keine hohen kognitiven Anforderungen stellt, kann also ebenfalls förderlich für die Gedächtniskonsolidierung sein.
Anders war das Bild jedoch bei Hunden, die eine neue Lernaufgabe in der Pause erhielten, bei ihnen konnte keine Verbesserung der Gedächtniskonsolidierung beobachtet werden. Im Vergleich zu anderen Aktivitäten wie Schlaf oder Spazierengehen, die möglicherweise eine ruhigere, weniger kognitiv anspruchsvolle Umgebung bieten und die Konsolidierung unterstützen, stellt das Lernen neuer Aufgaben eine erhebliche kognitive Belastung dar. Dies könnte erklären, warum das Lernen neuer Aufgaben die Gedächtniskonsolidierung eher beeinträchtigt als unterstützt.
Findet in der Lernpause ein Spiel mit dem Hund statt, zeigte sich zunächst zwar eine Verschlechterung der Leistung unmittelbar nach dem Spielen, was u.a. auf eine negative Auswirkung emotionaler Erregung hindeutet. Langfristig zeigte sich aber, dass das Spielen die Lernleistung ähnlich wie Schlaf und der Spaziergang verbesserte.
Auch das Forscherteam rund um Sarah Kriechbaum et. al (2023) beschäftigen sich mit dem Thema Gedächtniskonsolidierung. Sie stellten sich die Frage, ob Kauen die Gedächtniskonsolidierung bei Hunden verbessern kann. Dazu beobachteten sie Tierheimhunde in zwei verschiedenen Gedächtnistests und einen Fragebogen. Die Hunde wurden an zwei Tagen nach dem Kauen eines Spielzeugs für fünf Minuten auf ihr Arbeitsgedächtnis und in einem Labyrinth getestet. Die Kauhäufigkeit, die durch Videoaufnahmen und ein konvolutionelles neuronales Netzwerk (CNN) erfasst wurde, und die Ängstlichkeit, gemessen durch einen validierten Verhaltensfragebogen (Canine Behavioral Assessment and Research Questionnaire = C-BARQ), wurden mit der Leistung bei den Aufgaben verglichen. Dabei zeigte sich, dass eher ängstliche Hunde, die gekaut hatten, eine signifikante Verbesserung ihrer Gedächtnisleistung aufwiesen im Vergleich zu den Hunden, die nicht gekaut hatten. Bei Hunden, die jedoch keine Ängstlichkeit aufwiesen, verschlechterte sich die Leistung in beiden Tests.
Besonders anhand dieser Studien können Sie sehen, dass die Lernleistung Ihres Hundes von vielen verschiedenen Faktoren abhängen kann. Daher ist es so wichtig, dass Sie im Training und auch bei der Erziehung Ihres Hundes acht darauf geben, ihn zu fördern, aber eben auch nicht zu überfordern. Beobachten Sie Ihren Hund im Alltag und versuchen Sie wahrzunehmen, mit welchen Sinnen er seine Umgebung wahrnimmt und wie aufmerksam er z. B. bei einem Spaziergang ist. Wägen Sie anhand der Erlebnisse eines Tages ab, ob Ihr Hund noch eine kognitive Beschäftigung braucht, oder ob ihm eine Ruhepause besser täte.

»Lernen neuer Aufgaben kann zu erhöhter kognitiver und emotionaler Erregung führen, was wiederum die Konsolidierung vorheriger Lerninhalte stören kann.«

SOZIALES LERNEN

Nachdem wir tief in die Verarbeitung der Informationen eingetaucht sind, möchten wir als nächstes zeigen, zu welchen sozialen kognitiven Leistungen Hunde fähig sind. Dazu ist es zunächst wichtig zu verstehen, dass sich die nachfolgenden Lernformen stark von den traditionellen alten Modellen von Pawlow und Skinner unterscheiden. Besonders hervorzuheben ist, dass es bei der sozialen Kognition um die Nutzung eines anderen „Artgenossen" geht (Gansloßer, 2020).

THEORY OF MIND

Eine Frage, die Sie sich vielleicht auch schon gestellt haben und auch in der Wissenschaft immer mehr diskutiert wurde, ist die, ob Hunde sich in andere Lebewesen, z. B. einen Menschen, hineinversetzen und seine Perspektive bewerten können. Können Hunde sich in den Blickwinkel und in den Kenntnis- und Informationsstand eines Sozialpartners hineinversetzen? Einschätzen, was er von seinem Standpunkt aus sieht oder nicht, weil er z. B. abgelenkt ist? Wie es ihm geht, und ob er gerade in Spiellaune ist oder nicht? Genau dieses Einnehmen von Perspektiven gehört zum Prozess der Theorie des Geistes (Theory of Mind, ToM).

Um die Frage zu beantworten, ob Hunde und auch andere Tiere eine Theory of Mind besitzen, wurden zahlreiche Studien durchgeführt. In einer Studie von Kaminski et al. (2008) wurde untersucht, ob Schimpansen in der Lage sind, zwischen Wissen und Ignoranz zu unterscheiden. Die Ergebnisse zeigten, dass Schimpansen zwar erkennen können, was andere wissen, basierend darauf, was sie gesehen haben, jedoch keine falschen Überzeugungen verstehen. Dies deutet darauf hin, dass Schimpansen ein grundlegendes Verständnis für die mentalen Zustände anderer haben, aber möglicherweise keine vollständig entwickelte Theory of Mind besitzen. In einer anderen Studie untersuchte das Forscherteam, ob Hunde erkennen, wann eine gestische Kommunikation an sie gerichtet ist oder an jemand anderen. Dabei beobachteten Kaminski et al., dass Hunde im Gegensatz zu menschlichen Kindern die kommunikative Geste des Menschen nicht verstehen, wenn diese an einen anderen Menschen gerichtet war. Sie vermuten, dass Hunde vielleicht alle kommunikativen Handlungen des Menschen als Anweisungen betrachten, auch wenn sie nicht direkt an sie selbst gerichtet sind (Kaminski et al., 2012).

ABSICHTLICHE UND UNABSICHTLICHE HANDLUNGEN

Eine andere Studie mit der Fragestellung, ob Hunde zwischen intentionalen (absichtlichen) und unintentionalen (unabsichtlichen) menschlichen Handlungen unterscheiden können, konnte zeigen, dass Hunde durchaus Absichten von Menschen erkennen können. Das Team rund um Schünemann et al. (2021) teste 51 Hunde in drei verschiedenen Situationen.

1. Absichtlich zurückhalten

Versuch: Die Experimentatorin bewegt eine Belohnung in Richtung des Hundes, zieht sie jedoch absichtlich zurück, bevor der Hund sie erreichen kann. Dabei macht sie ein Geräusch wie „ha-ha" und legt die Belohnung vor sich ab.

Ziel: Der Hund soll erkennen, dass die Experimentatorin die Belohnung absichtlich zurückhält.

2. Unabsichtlich fallenlassen

Versuch: Die Experimentatorin versucht, die Belohnung zu geben, lässt sie jedoch „versehentlich" fallen, bevor der Hund sie erreichen kann. Dabei macht sie ein Geräusch wie „oops".
Ziel: Der Hund soll erkennen, dass die Belohnung unabsichtlich fallengelassen wurde.

3. Physisch verhindert

Versuch: Die Experimentatorin versucht, die Belohnung zu geben, kann dies jedoch nicht, weil die Lücke in der Trennwand blockiert ist. Sie macht ein Geräusch wie „oh".
Ziel: Der Hund soll erkennen, dass die Experimentatorin physisch daran gehindert wird, die Belohnung zu geben.

Ergenisse: Sie deuten darauf hin, dass Hunde in der Lage sind, zwischen absichtlichen und unabsichtlichen menschlichen Handlungen zu unterscheiden. Hunde, bei denen die Belohnung absichtlich zurückgehalten wurde, warteten länger, bevor sie sich der Belohnung näherten, im Vergleich zu den Hunden, bei denen die Belohnung unabsichtlich fallengelassen wurde. Zudem zeigten Hunde beim absichtlichen Zurückhalten der Belohnung häufiger Verhaltensweisen wie Hinsetzen oder Hinlegen und hörten öfter auf, mit dem Schwanz zu wedeln, was daraufhin deutet, dass sie in dieser Situation wahrnehmen können, dass sie auf die Schippe genommen wurden.

ÜBUNG – SIEHST DU MICH NOCH?

Material:
Futternapf (mit Futter) oder Spielzeug, Stuhl, Smartphone

Anleitung – Teil 1:
- Stellen Sie den Futternapf oder das Spielzeug zwischen sich und Ihren Hund.
- Geben Sie Ihrem Hund ein einmaliges „Nein", zum Futter zu gehen.
- Warten Sie zwei Minuten und beobachten Sie, was passiert (ohne Ihren Hund erneut anzusprechen).
- Geht Ihr Hund ans Futter?

Anleitung – Teil 2:
- Stellen Sie den Futternapf oder das Spielzeug zwischen sich und Ihren Hund.
- Geben Sie Ihrem Hund ein einmaliges „Nein", zum Futter zu gehen.
- Drehen Sie jetzt den Stuhl um 180 Grad, sodass Sie Ihrem Hund den Rücken zudrehen.
- Warten Sie zwei Minuten (ohne Ihren Hund erneut anzusprechen und anzusehen).
- Geht Ihr Hund ans Futter?

Anleitung – Teil 3:
- Stellen Sie den Futternapf oder das Spielzeug zwischen sich und Ihren Hund.
- Geben Sie Ihrem Hund ein einmaliges „Nein", zum Futter zu gehen.
- Nehmen Sie Ihr Smartphone in die Hand und schauen Sie sich ein Video für zwei Minuten an.
- Geht Ihr Hund ans Futter?

Dieser Versuch hilft Ihnen herauszufinden, welche Informationen Ihr Hund wahrnimmt und für seine Entscheidung, ob er an das Futter unbeobachtet herantreten kann, nutzt.

GEOMETRISCHES BLICKFOLGEN

Eine weitere Studie, die sich mit der Frage beschäftigt, inwieweit Hunde die Perspektive einer anderen Person einnehmen können, wurde von Catala et al. (2017) durchgeführt. In dieser Untersuchung wurde die Fähigkeit von Hunden getestet, geometrisches Blickfolgen zu nutzen (also die Wahrnehmung von verschiedenen Blickwinkeln einer anderen Person), um zu erkennen, welcher von zwei menschlichen Informanten über Wissen bezüglich des Verstecks von Futter verfügt. Die Hunde wurden in verschiedenen Testbedingungen geprüft, darunter Szenarien, in denen ein Informant den Raum verließ, während das Futter versteckt wurde, und andere, in denen beide Informanten anwesend waren, aber nur einer den Versteckvorgang sehen konnte.

Versuchsaufbau

Er bestand darin, die Hunde in einem Raum mit vier undurchsichtigen Behältern zu platzieren, die in einem Halbkreis angeordnet waren. Ein Sichtschutz wurde verwendet, um den Blick des Hundes während des Versteckens des Futters zu blockieren. Der Hund war immer anwesend und konnte die gesamte Situation beobachten, außer wenn der Sichtschutz verwendet wurde, um den Versteckvorgang zu verdecken.

In der ersten Testbedingung, dem sogenannten **„Guesser Present Test"** (deutsch: der Ratende), waren beide Informanten während des gesamten Versteckvorgangs anwesend. Der Hund saß an einer Startposition im Raum, gehalten von seinem Menschen. Der Sichtschutz wurde aufgestellt, sodass der Hund den Versteckvorgang nicht sehen konnte. Beide Informanten beobachteten den Versteckvorgang und zeigten anschließend auf verschiedene Behälter. Der Hund konnte nach Entfernen des Sichtschutzes entscheiden, welchem Informanten er folgen wollte.

In der zweiten Testbedingung, dem **„Guesser Absent Test"**, verließ der „Ratende" den Raum während des Versteckvorgangs. Der Hund saß wieder an der Startposition, gehalten von seinem Menschen, und der Sichtschutz wurde aufgestellt. Der Ratende verließ den Raum, während der Wissende das Futter in einem der Behälter versteckte. Nach dem Verstecken kehrte der Ratende zurück, und beide Informanten zeigten auf verschiedene Behälter. Der Hund konnte nach Entfernen des Sichtschutzes entscheiden, welchem Informanten er folgen wollte.

In der dritten Testbedingung, dem **„Guesser Looking Away Test"**, zeigten beide Informanten identisches Verhalten, aber nur einer hatte Sicht auf den Versteckvorgang. Der Hund saß an der Startposition, gehalten von seinem Menschen, und der Sichtschutz wurde aufgestellt. Ein dritter Experimentator (Baiter) versteckte das Futter, während beide Informanten gleichzeitig in dieselbe Richtung schauten. Der Wissende hatte jedoch freien Blick auf das Verstecken, während der Ratende keinen Blick darauf hatte. Beide Informanten zeigten anschließend auf verschiedene Behälter. Der Hund konnte nach Entfernen des Sichtschutzes entscheiden, welchem Informanten er folgen wollte.

Ergebnisse

Die Ergebnisse der Studie zeigten, dass Hunde kleine visuelle Hinweise nutzen können, um zu verstehen, was ein Mensch gesehen hat, und dementsprechend Entscheidungen treffen. In den Tests „Guesser Absent" und „Guesser Looking Away" folgten die Hunde deutlich häufiger der Person, die das Verstecken des Futters beobachtet hatte. Dies weist darauf hin, dass Hunde vermutlich durch die Verfolgung der Blickrichtung erkennen, wer weiß, wo das Futter versteckt ist. Im „Guesser Present" Test, bei dem beide Personen das Verstecken

Hunde können voneinander lernen! Dabei spielt es eine Rolle, wie gut sich die Hunde verstehen.

des Futters gesehen hatten, zeigten die Hunde keine starke Vorliebe für eine der beiden Personen. Das zeigt, dass die Hunde nicht nur auf die Anwesenheit einer Person während des Versteckens reagieren, sondern auf das Wissen, das die Person durch das Beobachten des Versteckens erlangt hat.
Außerdem wurde deutlich, dass die Hunde ihre Wahl nicht durch Lernen während der Testdurchgänge verbesserten, sondern bereits im ersten Durchgang eine Vorliebe für die Person zeigten, die das Verstecken beobachtet hatte. Das zeigt, dass die Fähigkeit der Hunde, die informierte Person zu erkennen, spontan ist und nicht durch Versuch-und-Irrtum-Lernen entsteht.

MODEL RIVAL

Die Kognition des Hundes ist also viel weitreichender als es teilweise immer noch auf Hundeplätzen behauptet wird. Besonders die soziale Kognition wurde lange Zeit im Training völlig ausgeschlossen und stattdessen lediglich mit klassischer und operanter Konditionierung gearbeitet, die die soziale Komponente zwischen Hund und Mensch ausschließt. Viele Studien zeigen mittlerweile aber, dass das soziale Lernen, z. B. durch Nachahmung, Imitation oder der „Do as I Do"-Technik nicht nur schneller ins Langzeitgedächtnis übertragen wird (Fugazza et al., 2016), sondern auch komplexere Aufgaben wie z. B. eine Schublade zu öffnen, um einen Gegenstand herauszuholen, schneller gelernt werden können (Miklósi und Fugazza, 2014). Eine besondere Methode des sozialen Lernens verdanken wir den zahlreichen Erkenntnisse aus MRT-Aufnahmen. Um zu beobachten, wie das Hundegehirn auf bestimmte Duftstoffe, Gesichtsausdrücke oder auch Sprache reagiert (siehe S. 89), funktioniert dies nur, wenn die Hunde im Wachzustand in einem MRT liegen können.
Aber wie bringt man Hunde dazu, möglichst entspannt in einem Gerät zu liegen, das bei vielen Menschen zu Beklemmungen führt? Ein wichtiger Teil der Lösung ist die Model Rival-Methode, eine Trainingsmethode, die auf dem sozialen Lernen und dem natürlichen Bedürfnis der Hunde basiert, den Menschen zu gefallen und Aufmerksamkeit zu erhalten.

SO FUNKTIONIERT MODEL RIVAL

Zunächst wird ein Modellhund mit dem MRT vertraut gemacht und erlernt die Position. Dieser Hund wird intensiv mit positiver Verstärkung und sozialem Lob für sein ruhiges Verhalten auf dem MRT-Gerät belohnt.
Der Rivalenhund kommt erst ins Spiel, wenn der Modellhund das neue Verhalten ruhig und korrekt ausführt. Zunächst wird der Rivalenhund nicht direkt in die Handlung mit einbezogen. Stattdessen beobachtet er aufmerksam, wie der Modellhund für sein Verhalten gelobt wird und die komplette Aufmerksamkeit aller Anwesenden bekommt. Der entscheidende Punkt ist, dass der Rivalenhund durch das Verhalten des Modellhundes ein starkes Bedürfnis entwickelt, ebenfalls diese Aufmerksamkeit zu erhalten. Das Streben danach, dem Menschen zu gefallen und ebenfalls Lob und Belohnungen zu erhalten, motiviert den Rivalenhund, das Verhalten des Modellhundes nachzuahmen. Sobald der Rivalenhund an der Reihe ist, ahmt er das Verhalten des Modellhundes nach, ohne zusätzliches Training. Das Bedürfnis, dem Trainer zu gefallen und für sein Verhalten positive Aufmerksamkeit zu erhalten, ist die treibende Kraft hinter seinem Lernprozess. Der Hund lernt durch Nachahmung des Modellhundes und durch die Bestätigung seines eigenen ruhigen Verhaltens, dass er genauso viel Lob und Zuwendung erhalten kann.

WO KOMMT ES ZUM EINSATZ?

Besonders effizient ist diese Methode in der Anwendung bei der Untersuchung von Hunden in fMRI-Studien: Nur ein Hund musste intensiv und individuell trainiert werden, um sich ruhig und entspannt in der MRT-Umgebung zu verhalten. Alle anderen Hunde, die für die fMRI-Studie benötigt wurden, lernten durch das Model-Rival-Verfahren. Sie beobachteten den Modellhund und ahmten dessen ruhiges Verhalten nach, wodurch sie in die Studie integriert werden konnten, ohne dass intensives Einzeltraining nötig war. Dies spart Zeit und Ressourcen, da die Hunde durch den sozialen Lernprozess in der Gruppe und das Beobachten des Modellhundes schnell an die Situation gewöhnt werden konnten.
Diese Methode kann nicht nur in der Forschung genutzt werden, sondern auch bei Familienhunden im Alltag. Sie können z. B. Ihrem Hund ein Dummy schmackhaft machen, indem Sie selbst diesem Objekt viel Aufmerksamkeit schenken und es mit Freude in die Hand nehmen, oder indem Sie einen zweiten ausgebildeten Hund das Dummy apportieren lassen und ihm viel Lob und Aufmerksamkeit für dieses Verhalten schenken.

NACHAHMUNG

Ein weiteres Phänomen, das tief in der sozialen Kognition verankert ist, ist **selektive Nachahmung.** Dabei entscheiden Individuen, ob sie bestimmte Handlungen, die sie bei anderen beobachten, nachahmen oder nicht. Im Gegensatz zur Überimitation, bei der auch unnötige oder irrelevante Handlungen kopiert werden, konzentriert sich selektive Nachahmung auf Handlungen, die sinnvoll und zielführend erscheinen. Hunde zeigen dieses Verhalten häufig, wenn sie zwischen verschiedenen Handlungsweisen wählen können. Kaminski et al. (2006) zeigten, dass Hunde die Umstände berücksichtigen, unter denen ein Mensch eine Handlung ausführt. Verwendet ein Mensch eine ungewöhnliche Methode, um ein Ziel zu erreichen, etwa das Öffnen einer Box mit dem Kopf statt mit den Händen, ahmen Hunde dies nur dann nach, wenn der Mensch seine Hände frei hat. Sind die Hände jedoch beschäftigt, nutzen Hunde ihre eigenen effizienteren Methoden, wie das Maul oder die Pfoten, um die Box zu öffnen. Dies

deutet darauf hin, dass Hunde nicht blind nachahmen, sondern die Situation und die Intention des Modells bewerten.
Wie bei der Überimitation zeigt selektive Nachahmung, wie soziale Kognition Hunden hilft, menschliche Handlungen zu interpretieren und sinnvoll darauf zu reagieren. Dabei spielt die Beziehung zwischen Hund und Mensch ebenfalls eine Rolle, da Hunde oft stärker auf die Handlungen ihrer Bezugsperson reagieren, mit der sie eine enge Bindung haben (Huber et al., 2022).

PRAXISÜBUNG – MODEL RIVAL UND FAST MAPPING

Material:
- Fernbedienung
- Zwei Menschen
- Ggf. Leine

Anleitung:
- Beide Menschen stehen einander im Abstand von ein bis zwei Metern gegenüber, der Hund ist in der Nähe, ggf. an einer etwas längeren Leine.
- Einer der Menschen hält die Fernbedienung in der Hand und zeigt sie, mit besonders viel Aufmerksamkeit auf das Objekt, dem anderen Menschen. Dabei sagt er den Begriff „Fernbedienung" immer am Ende des Satzes, z. B. *„Oh schau, was eine tolle FERNBEDIENUNG!"*
- Dann wird die Fernbedienung dem anderen Menschen gereicht, der ebenfalls lobend über den Gegenstand spricht: *„Wow, danke! Wie wunderschön ist diese FERNBEDIENUNG!"*, *„Möchtest du sie zurückhaben, die FERNBEDIENUNG!"*
- Und das Objekt wird wieder weitergegeben. Das wird zwei- bis dreimal wiederholt.
- Anschließend wir die Fernbedienung an einen Ort gelegt, die der Hund sieht und erreichen könnte.
- Dann beschäftigt man sich ein paar Minuten mit dem Hund, z. B. Streicheleinheiten oder ein kleines, nicht allzu wildes Spiel. Am besten wird der Bereich mit der Fernbedienung dabei kurz verlassen.
- Nach der Rückkehr in den Raum mit der Fernbedienung wird deutlich gefragt: *„Wo ist die Fernbedienung?"*
- Beobachten Sie, was Ihr Hund nun tut.

Was können Sie beobachten?
Viele Hunde laufen oder schauen jetzt zur Fernbedienung. Das liegt daran, dass viele Hunde sich für Dinge, die wir Menschen häufig nutzen, interessieren und begeistern können. Da Sie den Begriff erst nach einer kurzen Zeitspanne wieder erneut genannt haben, muss Ihr Hund sich aktiv an das neue Wort erinnert haben. Diese Übung verbindet zwei Prinzipien aus der aktuellen Forschung: das **Model Rival**, das sie eben schon kennengelernt haben. Sie haben dem Gegenstand mehr Interesse geschenkt als Ihrem Hund, woraufhin der Hund den Gegenstand als besonders interessant und wichtig einschätzt. Zum anderen sehen wir hier noch ein anderes Lernprinzip der sogenannten **schnellen Verknüpfung** oder auch **„fast mapping"** genannt. Aktuelle Studien zeigen, dass das Worterkennungszentrum von Hunden an der gleichen Stelle zu sitzen scheint, wie das des Menschen und eine Region des Großhirns ebenfalls aktiv wird, wenn sinnvolle Worte gesprochen werden.
Dies deutet darauf hin, dass Hunde tatsächlich in der Lage sind, menschliche Wortsprache zu verstehen.

Aus der Forschung (von Prof. Dr. Friederike Range)

INEQUITY AVERSION (UNGLEICHHEITSAVERSION)

Kooperation, definiert als das gleichzeitige oder aufeinanderfolgende gemeinsame Handeln von zwei oder mehr Individuen, ist ein weit verbreitetes Phänomen in der Natur (Dugatkin, 1997). Ein Problem gemeinsam zu lösen, indem man Ressourcen (wie Zeit, Energie und/oder Materialien) zur Verfügung stellt, birgt jedoch gewisse Risiken – insbesondere dann, wenn nicht darauf geachtet wird, dass alle Beteiligten am Ende im Verhältnis zu ihrem Einsatz profitieren. Die sogenannte Ungerechtigkeitsaversion beschreibt den Widerstand gegen unfaire Behandlung (Fehr und Schmidt, 1999). Der zugrunde liegende Mechanismus beim Menschen beinhaltet, dass der eigene Aufwand und das Ergebnis (Belohnung) im Verhältnis zum Ergebnis und Aufwand des anderen bewertet wird. Zusätzlich löst Ungleichheit oft starke emotionale Reaktionen wie Frustration, Wut oder Groll aus, die dazu motivieren, Maßnahmen zu ergreifen, um Gerechtigkeit wiederherzustellen. Aus evolutionärer Sicht könnte sich die Ungleichheitsaversion entwickelt haben, um Kooperation zu fördern und vor Ausbeutung zu schützen (Brosnan, 2011).

UNGLEICHHEITSAVERSION BEI KAPUZINERAFFEN

Für lange Zeit wurde angenommen, dass diese Fähigkeit der Ungleichheitsaversion auf Kooperation beim Menschen beschränkt war, bis man herausfand, dass Kapuzineraffen ungerechte Ergebnisse ablehnen (Brosnan und de Waal, 2003). In der Studie wurden zwei Affen in einem benachbarten Gehege aufgefordert, einem Versuchsleitenden im Austausch für eine Futterbelohnung eine Wertmarke zu geben. In der

Kooperation funktioniert nur, wenn Aufwand und Belohnung als fair empfunden werden.

Gleichheitsbedingung erhielten beide Affen ein Stück Gurke für die erfolgreiche Rückgabe der Wertmarke, während in der eigentlichen Testbedingung eines der Tiere eine höherwertige Belohnung in Form einer Weintraube bekam. Angesichts dieser Ungleichheit weigerte sich der benachteiligte Affe öfters als in der Gleichheitsbedingung, die Wertmarke zurückzugeben, die Gurke als Belohnung anzunehmen oder in einigen Fällen warf er diese sogar zurück zum Versuchsleitenden.

VERSUCHE MIT HUNDEN

Seit dieser ersten Veröffentlichung zur Aversion gegenüber Ungleichheit bei Affen wurden zahlreiche Tierarten untersucht, ob sie ähnlich reagieren – darunter auch Hunde. In der ersten Studie (und vielen nachfolgenden) kam ein ähnlicher Versuchsaufbau wie bei den Kapuzineräffchen zum Einsatz: Hundepaare aus demselben Haushalt saßen nebeneinander, während ein menschlicher Versuchsleiter vor ihnen kniete und die Hunde abwechselnd aufforderte, ihre Pfote zu geben (Range et al., 2009). Nach erfolgreichem Pfotegeben wurde der jeweilige Hund mit Futter belohnt (oder auch nicht, je nach Bedingung), wobei das Futter in einer Schale direkt vor dem Versuchsleitenden in gleichem Abstand zu beiden Hunden platziert war.

Ungleichheit ist der Auslöser für Verweigerung.

Anschließend wurde der zweite Hund aufgefordert, ebenfalls die Pfote zu geben und entsprechend belohnt. Dieser Ablauf wurde insgesamt 30 Mal wiederholt. Als „niedrigwertige" Belohnung diente Brot, als „hochwertige" Belohnung Wurst. In der Gleichheitsbedingung erhielten beide Hunde Brot, während in der Ungleichheitsbedingung ein Hund Brot und der andere Wurst bekam. Im Gegensatz zu den Kapuzineräffchen zeigten die Hunde jedoch wenig Reaktion auf den Qualitätsunterschied und arbeiteten weiterhin motiviert mit. Da Hunde generell gerne mit Menschen zusammenarbeiten, könnte das Brot bereits als ausreichende Belohnung empfunden worden sein.

In einer weiteren Bedingung, in der einer der beiden Hunde nichts für das Pfotegeben erhielt, während der andere zumindest ein Stück Brot bekam, weigerte sich der benachteiligte Hund jedoch, weiterhin mitzumachen. Um auszuschließen, dass diese Hunde ihre Pfote nur deshalb nicht mehr gaben, weil sie keine Belohnung erhielten, wurde eine zusätzliche Kontrollkondition eingeführt, in der die Hunde allein waren und ebenfalls keine Belohnung bekamen. In dieser Situation zeigten sie jedoch kein vergleichbares Verhalten und arbeiteten weiterhin mit, was darauf hindeutet, dass die Anwesenheit eines belohnten Partners und nicht das Fehlen einer Belohnung der Auslöser für die Weigerung war. Neben der Verweigerung zeigten die benachteiligten Hunde auch deutlich mehr Stresssignale (z. B. Lippenlecken, Gähnen, Kratzen, Vermeiden des Blicks zum Partner), wenn sie in Anwesenheit des belohnten Partners kein Futter erhielten, im Vergleich zu den beiden Kontrollkonditionen, in denen sie entweder dieselbe Belohnung wie der Partner bekamen oder allein waren.

Wie viel Einfluss hat der Partner?

In einem zweiten Versuch wurde überprüft, ob Hunde in Anwesenheit eines Partners anders auf das Fehlen einer Belohnung reagieren, als wenn sie allein sind. In diesem Versuch erhielten entweder beide Hunde keine Belohnung oder nur einer von ihnen Futter, während der andere leer ausging. Die Hunde zeigten ein ähnliches Verhalten wie zuvor, allerdings weniger ausgeprägt. Insgesamt deuten diese Ergebnisse darauf hin, dass die Reaktionen der Hunde durch eine Sensibilität für Ungleichheit beeinflusst werden. Im Vergleich zu Affen scheint diese jedoch in einer einfacheren Form vorzuliegen, da die Hunde nicht auf Unterschiede in der Futterqualität reagierten.

Kooperative Rassen arbeiten tendenziell länger als unabhängige Rassen an einer Aufgabe.

Kooperierende und selbstständig arbeitende Hunde

Seit diesen ersten Versuchen wurden weitere Versuche mit Hunden zu dem Thema durchgeführt. Zum Beispiel nimmt man an, dass Aversion gegen Ungleichheit mit Kooperation koevolviert ist. Dies lässt sich gut mit Hunden testen, da sich die Hunderassen darin unterscheiden, inwieweit sie auf Kooperativität selektiert wurden. In dieser Studie wurden 12 Individuen „kooperativer Arbeiter"-Rassen mit der von 12 Individuen „unabhängiger Arbeiter"-Rassen in der „Pfoten-Aufgabe" verglichen (McGetrick et al., 2020). Obwohl die Hunde beider Rassengruppen eine Abneigung gegen Ungleichheit zeigten, gab es keinen nennenswerten Unterschied zwischen den Gruppen in Bezug auf das Ausmaß der negativen Reaktion. Allerdings unterschieden sich die Rassengruppen in der Reaktion auf das Auslassen von Belohnungen, wobei kooperative Rassen tendenziell länger arbeiteten als unabhängige Rassen.

Gemeinsame bzw. getrennte Ressource

In einer anderen Studie wurde getestet, ob es eine Rolle spielt, ob jeder Hunde von einer gemeinsamen oder seiner eigenen Resource gefüttert wird (McGetrick et al., 2019). Wenn Ungleichheitsaversion wirklich evolviert ist, um sicherzustellen, dass die Verteilung von gemeinsam erarbeiteten Ressourcen gerecht ist, würde dies im zweiten Fall nicht zutreffen. Die Hunde zeigten jedoch auch ohne eine gemeinsame Futterquelle die typische grundlegende Abneigung gegenüber Ungleichheit. Diese Ergebnisse werfen die Frage auf, ob die Aversion gegen Ungleichheit tatsächlich mit Kooperation koevolviert ist. Um dies weiter zu untersuchen, wurde ein zusätzlicher Versuch durchgeführt, bei dem ein Hund durch eine Box ersetzt wurde, in die bei jedem Versuch Belohnungen gelegt wurden, um die Fütterung des Partnerhundes zu simulieren (McGetrick et al., 2023). Obwohl es nun keinen Partner gab, reagierten die Hunde aversiv, wenn die Box das bessere Futter bekam, was darauf hindeutet, dass es weniger darum geht, dass der Partner etwas bekommt, sondern vielmehr darum, dass das erwartete Futter für den Versuchshund verschwindet. Der Mechanismus, der der Reaktion für die Aversion gegen Ungleichheit zugrunde liegt, ist demnach also ein anderer als beim Menschen.Es geht anscheinend nicht um den sozialen Vergleich, wer was wofür bekommen hat. Eine weitere Möglichkeit ist jedoch, dass dieser Versuchsaufbau nicht geeignet ist, um eine Aversion gegen Ungleichheit zu testen. Erstens kooperieren die Tiere nicht gemeinsam, um ein gemeinsames Ziel zu erreichen, und zweitens verteilt der Versuchsleitende die Belohnung, sodass es nicht der Partner ist, der sich zu viel nimmt.

Würden wir uns nur auf die Ergebnisse dieser tauschbasierten Aufgabe stützen, kämen wir zu dem Schluss, dass Ungleichheitsaversion bei Hunden entweder nicht vorhanden ist oder nur in sehr begrenztem Maß existiert. Allerdings wurden in vielen dieser Studien nach den verschiedenen Konditionen Futtertoleranz- und Interaktionstests durchgeführt (Brucks et al., 2016; Essler et al., 2017). Dabei zeigte sich, dass die Hunde in den Toleranztests eher bereit waren, Futter miteinander zu teilen, wenn sie zuvor in einer Gleichheitsbedingung getestet worden waren, im Vergleich zu Situationen, in denen sie Ungleichheit erfahren hatten – selbst in der Kondition, wo sie unterschiedliche Futterqualitäten bekommen haben und im eigentlichen Test nicht reagiert haben. Zudem mieden die benachteiligten Hunde ihren Partner und den Versuchsleitenden während der freien Interaktionszeit nach ungleicher Behandlung stärker im Vergleich zur Gleichbehandlung, was darauf hindeutet, dass sie auch die Rolle des Versuchsleitenden bewusst wahrgenommen haben. Insgesamt deuten die Ergebnisse darauf hin, dass Hunde eine leichte Aversion gegen Ungleichheit zeigen und solche Situationen zu einem gewissen Stress führen können.

Hunde können Ungleichheit als unangenehm empfinden – und das erzeugt Stress.

ÜBER DIE AUTORIN

Prof. Dr. Friederike Range ist eine renommierte Verhaltensbiologin am Konrad-Lorenz-Institut für Vergleichende Verhaltensforschung der Veterinärmedizinischen Universität Wien. Ihre Forschung konzentriert sich auf das Verhalten und die Kognition von Hunden, wobei sie sowohl Haushunde als auch freilebende Hunde (FRDs) und Wölfe untersucht. Durch vergleichende Studien erforscht sie die Unterschiede und Gemeinsamkeiten zwischen den Arten und den verschiedenen Populationen, um zu verstehen, wie Domestikation bzw. Erfahrung das Verhalten und die kognitiven Fähigkeiten von Hunden beeinflusst hat.

☞ **AUS DER FORSCHUNG (VON JENNIFER FALKE)**

MOTIVATION ALS MOTOR DER HANDLUNGS-BEREITSCHAFT

Motivation, Erregung und Emotionen stehen im Zusammenhang und bedingen sich gegenseitig. Im ausbilderischen Kontext lässt sich dies wie folgt zusammenfassen: Der Lerneffekt des Hundes und der daraus resultierende ausbilderische Erfolg hängen von drei wesentlichen Faktoren ab:

13. Erregung
14. Motivation
15. Emotion

Diese drei Bereiche wiederum werden unter dem Begriff **Handlungsbereitschaft** zusammengefasst. Alle drei sind miteinander verzahnt und bedingen sich gegenseitig. Die Handlungsbereitschaft liefert die Möglichkeit, Verhalten zu analysieren und im Anschluss die Maßnahmen gezielt auf das gewünschte Ziel hin auszurichten. **Jedes Verhalten beinhaltet sowohl Erregung, Motivation, Emotionen – das Optimum im Training wird erreicht, wenn sich alle drei Bereiche in Balance bewegen.**

YERKES-DODSON-GESETZ

Das Zusammenwirken zwischen Erregung und Lernerfolg lässt sich anhand des Yerkes-Dodson-Gesetzes erklären. Aus dem Gesetz lässt sich ableiten, dass Leistungen bei niedrigem oder hohem Erregungsniveau deutlich schlechter sind als bei einem mittleren Erregungslevel. Das Leistungsoptimum wird also bei einer mittelmäßigen Aktivierung erreicht. Verspürt das Individuum Angst, Wut, starke Frustration oder Langeweile, kann das Optimum nicht erreicht werden (Yerkes und Dodson, 1908, siehe auch Gansloßer, 2023).

EXTRINSISCHE UND INTRINSISCHE MOTIVATION

Die Motivation, früher auch als Trieb bezeichnet, *„bezieht sich generell auf das Ingangsetzen, Steuern und Aufrechterhalten von körperlichen und psychischen Aktivitäten"* (Zimbardo, 1995). Sie lässt sich in zwei Bereiche unterteilen, in die extrinsische und die intrinsische Motivation. Die intrinsische Motivation entsteht von innen heraus, die Tätigkeit ist aus sich heraus belohnend. Die extrinsische Motivation hingegen wird durch äußere Faktoren bestimmt. **Intrinsisch motivierte Verhaltensweisen** entspringen einem inneren Bedürfnis oder einer tief verwurzelten Freude an der Handlung selbst – sie sind für den Hund selbstbelohnend und unabhängig von äußeren Einflüssen oft schwer steuerbar. Motivationen wie Jagdverhalten, Schnüffeln oder Buddeln werden nicht durch äußere Belohnungen hervorgerufen, sondern geschehen um ihrer selbst willen; das Verhalten verschafft dem Hund unmittelbare Befriedigung und setzt körpereigene Belohnungssysteme wie die Dopaminausschüttung in Gang. **Extrinsisch motivierte Verhaltensweisen** werden durch äußere Faktoren wie Lob, Spiel, Leckerchen oder auch das Vermeiden von Strafe gezielt beeinflusst und gesteuert. Während für Alltagsübungen wie Sitz oder Platz meist extrinsische Motivation als Motor dient, stellt die intrinsische Motivation gerade im jagdlichen Kontext eine besondere Herausforderung für das Training dar. Denn hier konkurrieren innere Antriebe direkt mit den von außen gesetzten Reizen und Anforderungen.

EMOTIONEN

Die Emotion spielt innerhalb der Hundeausbildung eine große Rolle, denn sie bedingt sowohl das Erregungslevel, als auch die Motivation des Hundes. Besonders anschaulich hat Rolls (1999) die Wechselwirkung zwischen den Lernvorgängen der operanten Konditionierung und Emotionen dargestellt. Rolls (1999) verdeutlicht die Vielzahl emotionaler Zustände, die mit unterschiedlichen Verstärker-Kontingenzen assoziiert sind, und die daraus resultierenden verschiedenen Handlungsalternativen, die aktives oder passives Verhalten ermöglichen bzw. erfordern. Die Intensität steigt im Diagramm mit zunehmender Distanz vom Zentrum der Skala. Die von Panksepp (1998) beschriebenen primären Emotionensysteme bieten eine neurobiologische Grundlage für das Verständnis emotionaler Prozesse im Hundeverhalten und damit auch für Lernvorgänge in der Ausbildung. Während Rolls den funktionalen Zusammenhang zwischen Verstärkungskontingenzen und emotionalen Zuständen betont, beschreibt Panksepp emotionale Systeme als evolutionär entstandene neuronale Schaltkreise, die grundlegende Motivations- und Handlungsbereitschaften steuern. Zu den zentralen **Primäremotionssystemen** zählen Seeking, Fear, Rage, Care, Panic/Grief, Lust und Play. Diese Systeme bilden die Grundlage für die emotionalen Erfahrungen des Hundes und beeinflussen maßgeblich, in welchem motivationalen Zustand Lernprozesse stattfinden. So aktiviert etwa das Seeking-System zielgerichtetes Explorationsverhalten und unterstützt die Aufnahme neuer Lerninhalte, während eine Dominanz des Fear-Systems defensives oder vermeidendes Verhalten begünstigt.
In der Hundeausbildung ist daher entscheidend, in welchem dieser Systeme sich der Hund während einer Lernsituation befindet. Training, das positive Aktivierung des Seeking- oder Play-Systems hervorruft, fördert typischerweise Engagement, Konzentration und langfristig stabile Lernerfolge. Befindet sich der Hund hingegen im Zustand von Furcht oder Frustration (Fear, Panic/Grieg), kann Lernen gehemmt oder fehlgeleitet werden. Emotionale Zustände sind somit nicht nur Begleiterscheinungen des Trainings, sondern stellen die neurobiologische Grundlage dafür dar, ob und wie Verhalten überhaupt verändert werden kann. Im Zentrum der Analyse eines Verhaltens steht somit stets die Frage: Welche Emotion löst das Verhalten meines Hundes gerade aus?

Erst aus dem Zusammenspiel und der dynamischen Balance von Erregung, Motivation und Emotion entsteht jene Handlungsbereitschaft, die dem Hund ein flexibles, zielgerichtetes und lernbereites Verhalten ermöglicht. Für erfolgreiche Ausbildung ist es daher essenziell, alle drei Faktoren stets im Blick zu behalten und so einzusetzen, dass sie sich gegenseitig positiv beeinflussen. Nur wenn Erregung, Motivation und Emotion in einem ausgeglichenen Verhältnis zueinander stehen, kann der Hund seine Lern- und Leistungsfähigkeit voll entfalten und Training langfristig zum Erfolg führen.

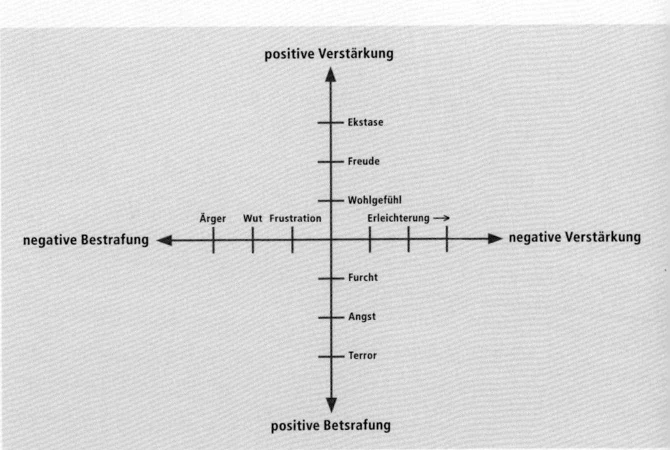

Wechselwirkungen zwischen den Lernvorgängen der operanten Konditionierung und den Emotionen (nach Rolls, 1999).

EMOTIONEN UND STIMMUNGSÜBERTRAGUNG

EMOTIONEN BEI HUNDEN

Die Frage, ob nicht menschliche Lebewesen zur Emotionsfähigkeit (als Empfindsamkeit oder Empfindungsfähigkeit „Sentience") befähigt sind, hat in den letzten Jahrzehnten deutlich an Erkenntnisgewinnen gebracht. Gerade im Zusammenhang mit der Emotionsfähigkeit nicht menschlicher Lebewesen waren die Gründerväter der vergleichenden Verhaltensforschung, etwa Lorenz oder Tinbergen, deswegen so skeptisch, weil sie unter Zugrundelegung der Grundsätze (siehe S. 34 ff.) keine Möglichkeit sahen, hier überhaupt verwertbare Daten zu sammeln. In den letzten Jahren und Jahrzehnten haben vielerlei methodische Fortschritte, z. B. die Befunde der fMRI-Studien (siehe S. 88), uns nun in die Lage versetzt, hier durchaus andere und weitreichendere Erkenntnisse zu gewinnen. Eine ausführlichere Diskussion dieses Themas, auch unter Berücksichtigung von tierschutzethischen und tierschutzjuristischen Fragen, findet sich bei Gansloßer et al. (2023).

Das Vorhandensein von Empfindungsfähigkeit wird heute bei vielen, zumindest sogenannten höheren Lebewesen durchaus als gegeben betrachtet. Im Gegensatz zur allgemein verbreiteten (und leider auch im Tierschutzgesetz noch widergespiegelten) Meinung, ist gerade die Fähigkeit zur Ausbildung von Emotionen auch kein Merkmal besonders hoch entwickelter Säugetiere, etwa Menschenaffen, Elefanten oder eben auch Hundeartige. Stattdessen sind die emotionalen Systeme im Gehirn ein alter Bestandteil des Säugetiergehirns, und neurogenetische bzw. auch neuropaläonthologische Untersuchungen lassen vermuten, dass dies bereits vor ca. 60 Millionen Jahren oder noch früher in den Gehirnen unserer Vorfahren verankert wurde.

ERKENNEN, WAS EIN TIER EMPFINDET

Wie können wir nun aber sichergehen, dass ein Tier und was ein Tier empfindet? Die Schwierigkeit, bei einem anderen Lebewesen als bei uns selbst herauszufinden, was es empfindet, treffen wir ja schon bei uns Menschen. Selbst der sprachlich kompetente Austausch über Empfindungen bleibt letztlich immer unzureichend, da Empfindungen eben subjektiv sind. Bei Tieren, die wir nicht befragen können, ähnlich wie etwa bei einem einjährigen Kind, hilft uns folgender Ansatz:

1. Aus der Evolutionsgeschichte heraus können wir versuchen, anhand der gemeinsamen Vorfahren Rückschlüsse zu ziehen,
2. physiologische Eigenschaften erforschen und über Hormone, Hirnstrukturen oder auch Gehirnaktivitätsmessungen Rückschlüsse ziehen.
3. Über das Verhalten der betreffenden Tiere versuchen, Rückschlüsse zu ziehen, ob es nach unserem Wissensstand wahrscheinlich ist, dass es Empfindungen hat.

Wir können so etwas immer nur aus dem menschlichen Blickwinkel tun, und der häufig geäußerte Vorwurf der Vermenschlichung (Anthropomorphismus) lässt sich nie ganz vermeiden. Das müssen wir als gegeben akzeptieren und über das Thema Anthropomorphismus oder Anthropozentrismus (die besonders aus dem menschlichen Blickwinkel heraus getätigte Betrachtung und Zuweisung von Empfindungen und Erfahrungen bei anderen Tierarten) muss man sich ständig im Klaren sein. Das Thema des Anthropozentrismus trifft uns ja immer dann, wenn wir die unterschiedlichen Sinnesleistungen unserer Hunde im Vergleich zu denen von uns Menschen betrachten. Der Betriff des Anthropomorphismus, also der Zuweisung menschlicher Emotionen und Eigenschaften, kann durch einigermaßen rigorose Anwendung der bereits ausgeführten Warnungen bewältigt werden (siehe S. 34 ff.). Die Abwägung zwischen Sparsamkeitsprinzip und Homologieprinzip gilt selbstverständlich beim emotionalen Thema ganz besonders. Ja, wenn die beteiligten Gehirnteile, Nerven, Sinnesorgane und Hormonsysteme sowie weitere anatomische und physiologische Grundlagen bei einer anderen Tierart genauso ausgebildet wären wie beim Menschen, dann wäre es eben auch möglich, diesen Lebewesen zumindest einen Teil menschlicher Emotionen zuzuweisen.

WAS IST EINE EMOTION?

Letztlich gibt es aber auch eine Reihe von Verhaltensphänomenen, die keine Emotionen sind. Weder **Aggression** noch **Stress** werden im Sinne der hier im Folgenden besprochenen Merkmale als Emotionen betrachtet. Aus verschiedenen Emotionen kann Stress entstehen (z. B. aus negativen Emotionen, die wir nicht vermeiden oder bewältigen können), und verschiedene Emotionen können auch Aggression auslösen (z. B. Furcht, Angst oder auch soziale Sekundäremotionen wie die Eifersucht). Aber Aggression per se ist eben keine Emotion, und auch Stress sollte man von den eventuell damit verbunden Emotionen unterscheiden. Gerade Frans de Waal (2011) hat dargelegt, dass nicht so sehr die Existenz von Emotionen, sondern die Fähigkeit der Emotionskontrolle, Selbstbeherrschung und die weiteren Exekutivfunktionen ein Merkmal höher entwickelter Säugetiergehirne sind (siehe S. 55). **Emotionen zu haben, ist ein altes Merkmal, Emotionen zu zeigen, ist vor allem eine Frage des Sozialsystems** (Bradshaw, 2014). Wer als Einzelgänger lebt, sollte seine Emotionen besser für sich behalten, andernfalls könnten andere daraus Schlussfolgerungen ziehen, die ihm selbst schaden (seien es Rivalen oder Fressfeinde). Wer in einer Gruppe lebt und von eher wohlmeinenden oder sogar verwandten Sozialpartner:innen umgeben ist, kann es sich auch leisten, sowohl die Freude über eine neu entdeckte Futterquelle als auch das Missbehagen bei Krankheit oder Entdeckung eines Fressfeindes mit diesen zu teilen. Dass die emotionale Bewertung der Umgebung auch von Wahrnehmungsfähigkeiten verschiedener Art und vieler Mechanismen im Gehirn beeinflusst ist, haben wir am Beispiel von Optimist und Pessimist bereits dargelegt (siehe S. 20).

POSITIVE UND NEGATIVE EMOTIONEN

Die Vor- und Nachteile einer derzeitigen Umweltsituation und ihre wahrscheinliche Bedeutung für die zukünftige Fitness des betreffenden Tieres werden in einer Reihe von evolutionsbiologisch orientierten Modellen thematisiert (siehe Gansloßer et al., 2023). Positive Emotionen werden in diesem Zusammenhang eher als Belohnungsfaktoren gesehen, die einsetzen sollten, wenn eine Handlung erfolgreich abgeschlossen wurde und/oder auf künftig positiv wirkende Situationen geschlussfolgert werden kann. Es dient also gewissermaßen der Vorratshaltung. Negative Emotionen dagegen werden im Sinne der herkömmlichen Lernpsychologie als negative Verstärker betrachtet. Sie teilen dem Organismus einen derzeitig herrschenden Mangel mit, und fordern ihn mehr oder weniger nachdrücklich auf, etwas dagegen zu tun. Ein zweidimensionales Modell der Einschätzung und Einteilung emotionaler Zustände, wie es von Michael Mendl et al. (2010) entworfen wurde, lässt in einem Achsenkreuz von links nach rechts die negativen bzw. positiven, die von unten nach oben die niedrigen bzw. hohen Aktivitätszustände eintragen (siehe Grafik)

BEDEUTUNG FÜR ERZIEHUNG UND TRAINING

Eine Abschätzung der beteiligten Komponenten, also der allgemeinen Stimmungslage eines Tieres, und die Stärke der gerade herrschenden inneren und äußeren Reize und Emotionen können helfen, Aktivitäten von Tieren nicht nur besser zu verstehen, sondern auch in angewandten Problemsituationen zu verändern. Bei Training und Erziehung von Hunden haben Falconer-Taylor et al. (2014) sowie Melissa Starling et al. (2013) dies dargelegt. **Ein Hund, der sich in einer hohen Aktivitäts- und Erregungslage befindet, insbesondere wenn es sich dabei um positive Erregung handelt (also der rechte obere Quadrant unseres Achsenkreuzes), kann nicht durch noch positivere, also noch motivierendere Maßnahmen abgelenkt oder umgelenkt werden. Hier hilft nur das konsequente Stoppen, z. B. durch Verhaltensabbrüche.** Das hat auch eine spezielle Untersuchung von Marschark und Baenninger (2003) am Beispiel des Erlernens des „richtigen" Hüteverhaltens bei verschiedenen britischen Hütehunden belegt. Die Frage der Einschätzung von Emotionen in positive versus negative Grundstimmung ist aber nicht nur im Zusammenhang mit Training und Erziehung von Bedeutung. Moderne Arbeiten zur tierschutzethischen Betrachtung verhaltensbiologischer Systeme zeigen, dass die Kenntnis der Zusammenhänge positiver, also Vergnügen bereitender Zustände auch für die Einschätzung tierlichen Wohlbefindens wichtig ist (siehe Gansloßer et al., 2023). **Es sollte nicht nur darum gehen, bei Tieren negative Emotionen und Empfindungen zu vermeiden, sondern ihnen zudem einen Zustand positiver Emotionen, Glück oder zumindest Zufriedenheit zu vermitteln. Dazu gehört vor allem auch das Erarbeiten von selbst verschafften Erfolgserlebnissen.**

DIE DREI EBENEN VON EMOTIONEN

In Anbetracht der unterschiedlichen Wertigkeiten und Ausrichtungen von Emotionen hat es nicht an Versuchen gefehlt, hier Kategorien zu bilden. Eine, die sich überwiegend auf die Ursache bzw. die Zielrichtung der betreffenden Emotionalität bezieht, wurde von Frans De Waal (2011), sowie unabhängig von John Bradshaw (2011) entwickelt.

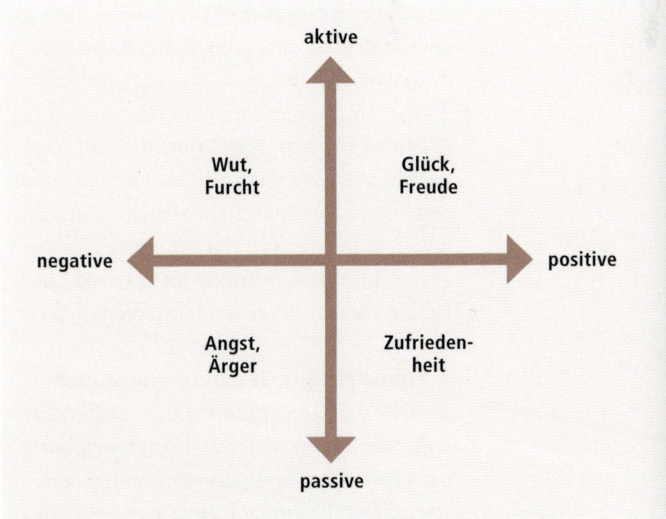

Achsenkreuz der Emotionen (abgeändert von Mendl et al. 2010, aus Gansloßer et al. 2020)

„Und wenn es doch Liebe ist?" – Clive Wynne

Dieses System unterscheidet drei Ebenen von Emotionen, unabhängig von positiver oder negativer oder auch von aktiver oder passiver Ausprägung:

1. Ebene (unten): Gefühle wie z. B. Hunger, Schmerz oder andere Rückmeldungen, die im Zusammenhang mit dem Bedarfdeckungs- und Schadenvermeidungssystem des Tieres vorwiegend die physiologischen Grundbedürfnisse abdecken.

2. Ebene (Mitte): Primäremotionen. Diese beziehen sich auf das Verhältnis des betreffenden Tieres zu seiner nicht-sozialen, oft auch unbelebten Umwelt. Furcht, Angst, aber auch Glück und Zufriedenheit, sowie Ekel sind in diesem Bereich anzusiedeln.

3. Ebene (oben): Sekundäremotionen, die sich auf das Verhalten des betreffenden Individuums zu seiner sozialen Umgebung beziehen. Genaugenommen sind bei den sekundären Emotionen nochmals zwei Unterkategorien zu unterscheiden, zu denen oft die beteiligten Botenstoffe bekannt sind:

Die als **soziale Sekundäremotionen** bezeichnete Gruppe, etwa Trauer, Liebe, Eifersucht, Empathie, das echte Mitgefühl für die derzeitigen inneren Zustände eines Sozialpartners sind in diesem Gebiet anzusiedeln. Die Existenz von sozialen Sekundäremotionen ist derzeit auch bei Hunden, und vielen anderen sozial lebenden Säugetieren, deutlich belegbar. Durch fMRI-Studien zeigte z. B. ein Team um Peter Cook (2018) von der Emory University in Atlanta, dass **Eifersucht** bei Hunden belegt werden kann: Beobachten Hunde, wie ihr Mensch einen fremden Hund füttert, so reagiert der Mandelkern stärker als wenn das Futter in einem für den Hund unzugänglichen Behälter verschwindet. Und Habituation ist auch möglich, was für die Erziehung wichtig ist!
Nochmals eine getrennte Kategorie wären die **moralischen Sekundäremotionen**, die sich auf das Verhältnis des betreffenden Individuums zu den gesamtgesellschaftlichen oder sozialen Erwartungen beziehen. Stolz, schlechtes Gewissen, Schuldgefühle etc. gehören dazu. **Und gerade im Zusammenhang mit dem schlechten Gewissen haben**

bisher einschlägige Untersuchungen keinerlei Hinweis für die Existenz einer solchen moralischen Sekundäremotion nachgewiesen (z. B. Horowitz, 2009). John Bradshaw bezweifelt auch aus evolutionsbiologischer Sicht den Sinn einer solchen Emotion. Während soziale Sekundäremotionen durchaus, ähnlich wie die genannte Zuweisung in positive oder negative Verstärkung, einen evolutionsbiologischen Sinn ergeben können, wäre es selten sinnvoll, durch schlechtes Gewissen z. B. den anderen Gruppenmitgliedern oder gar dem Ranghöheren ein vorheriges Fehlverhalten anzuzeigen, wenn diese es nicht schon selbst bemerkt haben. Marc Bekoff dagegen betont, dass ein schlechtes Gewissen gerade dann ein Vorteil sein könnte, wenn man bereits bei der Missetat ertappt wurde, und gewissermaßen durch sein Ausdrucksverhalten Besserung geloben könnte. Trotzdem, gerade die Untersuchungen von Alexandra Horowitz haben deutlich gezeigt, dass bei Hunden so etwas normalerweise die Zuschreibung menschlicher Empfindungen aufgrund des vom Hund gezeigten Ausdrucksverhaltens ist, und dieses Ausdrucksverhalten eben erst dann zu bemerken ist, wenn der Mensch die Missetat des Hundes bereits gesehen hat.

BASISEMOTIONEN NACH PANKSEPP

Eine andere, eher auf neurobiologischer Basis eingeteilte Klassifizierung von Emotionen stammt von dem Neuropsychiater Jaak Panksepp (z. B. 2005). Er unterscheidet im Wesentlichen 7, als Basisemotionen bezeichnete Bereiche:

1. Such- und Suchtsystem
2. Zorn- und Wutsystem
3. Furchtsystem
4. Panik- und Trauersystem
5. Spiel- und Humorsystem
6. Lustsystem (überwiegend sexuell motiviert)
7. Fürsorgesystem

Jedes dieser Systeme hat eine Reihe von ihm zugeordneten Regionen des Gehirns, und auch eine Reihe von Botenstoffen, die hier vermittelnd und reizweiterleitend wirken.

Such- und Suchtsystem

Gerade im Bereich des Sucht- und Erwartungssystems zeigen sich nochmals zwei Untersysteme, nämlich die Erwartung einer Belohnung (als „wanting" oder „wollen" bezeichnet) und der eigentliche Genuss der vollendeten Handlung mit dem Belohnungseffekt, als „liking" oder „mögen" bezeichnet. **Das Mögen kommt mehr von den Opioiden aus dem Streifenkörper, das Wollen mehr vom Dopaminsystem im unteren Streifenkörper.** Dieses Belohnungssystem ist eines der ältesten im Gehirn von landlebenden Wirbeltieren. Vom basalen Mittelhirn, in dem dieses Belohnungssystem sitzt, steigen aber auch Nervenverbindungen zum vordersten Stirnhirn, deren Aufgabe u. a. auch die Regulation einschlägiger Erfahrungen ist. **Ist die Kontrolle durch den vorderen Kortex dagegen zu schwach, kann das Belohnungssystem auf Autopilot arbeiten, und das hat wiederum viel mit der Entstehung von Sucht zu tun.** Der *Nucleus accumbens* ist dabei das unbewusst emotionale, der präfrontale Kortex das bewusst- und erfahrungsbedingte Genusszentrum.

Zorn- und Wutsystem

Das Wut- und Ärgersystem arbeitet überwiegend mit den Botenstoffen Glutamat, Acetylcholin und einer als Substanz P bezeichnete Transmitterform. Gerade Glutamat und Acetylcholin haben wir im Zusammenhang mit Lernen und Gedächtnis als Botenstoffe kennengelernt, und deshalb verstehen wir nun auch, weshalb sich gerade solche Erfahrungen besonders leicht im Gedächtnis einprägen. Zu beachten ist, dass hier (siehe S. 334) eben nicht „die Aggression" gesteuert wird, sondern nur die offensiv-aggressiven Handlungen.

Das Fürsorgesystem lässt sich am besten gemeinsam genießen.

Fürsorgesystem

Von besonderer Bedeutung ist das Fürsorgesystem, das eben nicht nur im Zusammenhang mit Eltern-Kind-Verhalten, sondern auch mit der Entstehung von sozialen Bindungen zwischen älteren oder gar erwachsenen Tieren zu tun hat. Oxytocin, Prolaktin und einige Opioide, wahrscheinlich aber auch das Dopamin, sind hier beteiligt.

Spiel- und Humorsystem

Letztlich das Spiel- und Humorsystem, im vorderen oberen Teil des Zwischenhirns und dem Bereich rund um den Ursprung des fünften Gehirnnervs. Dieses arbeitet mit Opioiden, Glutamat, Acetylcholin, aber auch mit den cannabisverwandten Botenstoffen und weiteren Substanzen.

Zusammenspiel der Systeme

Neurobiologisch kompliziert wird es dadurch, dass nicht nur eines, sondern oft mehrere dieser Systeme gemeinsam aktiviert werden, wenn wir, oder auch unser Hund, eine bestimmte Emotion wahrnehmen. So wird vermutet, dass das Panik- und Trennungssystem auch mit der Entstehung von Empathie, also Einfühlungsvermögen verknüpft wäre, das Furcht- und Angstsystem hat auch etwas mit der Entstehung von Schmerzen und deren Regulation zu tun. Das sogenannte Vergnügungssystem, auch als Pleasure-Schaltkreis bezeichnet, und das gegenteilige Leidens-, Schmerz- und Bestrafungssystem arbeiten mit denselben Botenstoffen, meistens Dopamin und die Endorphine. Speziell beteiligt an beiden Systemen sind zentrale Teile des Mandelkerns, und der Mandelkern ist, wie neuere Untersuchungen zeigen, eben keineswegs nur mit negativer Emotionalität verknüpft. Von sieben speziell identifizierbaren Regionen des Mandelkerns, sind fünf eher mit dem Belohnungs- und damit positiven Emotionssystem, nur eine speziell mit Furcht und anderen negativen Emotionen verknüpft. Zusammengefasst, und als Schlussfolgerung für den praktischen Alltag, können wir also folgendes festhalten: **Die Existenz von Basisemotionen ist bei Hunden, auch durch viele verhaltensbiologische und neurobiologische Untersuchungen, mittlerweile unstrittig.** Ihre Verwendung und ihr Einsatz gerade im Zusammenhang mit Erziehung, aber auch Training und Alltagsausbildung, wird noch sehr wenig berücksichtigt, könnte aber in vielen Fällen wesentlich schneller und effektiver zum Erfolg führen als z. B. die oftmals deutlich mehrere hundertmal wiederholten Vorgänge der reinen Konditionierung (siehe S. 34 f.).

☞ **Aus der Forschung (von Therese Schedifka)**

SILVESTERANGST IM KONTEXT VON GERÄUSCHANGST

Geräuschangst war in den letzten Jahrzehnten immer wieder Mittelpunkt wissenschaftlicher Studien. In der Untersuchung von Blackwell, Casey und Bradshaw (2001) nahmen 4825 Hunde teil. 49 % der Hunde waren geräuschängstlich. Imura (2006) befragte 3 500 Hundehalter:innen in einer Onlinebefragung. 2 577 gaben an, dass ihr Hund geräuschängstlich ist. Die Geräuschangst wird gemeinhin gerne in einem Satz mit Silvesterangst genannt. Eine umgangssprachliche Äußerung, die wissenschaftlich betrachtet nicht einfach zusammenzunehmen ist. Es kommt in der Tat auf das Geräusch an, vor dem der Hund Angst oder Furcht zeigt. Einige Studien konnten jedoch zeigen, dass Hunde, die Angst oder Furcht vor Silvester haben, auch dazu neigen, Angst vor anderen lauten Geräuschen wie z. B. Gewitter oder Schüssen zu empfinden (Dale et al., 2010; Fischgruber et al., 2022; Imura, 2006; Tiira et al., 2016). Der Grund dafür liegt darin, dass die Stresstoleranz auch gegenüber neuen Reizen und die Schwelle für Angstverhalten insgesamt niedriger wird, sobald Furcht vor einem bestimmten Reiz einmal aufgetreten ist (Corridan et al., 2010; Launiger, 2013; Overall, 1997).

ANGST ODER FURCHT?

Bei der Betrachtung von Silvesterangst ist neben der Unterscheidung der Geräuschquelle ebenso die Auseinandersetzung mit Angst und Furcht erwähnenswert. So stellt Angst eine Reaktion auf einen nicht zielgerichtete bzw. klar lokalisierbaren Reiz dar (Feddersen-Petersen, 2013; Lauinger, 2012). Furcht hingegen ist klar auf einen lokalisierbaren Reiz zurückzuführen. Der Hund kann das Geräusch einem Ort, einem Gegenstand oder einem Geschehnis zuordnen. So scheinen herunterfallende Metallnäpfe deutlich weniger belastend zu sein, wenn der Vierbeiner diese herunterfallen sieht, als wenn er um die Ecke steht und nur das Geräusch der lauten Näpfe hört.
Dank dieser begrifflichen Unterscheidung wird im Folgenden also von der Silvesterangst gesprochen, denn diese Geräusche sind deshalb so angsteinflößend für den Hund, da sie nicht klar lokalisierbar sind und aus allen Richtungen kommen.

WIE ÄUSSERT SICH DIE ANGST?

Fischgruber et al. haben in ihrer Onlinebefragung sowie Direktbefragung einige wesentliche Merkmale von Angst im Zusammenhang von Geräuschen untersucht. Sie unterscheiden zwischen folgenden typischen Angstreaktionen:

- Aufsuchen von Nähe
- Zittern
- geduckte Körperhaltung, Schwanz eingezogen, Ohren angelegt
- Hund möchte nicht nach draußen bzw. draußen schnell wieder rein
- hektisches Umherlaufen, Ruhelosigkeit
- Verkriechen, Verstecken
- Hecheln
- übersteigertes Beobachten der Umgebung
- übertriebenes Aufschrecken
- Lautäußerungen
- vermehrtes Speicheln
- Harn- und Kotabsatz im Haus
- Zerstören von Gegenständen, Zerkratzen

Die Reihenfolge der Auflistung orientiert sich an der Häufigkeit der gezeigten Reaktionen. Das „Aufsuchen von Nähe" oder das „Zittern" waren folglich die am häufigsten gezeigten Reaktionen.
Von allen befragten Hundehalter:innen wurden im Durchschnitt etwa fünf Verhaltensweisen erkannt und angegeben. Ein Viertel der Befragten gaben mehr als fünf an. In diesem Kontext muss jedoch auch auf die Bewertung von Angst und Stress eingegangen werden, denn etwa 50 % der Fälle von Geräuschangst, insbesondere Silvesterangst, bleiben unbehandelt und das selbst bei schwerwiegenden Reaktionen (Dale et al., 2010; Fischgruber et al., 2022). Dabei kann eine frühzeitige Behandlung das Wohlbefinden der Hunde verbessern.

EINSCHÄTZUNG

Ein mögliches Instrument zur besseren Einschätzung von Geräuschangst und dem Bedarf nach Behandlung ist die **Lincoln Sensitivity Scale** (University of Lincoln 2020). In dieser Skala werden insgesamt 17 Symptome wie Wimmern, Jaulen, Aggression oder Unruhe abgefragt und auf einer fünfstufigen Skala je nach Häufigkeit des Auftretens eingestuft. Aus der Messung ergibt sich ein numerischer Wert, der je nach Höhe (je höher, desto schlimmer ist die Angst) ein erster Indikator dafür sein soll, ob Handlungsbedarf besteht oder nicht. Mariti et al. (2012) konnten zeigen, dass stressbedingte Reaktionen von Hunden von ihren Halter:innen nur in etwa der Hälfte der Fälle erkannt werden. Das legt den Verdacht nah, dass erste Anzeichen von Silvesterangst, wie etwa erweiterte Pupillen, Schlecken oder Gähnen, kaum erkannt und damit auch unbehandelt bleiben.

BEEINFLUSSENDE FAKTOREN

Neben den typischen Angstreaktionen, die auch andere Wissenschaftler:innen beschreiben und teils ergänzen (Mills, 2012), stehen die Angstreaktionen ebenso messbar in Zusammenhang mit Merkmalen wie etwa dem Geschlecht. So sind Hündinnen deutlich häufiger betroffen als Rüden (Fischgruber et al., 2022). Außerdem hat das Alter der Tiere einen Einfluss auf die Geräuschangst. Je älter die Hunde sind, desto schlimmer wird die Angst (Blackwell et al., 2013; Fischgruber et al., 2022, Storengen und Lingaas, 2015). Gründe für die Veränderung im Alter können vielschichtig sein. So steigt der Cortisolwert der Hunde im Alter natürlicherweise an, was eine mögliche Erklärung wäre.
Ebenso verändert sich im Alter der Gehörapparat anatomisch (Barber et al., 2020). So kann im Umkehrschluss eine verminderte Hörleistung im Alter zu einer erneuten Abnahme der Geräuschempfindlichkeit führen. Besonders interessant im Zusammenhang der Merkmale ist die Unterscheidung von kastrierten zu unkastrierten Hunden. 70 % der geräuschgeplagten Hunde sind kastriert (Fischgruber et al., 2022). Eine mögliche Erklärung dafür kann neben anderen die Wechselwirkung von Sexualhormonen und dem Stresshormon Cortisol sein.

Weitere untersuchte beeinflussende Faktoren bei Silvesterangst sind das Alter, die Rasse(n), die Herkunft oder andere organische Ursachen wie etwa die Schilddrüse (Fischgruber et al., 2022; Lauinger, 2012; Mills, 2012; Storengen und Lingaas, 2015).

LÖSUNGSANSÄTZE UND BEHANDLUNGEN

Die Silvesterangst oder auch andere Geräuschängste zu behandeln, ist grundsätzlich ein notwendiger Schritt, um Steigerungen im Verhalten zu vermeiden und das allgemeine Wohlbefinden der Tiere zu erhöhen. Studien zeigen signifikante Verbesserung des Wohlbefindens durch eine Kombination verschiedener Handlungsansätze. Die Gruppe um Daniela Ramos konnte zuletzt eine messbare Verbesserung der Ängste dank der Gabe eines Präparates, das Tryptophan, Baldrian und Passionsblume enthielt, sowie dank klarer Verhaltensanweisungen während der Silvesternacht berichten (Ramos et al., 2024). Anders als bei anderen Forschungsprojekten wurde in dieser Studie nicht nur auf die Einschätzung der Menschen durch Fragebögen gesetzt, sondern die Ergebnisse wurden anhand von Cortisolmessungen im Speichel untermauert.

Um einen groben Überblick über mögliche Bewältigungsmethoden und Hilfsmittel zu erhalten, können die verschiedenen Ansätze in vier Kategorien eingeteilt werden:

- Verhaltenstherapeutische Ansätze
- Management
- Medikation
- Nahrungsergänzung und alternativmedizinische Ansätze

Die **verhaltenstherapeutischen Ansätze** arbeiten mit der Desensibilisierung, der Gegenkonditionierung und in Extremfällen dem Flooding (Anm. der Autoren: tierschutzrechtlich und ethisch problematisch!). Über das Lernverhalten soll so Zugang zur Angst geschaffen und letztlich die Angstreaktion moduliert werden (Riemer, 2020; Rogerson, 1997).

Der **Managementbereich** umfasst Maßnahmen wie etwa der Abdunklung des Raumes, Schutzhöhlen bereitzuhalten, Hintergrundmusik, Streicheln, Körperkontakt oder Versuch, zu spielen.

Die **Medikation** bietet Wirkstoffe zur Stressminderung und Beruhigung an. Auch Psychopharmaka kommen hier zum Einsatz. Diese Form der Therapie kann häufig in Begleitung mit den anderen Ansätzen zu guten Erfolgen führen.

Im **alternativmedizinischen Bereich** stehen u. a. angeblich Homöopathie, Bachblütentherapie oder auch Akupunktur zur Auswahl. Auch die Anwendung von Kräutertherapie, die meist das Sortiment von Nahrungsergänzungsmittel bestimmt, wird eingesetzt (Cracknell und Mills, 2008; Riemer, 2020). Fischgruber et al. (2022) hat in ihrer Online- sowie Direktbefragung die eingeschätzte Wirksamkeit dieser Lösungsansätze aus Sicht der Hundehalter:innen erhoben. Ein Großteil der verwendeten Mittel und Methoden wurden in Bezug auf ihre Wirksamkeit jedoch als mittelmäßig oder kaum wirksam eingestuft. Lediglich das Verreisen in ruhigere Gebiete wurde als wirksame Methode herausgestellt.

ÜBER DIE AUTORIN

Therese Schedifka ist Unternehmerin, Sozialwissenschaftlerin und Doktorandin unter PD Dr. Udo Ganslоßer. Nach ihrem Studium im Bereich Public Relations, Non-Profit-Management und Digital Culture an der Fachhochschule Osnabrück und der Universität Utrecht, arbeitete sie mehrere Jahre als wissenschaftliche Mitarbeiterin und Dozentin an Hochschulen in Deutschland und den Niederlanden. Ihren Fachbereich Kommunikationswissenschaft und ihre jahrelange unternehmerische Tätigkeit im Bereich Hund kombiniert sie in ihrer aktuellen wissenschaftlichen Tätigkeit.

☞ **Aus der Forschung (von Prof. Dr. Marc Bekoff; ergänzt von Dr. Udo Gansloßer)**

NECKEN UND DAS HUMORSYSTEM

Das Spiel- und Humorsystem ist eines der sieben Basisemotionssysteme, die Jaak Panksepp im Gehirn nahezu aller Säugetiere vermutet. Während das Spielen ein bei Hunden nicht nur weit verbreitetes, sondern auch allgemein anerkanntes Verhalten darstellt, ist die Frage nach weiteren humorigen Aktivitäten weniger gut geklärt. Am ausführlichsten wird die Frage in einer neuen Arbeit von Isabelle Laumer und ihrem Team dargestellt (Laumer et al., 2024). Ihre Untersuchung bezieht sich auf große Menschenaffen, sie listet jedoch eine Reihe von allgemeinen Merkmalen auf, an denen spielerisches Necken zwischen Affen oder anderen Säugetieren erkennbar wäre:

— Necken ist provokant, die neckenden Individuen starten die Interaktion mit einigen Verhaltensweisen, die man praktisch nicht ignorieren kann.
— Necken ist intensional, spezielle Zieltiere werden ausgesucht und man ist dann auch sehr beharrlich, um sie in eine Interaktion hineinzuziehen.
— Necken ist zwar spielerisch, aber es ist kein Spiel, weil es z. B. sehr einseitig ist, und auch bei Affen zumindest kaum Spielsignale dabei gezeigt werden.
— Necken kommt nur in entspannten Situationen vor, Laumer et al. nennen sogar Langeweile als eine der Randbedingungen.

Die Untersuchungen von Marc Bekoff und seinem Team (2024) lassen erkennen, dass Hunde sich z. B. in Kontaktsituationen einander sehr schnell annähern und sich dann wieder zurückziehen, was kein formales Spielsignal ist. Die Distanz zum anderen wird sehr langsam und in einem lockeren Gang reduziert, dann plötzlich wird sehr schnell weggerannt und es können auch Haken geschlagen bzw. eine Wendung nach links angedeutet werden, bevor man nach rechts abbiegt. Unterschiede im Verhalten zwischen Rüden und Hündinnen sind kaum erkennbar, auch zwischen Rassen oder Mischlingen gibt es kaum auffallende Unterschiede.

WANN TRITT NECKEN AUF?

Bemerkenswert ist, dass Necken vorwiegend dann auftritt, wenn sich Hunde einander das erste Mal oder gegebenenfalls das zweite Mal treffen. Je besser sie sich kennen, desto schneller starten sie gleich mit richtigem Spiel. **Das Necken ist also offensichtlich eine Möglichkeit, die Verhaltens-**

Die Mimik des Hundes …

reaktionen des anderen im harmlosen Umfeld zu testen. Einander unbekannte Hunde necken einander wesentlich häufiger als bekannte, und selbst im Zeitraum von wenigen Sekunden kann das Necken bereits abnehmen, wenn eine Reaktion erfolgt ist. Begegnete ein kleiner Hund einem größeren, gab es etwas häufiger Neckverhalten als in der umgekehrten Konstellation, allerdings waren diese Unterschiede nicht sonderlich auffällig. In der Kombination (unbekannte Hunde mit Größenunterschied) waren die Neckaktivitäten besonders deutlich. Extrovertierte, etwas wagemutigere Hunde zeigten weniger Neckverhalten als introvertierte, etwas zurückhaltendere Typen.

NECKEN FÜHRT NICHT IMMER ZUM ERFOLG

Auch Necken, genau wie Spielsignale, ist nicht immer erfolgreich. Jedoch wird derjenige, der erfolglos versucht hat, durch Neckverhalten den anderen in eine Interaktion hineinzuziehen, meist irgendwann aufgeben und weggehen. Das unterscheidet das spielerische Necken z. B. vom ernst gemeinten, korrekter als Bullying bezeichneten, leider aber oft auch fälschlich als Mobbing fehleingeschätzten Verhalten eines Hundes, der z. B. einen Schwächeren oder sonst irgendwie Unterlegenen gerne malträtiert, in Form der sogenannten Radfahrerreaktion (siehe Gansloßer, 2020).
Auch diese Zusammenhänge können Sie sehr leicht selbst studieren, wenn Ihr Hund in entspannter Gemütslage auf dem Spaziergang oder im Freilaufgebiet einen unbekannten, aber offensichtlich auch entspannten Artgenossen trifft.

ÜBER DEN AUTOR

Professor Marc Bekoff ist emeritierter, also im Ruhestand befindlicher Professor für Evolution, Ökologie und Verhalten an der University of Colorado in Boulder, und Autor vieler Untersuchungen über Spielverhalten, emotionale Disposition und das Gefühlsleben von Hundeartigen und anderen hochentwickelten Tierarten.

... legt Aktivierung des Spielsystems nahe.

STIMMUNGSÜBERTRAGUNG AUF MEHREREN EBENEN

Bevor wir die Verhaltens- und Neurobiologie-Ebene betrachten, gibt es auch einen ökologischen Aspekt: Das Konzept der „landscape of fear", der Landschaft der Angst, wie es eigentlich heißen müsste (vgl Gansloßer et al., 2020; Gansloßer, 2023). Wenn in einem Gebiet Beutegreifer potenziell anwesend sind, ändert sich das Aktivitäts-, Nahrungsaufnahme- und Bewegungsverhalten potenzieller Beutetiere. Das trifft z. B. auf freilebende Hunde in Italien zu, wo in Gebieten mit Wolfsvorkommen deutlich andere Hundegruppierungen, Raumnutzungen etc. beschrieben werden (Boitani et al., 2017; Macdonald und Carr, 2017).

ANALYTISCHE BETRACHTUNG

Bei der Betrachtung möglicher Wechselwirkungen zwischen Individuen bezüglich ihrer Stimmungen und Gefühle, müssen dringend mehrere analytische Ebenen unterschieden werden. Die sozusagen unterste Ebene ist die der sogenannten **schnellen Mimikri**, also ein unmittelbares Widerspiegeln des Ausdrucksverhaltens eines Gegenübers. Die zweite Ebene ist die **Stimmungsübertragung** im weiteren Sinn, bei der ein Individuum die innere Gemütslage des anderen übernimmt. Und die dritte Ebene,

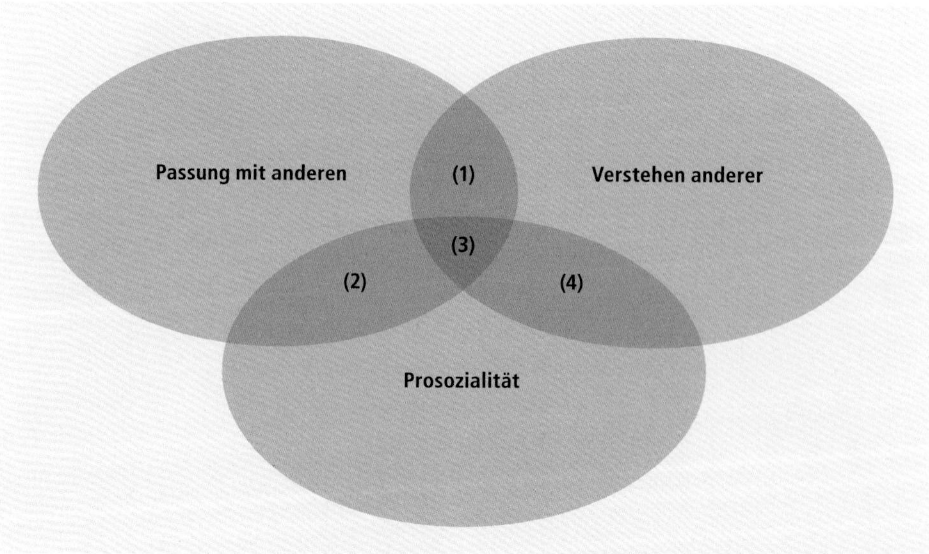

Überschneidungsmodell sozialer Übereinstimmung und Empathie nach Yamamoto (2017).

die auch ein gewisses Maß an kognitiven Leistungen und letztlich auch das Einfühlungsvermögen im Sinne einer Theorie des Geistes (siehe S. 320 ff.) beinhaltet, wäre dann die **echte Empathie**. Im Zusammenhang mit unseren Hunden wurde über alle diese Ebenen in den letzten Jahren ausführlich diskutiert und bisweilen intensiv geforscht.

MATRIOSCHKA-MODELL

Ein Modell mit ineinander geschachtelten Begriffen wird bisweilen als Matrioschka-Modell bezeichnet, weil es wie eine russische Puppe aufgebaut ist (de Waal und Preston, 2017): Die innersten Teile sind motorische Mimikry und emotionale Ansteckung = Stimmungsübertragung, darübergestülpt wären Mitgefühl und Trostspenden, und die äußerste Schale wäre Perspektivenübernahme und gezieltes Helfen.
Etwas mehrdimensionaler geht Yamamoto (2017) vor: Wie die Abb. zeigt, werden die Bereiche „Passung mit anderen", „Verstehen anderer" und „Prosozialität" mit verschiedenen Überschneidungen angeordnet. **Gezieltes Helfen** entsteht dann, wenn „Prosozialität" und „Verstehen anderer" gleichzeitig aktiviert sind (4), **Trost** dann, wenn „Passung mit anderen" und „Verstehen anderer" gemeinsam betroffen sind (1).

VERBINDUNG MIT SPIEGEL-NEURONEN?

Die unterste Ebene, die schnelle Mimikry, also die schnelle, meist unwillkürliche Beantwortung und Nachahmung von Ausdrucksverhalten und Aktionen des Gegenübers, wird sehr häufig in Verbindung mit den Spiegelneuronen gebracht. Nun muss allerdings, wie auch neueste Zusammenstellungen feststellen, ein Nachweis von Spiegelneuronen für Hunde oder Kaniden allgemein noch geführt werden (Miklósi, 2016; Bonini et al., 2022; Lamontagne und Gaunet, 2024). Aus evolutionsbiologischer Sicht wird zwar vermutet, dass die Spiegelneuronen möglicherweise ein Teil des alten, also im Säugetiergehirn weitgehend festgelegten Erbes wären, aber nachgewiesen sind sie bisher nur für Affen und Menschen, für verschiedene Nagetiere (Maus, Ratte), Fledermäuse und bemerkenswerterweise im akustischen System von Singvögeln. Dort haben sie offensichtlich etwas mit dem Gesangslernen zu tun. Da nun stammesgeschichtlich Nagetiere und Primaten näher verwandt sind, als mit den Vorfahren der Carnivoren, also der Gruppe, der auch die Hundeartigen angehören, und auch die Fledermäuse in dieser Verwandtschaftsgruppe angesiedelt sind, kann noch nicht eindeutig festgelegt werden, ob es aus stammesgeschichtlicher Hinsicht bei den Hundeartigen Spiegelneuronen gäbe.

Nachahmung

Schnelle Nachahmung gibt es aber sehr wohl. Einerseits konnten Untersuchungen im Zusammenhang mit der schnellen Nachahmung von Spielverhalten, Spielaufforderungen etc. bereits bei Hunden und Wölfen festgestellt werden (Palagi und Cordoni, 2020; Palagi et al., 2015). Andererseits ist, wie gerade die Zusammenstellung der beiden französischen Autorinnen zeigt, bei Beginn und Beendigung, Richtungswechsel etc. von Fortbewegung ebenfalls eine schnelle motorische Nachahmung zwischen Hund und Mensch beobachtbar (Lamontagne und Gaunet, 2024). Die Verhaltenssynchronisation, wenn z. B. der Mensch plötzlich ohne Kommando beginnt loszulaufen, oder auch wenn der Hund losläuft, ist von einem zum anderen in diesem Team deutlich erkennbar. Motorische Ansteckung, motorische Resonanz, das alles ist durchaus ein wichtiges Thema in der Untersuchung nicht nur der Mensch-Hund-Beziehung, sondern auch der Beziehungsqualität, wie verschiedene Untersuchungen gezeigt haben. In diesem Zusammenhang wird dann auch das soziale Nachahmungslernen von Bedeutung (S. 324).

Die Geschwindigkeit, mit der solche motorischen Nachahmungen bisweilen stattfinden, sei es beim Widerspiegeln von Spielsignalen (Palagi et al., 2015), als auch beim Loslaufen oder auch der Geschwindigkeitsanpassung des Hundes an den Laufschritt des Menschen, geschieht innerhalb von wenigen Sekunden bzw. sogar im Zeitraum unter einer Sekunde. Zumindest beim Widerspiegeln der Spielgesichter geschieht dies so schnell, dass eigentlich die Laufzeit der elektrischen Impulse von den Augen zu den einschlägigen Zentren im Gehirn und zurück zur Gesichtsmuskulatur fast nicht einhaltbar wäre. **Trotzdem, neurobiologische Belege für die Existenz von Spiegelneuronen bei Hunden sind alle diese Befunde noch nicht. Sie sind lediglich Hinweise darauf, und deshalb spricht man eben lieber von motorischer Mimikri, motorischer Resonanz oder anderen Phänomenen, ohne die Spiegelneuronen explizit als Erklärung mit heranzuziehen.**

IST GÄHNEN ANSTECKEND?

Gewissermaßen als Übergang zwischen den Elementen der motorischen Resonanz und der Stimmungsübertragung wird häufig das Gähnen betrachtet. Dieses Verhalten zeigen ja sehr viele, nicht nur Säugetiere, sondern auch Vögel, in verschiedenen Situationen. Andrew Gallup (2022) hat in einem großen Übersichtsartikel die möglichen individuellen und sozialen Zusammenhänge dieses Verhaltensablaufes diskutiert. Er bespricht in diesem Zusammenhang auch mögliche physiologische Zusammenhänge. So ist z. B. eine gestiegene Gehirntemperatur oder verringerter Aufmerksamkeitspegel als physiologisch auslösende Situation für Gähnverhalten immer wieder belegbar. Wenn ein sozialer Partner, ein Beobachter z. B. in der Gruppe, dieses Gähnen dann sieht, kann er unabhängig von seiner eigenen Temperaturregulation und seinem Aufmerksamkeitspegel auch einen Hinweis auf mögliche Umweltreize daraus entnehmen, und dann z. B. sein eigenes Wachsamkeitsverhalten steigern. Die motorische Synchronität, also das Nachahmen des Gähnens, spielt in diesem Zusammenhang zunächst noch keine Rolle. Jedoch kann auch beim Beobachter durchaus der vergleichbare physiologische Zustand, also eine erhöhte Gehirntemperatur oder ein niedrigerer Aufmerksamkeitspegel, zur verstärkten Auslösung des Gähnverhaltens führen. In diesem Fall wird dann nicht nur die Aufmerksamkeit des Beobachters auf die Umgebung verstärkt, sondern z. B. auch die motorische Ansteckung ermöglicht.

GÄHNEN UNTER HUNDEN

Bei Haushunden ist die Ansteckung des Gähnens von Mensch zu Hund, nicht aber von Hund zu Hund belegt (Gallup, 2022). Beobachtungen an Wölfen in einem Wildpark zeigten jedoch sehr wohl Hinweise auf ansteckendes Gähnen im innerartlichen Bereich (Romero et al., 2014). Sehr häufig, z. B. belegt durch Freilandstudien an Löwen, verschiedenen Altweltaffen, z. B. Meerkatzen und Makaken, aber auch afrikanischen Straußen, sind Gähn-Episoden gekoppelt mit Aktivitätsänderungen. In der genannten Löwenstudie war die Wahrscheinlichkeit, dass die Gruppe ihre Bewegungsaktivität synchronisiert, elfmal höher, wenn vorher eines der Gruppenmitglieder in den letzten drei Minuten gegähnt hatte. Aus allen diesen Befunden schließt Andrew Gallup, dass Gähnen mehr ein allgemein aufmerksamkeitssteigerndes und auf die nächste Bewegungsaktivität oder den nächsten Aktivitätswechsel hinweisendes Verhalten, und kein konkretes Signal wäre. Er verwendet in diesem Zusammenhang den englischen Ausdruck „clue“, was soviel wie Hinweis, oder Fingerzeig bedeutet.

Gähnen bei Hunden hat viele Bedeutungen – keinesfalls nur Belastungszeichen.

GÄHNEN ZWISCHEN MENSCH UND HUND

Die Zusammenstellung von Elisabetta Palagi und Giada Cordoni (2020) führt einige Andeutungen an, bei denen es zu einer Stimmungsübertragung bzw. zu einem notorischen Nachahmen des Gähnens kam. Besonders fundiert ist die Studie aus der Gruppe von Theresa Romero (2013). Hier wurde einerseits von bekannten und unbekannten Menschen dem Hund vorgegähnt, andererseits wurden als Kontrollsituation nicht gähnartige, andere Mundbewegungen gezeigt. Dazu wurde die Herzfrequenz und die Variabilität der Herzfrequenz des Hundes gemessen. Die Hunde gähnten in der Versuchssituation, also mit gähnenden Menschen, deutlich häufiger, und die Ansteckung war gegenüber einem bekannten Menschen deutlich wahrscheinlicher als bei einem unbekannten. Bemerkenswerterweise ist jedoch die Herzrate bzw. auch deren Variabilität von der Gähnsituation unabhängig gewesen, was die Stresshypothese als Anlass für das Gähnen zunächst ausschließt.

Anhand einer Studie von Buttner und Strasser (2014) an Tierheimhunden konnte der Stress während des Gähnens anhand des Speichelcortisolspiegels gemessen werden. Bei Tieren, die mit Gähnen auf den fremden Versuchspartner reagierten, war der Cortisolwert erhöht. Diese Hunde standen also tatsächlich unter Stress. **Man kann das Gähnen folglich auch als eine Art Übersprungshandlung betrachten, die den Motivationskonflikt zwischen zwei einander wiederstrebenden inneren Faktoren zum Ausdruck bringt.** Dies erklärt, warum es auch in spannungsgeladenen Situationen beobachtet werden kann.

Beobachtungen unserer Arbeitsgruppe schließen jedoch die Funktion als konkretes Beschwichtigungssignal bei Hunden und Wölfen weitgehend aus (Blankenburg und Klatt, 2015). Unabhängig, ob bei toskanischen Straßenhunden, Hunden in der Hundepension oder bei Wölfen im großen Wildparkgehege, die meisten Gähnelemente konnten registriert werden, ohne dass ein Sozialpartner bzw. gar eine potenziell konfliktgeladene Situation in der Umgebung war. Ebenso bemerkenswert ist, dass Gähnen nicht nur optisch, sondern insbesondere und sogar verstärkt akustisch auslösend wirkt. Es reagierten deutlich mehr Hunde mit Gähnen auf das Gähngeräusch einer ihnen bekannten als auf das einer ihnen unbekannten Person.

Abhängigkeit vom Alter

Elainie Madsen und Tomas Persson (2013) konnten zeigen, dass Hunde erst ab dem Alter von ca. 7 Monaten auf Gähnen des Menschen mit eigenem Gähnverhalten reagierten. Die Beiden vermuten, dass eine verstärkte Aufmerksamkeit der Hunde auf den Menschen mit zunehmendem Lebensalter steigt. Für diese Studie wurden 35 Hunde im Alter von 4 bis 14 Monaten herangezogen, die einen bekannten oder einen unbekannten Menschen wiederholt gähnen oder einfach nur den Mund auf- und zumachen sahen. Eine emotionale Nähe, d. h., der bekannte gegenüber dem unbekannten Menschen, hatte keinen Einfluss auf die Stärke der Stimmungsübertragung, was den gerade erwähnten akustischen Studien etwas widerspricht. Betrachten wir jedoch auch diese Befunde im Licht von Andrew Gallups (2022) Diskussion über die Wirkung von Gähnen als Fingerzeig, und nicht primär als soziales Signal, dann lassen sie sich dadurch auch erklären. Gerade Aufmerksamkeit gegenüber der Umgebung und gegenüber potenziell gefährlichen Situationen ist nun einmal für ältere Tiere wichtiger als für Welpen und junge Junghunde, die sich ja doch noch weitgehend im Schutz der Familie befinden.

ANPASSUNG AN PROBLEMSITUATIONEN

Anna Kis und andere aus dem Budapester Institut untersuchten, welchen Effekt die vorherige Verabreichung des sogenannten Sozialhormons bei Hunden auf die Wahrscheinlichkeit einer Stimmungsübertragung durch Gähnen hätte (Kis et al., 2019). In diesem Fall war kein Zusammenhang zwischen der emotionalen bzw. sozialen Nähe des Hundes zu seinen Menschen, sondern zur Intensität des Ängstlichkeitspegels, den sie durch Lippenlecken des Hundes bestimmten, zu finden. Die Gabe des Oxytocins vor der Präsentation des auslösenden Gähnens, reduzierte sogar die Häufigkeit des Gähnens.

Wenn Gähnen eher als allgemeiner **Fingerzeig zu einer erhöhten Aufmerksamkeit oder Wachsamkeit in möglicher Anwesenheit von Gefahrensituationen**, und weniger als konkretes soziales Signal zu verstehen ist, dann sollte Oxytocin durch seine stressdämpfende Wirkung auch zu einer Reduktion dieser Unsicherheit führen. Umgekehrt wäre es ein Hinweis auf eine eher mit dem verhaltensökologischen Konzept der Landschaft der Angst („landscape of fear"), die in Anwesenheit von potenziellen Beutegreifern oder anderen gefährlichen Lebewesen allgemein den Aktivitätspegel, das Aufmerksamkeits- und Wachsamkeitsverhalten und andere Verhaltensanpassungen beeinflusst. Ungeachtet dessen, dass der Begriff „Furcht" hier eigentlich falsch ist, denn es handelt sich ja um die unspezifische Angst (siehe Gansloßer, 2023), wäre es als allgemeine **Anpassung an Problemsituationen** zu verstehen. Dazu muss man auch keine persönlichen Beziehungen haben, um sich allgemein in einer Gruppe in Anwesenheit von Feinden sicherer zu fühlen. Die einschlägigen verhaltensökologischen Konzepte („Eigennutz in der Masse", siehe Gansloßer et al., 2020) erklären solche Anpassungen auch ohne jede persönliche Beziehung, wie wir ja bei Herdentieren, Fischschwärmen etc. immer wieder sehen.

KOGNITIVE EMPATHIE

Wie Francesco Ferrari und Giada Coudé (2018) ausführen, sind die Ebenen der Empathie und Stimmungsübertragung auch mit unterschiedlichen neurobiologischen, und nicht nur kognitiven Mechanismen verknüpft. Die affektive Übertragung, also motorische Resonanz, ist mit normaler Aktivität im motorischen und Scheitellappen und in Regionen unterhalb der Großhirnrinde assoziiert, die auch sonst mit Bewegungssteuerung und Empfindung, ggf. auch

Emotionssteuerung verknüpft sind. Die kognitive Kontrolle und Entscheidungsfindung, wie sie etwa im präfrontalen Kortex, im Stirnlappen und im Zingulum, also den Großhirnregionen realisiert ist, hat mit der kognitiven Empathie zu tun.

ERKENNEN DER EMOTION

Die meisten Untersuchungen, abseits der direkten motorischen Resonanz, beschäftigen sich bei Hundeartigen mit dem mittleren Teil, also der Stimmungsübertragung durch Erkennen der Emotion des jeweiligen Sozialpartners. Natalia Albuquerque aus dem Team von Daniel Mills testete, ob Hunde Lautgebung und Gesichtsausdrücke zuordnen können: Wurde einem Hund ein fröhlicher Laut und ein fröhliches Gesicht, oder ein ärgerlich-aggressiver Laut und ein ärgerliches Gesicht gleichzeitig vorgespielt, dann reagierte er (genau wie Menschen) mit längerem Hinsehen, als wenn beide nicht zusammenpassen (Albuquerque 2016).

Nur wenige Arbeiten konnten bisher bei Hundeartigen die sozial-kognitiven Aspekte der Empathie belegen. Letztlich geht es dabei ja darum zu erkennen, wie sich der andere fühlt, weil man sozusagen aus seiner derzeitigen Situation Rückschlüsse zieht.

Trostspendendes Verhalten

Trostspendendes Verhalten gegenüber einem „Opfer“ sozialer Konflikte ist eine dieser Möglichkeiten der Empathie. Und das wurde sowohl an Haushunden (Cools et al., 2008) als auch an Wölfen (Palagi und Cordoni, 2009; Cordoni und Palagi, 2015) belegt. Die Studie von Annemieke Cools et al. ist besonders bemerkenswert, da es sich dabei um Hunde aus einer Institutstierhaltung handelt. Die Untersuchungen von Elisabetta Palagi und Dianna Cordoni dagegen wurden an Wölfen in einem großen Wildparkgehege durchgeführt. In beiden Fällen war das Verhalten konfliktunbeteiligter, dritter Beobachter gegenüber den Teilnehmern eines gerade durchgestandenen Konfliktes zwischen zwei Gruppenmitgliedern im Fokus. In beiden Fällen wurde der Verlierer des vorangegangenen Konfliktes von den unbeteiligten Beobachtertieren hinterher mit sozial positivem Verhalten gewissermaßen getröstet.

Emotionserkennung funktioniert besser, wenn Handlung und Stimme zusammenpassen.

Diese sozial-positiven Verhaltensweisen waren bei den Gehegewölfen sogar dann zu sehen, wenn der ursprünglich unbeteiligte Drittwolf den eigentlichen Konflikt gar nicht mitbekam. Einzig und allein das „geknickte, betrübbelte“ Verhalten des gerade zusammengefalteten Gruppenmitglieds, seine Körperhaltung, eventuell auch sein etwas jämmerliches Maunzen waren für den Drittwolf beobachtbar und führten zu der anschließenden sozial positiven Interaktion. Solche, bisher nur von Schimpansen und Kleinkindern beobachtbaren Verhaltensweisen lassen deutlich erkennen, dass ganz offensichtlich **Einfühlungsvermögen** in die geknickte Stimmung des gerade zusammengestauchten Gruppenmitglieds ausreichte, um diese sozial-positiven „Auffangaktionen“ als Trost spenden zu starten.
Da, wie erwähnt, solche Belege für hochstehende kognitive Empathie bei Hundeartigen bisher nur in wenigen Studien beschrieben wurden, haben wir sie hier an den Anfang der weiteren Betrachtung gestellt, damit sie in der Flut der nun referierten Daten über traditionelle Stimmungsübertragung nicht untergehen.

VERANTWORTUNG DES MENSCHEN

Unabhängig von der Ebene der Stimmungsübertragung, Emotionsansteckung oder motorischen Reflexion lassen sich aus all den Untersuchungen über die emotionalen Wechselwirkungen zwischen Hund und Mensch einige grundlegende ethische Anforderungen formulieren. Aus der Fähigkeit zur Übernahme menschlicher Emotionen, zum Erkennen unserer inneren Zustände durch den Hund und seine daraus resultierenden prosozialen Verhaltensweisen resultiert auch eine erhöhte Anforderung und Verantwortung des Menschen für seinen Hund als Kumpantier (Benz-Schwarzburg et al., 2020; Kujala, 2017). Wenn Hunde in der Lage sind, aus menschlichen Gesichtsausdrücken, Intonation oder Körpergerüchen die inneren Zustände des Menschen abzuleiten und sich ggf. sogar prosozial-helfend zu verhalten, dann sind diese Hunde eben sehr viel mehr als nur Befehlsempfänger oder gar durch Clicker oder ähnliche Maßnahmen zu konditionierende Reflexmaschinen (siehe auch S. 298).

PERSÖNLICHKEIT MENSCH UND VERHALTEN HUND

Nicholas Dodman et al. (2018) zeigen auch Zusammenhänge zwischen der Persönlichkeit des Menschen, dessen psychologischem Status und dem Auftreten von problematischem Verhalten beim Hund. In einer Umfrage von über 1 500 Hundehalter:innen mit einer Onlinefragebogenaktion fanden sich statistisch zumindest auffindbare, positive Zusammenhänge zwischen dem Trainings- und Erziehungsstil der Hundehalter:innen (aversive, auf Konfrontation basierende Trainingsmethoden) und dem Verhalten des Hundes im Zusammenhang mit Aggression, Trennungsproblemen, Jagdverhalten, ausdauerndem und störendem Bellen oder Stubenunreinheit. Auf mehreren Persönlichkeitsachsen der Menschen (Geselligkeit und Freundlichkeit, emotionale Stabilität, Extraversion und Gewissenhaftigkeit) waren niedrige Punktwerte des Menschen mit einer erhöhten Rate von Aggression gegen den eigenen Menschen, Furcht gegen fremde Menschen und Stubenunreinheit zu erkennen. Die Zusammenhänge zwischen der Persönlichkeit der Bezugsperson und dem Hundeverhalten wurden nur in sehr geringem Maß von den Trainings- und Erziehungsmethoden des Menschen beeinflusst, wohingegen Erziehungsmethoden (mit Konfrontation und Einsatz von negativen Signalen) bei Männern, mit eigener Depressionsneigung, die Hunde sehr stark beeinflussten.

Sowohl die Persönlichkeit des Menschen als auch dessen eventueller Stresspegel …

… beeinflussen die Reaktion des Hundes in Testsituationen.

STUDIE ZU EMOTIONALER REAKTIVITÄT BEI HUNDEN

Eine Arbeit aus der Budapester Gruppe analysierte fast 600 Fragebogen von ungarischen und nahezu 2 300 von deutschen Hundehalter:innen im Zusammenhang mit ihrer Einschätzung der emotionalen Reaktivität des Hundes (Szantho et al., 2017). Während die Ergebnisse weitgehend unabhängig von Umwelt und demografischen Variablen, z. B. Rasse, Geschlecht, Alter, Trainingserfahrung und Alter waren, befanden sich in der deutschen Stichprobe mehr empathische Menschen, die über weniger Probleme im Umgang mit ihrem Hund berichteten. Bemerkenswert ist, dass 62 % der ungarischen, aber nur 36 % der deutschen Teilnehmer:innen am Fragebogen mit der Aussage übereinstimmten, dass der Hund für sie nicht wichtiger wäre als irgendein Mensch. Menschen, deren Einstellung zum Hund verstärkt anthropomorph war (z. B. durch die Aussage, mein Hund denkt wie ein Kind), empfanden ihre Hunde als reaktiver und empathischer.

LEISTUNGSFÄHIGKEIT UNTER LEICHTER BELASTUNG

Ebenfalls aus Budapest wurde von Zsofia Sümegi et al. (2014) ein Zusammenhang zwischen der Stimmungsübertragung beim Hund und der hundlichen Leistung in einer kognitiven Testsituation untersucht. Hier wurde die Bezugsperson auch nach ihrer eigenen Ängstlichkeit befragt. Dann sollten die Menschen einen wissenschaftlichen Artikel lesen, über dessen Inhalt sie hinterher in einer mündlichen Prüfung abgefragt wurden. Um die Menschen etwas unter Stress zu setzen, gab in einer Versuchsgruppe die Versuchsleiterin überwiegend negative Kommentare zu den Aussagen der Versuchspersonen, in der nicht gestressten Versuchsgruppe dagegen überwiegend positive Rückmeldungen.

Anschließend sollten die Menschen beider Versuchsgruppen verschiedene kooperative und kognitive Testsituationen mit ihren Hunden vollführen, einige Gehorsamsübungen ausführen und auch andere selbst gewählte Tricks vorzeigen.

Auch hier wurde je nach Versuchsgruppe von der Testleiterin entweder positives oder negatives Feedback gegeben. In der nicht gestressten Gruppe wurde das Mensch-Hund-Team für gute Leistung gelobt, falsche Leistungen wurden nicht kommentiert. In der gestressten Gruppe wurden positive Leistungen nicht kommentiert, erfolglose Versuche dagegen in einer neutralen Stimmlage negativ kommentiert. In der dritten Testphase wurde dann ein Gedächtnistest mit dem Hund in Anwesenheit oder Abwesenheit seines Menschen durchgeführt. Auffallend war nun, dass sowohl Mensch als auch Hund in der leicht gestressten Situation bessere Gedächtnisleistungen zeigten, und dass es auch Wechselwirkungen zwischen der emotionalen Situation des Menschen und der Leistung des Hundes gab. Zsofia Sümegi und ihr Team betonen abschließend, dass diese Ergebnisse mit früheren Erkenntnissen an verschiedenen Tierarten übereinstimmen, wonach die Leistungsfähigkeit des Arbeitsgedächtnisses bei leichter bis mittelmäßiger Belastung stärker ansteigt, und erst oberhalb eines Grenzwertes in einer umgekehrt U-förmigen Kurve stark abfällt. Wichtig ist in diesem Zusammenhang zu betonen, dass sowohl für den Menschen als auch für den Hund die Belastbarkeit individuell festgestellt werden muss, und keineswegs pauschal nach dem Motto „viel hilft viel" eine allzu starke Druckausübung in Lernsituationen stattfinden darf.

DAUER DES ZUSAMMENLEBENS

Ein japanisches Team um Maki Katayama (2019) untersuchte, ob die Dauer des Zusammenlebens in einem Mensch-Hund-Team einen Zusammenhang mit der Leichtigkeit von Stimmungsübertragungen hätte. Nicht nur die Hunde, auch die Menschen wurden physiologisch untersucht. Die Variabilität der Pulsrate ist in solchen Fällen ein sehr guter Messwert für emotionale Belastungen. Die physiologischen Messungen zeigen einen deutlichen positiven Zusammenhang mit der Dauer des bisherigen Zusammenlebens in diesem Mensch-Hund-Team. Weibliche Hunde zeigten außerdem stärkere Auswirkungen auf ihre Physiologie als Rüden. Die Belastungssituation für die Menschen bestand einerseits darin, einen vorgelegten Text zu lesen und hinterher erklären zu müssen, und andererseits einige Kopfrechenaufgaben zu lösen.

Nicht nur die Dauer des bisherigen Zusammenlebens im Mensch-Hund-Team, sondern auch die Zeit, die Mensch und Hund durchschnittlich jeden Tag miteinander verbrachten, beeinflussten die physiologische Stimmungsübertragung. Leider wurde in der Arbeit das Geschlecht der Menschen nicht mit dem Versuchsergebnis korreliert. Untersuchungen verschiedener Arbeitsgruppen lassen ja vermuten, dass auch männliche und weibliche Menschen in der Qualität der Mensch-Hund-Beziehung unterschiedliche Auswirkungen auf die Reaktionen der Hunde in solchen Situationen haben können (siehe Gansloßer und Kitchenham, 2019).

HELFEN HUNDE IN KRITISCHEN SITUATIONEN?

Bemerkenswert wenig Untersuchungen wurden bisher durchgeführt, ob Hunde auch ihren Menschen in potenziell kritischen Situationen helfen würden. Diese, gerade in Fernsehserien und anderen fiktionalen Darstellungen so häufig angesprochene Fähigkeit der Hunde, ist offensichtlich nur schwer wissenschaftlich exakt zu untersuchen. Eine der wenigen Studien hierzu wurde von Joshua van Bourg, aus der Gruppe von Clive Wynne, durchgeführt (van Bourg et al., 2020).

Versuchsaufbau

Der Mensch saß in einer Box, die vom Hund von außen geöffnet werden konnte. In dieser Box wurde der Menschen entweder angewiesen, dass er in einer deutlich gestressten Tonlage den Hund um Hilfe rufen, oder in neutraler Stimme einen vorgegebenen Text laut vorlesen sollte. In einer dritten Vergleichssituation wurde statt des Menschen eine hochwertige Futterbelohnung in der Box abgelegt. Gemessen wurde nicht nur, ob und in welcher Geschwindigkeit die Hunde die Box öffneten, sondern auch, welches Verhalten sie dabei zeigten.

Ergebnis

Riefen die Menschen in der Box um Hilfe, reagierten die Hunde mit mehr belastungsanzeigenden Verhaltensweisen, und sie öffneten die Box auch schneller.
Lasen die Menschen laut einen Text vor, gewöhnten sich bei wiederholter Testung die Hunde offensichtlich an diese Situation, und zeigten von einer Testwiederholung zur anderen immer weniger belastungsanzeigendes Verhalten. Bei um Hilfe rufenden Menschen änderte sich das Belastungsverhalten des Hundes von einer Testwiederholung zur anderen nicht. Letztlich öffneten die Hunde immer schneller die Box, wenn ihr Mensch in der Box um Hilfe rief, als wenn er vorlas. Alle diese Ergebnisse wurden korrigiert für die Fähigkeit des Hundes, eine solche Aufgabe (Öffnen der Box) überhaupt zu lösen, sodass deren unterschiedliche Geschicklichkeit kein Störfaktor war.

ANZEIGEVERHALTEN IN EINER KLINIK

Eine bemerkenswerte Anwendung der Emotionserkennung und Stimmungsübertragung bei Hunden berichtet ein Autorenteam um Uriel Bakeman (2019), überwiegend mit israelischen Institutsanbindungen: In einer psychiatrischen Klinik konnten Hunde zuverlässig, bereits deutlich vor dem Auftreten, Aggressionsanfälle von Patient:innen in einer Gruppe vorhersagen. Gerade jüngere Hunde achteten hierbei besonders auf Änderungen im Ausdrucksverhalten, zumindest war ein fokussiertes Beobachten bei diesen jüngeren Anzeigehunden besonders deutlich erkennbar. Bemerkenswert ist, dass bei diesen Anzeigehunden keine persönliche Bekanntschaft mit dem betreffenden Patienten vorliegen musste, und dass kein Anstieg des Cortisolspiegels der Anzeigehunde zu beobachten war. Das bedeutet wiederum auch, dass ihre eigene Anzeigereaktion eben unabhängig von der hundlichen Stressbelastung erfolgte.

REAKTION AUF LAUTÄUSSERUNGEN

Die Mehrzahl der Untersuchungen zum Thema „Stimmungsübertragung auf den Hund" befasst sich entweder mit akustischen oder mit geruchlichen Methoden. Anika Huber et al. (2017), sowie Mylene Quervel-Chaumette et al. (2016) verglichen hierbei die Reaktionen von Hunden auf emotionale bzw. neutrale Lautäußerungen, sogar im Zusammenhang mit anderen Hunden und Menschen. Die Reaktionen waren sehr eindeutig: sowohl auf Weinen bzw. Winseln von Menschen und Hunden wie auf Lachen bzw. Spielbellen von Menschen und Hunden reagierten die lauschenden Versuchshunde gleichermaßen. Sie konnten offenkundig die emotionalen Inhalte der Lautgebung vom Tonband erkennen.

Im Zusammenhang mit der Kommunikation von Mensch zu Hund gibt es noch eine Reihe von weiteren Untersuchungen. Deborah Custance und Jennifer Mayer (2012) ließen entweder die Bezugsperson oder einen Fremden in Anwesenheit des Hundes entweder weinen, ein Lied summen oder neutral sprechen. Unvoreingenommene menschliche Beobachtende, denen die Fragestellung nicht bekannt war, kategorisierten die Annäherungen des Hundes eher als unterwürfig-submissiv und nicht als aufmerksam, verspielt oder ruhig, wenn die Versuchsperson vorgab, zu weinen. Weinte ein Fremder, näherten sich die Hunde auch eher ihm an, mit Schnüffeln, Anstupsen und Belecken. Auch das weist auf eine wahrscheinliche Stimmungsübertragung hin. Min Hooi Yong und Ted Roffman aus Otago in Neuseeland (2014) testeten speziell die Reaktion von Hunden (und Menschen) auf Tonbandaufnahmen von weinenden Kindern. 75 Hunde und 74 Menschen bekamen entweder ein weinendes Kind, ein plapperndes menschliches Kleinkind, oder computergenerierten weißen Lärm vorgespielt, wobei das plappernde Kind und der Computerlärm als Kontrollbedingung dienten. Sowohl beim Hund als auch beim Mensch stieg der Cortisolspiegel beim Tonband des weinenden Kindes deutlich an, die Hunde zeigten eine Kombination von eher unterwürfigem und aufmerksamem Verhalten gegenüber diesem Tonband. Offensichtlich sind Hunde also auch in der Lage, die Lautäußerungen von menschlichen Kleinstkindern deutlich ihrer emotionalen Stimmung zuzuordnen.

REAKTION AUF GERUCH

Ebenso bemerkenswert sind die Reaktionen über den chemischen, höchstwahrscheinlich den geruchlichen Sinneskanal. Die Übersichtsarbeit von Agata Kokocinska-Kusiak et al. (2021), sowie eine Reihe von Studien von Biagio D'Aniello (2023, 2018) und eine Arbeit von Clara Wilson et al. (2022) deuten in die gleiche Richtung: Hunde können an einer Geruchsprobe erkennen, ob der Mensch vorher gestresst war oder nicht.

In einigen dieser Untersuchungen wurden die Menschen mit schwierigen Aufgaben konfrontiert, sollten Vorträge vor einer kritischen Zuhörerschaft halten, oder in anderer Weise sich belastenden Situationen aussetzen. In anderen Fällen spielte man einer Zuschauergruppe unterschiedliche Filme vor, entweder Horrorfilme, romantische Komödien, oder neutrale Szenen (siehe Gansloßer und Kitchenham, 2019). In allen Fällen wurde entweder die Raumluft abgesaugt, in der die Filmvorführungen stattfanden, oder direkte Geruchsproben von der Körperoberfläche der Menschen genommen. In keinem der Fälle war einer der Testmenschen anwesend, wenn die Hunde mit den Geruchsproben konfrontiert wurden. In allen Fällen konnten die Hunde sowohl die negative Emotion von den anderen Filmszenen als auch von dem Normalzustand ohne vorhergehende Belastung der Testmenschen deutlich unterscheiden.

Bemerkenswert ist hier die unterschiedliche Altersabhängigkeit: Während auch drei- bis

Nicht immer empfindet ein Hund eine Umarmung durch den Menschen als negativ.

sechsmonatige Welpen schon an Geruchsproben erkannten, dass ein Mensch gestresst war, konnten sie im Gegensatz zu erwachsenen Hunden nicht zwischen neutraler Kontrolle und glücklichen Menschen unterscheiden (D'Aniello et al., 2023)!
Weitere Untersuchungen zeigen, dass Hunde durchaus auch auf freudig erregte, gegenüber eher furchtsam ablehnenden Reaktionen von beobachteten Menschen auf Spielzeug oder andere Gegenstände unterschiedlich angestachelt werden (siehe Ganslоßer und Kitchenham, 2019).

FAZIT DER STUDIEN

Aus diesen Untersuchungen ergibt sich nun ein differenziertes Bild. **Unstrittig ist, dass Hunde als sozial hochkompetente Lebewesen in der Lage sind, die Stimmungen und inneren Zustände eines Menschen auf unterschiedlichen neurobiologischen Ebenen zu erkennen bzw. sich daran zu orientieren.** Weniger klar ist, inwieweit die oftmals gerade in der Hundetrainerschaft geäußerte Aussage zutrifft, wonach man seinem Hund nichts vormachen könnte. Dies gilt sicherlich im Zusammenhang mit ernsthaften, belastenden Situationen, die dann den Körpergeruch des Menschen, sei es über Stresshormone oder andere Duftstoffe, verändern. Im optischen Bereich dagegen scheint es durchaus möglich zu sein, einem Hund entweder freudige Erregung oder eher Skepsis und Ablehnung zu signalisieren. In diesem Zusammenhang sind auch Untersuchungen über Begegnungssituationen von Mensch-Hund-Teams von Bedeutung: je nachdem, wie ein Mensch mit seinem Hund in eine Begegnungssituation mit einem anderen Mensch-Hund-Team hineingeht, orientiert sich der Hund sehr wohl am Menschen (Gansloßer und Kitchenham 2024). Gerade eher aggressiv motivierte Hunde tendieren jedoch dazu, selbstständig Entscheidungen zu treffen, wenn ihr Mensch sich betont freundlich und unbeeindruckt in dieser Situation zeigt.
Insgesamt haben wir hier also mal wieder ein differenziertes Bild, das nicht zu Pauschalempfehlungen oder gar zu pauschalen Erziehungsmaßnahmen verleiten darf.

HUNDGERECHTE BESCHÄFTIGUNG

WARUM FUNKTIONSKREISE BEDEUTEND SIND

Haben Sie sich auch schon einmal gefragt, wie das Zusammenleben mit Ihrem Vierbeiner aussehen sollte? Es ist kein Geheimnis, dass die Vorstellung davon von Mensch zu Mensch und Hund zu Hund unterschiedlich ist. Aber eine zentrale Frage beim Hundekauf lautet: *„Wie kann ich meinem Hund gerecht werden?"* Mittlerweile gibt es eine riesige Auswahl an Beschäftigungsmodellen in Hundeschulen und Hundevereinen. Sollten wir uns über diese Vielfalt nicht glücklich schätzen? Im Folgenden möchten wir herausfinden, wie viel Beschäftigung ein Hund benötigt, um glücklich und gesund zu sein, und ob die gängigen Beschäftigungsmodelle tatsächlich die richtigen für den Alltag unserer Hunde sind. Wir werden uns mit dem Zeitbudget von Straßenhunden befassen, die Bedeutung von Funktionskreisen bei der Wahl der Beschäftigung erläutern und Ihnen wichtige Tipps geben, wie Sie den Alltag Ihres Hundes so gestalten können, dass er ein glückliches und gesundes Hundeleben an Ihrer Seite führen kann.

VON DER STRASSE INS WOHNZIMMER

Wussten Sie, dass die große Mehrheit der Hunde auf der Welt, nämlich etwa 85 %, ohne menschliche Obhut lebt (Gansloßer und Kitchenham, 2019)? Es mag schwer vorstellbar sein, aber es gibt tatsächlich mehr Straßenhunde als solche, die es sich gemütlich neben ihren menschlichen Begleitern auf dem Sofa machen. Diese Tatsache ist von großer Bedeutung für unser Verständnis davon, dass Hunde durchaus fähig sind, ohne menschliche Anweisungen zu überleben. Dank Studien an freilebenden Hundegruppen können wir heute einen Einblick erhalten, wie sich Hunde ohne menschliche Steuerung verhalten und wie sie überleben.
Die Gruppenkonstellationen von freilebenden Hunden sind je nach Region, Situation und Saison unterschiedlich (Majumder et al., 2014). Es zeigt sich, dass es sowohl Hundegruppen gibt, die nach einem toleranten Dominanzstil (d.h., die Dominanz wurde nicht durch aggressive Interaktionen, sondern durch wiederholte aufrechterhaltende Unterwürfigkeit der Rangtieferen etabliert) in einer stabilen Gruppe leben (Bonanni, 2011), als auch Hunde, die mehr oder weniger allein unterwegs sind, sich aber zur Futtersuche oder gegen Eindringlinge in ihr Revier zusammenschließen.
Interessanterweise verbringen freilebende Hunde laut Beobachtungen von Straßenhunden in der Regel kaum Zeit mit Jagen. Stattdessen suchen die Hunde meist allein oder in kleineren Gruppen nach Essensresten, die von Menschen hinterlassen wurden (Majumder et al., 2014). Einige Hunde haben sogar gelernt, zu welchen Zeiten es sich besonders lohnt, in der Nähe von Menschen zu bleiben, wie z. B. die Surferdogs in Marokko. Im Gegensatz zu dem, was man vielleicht erwarten würde, verbringen freilebende Hunde ihren Tag nicht damit, durch ihr Revier zu streifen und nach Nahrung zu suchen. Verschiedene Beobachtungen von Forscherteams haben gezeigt, dass Hunde, die ohne menschliche Obhut leben, einen ziemlich faulen Alltag haben. Nur etwa 12 % ihres

24-Stunden-Zeitbudgets wird für Wanderungen aufgewendet. Tatsächlich sind freilebende Hunde nur etwa 40 % des Tages aktiv, wobei die Hauptaktivität für soziale Interaktionen aufgewendet wird und kaum für die Nahrungssuche (Gansloßer, 2018). Der größte Teil ihres Tages wird mit Ruhen und Schlafen verbracht. Interessant, dass wir uns als Menschen immer fragen, ob unser Hund genügend Auslauf bekommt, oder? Denn auch die Kilometeranzahl der Streifgebiete, welche das Kerngebiet der Straßenhunde ausmacht, zeigt, dass lange Spaziergänge nicht dem entsprechen, was Hunde sich selbst aussuchen würden. Gerade mal 12 Quadratkilometer, also etwa 3 × 4 Kilometer Waldstück, wird von freilebenden Hunden bevorzugt. Wobei hier auch eine Schwankungsbreite von ± 6 Kilometern beobachtet wurde. Bei diesen Beobachtungen konnte gezeigt werden, dass selbst Hunde, die menschenfern lebten, sich eben nicht gemeinsam zur Jagd zusammenschlossen, sondern sich von Aas, Müll und Pflanzenteilen sowie kleinen Insekten ernährten. Die Forschung zum Thema Straßenhunde ist noch relativ jung. Wir hoffen jedoch, dass sie uns noch viele weitere Erkenntnisse für das Wohlbefinden unserer Haushunde geben wird. Es ist jedoch bereits deutlich erkennbar, dass das Tageszeitbudget von Straßenhunden funktional sehr unterschiedlich zu dem Tageszeitbudget einiger Familienhunde ist.

FUNKTIONSKREISE

Der ethologische Standardbegriff Funktionskreis umfasst alle Verhaltensweisen, die einem bestimmten Zweck dienen und in einem bestimmten Verhaltenssystem zusammengefasst werden. Einfacher gesagt, handelt es sich hier um eine Zusammenfassung von mehreren Verhaltensweisen, die dasselbe Ziel verfolgen. Ziele sind z. B. Nahrungserwerb, Fortpflanzung, Jungtierbetreuung und Sozialverhalten. Um diese Ziele zu erreichen, sind mehrere Verhaltensweisen nötig. Dazu gehören z. B. zum Funktionskreis Nahrungserwerb nicht nur das Packen und Erlegen der Beute, sondern auch das Aufstöbern, Hetzen, Töten, Zerlegen, Fressen und sogar ggf. die Ausscheidung unverdauter Reste (Tembrock, 1983). Diese Definition von Funktionskreisen unterscheidet sich von der Uexkuellschen Definition (siehe S. 12).

FUNKTIONSKREISE IN DER HUNDEHALTUNG

Vielleicht ist Ihnen der Begriff „Funktionskreis“ schon mal in der Hundeschule begegnet, vielleicht aber auch nicht. Denn häufig ist es so, dass dieser ethologische Standardbegriff zwar oft in der Hundefachliteratur auftaucht, meist aber die praktische Umsetzung, warum wir Funktionskreisen im Alltag mit unseren Hunden Beachtung schenken sollten, kaum aufzufinden ist. Um Ihnen die Wichtigkeit der Funktionskreise beim Herausfinden einer geeigneten Beschäftigung für Ihren Hund zu verdeutlichen, ist ein zweiter Begriff nötig. Der englische Begriff „Enrichment“ (im deutsch: Bereicherung) wird besonders in der Labor- und Zootierhaltung verwendet. Dabei geht es darum, dass die Tiere sowohl in ihrer Umwelt tiergerecht bereichert werden, als auch in ihrem Verhalten. Sie kennen bestimmt die Apparaturen im Affengehege, wo die Tiere mithilfe ihrer Fingerfertigkeit an Nahrung gelangen. Spannend ist hier, dass dieses Nahrungsangebot bei gleichzeiti-

Funktionskreise helfen dabei, Verhalten nicht isoliert zu betrachten, sondern im Kontext zu verstehen.

gem Angebot von Nahrung ohne Herausforderung deutlich häufiger angenommen wird. Das zeigt uns, dass der Hund gerne beschäftigt wird. In einem verhaltensbiologischen Kontext kann auch der Begriff der funktionellen Substitution verwendet werden, um zu beschreiben, wie bestimmte Verhaltensweisen eines Hundes durch alternative Verhaltensweisen ersetzt oder substituiert werden können. Dies bedeutet, dass ein Hund nicht notwendigerweise das ursprüngliche Verhalten (z. B. Jagen) weiterhin zeigen muss, sondern eine alternative Handlung erlernt, etwa einen Dummy zu apportieren, die das gleiche Bedürfnis oder die gleiche Funktion befriedigt.

FUNKTIONSKREIS SOZIALVERHALTEN

Bei unseren Haushunden ist dies nun etwas herausfordernder. Denn lange Zeit wurde der Wolf herangezogen, ohne dabei seine Lebensweisen und die Umweltbedingungen zu berücksichtigen. Das Problem: Hunde sind keine kleinen Wölfe, sondern haben sich von diesem Vorfahren, der auch nicht gleich mit unseren heutigen Wölfen ist, genetisch getrennt (Mertes und Gansloßer, 2023). Als besseres Vorbild dienen uns Beobachtungen an Straßenhunden.

Betrachten wir nun das Tageszeitbudget von Straßenhunden, wird deutlich, dass der Funktionskreis „Nahrungserwerb“ nur einen sehr kleinen Teil im Alltag von Hunden einnimmt. **Der viel größere Teil der aktiven Beschäftigung umfasst den Funktionskreis „Sozialverhalten“. Und jetzt wird es so richtig spannend! Denn die häufigsten Aktivitäten, die Mensch und Hund gemeinsam machen, fallen größtenteils unter den Funktionskreis „Jagd“.** Dazu zählen u. a. Ball und Frisbee werfen, wie auch Such- und Fährtenarbeit. Denn anders als vielleicht vermutet, handelt es sich beim klassischen Ballspiel nicht um ein gemeinsames Spiel (Gansloßer und Käufer, 2022).

Auch der Funktionskreis „Bewegung und Mobilität" steht mit Hinblick auf die Streifgebietsgröße der Straßenhunde weniger im Fokus ihrer täglichen Beschäftigungen. Trotzdem ist Spazierengehen, Joggen und Fahrradfahren oder Hundesportarten wie Agility als Beschäftigung für unsere Familienhunde sehr beliebt. Verstehen Sie uns bitte nicht falsch. Es bedeutet nicht, dass diese Beschäftigungsmodelle in Maßen nicht auch eine Bereicherung für Ihren Hund darstellen. Uns ist vor allem wichtig, dass Sie ein Bewusstsein dafür bekommen, welche Funktionskreise bei der Wahl Ihrer Beschäftigung mit Ihrem Hund im Fokus stehen sollten.

QUALITÄTSZEIT MIT DEM HUND

In unseren Vorträgen und Seminaren nutzen wir den Begriff „Qualitätszeit" für die Zeit, die wir als Mensch gemeinsam mit unserem Hund verbringen. Hier geht es darum, den Funktionskreis „Sozialverhalten", der knapp die Hälfte des Tageszeitbudgets unserer Hunde ausmacht, gerecht zu werden.
Vorab sei gesagt, dass es hier natürlich Unterschiede je nach Alter, Rasse und Gesundheitszustand Ihres Hundes gibt. Wichtig ist, dass Sie individuell betrachten, was Ihrem Hund wirklich gefällt und Freude bereitet.

ECHTES SOZIALSPIEL

Echtes Sozialspiel zeichnet sich dadurch aus, dass es meist kein bestimmtes Ziel verfolgt, stets freiwillig abläuft und Verhaltensweisen aus verschiedenen Funktionskreisen im Wechsel zu sehen sind.
Ein solches Spiel kann nur im gegenseitigen Einvernehmen und ohne Bestechung in einem entspannten Umfeld stattfinden.
Am besten tasten Sie sich langsam an das gemeinsame Spielen heran, indem Sie das Spiel mit einem Objekt, z. B. einem Zergel, einleiten. Dabei sollten sie darauf achten, dass das Zergel zunächst von Ihrem Hund ausgewählt wird, sodass es interessant wird. Weiter ist es hier wichtig, dass Sie sich mit Ihrem Hund auf Augenhöhe begeben, indem Sie sich hinsetzen, etwa auf den Boden, oder wechseln Sie hier auch gerne immer mal wieder die Position. Noch ein wichtiger Tipp zum Schluss: Ihr Hund darf und sollte immer mal wieder ein Spiel gewinnen. Nur so bleibt die Freude am gemeinsamen Spiel auch erhalten. Übrigens haben Kommandos hier nichts zu suchen. Wenn Ihr Hund nicht mehr spielen möchte, sollte das genauso hingenommen werden, wie wenn Sie von sich aus das Spiel abbrechen.

GEMEINSAM KUSCHELN

Nicht jeder Hund mag es, eng umschlungen umarmt zu werden. Finden Sie heraus, wie viel Nähe Ihr Hund mag und sucht. Dafür können Sie einen einfachen Test machen:
— Streicheln Sie Ihren Hund ein bis zwei Minuten und hören Sie dann auf.
— Schauen Sie Ihren Hund nicht an und warten Sie ab, wie er reagiert.
— Entfernt er sich? Oder schaut er Sie erwartungsvoll an?

Wenn Ihr Hund weiterhin Ihre Nähe sucht, können Sie davon ausgehen, dass ihm die Streicheleinheit gefallen hat. Entfernt er sich, lassen Sie ihn erst einmal in Ruhe und probieren es später nochmal – vielleicht an einer anderen Stelle. Nutzen Sie hier z. B. Momente nach dem Spaziergang, um Ihren Hund einzuladen, sich zu Ihnen zu legen.
Je nach Bedürfnis von Ihrer Seite und der Seite Ihres Hundes, kann es bei einem stillen Kontaktliegen bleiben oder bei dem gemeinsamen Angebot, Ihren Hund zu kraulen und zu streicheln. Hier eignet es sich besonders, auch auf Fellauffälligkeiten zu achten und den Gesundheitszustand Ihres Hundes zu überprüfen. Auch hier gilt, sowohl Ihr Hund als auch Sie dürfen die Interaktion beenden und beginnen.

NEUES ERKUNDEN UND ERFOLGS-ERLEBNISSE SCHAFFEN

Ein Spaziergang muss nicht bedeuten, dass Sie eine festgelegte Strecke am Stück mit Ihrem Hund durchlaufen. Ein abwechslungsreicher Spaziergang kann gleich mehrere Funktionskreise ansprechen und sollte auch Pausen und soziale Interaktionen zwischen Ihnen und Ihrem Hund beinhalten. Ihr Spaziergang kann z. B. so gestaltet sein, dass Ihr Hund zunächst seine Grundbedürfnisse – Lösen, Stöbern und Bewegung – erledigen kann. Hier kann entweder, sofern Ihr Hund abrufbar ist und es erlaubt ist, der Freilauf gewählt werden oder andernfalls die Leine möglichst lang und locker gehalten werden, sodass Ihr Hund sich frei bewegen kann. Anschließend kann eine erste kurze Pause gemacht werden, in der Sie sich auf eine Bank setzen und Ihr Hund bei Ihnen bleibt und die Umgebung mit Ihnen beobachtet oder mal die Nase in den Wind hält. Der dritte Teil des Spaziergangs kann dann durch aktive Beschäftigung wie Suchaufgaben oder Outdoor-Agility als Beschäftigung ergänzt werden.

Wichtiger Hinweis für die Qualitätszeit

Wenn Sie mit Ihrem Hund Zeit verbringen, ist es ratsam, dies auch zu 100 % zu tun. Nur so können Sie die Zeit mit Ihrem Hund selbst genießen und auch wahrnehmen, dass Sie sich heute schon mit Ihrem Hund beschäftigt haben. Es ist wichtig, dass Sie nach der Qualitätszeit Ihren Hund auch mal nicht beachten und ihm Zeit geben zu schlafen und ihn einfach selbst bestimmen lassen, was er gerade tut. Aus einem schlechten Gewissen heraus einen Spaziergang zu machen, obwohl Sie kaum Zeit haben oder neben dem Fernsehschauen mit Ihrem Hund zu spielen, sollte nicht die Regel, sondern eher die Ausnahme sein. Auch Pausen und Nichts-Tun können gemeinsam genossen werden.

HUNDESPORT UND FUNKTIONS-KREISE

Welcher Sport passt zu welchem Funktionskreis? Überlegen Sie, welche Verhaltensweisen eine Hundesportart ausmacht.
Zuordnung: Ordnen Sie die folgende Hundesportart dem richtigen Funktionskreis zu!
Hinweis: Es kann auch mehr als ein Funktionskreis zutreffen. (Die Lösung finden Sie auf S. 410)

1 Agility
a) Nahrungserwerb
b) Bewegung und Mobilität
c) Sozialverhalten
d) Jagd

2 Frisbee-Werfen (oder Ball-Werfen)
a) Bewegung und Mobilität
b) Sozialverhalten
c) Jagd
d) Spiel

3 Sucharbeit (z. B. Fährtenlesen)
a) Nahrungserwerb
b) Bewegung und Mobilität
c) Sozialverhalten
d) Jagd

4 Zergeln (Tauziehen mit dem Hund)
a) Nahrungserwerb
b) Sozialverhalten
c) Jagd
d) Spiel

5 Radtour mit dem Hund
a) Bewegung und Mobilität
b) Sozialverhalten
c) Jagd
d) Nahrungserwerb

6 Dummy-Arbeit
a) Bewegung und Mobilität
b) Sozialverhalten
c) Jagd
d) Nahrungserwerb

Spaziergänge gehören zum Alltag mit Hund dazu. Sie sind aber nicht die wichtigste Beschäftigung im Zusammenleben mit dem Hund.

☞ Aus der Forschung (von Dr. Sandra Foltin)

MENSCH-HUND-SPAZIERGÄNGE

Die Zufriedenheit des Menschen mit seinem Hund schlägt sich u. a. in der Bindungsstärke zwischen den beiden nieder und dies zeigt sich auch beim Spaziergang. Problematisches oder unerwünschtes Verhalten des Hundes wirkt sich negativ auf die Beziehung und die Bindung aus (Bennett und Rohlf, 2007), während angepasstes und erwünschtes Verhalten sich positiv auswirkt (Bir et al., 2017). Das subjektive Erleben tens beeinflusst die Handlungen des Menschen, und es besteht ein direkter Zusammenhang zwischen Wahrnehmung und Reaktion. So führt die – subjektive – Bewertung des Verhaltens des Hundes, auch wenn sie objektiv nicht den Fakten entspricht, dazu, dass Hundehalter:innen ihr Verhalten ändern. Das bedeutet z. B., das der Mensch den eigenen Hund fast immer an der Leine hält, weil er meint, dieser könnte jagen gehen. Auch hundebezogene Merkmale wirken sich auf die Halterzufriedenheit und auf die Bindungsstärke aus. Die Halterbindung wiederum hat Einfluss darauf, wie das Verhalten des eigenen Hundes und mögliche Verhaltensproblematiken

EXPLORATION

Exploration bedeutet „Erkundung, Entdeckung, Erforschung" und meint bei der Entwicklung des Hundes das kleinschrittige, selbstbestimmte, freie Entdecken der Welt, mit allem, was dazu gehört: interessante Gegenstände, Artgenossen und Menschen. Exploration ist für das physische und psychische Wohlbefinden des Hundes unerlässlich (Foltin und Ganslosser, 2021b).

bewertet oder wahrgenommen werden. So ist ein subjektiv bewertet hohes Jagdinteresse negativ mit der Halterbindung korreliert (Foltin und Ganslosser, 2022).

BINDUNGSRELEVANTE GRUNDBEDÜRFNISSE

Das Verhalten des Hundes wird durch zwei bindungsrelevante Grundbedürfnisse gesteuert: einerseits **Schutz und Sicherheit** (der Mensch als sogenannter sicherer Hafen), andererseits **Neugier und Erkundungsdrang** (der Mensch als sogenannte sichere Basis). Der sicher gebundene Hund kann sich der Entdeckung seiner Umgebung hingeben, unsicher gebundene Hunde explorieren und spielen oft nur oberflächlich und unkonzentriert, da das Stresshormon Cortisol die freie Exploration hemmt. Unsicher gebundene Hunde vertrauen weniger und reagieren oft unangemessen auf die Warnungen oder Ermutigungen ihrer Bezugsperson, und können Gefahrensituationen weniger gut einschätzen. Manche unsicher gebundenen Hunde reagieren auf neue Dinge mit starker Angst und Ablehnung und probieren weniger aus. Das schränkt sie in ihrem Erkundungsverhalten ein und behindert Entwicklungs- und Lernprozesse. **Exploration erfordert von unseren Hunden, dass sie selbstständig Probleme lösen, ihre Umgebung analysieren und dementsprechend eigenständig angemessene Entscheidungen treffen.**

ERKUNDUNGSVERHALTEN VON HAUSHUNDEN

In einer Studie zum Erkundungsverhalten freilaufender, unangeleinter Hunde mit deren Bezugspersonen wurde das Explorations- und Orientierungsverhalten von 30 Haushunden auf Spaziergängen analysiert (Foltin und Ganslosser, 2021a).

Versuchsaufbau: Auf vier Spaziergängen wurden Daten gesammelt: zwei Spaziergänge fanden in bekannten und zwei in unbekannten Gebieten statt. Die Hunde waren unangeleint und wurden nicht (ab)gerufen (außer in Notfällen!) und ihre Laufdistanz sowie ihre Laufmuster wurden per GPS im Zwei-Sekunden-Takt aufgezeichnet. So konnten präzise Laufmuster erstellt werden. Ein Hund musste sich mindestens 20 Meter von seinem Menschen entfernen, um als Lauf bewertet zu werden, und es wurden sieben verschiedene Laufmuster unterschieden.

- Laufmuster 1: der Hund läuft vor und wartet oder folgt der Bezugsperson (62 %)
- Laufmuster 2: Sternmuster (19 %)
- Laufmuster 3: Kreis oder Halbkreis (12 %)
- Laufmuster 4: Kreis und Stern gemischt
- Laufmuster 5: gemischte Form: Läuft vor und Kreis
- Laufmuster 6: gemischte Form: Läuft vor und Stern
- Laufmuster 7: läuft parallel zur Bezugsperson (6 %)

»Die Fähigkeit, Entscheidungen zu treffen und autonom zu sein, ist für das emotionale Wohlergehen der Hunde von zentraler Bedeutung!«

Zurückfinden zum Menschen

Zahlreichen Studien belegen die Bindung, das Vertrauen, die Kooperation und das daraus resultierende spezifische Verhalten von Hunden in Bezug auf ihre Menschen (Duranton et al., 2019). Daher wurde vorausgesetzt, dass die Hunde aufgrund dieser starken Bindung eine hohe Motivation hatten, zu ihrem Menschen zurückzukehren – unabhängig von Rasse, Gebiet oder äußeren Reizen. Einige Studien besagen allerdings, dass Hunde aufgrund ihrer Domestizierung ihre Fähigkeit zur räumlichen Orientierung verloren haben, oder diese im Vergleich zu Wölfen stark reduziert ist (Frank und Frank, 1982; Frank ,1980). Die Forscher hatten die Hypothese, dass auch Hunde, die frei laufen und nicht gerufen werden, in unterschiedlichen Umgebungen zu einem sich bewegenden Ort (d.h. zu ihrer Bezugsperson, die weiterlief) zurückfinden würden. Und das auch, nachdem die Hunde gegebenenfalls außerhalb der Sicht- und/oder Geruchsreichweite von ihrem Menschen waren. Das basiert auf ihrer Fähigkeit, kognitive Karten zu erstellen und räumliche Bezugssysteme zu nutzen (Fugazza et al., 2017). Räumliche Orientierung findet allozentrisch oder egozentrisch statt. **Allozentrisch** bedeutet, dass der Hund sich an Landmarken orientiert, indem er sich bestimmte Orientierungspunkte (z. B. Straßen, Bäume, Gerüche usw.), Positionen und Standorte an bekannten Orten merkt (Bruna et al., 2015) und dann seine Position in der Umgebung mithilfe dieser Landmarken bestimmt und über ein Referenzsystem aktualisiert. Hunde sollen zudem einen Sinn, der **Magnetorezeption** genannt wird, haben (Benediktová et al., 2020). Er ist wie ein innerer Kompass, und sie finden einen Ort, indem sie ihren Kompass neu kalibrieren. Bei der Rückkehr zu ihrem Menschen folgen die Hunde entweder ihrer ursprünglichen Spur („Tracking") oder nutzen eine neue Route („Scouting"). Eine Studie zeigt, dass beim Scouting der Rückweg mit einem kurzen (etwa 20 m) Lauf entlang der geomagnetischen Nord-Süd-Achse beginnt, unabhängig von der tatsächlichen Richtung die dann eingeschlagen wird. Dieser „Kompasslauf" erhöht die Effizienz der Zielsuche erheblich und es wird spekuliert, dass er dazu beiträgt, die mentale Karte mit dem Magnetkompass in Übereinstimmung zu bringen und die Richtung des Hundes zu bestimmen (Benediktová et al., 2020). Hunde nutzen häufig neue Routen und/oder Abkürzungen, was Strategien wie die olfaktorische Rückverfolgung der eigenen Route oder eine visuelle Steuerung unwahrscheinlich macht. Hunde können sich aber auch **egozentrisch**, das heißt über körperbasierte Informationsquellen orientieren (Christie et al., 2005). So gibt es ein Referenzsystem der Eigenbewegung, wobei der Hund die eigene Position aktualisiert, indem er sie typischerweise durch die Referenzrichtungen vorne, hinten, rechts und links definiert.

Hierzu ein Beispiel: *„Ich bin 100 Schritte geradeaus gegangen und 10 Schritte rechts, also gehe ich jetzt 10 Schritte links und dann 100 Schritte geradeaus zurück, um wieder an den Ausgangspunkt zu gelangen."*

STUDIE ÜBER ERKUNDUNGS-PROZESSE

Im Erkundungsprozess wird die Körperlichkeit durch Koordination- und Propriozeption entwickelt, Kognition und das Orientierungsvermögen werden gesteigert. Erkundung ist wichtig, damit Tiere Informationen über ihre Umgebung sammeln können, die sich direkt oder indirekt auf ihr Überleben und die Fortpflanzung auswirken können (z. B. Nahrungsquellen, Partner oder Fluchtwege).

Versuchsaufbau: In der Studie wurden drei Gruppen gebildet, um das Laufverhalten präziser zu bestimmen:

— Gruppe 1: Radius < 150 m maximale Entfernung von der Bezugsperson;

- Gruppe 2: 150 m < Radius < = 350 m maximale Entfernung von der Bezugsperson;
- Gruppe 3: Radius > = 350 m Entfernung von der Bezugsperson, d.h., diese Hunde hatten mindestens einen Lauf weiter als 350 m von der Bezugsperson entfernt.

Versuchsergebnisse: Alle Hunde fanden auf allen Läufen zu ihren Menschen zurück. Die Mehrheit der Hunde war in der Gruppe 1 zu finden. Das heißt, sie hatten einen maximalen Abstand von weniger als 150 m von ihrem Menschen auf allen Läufen! 27 % der Hunde waren in Gruppe 2 und 30 % in Gruppe 3. Alle Gruppen zeigten längere Erkundungszeiten und größere Entfernungen von ihren Menschen in bekannten Gebieten, im Vergleich zu unbekannten Gebieten. Es zeigte sich zudem, dass Rüden signifikant länger und weiter liefen als Hündinnen und zwar in bekannten wie auch unbekannten Umgebungen. Es machte keinen Unterschied, ob die Rüden oder die Hündinnen kastriert waren oder nicht.
Laufmuster: Die Hunde wiesen verschiedene Laufmuster auf. Von allen Läufen > 20 m (n = 3 145) zeigten die Hunde 62 % der Zeit das Laufmuster 1, also ihrem Menschen auf dem Weg vorauszulaufen und zu warten/zu folgen. Das Sternmuster nutzten 19 %, das heißt, sie liefen auf ihrer eigenen Spur zurück. Ein Halbkreis wurde in 12 % der Läufe gezeigt und 9 % der Hunde liefen, auch wenn ihre Bezugsperson sie nicht sehen konnte, immer parallel zu ihr. Das bedeutet, dass ein Großteil der Hunde (62 %) auch im Freilauf, ohne Abruf und ohne Leine, in bekannten und unbekannten Gebieten entweder auf dem Weg vor ihrem Menschen laufen oder diesem folgen. Die Hunde, die am längsten und am weitesten liefen, wiesen die größte Vielfalt an Explorationsmustern auf, was auf kognitive Variabilität, Erfahrung und unterschiedliche Strategieverwendung (allozentrisch, egozentrisch, scouting) hinweist.

Die meisten Hunde bleiben demnach immer in der Nähe ihrer Bezugsperson, auch wenn es verschiedene Reize gibt.
Das ist sehr interessant, da viele Hundehalter:innen vermuten, dass ihre Hunde weiter weg laufen und sich von ihnen entfernen, bzw. sogar jagen gehen (Foltin und Ganslosser, 2022). Das kann ein Indikator dafür sein, dass das Verhalten des eigenen Hundes falsch eingeschätzt wird und der Mensch darauf mit vermehrtem Anleinen und somit mit reduzierter Möglichkeit des Hundes zu explorieren reagiert. Und verminderte Exploration wiederum reduziert den Aufbau einer sicheren Bindung.
Die Videoaufnahmen der teilnehmenden Hunde zeigten kein Hetzen von Wildtieren. Im Gegenteil, die meisten Hunde bewegten sich durchweg auf vom Menschen angelegten Wegen oder benutzten Wildpfade.

Hunde bleiben in der Regel gerne in der Nähe ihrer Bezugsperson, auch bei verschiedenen Reizen.

Dies kann auf eine schnellere und einfachere Art der Fortbewegung oder auf ein erlerntes Laufverhalten zurückzuführen sein. Das Erkundungsverhalten von Hunden wird eindeutig durch ihr vorheriges Lernen und ihre Erfahrungen beeinflusst (Bray et al., 2021), und das ständige Anleinen kann ihr Lernen und ihre Entwicklung aufgrund restriktiverer Laufmuster und eingeschränkter Informationsaufnahme behindern (Christian et al., 2013; Westgarth et al., 2010). Wenn unseren Hunden zusätzliche Gelegenheiten geboten werden, sich ohne Leine in ihrer eigenen Zeit und ihrem eigenen Tempo zu bewegen, damit sie z. B. ihr natürliches Geruchssuchverhalten ausleben können, verbessert sich dadurch ihr emotionaler Zustand. Kognitive Prozesse wie Aufmerksamkeit, Gedächtnis und positive Beurteilung einer wahrgenommenen Situation werden gefördert (Foltin und Ganslosser, 2021a).

Bindung beeinflusst die Umweltsicherheit.

BINDUNG UND LAUFVERHALTEN

Zusätzlich wurden anhand eines Fragebogens die Bindungsparameter des Menschen zu seinem Hund untersucht (Foltin und Ganslosser 2022). Verwendet wurde der Lexington Attachment to Pets Scale (LAPS) (Johnson et al., 1992; Hielscher et al., 2019). Die Halter-Hund-Dyaden zeigten hohe Bindungswerte und positive Korrelationen zwischen der Zeitdauer der Spaziergänge und den Bindungswerten. Rüden-Halter:innen wiesen im Vergleich zu Hündinnen-Halter:innen höhere Bindungswerte auf. Darüber hinaus hatten Personen von nicht kastrierten Hunden höhere Werte in der allgemeinen Bindung und geringere Werte in den Subskalen „Menschenersatz" und „Tierrechte/Tierschutz" als Personen von kastrierten Hunden. Zwischen Halter:innen von reinrassigen Hunden und Halter:innen von Mischlingshunden konnten signifikante Unterschiede in der Untergruppe „Tierschutz" und im LAPS-Gesamtwert nachgewiesen werden.

Zwischen Halter:innen der drei Radiuslaufgruppen wurden signifikante Unterschiede bei der Subskala „Personenersatz" und dem Bindungsgesamtwert festgestellt. Menschen der Gruppe 3 (>= 350 m) zeigten höhere Werte in der Subskala „Personenersatz" sowie im LAPS-Gesamtwert im Vergleich zu Menschen der Gruppen 1 und 2. Zudem hatten die Hunde der Menschen der Gruppe 3 höhere Bindungswerte. Green et al. (2018) schlugen vor, dass bindungsbezogene Verhaltensweisen mit Bindungsdimensionen verbunden sind, d. h., Hundehalter:innen können sich ihrem Hund als Ersatz für menschliche Gesellschaft zuwenden oder fühlen sich ohne ihren Hund emotional unsicherer.

Überschätzung der Erkundungsdauer

Zudem musste jede Person die Erkundungsdauer ihres Hundes schätzen. Diese wurden erheblich überschätzt, und es gab große Diskrepanzen zwischen der Schätzung und den tatsächlich erfassten Erkundungsdaten. Mögliche Gründe für die Überschätzung sind z. B. die Stimmung des Menschen, da

Freilauf fördert natürliches Erkundungsverhalten und Wohlergehen.

diese die Wahrnehmung beeinflusst (Riener et al., 2011). Eine niedergeschlagene Stimmung führt zu einer systematischen Überschätzung von Zeiten und Entfernungen (Proffitt et al., 1995), und die Einschätzung hängt auch von der gefühlten Kontrolle und Fähigkeiten des Wahrnehmenden ab. So zeigte sich, dass emotionale Reaktionen wie Angst die Wahrnehmung von Entfernung beeinflussen (Stefanucci et al., 2008). Geht man davon aus, dass die adaptive Funktion der Angst darin besteht, ein Individuum vor Gefahren zu schützen, kann man erwarten, dass Reize, die für diese Gefahr relevant sind, verstärkt und damit ungenau wahrgenommen werden. Emotionen können den Menschen dazu veranlassen, sich auf bestimmte Informationsquellen oder Hinweise zu konzentrieren, oder diese Informationen in der Umwelt auf besondere Weise wahrzunehmen. Auch die Zeitwahrnehmung ist anfällig für Verzerrungen und Täuschungen aufgrund emotionaler Dynamiken und Merkmale. Im Gegensatz zu positiver Valenz korreliert negative Valenz wie Unbehagen oder Angst im Allgemeinen mit Zeitüberschätzungen (Grommet et al., 2019). Das bedeutet, dass Menschen aufgrund ihrer Sorge um ihren Hund die Zeit, die dieser z. B. außer Sicht ist, überbewerten, sowie auch die Distanz, die er gelaufen ist!

FREILAUF UND WOHLERGEHEN

Hunde haben einen ganz eigenen Bewegungsbedarf, um physiologisch und psychologisch gesund zu bleiben. Studien zeigen, dass Hunde, die mehr Zeit damit verbringen, ihren Geruchssinn durch regelmäßige Nasenarbeit zu nutzen, optimistischer sind (Duranton und Horowitz, 2019). Geeignete Spaziergänge mit dem Hund sind wirksame Strategien zur Vorbeugung von Fettleibigkeit (Degeling et al., 2012), zur Förderung sozialer Interaktionen und zur Unterstützung der kognitiven und verhaltensbezogenen Entwicklung und des Wohlbefindens (Duranton und Horowitz, 2019; Tiira und Lohi, 2015). Hundehaltung garantiert jedoch nicht, dass der Mensch seinen Hund regelmäßig ausführt (Holland, 2019), und das schränkt den sensorischen Input, den der Hund erhält und somit verarbeiten kann, ein.

Auch ein Spaziergang an der Leine in der Stadt hält viele Reize für den Hund bereit.

Spaziergänge ohne Leine fördern Gesundheit, Sozial- und natürliches Erkundungsverhalten.

Qualität des Spaziergangs

Da Hunde ihre täglichen Aktivitäten oder die Qualität ihrer Spaziergänge in Bezug auf Zeit, Entfernung und kognitiven Input nicht selbst wählen können, ist es wichtig, ihnen Möglichkeiten zu bieten, um natürliche, für das Wohlergehen des Hundes notwendige Verhaltensweisen zu zeigen. Dazu gehören die autonome Bewegung, das Ergreifen von Initiativen, die Wahl, wo und was sie erkunden möchten, und die Entscheidung, was oder wen sie treffen oder meiden möchten (Duranton und Horowitz 2019; Fraser, 2008).

SICHERHEIT GEHT VOR!

Wie die Studien zeigen, ist Freilauf für Hunde sehr wichtig. Doch zu allererst geht die Sicherheit vor – sei es die vom Hund, anderen Menschen oder Tieren. Hunde, die nicht sicher abrufbar sind, Jogger, Wild etc. jagen, sind an der Leine zu führen. Hier bietet eine Schleppleine dem Hund mehr Freiraum, ohne dass er seine Umwelt oder sich gefährdet. Auch müssen die Bestimmungen für Brut- und Setzzeiten eingehalten werden. Empfehlenswert ist es natürlich auch für diese Hunde, in geeigneter Umgebung hin und wieder frei laufen zu dürfen.

Spaziergänge ohne Leine

Spaziergänge ohne Leine begünstigen Gesundheit und Wohlergehen des Hundes, weil dadurch sein individuelles, natürliches Gangbild, seine soziale Transaktionsfähigkeit und sein Erkundungsverhalten gefördert werden. Hunde zeigen große intraspezifische Geschwindigkeitsunterschiede und laufen – egal welcher Rasse, Größe oder welchen Alters sie sind – signifikant schneller als ihr Mensch (Foltin und Ganslosser, 2021b). Das Gehen an der Leine, die den natürlichen Gang des Hundes einschränkt, beeinträchtigt die Funktion des Nervensystems und/oder des Muskel-Skelett-Systems, was zu Gangstörungen führen kann. Gesunde Hunde laufen bei Spaziergängen ohne Leine signifikant weiter als an der Leine (32 % größere Distanz) und zeigen eine große Bandbreite an Schrittfrequenzen und Varianz bei der Anzahl der Schritte (Ladha et al., 2017). Unangeleinte Hunde zeigen mehr Schnüffelverhalten, was darauf hindeutet, dass Reize, die das Schnüffeln fördern, weniger zugänglich sind, wenn der Hund angeleint ist. Auch Blicklänge, Blickhäufigkeit und Blickdauer zum Menschen sind bei nicht angeleinten Hunden signifikant höher als bei angeleinten. **Die Möglichkeit, Entscheidungen zu treffen und autonom zu sein, ist für das Wohlergehen von Hunden von wesentlicher Bedeutung und sollte ihnen durch vermehrte Aktivitäten ohne Leine in einer sicheren Umgebung geboten werden.** Das wird auch durch die Tatsache belegt, dass Hunde für die gleiche Strecke ohne Leine deutlich länger brauchen als an der Leine (Westgarth et al., 2010). Umweltanreicherung und sensorische Reize fördern die kognitive Entwicklung von Hunden und regen zur Bewegung an. Der Auslauf ohne Leine macht unseren Hund auch weniger anfällig für psychische Erkrankungen wie Depressionen (Duranton und Horowitz, 2019).

Insbesondere im städtischen Umfeld sind die Möglichkeiten des Freilaufs häufig auf Parkanlagen mit einem hohen Risiko der Parasitenübertragung (Smith et al., 2014) und wenig kognitiven Herausforderungen beschränkt, da es meist kleine, eingezäunte, karge Flächen ohne Bäume oder geistige und/oder emotionale Stimulation handelt (Rahim et al., 2018). Hier ist es wichtig, neue Möglichkeiten eines sicheren, aber interessanten Spaziergangs mit größeren Freilaufgebieten anzubieten, oder auch die Option eines sicheren und spannenden „Schnüffelgartens" zu nutzen (siehe www.tta-nrw.de).

ÜBER DIE AUTORIN

Dr. Sandra Foltin lebt im Ruhrgebiet mit ihren fünf Tierschutzwindhunden. Ihr Fokus liegt seit vielen Jahren auf der Erforschung des Lauf- und Bindungsverhaltens von Mensch und Hund. Sie hat in Biologie mit dem Schwerpunkt Ethologie promoviert, zudem einen Abschluss in Psychologie und Jura. Seit vielen Jahren ist sie im Bereich der tiergestützten Intervention als Referentin, aber auch in der Praxis tätig und im Vorsitz von ESAAT sowie wissenschaftlicher Beirat im Qualitätsnetzwerk Schulbegleithunde. Selbst bietet sie seit 2012 hundgerechte Fortbildung in der tiergestützten Intervention. 2005 hat Sandra Foltin ihren eigenen Natur- und Tierschutzverein gegründet und ist auch an anderen Tierschutzprojekten federführend beteiligt.

Echtes Sozialspiel mit Artgenossen ist nur ohne Leine möglich und sollte vermehrt angeboten werden.

SPIELEN IST MEHR ALS NUR BESCHÄFTIGUNG!

Seit langem versuchen Forscher:innen zu verstehen, warum Tiere spielen. Besonders der Hund rückt hier in den Fokus der Wissenschaft, denn anders als die meisten Tierarten, sehen wir Spielfreudigkeit auch bei erwachsenen Hunden und auch Wildkaniden (Gansloßer und Käufer, 2022). Forscherteams konnten beobachten, dass Spielverhalten besonders bei Tierarten vorkommt, die in komplexen sozialen Strukturen leben, oder bei denen die Jugendphase verlängert ist (Burghardt et al., 2024). Diese Tiere profitieren möglicherweise von einer verlängerten Lern- und Anpassungsphase, in der sie spielerisch Verhaltensweisen entwickeln, die später für das Überleben und die soziale Integration notwendig sind. Besonders häufig wird Spiel bei Tierarten beobachtet, die nicht unmittelbar mit Überlebensaufgaben wie Nahrungssuche oder Flucht beschäftigt sind.

WARUM SPIELEN TIERE?

Besonders wichtig sind die neuronalen Mechanismen, die das Spielverhalten ermöglichen. Burghardt et al. (2024) betonen, dass insbesondere das Belohnungssystem des Gehirns – darunter Dopamin- und Opioid-Rezeptoren – eine bedeutende Rolle beim Spiel spielt. Bei Untersuchungen an Ratten konnte gezeigt werden, dass das Spielverhalten durch die Aktivierung von Dopamin-

Spielen ist mehr als nur Spaß, es fördert verschiedene Verhaltensweisen und Fähigkeiten.

rezeptoren gefördert wird, was das Belohnungsgefühl verstärkt und die Motivation zum Spielen erhöht. Dieses neuronale System scheint bei verschiedenen Arten unterschiedlich ausgeprägt zu sein, was erklärt, warum bestimmte Tiergruppen häufiger und intensiver spielen als andere.

SOZIALE UND UMWELTFAKTOREN

Burghardt und sein Team stellen außerdem die Hypothese auf, dass diese Belohnungsschaltkreise ursprünglich für andere Verhaltensweisen, wie etwa die Nahrungssuche, entwickelt und im Laufe der Evolution auf das Spielverhalten übertragen wurden. Dies könnte insbesondere bei Arten mit komplexen sozialen Strukturen oder ausgeprägter Neugierde von Vorteil gewesen sein. So ist es möglich, dass das Spielverhalten ursprünglich der Förderung von kognitiven und sozialen Fähigkeiten diente und diese Funktionen auch bei erwachsenen Tieren erhalten bleiben, insbesondere bei Arten wie Hunden, bei denen soziale Interaktionen eine zentrale Rolle spielen. Darüber hinaus scheinen Umweltfaktoren und soziale Kontexte einen erheblichen Einfluss auf die Häufigkeit und Intensität des Spiels zu haben. Tiere, die in sicheren Umgebungen leben oder in stabilen sozialen Gruppen eingebettet sind, können sich häufiger spielerischen Aktivitäten widmen, da sie nicht ständig auf Bedrohungen oder die Sicherung von Ressourcen reagieren müssen.

NEUROCHEMISCHE PROZESSE

Neben diesen äußeren Einflüssen spielen auch innere neurochemische Prozesse eine entscheidende Rolle. Eine Studie an Ratten zeigte, dass das Spielverhalten stark von der Balance zweier Botenstoffe im Gehirn, Dopamin und Noradrenalin, abhängig ist (Achterberg et al., 2016). **Dopamin** steigert die Motivation, aktiv nach Gelegenheiten zum Spielen zu suchen, und verstärkt die Freude am Spiel. Leben Tiere in einer sicheren Umgebung und haben Zugang zu sozialen Interaktionen, wird die Ausschüttung von Dopamin gefördert, was das Spielverhalten zusätzlich positiv beeinflusst. **Noradrenalin** hingegen kann spielerisches Verhalten reduzieren, da es mit erhöhtem Stress oder Wachsamkeit verbunden ist. Dies zeigt, wie eng neurochemische Prozesse mit Umweltfaktoren verwoben sind. Eine unsichere Umgebung oder soziale Isolation könnte zu einem Ungleichgewicht dieser Botenstoffe führen, wodurch die Bereitschaft und Fähigkeit zum Spielen eingeschränkt wird. **Daher ist es entscheidend, dass Hunde in einer stabilen und unterstützenden Umgebung leben, die regelmäßige und freiwillige spielerische Interaktionen ermöglicht, z. B. mit seinem Bindungspartner, aber auch mit Artgenossen.**

WELCHE ROLLE SPIELT IGF?

IGF (insulinähnlicher Wachstumsfaktor) ist wie ein „Nährstoff" für das Gehirn, der dafür sorgt, dass sich Nervenzellen richtig entwickeln, wachsen und miteinander vernetzen. Panksepp et al. (2008) zeigen, dass durch physisches Spiel die Genexpression von IGF in Gehirnarealen wie dem Frontalhirn und der Amygdala deutlich erhöht wird. Dies trägt zur Verbesserung von kognitiven Fähigkeiten, emotionaler Stabilität und sozialer Kompetenz bei. **Besonders relevant ist, dass IGF nicht nur die neuronale Plastizität steigert, sondern auch positive Emotionen fördert, die für das Wohlbefinden entscheidend sind.** Panksepp betont, dass die Aktivierung von IGF durch Spiel eine natürliche und nachhaltige Methode zur Unterstützung der Gehirnentwicklung darstellt. Er argumentiert, dass ein Mangel an Spiel in frühen Entwicklungsphasen das Risiko von Entwicklungsstörungen wie ADHS erhöhen könnte, da die durch IGF unterstützte neuronale Reifung ausbleibt. Auch Hoppe et al. (2017) unterstreichen die Wichtigkeit des Sozialspiels in

Bezug auf die ADHS-Prävention, indem sie zeigten, dass Hunde in sicheren und sozial unterstützenden Umgebungen weniger Anzeichen von ADHS-ähnlichem Verhalten zeigen.

Das gemeinsame Spiel mit anderen Hunden oder Menschen fördert die Ausschüttung von Oxytocin und Dopamin, was nicht nur das Wohlbefinden steigert, sondern auch hyperaktive und impulsive Verhaltensweisen reduziert.

Diese neurochemischen Effekte sind besonders bei jungen Hunden von Bedeutung, da sie in einer sensiblen Entwicklungsphase das Risiko für Verhaltensstörungen verringern können. Daher betonen wir auch immer, wie wichtig das Spielen auch nach der Welpenzeit ist und auch in den Junghundegruppen der Hundeschule weiterhin gefördert werden sollte.

KRITERIEN VON SPIEL

Burghardt (2005) betont in seinem Buch „The Genesis of Animal Play", dass **Freiwilligkeit** ein zentrales Kriterium ist, das Spiel von anderen Verhaltensweisen unterscheidet. Laut Burghardt kann Spiel nur dann stattfinden, wenn sich ein Tier sicher fühlt und sich nicht in einer Situation befindet, die von unmittelbarem Überlebensdruck, Stress oder Angst geprägt ist. Dies gilt besonders für soziale Spielinteraktionen, die häufig in einem Kontext von Vertrauen und Wohlbefinden auftreten.

Ein Beispiel, wo es sich nicht mehr um ein Spiel handelt, ist ein Vorgang, der unter Hundetrainer:innen und Kolleg:innen oft als „Hasenjagd" bezeichnet wird: Ein oder mehrere Hunde jagen einen anderen Hund, oft im Kreis oder über größere Distanzen. Während dies für die jagenden Hunde ein wahrer Dopaminrausch sein kann, zeigen sich beim gejagten Hund oft Anzeichen von Stress oder sogar Panik. Burghardt hebt hervor, dass solches Verhalten nicht mehr als echtes Spiel angesehen werden kann, wenn es nicht freiwillig ist, oder wenn einer der Beteiligten sich unwohl fühlt.

FÜNF MERKMALE, DIE SPIEL DEFINIEREN

In seinem „Criteria for Play Framework" beschreibt Burghardt fünf Merkmale, die Spiel definieren.

1. Nicht vollständig funktional

Spielverhalten hat keinen unmittelbaren Überlebenszweck oder funktionalen Nutzen. Es kann jedoch langfristige Vorteile für die Entwicklung von Fähigkeiten, sozialen Interaktionen oder kognitiven Fertigkeiten bieten. Beispielsweise wird beim Spiel keine Beute getötet.

2. Selbstbelohnend und freiwillig

Spielverhalten ist intrinsisch motiviert, das heißt, es macht Spaß und wird aus eigenem Antrieb durchgeführt. Es ist freiwillig und hört auf, wenn ein Tier gezwungen oder gestresst wird. Freiwilligkeit ist eines der zentralen Merkmale des Spiels. Horváth et al. (2008) zeigten bei einer Untersuchung, wie sich Kommandos während des Spiels auf die Spielqualität auswirken. Disziplinierende Handlungen während des Spiels führen bei Hunden zu einem Anstieg des Stresshormons Cortisol, was auf eine erhöhte Anspannung hindeutet.

Beide Spielpartner wollen spielen.

Verhaltensweisen wechseln sich ab.

Im Spiel gibt es weder Gewinner noch Verlierer.

Ein „Spielgesicht" im echten Sozialspiel.

Geben die Menschen während des Spiels vermehrt Kommandos wie etwa „Sitz" oder „Bring", oder unterbrechen das Spiel, um den Hund zur Befolgung von Anweisungen zu bewegen, verliert die Interaktion ihren spielerischen Charakter. Auch eine strenge oder kontrollierende Körpersprache, die wenig Offenheit und Freundlichkeit signalisiert, trägt dazu bei, dass die Hunde das Spiel eher als Training oder Prüfungsaufgabe wahrnehmen.

3. Modifiziert und übertrieben im Ausdruck

Die Bewegungen oder Verhaltensweisen im Spiel sind oft übertrieben, fragmentiert oder verändert. Sie ähneln ernsthafteren Funktionskreisen (z. B. Beutefang, Fortpflanzung oder Kampf), unterscheiden sich jedoch durch ihren Kontext, ihre Intensität oder Abfolge. Auch die Lautäußerungen, die Hunde während des Spiels verwenden, sind häufig modifiziert oder übertrieben. Sie umfassen spezifische Spiellaute (hohe oder kurze), Bellen, Knurren, freudiges Jaulen oder grunzende Geräusche.

4. Wiederholt, aber nicht stereotyp

Spielverhalten wird oft wiederholt, folgt jedoch nicht einem starren und automatisierten Muster. Es zeigt Variationen und Flexibilität.

5. Findet unter entspannten Bedingungen statt

Spielverhalten tritt typischerweise in einer sicheren und stressfreien Umgebung auf. Tiere, die sich bedroht, hungrig oder in einer anderen Weise belastet fühlen, werden in der Regel nicht spielen.

Auch Mensch und Hund können echtes Sozialspiel miteinander erleben.

Hierbei kann der Mensch sich an den klassischen Spielritualen des Hundes orientieren.

SPIEL MIT DER BEZUGSPERSON

Ein weiteres Merkmal, das wir im Zusammenleben mit Hunden beobachten können, ist, dass das Spiel mit Bindungspartnern hoch ritualisiert ist und daher intensiver und länger andauert als mit unbekannten oder weniger vertrauten Individuen. Bindungspartner – sei es die menschliche Bezugsperson, ein anderer Hund aus dem Haushalt oder ein häufiger Spielkamerad – zeigen im Spiel häufig etablierte Signale und Abfolgen, die das Vertrauen und die Sicherheit in der Interaktion stärken. Im Gegensatz dazu ist das Spiel mit fremden Hunden oft kürzer, weniger dynamisch und von mehr Unsicherheit geprägt. Dies liegt daran, dass Hunde zunächst die Absichten des anderen einschätzen müssen, bevor sie sich auf intensivere Interaktionen einlassen. Fehlende Vertrautheit kann zu Missverständnissen führen, was insbesondere in heterogenen Gruppen auf Hundewiesen beobachtet werden kann.

KOMMUNIKATION IM SPIEL

Ein zentrales Element des Spiels, insbesondere bei Hunden, ist die Kommunikation, die sicherstellt, dass alle Beteiligten das Verhalten als spielerisch wahrnehmen und nicht als ernsthafte Aggression oder Bedrohung interpretieren. Zu diesen Signalen gehören bestimmte Gesten, Gesichtsausdrücke und Körperhaltung, die anzeigen, dass eine Handlung nicht feindlich gemeint ist (Palagi et al., 2016).

TYPISCHE SPIELSIGNALE VON HUNDEN

Spielverbeugung: Eine der bekanntesten Spielaufforderungen bei Hunden. Der Hund senkt die Vorderpfoten auf den Boden, während die Hinterhand aufrecht bleibt. Diese Haltung signalisiert klar, dass alles Folgende spielerisch gemeint ist und nicht als aggressive Geste interpretiert werden soll.

Übertriebene Bewegungen: Hunde bewegen sich im Spiel oft mit überzogenen, manchmal unkoordiniert wirkenden Gesten. Dazu gehören Hüpfen, plötzliches Drehen oder „ungeschicktes" Stolpern, das darauf hinweist, dass sie sich nicht ernsthaft bedrohen oder angreifen wollen.

Entspannte Mimik: Ein offenes Maul, mit leicht zurückgezogenen Mundwinkeln und eine weiche, entspannte Augenpartie sind typische Zeichen dafür, dass ein Hund sich wohlfühlt und spielerisch interagiert.

Rollentausch: Hunde wechseln im Spiel häufig die Rollen, z. B. zwischen Jäger und Gejagtem. Dieser Wechsel signalisiert, dass das Spiel auf Gleichheit und gegenseitigem Einverständnis basiert. Oft ist auch zu beobachten, dass immer wieder derselbe Hund freiwillig die Rolle des Gejagten einnimmt.

Beißhemmung: Auch wenn Hunde im Spiel Zähne zeigen oder „zubeißen", tun sie dies mit kontrollierter Kraft. Dies ist ein wichtiger Aspekt spielerischer Kommunikation, der zeigt, dass keine tatsächliche Verletzungsabsicht besteht.

Spielgesicht: Das „Spielgesicht" ist ein charakteristischer Gesichtsausdruck, bei dem der Mund leicht geöffnet ist, die Zunge locker hängt und die Augen entspannt, aber aufmerksam wirken. Manchmal erscheint es auch individuell als eine Art albernes Lächeln oder schräges Grinsen.

Sich absichtlich zurücknehmen (Selbsthandicap): Oft zu sehen bei Hunden, die wesentlich stärker oder größer als ihre Spielpartner sind. Sie reduzieren oft bewusst die Intensität ihrer Bewegungen oder lassen sich absichtlich in eine unterlegene Position bringen, wie z. B. auf den Rücken rollen. Dieses Verhalten, bekannt als Selbsthandicap, signalisiert, dass sie nicht ihre volle Stärke ausspielen und das Spiel fair und für den Partner angenehm halten wollen.

Pfotenheben oder Antippen: Das sanfte Heben oder Tippen mit der Pfote kann eine subtile Einladung zum Spiel sein, ähnlich einem „Anstupsen".
Mehr zu den Spielsignalen in Gansloßer/Käufer, Und sie spielen doch! (2022)

NACHAHMUNG IM SPIEL

Hunde zeigen im Spiel nicht nur eine bemerkenswerte Anpassungsfähigkeit, wie das Tauschen von Rollen oder die Anpassung der Spielintensität an ihren Partner, sondern auch die Fähigkeit, emotionale Signale ihrer Spielpartner durch schnelle Nachahmung („Rapid Mimicry") zu spiegeln (Palagi et al., 2015). Diese schnelle Nachahmung umfasst typische spielerische Ausdrucksweisen wie die Spielverbeugung („Play Bow") oder den entspannt offenen Mund („Relaxed Open Mouth"), die innerhalb von weniger als einer Sekunde imitiert werden können. Dabei zeigt sich, dass die soziale Beziehung zwischen den Spielpartnern eine zentrale Rolle spielt: Hunde imitieren häufiger Signale von vertrauten Partnern wie Freunden, während sie bei Fremden deutlich weniger Nachahmungen zeigen. Durch „Rapid Mimicry" wird nicht nur spielerische Motivation verstärkt, sondern auch die Dauer der Spielsitzungen verlängert, was darauf hinweist, dass die Nachahmung eine positive emotionale Verbindung zwischen den Spielpartnern fördert. Dieses Verhalten wird als Ausdruck eines grundlegenden Verständnisses für die Bedürfnisse und emotionalen Zustände des Gegenübers interpretiert. Diese Fähigkeit, spielerische Signale nicht nur wahrzunehmen, sondern auch emotional zu spiegeln, bringt uns zu einem weiteren spannenden Forschungsgebiet, ob Hunde in der Lage sind, sich in die Rolle ihres Spielpartners hineinzuversetzen oder sogar gemeinsame Absichten zu verfolgen. Diese Fähigkeit, oft als Theory of Mind (Theorie des Geistes) bezeichnet, ist ein bedeutender Aspekt sozialer Intelligenz und wird zunehmend im Kontext von spielerischen Interaktionen untersucht. Untersuchungen an Hunden und Wölfen im Spiel deuten darauf hin, dass Hunde möglicherweise nicht nur die unmittelbaren Signale ihrer Spielpartner wahrnehmen, sondern auch deren Perspektive verstehen können. Dies zeigt sich z. B. in der Bereitschaft, Rollen zu tauschen, wie etwa zwischen Jäger und Gejagtem, oder in der Anpassung der Spielintensität an den Partner. Diese Flexibilität könnte ein Hinweis darauf sein, dass Hunde ein grundlegendes Verständnis für die Bedürfnisse und Grenzen ihres Gegenübers entwickeln können.

Aus der Forschung (von Charlotte Mudter)

SOZIALSPIEL BEI HUNDEN – EIN PARADEBEISPIEL FÜR „THEORY OF MIND“

Da der Hund als treuer Begleiter der Menschen bekannt ist und als erstes domestiziertes Tier des Menschen gilt (Larson et al. 2012), wurden bereits einige Studien zu „Theory of mind“ (ToM) bei Haushunden in Bezug auf Kommunikation mit dem Menschen durchgeführt (Agnetta et al., 2000; Bekoff, 1972; Horowitz, 2008; Kaminski et al., 2009). So wurde in der Studie von Kaminski et al. (2009) untersucht, ob Hunde wissen, was andere sehen können (Perspektivenübernahme). Hierfür wurden zwei Spielzeuge auf der Seite des Hundes vor zwei kleinen Barrieren (eine durchsichtig, eine undurchsichtig) platziert. Auf der gegenüberliegenden Seite saß während den Durchläufen ein Mensch, sodass dieser nur das Spielzeug hinter der transparenten Barriere sehen konnte. Dieser forderte den Hund auf, ein Spielzeug zu ihm zubringen, verzichtete jedoch auf Gesten. Bei zwei Kontrollen saß der Mensch wie zuvor auf der gegenüberliegenden Seite, dieses Mal jedoch mit dem Rücken zur Barriere, sodass er keines der beiden Spielzeuge sehen konnte. Bei der zweiten Kontrolle saß der Mensch auf der Seite des Hundes, sodass er beide Spielzeuge sehen konnte. Die Hunde brachten während der Testdurchläufe fast ausschließlich das Spielzeug hinter der durchsichtigen Barriere zum Menschen. Während der Kontrollversuche konnte zwar eine leichte Präferenz für die durchsichtige Barriere herausgestellt werden, jedoch wurde dies auf die Möglichkeit einer intensiveren Farbwahrnehmung des Spielzeugs zurückgeführt. Die Ergebnisse deuten darauf hin, dass Hunde auch ohne Gestikulation als Hinweise sensibel auf den visuellen Zugang andere reagieren, selbst wenn dieser sich von ihrem eigenen unterscheidet (Kaminski et al., 2009).

WAS IST EIN INDIZ FÜR „THEORY OF MIND“ BEI HUNDEN?

Wie bereits erwähnt, ist ToM eine Fähigkeit, die Intention des Gegenübers zu interpretieren. Ein Paradebeispiel hierfür: Das Sozialspiel. Während des Spiels ist es für Hunde wichtig, die Intention des Gegenübers zu erkennen, dass der Spielpartner gerade nur so tut als ob er kämpfen würde und nicht wirklich ein schädigendes Verhalten (z. B. Beißen bis hin zum Tötungsbiss) ausführt. Hierzu verwendet ein Haushund sogenannte Spielsignale (Palagi et al., 2016), um seine Absicht zu vermitteln. Diese speziellen Signale werden genutzt, um Missverständnisse zu vermeiden und anzuzeigen, dass die nachfolgenden Handlungen keine schädigende Absicht beinhalten (Gattermann, 2006).
So kann zwischen visuellen (z. B. Spielgesicht, Vorderkörpertiefstellung), taktilen (z. B. Anstupsen, Spielbeißen) und akustischen Signalen (z. B. Bellen) unterschieden werden (Aldis, 1975; Bekoff und Byers, 1998; Palagi et al. 2016). Spielsignale können – müssen aber nicht – einzeln vorkommen, häufig werden diese kombiniert, wie z. B. das Pföteln mit dem Spielgesicht oder auch das „Beißen“ mit einer vorangegangenen Vorderkörpertiefstellung. **Die Kombination zweier Signale führt dazu, dass ein sonst ernstes bzw. schädigendes Verhalten, wie das Beißen, als harmloses Spielelement angesehen wird, zum Spielen einlädt und zum Weiterspielen animiert** (Aldis, 1975; Bekoff und Byers, 1998; Fagen, 1981). Bate-

son (1955) zählt die Kombination zweier Signale zur **Metakommunikation**, wobei die Bedeutung eines primären Kommunikationselements (z. B. beißen) von einem sekundären Kommunikationselement (z. B. play bow) verändert wird. Durch die Metakommunikation im Spiel kann die Bedeutung eines Signals durch vorausgehende, begleitende oder nachfolgende Spielsignale verändert werden und so vom Ernstkontext in einen Spielkontext übergehen (Bekoff 1974/75, 1995). Dadurch wird ein Anspringen, Beißen oder Angriff in Verbindung mit einem Spielgesicht als Einladung verstanden. Aggressive Elemente, wie das Beißen, führen in Kombination mit Spielsignalen somit nicht zur Distanzvergrößerung – wie es in einer Ernstsituation der Fall wäre –, sondern zu einer Distanzverringerung (Feddersen-Petersen, 1991). Durch Spielsignale zeigt der Spielpartner kontinuierlich, dass sein Verhalten eine Art Simulation bzw. ein „Als-ob"-Verhalten ist (Bekoff, 1995; Špinka et al., 2016).

WAS PASSIERT BEI UNAUFMERKSAMKEIT DES GEGENÜBERS

Aber was ist, wenn der potenzielle Spielpartner die Einladung zum Spiel nicht mitbekommt oder während des Spiels abgelenkt ist? Einige Studien (Horowitz, 2009; Stenglein et al., 2015; Wright et al., 2018) haben gezeigt, dass bei Unaufmerksamkeit des Gegenübers keine bis kaum Spielsignale gesendet werden, stattdessen werden aufmerksamkeitsfordernde Signale (attention getting signals) gesendet. Diese Signale werden genutzt, um den Aufmerksamkeitszustand vom potenziellen Spielpartner zu manipulieren, anzupassen und letztendlich auf einen selbst zu richten. Haushunde nutzen aufmerksamkeitsfordernde Signale in Form von visuellen (z. B. Selbst-Präsentation), taktilen (z. B. Nasenkontakt) und akustischen Signalen (z. B. Bellen). In ihrer Studie beobachtete Horowitz (2009) Hunde während des Spiels in einem teilweise umzäunten öffentlichen Park, der den ungehinderten Kontakt mit Menschen und Hunden ermöglichte. So waren im Schnitt zwischen 20 und 40 Hunde unterschiedlichsten Alters (von 5 Monate bis 12 Jahren) gleichzeitig im Park. Ausschließlich von spielenden Hunden wurden Videoaufzeichnungen durchgeführt und so konnte Horowitz mehr als 200 Hunden in ihre Studie mit einbeziehen. **Es zeigte sich, dass Hunde ihre Spieleinladungen ausschließlich an anwesende und an aufmerksame Hunde richteten. In Spielpausen oder in Situationen, in denen der Spielpartner visuell unaufmerksam war, verwendeten die Hunde mehr aufmerksamkeitserregende Signale und mehr Spielsignale.** Darüber hinaus entsprach die Art des Aufmerksamkeitserregers dem Grad der Unaufmerksamkeit des Spielpartners.

Hat der Spielpartner keine Lust, dann wird das akzeptiert.

Doch Hunde sind einfallsreich in der Spielaufforderung.

Blickte der Spielpartner weg oder war abgelenkt, wurden stärkere Aufmerksamkeitserreger (taktil oder akustisch) eingesetzt; blickte der Partner jedoch nach vorne oder seitlich, wurden weniger eindringliche Aufmerksamkeitserreger (visuell) eingesetzt. Zudem verwendeten Hunde mehr Spielsignale, nachdem sie die visuelle Aufmerksamkeit eines Spielpartners erhalten hatten. Dies ist ein starker Beleg dafür, dass Hunde ihre Kommunikation bewusst an ein Gegenüber richten, das in der Lage ist, diese Kommunikation zu empfangen. **Dass ein Individuum bemerkt bzw. wahrnimmt, dass die Aufmerksamkeit des Spielpartners nicht auf ihn selbst gerichtet ist, diesen Aufmerksamkeitszustand aktiv manipuliert, anpasst und dann erst Spielsignale einsetzt, ist ein Hinweis darauf, dass sie den mentalen Zustand eines anderen Individuums interpretieren können – die sogenannte „Theory of mind"** (Gansloßer und Käufer, 2022).

KANN DER WOLF DAS AUCH?

Nun stellt sich die Frage, ob die Fähigkeit der Perspektivenübernahme ein Ergebnis der Domestikation des Hundes ist, oder ob auch der Wolf dazu fähig ist. Um diese Frage zu beantworten, führten Udell et al. (2011), Wolf (2010) und Mudter (2024) Untersuchungen zur Perspektivenübernahme bei Wölfen durch. Udell und ihr Team konnten in ihrer Vergleichsstudie feststellen, dass Wölfe, Hunde aus dem Tierheim und Haushunde alle eine deutlichere Präferenz für das Betteln bei einer Person zeigten, die ihnen gegenüberstand (Seher), als gegenüber einer Person, die ihnen den Rücken zuwandte (blinder Versuchsleiter). Sie lieferten somit den ersten Beweis, dass nicht-domestizierte Kaniden, in diesem Fall Grauwölfe *(Canis lupus)*, auch auf den menschlichen Aufmerksamkeitszustand reagieren können. Wolf (2010) und Mudter (2024) untersuchten die Fähigkeit zur Perspektivenübernahme des Wolfes in Bezug auf das dyadische Sozialspiel.

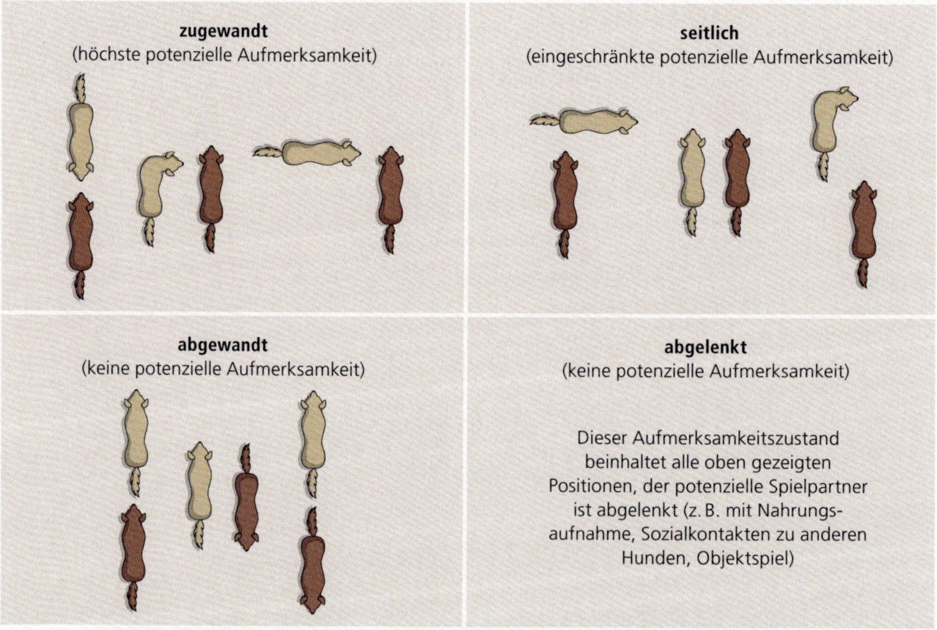

Aufmerksamkeitszustände in Abhängigkeit der Kopfhaltung und der damit potenziellen verbundenen Blickrichtung (aus V. Wolf, 2010).

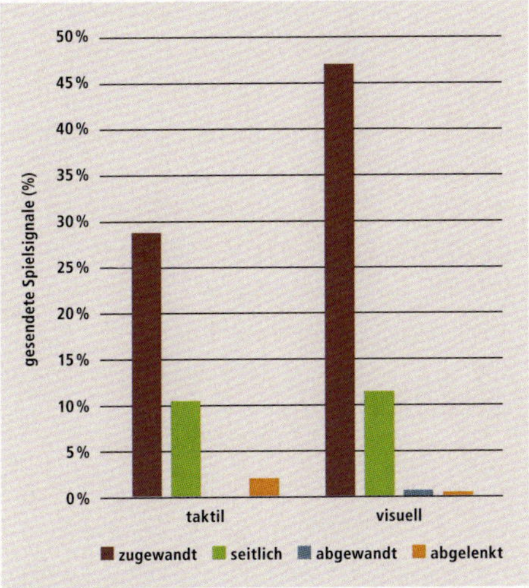

Gesendete Spielsignale (in %) in Abhängigkeit des Aufmerksamkeitszustandes des potenziellen Empfängers (aus C. Mudter, 2024).

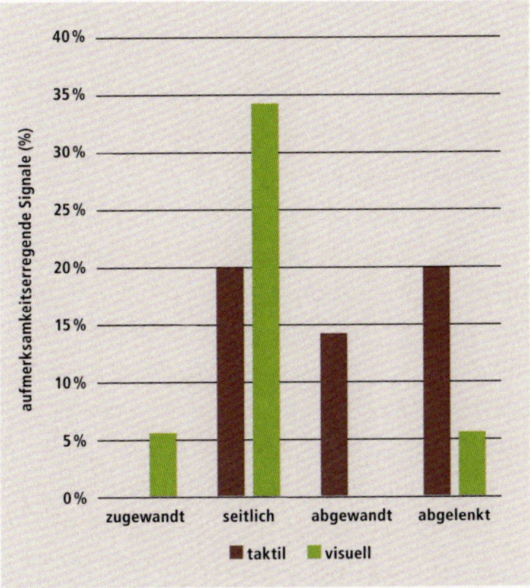

Aufmerksamkeitserregende Signale (%) in Abhängigkeit des Aufmerksamkeitszustandes des Empfängers (aus C. Mudter, 2024).

Sender- und Empfängerverhalten

Im Rahmen ihrer Diplomarbeit untersuchte V. Wolf das Sender- und Empfängerverhalten während des dyadischen Sozialspiels eines Rudels kanadischer Wölfe *(Canis lupus hudsonicus)* aus dem Wuppertaler Zoo. Sie konnte zeigen, dass die Wölfe hauptsächlich Spielsignale senden, wenn der Empfänger ihnen zugewandt ist, und Aufmerksamkeitserreger vor allem an seitlich positionierte oder abgewandte Empfänger gesendet wurden. Ein Spiel kam vor allem zustande, wenn der Empfänger dem Sender zugewandt war, seltener wenn der Empfänger seitlich positioniert war und fast nie, wenn der Empfänger abgewandt oder abgelenkt war.

Fähigkeit zur Perspektivübernahme

Aufbauend auf der Arbeit von V. Wolf untersuchte C. Mudter in einem größeren Stichprobenumfang insgesamt fünf Wolfsrudel auf die Fähigkeit zur Perspektivenübernahme. Sie konnte herausstellen, dass 76 % der gesendeten Spielsignale an zugewandte Spielpartner gesendet wurden und 21 % an seitlich positionierte Spielpartner. 97 % der gesendeten Spielsignale wurden demnach an aufmerksame Spielpartner gerichtet. In Bezug auf den Aufmerksamkeitszustand konnte festgestellt werden, dass aufmerksamkeitserregende Signale hauptsächlich an Spielpartner gesendet wurden, die eine eingeschränkte oder keine potenzielle Aufmerksamkeit vorwiesen. An abgewandte Spielpartner (keine potenzielle Aufmerksamkeit) wurden ausschließlich taktile aufmerksamkeitserregende Signale gesendet. War der Spielpartner seitlich positioniert, wurden sowohl taktile als auch visuelle aufmerksamkeitserregende Signale gesendet, wobei mehr visuelle aufmerksamkeitserregende Signale genutzt wurden. Aus den Studien von V. Wolf und C. Mudter geht hervor, dass Wölfe den Aufmerksamkeitszustand des Gegenübers einschätzen können und diesen auch anpassen können. Die Fähigkeit zur Perspektivenübernahme ist somit kein Ergebnis der Domestikation des Hundes, sondern Wölfe sind zur Perspektivenübernahme fähig.

DOMÄNENSPEZIFISCHE BEWERTUNG

Dank zahlreicher Studien lässt sich sagen, dass die „Theory of Mind" (ToM) eine wichtige Rolle im Sozialverhalten von Mensch und anderer Tiere spielt. Sie ermöglicht es Individuen, die Gedanken und Intentionen anderer zu interpretieren, was essenziell für erfolgreiche soziale Interaktionen ist. Hierbei ist jedoch darauf zu achten, dass ToM domänenspezifisch zu bewerten ist.

ToM bei Menschen

Bei Menschen wird ToM als die Einsicht oder Erkenntnis verstanden, dass andere Lebewesen geistige Zustände haben (z. B. Überzeugungen, Wünsche), die sich von den eigenen Zuständen unterscheiden können, und dass diese Zustände ihr Handeln beeinflussen (Premack und Woodruff, 1978). Darüber hinaus wird ToM im Zusammenhang mit dem Menschen als Zusammenspiel vieler kognitiver Prozesse angesehen (Apperly, 2012). Damit ist gemeint, dass ToM nicht nur das Nachvollziehen, dass jemand etwas haben möchte („Person A möchte XY"), beinhaltet, sondern z. B. auch, dass jemand weiß, dass ein Gegenüber hofft, dass sie etwas haben möchte („Person A weiß, dass Person B hofft, dass Person A XY möchte") (Kindermann et al., 1998; Shamay-Tsoory und Aharon-Peretz, 2007).

ToM bei Hunden

Bei Hunden hingegen wird ToM eher als die Fähigkeit zur Perspektivenübernahme und der Metakommunikation angesehen (Horowitz, 2011; Maginnity, 2007; Mitchell, 1991; Roberts und Macpherson, 2011). Insbesondere bei Hunden zeigt sich ToM in ihrem Sozialspiel, wo sie durch verschiedene Spiel- und Aufmerksamkeitssignale kommunizieren und die Intentionen und Aufmerksamkeitszustände ihrer Spielpartner deuten. Diese Fähigkeit zur Perspektivenübernahme unterstreicht die Komplexität und Tiefe sozialer Interaktionen und verdeutlicht, wie tief verwurzelt die kognitive Fähigkeit von ToM in der Entwicklung von Kommunikation und Kooperation ist. Damit wird deutlich, dass die Perspektivenübernahme eine Schlüsselrolle in der sozialen Dynamik verschiedener Spezies spielt.

Hunde sind in der Lage, die Intention des Gegenübers einzuordnen und entsprechend darauf zu reagieren.

ÜBER DIE AUTORIN

Charlotte Mudter studierte Biologie (M.Sc.) mit dem Schwerpunkt Verhaltensbiologie an der Friedrich-Schiller-Universität in Jena. Seit Anfang 2023 ist sie Mitglied der Mammalia Arbeitsgruppe von Herrn PD Dr. Udo Gansloßer und beschäftigt sich seitdem mit tiergartenbiologischen Themen und dem Verhalten von Kaniden. In ihrer Masterarbeit „Untersuchung des Spielverhaltens unter Berücksichtigung des Aufmerksamkeitszustandes – ein Vergleich bei Canis lupus" vertiefte sie ihre Forschung um das Spielverhalten und die Wahrnehmung von Selbst und Anderen bei Wölfen.

Hunde dürfen auch ein Objekt im Spiel „gewinnen", ohne dass sie die Weltherrschaft ergreifen.

ZIELE GEMEINSAM VERFOLGEN

Das Team von Horschler et al. (2021) hat die Frage weiter vertieft, ob Hunde in der Lage sind, eine gemeinsame soziale Aktivität mit einem Partner zu erkennen und nach einer Unterbrechung aktiv wieder aufzunehmen. In ihrer Studie fand das Forscherteam heraus, dass Hunde nach einer Spielunterbrechung bevorzugt das Spiel mit ihrem ursprünglichen menschlichen Partner fortsetzen, anstatt sich einer passiv anwesenden Person zuzuwenden. Dieses Verhalten wird als potenzieller Marker für eine **„geteilte Intentionalität"** interpretiert, also die Fähigkeit, eine gemeinsame Absicht oder ein gemeinsames Ziel zu verfolgen.

Die Hunde zeigten eine deutliche Präferenz für den ursprünglichen Spielpartner anhand verschiedener Verhaltensindikatoren. Sie verbrachten mehr Zeit in dessen Nähe, suchten verstärkt Blickkontakt und boten Spielzeuge gezielt bei dieser Person an. Diese Ergebnisse deuten darauf hin, dass Hunde möglicherweise eine Form von sozialer Verpflichtung oder ein Bewusstsein für die Fortsetzung einer gemeinsamen Aktivität besitzen. Im Vergleich zu Primaten zeigt sich, dass Schimpansen selten versuchen, unterbrochene soziale Spiele mit einem menschlichen Partner wieder aufzunehmen, während Bonobos in dieser Hinsicht ähnliche Verhaltensweisen wie Hunde zeigen. **Die Ergebnisse von Horschler und Kolleg:innen legen nahe, dass Hunde ein grundlegendes Verständnis für gemeinsame Aktivitäten entwickeln können und in der Lage sind, diese nach Unterbrechungen bewusst wieder aufzunehmen.**

MYTHOS: GEWINNEN IM SPIEL

Ein immer noch sehr verbreiteter Mythos unter Hundetrainer:innen ist der, dass Hunde im Spiel nicht gewinnen dürfen, weil dies angeblich Dominanzverhalten fördere und den Hund dazu verleite, „die Führung übernehmen" zu wollen. Dieser Glaube entstammt veralteten Vorstellungen über Hundeverhalten, die auf überholten Dominanztheorien basieren. Verhaltensbeobachtungen zeigen jedoch, dass es für die Beziehung zwischen Mensch und Hund weder problematisch noch ungesund ist, wenn der Hund im Spiel „gewinnt". Ein Hund, der immer nur verliert, verliert auch langfristig das Interesse am Spiel oder ist frustriert, da das Gefühl von Erfolg und Selbstwirksamkeit ein wichtiger Motivator ist – nicht nur für Menschen, sondern auch für Hunde.

Gleichzeitig könnte ein Hund, der immer nur gewinnt, möglicherweise weniger auf die Dynamik des Spiels achten und die Kooperationsbereitschaft seines Spielpartners aus den Augen verlieren oder sich langweilen. **Das Spiel zwischen Mensch und Hund sollte ein Geben und Nehmen sein, bei dem beide Seiten abwechselnd in verschiedenen Rollen agieren können. Diese Balance stärkt nicht nur die Bindung, sondern fördert auch das soziale Lernen.**

Lektionen, die Hunde beim Gewinnen und Verlieren lernen

Frustrationstoleranz: Verlieren lehrt den Hund, mit kleinen Enttäuschungen umzugehen und darauf mit Geduld zu reagieren.

Erfolgserlebnisse: Gewinnen stärkt das Selbstbewusstsein und die Motivation, sich weiterhin auf das Spiel einzulassen.

Kommunikation und Kooperation: Durch das Wechselspiel von Gewinnen und Verlieren lernt der Hund, auf die Signale seines Spielpartners zu achten und sich darauf einzustellen.

SPIELEN ALS GEDÄCHTNISBOOSTER?!

Verschiedene Arbeitsgruppen konnten in den letzten Jahren zeigen, dass Spiel die Gedächtniskonsolidierung beim Hund verstärken kann (z. B. Affenzeller, 2020). Dabei wurde festgestellt, dass Hunde, die unmittelbar nach dem Erlernen einer neuen Aufgabe 30 Minuten lang mit einem Menschen spielten, die Aufgabe auch nach einem Jahr deutlich schneller und mit weniger Fehlern erneut bewältigen konnten als Hunde, die stattdessen eine Ruhepause machten. Die Art des Spiels, das typischerweise Aktivitäten wie das Ziehen an einem Zergel umfasste, brachte die Hunde in einen positiv erregten Zustand, was durch ihre erhöhte Herzfrequenz während des Spiels gezeigt wurde. Diese Erregung könnte dazu beigetragen haben, dass das Gelernte im Gedächtnis des Hundes besser verankert wurde.

Die Ergebnisse legen nahe, dass das emotionale Erlebnis des Spiels für Hunde eine Art „Gedächtnisverstärker" darstellen kann. Positive und spannende Erfahrungen nach dem Lernen scheinen die Konsolidierung des Gelernten zu fördern, ähnlich wie es bei Menschen der Fall ist, die sich an emotional bedeutende Ereignisse besonders gut erinnern. Interessanterweise zeigten Hunde, die nach dem Lernen eine Ruhepause einlegten, keine negativen Auswirkungen auf ihre Gedächtnisleistung. Sie konnten die Aufgabe auch nach einem Jahr erfolgreich wieder ausführen, was darauf hinweist, dass Ruhepausen zumindest kein Hindernis für die Gedächtnisbildung sind, wenngleich sie möglicherweise weniger effektiv als spielerische Aktivitäten bei der Stärkung der Erinnerung wirken.

ABHÄNGIG VON DER LERNAUFGABE

Die Effektivität der Methode scheint jedoch von der Art der Lernaufgabe abzuhängen. Spielen hat einen besonders positiven Einfluss auf eher monotone oder weniger emotionale Aufgaben, wie z. B. das Erlernen eines neuen Kommandos. Hier wirkt das Spiel als motivierender Verstärker, der das Langzeitgedächtnis unterstützt. Bei komplexeren oder emotional aufregenderen Aufgaben, wie dem Suchen nach einer versteckten Person, erweisen sich hingegen Ruhepausen von etwa 20 Minuten als zielführender, da sie dem Gehirn die Möglichkeit geben, die neuen Informationen effektiv ins Langzeitgedächtnis zu übertragen. Diese Differenzierung verdeutlicht, wie wichtig es ist, das Training individuell anzupassen, um optimale Ergebnisse zu erzielen.

PRAXISÜBUNG – UNTERBRECHUNG UND WIEDERAUFNAHME

Um ein tieferes Verständnis für die sozialen Fähigkeiten und die Kommunikation Ihres Hundes im Spiel zu gewinnen, führen Sie folgende Beobachtungsaufgabe durch. Diese Übung hilft Ihnen, zu erkennen, wie Ihr Hund auf Unterbrechungen reagiert und ob er versucht, eine gemeinsame Aktivität aktiv wieder aufzunehmen.

Vorbereitung:

- Wählen Sie eine entspannte Umgebung, in der Sie mit Ihrem Hund ungestört spielen können (z. B. Garten oder ruhiger Park).
- Halten Sie ein oder zwei Lieblingsspielzeuge Ihres Hundes bereit.

Spielphase:

- Spielen Sie aktiv mit Ihrem Hund für etwa zwei bis drei Minuten. Nutzen Sie dabei bekannte Spielabläufe, z. B. Zerren mit einem Zergel oder ein körperliches Sozialspiel.
- Achten Sie bereits hier auf klassiche Spielsignale Ihres Hundes, z. B. Vorderkörpertiefstellung, Spielgesicht etc.

Unterbrechung:

- Beenden Sie das Spiel ohne Vorwarnung. Legen Sie das Spielzeug weg, stehen Sie ruhig und wenden Sie sich ab (aber bleiben Sie in Sichtweite Ihres Hundes).
- Warten Sie 30 bis 60 Sekunden, ohne aktiv auf Ihren Hund zu reagieren.

Beobachtung des Verhaltens

Achten Sie darauf, was Ihr Hund tut:

- Bleibt er in Ihrer Nähe oder entfernt er sich?
- Versucht er, Blickkontakt aufzunehmen?
- Berührt er Sie mit der Pfote oder stupst er Sie an?
- Bringt er das Spielzeug zurück oder lädt er Sie zum Spiel ein (z. B. durch eine Spielverbeugung, Bellen oder Ähnliches)?

Wiederaufnahme des Spiels:

Wenn Ihr Hund versucht, das Spiel wieder aufzunehmen, reagieren Sie und setzen das Spiel fort. Beobachten Sie, ob er nach der Unterbrechung besonders motiviert wirkt.

Fragen zur Reflexion

Signalverhalten: Welche Signale hat Ihr Hund verwendet, um das Spiel wieder aufzunehmen? Hat er aktiv Blickkontakt gesucht oder Spielzeug gebracht?

Bevorzugung eines Spielpartners: Falls noch eine andere Person anwesend war, hat Ihr Hund versucht, das Spiel lieber mit Ihnen fortzusetzen oder sich der anderen Person zugewandt?

Gemeinsame Intentionalität: Zeigt Ihr Hund ein starkes Interesse daran, die gemeinsame Aktivität wieder aufzunehmen oder sucht er sich eine Alternative (z. B. Spiel allein)?

Jeder Hund hat Vorlieben im Spiel. Finden Sie heraus, welche es bei Ihrem Hund sind.

KÖRPERLICHE URSACHEN – WIRKUNG AUF VERHALTEN UND KOGNITION

WECHSELWIRKUNGEN ZWISCHEN KÖRPER UND SEELE

Von Aletta Winkler und Udo Ganslоßer

„Der Körper ist der Übersetzer der Seele ins Sichtbare."
Mit diesem Zitat beschrieb Christian Morgenstern, was wir heute unter dem Begriff „Psychosomatik" verstehen.

Die Psychosomatik beschäftigt sich mit den Wechselwirkungen zwischen der Seele (Psyche) und dem Körper (Soma). Doch der Körper fungiert nicht nur als Übersetzter der Seele, sondern beeinflusst auch seinerseits die Psyche, das Verhalten und die Kognition.

Der Anteil der Hunde mit einer somatischen Beteiligung am Verhaltensproblem, wird auf bis zu 30 % geschätzt (Breuer, 2000). Nach Overall (1997) ist es wichtig, dass bei einem Verhaltensproblem organische Ursachen in Betracht gezogen werden, auch wenn nicht jedes Verhaltensproblem rein organisch bedingt ist und eventuell das Verhaltensproblem auch nach Beseitigung des somatischen Grundes noch bestehen bleiben kann.

In der Vergangenheit wurden Verhaltensprobleme und körperliche Erkrankungen häufig getrennt voneinander behandelt. Das Verhalten hängt jedoch direkt vom Gesundheitszustand des Tieres ab und umgekehrt. Einige Verhaltensprobleme werden ganz oder teilweise durch einen medizinischen Zustand verursacht. Darüber hinaus stellen einige dieser Probleme eine diagnostische Herausforderung für Tierärzt:innen dar, da es in vielen Fällen neben den Verhaltensänderungen keine weiteren klinischen Anzeichen oder Hinweise auf eine Krankheit gibt (Camps et al., 2019). Doch auch wenn die Diagnostik in manchen Fällen der Suche nach einer Nadel im Heuhaufen gleichen kann, sollte zumindest bei jedem Tier mit schwerwiegenden Verhaltensproblemen eine ausführliche Allgemeinuntersuchung und eine große Blutuntersuchung gemacht werden. Dass Schmerzen, vor allem auch chronische, das Verhalten von Hunden deutlich verändern und Verhaltensprobleme bedingen können, ist naheliegend, und wird von verschiedenen Wissenschaftler:innen erwähnt (Breuer, 2000; Overall, 2003).

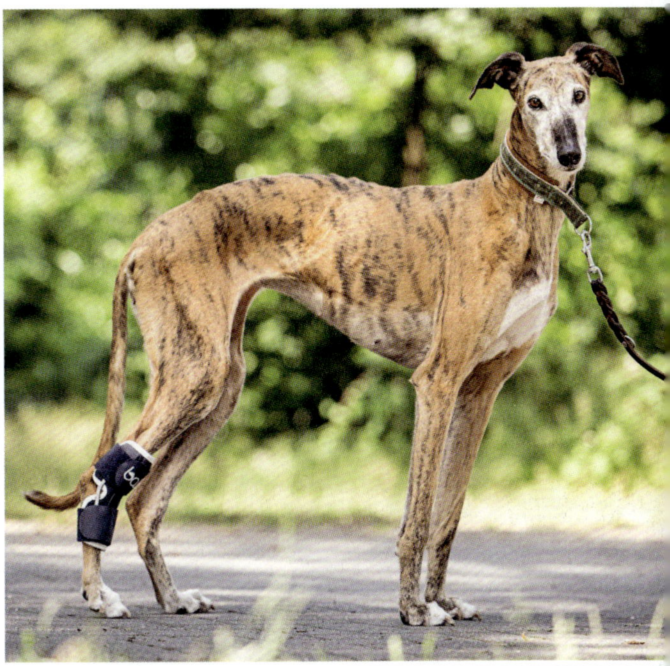

Lokale Schmerzen können das Gesamtverhalten beeinflussen.

☞ **Aus der Forschung (von Tierärztin Aletta Winkler)**

WIE WIRKT SICH SCHMERZ AUF DAS VERHALTEN AUS?

Bei der Frage, inwieweit Schmerzen das Verhalten beeinflussen, kann man sich zunächst einmal fragen, wie man sich selbst verhält, wenn man starke Kopfschmerzen hat. Vielleicht wird man geräusch- oder lichtempfindlich, reizbar und launisch, oder man reagiert sogar aggressiv auf Störfaktoren. Ganz ähnlich ist dies auch bei Hunden. Schauen wir uns zunächst einmal an, wie Schmerz überhaupt definiert wird. Die International Association for the Study of Pain (IASP) definiert Schmerz als eine unangenehme sensorische und emotionale Erfahrung, die mit einer tatsächlichen oder potenziellen Gewebeschädigung verbunden ist oder dieser ähnelt.

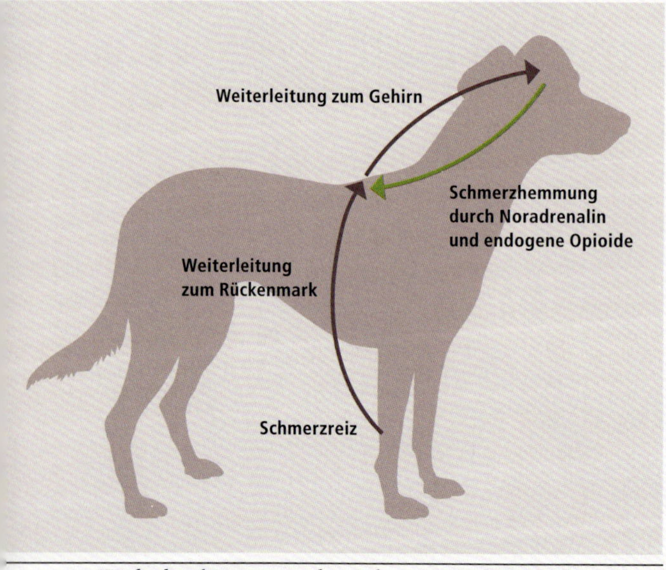

Wechselwirkungen zwischen Schmerzentstehung und Schmerzdämpfung.

SCHMERZEMPFINDUNG

Diese ist immer subjektiv und wird durch biologische, psychologische und soziale Faktoren beeinflusst. So wird der Schmerz z. B. bei der Jagd durch Nordadrenalin und Endorphine unterdrückt und eine Hündin in Geburt legt mit Sicherheit ein anderes Verhalten an den Tag, als ein Hund mit vergleichbaren Schmerzen, der jedoch nicht die endogenen Opioide hat, die bei einer Geburt freigesetzt werden. Schmerzen können die Stresstoleranz deutlich senken und die Aggressionsbereitschaft erhöhen. Bei einem Hund mit normalerweise stabilem, freundlichem Verhalten, der plötzlich aggressiv reagiert, sollte man also eher an Schmerzen als an eine Verhaltensstörung denken.

SCHMERZWEITERLEITUNG

Zunächst nehmen Nozizeptoren, also freie Nervenendigungen, die fast überall im Körper vorkommen, den Schmerzreiz auf. Die Schmerzweiterleitung erfolgt dann über Schmerzafferenzen ins Rückenmark. **Bei den Schmerzafferenzen unterscheidet man zwei Fasertypen, und zwar die schnell leitenden A-Delta-Fasern, die einen stechenden Schmerz auslösen, und die langsam leitenden C-Fasern, die eher einen dumpfen Schmerz auslösen.** Neben diesen bioelektrischen Prozessen im Nervensystem werden von dem umliegenden Gewebe biochemische Botenstoffe freigegeben. Das **Rückenmark** kann man sich dann als erste Schaltzentrale in der Schmerzweiterleitung vorstellen. Hier ist schon eine wichtige Schutzfunktion lokalisiert, nämlich der

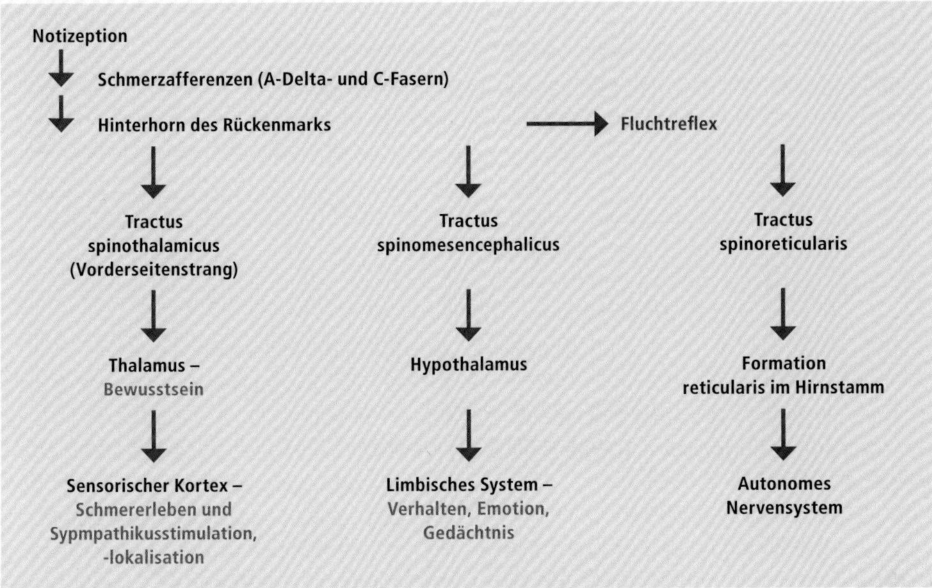

Verschiedene Wege, wie Schmerz das Verhalten beeinflussen kann.

Fluchtreflex. In bestimmten Situationen ist es wichtig, dass der Körper schneller reagiert, als der Verstand. Zum Beispiel wenn der Hund die erste Pfote auf den heißen Teer setzt, muss er diese Pfote zurückziehen, bevor er den Schmerzreiz bewusst wahrgenommen hat, um eine Verbrennung zu vermeiden. Hierfür sind spinale Motoneurone verantwortlich. Außerdem treten die Signale der A-delta-/ und C-Fasern über das Hinterhorn ins Rückenmark ein und aktivieren weitere aufsteigende Nervenfasern. Über den *Tractus spinothalamicus* (Vorderseitenstrang) gelangt der Reiz dann in den Thalamus. Der Thalamus ist ein Teil des Zwischenhirns und dafür verantwortlich, dass der Hund den Schmerzreiz bewusst wahrnimmt. Vom Thalamus geht der Reiz dann weiter in den Sensorischen Kortex, der für das Schmerzerleben und die Schmerzlokalisation verantwortlich ist. Jetzt weiß der Hund also bewusst, dass die rechte Vorderpfote weh tut. Außer dem *Tractus spinothalamicus* gibt es noch zwei andere wichtige Bahnen. Der *Tractus spinoreticularis* geht in den Hirnstamm. Von dort gibt es eine weitere Verbindung zum autonomen Nervensystem, welches dafür verantwortlich ist, dass die Herzfrequenz ansteigt oder der Hund zu hecheln beginnt.
Die dritte Bahn nennt sich *Tractus spinomesencephalicus* und geht ins Mittelhirn. Von hieraus bestehen Verbindungen zum Hypothalamus und zum limbischen System. Das limbische System ist dafür verantwortlich, dass der Hund den Schmerzreiz mit einem unangenehmen Gefühl verknüpft. Zum Glück gibt es aber auch eine körpereigene Schmerzhemmung.
Höhere Hirnzentren können den Schmerz über absteigende Bahnen modulieren und somit Einfluss auf die Intensität der Schmerzwahrnehmung nehmen.
Serotonin, Endorphine, Noradrenalin und Gaba sind wichtige hemmende Neurotransmitter. Somit nimmt das schmerzhemmende System auch eine wichtige Rolle in der individuellen Schmerzwahrnehmung ein.

SCHMERZARTEN

Man unterscheidet zwischen dem physiologischen/nozizeptiven, dem pathophysiologischen und dem neuropathischen Schmerz. So dient der **physiologische Schmerz**, durch seine Warn- und Lernfunktion als überlebenswichtiger Schutz. Durch Spannung, Druck, Hitze oder Kälte werden Schutzfunktionen ausgeführt und das Gewebe so vor einer Schädigung geschützt. Die Nervenbahnen, die die Schmerzsignale weiterleiten, sind beim physiologischen Schmerz normalerweise nicht geschädigt. Beim **pathophysiologischen Schmerz** handelt es sich um einen Dauerschmerz, der durch Gewebeschädigung wie z. B. einer Entzündung oder Verletzung entsteht. Hier kann das Schmerzempfinden auch übersteigert sein, so dass z. B. schon eine leichte Berührung sehr schmerzhaft ist.
Der **neuropathische Schmerz** ist dagegen Folge einer Nervenschädigung. Ein Beispiel hierfür wäre ein Bandscheibenvorfall. Der Grund für neuropathische Schmerzen ist meist eine übersteigerte Reparatur der Nervenfaser, die u. a. eine Ausbildung neuer Rezeptoren begünstigt. Dadurch werden Schmerzreize verstärkt und können sich daher leicht zu chronischen Schmerzen entwickeln. Das Schmerzgedächtnis entspricht einer chronischen Übererregbarkeit der Nervenzelle und erinnert an den Schmerz, obwohl der ursprüngliche Auslöser nicht mehr vorhanden ist (Henke und Erhardt, 2001). Das Erleben von chronischen Schmerzen schränkt die Lebensqualität deutlich ein.

SCHMERZARTEN

	AUSLÖSER	BEISPIELE	DAUER DER SCHMERZEN
Physiologischer/ nozizeptiver Schmerz	Potenzielle Gewebeschädigung – thermische Reize wie Hitze, Kälte – mechanische Reize wie Druck, Verletzung – chemische Reize wie Entzündung, Säure	Eingeklemmte Pfote	Akut
Pathophysiologischer Schmerz	Hinweis auf Gewebeschädigung	Bissverletzung, Arthrose, Gastroenteritis, Dermatitis	Akut-Chronisch
Neuropathischer Schmerz	Folge einer Nervenschädigung	Bandscheibenvorfall, Stenose, Neuropathie, anhaltende postoperative Schmerzen, Amputation	Chronisch
Zentrale Sensibilisierung/ Schmerzgedächtnis	Chronische Schmerzen ohne erkennbare Nerven- oder Gewebeschädigung, durch eine neuronale Dysfunktion	Werden pathophysiologische oder neuropathische Schmerzen nicht früh genug erkannt oder nicht effektiv behandelt, werden aus Rückenschmerzen ohne strukturelle Pathologie Spannungskopfschmerzen.	Chronifiziert

Behandlung von älteren Hunden

In meiner Tätigkeit als Tierärztin sehe ich es leider sehr häufig, dass gerade alte Hunde mit hochgradigen, chronischen Schmerzen in die Klinik kommen. Wenn ich dann frage, ob der Hund eine Schmerzmedikation erhält, heißt es oft *„Nein, der ist halt alt!“*. Doch Alter ist keine Krankheit! Deshalb ist es gerade bei alten Hunden wichtig zu wissen, woher der Schmerz kommt und ihn richtig zu behandeln. Denn wir wollen doch alle, dass unsere Hunde einen möglichst schmerzfreien Lebensabend genießen können!
Hierzu zählen übrigens auch die Zähne. Viele Halter:innen von alten Hunden fürchten sich vor der Narkose und meinen, dass keine Schmerzen vorhanden sind, solange der Hund noch frisst. Doch wacklige, faulende und eitrige Zähne sind nicht nur ein großer Bakterienherd, sondern auch ein ständiger Schmerzreiz. Es ist immer wieder erstaunlich, wenn man ältere Patienten sieht, die nach einer Zahnsanierung wie um Jahre verjüngt erscheinen, wieder spielen und insgesamt viel agiler wirken.

SCHMERZ UND PROBLEMATISCHES VERHALTEN

Welch wichtige Rolle die Beachtung von Schmerzen bei unseren Hunden hat, zeigen auch viele Studien. So nimmt Robertson (2002) an, dass bis zu 20 % aller Hunde in den Vereinigten Staaten eine Form von chronischen Schmerzen durch Arthritiden haben könnten, und in einer Studie von Wiseman et al. (2001) berichten alle Hundehalter:innen mit chronisch-degenerativen Gelenksveränderungen von Verhaltensveränderungen. Dass die Anzeichen für chronische Schmerzen oft unklar und sehr fein sind, zeigen Lascelles und Main (2002) auf. Schmerzen als aversiver Stimulus können auch zu konditioniertem Aggressionsverhalten führen. Dabei kann es sein, dass der zugrundeliegende Schmerz gar nicht mehr vorhanden ist, und die Reaktion kann auch gegen Unbeteiligte (Personen, Tiere, Objekte) gerichtet sein (Ulrich, 1966). Robertson (2002) nennt als mögliche Ursache für plötzliches und unkontrolliertes Aggressionsverhalten einen Schmerztyp, bei dem keine ersichtliche Ursache für den Schmerz vorliegt (ähnlich einer Migräne).
Daniel S. Mills, Fergus M. Coutts und Kevin J. McPeake (2024) haben aus mehreren Fallberichten Merkmale herausgesucht, die darauf hindeuten können, dass dem aggressiven Verhalten Schmerz oder Unbehagen zugrunde liegt. Hierbei waren eine größere Impulsivität, eine stärkere Generalisierung (Ausweitung der Kontexte, in denen das Verhalten auftritt), eher Bisse in die Extremitäten als in andere Körperstellen und „Angriffe“, die leichter abgebrochen werden können, zu beobachten. Von den 100 Fällen, die an die Verhaltenskliniken der Autoren überwiesen wurden, stellte D. Mills fest, dass bei 76 % der Fälle der Verdacht auf körperliche Probleme bestand (75 % verursachten Schmerzen/Unbehagen); K. Mc Peake stellte bei 58 % der Fälle den Verdacht auf körperliche Probleme.

Das biobehaviorale Modell

Anhand dem biobehavioralen Modell von Flor und Turk können die Zusammenhänge zwischen Schmerzmechanismen und problematischem Verhalten gut erklärt werden. Schmerz ist nicht nur ein nozizeptiver Reiz, sondern steht in einer bidirektionalen Beziehung sowohl zum emotionalen (affektiven) Zustand als auch zur Kognition des Patienten, was sich wiederum auf sein Verhalten auswirkt. Um das Modell zu veranschaulichen, möchte ich Ihnen die Englische Bulldogge Erna vorstellen. Erna ist eine „Qualzucht“, die eine genetisch bedingte Fehlentwickung der Hüftgelenke und damit einhergehend zunehmende Bewegungseinschränkungen und starke Schmerzen hat. Erna hat also schon im Alter von drei Jahren die Erfahrung gemacht, dass sie sich beim Spielen mit

anderen Hunden richtig schlecht fühlt, da die Hüften weh tun. Durch diese Belastung hat Erna eine „kurze Zündschnur" bekommen, denn wenn ein anderer Hund sie jetzt auch noch anrempelt, werden die Schmerzen einfach unaushaltbar. Zum anderen hat Erna durch ihre Erfahrungen andere Hunde mit Schmerz verknüpft. Verständlicherweise will Erna Schmerzen vermeiden und hat gelernt, dass sie sich die anderen Hunde mit aggressivem Verhalten vom Leib halten kann.
Bei Tieren in menschlicher Obhut kann sich die bidirektionale Beziehung sogar auf das Verhalten des Menschen ausdehnen. Ernas Frauchen hat natürlich auch ihre Verhaltensänderung bemerkt und vor kurzem hat der Tierarzt auch noch gesagt, dass Erna starke Schmerzen hat. Seitdem geht es Ernas Halterin psychisch ebenfalls sehr schlecht und sie macht sich starke Vorwürfe, dass sie so eine Zucht unterstützt hat.
Chronische Schmerzen verstärken nachweislich die Intensität des Verhaltens durch eine verlängerte Aktivierung der Hypothalamus-Hypophysen-Nebennieren-Achse (HPA), was zu einer Erhöhung von Herzfrequenz, Atemfrequenz, Blutdruck, Blutzucker-, Cortisol- und Katecholaminkonzentrationen führt. Darüber hinaus kann die mit Schmerzen verbundene Stressreaktion zu einer Verringerung der Serotoninaktivität führen. Ein niedrigerer Serotoninspiegel kann sowohl mit aggressivem Verhalten als auch mit unsicherem und ängstlichen Verhalten bei Hunden in Verbindung gebracht werden. Außerdem führt Serotoninmangel zu mehr Impulsivität und einem reduzierten Lernvermögen.

MÖGLICHE AUSWIRKUNGEN VON SCHMERZEN

Körperhaltung Lahmheit – „Katzenbuckel" (aufgekrümmter Rücken bei Rücken- oder Bauchschmerzen) – „Froschsitz" (Hintergliedmaßen abgespreizt) – „Gebetshaltung" (Brust und Vordergliedmaßen auf dem Boden liegend, Hintergliedmaßen stehend) – ständiges Zittern – Immobilisation – ständige/phasenweise Unruhe – möchte sich nicht hinlegen	**Schmerzäußerungen** Winseln – Jaulen – Schreien	**Gesichtsausdruck** „Schmerzgesicht" – angespannte Gesichtsmuskeln – zurückgezogene Maulwinkel – geweitete Pupillen – angelegte Ohren – unaufmerksamer/ängstlicher Blick
Gewohnheiten/ Verhalten verminderter Appetit – soziale Isolation – veränderte Schlafgewohnheiten – weniger Lust zu spielen – plötzliches Nichtbefolgen von Kommandos – Knurren, Schnappen, Beißen – Apathie	**Schmerzvermeidung** Vermeiden bestimmter Bewegungen/Positionen – Vermeidung von Berührungen – möchte nicht mehr hochgehoben werden – Zusammenzucken bei leichter Berührung – möchte nichts Hartes kauen – versteckt sich – meidet Spielgefährten – angespannter Bauch beim Abtasten	**Physiologie** Stimulation des sympathischen Nervensystems – erhöhte Herzfrequenz – erhöhter Blutdruck – erhöhte Atemfrequenz – falsches oder pressendes Atemmuster – erhöhte Körpertemperatur

MÖGLICHE KRANKHEITEN

Wenn wir daran denken, welche Krankheiten die Wahrnehmung und Kognition eines Hundes beeinflussen, kommen einem zunächst Krankheiten wie Blindheit, Taubheit und Epilepsie in den Sinn. Aber auch Hormonstörungen, Stoffwechselerkrankungen und Entzündungsfaktoren beeinflussen die Wahrnehmung und das Lernverhalten von Hunden massiv. Mit der erhöhten Lebenserwartung unserer Hunde, sehen wir immer mehr altersbedingte Einschränkungen der Wahrnehmung, wie die Altersblindheit oder -taubheit. Aber auch durch Unfälle, Erbkrankheiten oder verschiedene erworbene Erkrankungen kann es zu Wahrnehmungseinschränkungen kommen.

HERZ-KREISLAUF

In einer Übersichtsarbeit von Köhler (2015) war der Anteil der verhaltensveränderten Hunde bei den Tieren mit chronischen Herz-Kreislauf-Erkrankungen am höchsten, gefolgt von Erkrankungen der Sinnesorgane. Der hohe Anteil von Verhaltensveränderungen bei den Herz-Kreislauf-Patienten könnte durch die möglicherweise auftretende Leistungsinsuffizienz oder kardial bedingte Schlafstörungen verursacht werden (Schrey, 2000). Overall (2003) beschreibt Aggressionsverhalten im Zusammenhang mit einer Sauerstoffunterversorgung des Gehirns (zerebrale Hypoxie), eventuell könnte auch Angstverhalten durch eine Kreislaufinsuffizienz bedingt sein.

BLINDHEIT

Angeborene Erkrankungen:

- Missbildungen des Augapfels (Anophthalmus, komplizierter Mikrophthalmus, Retinadysplasie)
- ausbleibende Lidöffnung (Atresia palpebrarum)
- Grauer Star (Katarakt)
- Grüner Star (Glaukom)

Erworbene Blindheit:

- totale Hornhauttrübung infolge einer Hornhautentzündung (Keratitis pigmentosa)
- Augapfelquetschung und -perforation (z. B. durch Autounfälle)
- Grauer Star (Katarakt)
- Grüner Star (Glaukom)
- Sehnerv- und Netzhauterkrankungen
- Tumoren

Bei älteren Hunden sieht man häufig eine milchige Trübung der Linse. Bei der Nukleossklerose handelt es sich um eine altersbedingte Veränderung des Linsenkerns. Normalerweise liegen die Fasern des Linsenkerns parallel zueinander und streuen so kaum Licht – sie sind also durchsichtig. Es werden jedoch lebenslänglich neue Fasern

Augentrübungen können auf eine Sehbehinderung hindeuten, häufig sind ältere Hunde betroffen.

gebildet, die zwiebelschalenähnlich aufeinander gelegt werden, und dies führt zu einer Reflexion des Lichts. Die gute Nachricht: diese Trübung führt nur äußerst selten zum Verlust der Sehkraft.

Beeinflussung der Lebensqualität

Tritt eine Erblindung langsam auf, fällt den Menschen oft als erstes auf, dass der Hund weniger oder gar nicht mehr auf Handzeichen reagiert. Mit Fortschreiten der Erblindung fällt dann auch auf, dass der Hund öfter gegen Gegenstände stößt und in unbekannten Umgebungen deutlich unsicherer und ängstlicher wirkt. Bei vielen Hunden mit einer Sehbeeinträchtigung tritt auch eine vermehrte Schreckhaftigkeit auf. Dies bezieht sich vor allem auf Geräusche. In seltenen Fällen kann diese Schreckhaftigkeit auch zu Aggression führen. In wieweit eine Erblindung die Lebensqualität beeinflusst, ist also von vielen Faktoren abhängig. Ein bereits sehr ängstlicher und unsicherer Hund wird sich z. B. in der Umstellung deutlich schwerer tun, als ein souveräner Hund. Ein weiterer Punkt ist, ob die Erblindung nur ein oder beide Augen betrifft. Mit einer einseitigen Erblindung kommen die meisten Hunde sehr gut zurecht. Außerdem spielt das Umfeld eine große Rolle. So wird sich ein erblindeter Hund in einer Großstadt mit all den Reizen deutlich schwerer orientieren können, als in einer reizarmen ländlichen Umgebung.

Chester und Clark (1988) machten eine Umfrage zu Verhaltensveränderungen bei 50 Hunden mit vollständiger Blindheit. Tatsächlich gaben 27 Hundehalter:innen an, dass sie eine Verhaltensveränderung festgestellt haben, wobei es sich bei zwei Veränderungen um Aggressionsverhalten handelte. Bei Hunden, die bereits blind auf die Welt gekommen sind, sind meist nur ganz leichte Verhaltensauffälligkeiten zu beobachten. Diese Hunde orientieren sich von Beginn an stärker an ihrem Gehör- und Geruchssinn. Aber natürlich sind auch diese Hunde in fremden Umgebungen zu Beginn meist vorsichtiger.

EINSCHRÄNKUNG BEI SOZIALKONTAKTEN

Der Sozialkontakt mit anderen Hunden kann in manchen Fällen auch herausfordernd für den Hund mit Seheinschränkung sein. Das Ausdrucksverhalten stellt im Hundekontakt natürlich ein ganz wichtiges Kommunikationsmittel dar und kann von diesen Hunden nur sehr eingeschränkt wahrgenommen werden. Vor allem bei Hunden, die erst im Alter erblinden, und im Kontakt mit Hunden mit einer geringen sozialen Kompetenz, kann es zu Konflikten kommen.

Unterstützung blinder Hunde

Egal, was die Grundursache für die eingeschränkte Sehfähigkeit oder Blindheit des Hundes ist, kann man den Hund mit folgenden Verhaltensweisen unterstützen, damit er sich besser orientieren kann:

— Wenn man auf den Hund zugeht oder ihn anfassen möchte, sollte man sich davor verbal ankündigen.
— Wichtige Orte wie der Futter- oder Schlafplatz sollten nicht verändert werden. Manchen Hunden hilft es auch bei der Orientierung, wenn man diese Plätze mit milden Gerüchen markiert.
— Vor allem draußen kann man den Hund unterstützen, indem man ihm unterschiedliche Kommandos und Ankündigungen beibringt. Zum Beispiel kann man Fahrräder, Autos oder andere Hunde mit Begriffen ankündigen, oder dem Hund Kommandos beibringen, dass er rechts oder links gehen soll.
— Manchen Hunden mit Seheinschränkung hilft ein Zweithund bei der Orientierung und vermittelt Sicherheit.

Bei vielen Hundesenioren kann ein geriatrischer Hörverlust vorkommen.

TAUBHEIT/HÖRVERLUST

Bei einigen Hunderassen mit weißer Fellfarbe wie dem Dalmatiner, dem Dogo Argentino oder dem Bullterrier ist eine Prädisposition für eine angeborene Taubheit bekannt.
Aber auch der Merle-Faktor wird mit einer genetischen Prädisposition für Taubheit assoziiert. Das Risiko für einen Hördefekt steigt mit zunehmendem Weißanteil in der Fellfarbe und bei der Verpaarung von zwei Elterntieren mit Merle-Faktor. Aus diesem Grund ist es auch laut Tierschutzgesetz verboten, zwei Hunde mit Merle-Faktor miteinander zu verpaaren.
Neben der kongenitalen (angeborenen) Taubheit, können auch Mittel- und Innenohrentzündungen, toxische Ursachen (z. B. bestimmte Medikamente oder Schwermetalle), aber auch Fremdkörper, Tumoren oder Traumata zu einem Hörverlust führen.

Bei vielen Hundesenioren kommt ein geriatrischer Hörverlust vor. Am Anfang wird der häufig mit Sturheit oder Altersstarrsinn verwechselt. Mit zunehmendem Alter nutzen jedoch die Haarzellen ab und degenerieren. Haarsinneszellen sind Rezeptoren des Innenohrs, die mechanische Reize in elektrische Aktivität umwandeln (siehe S. 239).

Überprüfung der Taubheit

In der Tiermedizin ist die Elektroaudiometrie mittels BAER (Brainstem Auditor Evoked Response) am weitesten verbreitet. Hier wird die Reaktion von Nervengewebe auf akustische Stimuli untersucht. Dabei kann getestet werden, ob ein ein- oder beidseitiger Hörverlust vorhanden ist, und die Hörschwelle kann bestimmt werden.
Auch hier stellt sich natürlich die Frage, wie ich meinen Hund mit Hörverlust im Alltag unterstützen kann. Durch **Vibrationshalsbänder** kann man auch, wenn der Hund gerade nicht zu einem schaut, die Aufmerksamkeit des Hundes auf sich zurücklenken und dann Kommandos per Handzeichen geben.

GEHBEHINDERUNG

Auch Gehbehinderungen können natürlich angeborene Ursachen haben, sind aber meistens eher traumatisch bedingt (z. B. durch Autounfälle). Mit einer Dreibeinigkeit kommen die meisten Hunde gut zurecht. Eine Funktionsunfähigkeit von zwei oder mehr Gliedmaßen schränkt die Lebensqualität der Hunde jedoch meist sehr stark ein! Eine Ausnahme davon ist die Lähmung beider Hintergliedmaßen (z. B. durch einen Bandscheibenvorfall). Diese kann nämlich durch einen Rollstuhl in vielen Fällen gut ausgeglichen werden. Wenn die Gehbehinderung z. B. durch einen Unfall oder Bandscheibenvorfall plötzlich auftritt, ist es individuell unterschiedlich, wie schnell sich der Hund an die neue Lebenssituation gewöhnt. Wichtig für Hunde mit Gehbehinderung ist ein möglichst barrierefreies Zuhause.

Hautprobleme können Verhalten beeinflussen.

So sollte der Hund wenige Treppen gehen müssen, und wenn er einen Rollstuhl besitzt, ist darauf zu achten, dass er nirgends hängenbleibt. Natürlich tritt durch die Gehbehinderung auch eine veränderte Belastung des Körpers auf, der durch Physiotherapie entgegengewirkt werden sollte. Mit der veränderten Belastung können auch Schmerzen durch Muskelverspannungen oder Arthrose einhergehen. Diese müssen unbedingt mit einer guten Schmerztherapie behandelt werden, um schmerzbedingten Verhaltensänderungen vorzubeugen und dem Hund eine gute Lebensqualität zu bieten (s. S. 386 ff.). In Hundebegegnungen ist vor allem während der Anpassungsphase darauf zu achten, dass die Begegnungen kontrolliert ablaufen, damit der betroffene Hund sich nicht in die Enge getrieben fühlt oder gar Schmerzen hat.

HAUTPROBLEME – JUCKREIZ

Auch dermatologische Probleme, wie starker Juckreiz, können sich negativ auf die normalen Verhaltensmuster und die sozialen Funktionen auswirken. In humanmedizinischen Studien wurde deutlich, dass das Risiko am Aufmerksamkeitsdefizitsyndrom, an Depressionen oder an Schlafstörungen zu erkranken, durch starken Juckreiz signifikant erhöht ist. Auch beim Hund konnte gezeigt werden, dass die Schwere des Juckreizes mit **atopischer Dermatitis** in direktem Zusammenhang mit Verhaltensweisen steht, die als problematisch angesehen werden. Dazu gehören Aufsitzen, Kauen, Hyperaktivität, Fressen von Kot, Betteln und Stehlen von Futter, Erregbarkeit, Aufmerksamkeitsbedürfnis und übermäßige Fellpflege (Harvey et al., 2019).

Im Rahmen des Itchy Dog Project, einer Online-Studie der Nottingham Universität, die Forscherteams helfen soll, die möglichen genetischen und umweltbedingten Ursachen der atopischen Dermatitis bei Hunden zu untersuchen, wurden Verhaltensdaten direkt von Hundehalter:innen erhoben. Die Ergebnisse dieser Studie zeigen, dass Hunde mit Hautallergien mehr Problemverhalten zeigten und niedrigere Werte für die Trainierbarkeit aufwiesen als gesunde Hunde. Es konnten keine Unterschiede in Bezug auf allgemeines ängstliches oder umweltbedingtes ängstliches Verhalten dargestellt werden.
Da Stress die Funktion der Hautbarriere beeinträchtigt, kann es zu einem Teufelskreislauf kommen. Denn psychischer Stress, der durch allergischen Juckreiz ausgelöst wird, kann die Barrierefunktion der Haut weiter stören und somit die entzündlichen Dermatosen verschlimmern. Ein solcher Prozess könnte bedeuten, dass sich die Dermatose selbst aufrechterhält und die Dauer eines Schubes verlängert, selbst wenn das ursprüngliche Allergen nicht mehr da ist.

KOGNITIVE DYSFUNKTION

Ähnlich wie bei der Alzheimer Erkrankung beim Menschen, kommt es bei der caninen kognitiven Dysfunktion zu Ablagerungen von Plaque im Gehirn. Senile Plaques sind mikroskopisch sichtbare Ablagerungen aus Beta-Amyloid im Nervengewebe des ZNS. Dadurch kommt es zu einer räumlichen und zeitlichen Desorientiertheit, Störungen der Lernfähigkeit und des Gedächtnisses, sowie zu einer veränderten Interaktion mit Menschen, anderen Hunden und der Umwelt allgemein. Um die Diagnose einer caninen kognitiven Dysfunktion zu stellen, muss der Hund im mittleren oder höheren Alter sein und die Symptome seit mindestens einem Monat zeigen.
Neben den allgemeinen Alterserscheinungen, kennen sich die Hunde zunehmend in der Wohnung nicht mehr aus und stehen teilweise in der Ecke eines Raumes, aus der sie nicht mehr herauskommen. Nachts sind sie oft rastlos und schlafen tief am Tag. Wichtig ist hier, den Alltag mit viel Struktur und Ritualen anzupassen.

Medikamente und Ernährung

Eine gute Hilfe kann CBD-Öl mit Tryptophan sein. CBD hilft bei der Entspannung und Tryptophan ist ein wichtiger Baustein des Serotonins. Neben dem stimmungsaufhellenden Effekt, wird Serotonin außerdem bei Dunkelheit in Melatonin umgebaut, was den Tag-Nacht-Rhythmus steuert. Bei der Ernährung sollte man vor allem auf Antioxidantien (Vitamin C und E, Selen), B-Vitamine und mehrfach ungesättigte Fettsäuren (DHA, EPA) achten. Ergänzend kann Ginkgo biloba gegeben werden, das auf natürliche Weise die Durchblutung des Gehirns und damit die Gedächtnisleistung fördert. Mit fortschreitendem Verlauf sind selektive MAO-Hemmer notwendig. Monoaminoxidasehemmer sind Arzneimittel aus der Gruppe der Antidepressiva und hemmen das Enzym Monoaminoxidase. Dies führt zu einem verlangsamten Abbau verschiedener Neurotransmitter wie Noradrenalin, Dopamin und Serotonin, sowie einiger Hormone wie z. B. Adrenalin. Bei der caninen kognitiven Dysfunktion wird meist der MAO-Hemmer Selegilin eingesetzt. Selegilin bewirkt, neben einer Anreicherung von Dopamin im synaptischen Spalt, auch eine Neuroprotektion, indem es den programmierten Zelltod hemmt, die Synthese von Nervenwachstumsfaktoren fördert und die Nervenheilung begünstigt. Selegilin kann somit die kognitiven Funktionen verbessern, das Fortschreiten der Erkrankung verlangsamen und außerdem die Anzahl freier Radikale erniedrigen, die zum Alterungsprozess beitragen.

☞ **Aus der Forschung (von Dr. Udo Gansloßer)**

ALTERSBEDINGTE KOGNITIONSVERÄNDERUNGEN

Nicht alles, was ein älterer Hund tut, oder eben auch nicht mehr tut, hat mit Altersstarrsinn oder mit körperlichen Leistungseinschränkungen zu tun.

VERÄNDERUNGEN IM HIRNSTOFFWECHSEL

Im Bereich des Hirnstoffwechsels ändern sich vorwiegend die Konzentrationen von drei wichtigen Botenstoffen: Während die Konzentration an Cortisol, dem sogenannten passiven Stresshormon, mit dem Älterwerden bei Säugetieren allgemein steigt, nimmt die Konzentration des Acetylcholins und des Dopamins ab. In welchem Mengenverhältnis diese Konzentrationsänderungen stehen, ist offensichtlich individuell sehr unterschiedlich. Das Konzept des sogenannten erfolgreichen Alterns, das auch bei Hunden z. B. durch Hannah Salvin und ihrem Team aus Melbourne (2011a) beschrieben wurde, geht auf dieses Phänomen ein. Nicht jedes Individuum hat im Alter die gleichen Probleme. Man vermutet, dass erfolgreiches Altern dann stattfindet, wenn die Veränderungen im Hirnstoffwechsel langsamer ablaufen als die gleichzeitig durch Lebenserfahrung, Lernprozesse und andere frühere Einflüsse langsam steigende Problemlöse- und Anpassungsfähigkeit. Wenn dagegen die Veränderungen im Hirnstoffwechsel schneller gehen als die gleichzeitig noch stattfindenden zusätzlichen Lebenserfahrungen und Lernprozesse, dann wird die Anpassungsfähigkeit im Laufe der Zeit eben immer schlechter. Das Acetylcholin ist dabei vor allem für die Veränderungen im Kurzzeit- und Arbeitsgedächtnis verantwortlich, während das Dopamin die Motivation, die Begeisterung und andere positive Grundeinstellungen zum Alltagsdasein vermittelt.

ÄNDERUNGEN IN DER NEUROANATOMIE

Neben den chemischen Veränderungen gibt es auch, wie gerade die Arbeitsgruppe von Elisabeth Head gezeigt hat (siehe Gansloßer und Kitchenham, 2019), starke Änderungen in der Neuroanatomie. Das Volumen des Gehirns schrumpft, es entstehen Hohlräume, und es werden im Inneren des Gehirns zusätzliche Eiweißkörnchen und Eiweißfasern abgelagert. Im Bereich des vordersten Stirnhirns, des Teils, der mit Affekt- und Impulskontrolle und Selbstbeherrschung, aber auch mit sozialer Kompetenz zu tun hat, werden diese Amyloid-Körnchen besonders häufig abgelagert. Im Bereich des Hippocampus, der ja auch für Motivation und für die Gedächtnisbildung zuständig ist, kommt es vorwiegend zum Absterben von Nervenzellen, wohingegen im Bereich des Riechhirns kaum Nervenzellen absterben.

VERÄNDERUNGEN IN DER KOGNITION

Die Veränderungen im kognitiven Bereich bei Hunden hat Hannah Salvin in einer eigenen Bewertungsskala zusammengefasst (Salvin et al., 2011b), und die Möglichkeiten der Diagnose solcher Veränderungen insbesondere jeweils bei Betrachtung der zurückliegenden sechs Monate im Leben eines Hundes identifiziert. Das räumliche Denken älterer Hunde ist besonders beeinträchtigt, das Kurzzeitgedächtnis, aber auch die Möglichkeit zur Impulskontrolle und Selbstbeherrschung treten deutlich zurück. Räumliche Orientierung und auch das Raum-Zeit-System leiden besonders, wodurch Hunde nicht nur schlechtere räumliche Gedächtnisleistungen aufweisen, sondern

z. B. auch einen durcheinandergeratenen Tag-Nacht-Rhythmus haben. Wenn der Hund also mitten in der Nacht unbedingt raus will, muss es nicht unbedingt an einer Blasenschwäche liegen. Es kann schlichtweg auch sein, dass seine Tagesperiodik so durcheinandergeraten ist, und er dann annimmt, es sei doch jetzt Zeit zum Spazierengehen. Hannah Salvin hat in ihrem Katalog insgesamt 27 Verhaltensmuster analysiert: die wichtigsten Leitsymptome sind **Desorientierung, veränderte soziale Interaktion, veränderter Schlaf-Wach-Rhythmus, veränderte Allgemeinaktivität und veränderte Stubenreinheit**. Auch letztere muss nicht unbedingt auf Darm- oder Blasenverschlussschwäche zurückzuführen sein.

Die veränderte Fähigkeit zur Impulskontrolle lässt sich mit einem einfachen Versuch belegen: Man bringt Hunden bei, dass sie ein direkt vor ihrer Nase liegendes Futterstück nicht erreichen können, weil eine Glasscheibe dazwischen ist. Jüngere Hunde lernen schnell, um diese Glasscheibe herum, von der Seite an das Futterstück zu gelangen. Alte oder ältere Hunde dagegen kommen immer wieder auf die Idee, doch direkt zuzugreifen und stoßen mit der Nase ans Glas. Auch beim Wortlernen und beim Behalten von Kommandos sind ältere Hunde im Nachteil. Ein einmal gelerntes Kommandowort nach drei Monaten immer noch zu beherrschen, wenn es drei Monate lang nicht abgerufen wurde, fällt jüngeren Hunden wesentlich leichter als älteren.

Eine gute Beziehung zum Menschen kann Alterungsprozesse beim Hund verlangsamen.

Nachdem verschiedene Studien (siehe Piotti et al., 2018) gezeigt haben, dass sich laborgezüchtete Hunde (mit denen z. B. Liz Head's Arbeitsgruppe vorwiegend forscht, Gansloßer und Kitchenham, 2019) im kognitiven Verfall anders entwickeln als Familienhunde, wurde in der genannten Arbeit speziell mit Familienhunden geforscht. Altersabhängige Verschlechterungen ergaben sich sowohl beim Lernen von Hinweisreizen (welches Muster bedeutet Futter, welches nicht), als auch beim Umkehrlernen. Bemerkenswerterweise war es für die Hunde einfacher, dem Ort als der Reizqualität als Hinweis zu folgen (also wenn Belohnung immer an der gleichen Stelle erfolgte).
Altersbedingte Änderungen im kognitiven Vorurteil dagegen waren nicht erkennbar, ältere Hunde also nicht pessimistischer.

Auch bei Hunden frieren Senioren schneller.

Demgegenüber findet Hannah Salvin wenige Unterschiede zwischen Rassehunden und Mischlingen, auch hier findet das allgemeine Vorurteil, Mischlinge seien die „besseren", gesünderen und lebenstüchtigeren Hunde, keine Bestätigung. Auch die Rasseunterschiede und die Größenunterschiede sind wesentlich geringer, wenngleich die allgemeine Lebensgeschichte hier zu einem beschleunigten Altwerden bei großen Hunden führt (siehe Gansloßer et al., 2022; Gansloßer und Kitchenham, 2019).

ABBAUERSCHEINUNGEN VERLANGSAMEN

Genau wie beim Menschen ist auch beim Hund vorbeugen besser als heilen. Gerade einen noch jüngeren, in der Blüte seines Lebens und seiner geistigen Leistungsfähigkeit stehenden Hund regelmäßig durch Denksportaufgaben, schwierige, aber lösbare kognitive Probleme und sehr viel Sozialkontakte, Spaziergänge und soziales Spielen zum Gebrauch seines Gehirns zu motivieren, ist die beste Möglichkeit, diese Abbauerscheinungen zumindest deutlich zu verlangsamen. Da gerade Hunde aus dem Tierschutz oder anderen, ungünstigen Vorbedingungen schneller und weniger effektiv altern, ist gerade bei diesen Hunden die permanente Nutzung des Gehirns eine der besten und wichtigsten Maßnahmen, um die altersbedingten Abbauprozesse abzuschwächen. Wie Hannah Salvin und ihr Team bereits 2010 zeigen konnten, wird die altersbedingte Verhaltensänderung bei Hunden nämlich sehr häufig unterdiagnostiziert, d. h., es gibt eine große Dunkelziffer von Hunden, die solche Probleme haben, und die nicht erkannt und dadurch auch nicht behandelt werden. Weniger erfolgversprechend, allerdings mit medikamentöser Unterstützung und Nahrungsergänzung trotzdem hilfreich, sind dann Behandlungsansätze, nachdem es bereits zu altersbedingten Zipperlein gekommen ist.

EPILEPSIE/EPILEPTIFORME VERHALTENSPROBLEMATIKEN

Die Epilepsie gehört zu den häufigsten neurologischen Erkrankungen von Hunden. Sie ist eine Erkrankung, die durch das wiederholte Auftreten von epileptischen Anfällen definiert ist. Die Symptome können von leichtem Bewusstseinsverlust und leichten motorischen Symptomen (z. B. Zittern, Zucken) bis hin zu Krampfanfällen mit vollständigem Bewusstseinsverlust variieren. Häufig tritt dabei auch ein erhöhter Speichelfluss, erweiterte Pupillen und unkontrollierter Urin -/Kotabsatz auf. All diese Symptome sind Folge einer andauernd veränderten Erregbarkeit und erniedrigten Krampfschwelle des Gehirns.

Drei Phasen eines epileptischen Anfalls

Ein typischer epileptischer Anfall lässt sich in drei große Phasen unterteilen (Berendt et al., 2015):

1. Im **Prodromalstadium** zeigt der Hund ein verändertes Verhalten, wie z. B. vermehrtes Bellen, starke Anhänglichkeit oder Unruhe.
2. Danach kommt es zum **Iktus**, dem eigentlichen Anfall. Dieser beginnt meist mit dem Umfallen des Tieres. Dabei kommt es in der Regel zu kurzen Episoden mit Krämpfen, die entweder fokal oder generalisiert auftreten. Sie können mit oder ohne vegetativen Symptomen, Bewusstseinsverlusten und Verhaltensänderungen einhergehen (Berendt et al., 2015).
3. Als **postiktale Phase** bezeichnet man die Zeit nach dem Anfall, in der es zu Desorientiertheit, Blindheit, Unruhe, Aggression, Angst oder vermehrter Anhänglichkeit kommen kann. Auch übermäßiger Hunger oder Durst können vorkommen. Die postiktale Phase kann wenige Sekunden, aber auch einige Tage andauern.

Idiopathische und die strukturelle Epilepsie

Man unterscheidet zwei Arten von Epilepsie, nämlich die idiopathische und die strukturelle Epilepsie. Bei der **idopathischen Epilepsie** handelt es sich um eine funktionelle Erkrankung des Großhirns, bei der es keine nachweisbare Ursache gibt und bei der eine genetische Ursache vermutet wird. Es scheint, dass es eine Rasseprädisposition für mehrere Hunderassen wie z. B. Australian Shepherd, Belgischer Schäferhund, Labrador und Golden Retriever, Lagotto Romagnolo, Border Collie, Border Terrier, Berner Sennenhund, Englischer Springer Spaniel, Finnischer Spitz, Irischer Wolfshund, Magyar Viszla, Petit Basset Griffon Vendeen, Sheltie, Standardpudel und Cavalier King Charles Spaniel gibt (Fischer et al., 2013). Diese Form der Epilepsie tritt meist in den ersten fünf Lebensjahren auf.
Die **strukturelle oder auch intrakranielle Epilepsie** hat als Ursache strukturelle Erkrankungen des Großhirns. Dazu gehören Entzündungen oder Folgen einer Entzündung (Meningoenzephalitis), Infarkte, Schädel-Hirn-Traumata, Gehirntumoren, angeborene Anomalien und Gehirnstoffwechselstörungen. Hunde, die an einer strukturellen Epilepsie erkranken, sind beim ersten Anfall oft älter als sechs Jahre.

Einfluss auf Kognition und Verhalten

Neben der Frage, wie es dem Hund während eines epileptischen Anfalles ergeht, stellt sich für die Hundehalter:innen natürlich auch die Frage, ob generell das Verhalten und die Kognition der Hunde beeinflusst wird. Zunächst lässt sich einmal sagen, dass epileptische Anfälle per se nicht schmerzhaft sind und aus der Humanmedizin weiß man, dass Betroffene keine Erinnerung an die Anfälle haben.
Trotzdem gibt es Hinweise darauf, dass zeitgleich mit dem Beginn der idiopathischen Epilepsie Verhaltensänderungen von den

Tierhalter:innen beobachtet wurden. So zeigten Hunde, die keine Medikamente erhielten, in einer Studie von Shihab et al. (2011) vermehrt Furcht und Angst, defensive Aggression und Wahrnehmungsstörungen. Hunde, die Antiepileptika erhielten, zeigten auch eine Zunahme von Furcht, Angst und Wahrnehmungsstörungen, aber nicht mehr defensive Aggression. Außerdem wurden abnormale Reaktivität, Bindungsstörung, dementes und apathisches Verhalten beobachtet. Eine Studie von Packer et al. (2018) lieferte außerdem Hinweise auf ein erhöhtes Maß an kognitiver Dysfunktion bei Hunden mit idiopathischer Epilepsie.

Behandlung der Epilepsie

Epilepsie ist in den meisten Fällen eine lebenslange Erkrankung und erfordert eine lebenslange Therapie. Viele Hunde mit idiopathischer Epilepsie können jedoch medikamentell gut eingestellt werden und ein Hundeleben ohne Einschränkung der Lebensqualität und Lebensdauer führen. Für die Therapie von idiopathischer Epilepsie beim Hund sind die Wirkstoffe Phenobarbital, Imepitoin und Kaliumbromid zugelassen. Auch die Anreicherung des Fettanteils im Futter mit mittelkettigen Fettsäuren haben eine Verringerung der Zahl der Anfälle und eine bessere Trainierbarkeit in den Bereichen Problemlösung, räumliches Denken und Aufmerksamkeit gezeigt.

SCHILDDRÜSE

Obwohl die Schilddrüse ein sehr unscheinbares Organ im Halsbereich ist, hat sie eine essenzielle Rolle in der Stoffwechselregulation, im Körperwachstum und in der Genexpression. Die Regulierung der Schilddrüse erfolgt in erster Linie über die Hypothalamus-Hypophysen-Schilddrüsen-Achse. Im Hypothalamus (Zwischenhirn) wird das Hormon TRH gebildet, das auf die Hypophyse (Hirnanhangsdrüse) wirkt. Diese schüttet wiederum das Hormon TSH aus, das in der Schilddrüse die Bildung von T3 und T4 anregt. Über einen negativen Rückkopplungsmechanismus regulieren im Blut zirkulierende Schilddrüsenhormone die Produktion der Schilddrüsenhormone (short-feedback-loop) und die Produktion von TRH und TSH (long-feedback-loop).

Stresskreislauf

Durch diesen fein abgestimmten Regelkreis kann die Hormonproduktion an die jeweilige Situation und Stoffwechsellage, aber auch an Umwelteinflüsse angepasst werden. Akuter Stress führt z. B. zu einer Erhöhung der TSH-Konzentration. Die daraufhin ausgeschütteten Schilddrüsenhormone verstärken die Wirkung der Katecholamine. Katecholamine sind Hormone wie Adrenalin und Noradrenalin, sie sind für die Fight-or-Flight-Antwort bei akutem Stress wichtig und stellen dem Körper vor allem Energie und Wärme zur Verfügung.

Steroidhormone

Auch Steroidhormone haben einen Einfluss auf die Schilddrüse. Cortisol wird bei lang anhaltendem Stress über das Hypothalamus-Hypophysen-Nebennierenrinden-System bereitgestellt und hemmt die Produktion von Schilddrüsenhormonen. Da ein niedriger Schilddrüsenhormonspiegel den Hund wiederum stressanfälliger macht, entsteht ein Stresskreislauf. Um diesen Stresskreislauf zu durchbrechen, kann in manchen Fällen eine temporäre Schilddrüsenmedikation in extrem belastenden Situationen sinnvoll sein (Zimmermann, 2018). Wir sehen also schon hier eine enge Verzahnung der unterschiedlichen Hormonsysteme und man kann sich gut vorstellen, dass bereits kleine Veränderungen große Effekte nach sich ziehen können.

Schilddrüsenunterfunktion

Die Schilddrüsenunterfunktion (Hypothyreose) ist eine der häufigsten Endokrinopathien beim Hund. In ca. 95 % der Fälle

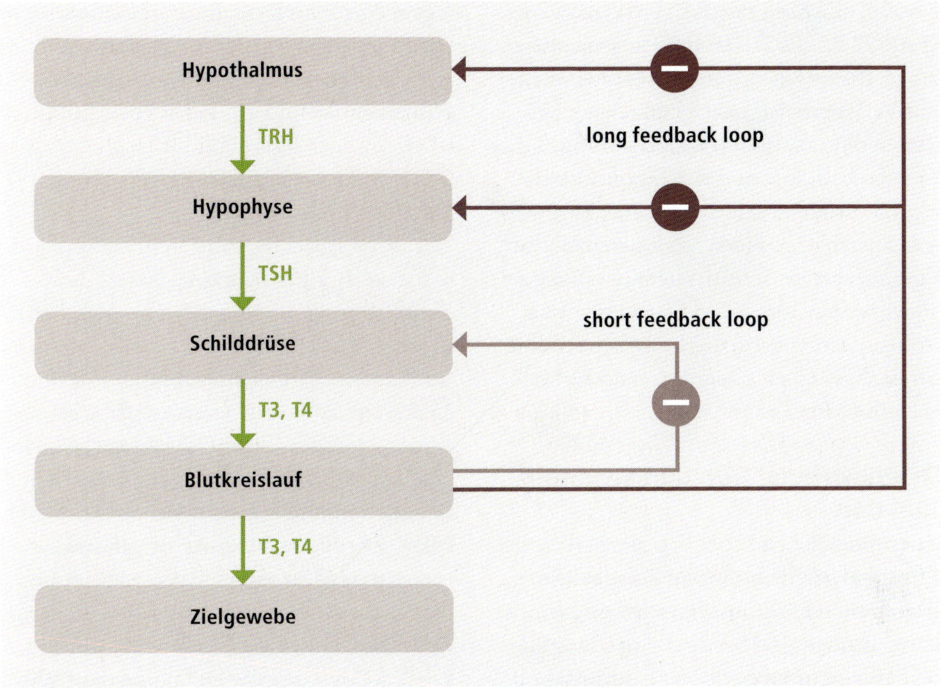

Regelkreise der Schilddrüsenhormone (von Tierärztin Aletta Winkler)

handelt es sich um einen primären Schilddrüsendefekt. In weniger als 5 % handelt es sich um eine Störung in der Hormonausschüttung (TSH) in der Hirnanhangsdrüse. Die typischen Symptome einer Schilddrüsenunterfunktion sind Lethargie, Inaktivität, geistige Trägheit, Gewichtszunahme und Hautveränderungen und stehen in Zusammenhang mit einer verringerten Stoffwechselrate. Durch Wassereinlagerungen haben Hunde mit einer Schilddrüsenunterfunktion auch einen typischen traurigen Blick. Veränderungen der Schilddrüsenhormone wurden sowohl bei Tieren als auch bei Menschen mit Verhaltensproblemen in Verbindung gebracht. Bildgebende Studien liefern objektive Belege dafür, dass die Struktur und Funktion des Gehirns bei Menschen und Mäusen mit Hypothyreose verändert sind (Camps et al., 2019). Darüber hinaus zeigte eine Studie von He et al. (2011), dass einige dieser Veränderungen (Veränderungen des Arbeitsgedächtnisses und Anomalien der funktionellen Magnetresonanz) nach einer sechsmonatigen Behandlung mit Levothyroxin nicht mehr vorhanden waren. Obwohl die Hunde nicht immer das typisch klinische Bild einer Hypothyreose zeigen, können Verhaltensauffälligkeiten schon bei Schilddrüsenwerten im unteren Referenzbereich auftreten. Bei dieser subklinischen Hypothyreose werden vor allem allgemeine oder spezifische Ängste beschrieben (Aronson und Dodds, 2006; Bernauer-Münz, 2009). In einigen Fällen können diese Ängste auch zu einer Angstaggression führen und Fatjò et al. (2002) zeigten, dass eine Schilddrüsenunterfunktion die Schwelle, ab der aggressives Verhalten ausgelöst wird, senken kann. Bei verschiedenen Tierarten wurde ein Zusammenhang zwischen Schilddrüsenunterfunktion und Aggression nachgewiesen. Darüber hinaus verbessert die Behandlung mit Levothyroxin die klinischen Anzeichen, einschließlich aggressiver Verhaltensweisen (Fatjò et al., 2002). Dennoch argumentieren einige Autor:innen, dass Levothyroxin selbst das Verhalten verändern kann, auch bei Tieren ohne Schilddrüsenerkrankung. Sicher ist jedoch, dass Schilddrüsenhormone das Verhalten auf verschiedene Arten beeinflussen. So haben sie einen modulierenden Einfluss auf das Serotoninsystem des Gehirns (Bauer et al., 2002). Ein Serotonin- oder Serotoninrezeptormangel führt zu erhöhter Stressanfälligkeit, Depression und einem verminderten Lernvermögen.

Diagnose einer Schilddrüsenunterfunktion

Zusammenfassend lässt sich sagen, dass die Diagnose im Frühstadium einer Schilddrüsenunterfunktion sehr schwierig sein kann. Zudem sind bei der Beurteilung von Schilddrüsenwerten immer Einflussfaktoren wie Rasse, Alter, Zyklus, Geschlecht und allgemeiner Gesundheitszustand zu beachten. Bei Verhaltensauffälligkeiten und Schilddrüsenwerten im unteren Drittel des Normbereiches sollte ein Fachtierarzt/eine Fachtierärztin aufgesucht werden.

VASOPRESSIN-ANTAGONISTEN GEGEN AGGRESSION

Neben den bereits genannten Hormonen, konnten MacLean et al. (2017) in einer Studie eine positive Assoziation des Gesamt-Vasopressins im Plasma mit aggressivem Verhalten zeigen. Vasopressin ist nicht nur entscheidend für die Regulation des Wasserhaushaltes, sondern auch für die Anpassung der Hypothalamus-Hypophysen-Nebennieren-Achse an Stress (Aguilera und Rabadan-Diehl, 2000). Die positive Assoziation zwischen Vasopressin und Aggression steht auch im Einklang mit früheren Studien am Menschen, die eine positive Korrelation zwischen Vasopressin in der Liquorflüssigkeit und Aggression in der Lebensgeschichte aufzeigten, sowie mit Tierstudien, die belegen, dass zentral verabreichtes Vasopressin die Aggression gegenüber Artgenossen fördert, während Vasopressin-Antagonisten diese Reaktion vermindern (Ferris et al., 2006).

STOFFWECHSELSTÖRUNGEN – DARMMIKROBIOM

Bei allen bisher angeführten Erkrankungen war es recht offensichtlich, dass sie das Verhalten und die Kognition beeinflussen. Doch was hat der Darm mit dem Verhalten und der Lernfähigkeit des Hundes zu tun? In den letzten Jahren hat sich die Forschung intensiv mit der Darm-Hirn-Achse beschäftigt. Dabei handelt es sich um die wechselseitige Kommunikation zwischen Darm und Hirn. Zur Darm-Hirn-Achse gehört das intestinale Mikrobiom, das vegetative und das enterische Nervensystem, sowie das darmassoziierte lymphatische Gewebe (GALT). Doch wie können der Darm und das Gehirn miteinander kommunizieren?

Verzahnung von Darm und Gehirn

Das ZNS beeinflusst zum einen über den Vagusnerv die Motorik und die Sekretionsvorgänge im Darm (vegetatives Nervensystem) und zum anderen kommuniziert das Gehirn über die Neurotransmitter mit dem Darm. Dazu gehören z. B. Adrenalin, Noradrenalin und Dopamin, aber auch das Stresshormon Cortisol. Ein Beispiel für die Kommunikation des Gehirns mit dem Darm ist der typische Durchfall nach stressigen Ereignissen.
Insgesamt ist der Darm aber deutlich „kommunikativer“ als das Gehirn und vermittelt deutlich mehr Informationen an das Gehirn als anders herum. **Das enterische Nervensystem ist nach dem Gehirn die zweitgrößte Nervenansammlung im Körper von Menschen und Hunden und wird deswegen auch als „Bauchhirn“ bezeichnet.** In diesem Bauchhirn werden von Darmmikroorganismen produzierte Neurotransmitter wahrgenommen und können so

Informationen an den Vagusnerv und das Gehirn weitergeben. Ein weiterer Kommunikationsweg zwischen Darm und Gehirn besteht durch Hormone, wie z. B. Serotonin. Das meiste Serotonin im Körper befindet sich im Darm und wird hauptsächlich durch Zellen der Darmschleimhaut produziert. Darmbakterien produzieren außerdem verschiedene Stoffwechselprodukte. Hierzu zählen z. B. kurzkettige Fettsäuren und Tryptophan. In der Darmschleimhaut sitzt auch das darmassoziierte lymphatische Gewebe (GALT) mit ca. 70 % aller Immunzellen des Körpers. Das GALT ist neben dem Mikrobiom, dem Mucus und den Darmepithelzellen Teil der dreischichtigen Darmbarriere. Entzündungen werden z. B. über Cytokine an das Gehirn gemeldet. Das Darmmikrobiom, das Immunsystem und das enterische Nervensystem stehen also in ständiger Kommunikation mit dem Gehirn und beeinflussen somit sowohl die körperliche, als auch die psychische Gesundheit.

Mikroorganismen im Darm

Eine besondere Rolle in der Darm-Hirn-Achse hat das **intestinale Mikrobiom**. So bezeichnet man das kollektive Genom sämtlicher Mikroorganismen im Magen-Darm-Trakt. Dazu gehören Viren, Pilze und Protozoen – den größten Anteil machen jedoch Bakterien aus. Diese Mikroorganismen stehen in Symbiose mit dem Wirt, tragen zur Homöostase bei und regulieren die physiologischen Funktionen des Organismus. Die Bakterienstämme *Firmicutes, Bacteroidetes, Proteobacteria, Actinobacteria* und *Fusobacteria* bilden etwa 99 % der gesamten intestinalen Mikrobiota bei Hunden. Jedes Tier weist jedoch ein sehr einzigartiges Mikrobiom auf.

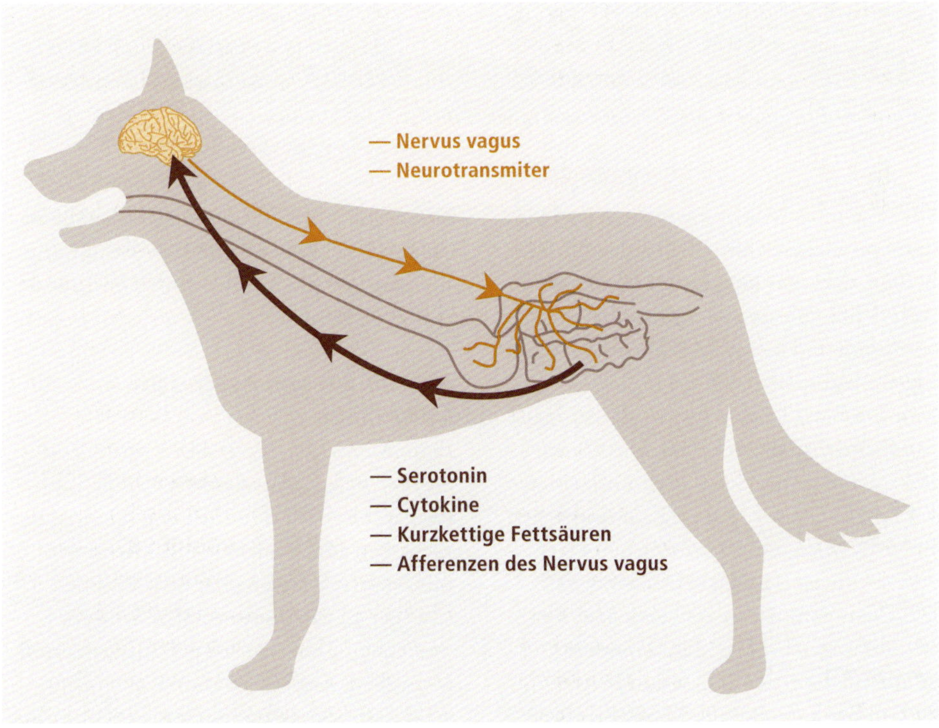

Wechselwirkungen der Darm-Hirn-Achse (von Tierärztin Aletta Winkler)

Körperliche Bewegung in Maßen (nicht in Massen) führt zu Wohlbefinden.

Die residenten Mikroorganismen im Dickdarm produzieren eine Vielzahl von Metaboliten, darunter kurzkettige Fettsäuren, Acetylcholin, Katecholamine, Histamin, Serotonin und Melatonin, die neuroaktive Eigenschaften besitzen.
Eine Dysbiose kann schwerwiegende gesundheitliche Folgen haben. Das Darmmikrobiom ist bei vielen gastrointestinalen Erkrankungen wie Durchfall, chronischen Enteropathien und entzündlichen Darmerkrankungen (IBD), aber auch bei Fettleibigkeit, Pankreasinsuffizienz oder Herzerkrankungen bei Hunden verändert.
Während die genannten Krankheiten im Zusammenhang mit der Dysbiose relativ umfassend untersucht wurden, ist das Wissen darüber, wie das Darmmikrobiom die psychische Gesundheit, die Stimmung und das Verhalten von Hunden beeinflusst, noch begrenzt.

Mikrobiom und psychische Gesundheit

Beim Menschen haben schon zahlreiche Studien belegt, dass das Mikrobiom und die psychische Gesundheit eng miteinander verwoben sind. So leiden z. B. Menschen mit Angststörungen oder Depressionen häufiger an gastrointestinalen Symptomen und einem Reizdarm als psychisch gesunde Menschen. Außerdem konnte auch eine veränderte Zusammensetzung des intestinalen Mikrobioms bei Menschen mit Schizo-

phrenie, PTBS und Angsterkrankungen festgestellt werden.
In einer Studie von Kubinyi et al. (2020) wiesen Hunde mit einer guten Gedächtnisleistung eine geringere Anzahl der Bakteriengattung *Actinobacteria* im Mikrobiom auf, als Hunde mit einer weniger guten Gedächtnisleistung. Dies deckt sich mit einer Studie aus der Humanmedizin, in der bei Menschen mit Alzheimer ein erhöhter Gehalt an *Actinobacteria* nachgewiesen wurde.
In einer weiteren Studie von Mondo et al. (2020) wurde das intestinale Mikrobiom bei Hunden mit aggressiven und phobischen Verhaltensstörungen untersucht.
Hunde mit aggressiven Verhaltensstörung zeigten dabei ein Darmmikrobiom mit einer hohen Artenvielfalt und einer Anreicherung von den subdominanten Bakteriengattungen *Catenibacterium* und *Megamonas*. Bei Hunden mit phobischen Verhaltensstörungen konnte eine Anreicherung mit *Lactobacillus*, einer Bakteriengattung mit bekannten probiotischen und psychobiotischen Eigenschaften, nachgewiesen werden.
Obwohl weitere Studien erforderlich sind, um diese Ergebnisse zu validieren, weist diese Studie auf die Verbindungen zwischen dem Darmmikrobiom und dem zentralen Nervensystem hin. Desweiteren eröffnen sich mit dem Wissen über die Zusammensetzung des Mikrobioms und dessen Auswirkung auf Kognition und Verhalten neue Therapiemöglichkeiten.
Interessanterweise haben Studien ergeben, dass die Mikrobiota von Hunden und ihren Menschen bis zu einem gewissen Grad gemeinsam genutzt wird.
Die erzielten Ergebnisse deuten also darauf hin, dass der direkte und häufige Kontakt mit unseren Mitbewohnern die Zusammensetzung unserer mikrobiellen Gemeinschaften erheblich beeinflussen kann.

Einfluss auf Kognition und Gehirnstruktur

Das Mikrobiom hat aber nicht nur Einfluss auf die Stimmungslage, sondern auch auf die Kognition und die Gehirnstruktur. In einer Studie von Gareau et al. (2011) sollten die Auswirkungen einer akuten Darminfektion oder des Fehlens der Darmmikrobiota auf das Verhalten und die Gedächtnisbildung bestimmt werden. Hierzu wurden zum einen keimfrei aufgezogene Mäuse untersucht und zum anderen normal aufgezogene Mäuse mit einem Darmpathogen infiziert. Es stellte sich heraus, dass das Gedächtnis bei den keimfreien Mäusen im Gegensatz zu konventionell aufgezogenen Kontrollmäusen mit einem intakten Darmmikrobiom beeinträchtigt war. Bei den normal aufgezogenen Mäusen konnten bei einer Infektion keine Verhaltensauffälligkeiten beobachtet werden. Wenn zu der Infektion jedoch noch akuter Stress dazu kam, konnten Gedächtnisstörungen beobachtet werden. Interessanterweise konnte man durch tägliche Verabreichung von Probiotika Gedächtnisstörungen verhindern.
In einer anderen Studie konnte bei Ratten, die eine besonders fettreiche Nahrung bekamen, nach einigen Wochen eine Veränderung des Mikrobioms und nach 12 Wochen ein Rückgang der Lernfähigkeit beobachtet werden (Saiyasit et al., 2020).

DEPRESSION – EINE FOLGE VON ENTZÜNDUNGEN?

Jeder kennt die folgende Situation: die Nase läuft, der Hals kratzt und der Husten möchte einfach nicht nachlassen. Zu allem Übel gesellt sich aber eine Niedergeschlagenheit, Lustlosigkeit und Müdigkeit. Was zunächst so negativ klingt, wird auch als **„Sickness Behaviour"** bezeichnet und ist eigentlich eine sinnvolle Anpassung unseres

Nervensystems an unser geschwächtes Immunsystem. Beim immunvermittelten Sickness Behaviour treten verschiedene unspezifische Krankheitssymptome auf körperlicher und psychischer Ebene in Erscheinung, darunter eine erhöhte Schmerzsensitivität, Dysthymie (depressive Verstimmung) und Ängstlichkeit, Fatigue, Veränderungen von Schlaf und Appetit sowie leichte kognitive Beeinträchtigungen.

Chronische Entzündungen

Problematisch wird dieser Mechanismus jedoch bei chronischen Entzündungen. Durch Entzündungen oder chronischen Stress zirkulieren vermehrt Zytokine im Gehirn. Immunbotenstoffe, wie die proinflammatorischen Zytokine TNF-α und Interleukin (IL)-6, steuern also nicht nur die lokale und systemische Immunantwort, sondern können auch die Aktivität des zentralen Nervensystems (ZNS) über humorale und neurale Kommunikationswege wie den afferenten Vagusnerv beeinflussen. In der Folge kommt es zu Veränderungen neuroendokriner und metabolischer Prozesse sowie Veränderungen des Verhaltens und Befindens. Das Zytokin TNF-α aktiviert z. B. ein Tryptophan abbauendes Enzym, sodass weniger Serotonin als Neurotransmitter zur Verfügung steht. Außer bei chronisch-entzündlichen Erkrankungen und Autoimmunerkrankungen tritt das Sickness behaviour auch als Nebenwirkung von Zytokin- oder Chemotherapien auf. Studien konnten zeigen, dass ein Teil der Patient:innen mit Depressionen erhöhte Entzündungsmarker im Blut und Liquor aufweisen, welche wiederum zur Entwicklung und Aufrechterhaltung depressiver Symptomatik beitragen können. Vor diesem Hintergrund gab es bereits einige Studien, in denen der Effekt verschiedener antientzündlicher Medikamente bei Patienten mit Depressionen untersucht wurde. Diese hatten jedoch zum Teil widersprüchliche Ergebnisse.
Auch in Bezug auf das **Sozialverhalten** konnte eine Studie von Lopes et al. (2016) zeigen, dass immungeschwächte Mäuse ihre Artgenossen vermehrt mieden. Dies hat aus evolutionsbiologischer Sicht natürlich Sinn gemacht, um die Ausbreitung der Krankheit zu begrenzen. Für ein Individuum mit chronischer Entzündung kann der Mechanismus jedoch die depressive Symptomatik verstärken.
In einer Studie von Marsland et al. (2015) wurde deutlich dass erhöhte Entzündungswerte auch die **kognitive Leistung** deutlich beeinflussen. So wurden höhere periphere Entzündungswerte mit schlechterem räumlichen Denken, Kurzzeitgedächtnis, verbalen Fähigkeiten, Lernen und Gedächtnis und exekutiven Funktionen sowie mit einem geringeren Volumen der grauen und weißen Substanz in der Kortikalis, dem Hippocampusvolumen und der Kortikalisoberfläche in Verbindung gebracht.

VERHALTEN UND KÖRPERLICHE VERFASSUNG

Abschließend lässt sich sagen, dass eine ganzheitliche Betrachtung der Hunde unumgänglich ist, und das Verhalten der Hunde immer in Zusammenhang mit ihrer körperlichen Verfassung beurteilt werden sollte. Bei all den angesprochenen Risikofaktoren, ist aber auch zu sagen, dass die Verhaltensveränderungen nur selten „auf unabwendbare, geradezu schicksalhafte neurologische, neurochemische oder andere Veränderungen" zurückzuführen ist (Gansloßer, 2022). Dies ist wichtig zu erwähnen, da es im Training und in der Verhaltenstherapie immer wieder Situationen gibt, in denen man als Hundehalter:in die Hoffnung und Zuversicht verliert. Doch mit der richtigen, fachlich kompetenten Unterstützung ist so gut wie keine Situation ausweglos.

☞ **Aus der Forschung (von Dr. Carina A. Kolkmeyer)**

KASTRATION UND KOGNITION BEIM HUND

Beim Thema Kastration denken viele Hundehalter:innen zunächst lediglich an die Unterbindung der Fortpflanzung. Einige erhoffen sich durch den Eingriff Verbesserungen im Hundeverhalten oder sogar das Lösen von bestimmten Verhaltensproblemen. Häufig genannte Gründe sind Aggressivität, bessere Erziehbarkeit oder, speziell bei der Hündin, die Scheinträchtigkeit und/oder Scheinmutterschaft. Neben den verhaltensbiologischen Gründen werden auch gesundheitliche Aspekte genannt. Primär im Vordergrund stehen präventive Handlungen wie die Verhinderung von Gesäugetumoren oder Gebärmutterentzündungen.
In vielen Fällen sieht die Realität jedoch anders aus. Statt reduzierter Aggressivität, tritt weiterhin aggressives Verhalten auf, und statt reduzierter Nervosität, kommt es zu panischem und ängstlichem Verhalten. Dies konnte durch viele Studien bestätigt werden (Kaufmann et al., 2017; Kolkmeyer et al., 2021; Kolkmeyer und Gansloßer, 2024; Kolkmeyer et al., 2024a, 2024b; Farhoody et al., 2018; Farhoody und Zink, 2010; Kriese et al., 2022). Die Zahlen zu Mammatumoren sehen in Wirklichkeit nicht so dramatisch aus wie häufig vermutet. Laut dem Magazin Tierärztliche Praxis (2002, vgl. Gansloßer und Strodtbeck, 2011) entwickeln nur etwa 1,86 % der Hündinnen Mammatumoren. Für jene, die nach der ersten Läufigkeit kastriert werden, beträgt das Risiko 0,05–0,5 %, für Frühkastrierte beträgt es 0,01–0,09 % (Gansloßer und Strodtbeck, 2011).

WAS PASSIERT BEI EINER KASTRATION?

Im Zuge der Kastration werden chirurgisch im Fall des Rüden die Hoden und im Fall der Hündin die Eierstöcke (plus ggf. Gebärmutter) entfernt. Diese Organe sind die Hauptproduktionsorte der Sexualhormone. Nach ihrer Entfernung wird die Hormonproduktion gestoppt. Dieser Verlust der Sexualhormone wirkt sich nicht selten negativ auf das Hundeverhalten aus. Dabei spielen vor allem die folgenden hormonellen Wechselwirkungen eine entscheidende Rolle:

17. Das Stresshormon Cortisol und die Sexualhormone (Testosteron, Progesteron) konkurrieren um Bindungsstellen an speziellen Carrier-Proteinen (Transportproteine in der Zellmembran; Henry und Stephens, 1977). Fallen die Sexualhormone (durch die Kastration) weg, steigt der Cortisolspiegel (Salavati et al., 2018; Desborough et al., 2000) und ihre stressdämpfende Wirkung entfällt. Folglich kann der Hund gestresster und ängstlicher sein (Hydbring-Sandberg et al., 2004).

18. Die Sexualhormone aktivieren Bindungsstellen des Oxytocins (Kis et al., 2017). Nach einer Kastration fehlen die Sexualhormone und es ist anzunehmen, dass folglich weniger Oxytocin gebunden werden kann. Kovács et al. (2018) untersuchten den Einfluss vom Kastrationsstatus auf die Oxytocin-Bildung bzw. die Bindung an die Bezugsperson und fanden Unterschiede zwischen den kastrierten und intakten Hunden heraus. Das Ungleichgewicht in der Oxytocinausschüttung kann zudem Aggression fördern (Calcagnoli et al., 2014; Takayanagi et al., 2005). Die Auswirkung einer Kastration auf das aggressive Verhalten von Hunden wurde in mehreren Studien untersucht (Flint et al., 2017; Guy et al., 2001; Hopkins et al., 1976; Hsu und Sun, 2010; Jacobs et al., 2018).

19. Die unter Punkt 2 genannten erhöhten Cortisolspiegel können zu niedrigen Serotoninspiegeln führen und eine daraus resultierende Aggressivität bei Hunden verstärken (Rosado et al., 2010). Außerdem gibt es die Annahme einer Interaktion mit Testosteron. Letztere kann dazu führen, dass die von Serotonin ausgelöste Aggression abnimmt (Salavati et al., 2018).

EINFLUSS DES TESTOSTERONS

Zusätzlich schützt das Testosteron vor der Phosphorylierung des neuroprotektiven Proteins Tau, das bei Alzheimer-Patienten oft in phosphorylierter Form vorzufinden ist. Folglich besteht ein Zusammenhang zwischen der kognitiven Leistung und den Geschlechtshormonen, wodurch kastrierte Hunde ein höheres Risiko haben, an Demenz zu erkranken (Hart, 2001). Ferner zeigen laut Vajányi et al. (2024) kastrierte Hunde auch deutlichere Zeichen von Alterung als nicht-kastrierte Hunde. Landsberg (2005) schlägt sogar eine Testosteron-Verabreichung als therapeutische Maßnahme kognitiver Beeinträchtigungen vor.

Weiterhin kann das Testosteron die neuronale Aktivität im Gehirn direkt beeinflussen. Da es die Freisetzung von Neurotransmittern initiiert, kann es bestimmte Verhaltensweisen beeinflussen. Eine Wirkungsweise findet über das mesokortikolimbische System statt, das am Belohnungsverhalten und der Motivation beteiligt ist (Tobiansky et al., 2018). Das Testosteron wirkt ebenso auf die Dopamin- und Acetylcholinausschüttung, beides Neurotransmitter, die für das Lernen und das Gedächtnis bedeutsam sind (Anker und Carroll, 2010).

Einfluss auf kognitive Leistungen

Auch die räumliche Orientierung von Hunden kann durch eine Kastration negativ beeinflusst werden. Scandurra et al. (2016) ließen kastrierte sowie intakte Rüden und Hündinnen eine Labyrinthaufgabe lösen. Dabei brauchte die Gruppe der kastrierten Hündinnen länger als die der intakten Hündinnen und machte zudem mehr Fehler beim Lösen des Labyrinths.

Den Sexualhormonen kann demnach eine besondere Beteiligung an kognitiven Prozessen beigemessen werden (Beauchet, 2006). Insbesondere früh- (vor Beendigung der Pubertät) kastrierte Hunde können unter den Folgen der fehlenden Sexualhormone leiden und eine starke Beeinträchtigung ihrer sozialen und kognitiven Reife aufweisen, da in der pubertären Phase wichtige Umbaumaßnahmen stattfinden. Das neuronale Netzwerk reift weiter für eine optimale Reizweiterleitung aus. In der Adoleszenz gewinnt der Hund zunehmend an Impulskontrolle, d.h., aus den eher emotional gesteuerten Handlungen, werden nun rationale Entscheidungen (Torres de la Riva et al., 2013; Hart et al., 2014; Strauß, 2023; Crone, 2009).

Einfluss auf die Sinne

Auch in Bezug auf die Sinnesempfindlichkeit gibt es wichtige Aspekte. In einer Studie an Polizeihunden ergab sich, dass kastrierte Schäferhund-Rüden und -Hündinnen schlechter bei den Geruchstrainings abschnitten als die intakten Hunde (Abdel Fattah und Abdel Hamid, 2020).

Zyklusschwankungen

Speziell weibliche Vertreter der Säugetiere können zyklusabhängig Schwankungen in ihrer sensorischen Wahrnehmung aufweisen. Bereits 1988 untersuchten Hampson und Kimura normal zyklierende Frauen und fanden Leistungsunterschiede in motorischen und kognitiven Tests, die normalerweise typische Geschlechtsunterschiede in der Leistung widerspiegeln. Während der menstruellen Phasen besaßen die Frauen eine höhere Leistung bei Tests zur räumlichen Wahrnehmung (welche oft als Vorteile der Männer gelten) und schnitten schlechter bei der motorischen Koordination ab (üblicherweise Vorteile von Frauen). Das Forscherteam postulierte die Hormonveränderungen während des weiblichen Zyklus und die damit zusammenhängenden Stimmungsschwankungen als die entscheidenden Ursachen für die Beobachtungen. Zu einem ähnlichen Ergebnis kamen auch Hausmann et al. (2000) in ihrem Versuch, bei dem die Frauen dreidimensionale Würfelfiguren mental drehen sollten und während der Menstruation bessere Ergebnisse erzielt wurden, als in der mittleren Lutealphase (Phase kurz nach dem Eisprung). In einer Nagetierstudie konnte dies ebenfalls bestätigt werden: Ratten zeigen während der Proöstrus- und Östrusphase eine höhere kognitive Leistungsfähigkeit (Frick et al., 2018). Nach einer Kastration fehlen die Sexualhormone und es kann zu Störungen in der Sinnesleistung kommen. Demnach sind bei der Kastration unbedingt die Komplexität des (weiblichen) Hormongeschehens und die damit einhergehenden kognitiven Beeinträchtigungen zu bedenken.

Die Entscheidung für oder gegen eine Kastration sollte immer individuell, mit Blick auf den Hund, getroffen werden.

WEITERE RISIKEN UND NEBENWIRKUNGEN

Da eine Kastration einige gesundheitliche Folgen mit sich zieht, sollte sie ohnehin niemals leichtfertig durchgeführt werden. Die Liste der gesundheitlichen Risiken ist lang und einige wesentliche kastrationsbedingte Folgen sind hier aufgeführt:
Das erhöhte Risiko für eine **Harninkontinenz** nach der Kastration bestätigen zahlreiche Studien aus dem veterinärmedizinischen und auch verhaltensbiologischen Bereich (Diesel et al., 2010; Thrusfield et al., 1998; Salmeri et al., 1991; Spain et al., 2004a, b; Reichler, 2010; Okkens et al., 1997; Okkens et al., 2003).
Weitere Studien legen zunehmend nahe, dass der Verlust der Sexualhormone schwerwiegende **Auswirkungen auf verschiedene Organe und den Bewegungsapparat** haben kann. Dazu zählen ein erhöhtes Krebsrisiko, die Bildung von Harnsteinen, craniale Kreuzbandrisse sowie Hüftdysplasien (Hart und Hart, 2021).
Darüber hinaus zeigen kastrierte Hunde eine höhere Anfälligkeit für **Autoimmunerkrankungen**, insbesondere Diabetes und Schilddrüsenunterfunktion (SDU oder HYPO), die bei dreimal so vielen kastrierten Rüden und zwölfmal so vielen kastrierten Hündinnen im Vergleich zu intakten Hunden auftritt (Sundburg et al., 2016). Ein weiterer Nebeneffekt, der vor allem kastrierte Hunde betrifft, ist das erhöhte Risiko für Demenz. In einer Kohortenstudie beschreibt Hart (2001), dass kastrierte Hunde im Alter häufiger unter verminderten Gedächtnisleistungen leiden als intakte.
Abschließend lässt sich festhalten, dass sich eine Kastration sowohl auf den gesundheitlichen als auch verhaltensbiologischen und kognitiven Bereich des Hundes negativ auswirken kann. Eine Entscheidung für oder gegen eine Kastration sollte immer nach neuesten Studienergebnissen und individuellem Blick auf den Hund getroffen werden.

ÜBER DIE AUTORIN

Dr. Carina Kolkmeyer (geb. Kaufmann) promovierte und lehrt an der Universität Vechta im Fachbereich Biologie. Ihr Forschungsschwerpunkt ist das Sozialverhalten kastrierter und intakter Hunde. Da die Kastration einen großen Einschnitt ins Hundeleben bedeutet, bietet sie gemeinsam mit der Mammalia AG individuelle Einzelberatungen an, die sich auf verhaltensbiologische und veterinärmedizinische Einschätzungen stützen. Neben ihrer Leidenschaft für die Hundeforschung widmet sie sich der Forschung im Zootierbereich. Im Osnabrücker Zoo bietet sie gemeinsam mit PD Dr. Udo Gansloßer mehrmals im Jahr einen verhaltensbiologischen Methodenkurs an und unterstützt die Kursteilnehmer:innen bei ihren Beobachtungen sowie den statistischen Analysen.

ZU GUTER LETZT…

Hunde sind mehr als nur treue Begleiter – von Uexkülls Idee macht deutlich, dass sie weniger nur passive Empfänger ihrer Umwelt sind, sondern mehr Konstrukteure ihrer Realität. Das Zusammenspiel (nach Uexküll der Funktionskreis) von Umgebung, Umwelt, Merkwelt und Wirkwelt erlaubt uns zwar, anhand des Bauplans einen Blick in die mögliche Umweltwahrnehmung des Hundes zu werfen, allerdings bleibt am Ende noch die Subjektivität.
Mit diesem Buch wollten wir Ihnen nicht nur wissenschaftliche Fakten nahebringen, sondern auch aus der Perspektive des von außen hereinblickenden Beobachtenden ein tieferes Verständnis dafür wecken, wie Hunde ihre Welt wahrnehmen, verarbeiten und mit uns kommunizieren. Dabei wird deutlich, wie komplex und dynamisch die Verbindung zwischen der Innen- und Außenwelt eines Hundes ist.
Die Kommunikations- und Verhaltensweisen von Hunden sind vielschichtig und individuell – ein Spiegel ihrer einzigartigen Innenwelt und ihres Erlebens der Umwelt.
Jeder Hund ist ein Individuum mit eigenen Erfahrungen, Stärken und Vorlieben – eine Persönlichkeit. Zu oft wird ihr Dasein vereinfacht oder vermenschlicht betrachtet. Doch weder sind sie klassische Reiz-Reaktions-Maschinen, noch dient eine gutgemeinte Anthropomorphisierung ihrem Wohlergehen. Stattdessen sollten wir Hunde als das verstehen, was sie sind: **Meister der Anpassung, deren Kommunikation und Informationsverarbeitung hoch spezialisiert und gleichzeitig unglaublich flexibel ist.** Diese Anpassungsfähigkeit ermöglicht es ihnen in der komplexen, von uns Menschen gestalteten Umwelt zu bestehen.
Es ist unser Wunsch, dass dieses Buch Ihnen geholfen hat, den Blick für die Innen- und Außenwelt Ihres Hundes zu schärfen. Wir hoffen, Sie dazu inspiriert zu haben, Ihren Hund nicht nur mit Geduld, Liebe und Respekt, sondern auch mit einem wissenschaftlich fundierten Verständnis für seine Bedürfnisse und Fähigkeiten zu betrachten.
Hunde verdienen es, in einer hundgerechten Umwelt zu leben – eine (Um)Welt, die sie weder überfordert noch unterfordert, die fernab von Extremen liegt und in der die unvergleichliche Verbindung zu uns Menschen als Chance zu einem Zusammenleben dienen kann. **Am Ende bleibt der Appell:** Lassen Sie sich auf die Perspektive Ihres Hundes ein. Sie hilft, Hunden ein Leben zu ermöglichen, das ihren kognitiven, sozialen und sensorischen Fähigkeiten entsprechend ihrer Merkwelt und Wirkwelt gerecht wird.
Vielen Dank, dass Sie sich auf diese Reise in die Welt der Hunde eingelassen haben. Wir wünschen Ihnen und Ihrem Hund ein harmonisches, erfülltes und hundgerechtes Miteinander.

Danken möchten wir Hilke Heinemann vom Kosmos Verlag, die unsere verrückte Idee ernst genommen hat. Dann den vielen Kolleginnen und Kollegen in unserem und außerhalb unseres Teams, die die Infoboxen und z. T. ganze Kapitel beigesteuert haben, unserem tollen Schreib- und Rechercheteam und allen anderen Mitgliedern unserer AG Mammalia für viele, auch unbemerkte Beiträge. SEHR bemerkt letztlich die unermüdliche Tätigkeit unserer Redaktionsassistentin Imke ter Fehr, die schon jetzt und hoffentlich auch weiterhin dieses multidimensionale und multidisziplinäre Projekt zusammenhielt und hält.

WISSENSWERTES FÜR HUNDEHALTER:INNEN

UDO GANSLOSSER BEI KOSMOS

Gansloßer, Udo und Mechthild Käufer (2017): **Auszeit auf Augenhöhe.** Mensch-Hund-Spiel.

Gansloßer, Udo und Kate Kitchenham (2019): **Hundeforschung aktuell.** Anatomie, Ökologie, Verhalten.

Gansloßer, Udo und Petra Krivy (2019): **Verhaltensbiologie Hund Praxisbuch.** Wie Rasse, Geschlecht, Aussehen und Alter das Verhalten beeinflussen.

Gansloßer, Udo (2020): **Verhaltensbiologie für Hundetrainer.** Grundlagen moderner Ethologie.

Gansloßer, Udo und Petra Krivy (2020): **Schlau macht Wau!** Was Hunde alles wissen und können.

Gansloßer, Udo, Yvonne Adler und Gudrun Braun (2021): **Hunderassen.** Zoologie, Zucht und Verhalten neu betrachtet.

Gansloßer, Udo und Mechthild Käufer (2022): **Und sie spielen doch!** Die Wissenschaft vom Hundespiel.

Gansloßer, Udo (Hrsg.) (2023): **Verhaltensphysiologie & -medizin.** Wie innere Zustände das Verhalten beim Hund steuern.

Gansloßer, Udo und Kate Kitchenham (2024): **Beziehung – Erziehung – Bindung.** Wie Hunde sich an unserer Seite entfalten können.

Hinte-Breindl, Bettina, Udo Gansloßer und Kristin Strauß (2023): **Moderne Welpenerziehung.** Kompetenz im Alltag.

QUELLENVERZEICHNIS

Das Quellenverzeichnis finden Sie als PDF-Download unter **https://www.kosmos.de/ganslosser_mertes_umwelt_innenwelt_hund**

AUFLÖSUNG „HUNDESPORT UND FUNKTIONSKREISE"

(siehe S. 361)
1: b
2: c
3: a, d
4: b, d
5: a

DIE AUTOREN

Dr. Udo Gansloßer ist Privatdozent für Zoologie. Seine wissenschaftliche Tätigkeit begann mit Baumkängurus, möglicherweise, weil deren recht unbeholfene Kletterversuche ihn an seine eigene sportliche Begabung erinnerten. Nach der Dissertation in Heidelberg kehrte er zum Bodenleben zurück und beschäftigte sich mit dem Sozialverhalten der Kängurus allgemein. Am Zoologischen Institut Erlangen erhielt er 1991 die Lehrbefugnis. Zurzeit ist er Privatdozent für Zoologie am Institut für Zoologie und Evolutionsforschung der Friedrich-Schiller-Universität Jena und führt dort regelmäßig Kurse in Verhaltensbiologie und Tiergartenbiologie durch. An der Universität Vechta hat er einen Lehrauftrag im Rahmen der dortigen Ethologie-Ausbildung mit Schwerpunkt auf Forschungsmethodik. Seit einigen Jahren sind die Canidae (Hundeartige) auch einer der Schwerpunkte seiner Arbeitsgruppe, die sich interdisziplinär von rein zoologischen und tiermedizinischen Themen bis zu Fragen von Mensch-Hund-Beziehung, Tierschutzethik, Sozial- und Rechtswissenschaften erstreckt.

Sarah Mertes ist Biologin (B. Sc.), Hundetrainerin und Gründerin der Pupy GmbH. Sie absolvierte ihr Biologiestudium an der Ludwig-Maximilians-Universität München, mit dem Schwerpunkt Verhaltens- und Neurobiologie. 2000 entwickelte sie zusammen mit zwei Freunden die Hundetrainingsapp »Pupy« und erreichte mit dieser App bereits 100 000 Hundehalterinnen und Hundehalter. Sie beinhaltet Trainingsvideos und Anleitungen zur Verbesserung der Mensch-Hund-Beziehung, Alltagsunterstützung und Erziehung (z. B. Welpentraining, Leinenführigkeit, Rückruftraining). Seit 2016 ist Sarah Mertes Mitglied der Mammalia AG von PD Dr. Udo Gansloßer und unterstützt ihn als Co-Auotrin. In ihren Seminaren und Workshops hat sie sich vor allem auf den Bereich der sozialen Kognition von Haushunden spezialisiert. Begleitet wird Sarah Mertes von ihrer Australian Shepherd Hündin Nala.
Zusammen mit Dr. Udo Gansloßer hat sie den Ratgeber „Hundherum gesund und glücklich“ (2023) geschrieben.

REGISTER

BILDNACHWEIS

Mit 147 Fotos, die von Anna Auerbach/Kosmos für dieses Buch aufgenommen wurden.

Weitere 64 Fotos von Anna Auerbach/Kosmos (30: S. 6, 13, 44, 54, 75, 114, 115, 116, 118, 121, 122, 124, 127, 163, 183, 197, 269, 278, 281, 296, 312, 328, 329, 374, 380, 385, 393); Anna Auerbach/Archiv (6: S. 111, 286, 340, 383, 397, 398); Hynek Burda (1: S. 271); Grzegoz Eliasiewicz (1: S. 89); Sven Reese (1: S. 203); Heike Schmidt-Röger (1: S. 133); Holger Volk und Team (1: S. 156); Adobe Stock (1: S. 42/Piotr Krzeslak); Shutterstock (22: S. 14/Faraways, 17/Aleksey Sagitov, 34/StudioProX, 43/Ondrej Prosicky, 53/Ksenia Raykova, 61/M Volodymyr, 79/Judith Adrews, 81o./Ludwig Endres, 81u./Thomas Retterath, 83o./creator88, 83u./Rom Kumar TM, 109/Artem Oleshko, 136/Carlos Calvo Torregrosa, 145/Roger de la Harpe, 146/Kamil Macniak, 148/Simon Eeman, 149/AB Photographie, 152/Jus_Ol, 256/Helen E. Grose, 347/Maria Sbytova, 391/captainX, 394/Tongsai)

Mit 69 Illustrationen von Atelier Krohmer, anhand von Vorlagen der Urheber:innen (34: 12, 20, 26, 27, 48, 64, 76, 103, 104, 119, 167, 168, 169, 172, 173, 270, 271, 307, 308, 315, 331, 335, 344, 378, 379, 386, 387, 401, 403), Milada Krautmann (1: S. 99), Wolfgang Lang/Kosmos, anhand von Vorlagen von Dr. Brigitte Rauth-Widmann (13: 143, 154, 195, 207, 210, 211, 239, 240, 244, 264, 265, 267), Shutterstock (1: S. 96/corbac40). Weitere 20 Illustrationen aus der Wissenschaft (Urheberangabe direkt an der Abbildung).

IMPRESSUM

Umschlaggestaltung von GRAMISCI Editorialdesign/München, Claudia Geffert, unter Verwendung eines Farbfotos von Trio Bildarchiv/Khira Eichelberg

Mit 211 Fotos und 69 Illustrationen.

ISBN 978-3-440-18153-9
Redaktion: Hilke Heinemann
Gestaltungskonzept: Peter Schmidt Group GmbH, Hamburg
Gestaltung und Satz: Atelier Krohmer, Dettingen/Erms
Produktion: Angela List
Druck und Bindung: Westermann Druck Zwickau GmbH, Zwickau
Printed in Germany / Imprimé en Allemagne

FSC
www.fsc.org
MIX
Papier | Fördert gute Waldnutzung
FSC® C110508